国家电网
STATE GRID

国家电网公司

生产技能人员职业能力培训专用教材

配电线路运行

国家电网公司人力资源部 组编

马志广 主编

中国电力出版社
CHINA ELECTRIC POWER PRESS

内容提要

《国家电网公司生产技能人员职业能力培训教材》是按照国家电网公司生产技能人员模块化培训课程体系的要求，依据《国家电网公司生产技能人员职业能力培训规范》（简称《培训规范》），结合生产实际编写而成。

本套教材作为《培训规范》的配套教材，共72册。本册为专用教材部分的《配电线路运行》，全书共10个部分35章127个模块，主要内容包括配电线路、设备及系统，电力电缆基础，功率因数、线损、电能质量及可靠性，配网自动化，配电线路验收，基本技能，架空配电线路运行维护，电缆的运行维护，配电所运行维护及事故处理，配电生产信息管理。

本书可作为供电企业配电线路运行工作人员的培训教学用书，也可作为电力职业院校教学参考书。

图书在版编目（CIP）数据

配电线路运行/国家电网公司人力资源部组编. —北京：中国电力出版社，2010.9（2024.11重印）

国家电网公司生产技能人员职业能力培训专用教材

ISBN 978-7-5123-0753-7

Ⅰ. ①配… Ⅱ. ①国… Ⅲ. ①配电线路–电力系统运行–技术培训–教材 Ⅳ. ①TM726

中国版本图书馆CIP数据核字（2010）第158388号

中国电力出版社出版、发行

（北京市东城区北京站西街19号 100005 http://www.cepp.sgcc.com.cn）

北京雁林吉兆印刷有限公司印刷

各地新华书店经售

*

2010年9月第一版 2024年11月北京第十八次印刷

880毫米×1230毫米 16开本 28.25印张 877千字

印数48501—49000册 定价**105.00**元

《国家电网公司生产技能人员职业能力培训专用教材》

编　委　会

前　言

为大力实施“人才强企”战略，加快培养高素质技能人才队伍，国家电网公司按照“集团化运作、集约化发展、精益化管理、标准化建设”的工作要求，充分发挥集团化优势，组织公司系统一大批优秀管理、技术、技能和培训教学专家，历时两年多，按照统一标准，开发了覆盖电网企业输电、变电、配电、营销、调度等34个职业种类的生产技能人员系列培训教材，形成了国内首套面向供电企业一线生产人员的模块化培训教材体系。

本套培训教材以《国家电网公司生产技能人员职业能力培训规范》（Q/GDW 232—2008）为依据，在编写原则上，突出以岗位能力为核心；在内容定位上，遵循“知识够用、为技能服务”的原则，突出针对性和实用性，并涵盖了电力行业最新的政策、标准、规程、规定及新设备、新技术、新知识、新工艺；在写作方式上，做到深入浅出，避免烦琐的理论推导和验证；在编写模式上，采用模块化结构，便于灵活施教。

本套培训教材涵盖34个职业的通用教材和专用教材，共72个分册、5018个模块，每个培训模块均配有详细的模块描述，对该模块的培训目标、内容、方式及考核要求进行了说明。其中：通用教材涵盖了供电企业多个职业种类共同使用的基础、专业基础、基本技能及职业素养等知识，包括《电工基础》、《电力安全生产及防护》等38个分册、1705个模块，主要作为供电企业员工全面系统学习基础理论和基本技能的自学教材；专用教材涵盖了单一职业种类专用的所有专业知识和专业技能，按照供电企业生产模式分职业单独成册，每个职业分为Ⅰ、Ⅱ、Ⅲ等3个级别，包括《变电检修》、《继电保护》等34个分册、3313个模块，可以分别作为供电企业生产一线辅助作业人员、熟练作业人员和高级作业人员的岗位技能培训教材，也可作为电力职业院校的教学参考书。

本套培训教材的出版是贯彻落实国家人才队伍建设总体战略，充分发挥企业培养高技能人才主体作用的重要举措，是加快推进国家电网公司发展方式和电网发展方式转变的迫切要求，也是有效开展电网企业教育培训和人才培养工作的重要基础，必将对改进生产技能人员培训模式，推进培训工作由理论灌输向能力培养转型，提高培训的针对性和有效性，全面提升员工队伍素质，保证电网安全稳定运行、支撑和促进国家电网公司可持续发展起到积极的推动作用。

本套教材共72个分册，本册为专用教材部分的《配电线路运行》。

本书中第一部分配电线路、设备及系统，由河南省电力公司孟昊、熊卿府、上海市电力公司陈伟明编写；第二部分电力电缆基础，由陕西省电力公司陈旭编写；第三部分功率因数、线损、电能质量及可靠性，由山东电力集团公司马志广、江苏省电力公司胡林宝编写；第四部分配网自动化，由河南省电力公司孟昊、熊卿府编写；第五部分配电线路验收，由山东电力集团公司马志广、河南省电力公司孟昊、熊卿府编写；第六部分基本技能，由浙江省电力公司祝小会、黑龙江省电力有限公司何苍贵编写；第七部分架空配电线路运行维护，由陕西省电力公司肖苏力、安徽省电力公司梁泉编写；第八部分电缆的运行维护，由上海市电力公司蒋洪权、天津市电力公司陈其三、江西省电力公司李强编写；第九部分配电所运行维护及事故处理，由山东电力集团公司王东军编写；第十部分配电生产信息管理，由江苏省电力公司胡林宝编写。全书由山东电力集团公司马志广担任主编。浙江省电力公司方向晖担任主审，国家电网公司生产运行部李伟、林文钦、浙江省电力公司金伟君、陈洪涛参审。

由于编写时间仓促，本套教材难免存在疏漏之处，恳请各位专家和读者提出宝贵意见，使之不断完善。

目 录

第四部分　配网自动化

第五部分　配电线路验收

第六部分　基　本　技　能

第七部分　架空配电线路运行维护

第八部分　电缆的运行维护

第九部分　配电所运行维护及事故处理

第十部分　配电生产信息管理

第一部分

配电线路、设备及系统

第一章 配电线路的组成

模块1 配电网的结构（GYPD00101001）

【模块描述】本模块介绍配电网的定义、分类结构及发展趋势。通过概念描述和分类介绍，掌握电力系统、配电网的分类特点、配电网的结构等知识。

【正文】

一、配电网的定义

电能是一种应用广泛的能源，其生产（发电厂）、输送（输配电线路）、分配（变配电站）和消费（电力用户）的各个环节有机地构成了一个系统，如图 GYPD00101001-1 所示。它包括：

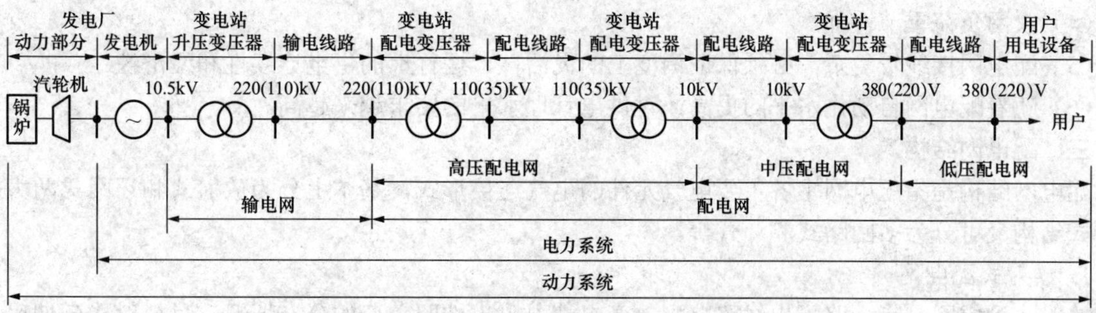

图 GYPD00101001-1 电力系统、电力网和配电网组成示意图

1. 动力系统

由发电厂的动力部分（如火力发电的锅炉、汽轮机，水力发电的水轮机和水库，核力发电的核反应堆和汽轮机等）以及发电、输电、变电、配电、用电组成的整体。

2. 电力系统

由发电、输电、变电、配电和用电组成的整体，它是动力系统的一部分。

3. 电力网

电力系统中输送、变换和分配电能的部分，它包括升、降压变压器和各种电压等级的输配电线路，它是电力系统的一部分。电力网按其电力系统的作用不同分为输电网和配电网。

（1）输电网。以高电压（220kV）、超高电压（330kV、500kV、750kV、1000kV）输电线路将发电厂、变电站连接起来的输电网络，是电力网中的主干网络。

（2）配电网。从输电网接受电能分配到配电变电站后，再向用户供电的网络。配电网包括多个电压等级，这些不同电压等级的配电网之间通过变压器连接成一个整体配电系统。对配电网的基本要求主要是供电的连续性、可靠性、合格的电能质量和运行的经济性等。

二、配电网的分类和特点

1. 配电网的分类

配电网按电压等级的不同，可又分为高压配电网（110kV、35kV）、中压配电网（20kV、10kV、6kV、3kV）和低压配电网（220V/380V）；按供电地域特点不同或服务对象不同，可分为城市配电网和农村配电网；按配电线路的不同，可分为架空配电网、电缆配电网以及架空电缆混合配电网。

（1）高压配电网。指由高压配电线路和相应等级的配电变电站组成的向用户提供电能的配电网。其功能是从上一级电源接受电能后，直接向高压用户供电，或通过变压器为下一级中压配电网提供电源。高压配电网分为 110/63/35kV 三个电压等级，城市配电网一般采用 110kV 作为高压配电电压。高压配电网具有容量大、负荷重、负荷节点少、供电可靠性要求高等特点。

（2）中压配电网。指由中压配电线路和配电变电站组成的向用户提供电能的配电网。其功能是从输电网或高压配电网接受电能，向中压用户供电，或向用户用电小区负荷中心的配电变电站供电，再经过降压后向下一级低压配电网提供电源。中压配电网具有供电面广、容量大、配电点多等特点。我国中压配电网一般采用10kV为标准额定电压。

（3）低压配电网。指由低压配电线路及其附属电气设备组成的向用户提供电能的配电网。其功能是以中压配电网的配电变压器为电源，将电能通过低压配电线路直接送给用户。低压配电网的供电距离较近，低压电源点较多，一台配电变压器就可作为一个低压配电网的电源，两个电源点之间的距离通常不超过几百米。低压配电线路供电容量不大，但分布面广，除一些集中用电的用户外，大量是供给城乡居民生活用电及分散的街道照明用电等。低压配电网主要采用的三相四线制、单相和三相三线制组成的混合系统。我国规定采用单相220V、三相380V的低压额定电压。

2. 配电网的特点

（1）供电线路长，分布面积广。

（2）发展速度快，用户对供电质量要求高。

（3）对经济发展较好地区配电网设计标准较高，供电的可靠性要求较高。

（4）农网负荷季节性强。

（5）配电网接线较复杂，必须保证调度上的灵活性、运行上的供电连续性和经济性。

（6）随着配电网自动化水平的提高，对供电管理水平的要求越来越高。

三、配电网结构

配电网结构是指配电网中各主要电气元件的电气连接形式，基本上分为放射式和环网式两大类。环网式结构又可分为多回路式和环式等。

1. 放射式配电网

放射式配电网是指一路配电线路自配电变电站引出，按照负荷的分布情况，呈放射式延伸出去，线路没有其他可连接的电源，所有用电点的电能只能通过单一的路径供给，如图GYPD00101001-2所示。放射式配电网的优点是设施简单，运行维护方便，设备费用低，适用于低负荷密度地区和一般的照明、动力负荷供电。缺点是供电可靠性低，为了弥补配电设施有故障就会造成大量用户停电这一缺点，部分用户可以视其对供电可靠性要求的不同，从邻近配电网取得适当容量的备用电源。在中压和低压的放射式配电网中，通常还装设分段断路器将线路分成适当的区段，而且在适当的分段处与相邻线路之间装设联络断路器，使得放射式配电线路发生故障时的停电区段缩小，或将部分非故障区段切换到相邻线路，以保证继续供电。这种放射式结构在城市的低压配电网中使用较多。

2. 多回路式配电网

多回路式配电网是指自配电所引出多回配电线路（一般是平行敷设的）接到受电端，正常时各条配电线路并列运行，平均分担全部负荷，当一条配电线路有故障时，可自动将其切断隔离，其余的配电线路有足够容量承担全部负荷，如图GYPD00101001-3所示。多回路式配电网至少有两回配电线路，但一般为3～4路或更多回路。多回路式配电网比放射式配电网可靠性高，一回配电线路故障时，不会造成用户停电，有需要时还可达到在第二回配电线路故障时不造成用户停电的要求。电缆配电网故障测寻和故障修复时间较长，故常采用这种多回线的结构。多回线式配电网的主要缺点是继电保护配置比放射式配电网的要复杂。

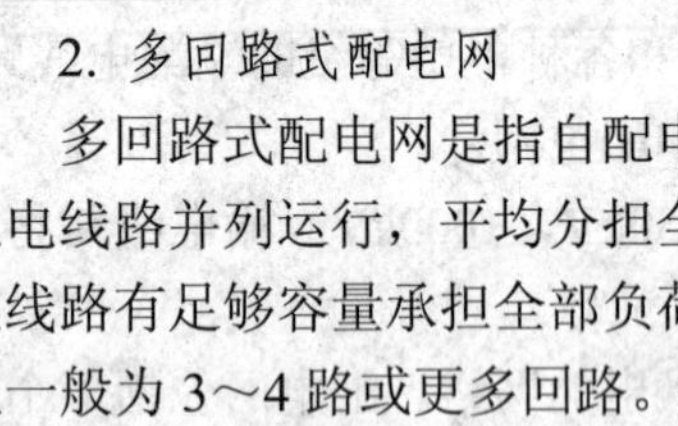

图 GYPD00101001-2　放射式配电网

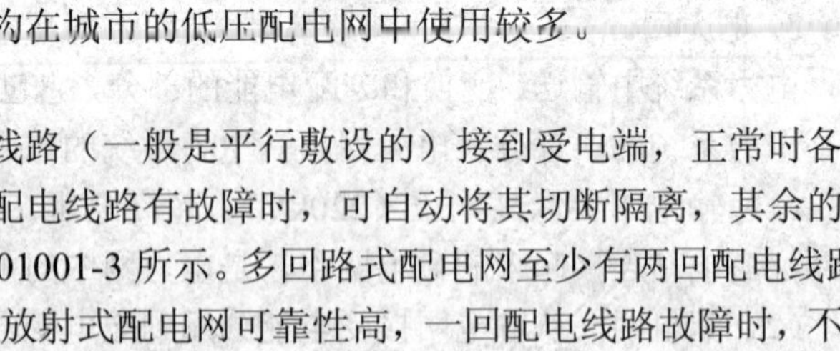

图 GYPD00101001-3　多回路式配电网

3. 环式配电网

环式配电网是指配电变电站引出的配电线路连接成环形，每个用电点自环上不同部位接出，如图GYPD00101001-4所示。简单的环式配电网是两回配电线路自同一（或不同）配电变电站的母线引出，利用联络断路器（或分段断路器）连接成环，每个用电点自环上T形或n形支接。当环路上某区段发生故障时，利用分段断路器切换隔离后，其他区段上的负荷可继续供电，这是环式配电网的特点。将联络断路器经常断开，只有当某区段发生故障或停电作业时才倒换为闭合的运行方式，称为常开环路方式；而将联络断路器经常闭合的运行方式称为常闭环路方式。环网正常运行时一般采用开环运行，其优点是可提高供电可靠性，减少短路电流、降低线损。

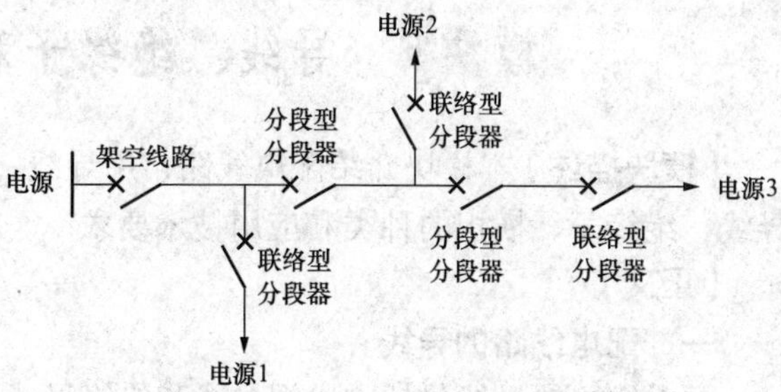

图 GYPD00101001-4 环网式配电网

四、配电网的发展趋势

配电网的发展趋势主要表现在以下几个方面。

1. 简化电压等级

尽量减少降压层次，有利于配电网的管理和经济运行。我们国家降压层次常用的有220/110/35/10kV、220/110/10kV、220/63/10kV三种，显然第三种比第一种经济，而第二种比第三种经济，随着负荷的发展，10kV的容量逐渐饱和，供电半径越来越小，220/110/20kV将是更好的电压层次。

2. 减小线路走廊和占地

随着城市的建设，配电网的占地矛盾日益突出，采用窄基铁塔、钢管塔、多回路线路可有效减小线路走廊，将配电装置向半地下和地下及小型成套发展。电缆隧道和公用事业管道共用将进一步推广。

3. 配电线路绝缘化

采用架空绝缘线路可有效解决树线矛盾，减少事故率、触电伤亡和短路事故，同时架设空间可大大缩小，减少线路损耗。但架空绝缘导线也有许多缺点，比如雷击易断线，强度较低，检修挂接地线困难等，这在以后的发展中将逐渐得到改善。

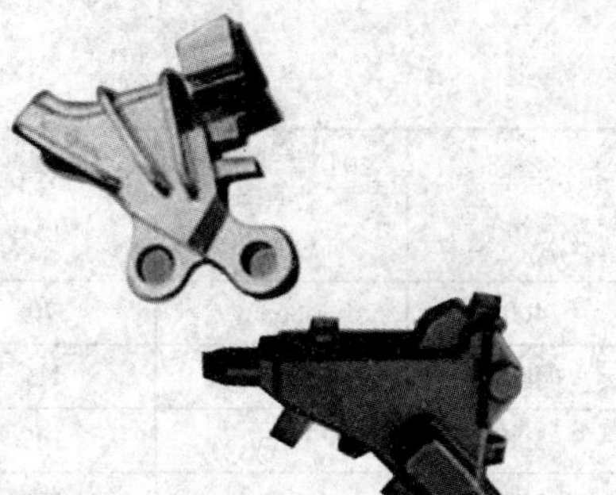
图 GYPD00101001-5 楔型铝合金耐张线夹

4. 节能型金具

在线路通过电流的情况下，不产生或只有非常少的电能损耗（相对于老的金具而言）的金具称为节能型金具。节能型金具并不只是在材料上以铝合金代替铸铁，而是从结构上完全改变，结构上轻巧，通用性强，表面不易氧化，使电的连接可靠度大大提高。例如：新型楔型铝合金耐张线夹，如图GYPD00101001-5所示，不但材料采用铝合金，而且结构上采用楔块紧固，楔块与导线的接触使导线的紧固更妥贴，表面不易氧化，在各种自然环境下不会锈蚀。

5. 配电网自动化

所谓配电网自动化是指利用现代电子、计算机、通信及网络技术，将配电网在线数据和离线数据和用户数据、电网结构和地理图形进行信息集成，构成完整的自动化系统，实现配电网及其设备正常运行及事故状态下的监测、保护、控制、用电和配电管理的现代化。配电自动化可减少停电时间，提高供电可靠性，改善供电服务质量，降低电能损耗，提高设备的利用率。

【思考与练习】

1. 简述配电网的分类。
2. 配电网有哪些特点？
3. 配电网的结构有哪些主要形式？
4. 配电网的发展趋势主要表现在哪几个方面？

模块2 导线、绝缘子和横担（GYPD00101002）

【模块描述】本模块介绍配电线路常用导线、绝缘子和横担。通过图表展示和技术参数介绍，熟悉导线、绝缘子、横担的种类和应用技术要求。

【正文】

一、配电线路的导线

配电线路的导线包括常用裸导线和绝缘导线。

1. 常用裸导线

导线用以传导电流、输送电能，它通过绝缘子串长期悬挂在杆塔上。导线常年在大气中运行，长期受风、冰、雪和温度变化等气象条件的影响，承受着变化拉力的作用，同时还受到空气中污物的侵蚀。因此，除应具有良好的导电性能外，还必须有足够的机械强度和防腐性能，并要质轻价廉。表GYPD00101002-1为常用导线材料铜、铝、钢的主要电气及机械性能。

表GYPD00101002-1　　铜、铝、钢的主要电气及机械性能

性　能	铜	铝	钢
密度（g/cm^3）	OP8.9	2.703	7.80
抗拉强度（N/mm^2）	382	157	1244
熔点（℃）	1033	658	1530
电阻系数（20℃时 $\Omega \cdot mm^2/m$）	0.017 9	0.028 3	0.18
电阻温度系数（1/℃）	0.003 85	0.004 03	0.006

常用裸导线包括裸铝导线、裸铜导线、钢芯铝绞线、镀锌钢绞线、铝合金绞线5种。

（1）裸铝导线。铝的导电性仅次于银、铜，但由于铝的机械强度较低，铝线的耐腐蚀能力差，所以，裸铝线不宜架设在化工区和沿海地区，一般用在中、低压配电线路中，而且档距一般不超过100m。常用裸铝线的主要技术参数见表GYPD00101002-2。

表GYPD00101002-2　　常用铝绞线（LJ）主要技术参数

标称截面（mm^2）	导体结构（根数/直径）（mm）	计算外径（mm）	计算拉断力（N）	计算面积（mm^2）	计算重量（kg/km）	交货长度（m）	20℃直流电阻（不大于）（Ω/km）	连续载流量（A）
10	7/1.35	4.05	1930	10.02	27.1	4000	2.863 3	70
16	7/1.70	5.10	4380	16	43.8	4000	1.802	111
25	7/2.15	6.45	4500	25.41	68.4	3000	1.127	147
35	7/2.50	7.50	6010	34.36	94.0	2000	0.833 2	180
50	7/3.00	9.00	8410	49.48	135.3	1500	0.578 6	227
70	7/3.60	10.80	114 000	71.25	194.9	1250	0.401 8	284
95	7/4.16	12.48	15 220	95.14	260.2	1000	0.300 9	338
120	19/2.85	14.25	20 610	121.21	333.2	1500	0.237 3	390
150	19/3.15	15.75	24 430	148.07	407.0	1250	0.194 3	454
185	19/3.50	17.50	30 160	182.80	503.0	1000	0.157 4	518
210	19/3.75	18.75	33 580	209.85	576.8	1000	0.137 1	575
240	19/4.00	20.00	38 200	238.76	656.3	1000	0.120 5	610

注 1. 本表摘自《圆线同心绞架空导线》（GB/T 1179—2008）；表中直流电阻值用四舍五入法。
2. 拉断力指绞线在拉力增加的情况下，首次出现任一单（股）线断裂时的拉力。

（2）裸铜绞线。铜导线有很高的导电性能和足够的机械强度，但铜的资源少、价格贵。常用裸铜绞线主要技术参数见表GYPD00101002-3。

表 GYPD00101002-3 常用裸铜绞线（TJ）的主要技术参数

导线型号	计算截面（mm^2）	股数/股径（mm）	导线外径（mm）	直流电阻（20℃，不大于，Ω/km）	计算拉断力（N）	计算质量（kg/km）	长期允许电流（A）
TJ—16	15.89	7/1.70	5.10	1.140	5747	143	130
TJ—25	24.71	7/2.12	6.36	0.733	8728	222	180
TJ—35	34.36	7/2.50	7.50	0.527	12 131	309	220
TJ—50	49.48	7/3.00	9.00	0.366	17 466	445	270
TJ—70	67.07	19/2.12	10.60	0.273	23 683	609	340

注 T—铜线；J—多股绞线或加强型；长期允许载流量是指当环境温度为 25℃时的裸导线的载流量。

（3）钢芯铝绞线。钢芯铝绞线是充分利用钢绞线的机械强度高和铝的导电性能好的特点，把这两种金属导线结合起来而形成。其结构特点是外部几层铝绞线包裹着内芯的 1 股或 7 股的钢丝或钢绞线，使得钢芯不受大气中有害气体的侵蚀。钢芯铝绞线有钢芯承担主要的机械应力，而由铝线承担输送电能的任务，而且因铝绞线分布在导线的外层可减小交流电流产生的集肤效应（趋肤效应），提高铝绞线的利用率。钢芯铝线广泛应用在高压输电线路或大跨越档距配电线路中。常用裸钢芯铝绞线的主要技术参数见表 GYPD00101002-4；轻型钢芯铝绞线的主要技术参数见表 GYPD00101002-5。

表 GYPD00101002-4 常用钢芯铝绞线（LGJ 型）主要技术参数

标称截面铝/钢（mm^2）	导体结构（根数/直径）（mm）		计算外径（mm）	计算拉断力（N）	计算面积（mm^2）		计算重量（kg/km）	交货长度（m）	20℃直流电阻（不大于）（Ω/km）	连续载流量（A）
	铝 Al	钢 St			铝 Al	钢 St				
16/3	6/1.85	1/1.85	5.55	6130	16.13	2.69	65.1	3000	1.779	111
25/4	6/2.32	1/2.32	6.96	9130	25.36	4.23	100.9	3000	1.131	147
35/6	6/2.72	1/2.72	8.16	12 550	34.86	5.81	140.8	3000	0.823 0	180
50/8	6/3.20	1/3.20	9.60	16 810	48.25	8.04	194.8	2000	0.594 6	227
70/10	6/3.80	1/3.80	11.40	23 360	68.05	11.34	274.8	2000	0.421 7	287
95/15	26/2.15	7/1.67	13.61	34 930	94.39	15.33	380.2	2000	0.305 8	338
120/20	26/2.38	7/1.85	15.07	42 260	115.67	18.82	466.1	2000	0.249 6	390
150/35	30/2.50	7/2.50	17.50	64 940	147.26	34.36	675.0	2000	0.196 2	454
185/25	24/3.15	7/2.10	18.90	59 230	187.04	24.25	704.9	2000	0.154 2	518
240/30	24/3.60	7/2.40	21.60	75 190	244.29	31.67	920.7	2000	0.118 1	610

注 LGJ—钢芯铝绞线，本表数值部分摘自《圆线同心绞架空导线》（GB/T 1179—2008），如对标称截面为铝 120mm^2、钢 20mm^2 的钢型铝绞线，表示为 LGJ—120/20。

表 GYPD00101002-5 轻型钢芯铝绞线的主要技术参数

导线型号	计算截面（mm^2）		计算外径（mm）		最大直流电阻（Ω/km）	计算质量（kg/km）
	铝股	钢芯	电线	钢芯		
LGJQ—150	148	17.80	16.60	5.4	0.210	559
LGJQ—185	181	22.00	18.40	6.00	0.170	687
LGJQ—240	243	31.70	21.60	7.20	0.130	937
LGJQ—300	291	37.20	23.50	7.80	0.108	1098
LGJQ—400	392	49.50	27.20	9.00	0.080	1501

注 Q—轻型。

（4）镀锌钢绞线。镀锌钢绞线机械强度高，但是导电性能及抗腐蚀性能差，不宜用作电力线路导线。目前，镀锌钢绞线用来作避雷线、拉线以及集束低压绝缘导线和架空电缆的承力索用。常用镀锌钢绞线的主要技术参数见表 GYPD00101002-6。

表 GYPD00101002-6 常用镀锌钢绞线（GJ）主要技术参数

导线型号	计算截面（mm^2）	股数/股径（mm）	计算外径（mm）	计算质量（kg/km）	公称抗拉强度（MPa）			
					1270	1370	1470	1570
					钢绞线最小破断拉力（kN）			
GJ—16	15.89	7/1.70	5.1	132.3	18.5	20.00	21.40	22.90
GJ—25	26.61	7/2.20	6.6	221.5	31.00	33.50	35.90	38.40
GJ—35	37.16	7/2.60	7.8	309.3	43.40	46.80	50.20	53.60
GJ—50	48.35	19/1.80	9.0	402.5	55.20	59.60	63.90	68.30
GJ—70	72.22	19/2.20	11.0	601.2	82.5	89.00	95.50	102.00
GJ—95	94.15	37/1.80	12.6	783.8	101.00	109.00	117.00	125.00
GJ—120	116.24	37/2.00	14.0	967.6	125.00	135.00	145.00	155.00
GJ—140	140.65	37/2.20	15.5	1170.8	151.00	163.00	175.00	187.00
GJ—170	167.38	37/2.40	16.8	1393.4	180.00	194.00	209.00	223.00

注 本表数值部分摘自 YB/T 5004—2001《镀锌钢绞线》；镀锌钢绞线钢丝镀层级别分为特 A、A 和 B 三级。

（5）铝合金绞线。铝合金含有98%的铝和少量的镁、硅、铁、锌等元素，它的密度与铝基本相同，导电率与铝接近，与相同截面的铝绞线相比机械强度高，也是一种比较理想的导线材料。但铝合金线的耐振性能较差，不宜在大档距的架空线路上使用。铝合金线有热处理铝镁硅合金线（LHAJ）和热处理铝镁硅稀土合金线（LHBJ）两种。

2. 绝缘导线

架空绝缘配电线路适用于城市人口密集地区，线路走廊狭窄，架设裸导线线路与建筑物的间距不能满足安全要求的地区，以及风景绿化区、林带区和污秽严重的地区等。随着城市的发展，实施架空配电线路绝缘化是配电网发展的必然趋势。

（1）绝缘导线分类。

架空配电线路绝缘导线按电压等级可分为中压绝缘导线、低压绝缘导线；按架设方式可分为分相架设、集束架设。绝缘导线的类型有中、低压单芯绝缘导线、低压集束型绝缘导线、中压集束型半导体屏蔽绝缘导线、中压集束型金属屏蔽绝缘导线等。

（2）绝缘材料。

目前户外绝缘导线所采用的绝缘材料，一般为黑色耐气候型的交联聚乙烯、聚乙烯、高密度聚乙烯、聚氯乙烯等。这些绝缘材料一般具有较好的电气性能、抗老化及耐磨性能等，暴露在户外的材料填加有1%左右的碳黑，以防日光老化。

（3）绝缘导线结构和技术性能。

1）单芯中、低压绝缘导线。中、低压架空绝缘线路一般采用单芯绝缘导线、分相架设方式，其架设方法与裸导线的架设方法基本相同。中压线路相对低压线路遭受雷击的几率较高，中压绝缘导线还需考虑采取防止雷击断线的措施。低压绝缘导线的结构如图 GYPD00101002-1 所示，为直接在线芯上挤包绝缘层；中压绝缘导线的结构如图 GYPD00101002-2 所示，是在线芯上挤包一层半导体屏蔽层，在半导体屏蔽层外挤包绝缘层，生产工艺为两层共挤，同时完成。绝缘导线的线芯一般采用经紧压的圆形硬铝（LY8 或 LY9 型）、硬铜（TY 型）或铝合金导线（LHA 或 LHB 型）。

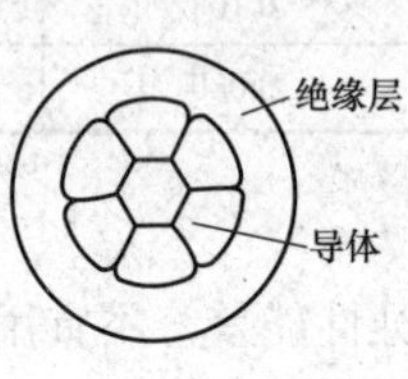

图 GYPD00101002-1 低压绝缘导线结构图

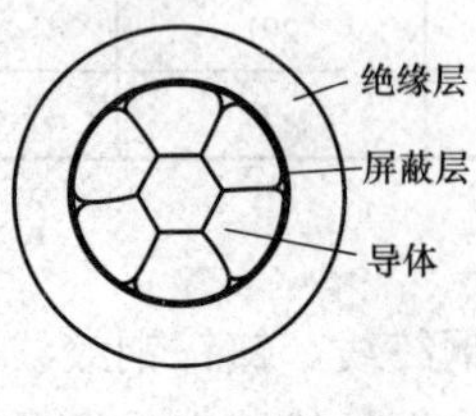

图 GYPD00101002-2 中压绝缘导线结构图

常用 10kV 绝缘导线主要技术参数见表 GYPD00101002-7。

表 GYPD00101002-7　　常用 10kV 绝缘导线主要技术参数

导体标称截面（mm^2）	导体参考直径（mm）	导体屏蔽层最小厚度（mm）	绝缘层标称厚度（mm）		20℃导体电阻（不大于，Ω/km）				导线拉断力（不小于，N）		
			薄绝缘	普通	硬铜芯	软铜芯	铝芯	铝合金芯	硬铜芯	铝芯	铝合金芯
35	7.0	0.5	2.5	3.4	0.540	0.524	0.868	1.007	11 731	5177	8800
50	8.3	0.5	2.5	3.4	0.399	0.387	0.641	0.744	16 502	7011	12 569
70	10.0	0.5	2.5	3.4	0.276	0.268	0.443	0.514	23 461	10 354	17 596
95	11.6	0.6	2.5	3.4	0.199	0.193	0.320	0.371	31 759	13 727	23 880
120	13.0	0.6	2.5	3.4	0.158	0.153	0.253	0.294	39 911	17 339	30 164
150	14.6	0.6	2.5	3.4	0.128	—	0.206	0.239	49 505	21 003	37 706

2）低压集束型绝缘导线。可分为承力束承载、中性线承载和整体自承载三种方式，如图 GYPD00101002-3 所示。整体自承载的低压集束型绝缘导线的线芯，应采用经紧压的硬铝、硬铜或铝合金导线做线芯。采用承力束或裸中性线承载的低压集束型绝缘导线，相线可以采用未经紧压的软铜芯做线芯。

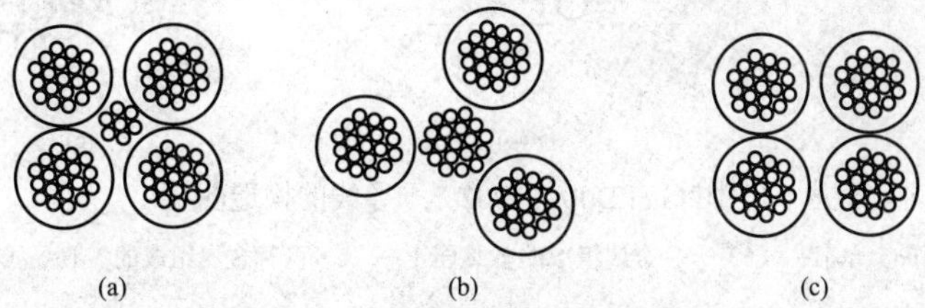

图 GYPD00101002-3　集束型绝缘导线结构图

（a）承力束载荷；（b）中性线载荷；（c）整体载荷

低压并行绝缘接户线如图 GYPD00101002-4 所示。压板夹住导线后，挂钩勾在横担上，引接简便，适用于较小的用电负荷，可减少占用空间走廊，有利于布线整洁。

3）中压集束型绝缘导线。中压集束型绝缘导线（HV—ABC 型）可分为金属屏蔽绝缘导线、集束型半导体屏蔽两种类型。中压集束型金属屏蔽绝缘导线，一般带承力束，如图 GYPD00101002-5 所示；中压集束型半导体屏蔽绝缘导线可分为承力束承载和自承载两种类型，如图 GYPD00101002-6 所示。

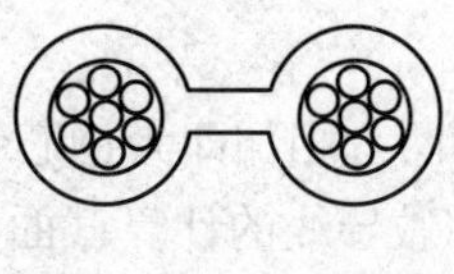

图 GYPD00101002-4　低压并行绝缘接户线结构图

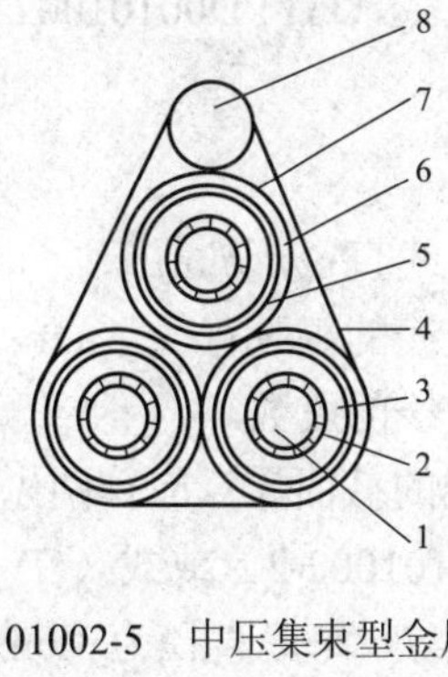

图 GYPD00101002-5　中压集束型金属屏蔽绝缘导线

1—导体；2—半导体绝缘内屏蔽；3—绝缘体；4—绕扎线；5—半导体绝缘外屏蔽；6—集束屏蔽；7—外护套；8—承力束

3. 导线的构造

如图 GYPD00101002-7(a)所示，单股导线是仅由铜或铝所制成的一股导线；如图 GYPD00101002-7（b）所示，是由一种金属（如铜、铝或钢）制成的合股导线（绞线），如铝绞线、铜绞线等；如图

GYPD00101002-7（c）所示，是由两种金属制造的合股导线，如钢芯铝绞线等。

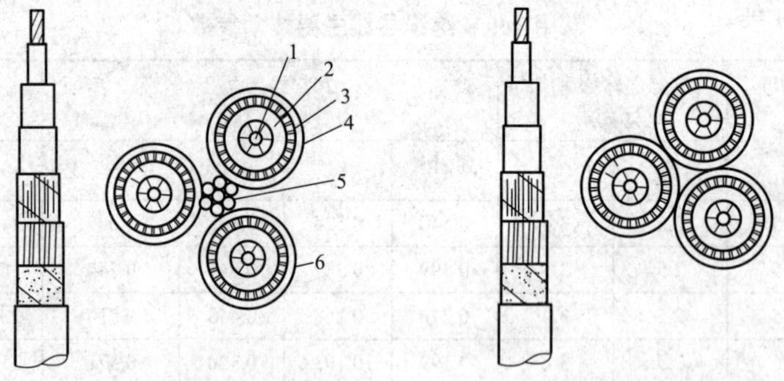

(a) (b)

图 GYPD00101002-6 中压集束型半导体屏蔽绝缘导线

（a）带承力束；（b）自承载

1—导体；2—半导体绝缘内屏蔽；3—绝缘体；4—半导体绝缘外屏蔽；5—承力束；6—外护套

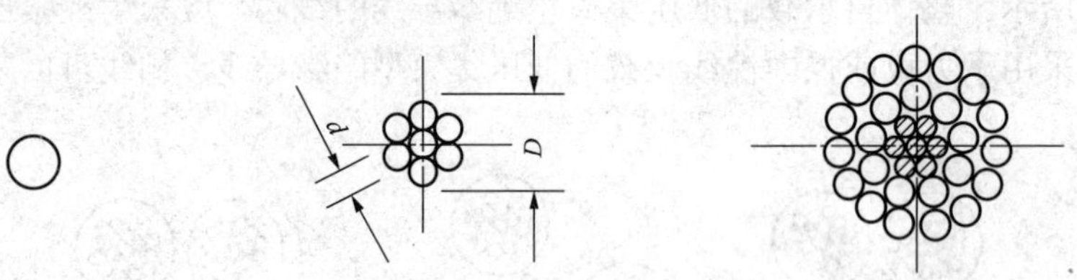

(a) (b) (c)

图 GYPD00101002-7 导线的构造图

（a）单股；（b）一种金属组成的多股导线；（c）两种金属组成的多股导线

（1）导线直径的计算。

单股线及绞线的外径可用游标卡尺等测出。绞线外径也称计算直径，若绞线中每股线径相同时，其计算直径 D（mm）可按式（GYPD00101002-1）计算

$$D=(2n+1)d \text{ （mm）} \qquad \text{（GYPD00101002-1）}$$

式中 n——外层数；

d——每股直径，mm。

（2）导线截面的计算。

单股导线的截面积 S（mm^2）按式（GYPD00101002-2）计算；绞线的截面积 S（mm^2）为各小股截面积之和，按式（GYPD00101002-3）进行计算

$$S=0.785D^2 \text{ （mm}^2\text{）} \qquad \text{（GYPD00101002-2）}$$

$$S=0.785nd^2 \text{ （mm}^2\text{）} \qquad \text{（GYPD00101002-3）}$$

式中 D——导线直径，mm；

d——绞线的每股直径，mm；

n——绞线的股数。

钢芯铝绞线的截面计算应分别先算出钢线和铝线的截面，然后两者相加即为钢芯铝绞线的截面。按式（GYPD00101002-2）或式（GYPD00101002-3）算出的截面称做导线的计算截面，例如 LJ—50 型导线的股数为 7，每股直径为 3.0mm，按式（GYPD00101002-3）算出的计算截面为 49.46mm^2，取整数为 50mm^2，称为标称截面。导线截面都用标称截面表示。

二、绝缘子

1. 绝缘子的类型

架空电力线路的导线，是利用绝缘子和金具连接固定在杆塔上的。用于导线与杆塔绝缘的绝缘子，在运行中不但要承受工作电压的作用，还要受到过电压的作用，同时还要承受机械力的作用及气温变化和周围环境的影响，所以绝缘子必须有良好的绝缘性能和一定的机械强度。通常，绝缘子的表面被做成波纹形的。这是因为：一是可以增加绝缘子的泄漏距离（又称爬电距离），同时每个波纹又能起到阻断电弧的作用；二是当下雨时，从绝缘子上流下的污水不会直接从绝缘子上部流到下部，避免形成污水柱造成短路事故，起到阻断污水水流的作用；三是当空气中的污秽物质落到绝缘子上时，由于绝缘子波纹的凹凸不平，污秽物质将不能均匀地附在绝缘子上，在一定程度上提高了绝缘子的抗污能力。

绝缘子按照材质分为瓷绝缘子、玻璃绝缘子和合成绝缘子三种。

（1）瓷绝缘子具有良好的绝缘性能、适应气候的变化性能、耐热性和组装灵活等优点，被广泛用于各种电压等级的线路。金属附件连接方式分球型和槽型两种。在球型连接构件中用弹簧销子锁紧；在槽型结构中用销钉加用开口销锁紧。瓷绝缘子是属于可击穿型的绝缘子。

（2）玻璃绝缘子。用钢化玻璃制成，具有产品尺寸小、质量轻、机电强度高、电容大、热稳定性好、老化较慢寿命长“零值自破”维护方便等特点。

（3）合成绝缘子。又名复合绝缘子，它是由棒芯、伞盘及金属端头铁帽三个部分组成。① 棒芯：一般由环氧玻璃纤维棒玻璃钢棒制成，抗张强度很高。棒芯是合成绝缘子机械负荷的承载部件，同时又是内绝缘的主要部件。② 伞盘：以高分子聚合物如聚四氯乙烯、硅橡胶等为基体添加其他成分，经特殊工艺制成。伞盘表面为外绝缘给绝缘子提供所需要的爬电距离。③ 金属端头：用于导线杆塔与合成绝缘子的连接根据负载能力的大小采用可锻铸铁、球墨铸铁或钢等材料制造而成。为使棒芯与伞盘间结合紧密，在它们之间加一层粘接剂和橡胶护套。合成绝缘子具有抗污闪性强、强度大、质量轻、抗老化性好、体积小等优点。但承受的径向（垂直于中心线）应力很小，因此，使用于耐张杆的绝缘子严禁踩踏，或任何形式的径向荷重，否则将导致折断。运行数年后还会出现伞裙变硬、变脆的现象，也容易发生鸟类咬噬而导致损坏。

2. 架空配电线路常用绝缘子

架空配电线路常用的绝缘子有针式瓷绝缘子、柱式瓷绝缘子、悬式瓷绝缘子、蝴蝶式瓷绝缘子（又称茶台瓷瓶）、棒式瓷绝缘子、拉线瓷绝缘子、陶瓷横担绝缘子、放电箝位瓷绝缘子等。低压线路用的低压瓷瓶有针式和蝴蝶式两种。

（1）针式瓷绝缘子。针式瓷绝缘子主要用于直线杆和角度较小的转角杆支持导线，分为高压、低压两种，其外形如图 GYPD00101002-8 所示。针式绝缘子的支持钢脚用混凝土浇装在瓷件内，形成“瓷包铁”内浇装结构。

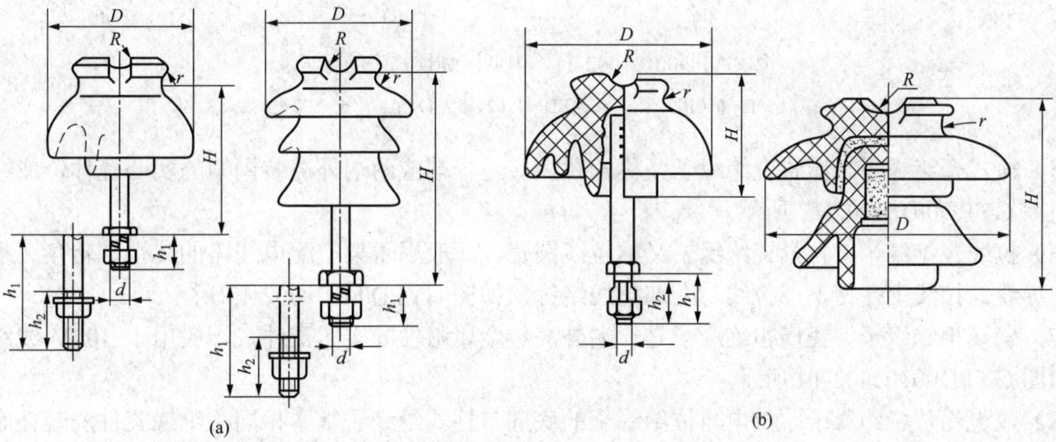

图 GYPD00101002-8 针式瓷绝缘子

（a）低压针式瓷绝缘子 P—6、P—10 型；（b）高压针式瓷绝缘子 P—15 型、P—20 型

（2）柱式瓷绝缘子。柱式瓷绝缘子的用途与针式绝缘子基本相同。柱式瓷绝缘子的绝缘瓷件浇装在底座铁靴内，形成“铁包瓷”外浇装结构，如图 GYPD00101002-9 所示。但采用柱式瓷绝缘子时，架设直线转角杆的导线角度不能过大，侧向力不能超过柱式瓷绝缘子允许抗弯强度。

（3）悬式瓷绝缘子。悬式瓷绝缘子俗称吊瓶，如图 GYPD00101002-10 所示，主要用于架空配电线路耐张杆，一般低压线路采用一片悬式瓷绝缘子悬挂导线，10kV 线路采用两片组成绝缘子串悬挂导线。悬式瓷绝缘子金属附件的连接方式，分球窝型和槽型两种。

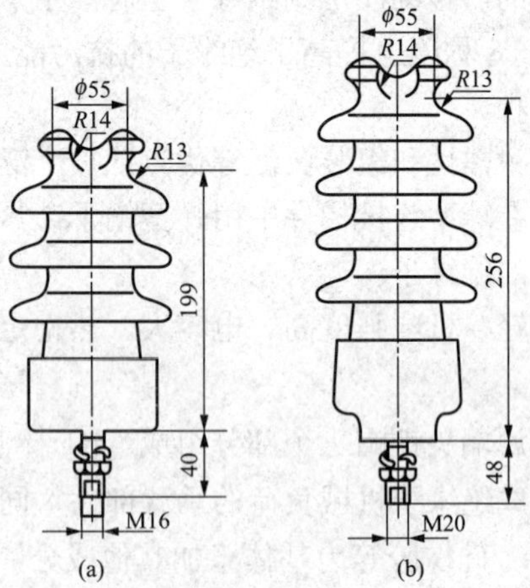

图 TYPD00101002-9 柱式瓷绝缘子

（a）PS—15/3.0 型；（b）PS—20/5.0 型

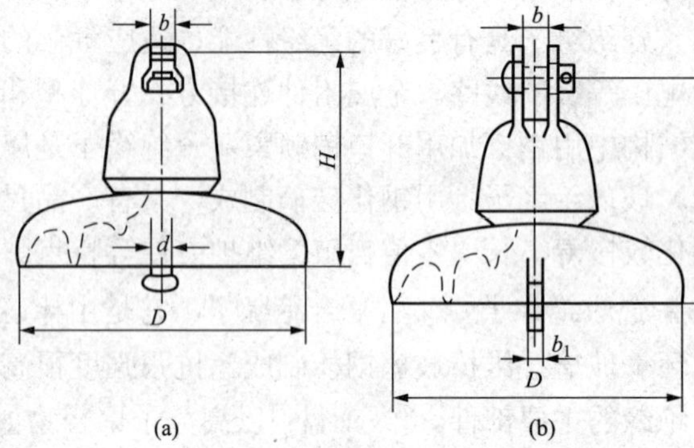

图 GYPD00101002-10 悬式瓷绝缘子

（a）球窝型；（b）槽型

（4）蝴蝶式瓷绝缘子。蝴蝶式瓷绝缘子俗称茶台瓷瓶，分为高压、低压两种，如图 GYPD00101002-11 所示。在 10kV 线路上蝴蝶式瓷绝缘子与悬式瓷绝缘子组成“茶吊”，用于小截面导线耐张杆、终端杆或分支杆等；或在低压线路上，作为直线或耐张绝缘子。

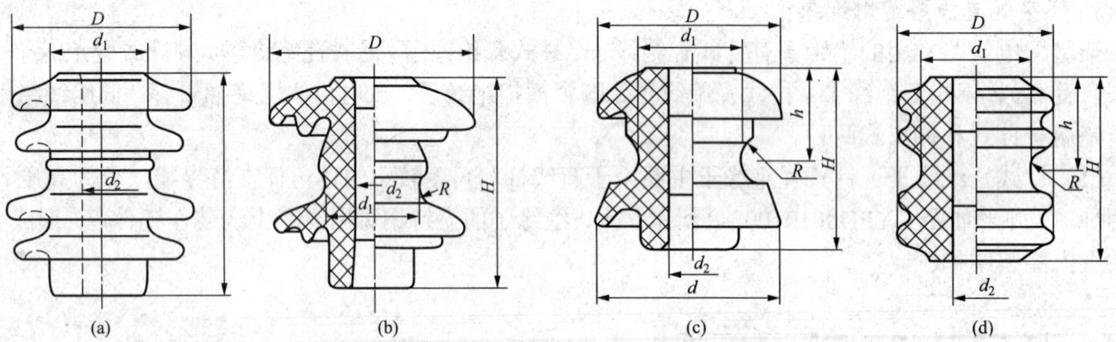

图 GYPD00101002-11 中低压蝴蝶式瓷绝缘子

（a）E—1 型；（b）E—6（10）型；（c）ED—1（2、3、4）型；（d）EX—1（2、3、4）型

（5）棒式瓷绝缘子。棒式瓷绝缘子又称瓷拉棒，是一端或两端外浇装钢帽的实心瓷体，或纯瓷拉棒，如图 GYPD00101002-12 所示。

（6）拉线瓷绝缘子。拉紧瓷绝缘子又称拉线圆瓷，一般用于架空配电线路的终端、转角、耐张杆等穿越导线的拉线上，使下部拉线与上部拉线绝缘，如图 GYPD00101002-13 所示。

（7）瓷横担绝缘子。瓷横担绝缘子是一端外浇装金属附件的实芯瓷件，一般用于 10kV 线路直线杆，如图 GYPD00101002-14 所示。

（8）放电箝位瓷绝缘子。放电箝位绝缘子的底部与柱式绝缘子基本相同，绝缘瓷件浇装在底座铁靴内，形成“铁包瓷”外浇装结构，其顶部绝缘瓷件浇装在铁帽内，铁帽上安装有铝质压板，如图 GYPD00101002-15 所示。

3. 绝缘子检验

（1）出厂检验。出厂绝缘子应逐个进行外观质量、尺寸偏差检查。此外，进行逐个试验还应包含：高压绝缘子工频火花电压试验（外胶装式除外），悬式绝缘子拉伸负荷试验，瓷横担绝缘子单向弯曲负荷试验，柱式绝缘子四向弯曲耐受负荷试验。试验负荷为额定（机电）破坏负荷的 50%。

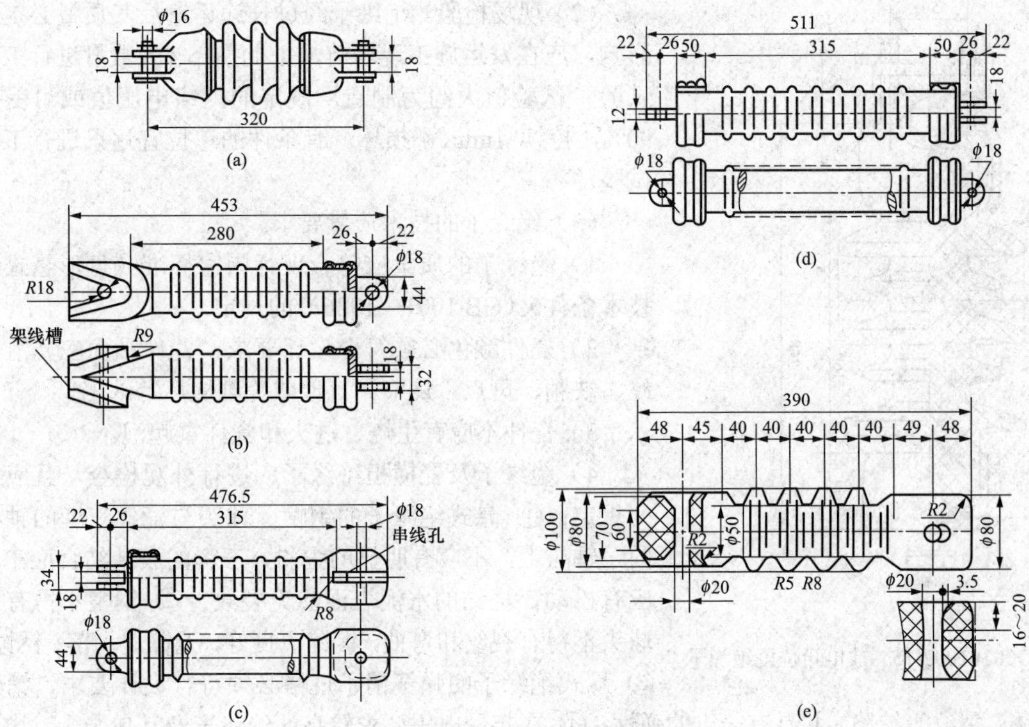

图 GYPD00101002-12　棒式瓷绝缘子

（a）SL—10/20 型；（b）XS—10/2 型；（c）XS—10/2D 型；（d）XS—10/2T 型；（e）XS—10 型

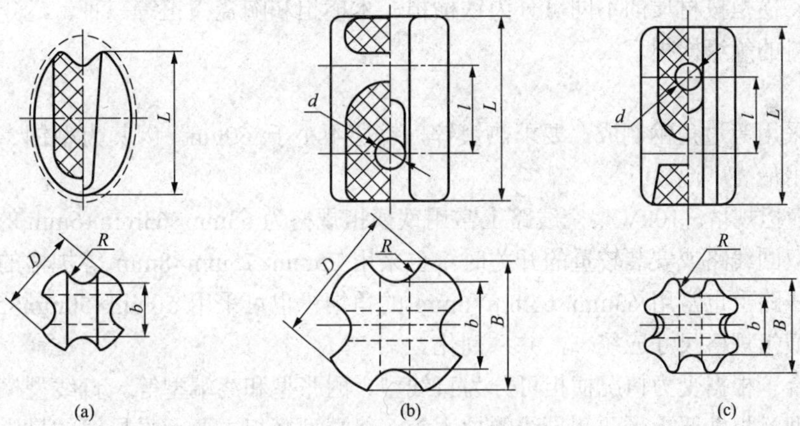

图 GYPD00101002-13　拉紧瓷绝缘子

（a）J—20 型；（b）J—45（54）型；（c）J—70（90、160）型

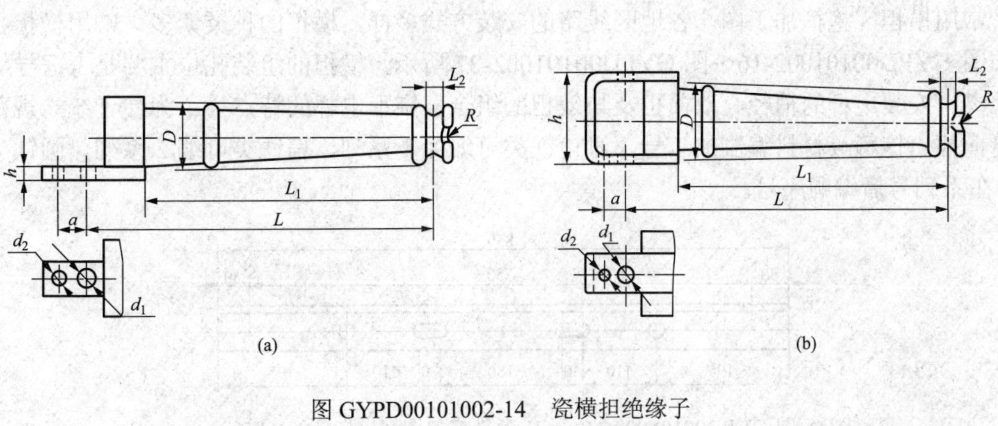

图 GYPD00101002-14　瓷横担绝缘子

（a）S—10/2.5 型；（b）S—10/5.0 型

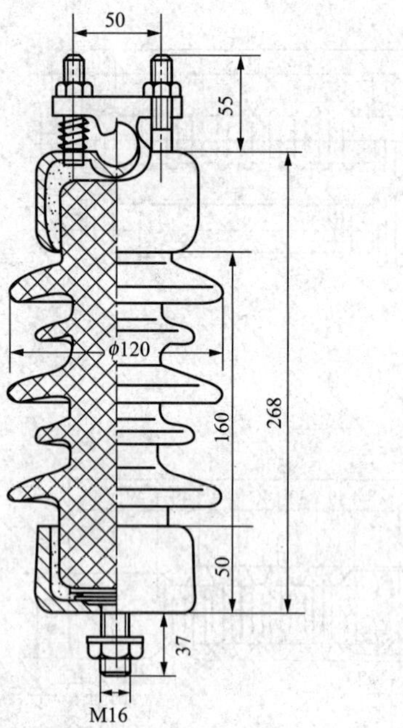

图 GYPD00101002-15 放电箝位瓷绝缘子

（2）现场检验。绝缘子经过长途运输后其质量必定会受到影响，应在发运施工现场前，每批抽 5%的数量进行工频耐压试验，试验值大约为制造厂规定的闪络电压值或耐受电压的90%，持续 1min 不损坏。有条件的单位宜逐只进行工频耐压试验。

（3）绝缘子的技术质量要求。

1）绝缘子的质量应符合现行国家标准《盘形悬式绝缘子技术条件》（GB 1001—1986）的规定。

2）瓷件颜色必须符合设计要求，瓷件釉面应光滑、无裂纹、缺釉、斑点、烧痕、气泡或瓷釉烧坏等缺陷。

3）瓷件不应有生烧、过火和瓷件氧起泡。

4）绝缘子及瓷横担绝缘子应进行外观检查，且应符合下列规定：① 悬式绝缘子的钢帽、球头与瓷件三者的轴心应在同一轴心上，不应有明显的歪斜，三者的胶装结合应牢固，不应有松动，浇结的水泥表面应无裂纹；② 钢帽不得有裂纹、球头不得有裂纹和弯曲，镀锌应良好，无锌皮剥落、锈蚀现象；③ 悬式绝缘子的弹簧销子规格必须符合设计要求，销子表面应无生锈、裂纹等缺陷，并具有一定的弹性；④ 在起晕电压要求较高的绝缘子及其包装上，均应有制造厂家的特殊标志；⑤ 钢化玻璃件上不应有影响性能的折痕、气泡、杂质等缺陷。

三、横担

横担用于支持绝缘子、导线及柱上配电设备，保护导线间有足够的安全距离。因此，横担要有一定的强度和长度。横担按材质的不同可分为铁横担、木横担和陶瓷横担等三种。近年来又出现了玻璃纤维环氧树脂材料的绝缘横担。

1. 铁横担

铁横担一般采用等边角钢制成，要求热镀锌，锌层不小于 60μm，因其为型钢，造价较低，并便于加工，所以使用最为广泛。

（1）常用铁横担规格。10kV 架空线路上常用铁横担规格为 63mm×63mm×6mm 的角钢，在需要架设大跨越线路、双回线路或安装较重的开关时，也采用 75mm×75mm×8mm 等规格的角钢。为统一规范，在低压架空线路上也常用 63mm×63mm×6mm 的角钢，也可采用 50mm×50mm×5mm 的角钢。为便于施工管理，横担规格尺寸应统一，并系列化。

（2）横担组合。根据受力情况横担可分为直线型、耐张型和终端型等。直线型横担只承受导线的垂直荷载，耐张型横担主要承受两侧导线的拉力差，终端型横担主要承受导线的最大允许拉力。耐张型横担、终端型横担根据导线的截面，一般应为双横担，当架设大截面导线或大跨越档距时，双担平面间应加斜撑板，或采用梭形双横担。

（3）常用横担、抱箍加工图。各地区线路的安装方式多样，横担的种类繁多，常用横担、抱箍等加工图如图 GYPD00101002-16～图 GYPD00101002-27 所示，横担的组装孔位主要是考虑导线的排列及线间距离、安装电杆的梢径、双横担及与戗担的组合、锥形电杆的特点等。为便于统一规范管理，可对线路横担、抱箍等材料编制加工号。对角铁类可编为 1 系列，扁铁类可编 2 系列，圆铁类可编为 3 系列，在系列号后编顺序号。

图 GYPD00101002-16 101 角铁横担图（$\angle 63^2 \times 6 \times 850$）

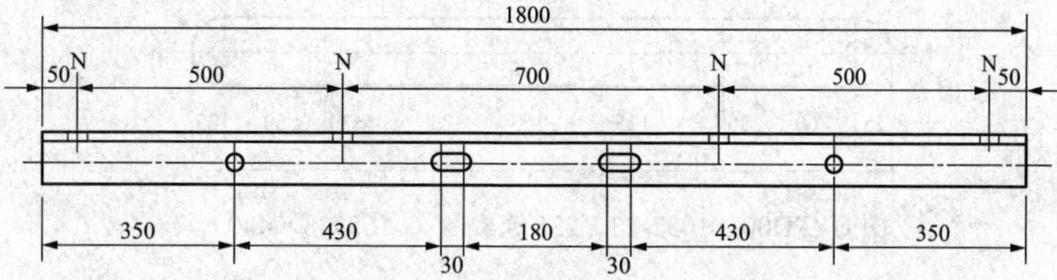

图 GYPD00101002-17 103 角铁横担（$\angle 63^2\times 6\times 1800$）

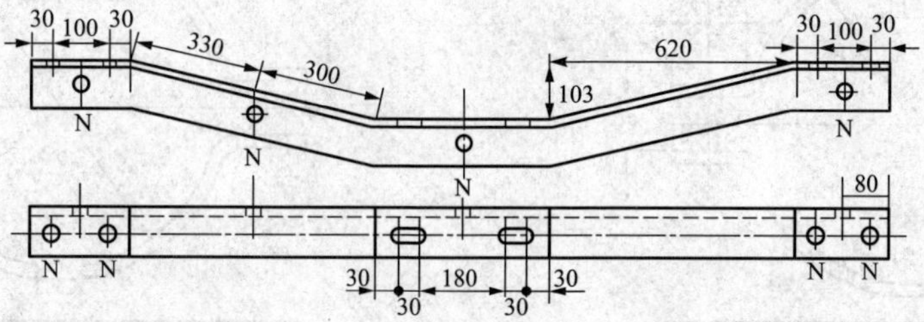

图 GYPD00101002-18 120 角铁横担图（$\angle 63^2\times 6\times 2174$）

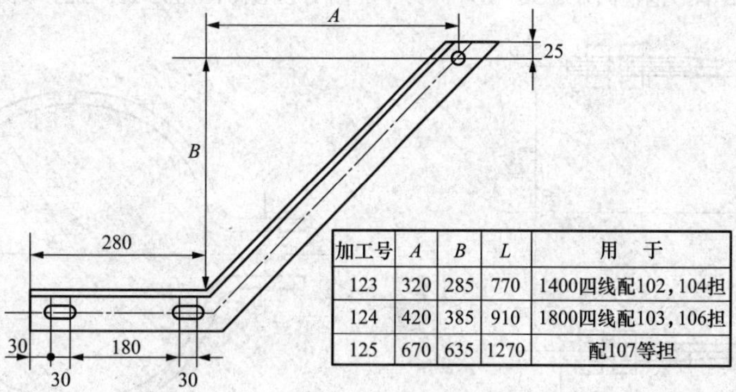

加工号	*A*	*B*	*L*	用 于
123	320	285	770	1400四线配102，104担
124	420	385	910	1800四线配103，106担
125	670	635	1270	配107等担

图 GYPD00101002-19 123、124、125 角戗图［$\angle 50^2\times 5\times L$（反正）］

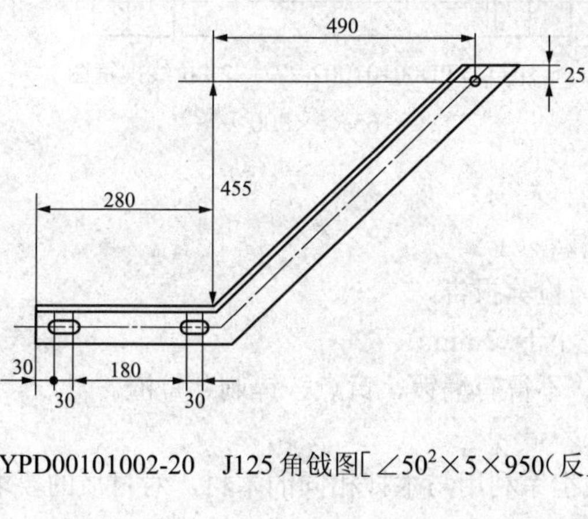

图 GYPD00101002-20 J125 角戗图[$\angle 50^2\times 5\times 950$(反正)]

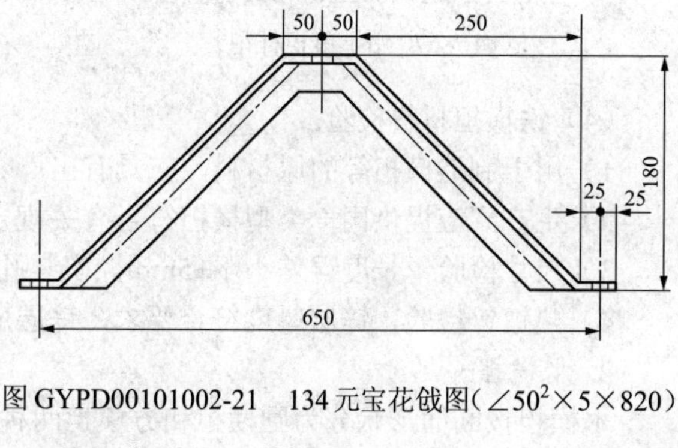

图 GYPD00101002-21 134 元宝花戗图($\angle 50^2\times 5\times 820$)

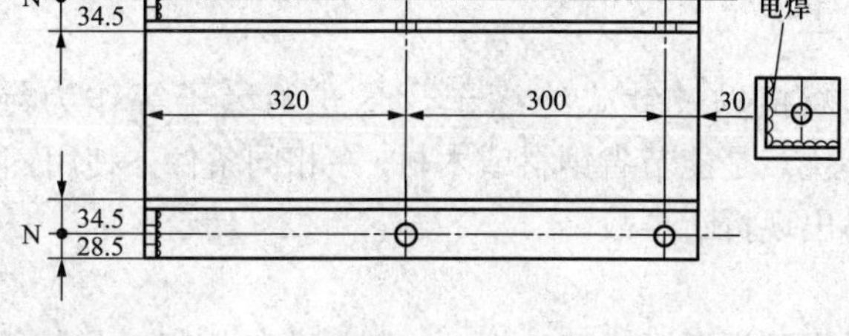

图 GYPD00101002-22 131 立铁图（$\angle 63^2\times 6\times 650$ 焊平垫$\angle 57\times 57\times 10$）

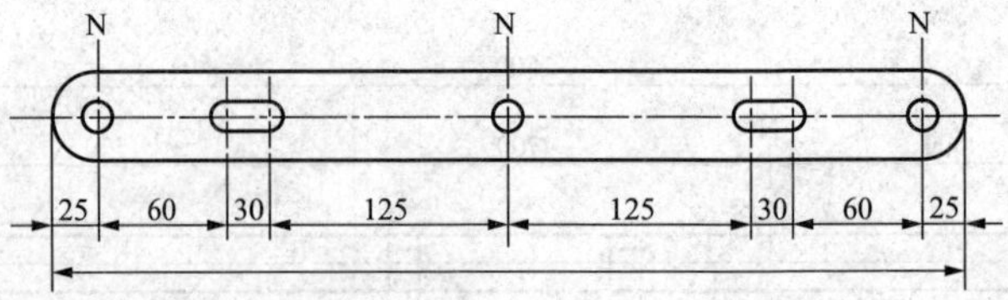

图 GYPD00101002-23　235 连板图（∠65×8×480）

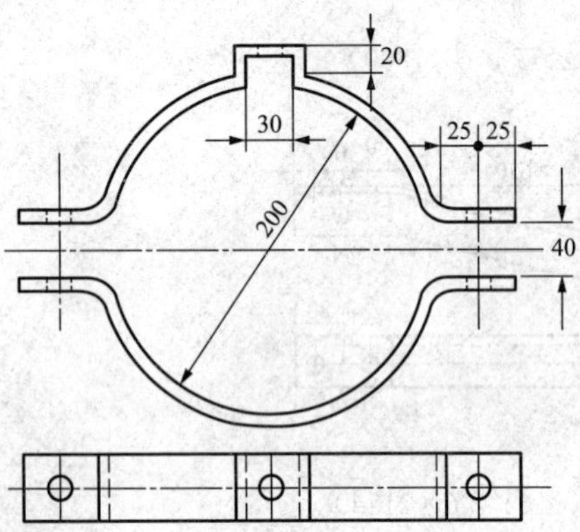

图 GYPD00101002-24　222 单凸抱箍图（∠50×5×790）

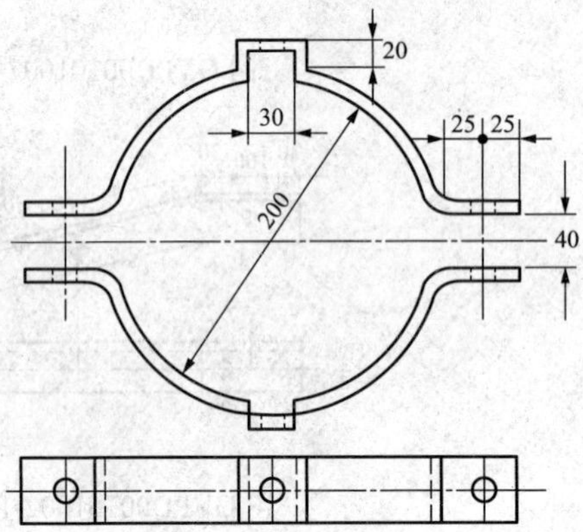

图 GYPD00101002-25　223 双凸抱箍图（∠65×6×830）

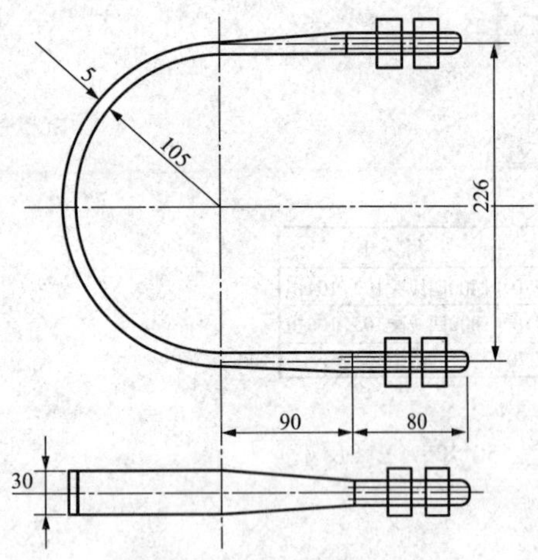

图 GYPD00101002-26　301 抱箍图
（ϕ16×670 用于单担杆型）

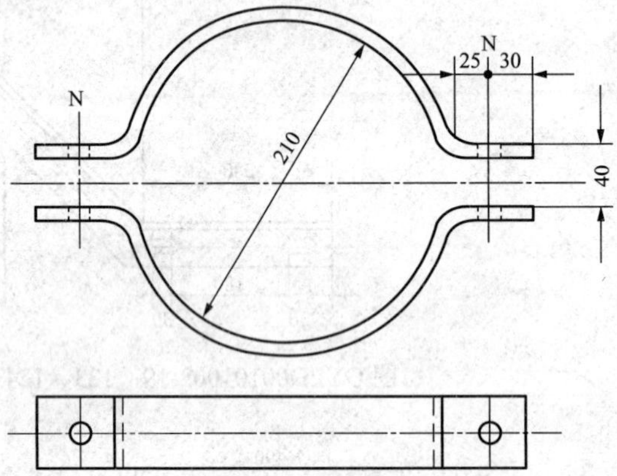

图 GYPD00101002-27　221 拉线抱箍图
（∠65×6×800）

（4）铁横担材料检验：

1）用于制造横担等的原材料，应具有出厂合格证书。

2）生产厂应提供同一类型横担符合有关规定的受力检验报告。

3）尺寸检验，长度误差小于±5mm，安装孔距误差小于±2mm。

4）热镀锌检验，锌层厚度符合要求，锌层应均匀，不得有漏镀、黄点、锌刺、锌渣。

2. 木横担

木横担按断面形状分为圆横担和方横担两种，圆横担系利用与木杆相同的木材，对材质的要求是没有劈裂、没有节子，松柏杉木等都可以利用，但小头直径不得小于 100mm。圆横担的长度与方横担相同。木横担现在已不常用。

3. 瓷横担

瓷横担可代替铁、木横担以及针式绝缘子、悬式绝缘子等作为绝缘和固定导线用。如图 GYPD00101002-14 所示，其优点是能节省钢材或木材，在相同条件下使用，陶瓷横担可降低线路造价。但瓷横担机械强度较低，易出现折断事故。

4. 绝缘横担

绝缘横担是利用玻璃纤维环氧树脂（玻璃钢）材料制作的横担，代替传统的铁横担，安装在中压配电线路上的一种新型横担，具有以下优越性：

（1）质量轻、强度高。玻璃钢有很高的机械强度，而密度仅为钢的 1/4 左右。

（2）电气性能好。玻璃钢有很高的电气强度，特别适用于中性点不接地系统。

（3）延伸率小。玻璃钢横担的延伸率一般小于 5%，不会在短时间内出现整个横担完全丧失荷载能力的现象。

（4）抗疲劳性好。玻璃钢中的玻璃纤维与树脂有阻止裂纹扩展的作用，故比铁横担有好的抗疲劳性。

【思考与练习】

1. 导线的种类有哪些？
2. 绝缘子如何分类？
3. 绝缘子的表面为何要做成波纹形的？
4. 横担的种类有哪些？

模块 3　配电线路杆塔（GYPD00101003）

【模块描述】本模块介绍杆塔的类型和常用杆塔的种类。通过分类和图示介绍，掌握杆塔的基本结构、种类、用途、杆塔基础和应用的技术要求。

【正文】

一、杆塔的类型

架空配电线路由杆塔、导线、避雷线（也称架空地线或简称地线）、绝缘子、金具、拉线和基础，加接地装置、隔离开关、变压器、断路器、故障指示器、避雷器等元件组成。杆塔的作用是支撑导线和避雷线，使其对大地、树木、建筑物以及被跨越的电力线路、通信线路等保持足够的安全距离要求，并在各种气象条件下，保证电力线路能够安全可靠地运行。

杆塔按其在架空线路中的用途可分为直线杆、耐张杆、转角杆、终端杆、分支杆、跨越杆和其他特殊杆等。

1. 直线杆

直线杆用在线路的直线段上，以支持导线、绝缘子、金具等重量，并能够承受导线的重量和水平风力荷载，但不能承受线路方向的导线张力；它的导线用线夹和悬式绝缘子串挂在横担下或用针式绝缘子固定在横担上。

2. 耐张杆

耐张杆主要承受导线或架空地线的水平张力，同时将线路分隔成若干耐张段（耐张段长度一般不超过 2km），以便于线路的施工和检修，并可在事故情况下限制倒杆断线的范围；导线用耐张线夹和耐张绝缘子串或用蝶式绝缘子固定在电杆上，电杆两边的导线用引流线连接起来。

3. 转角杆

转角杆用在线路方向需要改变的转角处，正常情况下除承受导线等垂直载荷和内角平分线方向的水平风力荷载外，还要承受内角平分线方向导线全部拉力的合力，在事故情况下还要能承受线路方向导线的重量，它有直线型和耐张型两种型式，具体采用哪种型式可根据转角的大小来确定。

4. 终端杆

终端杆用在线路首末的两终端处，是耐张杆的一种，正常情况下除承受导线的重量和水平风力荷载外，还要承受顺线路方向导线全部拉力的合力。

5. 分支杆

分支杆用在分支线路与主配电线路的连接处，在主干线方向上它可以是直线型或耐张型杆，在分支线方向上时则是终端杆；分支杆除承受直线杆塔所承受的载荷外，还要分支导线等垂直荷重、水平风力荷重和分支方向导线全部拉力。

6. 跨越杆

跨越杆用在跨越公路、铁路、河流和其他电力线等大跨越的地方；为保证导线具有必要的悬挂高度，一般要加高电杆；为加强线路安全，保证足够的强度，还需加装拉线。

二、杆塔的种类

配电线路杆塔的种类主要有钢筋混凝土杆、钢管杆、铁塔和木杆。

1. 钢筋混凝土杆

（1）钢筋混凝土杆的种类及构造。

钢筋混凝土杆按其制造工艺可分为普通型钢筋混凝土杆和预应力钢筋混凝土杆两种；按照杆的形状又可分为等径杆和锥形杆（又称拔稍杆）。等径杆的直径通常有300、400、500mm等，杆段长度一般有4.5、6、9m三种。锥形杆的拔稍度（斜度）均为1:75，其规格型号由高度、梢径（一般有150、190、230mm）、抗弯级别组成。电杆分段制造时，端头可采用法兰盘、钢板圈或其他接头形式。

普通锥形杆和预应力锥形杆的常用规格见表GYPD00101003-1和表GYPD00101003-2；普通锥形杆和预应力等径杆的常用规格见表GYPD00101003-3和表GYPD00101003-4。

表GYPD00101003-1 普通（非预应力）锥形杆常用规格

电杆长度（m）	配筋（根/直径，mm）	直径（m）		检验弯矩 M_0		电杆质量（kg）
		梢径	根径	级别	kN·m	
8	14/ϕ10	150	257	C	9.68	500
8	16/ϕ10	150	257	D	11.29	520
10	12/ϕ12	150	283	C	12.08	700
10	16/ϕ12	190	323	G	20.12	870
12	14/ϕ14	190	350	G	24.38	1100
12	16/ϕ14	190	350	I	9.25	1130
15	16/ϕ14	190	390	G	30.62	1740
15	14/ϕ16	190	390	I	36.75	1780

表GYPD00101003-2 预应力锥形杆常用规格

电杆长度（m）	配筋（根/直径，mm）	直径（m）		壁厚（mm）	检验弯矩 M_0		电杆质量（kg）
		梢径	根径		级别	kN·m	
8	10/ϕ4.8	150	257	40	C	9.68	420
10	12/ϕ4.8	150	283	40	C	12.08	580
10	14/ϕ4.8	190	323	40	G	20.12	720
12	16/ϕ4.8	190	350	50	G	24.38	1000
12	20/ϕ4.8	190	350	50	I	29.25	1020
15	18/ϕ4.8	190	390	50	G	30.62	1480
15	20/ϕ4.8	190	390	50	I	36.75	1520

表GYPD00101003-3 普通（非预应力）ϕ300mm等径杆常用规格

电杆长度（m）	配筋（根/直径，mm）	检验弯矩 M_0		电杆质量（kg）
		段别	kN·m	
4.5	14/ϕ12	上、中、下	20	500
4.5	16/ϕ16	上、中、下	35	533
6	12/ϕ12	上、中、下	20	658
6	16/ϕ12	上、中、下	25	671
6	14/ϕ16	上、中、下	35	706
9	16/ϕ12	上、中、下	20	980
9	16/ϕ12	上、中、下	20	990
9	14/ϕ16	上、中、下	35	1049

表 GYPD00101003-4　　预应力ϕ300mm 等径杆常用规格

电杆长度（m）	配筋（根/直径，mm）	检验弯矩 M_0		电杆质量（kg）
		段　别	kN×m	
6	32/ϕ6	上、中、下	25	635
9	32/ϕ6	上、中、下	25	955

钢筋混凝土电杆的构造断面一般为环形，主筋的分布如图 GYPD00101003-1 所示，对盘旋在主筋外的螺旋筋直径、螺距、布置有如下要求：① 梢径小于或等于 190mm 的锥形杆，螺旋筋的直径采用 3.0mm；梢径大于 190mm 的锥形杆或直径大于等于 300mm 的等径杆，螺旋筋的直径采用 4.0mm；② 螺旋筋必须沿杆段全长布置在主筋外围，对梢径小于或等于 150mm 的杆段，螺距不大于 150mm，梢径等于或大于 170mm 的杆段，螺距不大于 100mm，杆段无接头端的，螺旋筋应紧密缠绕 3～5 圈，且在端部 500mm 范围内螺距应控制在 50～60mm；③ 固定主筋用的架立圈间距不宜大于 1m，杆端无接头端应设置两个架立圈，并将架立圈与主筋扎结牢固。

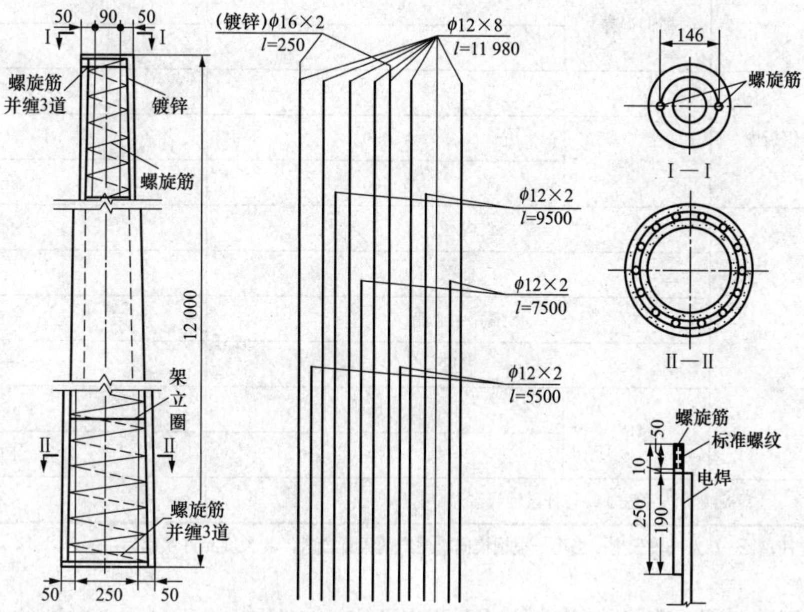

图 GYPD00101003-1　电杆主筋分布图

（2）钢筋混凝土电杆的检验。

钢筋混凝土电杆出厂检验的项目有：外观质量、抗裂检验、尺寸偏差、混凝土强度检验、裂缝宽度检验和标准检验弯矩下的挠度等。其外观和尺寸检验应符合以下要求：① 外表面应光洁平直；② 合缝处不应漏浆；③ 钢板圈或法兰盘与杆身接合处不应漏浆，电杆的梢端及根端不应漏浆或碰伤；④ 预留孔周围的混凝土不应损伤；⑤ 对允许修补的电杆可采用环氧树脂膏或其他有效方法进行修补，禁止使用混凝土砂浆修补，环氧树脂修补膏配比见表 TYPD00101003-5；⑥ 内外表面不得露筋，内表面混凝土不应有塌落；⑦ 钢板圈焊缝外内壁的混凝土端面与焊缝处的距离不得小于 10mm；⑧ 外表面的环向裂缝宽度不得超过 0.1mm，不得有纵向裂缝，网状裂纹、龟裂、水纹等除外；⑨ 电杆出厂前，顶端应用混凝土和砂浆封实；⑩ 电杆各部的尺寸允许误差见表 GYPD00101003-6。

表 GYPD00101003-5　　环氧树脂修补膏配比表

名　称	环 氧 树 脂	二 甲 苯	水　泥	乙 二 胺
质量比	100	15	300	6

表 GYPD00101003-6　　普通钢筋混凝土电杆外观尺寸允许误差表　　mm

<table>
<tr><th colspan="4">名　称</th><th>允 许 误 差</th></tr>
<tr><td rowspan="2">杆长</td><td colspan="3">整根杆杆段</td><td>±10</td></tr>
<tr><td colspan="3">组装杆杆段</td><td>±5</td></tr>
<tr><td colspan="4">壁厚</td><td>+10，−2</td></tr>
<tr><td colspan="4">外径</td><td>+4，−2</td></tr>
<tr><td rowspan="2">弯曲度</td><td colspan="3">梢径≤190</td><td>$L/800$</td></tr>
<tr><td colspan="3">梢径或直径>190</td><td>$L/1000$</td></tr>
<tr><td rowspan="3">端部倾斜</td><td colspan="3">杆底</td><td>5</td></tr>
<tr><td colspan="3">钢板圈</td><td>3</td></tr>
<tr><td colspan="3">法兰盘</td><td>2</td></tr>
<tr><td rowspan="13">预埋件</td><td rowspan="4">预留孔</td><td colspan="2">对杆中心垂直误差（埋管式）</td><td>$D_e/100$</td></tr>
<tr><td colspan="2">纵向两孔间距</td><td>±4</td></tr>
<tr><td rowspan="2">横向误差</td><td>固定式</td><td>2</td></tr>
<tr><td>埋管式</td><td>3</td></tr>
<tr><td rowspan="3">钢板圈</td><td colspan="2">直径误差</td><td>±2</td></tr>
<tr><td rowspan="2">内径</td><td>≤400</td><td>±2</td></tr>
<tr><td>>400</td><td>±3</td></tr>
<tr><td rowspan="6">法兰盘</td><td colspan="2">内径</td><td>±2</td></tr>
<tr><td colspan="2">外径</td><td>±2</td></tr>
<tr><td colspan="2">螺孔中心距</td><td>±0.5</td></tr>
<tr><td colspan="2">高度</td><td>±2</td></tr>
<tr><td rowspan="2">厚度</td><td>铸造</td><td>+1.5，−0.5</td></tr>
<tr><td>焊接</td><td>±0.5</td></tr>
<tr><td colspan="4">钢板圈及法兰盘轴线与杆段轴线误差</td><td>2</td></tr>
</table>

注　D_e为埋管处电杆直径，L为杆段长度；当用一根钢模同时生产两根杆段时，其长度允许误差为−10mm。

对于预应力钢筋混凝土电杆还应满足以下两点要求：① 不应有环向和纵向裂纹，网状裂纹、龟裂、水纹等除外；② 杆长尺寸允许误差整根杆不作规定，组装杆杆段为±10%；③ 如果取得使用单位的同意，组装杆杆段按设计长度生产时，杆段长度误差为制造长度与设计长度的差数。

（3）钢筋混凝土电杆标志。

钢筋混凝土电杆标志有永久标志和临时标志两种。永久标志是将制造厂名或商标标记在电杆表面上，如制造日期和三米线等；临时标志用油漆写在电杆表面上，其位置略低于永久标志。

（4）钢筋混凝土电杆的保管与运输。

1）钢筋混凝土电杆的保管。电杆应按规格、型号分别堆放，堆放的场地应平整夯实。当电杆长度≤12m 时应采用两支点支撑堆放，杆长＞12m 时采用三支点支撑堆放，如图 GYPD00101003-2 所示。当锥形杆梢径≤270mm 和等径杆直径＜400mm 时，其堆放层数一般不超过 6 层；否则，不超过 4 层。电杆层与层之间应用垫木隔开，每层垫木支撑点应在同一平面上，各层垫木位置应在同一垂直线上。

2）钢筋混凝土电杆的运输。电杆在装卸运输时，必须捆绑固定牢固，以防止电杆在车上滚动；在装车和堆放时，支点处应套上草圈或捆扎草绳，以防碰伤，同时电杆两侧均需加斜木，上下层支点要在同一垂直线上。电杆在装卸运输中严禁相互碰撞、急剧坠落和不正确的支吊，以防止产生裂缝或使原有的裂缝扩大。

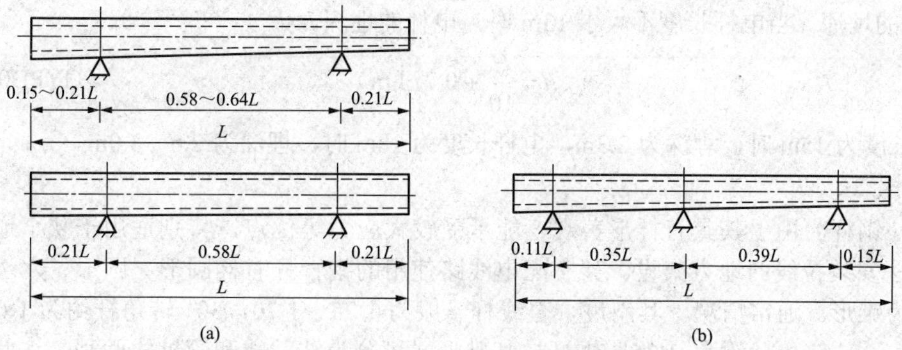

图 GYPD00101003-2　电杆堆放支撑图
（a）两支点位置；（b）三支点位置

（5）杆高的确定。

电杆杆高 H（GYPD00101003-1）

$$H = t + f + D + h \pm d \text{（m）} \quad \text{（GYPD00101003-1）}$$

式中　H——电杆高度，m；

t——横担至杆顶距离，m；

f——对应选定档距的导线最大弧垂，m；

D——导线对地安全距离，m；

h——电杆埋深，m；

d——绝缘子高度；针式绝缘子取“−”，悬式绝缘子取“+”。

由此可见，电杆杆高应由下面四个因素确定：

1）杆顶与横担所占的高度。最上层横担的中心距杆顶部距离与导线排列方式有关，水平排列时采用 0.3m；等腰三角形排列时为 0.6m；等边三角形排列时为 0.9m。同杆架设多回路时，各层横担间的垂直距离与线路电压有关，其数值不得小于表 GYPD00101003-7 所列数值。

表 GYPD00101003-7　　多回路各层横担间最小垂直距离　　m

线路电压	杆型	
	直线杆	分支或转角杆
10kV 间	0.8	0.45～0.6
10kV 与 380/220V 间	1.2	1.0
380/220V 间	0.6	0.3
10kV 与通信线路间	2.0	2.0
380/220V 与通信线路间	0.6	0.6

2）导线的弧垂所需高度。导线两悬挂点的连线与导线最低点间的垂直距离称为弧垂。弧垂过大容易碰线，弧垂过小则会因为导线承受的拉力过大而可能被拉断。弧垂的大小与导线截面及材料、杆距和周围温度等因素有关。在决定电杆高度时，应按最大弧垂考虑。

3）导线与地面或跨越物最小允许距离。为保证线路安全运行，防止人身事故，导线最低点与地面或跨越物间应有一定距离，见表 GYPD00101003-8。

表 GYPD00101003-8　　导线与地面或水面的最小距离　　m

线路经过地区	线路电压	
	10kV	0.4kV
居民区	6.5	6
非居民区	5.5	5
不能通航也不能浮运的河、湖（至冬季冰面）	5	5
不能通航也不能浮运的河、湖（至 30 年一遇洪水位）	3	3
交通困难地区	4.5	4

注　居民区是指工业企业地区、港口、码头、火车站、市镇，公社等人口稠密地区；非居民区是指上述居民区以外的地区，均属非居民区，虽然时常有人，有车辆或农业机械到达。但未建房屋或房屋稀少的地区，也属非居民区；交通困难地区是指车辆、农业机械不能到达的地区。

4）电杆的埋深。当电杆长度不大于 13m 时，电杆的埋深 h 为

$$h=\frac{H}{10}+0.7\ （m） \qquad (GYPD00101003\text{-}2)$$

当电杆长度为 15m 时，埋深为 2.3m，电杆长度为 18m 时，埋深为 2.6～3.0m。

2. 钢管杆

钢管杆（钢杆）由于其具有杆形美观、能承受较大应力等优点，特别适用于狭窄道路、城市景观道路和无法安装拉线的地方架设。架空配电线路使用的钢管杆有椭圆形、圆形、六边或十二边等多边形，多为锥形。通常情况下其斜度，直线杆一般为 1:75～1:70，30° 转角杆约为 1:65，60° 转角杆约为 1:45，90° 转角杆约为 1:35。钢杆按基础形式可分为法兰式和管桩式两种。法兰式钢杆长一般为 11m 和 12.8m 两种，11m 钢杆可与 13m 钢筋混凝土电杆配合使用，12.8m 钢杆可与 15m 钢筋混凝土电杆配合使用。管桩式钢杆长一般为 12、13.8、14.2、15m 等多种，可与 13m 或 15m 钢筋混凝土电杆配合使用，前 3 个长度的钢杆多用钢管桩基础，插埋深度为 1～1.4m；15m 钢杆可用于混凝土基础。钢杆的梢径一般为 200～260mm，常用的梢径为 230mm。

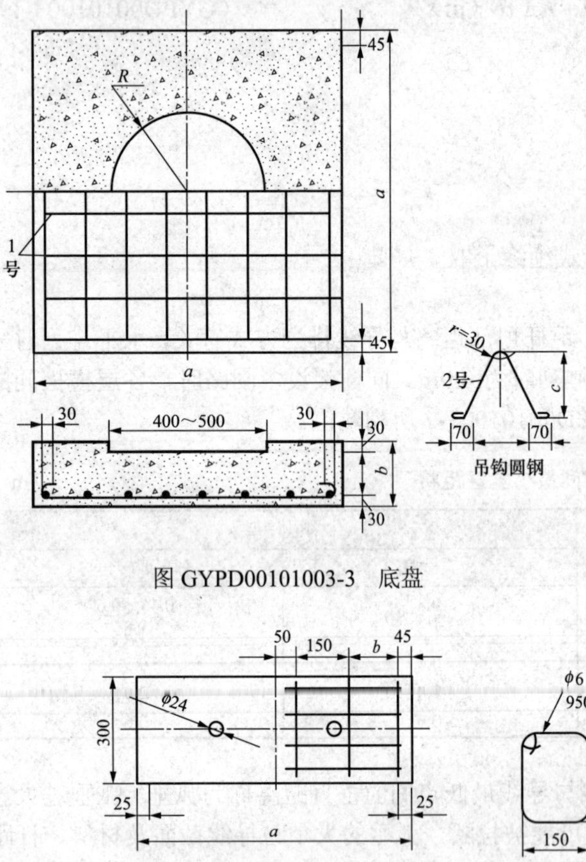

图 GYPD00101003-3　底盘

三、杆塔基础

将杆塔固定在地下部分的装置和杆塔自身埋入土壤中起固定作用部分的整体统称为杆塔的基础。杆塔的基础起着支撑杆塔全部荷载的作用，并保证杆塔在受外力作用时不发生倾倒或变形。杆塔基础包括电杆基础和铁塔基础。

1. 电杆基础

钢筋混凝土电杆基础，根据土质的不同，可直接采用一定深度的杆坑或在杆坑加装底盘、卡盘和拉线盘，统称“三盘”。三盘的结构如图 TYPD00101003-3、图 GYPD00101003-4 和图 GYPD00101003-5 所示，主要技术参数见表 GYPD00101003-9、表 GYPD00101003-10 和表 GYPD00101003-11。

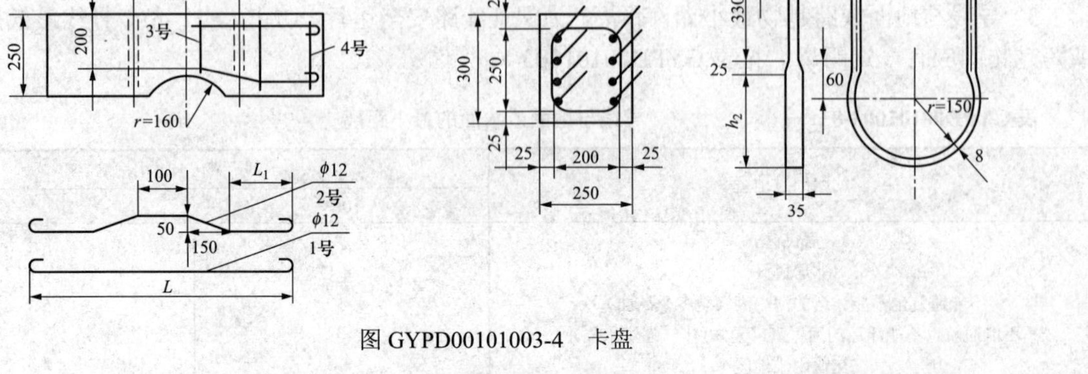

图 GYPD00101003-4　卡盘

底盘作用是承受混凝土电杆的垂直下压荷载以防止电杆下沉；卡盘是当电杆所需承担的倾覆力

较大时，增加抵抗电杆倾倒的力量；拉线盘依靠自身重量和填土方的总合力来承受拉线的上拔力，以保持杆塔的平衡。

三盘一般采用钢筋混凝土预制件或天然石材制造，在现场组装，预制的混凝土强度不应低于 C20，表面应平整不应有明显的缺陷，并能保证构件间、或构件与铁件、螺栓之间的连接安装，加工尺寸应符合表 GYPD00101003-12 中的允许偏差数值。对于预应力钢筋混凝土预制件不应有纵向及横向裂缝，普通钢筋混凝土预制件放在地平面检查时，不应有纵向裂缝，横向裂缝不应超过 0.1mm。用现浇混凝土代替卡盘时，浇筑前应在杆身相应部位缠两层纸隔绝，以便拆装方便。拉线棒的有效直径不应小于 16mm 并采用热镀锌处理。

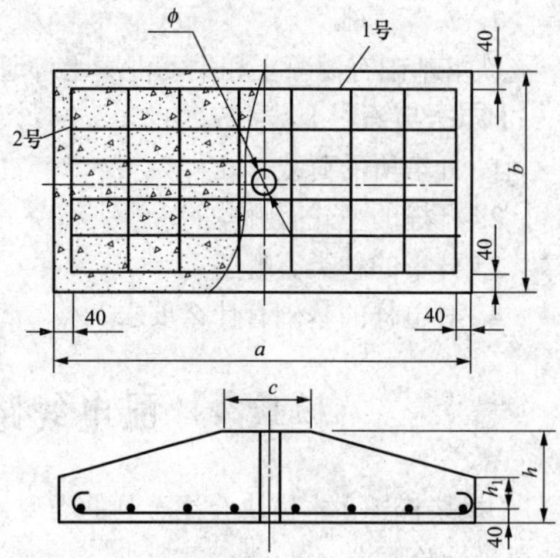

图 GYPD00101003-5 拉线盘

表 GYPD00101003-9 底盘主要技术参数表

规格（m）	主要尺寸（mm）				圆钢长（mm）		参考质量（kg）
	a	*b*	*c*	*R*	1 号 16 或 20 根	2 号 4 根	
0.7×0.7×0.19	700	190	220	200	φ6×714	φ4×690	195.5
0.8×0.8×0.2	800	200	240	250	φ9×862	φ4×730	283.3
1.0×1.0×0.2	1000	200	240	250	φ9×1060	φ4×730	459.8

注 钢筋交叉点应绑扎或焊接。

表 GYPD00101003-10 卡盘主要技术参数表

规格（m）	主要尺寸（mm）					圆钢长（mm）			抱箍尺寸（mm）		参考质量（kg）
	a	*b*	*c*	*L*	L_1	1～2 号 8 根	3 号 2 根	4 号 4～6 根	h_1	h_2	
0.8×0.3×0.25	800	155	300	750	175	900	950	1050	60	218	142.2
1.0×0.3×0.25	1000	127.5	388	950	275	1100	950	1050	80	216	178.5

注 钢筋交叉点应绑扎或焊接，抱箍、螺母及垫圈应用热镀锌。

表 GYPD00101003-11 拉线盘主要技术参数表

规格（m）	主要尺寸（mm）						圆钢长（mm）		参考质量（kg）
	a	*b*	φ	*h*	h_1	*c*	1 号 6 根	2 号 6～8 根	
0.8×0.4×0.16	800	400	22	160	40	160	φ6×840	φ6×440	100.2
1.0×0.5×0.2	1000	500	25	200	60	200	φ8×1080	φ8×560	218.3

注 钢筋交叉点应绑扎或焊接，两个规格的拉线盘允许使用力分别为 2.7kN、4.99t。

表 GYPD00101003-12 普通和预应力钢筋混凝土预制件加工尺寸允许偏差表

项目		底盘、拉线盘、卡盘	其他装配式预制构件
长度（mm）		−10	±10
断面尺寸（mm）	宽	−10	±5
	厚	−5	±5
弯曲		—	*L*/750
预埋铁件（预留孔）对设计位置的偏差（mm）	中心线位移	10	5
	安装孔距	±5	±5
	螺栓露出长度	+10，−5	+10，−5

注 三盘的中心线位移是指安装孔及底盘圆槽的实际加工位置与图纸位置的偏差；*L* 为构件长度。

2. 铁塔基础

铁塔基础有混凝土和钢筋混凝土普通浇制基础、预制钢筋混凝土基础、金属基础和灌注式桩基础。

【思考与练习】

1. 杆塔所受荷载有几种？
2. 杆塔的型式有哪些？
3. 杆塔的种类有哪些？
4. 对电杆的基础有什么要求？

模块4 配电线路常用金具（GYPD00101004）

【模块描述】本模块介绍金具的类型、型号和特点。通过分类和图示介绍，掌握金具的性能、用途和质量检验要求。

【正文】

一、常用金具的类型

在架空配电线路中，用于连接、紧固导线的金属器具，具备导电、承载、固定的金属构件，统称为金具。金具按其性能和用途可分为：悬吊金具（悬垂线夹）、耐张金具（耐张线夹）、接触金具（设备线夹）、连接金具、接续金具、拉线金具和防护金具等。

1. 线夹类金具

（1）悬吊金具（悬垂线夹）。悬吊金具的用途是把导线悬挂、固定在直线杆悬式绝缘子串上，其型号为 XGU 型，如图 GYPD00101004-1 所示。其外挂板采用热镀锌钢板或不锈钢板制造。

（2）耐张金具（耐张线夹）。耐张金具的用途是把导线固定在耐张、转角、终端杆的悬式绝缘子串上，按其结构和安装条件可分为楔型、螺栓型、预绞丝（无螺栓）型等。

1）开口楔型耐张金具，安装导线时较为便利，适用于绝缘线剥除绝缘层后安装（可防止雷击断线），并外加绝缘罩，如图 GYPD00101004-2 所示。用于铜绞线或绝缘铜绞线时，线夹一般采用可锻铸铁，楔子采用黄铜制造；用于铝绞线或绝缘铝绞线时，线夹及楔子采用高强度铝合金制造。

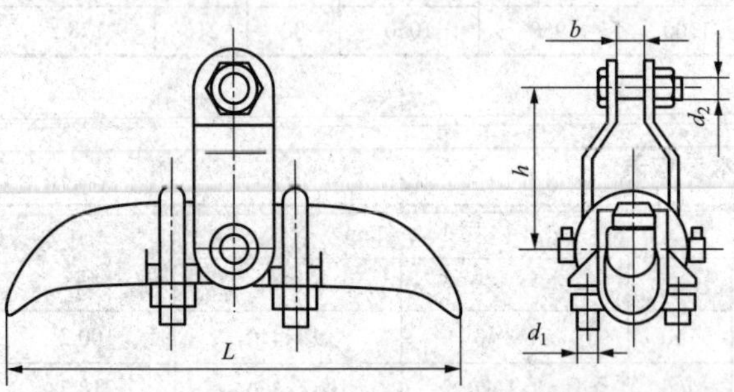

图 GYPD00101004-1 XGU 型悬垂线夹

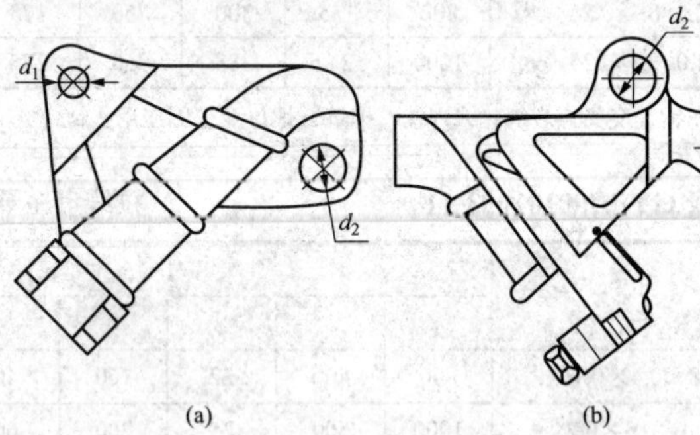

图 GYPD00101004-2 开口楔型耐张线夹

（a）NET 型；（b）NEL 型

2）螺栓型耐张金具的本体和压板由可锻铸铁制造，如图 GYPD00101004-3 所示，由于其造价较低，被广泛应用，适用于线路终端或电流不流经线夹的场合。螺栓型铝合金耐张线夹系采用高强度铝合金制造，具有节能效果，如图 GYPD00101004-4 所示。

3）预绞式耐张金具，如图 GYPD00101004-5 所示。其结构为预绞丝双腿绞合形成空管，折弯部预成型绞环。预绞丝缠绕在导线上，借助于材料的弹性及收紧力，越拽越紧，不产生滑移。绞环套在心形环上，与悬式绝缘子连接。一般预绞式耐张线夹的旋向与绞线的旋向一致，为右旋，为增大摩擦力一般粘有石英砂。用于 10kV 绝缘导线的预绞式耐张线夹，采用镀锌钢丝制成，可直接安装在绝缘导线外绝缘层上；用于铝绞线的预绞式耐张线夹，采用高强度铝合金单丝导线加工而成；用于钢绞线拉线的预绞式耐张线夹，采用镀锌钢丝制成；预绞式耐张线夹配套心形环，如图 GYPD00101004-6 所示，适用于槽型悬式绝缘子或拉线棒。一般材质为热镀锌球墨铸铁；预绞式耐张线夹配套碗头挂环，如图 GYPD001010040-7 所示，适用于球窝悬式绝缘子，一般材质为热镀锌球墨铸铁。

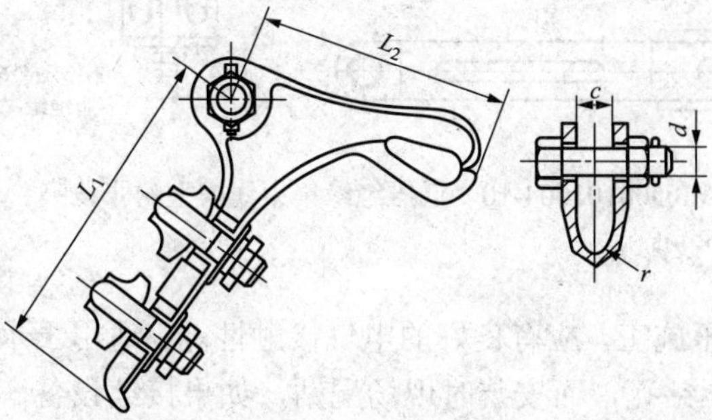

图 GYPD00101004-3　螺栓型耐张线夹（可锻铸铁）

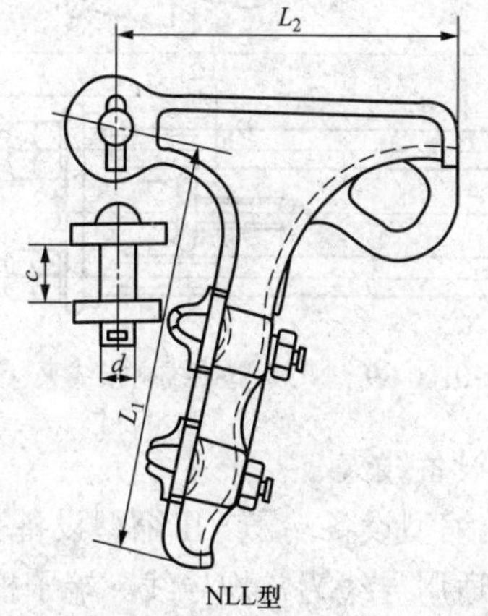

图 GYPD00101004-4　螺栓型铝合金耐张线夹

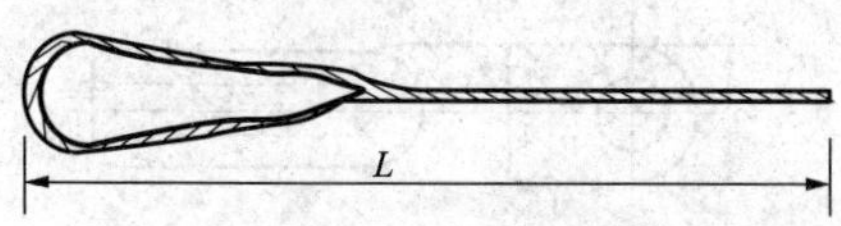

图 GYPD00101004-5　预绞式耐张线夹

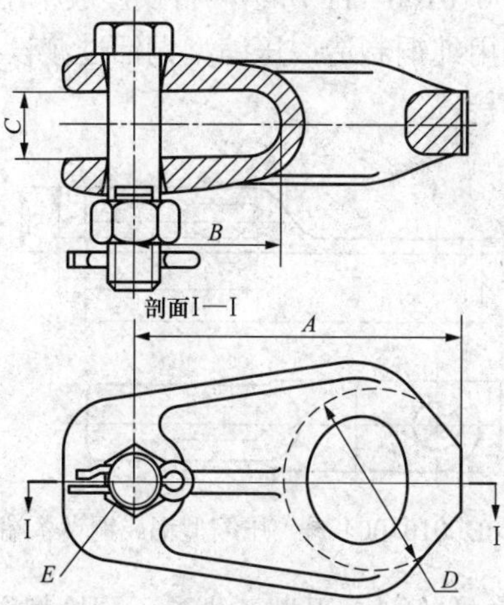

图 GYPD00101004-6　预绞丝线夹配套心形环

4）拉线楔型耐张金具、拉线楔型 UT 耐张金具（可调线夹），如图 GYPD00101004-8、图 GYPD00101004-9 所示。这两种线夹主要用于安装拉线、避雷线。楔体、楔子采用黑心可锻铸铁制造，U 形螺栓采用不低于 Q235 钢制造，全部热镀锌处理。

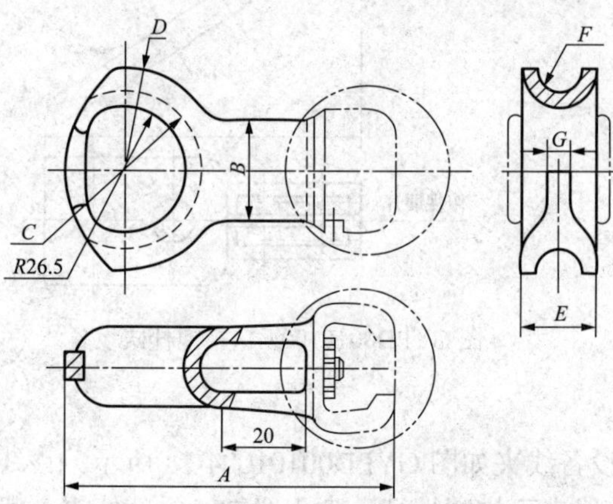

图 GYPD00101004-7　预绞式线夹配套碗头挂环

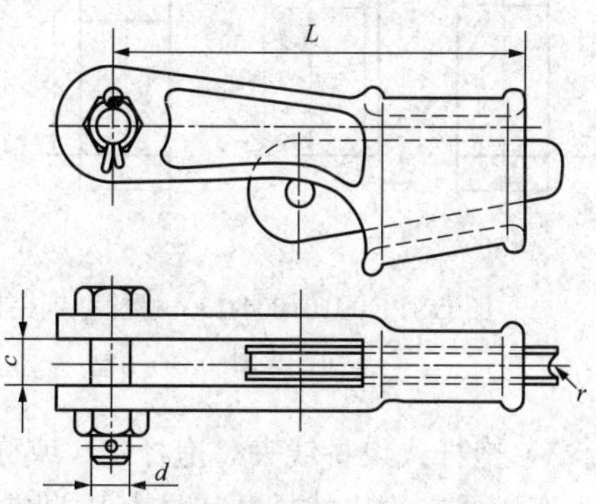

图 GYPD00101004-8　NX 型拉线耐张线夹

5）低压绝缘集束线楔型耐张金具，如图 GYPD00101004-10 所示，绝缘集束线由绝缘板夹紧，绝缘板用不饱和酚醛树脂制造，外夹板采用热镀锌钢板或不锈钢板制造。

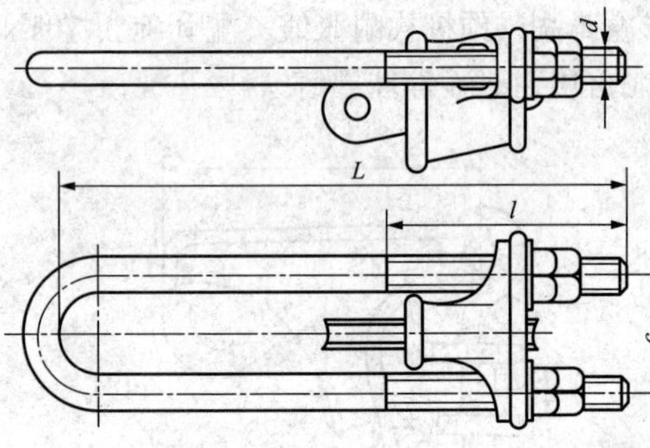

图 GYPD00101004-9 NUT 型拉线耐张线夹（可调线夹）

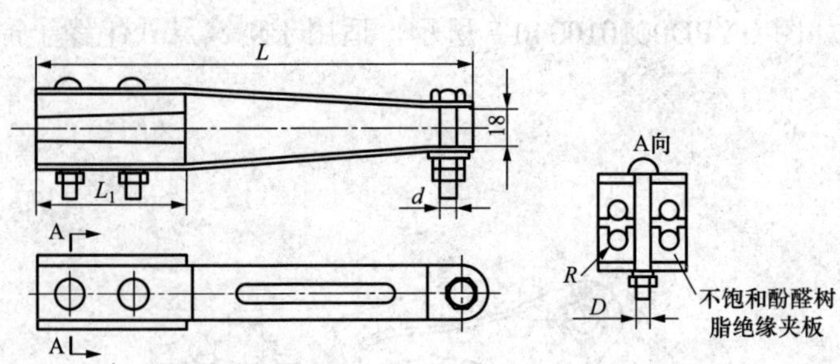

图 GYPD00101004-10 低压绝缘集束线楔型耐张线夹

（3）设备线夹。

1）压缩型设备端子。压缩型设备端子一般采用液压施工，应有良好的电气接触性能，适用于永久性接续，适用导线为常规导线。端子板一般在制造厂不钻孔，而安装时现场配钻，如果接续设备有明确统一的规定，可要求在工厂配钻，还可以根据需要将端子板配置成双孔板。压缩型铝设备端子如图 GYPD00101004-11 所示，材质一般采用铝管压制；压缩型铜设备端子如图 GYPD00101004-11 所示，一般采用纯铜制造；压缩型铜铝过渡设备端子如图 GYPD00101004-12 所示，铜铝过渡采用摩擦焊、闪光焊接。

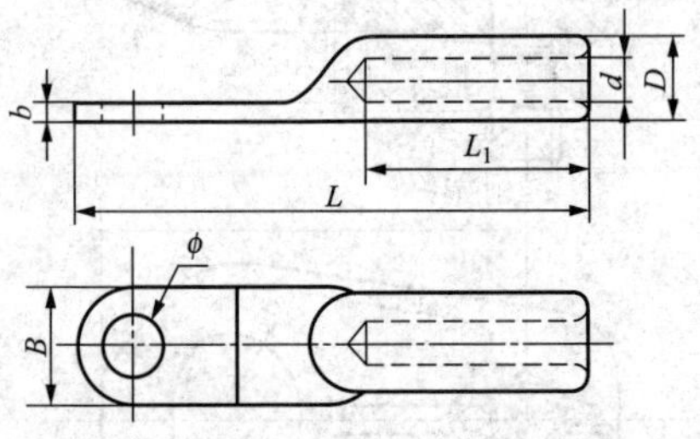

图 GYPD00101004-11 压缩型铝或铜设备端子

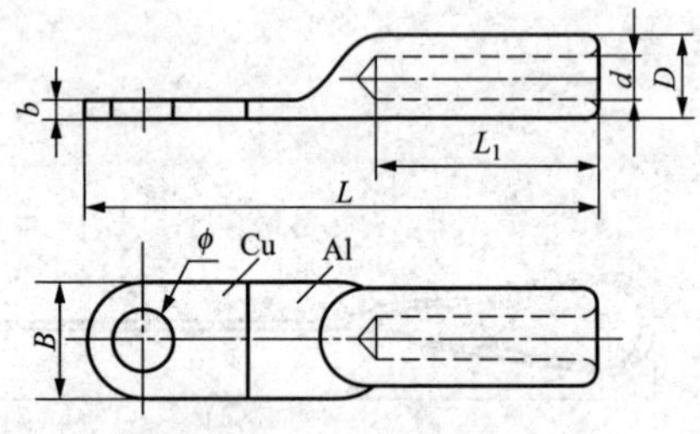

图 GYPD00101004-12 压缩型铜铝过渡设备线夹

2）螺栓型铜铝设备线夹。螺栓型铜铝设备线夹如图 GYPD00101004-13 所示。

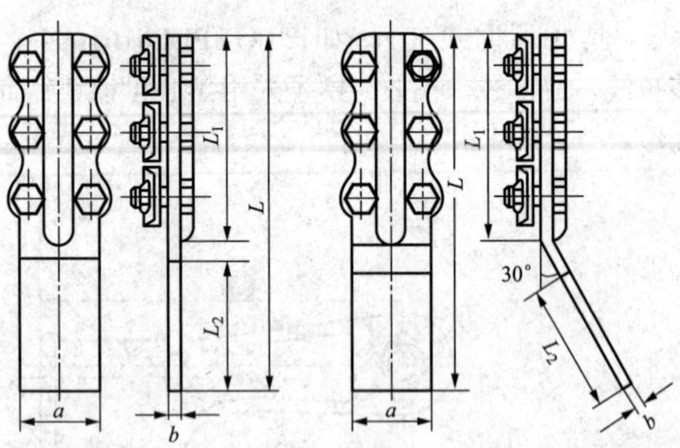

(a) (b)

图 GYPD00101004-13 螺栓型铜铝设备线夹

（a）A 型；（b）B 型

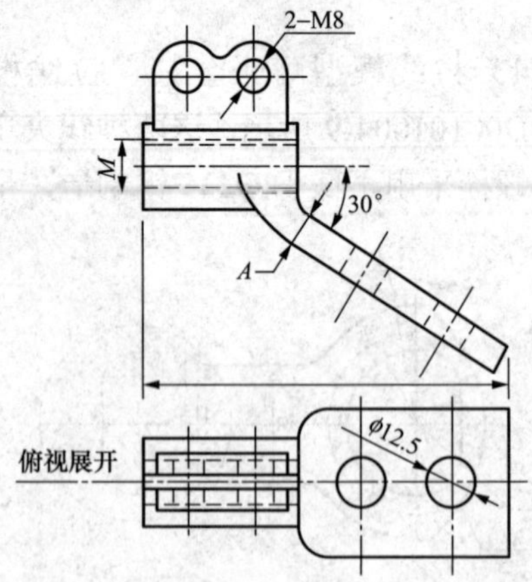

图 GYPD00101004-14 抱杆式设备线夹

3）抱杆式设备线夹。抱杆式（或称螺栓转换式）设备线夹如图 GYPD00101004-14 所示。该线夹用于变压器二次出线螺杆或柱上开关螺杆转接导线，该线夹可抱紧螺杆，防止线夹发热。线夹一般采用 T1 纯铜制造。

2. 连接金具

连接金具主要用于耐张线夹、悬式绝缘子（槽型和球窝型）、横担等之间的连接。与槽型悬式绝缘子配套的连接金具可由 U 型挂环、平行挂板等组合；与球窝型悬式绝缘子配套的连接金具可由直角挂板、球头挂环、碗头挂板等组合。金具的破坏载荷均不应小于该金具型号的标称载荷值，7 型不小于 70kN；10 型不小于 100kN；12 型不小于 120kN 等。所有黑色金属制造的连接金具及紧固件均应热镀锌。

（1）平行挂板。

平行挂板用于连接槽型悬式绝缘子，以及单板与单板、单板与双板的连接，仅能改变组件的长度，而不能改变连接方向。单板平行挂板（PD 型）如图 GYPD00101004-15 所示，多用于与槽型绝缘子配套组装；双板平行挂板（P 型）用于与槽型悬式绝缘子组装，以及与其他金具连接，如图 GYPD00101004-16 所示；三腿平行挂板（PS 型）用于槽型悬式绝缘子与耐张线夹的连接，双板与单板的过渡连接等，如图 GYPD00101004-17 所示。

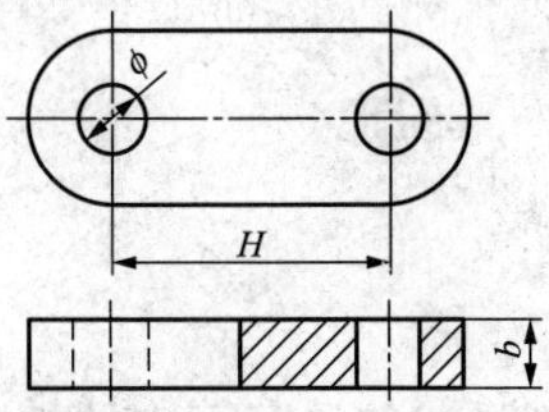

图 GYPD00101004-15　PD 型平行挂板

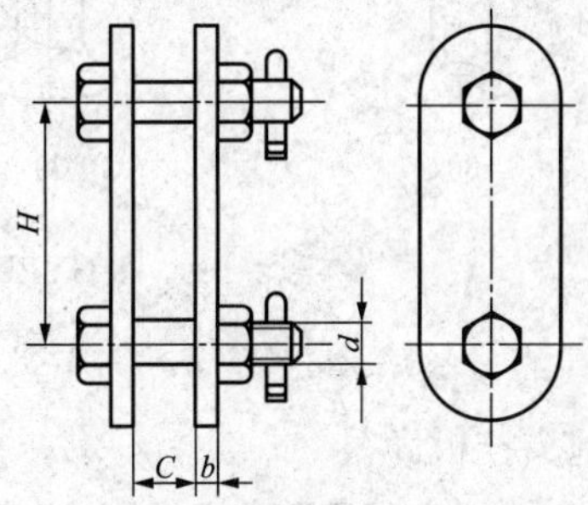

图 GYPD00101004-16　P 型平行挂板

（2）U 型挂环。

U 型挂环是用圆钢锻制而成，如图 GYPD00101004-18 所示，一般采用 Q235A 钢材锻造而成。加长 U 型挂环的型号为 UL 型，如图 GYPD00101004-19 所示，主要用于与楔型线夹配套。

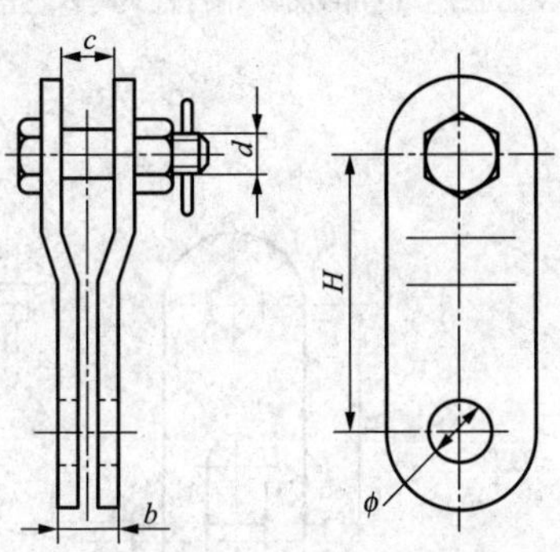

图 GYPD00101004-17　PS 型平行挂板

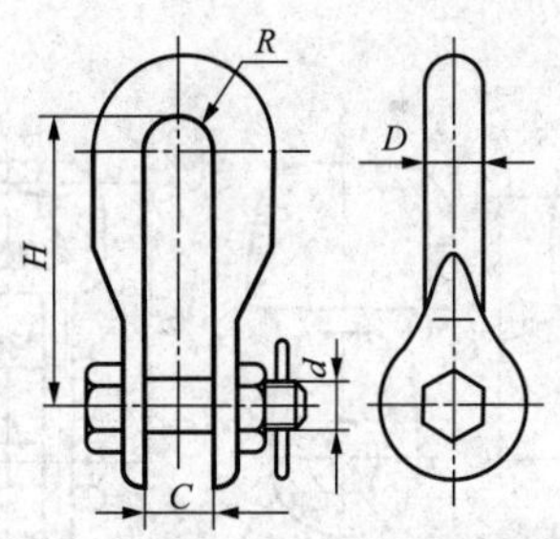

图 GYPD00101004-18　U 型挂环

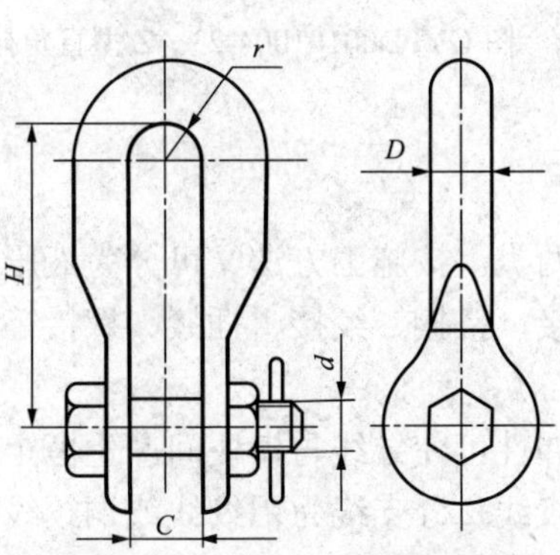

图 GYPD00101004-19　UL 型挂环

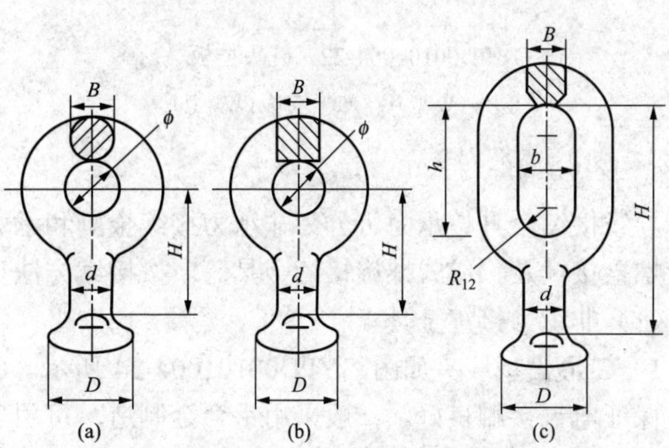

图 GYPD00101004-20　球头挂环

（a）Q 型；（b）QP 型；（c）QH 型

（3）球头挂环。

球头挂环的钢脚侧用来与球窝型悬式绝缘子上端钢帽的窝连接，球头挂环侧根据使用条件分为圆环接触和螺栓平面接触两种，与横担连接，如图 GYPD00101004-20 所示。在选用球头挂环时，应尽量避免点接触的组装方式，图 GYPD00101004-21（a）、（b）是正确连接方式，图 GYPD00101004-21（c）、（d）是不正确连接方式。

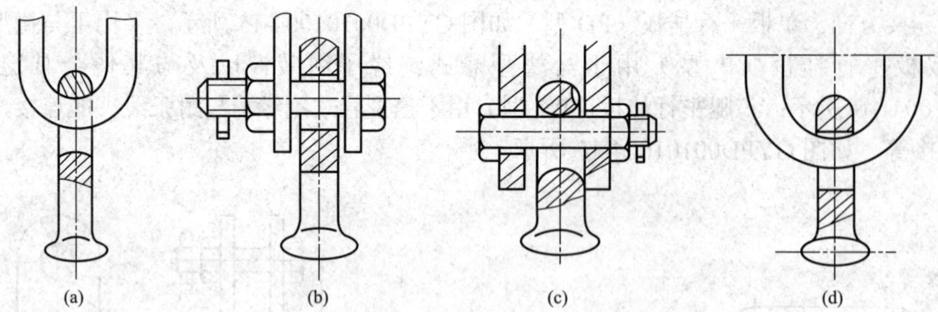

图 GYPD00101004-21 球头挂环连接方式

（a）正确；（b）正确；（c）不正确；（d）不正确

（4）碗头挂板。

碗头挂板如图 GYPD00101004-22 所示。碗头侧用来连接球窝型悬式绝缘子下端的钢脚（又称球头），挂板侧一般用来连接耐张线夹等。单联碗头挂板一般适用于连接螺栓型耐张线夹，为避免耐张线夹的跳线与绝缘子瓷裙相碰，可选用长尺寸的 B 型；双联碗头挂板一般适用于连接开口楔形耐张线夹。

（5）直角挂板。

直角挂板的连接方向互成直角，一般采用中厚度钢板经冲压弯曲而成，常用为 Z 型挂板，如图 GYPD00101004-23 所示。

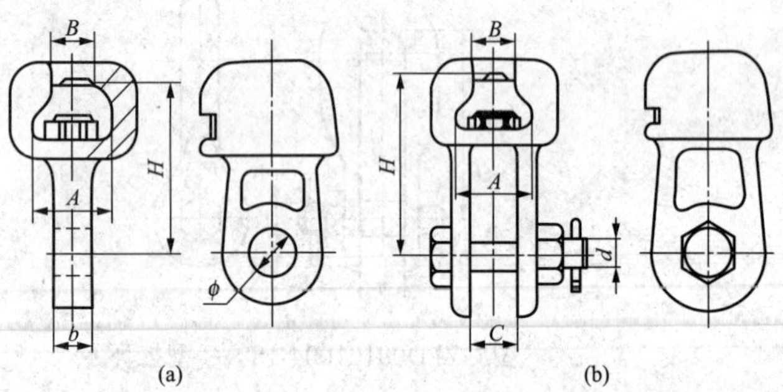

图 GYPD00101004-22 碗头挂板

（a）单联（W 型）；（b）双联（WS 型）

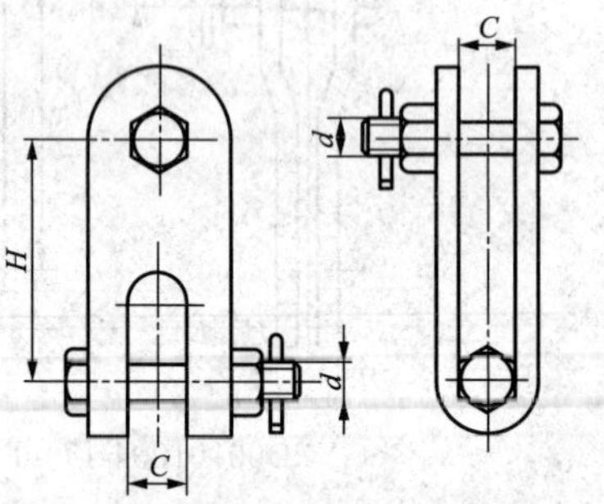

图 GYPD00101004-23 Z 型直角挂板

3. 接续金具

导线接续金具按承力可分为非承力接续金具和承力接续金具两类。按施工方法又可分为液压、钳压、螺栓接续及预绞式螺旋接续金具等。按接续方法还可分为对接、搭接、绞接、插接、螺接等。

（1）非承力接续金具。

1）C 形楔型线夹如图 GYPD00101004-24 所示。C 形线夹的弹性可使导线与楔块间产生恒定的压力，保证电气接触良好。一般采用铝合金制造，可用于主线为铝绞线、分支线为铝绞线或铜绞线的接续。该类型线夹可预制引流环作为中压架空绝缘线接地环用，除引流环裸露外，线夹其他部分可用绝缘自粘带包封。

2）接续液压 H 形线夹如图 GYPD00101004-25 所示。一般采用 L3 热挤压型材制造，用作永久性接续等径或不等径的铝绞线，也可用于主线为铝绞线、分支线为铜绞线的接续，接触面预先进行金属过渡处理。安装时使用液压机及专用配套模具，压缩成椭圆形。

3）液压 C 形线夹如图 GYPD00101004-26 所示。一般采用 T1 铜热挤压型材制造，用作铜绞线主线与引下线的永久性的接续、铜绞线接户线与铜进户线的接续。安装时使用液压机及专用配套模具，压缩成椭圆形。为保证机械强度，也可制成“6”字型等。

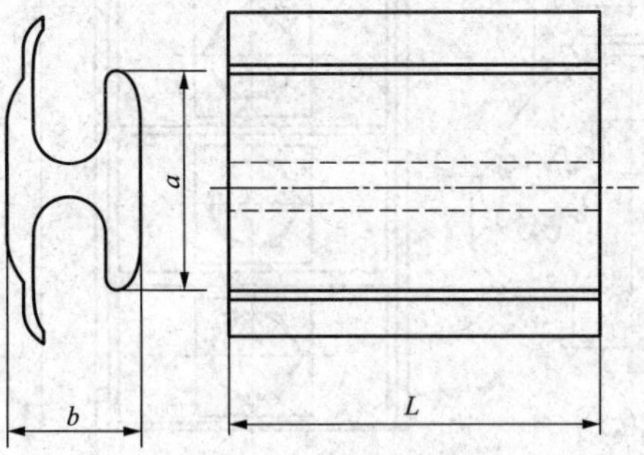

图 GYPD00101004-24 C 形楔型线夹

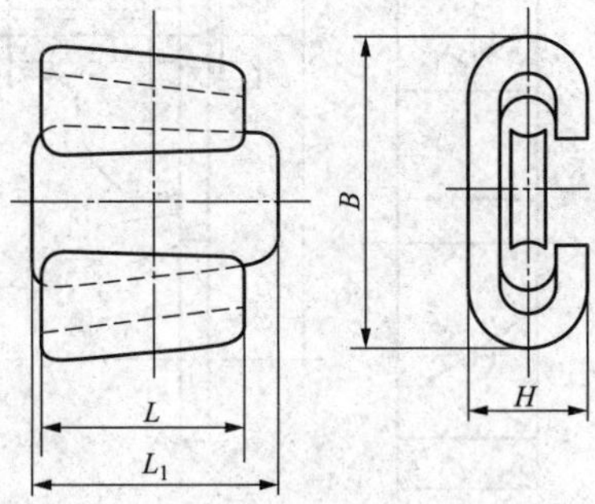

图 GYPD00101004-25 接续液压 H 形线夹

4）铝绞线、钢芯铝绞线用铝异径并沟线夹如图 GYPD00101004-27 所示。适用于中小截面的铝绞线、钢芯铝绞线在不承受全张力的位置上的连接，可接续等径或异径导线。线夹、压板、垫瓦均采用热挤压型材制成，紧固螺栓、弹簧垫圈等应热镀锌。根据材料的性能，铝压板应有足够的厚度，以保证压板的刚性。压板应单独配置螺栓。

5）铜绞线用铜异径并沟线夹，一般采用 T1 铜热挤压型材制造。尺寸基本与铝绞线用异径并沟线夹相同。

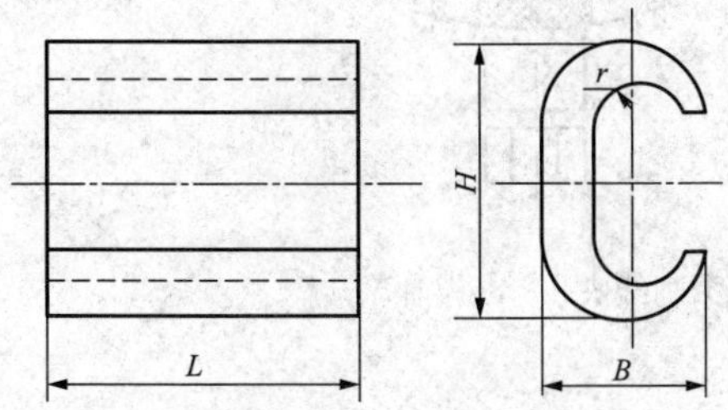

图 GYPD00101004-26 液压 C 形线夹

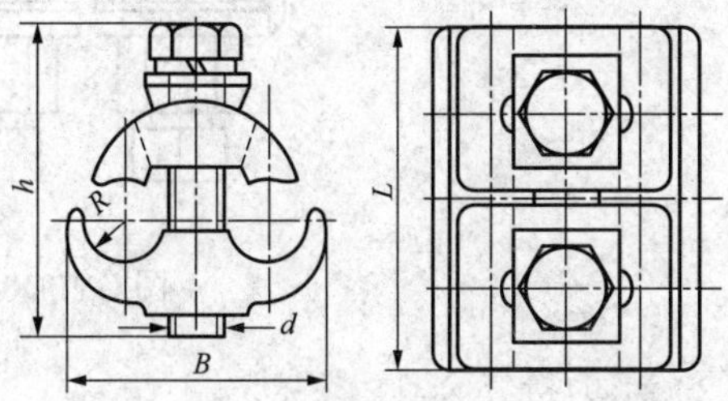

图 GYPD00101004-27 铝异径并沟线夹

6）铜铝过渡异径并沟线夹如图 GYPD00101004-28 所示。铜铝过渡采用摩擦焊接或闪光焊接。

7）接户线过渡线夹如图 GYPD00101004-29 所示。线夹由铜铝过渡板和铝压板组成，铜铝过渡板的上端为铝板、下端为铜板，铜铝过渡采用闪光焊接或摩擦焊接。铝压板应有足够的厚度，以保证压板的刚性。线夹适用于线路为铝绞线、接户线为小截面铜绞线的场所。

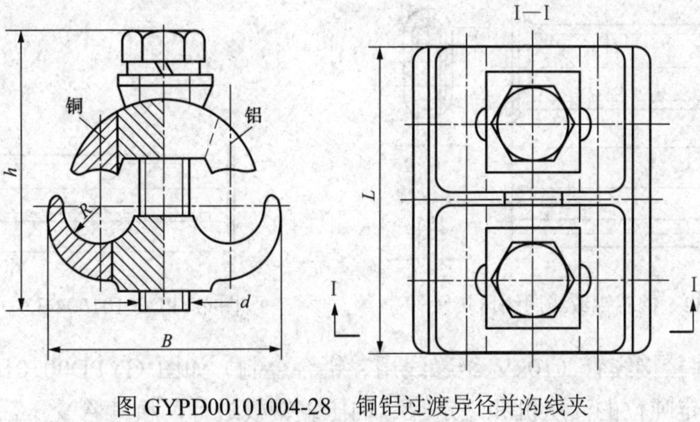

图 GYPD00101004-28 铜铝过渡异径并沟线夹

8）穿刺线夹，线夹适用于绝缘导线采用带电作业施工，并有利于绝缘防护。低压穿刺线夹如图 GYPD00101004-30 所示；中压穿刺线夹如图 GYPD00101004-31 所示。一般配置扭力螺母，设计扭断螺母则紧固到位。

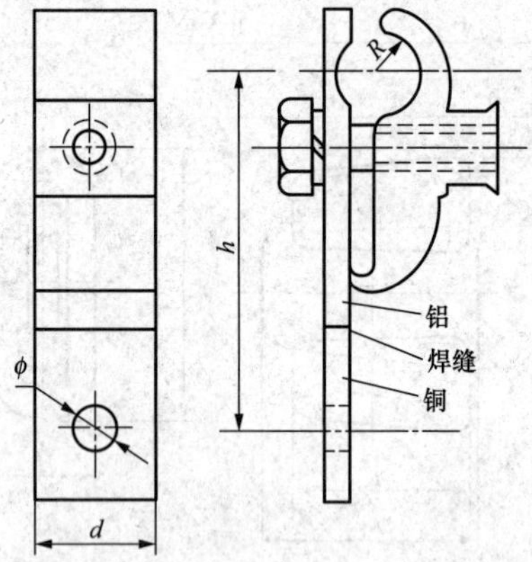

图 GYPD00101004-29　接户线过渡线夹

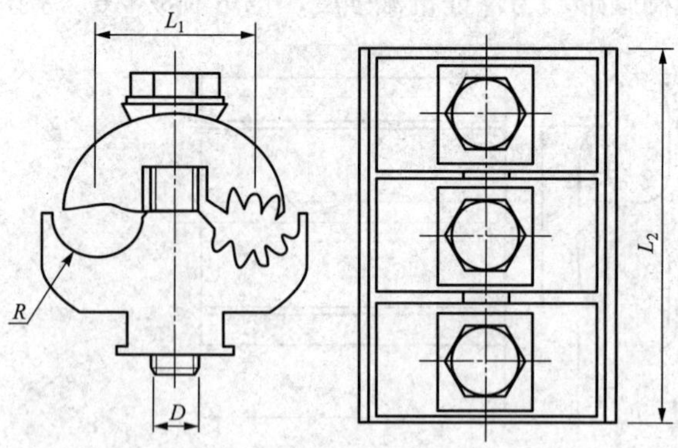

图 GYPD00101004-30　低压穿刺线夹

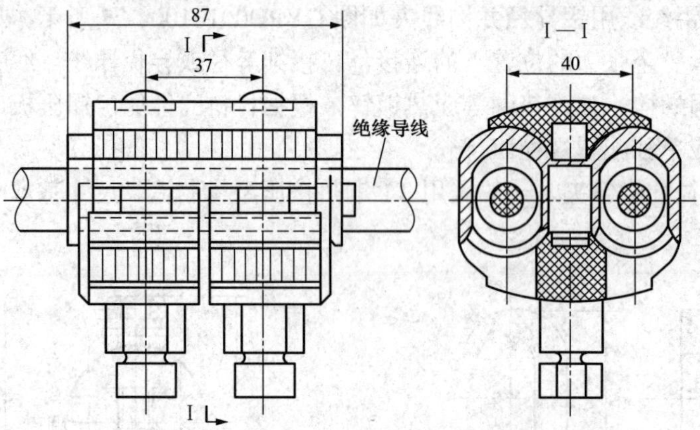

图 GYPD00101004-31　中压穿刺线夹

（2）承力接续金具。

1）钢芯铝绞线用钳压接续管（椭圆形、搭接）如图 GYPD00101004-32 所示。钢芯铝绞线用的接续管内附有衬垫，钳压时从接续管的一端依次交替顺序钳压至另一端。

2）铝绞线用钳压接续管（椭圆形、搭接）如图 GYPD00101004-33 所示。接续管以热挤压加工而成，其截面为薄壁椭圆形，将导线端头在管内搭接，以液压钳或机械钳进行钳压，从接续管的一端依次交替顺序钳压至另一端。

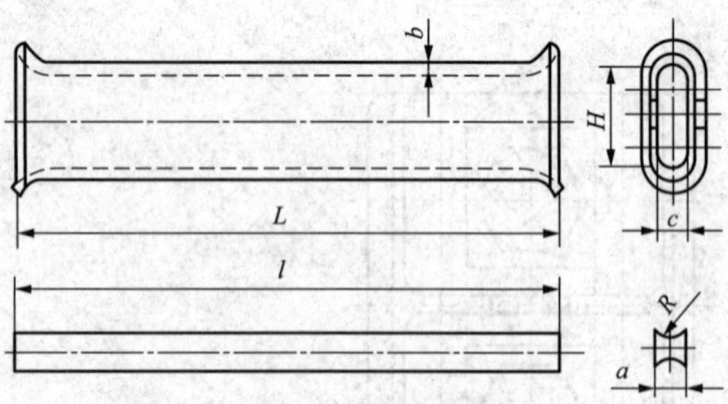

图 GYPD00101004-32　钢芯铝绞线用钳压接续管

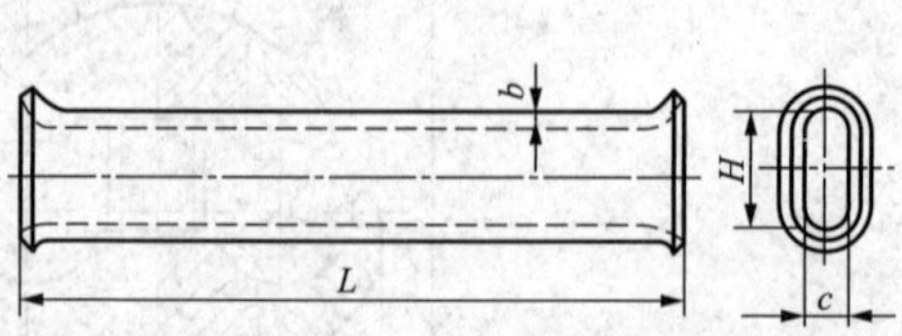

图 GYPD00101004-33　铝绞线用钳压接续管

3）铝绞线液压对接接续管（10kV 绝缘线用、铝合金制）如图 GYPD00101004-34 所示。以液压方法接续导线，用一定吨位的液压机和规定尺寸的压缩钢模进行，接续管受压后产生塑性变形，使接续管与导线成为一个整体，液压接续有足够的机械强度和良好的电气接触性能。

4）铜绞线液压对接接续管如图 GYPD00101004-35 所示。接续管采用 T1 纯铜制造。

5）钢芯铝绞线液压对接接续管（含钢芯对接），接续管由钢管和铝管组成，如图 GYPD00101004-36

所示。

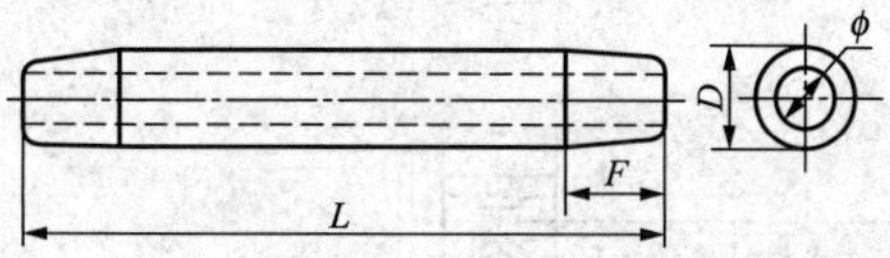

图 GYPD00101004-34　铝绞线、铝合金绞线液压对接接续管

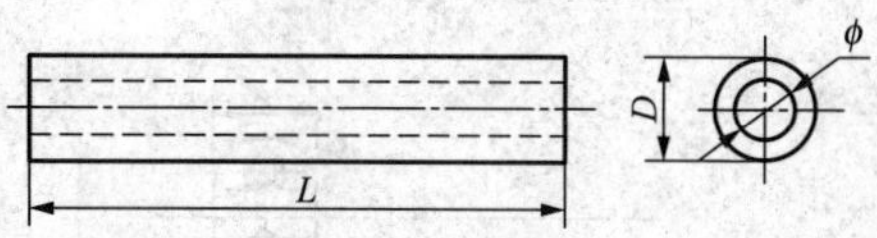

图 GYPD00101004-35　铜绞线液压对接接续管

6）铝合金绞线液压对接接续管，铝合金绞线机械强度大，铝材硬度高，不适于用椭圆形接续管进行搭接钳压接续，必须使用圆形接续管进行液压对接。

7）预绞式接续条如图 GYPD00101004-37 所示，用于导线损伤剪断重接，安装迅速、简便，一般接续条上粘有金属砂。

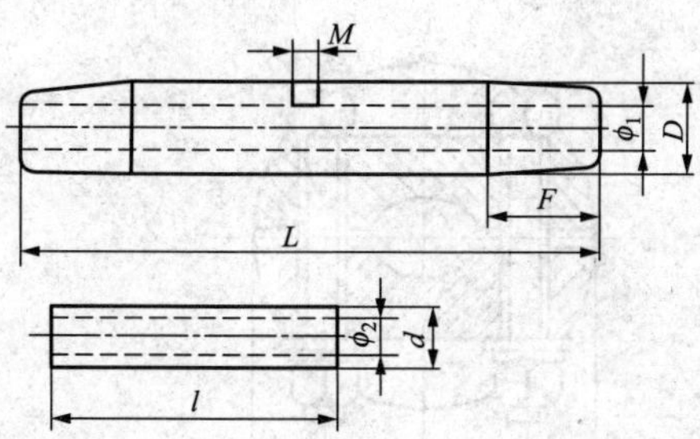

图 GYPD00101004-36　钢芯铝绞线液压对接接续管

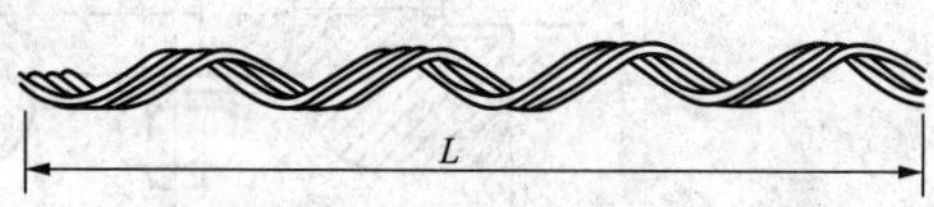

图 GYPD00101004-37　预绞式接续条

4. 防护金具

（1）修补条与护线条。

预绞丝修补条、护线条可用于大跨越线路导线抗振和导线断股的修补。利用具有弹性的高强度铝合金丝制成预绞丝，每组几根，紧缠在导线外层，装入悬挂点的线夹中，以增加导线的刚度，减少在线夹出口处导线的附加弯曲应力；也可对断股或划伤的导线进行修补。预绞丝护线条、修补条如图 GYPD00101004-38 所示，一般护线条、修补条不粘金属砂。

（2）多频防振锤。

多频防振锤如图 GYPD00101004-39 所示。多频防振锤的钢绞线两端用不同质量的锤头，悬挂点距钢绞线的两端也不等长，利用这种结构，可获得四个固定频率，适应的频率较宽。

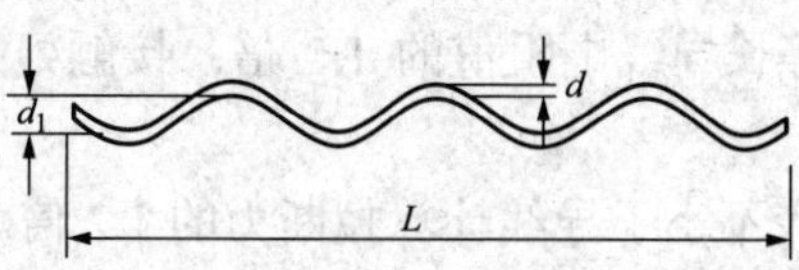

图 GYPD00101004-38　预绞丝护线条、修补条

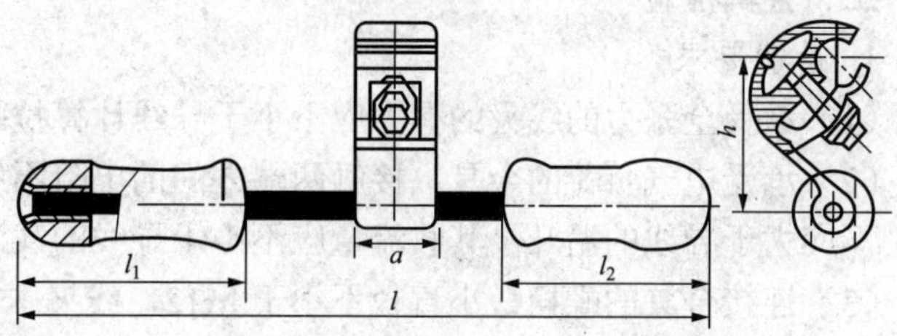

图 GYPD00101004-39　多频防振锤

（3）司脱客型防振锤。

司脱客型防振锤如图 GYPD00101004-40 所示。它是以一根高强度的钢绞线两端分别固定着一个空芯筒形的铸铁重锤，在钢绞线中部铆紧一副夹板，以便将防振锤安装到导线上。根据其结构及尺寸，有两个固有频率。

（4）放电线夹。

中压绝缘线防雷击断线放电线夹主要分剥除绝缘和不剥除绝缘两类，剥除绝缘放电线夹如图 GYPD00101004-41 所示，线夹为铝制，在直线杆安装，把绝缘子两侧绝缘导线的绝缘层各剥除 500mm 左右，将该线夹安装在两端。当雷击过电压放电时，使电弧烧灼线夹，而避免烧断、烧伤导线。不剥除绝缘放电线夹如图 GYPD00101004-42 所示，它利用穿刺技术将线夹固定在导线上，并加绝缘罩防护，可有效防止绝缘线进水。

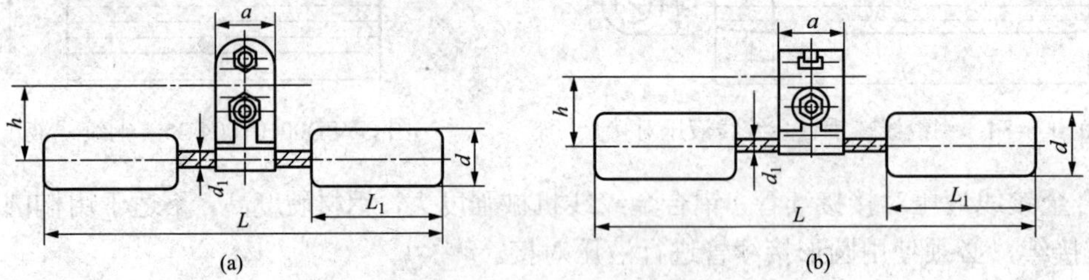

图 GYPD00101004-40　司脱客型防振锤

（a）FD—1型；（b）FD—2～4 型

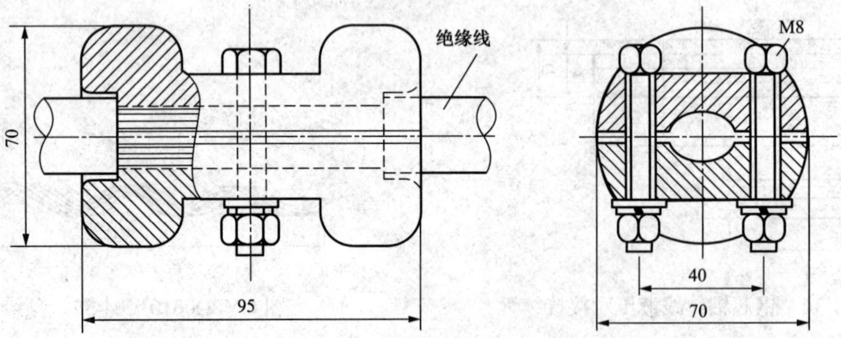

图 GYPD00101004-41　中压绝缘线防雷击断线放电线夹（剥除绝缘）

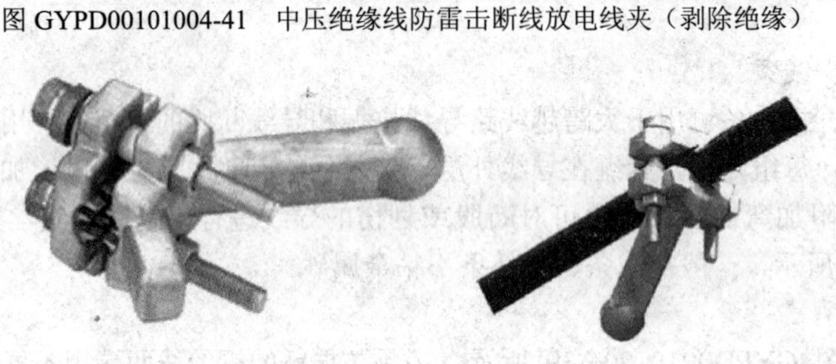

图 GYPD00101004-42　中压绝缘线防雷击断线放电线夹（不剥除绝缘）

二、金具检验

1. 性能要求

（1）承受全张力的线夹的握力应不小于导线计算拉断力的 65%。

（2）承受电气负荷的金具，接触两端之间的电阻不应大于等长导线电阻值的 1.1 倍；接触处的温升，不应大于导线的温升；其载流量应不小于导线的载流量。

（3）连接金具的螺栓最小直径不小于 M12，线夹本体强度应不小于导线计算拉断力的 1.2 倍。

（4）绝缘导线所采用的绝缘罩、绝缘粘胶带等材料，应具有耐气候、耐日光老化的性能。

（5）以螺栓紧固的各种线夹，其螺栓的长度除确保紧固所需长度以外，应有一定余度，以便在不分离部件的条件下即可安装。

2. 质量要求

（1）线夹、压板、线槽和喇叭口不应有毛刺、锌刺等，各种线夹或接续管的导线出口，应有一定圆角或喇叭口。

（2）金具表面应无气孔、渣眼、砂眼、裂纹等缺陷，耐张线夹、接续线夹的引流板表面应光洁、平整，无凹坑缺陷，接触面应紧密。

（3）金具表面的镀锌层不得剥落、漏镀和锈蚀，以保证金具的使用寿命。

（4）金具的焊缝应牢固无裂纹、气孔、夹渣，咬边深度不应大于 1.0mm，以保证金具的机械强度；

铜铝过渡焊接处在弯曲 180° 时，焊缝不应断裂。

（5）各活动部位应灵活，无卡阻现象。

（6）作为导电体的金具，应在电气接触表面上涂以电力脂，需用塑料袋密封包装。

（7）电力金具应有清晰的永久性标志，含型号、厂标及适用导线截面或导线外径等。预绞丝等无法压印标志的金具可用塑料标签胶纸标贴。

【思考与练习】

1. 金具如何分类？
2. 金具的性能有何要求？
3. 金具的质量要求和外观检查的要点是什么？

第二章　配　电　设　备

模块 1　跌落式熔断器的作用及结构（GYPD00102001）

【模块描述】本模块介绍跌落式熔断器的作用、结构和技术参数。通过要点归纳和图形说明，掌握跌落式熔断器结构、技术参数和应用范围。

【正文】

一、跌落式熔断器的作用

10kV 跌落式熔断器可装在杆上变压器高压侧、互感器和电容器与线路连接处，提供过载和短路保护，也可装在长线路末端或分支线路上，对继电保护保护不到的范围提供保护。

跌落式熔断器结构简单、价格便宜、维护方便、体积小巧，在配电网中应用广泛，如图 GYPD00102001-1 所示。其工作原理是：熔丝穿过熔管，两端拧紧，正常时，靠熔丝的张力使熔管上动触头与上静触头可靠接触，当故障时，熔丝熔断，形成电弧，熔管内产生大量气体，对电弧形成吹弧，使电弧拉长并熄灭，同时失去熔丝拉力，在重力作用下，熔丝管向下跌落，切断电路，形成明显的断开距离。

图 GYPD00102001-1　RW3-10 跌落式熔断器

二、结构

跌落式熔断器由上下导电部分、熔丝管、绝缘部分和固定部分组成。熔丝管又包括：熔管、熔丝、管帽、操作环、上下动触头、短轴。熔丝材料一般为铜银合金，熔点高，并具有一定的机械强度。在熔管的上端还有一个释放压力帽，放置有一低熔点熔片。当开断大电流时，上端帽的薄熔片融化形成双端排气；当开断小电流时，上端帽的薄熔片不动作，形成单端排气。

二、技术参数

跌落式熔断器主要技术参数有：额定电压，额定电流，额定开断电流、最小开断电流，额定雷电冲击耐受电压，额定 1min 工频耐受电压，爬电比距，能够开断负荷电流的水平等。熔丝的主要技术参数有：熔体的额定电流、材料和熔断特性曲线等。

四、常用跌落式熔断器

跌落式熔断器的形式很多，常用的有 RW3—10 型，RW4—10 型，RW10—10F 型，RW11—10 型，PW12—100（200）/6.3，8，12 等。

RW10—10F 型和 RW11—10 型是目前常用的两种普通型跌落式熔断器，如图 GYPD00102001-2、图 GYPD00102001-3 所示。两种型号各有特点，前者构造主要利用圈簧的弹力压紧触头，上端装有灭弧室和弧触头，具备带电操作分合闸的能力，而后者主要利用弹簧的弹力压紧触头，不能带负荷分合闸。两种型号跌落式熔断器的熔管及上下接触导电系统结构尺寸略有不同，为保证事故处理时熔管和熔丝的互换性，减少事故处理备件数量，一个维护区域宜固定使用一种型号跌落式熔断器。

跌落式熔断器开断大电流的能力强，而开断小电流时燃弧时间则较长。它没有使电流强迫过零的能力，因此不起限流作用。而且其能承受的过电压倍数也比较低。跌落式熔断器的熔体结构有两端排气和分级排气式两种。分级排气式熔断器的断流能力比较大。

跌落式熔断器也可分为单管式和双管式两种，双管式熔断器多为重合保险。

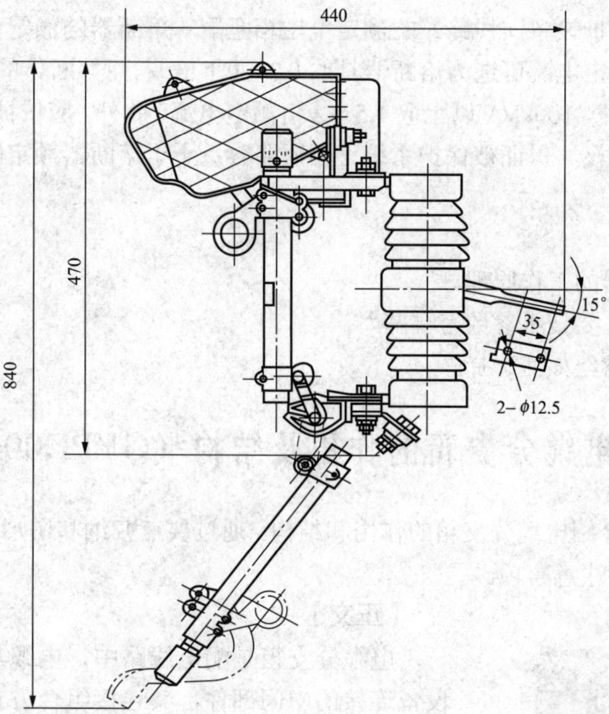

图 GYPD00102001-2　RW10-10F 型跌落式熔断器

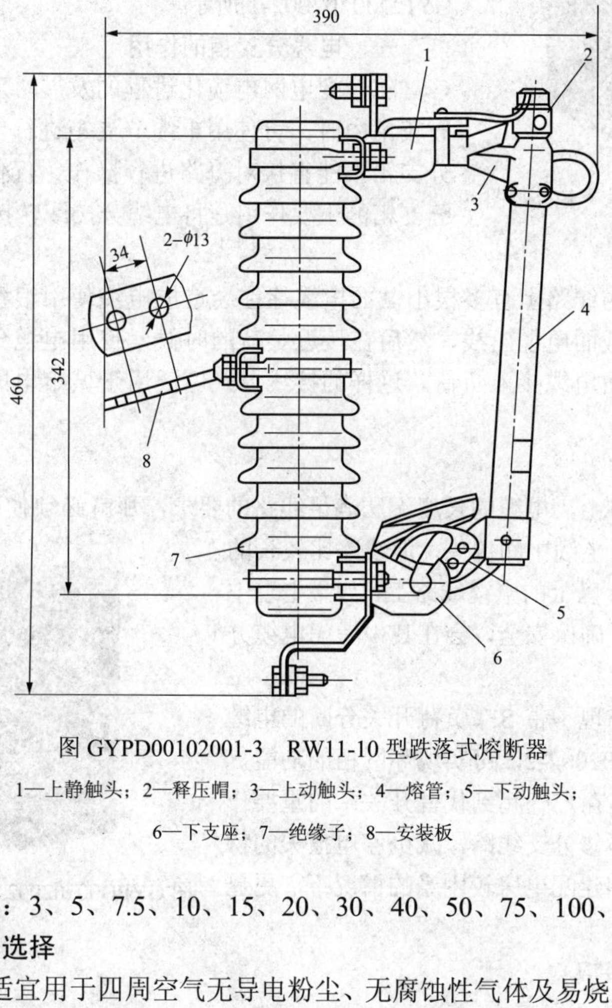

图 GYPD00102001-3　RW11-10 型跌落式熔断器

1—上静触头；2—释压帽；3—上动触头；4—熔管；5—下动触头；

6—下支座；7—绝缘子；8—安装板

常用熔丝额定电流有：3、5、7.5、10、15、20、30、40、50、75、100、150、200A 等。

五、跌落式熔断器的选择

10kV 跌落式熔断器适宜用于四周空气无导电粉尘、无腐蚀性气体及易烧、易爆等危险性环境，年度温差变比在±40℃以内的户外场所。其选择是按照额定电压和额定电流两项参数进行，也就是熔断器的额定电压必须与被保护设备（线路）的额定电压相匹配。熔断器的额定电流应大于或等于熔体的额定电流（一般熔体的额定电流可选为熔断器具的 0.3～0.1 倍），而熔断体的额定电流选择为 100kVA 及以下取 2～3 倍额定电流，100kVA 以上取 1.5～2 倍额定电流。此外，应按被保护系统三相短路容量，对所选定的熔断器进行校核。保证被保护系统三相短路容量小于熔断器额定断流容量的上限，但必须大于额定断开容量的下限。

【思考与练习】

1. 简述跌落式熔断器的工作原理。
2. 跌落式熔断器的主要技术参数有哪些？
3. 跌落式熔断器的熔丝如何选择？

模块 2 电缆分支箱的作用及结构（GYPD00102002）

【模块描述】本模块介绍电缆分支箱的作用和结构。通过要点归纳和图形说明，掌握电缆分支箱的类型、结构、应用和安装注意事项。

【正文】

电缆分支箱是配电线路中，电缆与电缆，电缆与其他电器设备连接的中间部件，其连接组合方式简单方便，灵活，具有全绝缘、全封闭、防腐蚀、免维护、安全可靠等性能，广泛用于商业中心、工业园区、城市住宅小区。外形图如图 GYPD00102002-1 所示。

图 GYPD00102002-1 电缆分支箱外形图

一、电缆分支箱的作用

随着配电网电缆化进程的发展，当容量不大的独立负荷分布较集中时，可使用电缆分支箱进行电缆多分支的连接，因为分支箱不能直接对每路进行操作，仅作为电缆分支使用，电缆分支箱的主要作用是将电缆分接或转接。

1. 电缆分接作用

在一条距离比较长的线路上有多根小截面电缆往往会造成电缆使用浪费，于是在出线到用电负荷中，往往使用主干大截面电缆出线，然后在接近负荷的时候，使用电缆分支箱将主干电缆分成若干小截面电缆，由小截面电缆接入负荷。这样的接线方式广泛用于城市电网中的路灯等供电、小用户供电。

2. 电缆转接作用

在一条比较长的线路上，电缆的长度无法满足线路的要求，那就必须使用电缆接头或者电缆转接箱，通常短距离时候采用电缆中间接头，但线路比较长的时候，根据经验在 1000m 以上的电缆线路上，如果电缆中间有多个中间接头，为了确保安全，会在其中考虑电缆分支箱进行转接。

随着技术的进步，出现了带 SF_6 负荷开关分断的电缆分支箱，见图 GYPD00102002-2，可实现环网柜的功能，而且价格又低于环网柜，在户外起到代替开关站的重要作用，又便于维护试验和检修分支线路，减少停电损失的特点，特别是在线路走廊和建配电房较困难的情况下，更显现其优越性。

图 GYPD00102002-2 带负荷开关的电缆分支箱

二、电缆分支箱的结构

1. 电缆分支箱的型号

电缆分支箱的型号一般表示如下：

DFW □ - 12/□ - □ □ B

高压电缆分支箱 ← DF
户外安装 ← W
设计序号 ← □
额定电压 ← 12
带有避雷器 ← B
出线回路数 ← □
进线回路数 ← □
额定电流600A或200A ← □

2. 电缆分支箱的技术参数

主要技术参数有：① 额定电压：10kV；② 最高工作电压：12kV；③ 额定电流；④ 工频耐压；⑤ 雷电冲击耐压；⑥ 额定热稳定电流；⑦ 额定动稳定电流；⑧ 回路电阻；⑨ 防护等级。

3. 电缆分支箱的结构

常用电缆分支箱分为美式电缆分支箱和欧式电缆分支箱。

（1）美式电缆分支箱。

美式电缆分支箱（如图 GYPD00102002-3 所示）是一种广泛应用于北美地区电力配网系统中的电缆化工程设备，它以单向开门、横向多通母排为主要特点，具有宽度小、组合灵活、全绝缘、全密封等显著优点。按照额定电流一般可以分为 600A 主回路和 200A 分支回路两种。600A 主回路采用旋入式螺栓固定连接；200A 分支回路采用拔插式连接，且可以带负荷拔插。美式电缆分支箱所采用的电缆接头符合 IEEE 386 标准。

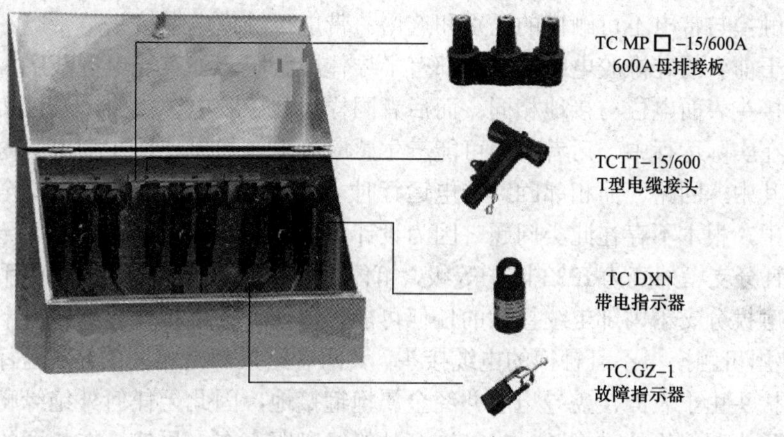

图 GYPD00102002-3　美式电缆分支箱

功能和特点：

1）全绝缘、全密封结构，无需绝缘距离，可靠保证人身安全。

2）防尘、抗洪水、耐腐蚀、免维护，既可用于户外，也可浸在水中，适用任何恶劣环境。

3）组合极为灵活，进出线分支可达八路，满足多种接线要求。

4）体积小、结构紧凑、安装简单、操作方便。

5）200A 分支电缆接头可作为负荷开关，带负荷拔插，并具有隔离开关的特点。

6）可接短路故障指示器，便于迅速查找电缆故障。

（2）欧式电缆分支箱。

欧式电缆分支箱是近几年来广泛用于电力配网系统中的电缆化工程设备，它的主要特点是双向开门、利用穿墙套管作为连接母排，具有长度小、电缆排列清楚、三芯电缆不需大跨度交叉等显著优点。其所采用的电缆接头符合 DIN47636 标准。一般采用额定电流 630A 螺栓固定连接式电缆接头。

功能和特点：

1）全绝缘、全密封、全防护、全工况。

2）进出线灵活，实际应用最多有 8 分支进出线。

3）抗洪水、抗污秽、抗凝露、抗凝霜、耐腐蚀。

4）体积小、结构紧凑、安装简单、操作方便。

5）可安装带电指示器，提示操作人员线路带电。

6）可安装电缆型故障指示器，便于迅速查找电缆故障。

三、电缆分支箱的应用

1. 电缆分支箱选型

（1）热缩材料为主材的空气绝缘型。该产品为早期产品，已属淘汰之列。

（2）橡塑外套为主材作为防护型的电缆分支箱。在长期运行中易发生内界面分离及外露端头龟裂，使绝缘和密封受损，因此该产品的发展受到限制。

（3）三元乙丙橡胶（EPDM）为主材的电缆接头密封型电缆分支箱。其材质偏硬，而 EPDM 为可燃性材料，易发生爬电或起弧容易燃烧，同时，防潮防水及抗老化的性能也较弱，达不到长期运行免维护的要求。EPDM 为有毒物质，对环保也存在不利因素。

（4）带电可拔插式电缆接头型电缆分支箱。我国的供电系统为三相变压器供电，在拔插时不可能做到同时带电拔插，这样拔插将会造成中性点严重偏移，短时间内形成两相供电，严重造成大面积停电事故，对供电及设备带来不必要的经济损失。

（5）硅橡胶为主材电缆接头防洪型电缆分支箱。其材质柔软，具有高弹性、高密度、全绝缘，材料密封性能良好、达到防潮、防水、抗老化、抗阻燃、耐电晕和长期运行免维护等优点。因为硅橡胶与电缆采取过盈配合，径向收缩均匀度高，不会因热胀冷缩使内界面分离而产生内爬电击穿，同时对电缆本体有径向的持久压力，使内界面结合紧密可靠。同时硅橡胶本质是无毒材料，对环保也有利。

（6）带电可触摸与带电不可触摸的区别和选用。带电可触摸电缆接头与带电不可触摸电缆接头的主要区别，是在于前者的硅橡胶电缆接头内部有半导体屏蔽层，外有导电屏蔽层、通过金属抱箍连接接地，确保电缆接头表面电位与接地相同；而后者同样为硅橡胶电缆接头，通过实测结果两者对地电压均为零值，但在实际运行中、后者表面可能产生感应静电。如果使用在变电站内部的多回路并列运行中，需要检测其中一回路，而相邻回路带电运行时，使用可触摸电缆接头对安全是有利的。但是使用在电缆分支箱中，根本不存在此类问题，因为设计是免维护产品，分支箱内并无任何二次线路需要维护与检修，而且分支箱外壳为 IP33 防护等级，箱体已可靠接地，在带电运行中不允许打开分支箱外壳，不存在带电触摸分支箱内部电缆接头的任何可能。即使在不可抗外力的侵害下（如被汽车等外物强烈相碰撞），使用可触摸与不可触摸的电缆接头，其两者结果都是相同的。从运行中的可靠性角度分析、可触摸电缆接头由于表面覆盖导电层并经金属抱箍接地，因此无任何外绝缘爬距存在。而不可触摸电缆接头的外层为强绝缘的硅橡胶，尚有许多外绝缘爬距存在。显然，在相同的情况下，不可触摸电缆接头的运行可靠性高于可触摸电缆接头。从经济上的角度考虑，不可触摸硅橡胶电缆接头的价格也低于可触摸型的电缆接头。因此，以采用不可触摸硅橡胶电缆接头较为理想。

2. 10kV 电缆分支箱安装使用注意事项

（1）电缆分支箱内部组件与电缆接头部件组合的先后次序，应按照厂家配套提供安装规范说明书进行操作。

（2）电缆分支箱与电缆接头安装连接过程的操作方法应正确，电缆头安装工艺良好。

（3）电缆分支箱在运行前，必须检查各分支电缆的接地线是否与箱体的接地端子连接紧固。同时，箱体外壳必须与地网直接连接或有明显的接地点。

（4）电缆分支箱安装完工后，必须按照有关规定的试验标准和条件，对电缆和组件一起进行试验。

【思考与练习】

1. 什么是电缆分支箱？

2. 电缆分支箱有何作用？

3. 电缆分支箱的结构特点有哪些？

模块 3 箱式变电站的作用及结构（GYPD00102003）

【模块描述】本模块介绍箱式变电站的作用、种类和结构。通过要点归纳和图形说明，掌握箱式变电站的选择和运行注意事项。

【正文】

一、箱式变电站的作用及特点

箱式变电站是指将高低压开关设备和变压器共同安装于一个封闭箱体内的户外配电装置。主要作用就是为高压用户或低压用户提供所需电能。具有以下特点：

（1）占地面积小。安装箱式变电站比建设同等规模的变电站能节省三分之二以上的占地面积。

（2）组合方式灵活。箱式变电站结构比较紧凑，每个箱均构成一个独立系统，这就使得组合方式灵活多变，使用单位可根据实际情况自由组合一些模式，以满足不同场所的需要。

（3）外形美观，易与环境协调。箱体外壳可根据不同安装场所选用不同颜色，从而极易与周围环境协调一致，特别适用于城市居民住宅小区、车站、港口、机场、公园、绿化带等人口密集地区，它既可作为固定式变电站，也可作为移动式变电站。

（4）投资省、建设周期短。箱式变电站较同规模常规变电站减少投资 40%～50%，建设安装周期可大幅缩短。同时箱式变电站日常维护工作量也较小。

二、箱式变电站的种类

1. 拼装式

将高低压成套装置和变压器装入金属箱体，高低压配电装置中留有操作走廊，这种箱式变电站体积较大，现很少采用。

2. 组合装置型

不使用现有成套装置，而将高低压控制、保护电器设备直接装入箱内，成为一个整体。设计按免维护考虑，无操作走廊，箱体小，又叫欧式箱式变电站或普通型箱式变电站。

3. 一体型

简化高压控制、保护装置，将高低压配电装置与变压器主体一齐装入变压器油箱，成为一个整体，体积更小，接近同容量油浸变压器，是欧式箱式变电站的 1/3，又叫美式箱式变电站或紧凑型箱式变电站。

三、箱式变电站的结构

1. 欧式箱式变电站的结构

我国多用欧式箱式变电站，三部分各为一室，组成“目”或“品”字结构，常用型号有 ZBW 型和 XWB 型。断面图和接线图如图 GYPD00102003-1 所示。欧式箱式变电站高压室为环网、双线或终端单元负荷开关，体积较小，兼容环网柜。采用安全可靠的紧凑型设计，具有全面防误操作连锁功能，可靠性高，操作检修方便。高压设备一般采用负荷开关和熔断器组合电器，熔断器装有撞击器，熔断器熔断后，撞针顶动脱口机构，负荷开关三相同时跳开，避免缺相运行，同时若采用电动操动机构，可实施配电自动化功能。环网结构 10kV 电缆出线配置接地故障指示器零序传感器。变压器可采用油浸变压器或干式变压器，Dyn11 接线，考虑到散热不利，可采用自然通风或顶部强迫通风。低压室设有计量和无功补偿，可根据用户需要设计二次回路及出线数量，满足不同需要。外壳采用钢板或合金板，双层顶盖，隔热好，外形及色彩可与环境协调一致。高压室，变压器室和低压室之间用隔板隔离成独立的小室。为了监视和检修，各小室设照明装置，由门控制照明开关。

2. 美式箱式变电站的结构

（1）美式箱式变电站将高压开关与变压器共一油箱，常用美式箱式变电站型号有 ZB1336 型、GE 型和 COOPER 型。结构和接线如图 GYPD00102003-2 和图 GYPD00102003-3 所示。

美式箱式变电站采用全密封全绝缘结构，安全性高，可用于环网，又可用于终端，高压采用 T 型或 V 型三相联动四位置油负荷开关控制，如图 GYPD00102003-4 和图 GYPD00102003-5 所示。

（2）变压器采用后备熔断器与插入式熔断器串联起来提供保护，后备熔断器安装在箱体内部，只在箱式变电站变压器发生内部相间故障时动作，用来保护高压线路，插入式熔断器在二次侧发生短路或过负荷时熔断。

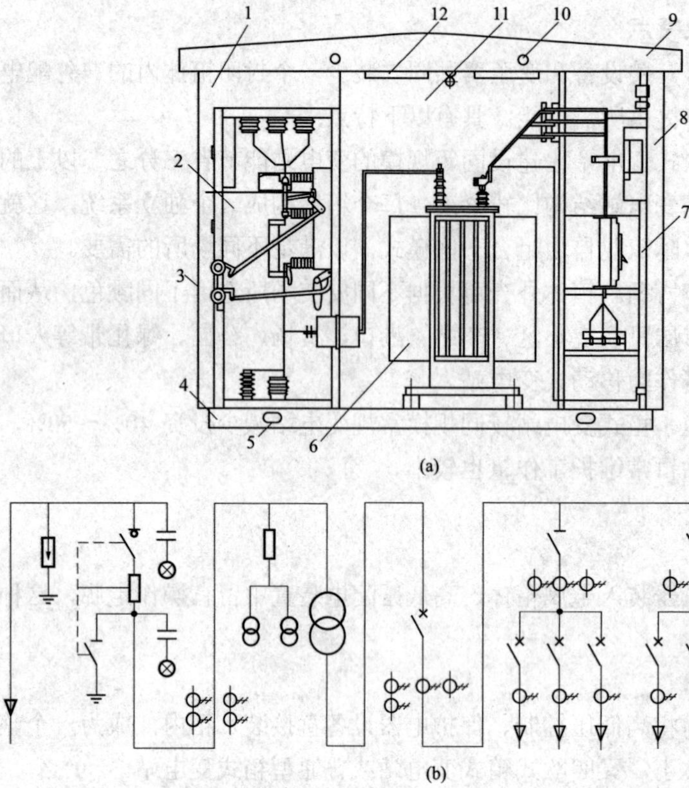

图 GYPD00102003-1 欧式箱式变电站断面图和接线图

（a）断面图；（b）接线图

1—高压室；2—环网柜；3—框架；4—底座；5—底部吊装轴；6—变压器；7—低压柜；8—低压室；

9—箱顶；10—顶部吊装支撑；11—变压器室；12—温控排风扇

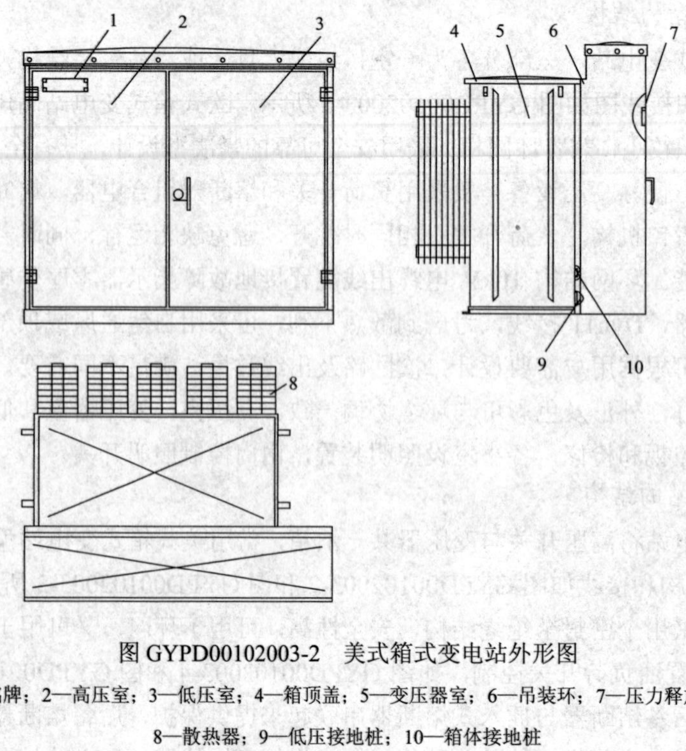

图 GYPD00102003-2 美式箱式变电站外形图

1—铭牌；2—高压室；3—低压室；4—箱顶盖；5—变压器室；6—吊装环；7—压力释放阀；

8—散热器；9—低压接地桩；10—箱体接地桩

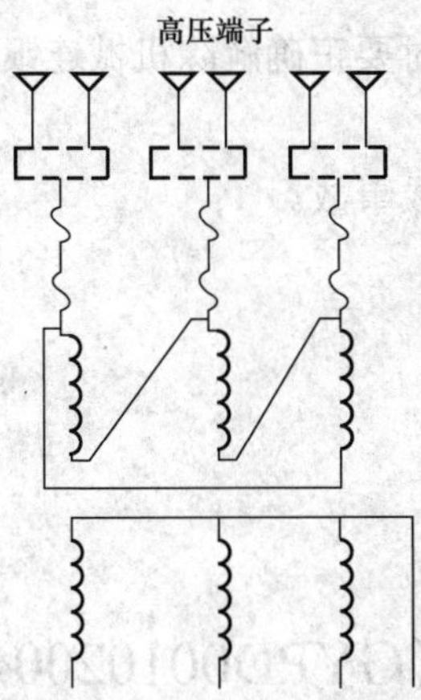

图 GYPD00102003-3　美式箱式变电站接线图

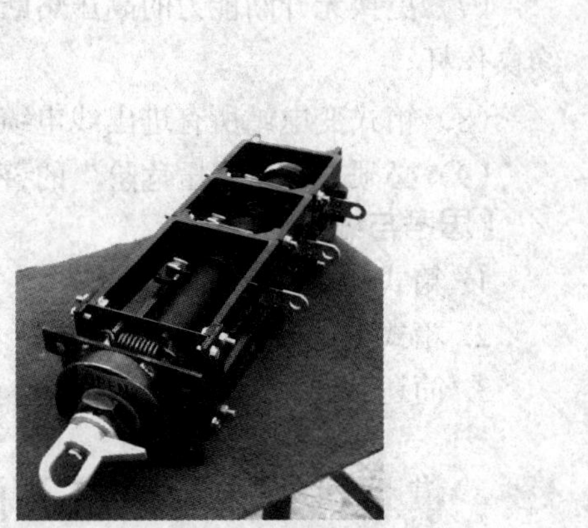

图 GYPD00102003-4　油负荷开关

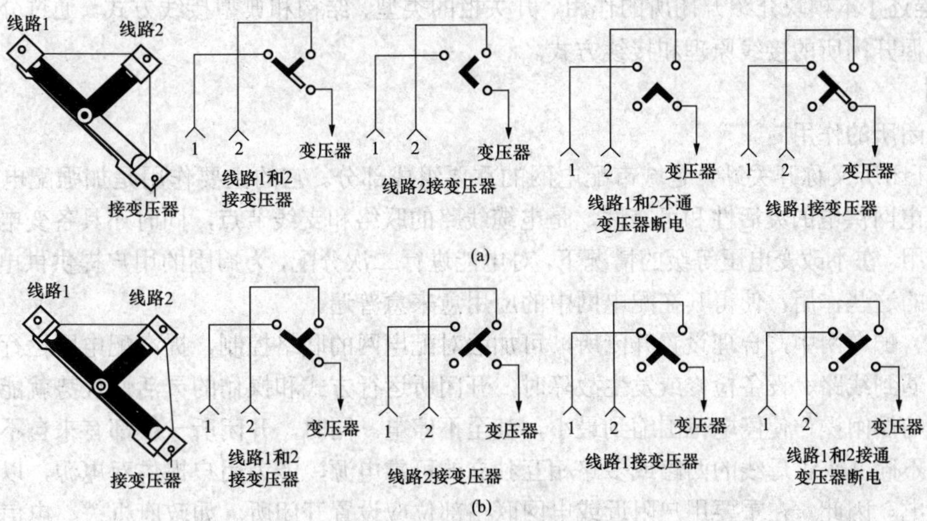

图 GYPD00102003-5　四位置开关接线图

（a）V 型四位置开关；（b）T 型四位置开关

高压电缆接入绝缘性能良好的套管，套管与肘型电缆插头相接，将带电部分密封起来，肘型电缆插头是一种全屏蔽的绝缘插头，可带全负荷插拔，相当于负荷开关，结构如图 GYPD00102003-6 所示，但如果合到短路点后，肘型插头及套管均应更换。

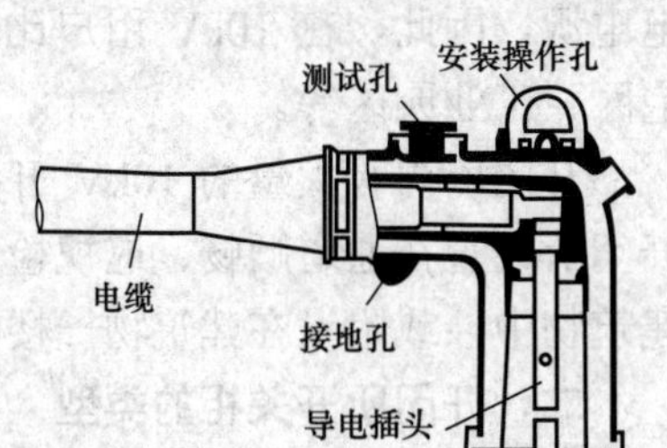

图 GYPD00102003-6　肘型电缆插头

四、箱式变电站的运行

（1）箱式变电站应放置在较高处，不能放在低洼处，以免雨水灌入箱内影响设备运行。浇筑混凝土平台时要在高低压侧留有空档，便于电缆进出线的敷设。开挖地基时，如遇垃圾或腐蚀土堆积而成的地面，必须挖到实土，然后回填较好的土质夯实，再填三合土或道踏，确保基础稳固。

（2）箱式变电站接地和接零共用一个接地网。接地网一般采用在基础四角打接地桩，然后连为整体。箱式变电站与接地网必须有两处可靠连接。运行后，应经常检查接地连接，不松动，不锈蚀。定期测量接地电阻，不大于 4Ω。

（3）箱式变电站以自然风循环冷却为主。因此其周围不能堆放杂物，尤其是变压器室门，还应经常清除百叶窗通风孔，确保设备不超过最大允许温度。

（4）低压断路器跳闸后，应查明原因方可送电，防止事故扩大。

（5）箱式变电站高压室应装设氧化锌避雷器，装设方式应便于试验及更换。

（6）高压室中环网开关、变压器、避雷器等设备应定期巡视维护，及时发现缺陷并及时处理，定期进行绝缘预防性试验。超过 3 个月停用，再投运时应进行全项目预防性试验。

（7）更换无开断能力的高压熔断器，必须将变压器停电，操作时要正确解除机械连锁，并使用绝缘操作杆。

（8）箱式变电站所有进出线电缆孔应封堵，防止小动物进入造成事故。

（9）必须具有“高压危险”的警告标志和电气设备的铭牌编号。

【思考与练习】

1. 箱式变电站有哪些特点？
2. 箱式变电站分哪几类？
3. 简述欧式箱式变电站的结构特点。

模块 4 开关站（开闭所）的作用及结构（GYPD00102004）

【模块描述】本模块介绍开闭所的作用、开关柜的类型、结构和典型接线方式。通过分类介绍和图形说明，掌握开闭所的接线原理和接线方式。

【正文】

一、开闭所的作用

10kV 开闭所又称开关站，是城市配电网的重要组成部分。它的主要作用是加强配电网的联络控制，提高配电网供电的灵活性和可靠性，是电缆线路的联络和支线节点，同时还具备变电站 10kV 母线的延伸作用。在不改变电压等级的情况下，对电能进行二次分配，为周围的用户提供供电电源。10kV 开闭所具有的这些作用，使得其在配电网中的应用愈来愈普遍。

在 10kV 配电网中，合理设置开闭所，可加强对配电网的联络控制，提高配电网运行方式的灵活性。特别是遇到线路、设备检修或发生故障时，开闭所运行方式和操作的灵活性优势就能体现出来，可通过一定的倒闸操作使停电范围缩到最小，甚至不停电。同时，开闭所一般都有来自不同变电站或同一变电站不同 10kV 母线的两路或多路相互独立的可靠电源，能为用户提供双电源，以确保重要用户的可靠供电。因此，在重要用户附近或电网联络部位应设置开闭所。如政府机关、电信枢纽、重要大楼、重要宾馆等。

由于开闭所具有变电站 10kV 母线延伸功能，对电能进行二次分配，能方便地为周围用户提供供电电源，因此，在 10kV 用户比较集中的区域也应设置开闭所。如高层建筑区、商业中心区、大型住宅区、工业园区等。

开闭所内有大量的 10kV 开关柜等高压设备，这些设备对环境的要求比较高，为便于管理，要求开闭所设置在通道顺畅、巡视检修方便，电缆进出方便的地方。一般情况下要求开闭所设置在单独的建筑物中，或附设在建筑物一楼的群房中。尽量不要将开闭所设置在大楼的地下室内。

二、开闭所开关柜的类型

开闭所用的开关柜主要有 SF_6 负荷开关环网柜、真空负荷开关环网柜、真空断路器开关环网柜等类型。

1. SF_6 负荷开关环网柜

SF_6 负荷开关环网柜是目前开闭所普遍采用的 10kV 开关柜。SF_6 负荷开关环网柜一般分为两类：一类是单独间隔式，是指一面环网柜内有一台 SF_6 负荷开关，有一个完整的 SF_6 气室，采用金属铠装结构；一类是共气室式，是指多台 SF_6 负荷开关共用一个 SF_6 气室，开关柜的结构非常紧凑，设计时可通过模块式进行组合，通常情况下，一个 SF_6 气室最多可有 5～6 个单元。

目前在开闭所中使用的 SF_6 负荷开关大多数为“三工位”负荷开关，配有一副三相旋转式触头，通过旋转，可分别处于触头闭合（即合闸）、触头断开（即分闸）、触头接地（即接地）等三个位置，三相旋转式触头被装入一个充满 SF_6 气体的气室内。

SF_6 负荷开关的开断原理：SF_6 气体具有优良的灭弧性能，分闸时，其电弧和气体之间产生相对运动熄灭电弧。当动静触头分离时，电弧出现在永久磁铁所产生的电磁场中，并和电弧作用使电弧绕静触头旋转，电弧拉长并依靠 SF_6 气体使其在电流过零时熄灭，动静触头间的距离足以承受恢复过电压。该系统简单可靠，触头磨损很少，电气寿命长。SF_6负荷开关只能开断小于自身额定电流的负荷电流。

SF_6负荷开关的特点：① 使用寿命长；② 开关触头免维护；③ 电气寿命长；④ 操作过电压低；⑤ 操作简单安全。

SF_6负荷开关环网柜的联锁机构：① 柜门关上，开关离开接地位置后，方可进行合闸操作；② 开关分闸后才能接地；③ 开关接地后，才能打开柜门；④ 打开柜门把开关锁定在分闸位置后，才能操作接地开关做试验。

电缆进线柜无法闭锁，应加挂锁，线路有电时，不允许检修。

2. 真空负荷开关环网柜

真空负荷开关环网柜也是目前普遍采用的开闭所设备。

真空负荷开关的开断原理：真空负荷开关真空泡保持高度真空状态，真空开关动静触头带电分离时，真空介质对动静触头间产生的电弧在电流过零时熄灭，电弧生成物迅速扩散，真空泡内绝缘水平迅速恢复，从而达到分断电路中电流的目的。真空负荷开关只能开断小于自身额定电流的负荷电流。

真空负荷开关环网柜的联锁装置：真空负荷开关环网柜内负荷开关、隔离开关、接地开关、柜门、隔板之间设有联锁装置，具有以下联锁功能：

（1）负荷开关合闸时，隔离开关不能分合闸，接地开关无法合闸，柜前门无法打开。

（2）负荷开关分闸时，隔离开关、接地开关在一方分闸时，另一方可以分合闸，当隔离开关处于分闸位置，接地开关处于合闸位置时，隔板插入后，柜前门可以打开。

（3）隔离开关合闸时，负荷开关可以分合闸，接地开关无法合闸，柜前门无法打开。

（4）隔离开关分闸时，负荷开关、接地开关可以分合闸，当接地开关处于合闸位置时，隔板插入后，柜前门可以打开。

（5）接地开关合闸时，负荷开关可以分合闸，隔离开关无法合闸，隔板插入后，前门板可以打开。

（6）接地开关分闸时，负荷开关分闸后，才可以分合隔离开关，前门板无法打开。

（7）电缆线路进线柜中，在进线电缆有电时，无论负荷开关、隔离开关处于合闸或分闸，接地开关由电磁锁控制而无法合闸，前门板无法打开（除专用钥匙紧急解锁外）。

真空负荷开关的特点：① 使用寿命长；② 开关触头免维护；③ 无油化；④ 操作安全。

3. 空气负荷开关环网柜

空气负荷开关环网柜是20世纪80年代后期、90年代初期普遍使用的开闭所设备。其特点是体积小，操作简单。空气式负荷开关环网柜可分为产气式负荷开关环网柜和压气式负荷开关环网柜两类。

（1）空气式负荷开关的灭弧原理。

1）产气式负荷开关的灭弧原理：产气式负荷开关主回路与辅助回路（灭弧管）并联，因辅助回路的电阻远大于主回路的电阻，当负荷开关处于合闸位置时，电流从主回路导通。当负荷开关分闸瞬间，主回路与静触头分离，主回路断开，电流转移到辅助回路，由于主触头继续运动，致使灭弧管内的弹簧压缩到某一极限位置时，动触头与静触头快速分离产生电弧，电弧与灭弧管、灭弧棒接触，产生一定量的气体，吹向电弧，使电弧迅速熄灭。

2）压气式负荷开关的灭弧原理：压气式负荷开关的导电部件和灭弧部件是分开设置的，动触头的内部有一个静止不动的活塞，当动触头向下快速作分闸运动时，动触头内部被压缩的空气从绝缘喷口中高速喷出，猛烈吹向电弧，使电弧过零熄灭。

（2）空气负荷开关只能开断小于自身额定电流的负荷电流。

4. 负荷开关—熔断器组合开关柜

负荷开关—熔断器组合开关柜除能开断正常的负荷电流外，还具有保护功能，即当线路发生短路故障或过负荷时，引起熔断器一相或多相熔体熔断，在熔体熔断的瞬间触发负荷开关跳闸，从而切断故障电流，隔离故障点。

5. 断路器开关环网柜

断路器开关环网柜是指开关柜内安装断路器的环网柜。目前用于开闭所的断路器环网柜主要有整体式真空断路器柜和永磁机构真空断路器柜等体积较小的断路器柜。

整体式真空断路器柜的断路器和操动机构不是相互独立的两部分，而是合为一个整体的，这就使得开关柜的体积较小，大小与真空负荷开关环网柜差不多。开关柜内的断路器、隔离开关、接地开关、柜门之间设有联锁装置。

（1）永磁机构真空断路器环网柜是在 20 世纪 90 年代中后期发展起来的一种真空断路器环网柜，该开关柜具有以下特点：

1）活动部件少。该断路器具有三个独立的磁力操动机构，每相一个，所有元件与每极的中心对称布置，从而使活动部件减至最少。

2）可靠性高。开关操动机构的动铁心通过一个直线运动的操作绝缘子与动触头刚性连接，双向直线运动，避免了使用旋转轴、轴承和曲柄。另外在机构的设计中，使用了一个电磁线圈来控制分合闸操作，简化了机械的整体结构，减小了机构体积，大大提高了操作的可靠性。

3）三相同期性好。三相永磁机构封装在一个金属框架内，并由一根同步轴相连，保证了在操作时三相同时进行分合闸。同时可利用此联动轴实现闭锁等辅助功能。

4）单稳态锁扣设计。合闸位置采用永磁锁扣，分闸采用机械锁扣，简单可靠。

（2）真空断路器的开断原理真空断路器灭弧室的静态压力极低，约为 10^{-5}～10^{-3}Pa，只需要相当小的触头间隙就可达到很高的电介质强度，在分闸过程中，电流在触头间产生的电弧，在电流第一次自然过零时熄灭。分闸过程中的高温产生了金属蒸气离子和电子组成的电弧等离子体，使电流持续一段很短的时间，由于触头上开有螺旋槽，电流曲折路径效应形成的磁场使电弧产生旋转运动，削弱了电弧的强度，同时也避免了触头表面的局部过热与不均匀的烧蚀。电弧熄灭时残留的离子、电子和金属蒸气只需在几分之一毫秒的时间内就可复合或凝聚在触头表面屏蔽罩上，因此，灭弧室断口的电介质强度恢复极快。断路器除能开断正常的负荷电流外，还断开短路故障电流。

三、开闭所的结构及典型接线

10kV 开闭所的结构按电气主接线方式可分为单母线接线、单母线分段联络接线和单母线分段不联络接线三种；但按其在电网中的功能，又可分为环网型开闭所和终端型开闭所两种。

10kV 开闭所的电气主接线是开闭所电气设计的首要部分，其接线方式的确定与 10kV 配网及开闭所本身运行的可靠性、灵活性和经济性密切相关，并对电气设备的选择、配电装置的布置有较大影响。因此，必须全面分析开闭所在配网中的地位、用途及配网规划等有关因素，通过技术经济比较，合理确定其接线方案。

1. 单母线接线

单母线接线方式一般有 1～2 路 10kV 电源进线间隔，若干路出线间隔。单母线接线方式按照功能不同可分为环网型和终端型两种方式，典型接线如图 GYPD00102004-1 所示。环网型单母线接线有两路 10kV 电源进线间隔，一进一出构成环网；终端型单母线接线只有一路 10kV 电源进线间隔。

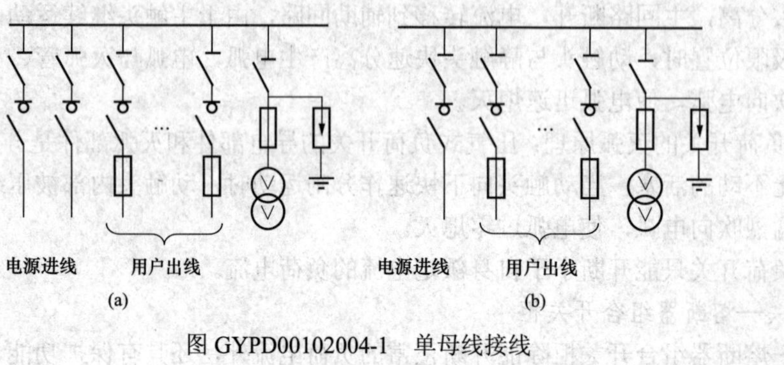

图 GYPD00102004-1 单母线接线

（a）环网型；（b）终端型

电源进线间隔根据需要可选用断路器型开关柜或负荷开关型开关柜；用户出线柜根据需要可选用断路器型开关柜或负荷开关—熔断器组合型开关柜。

优点：接线简单清晰、规模小、投资省。

缺点：不够灵活可靠，母线或进线开关故障或检修时，均可能造成整个开闭所停电。

适用范围：一般适用于线路分段、环网，或为单电源用户设置的开闭所。

2. 单母线分段联络接线

单母线分段接线方式一般有 2～4 路 10kV 电源进线间隔，若干路出线间隔，两段母线之间设有联络开关。单母线分段接线方式按照功能不同可分为环网型和终端型两种方式，典型接线如图 GYPD00102004-2 所示。环网型单母线分段接线有四路 10kV 电源进线间隔，每段母线有一进一出两回 10kV 电源进线间隔；终端型单母线分段接线一般每段母线只有一路 10kV 电源进线间隔。

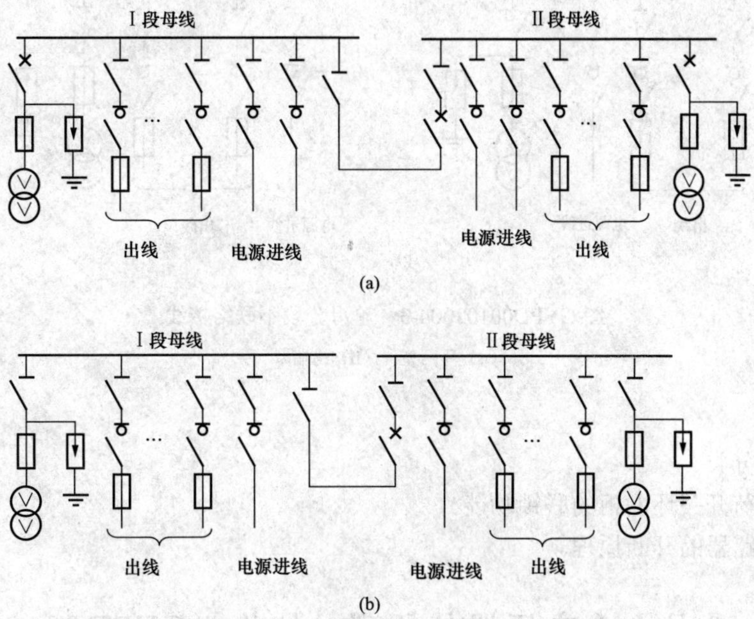

图 GYPD00102004-2　单母线分段联络接线

（a）环网型；（b）终端型

电源进线间隔根据需要可选用断路器型开关柜或负荷开关型开关柜；用户出线柜根据需要可选用断路器型开关柜或负荷开关—熔断器组合型开关柜。

优点：① 任一路电源检修或故障时，都不会对用户停电，运行方式灵活，供电可靠性高；② 在一个开闭所内可为重要用户提供双电源。

缺点：① 母线联络需占用两个间隔的位置，增加了开闭所的投资；② 在转移负荷时，系统运行方式变得相对复杂一些。

适用范围：一般适用于为重要用户提供双电源、供电可靠性要求较高的开闭所。

3. 单母线分段不联络接线

单母线分段不联络接线方式一般有 2～4 路 10kV 电源进线间隔，若干路出线间隔，两段母线之间没有联系。单母线分段不联络接线方式按照功能不同可分为环网型和终端型两种方式，典型接线如图 GYPD00102004-3 所示。环网型单母线分段不联络接线，每段母线有一进一出两回 10kV 电源进线间隔；终端型单母线分段不联络接线，每段母线一般只有一路 10kV 电源进线间隔。

电源进线间隔根据需要可选用断路器型开关柜或负荷开关型开关柜；用户出线柜根据需要可选用断路器型开关柜或负荷开关—熔断器组合型开关柜。

优点：① 供电可靠性较高；② 在一个开闭所内可为重要用户提供双电源。

缺点：系统运行方式的灵活性不够。

适用范围：一般适用于为重要用户提供双电源、供电可靠性要求较高的开闭所。

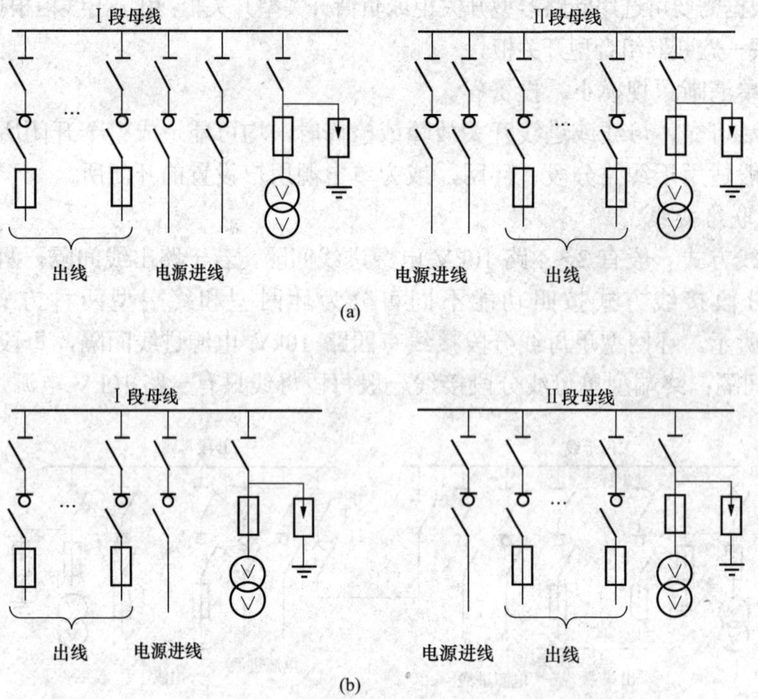

图 GYPD00102004-3 单母分段不联络接线

（a）环网型；（b）终端型

【思考与练习】

1. 开闭所怎样分类？
2. 简述真空负荷开关环网柜的联锁功能。
3. 简述真空断路器的开断原理。

模块 5 非晶合金变压器的原理、结构（GYPD00102005）

【模块描述】本模块介绍非晶合金变压器的结构和特点。通过要点介绍和图形说明，掌握非晶合金变压器的结构、特点和应用。

【正文】

非晶合金变压器的原理与普通变压器的原理一致，都是利用电磁感应原理工作，但其铁芯采用非晶合金材料制造，与普通硅钢材料相比，可大大降低空载损耗。

一、非晶合金材料

在日常生活中人们接触的材料一般有两种：一种是晶态材料，另一种是非晶态材料。所谓晶态材料，是指材料内部的原子排列遵循一定的规律。反之，内部原子排列处于无规则状态，则为非晶态材料，一般的金属，其内部原子排列有序，都属于晶态材料。科学发现，金属在熔化后，内部原子处于活跃状态。一旦金属开始冷却，原子就会随着温度的下降，而慢慢地按照一定的晶态规律有序地排列起来，形成晶体。如果冷却过程很快，原子还来不及重新排列就被凝固住了，由此就产生了非晶态合金。

非晶合金是将熔化的铁、硼、硅钢水喷铸在高速旋转的低温滚筒上，由于采用超急冷技术，钢水以每秒百万度的速度迅速冷却，仅用千分之一秒的时间就将 1300℃的钢水降到 200℃以下，使熔化的金属凝固速度高于结晶速度，形成玻璃状非晶体排列的金属薄带。

二、非晶合金变压器的结构及特点

1. 非晶合金铁芯特点

非晶合金是一种新型导磁性能突出的材料，采用快速急冷凝固生产工艺，其物理状态表现为金属原子呈无序非晶体排列，它与硅钢的晶体结构完全不同，更利于被磁化和去磁。典型的非晶态合金含80%的铁，而其他成分是硼和硅。非晶合金带材是生产低损耗变压器铁芯的理想材料，具有磁导率高、矫顽力低、电阻率高、厚度薄、硬度高等优点。其与硅钢主要物理性能比较见表 GYPD00102005-1，但非晶合金难以剪切，只能卷绕，对应力敏感，制造工艺要求高。

表 GYPD00102005-1　　非晶合金与硅钢的主要物理性能比较

	非晶合金	冷轧硅钢
饱和磁感应强度（T）	1.54	2.03
矫顽力（$A \cdot m^{-1}$）	＜4	＞30
单位铁损（$W \cdot kg^{-1}$）	0.18	1.2
电阻率（$\mu\Omega \cdot cm$）	140	50
密度（$g \cdot cm^{-3}$）	7.18	7.65
硬度（$hg \cdot cm^{-2}$）	860	—
饱和磁致伸缩系数（$\times 10^{-6}$）	30	10
最大磁导率	＞200.000	＞10.000
厚度（mm）	0.027	0.3

注　铁损测量是在 50Hz 的工作磁密情况下测试。

非晶合金和硅钢相比，有以下特点：

（1）非晶合金的饱和磁通密度比硅钢低。

（2）同样重量的非晶合金磁芯体积比硅钢磁芯大。

（3）非晶合金磁芯的工作磁通密度为 1.35～1.40T，硅钢为 1.6～1.7T。非晶合金工频变压器的重量是硅钢工频变压器的重量的 130%左右。

（4）非晶合金抗电源波形畸变能力比硅钢强。一般测试工频电源变压器磁芯材料损耗，是在畸变小于 2%的正弦波电压下进行的。而实际的工频电网畸变为 5%。在这种情况下，非晶合金损耗增加到 106%，硅钢损耗增加到 123%。如果在高次谐波大，畸变为 75%的条件下（例如工频整流变压器），非晶合金损耗增加到 160%，硅钢损耗增加到 300%以上。

（5）非晶合金的磁滞伸缩系数大，是硅钢的 3～5 倍。因此，非晶合金工频变压器的噪声为硅钢工频变压器噪声的 120%，要大 3～5dB。

（6）非晶合金带材价格高于 0.23mm3%取向硅钢价格，但低于 0.15mm3%取向硅钢价格。

（7）非晶合金退火温度比硅钢低，消耗能量小，而且非晶合金磁芯一般由专门生产厂制造。硅钢磁芯一般由变压器生产厂制造。

2. 非晶合金变压器的结构

非晶合金变压器铁芯由四个单独铁芯框在同一平面内组成三相五柱式，经退火处理，并带有交叉铁轭接缝，截面形状呈长方形。在两个旁柱中流过零序磁通，磁通不经过箱体，不产生发热的结构损耗，使变压器能满足低噪声、低损耗；其铁芯形状如图 GYPD00102005-1 所示。

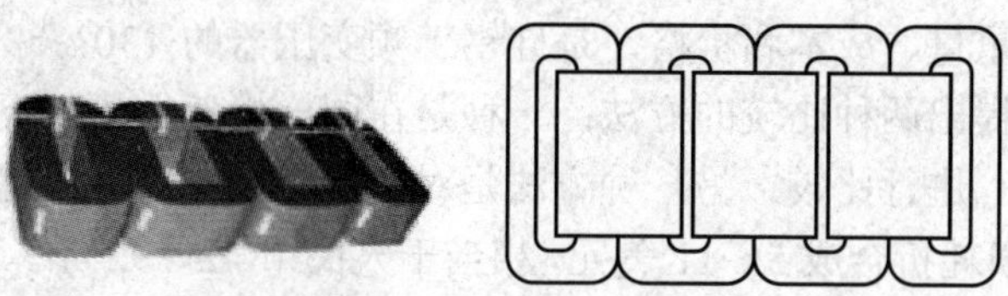

图 GYPD00102005-1　铁芯图

3. 非晶合金铁芯变压器的特点

非晶合金变压器采用 Dyn11 接线组别，最突出的特点是比硅钢片铁芯变压器的空载损耗和空载电流降低很多，它的空载损耗比传统的硅钢铁芯的变压器要降低 60%～80%，CO_2、SO_2 排放量大大减少，具有明显的节能和环保效果。其外形如图 GYPD00102005-2 所示，其主要参数见表 GYPD00102005-2。

图 GYPD00102005-2　非晶合金变压器

表 GYPD00102005-2　　三相非晶合金配电变压器技术参数

额定容量（kVA）	额定电压（kV）		联结组别	阻抗电压（%）	空载电流（%）	损耗（W）	
	高压	低压				空载	负载
50	10	0.4	Dyn11	4	0.7	34	870
100					0.7	60	1500
160					0.5	80	2200
200					0.5	100	2600
250					0.5	120	3050
315					0.4	140	3650
400					0.4	170	4300
500					0.4	200	5100
630				4.5	0.3	240	6200
800					0.3	300	7500
1000					0.3	340	10 300

三、非晶合金变压器的应用

非晶合金变压器价格较高，但考虑其较低的空载损耗，假定工频变压器的负载损耗（铜损）都一样，负载率也都是 50%。那么，要使硅钢工频变压器的铁损和非晶合金工频变压器的一样，则硅钢变压器的重量是铁基非晶合金变压器的 18 倍。因此，一般人所认同的抛开变压器的损耗水平，笼统地谈论非晶合金工频变压器的重量、成本和价格，是硅钢工频变压器的 130%～150%，并不符合市场要求的性能价格比原则。国外提出两种比较的方法：一种是在同样损耗的条件下，求出两种工频变压器所用的铜铁材料重量和价格，进行比较。另一种方法是对非晶合金工频变压器的损耗降低瓦数，折合成货币进行补偿。每瓦空载损耗折合成 5～11 美元，相当于人民币 42～92 元。每瓦负载损耗折合成 0.7～1.0 美元，相当于人民币 6～8.3 元。

例：一个 50Hz，5kVA 单相变压器用硅钢磁芯，报价为 1700 元/台;空载损耗 28W，按 60 元人民币/W 计，为 1680 元；负载损耗 110W，按 8 元人民币/W 计，为 880 元；则，总的评估价为 4260 元/台。用非晶合金磁芯，报价为 2500 元/台；空载损耗 6W，折合成人民币 360 元；负载损耗 110W，折合成人民币 880 元，总的评估价为 3740 元/台。如果不考虑损耗，单计算报价，5kVA 非晶合金工频变压器为硅钢工频变压器的 147%。如果考虑损耗，总的评估价为 89%。

非晶合金变压器具有空载损耗小而经济运行负荷率相对较低的特点，特别适用农村乡镇、城市居民生活用电，即使在负载率达到 50%～80%实行三班制的工矿企业中，选择合适容量的非晶合金变压器仍能达到投资回收年限的要求。因此，在城市和农村推广使用非晶合金变压器，不仅可以降低变压器的损耗，还可以因为其良好的节电效果带来少建电厂的环保效益，在建设资源节约型社会的今天具有重大的现实意义。

【思考与练习】

1. 什么是非晶合金？
2. 非晶合金有何特点？
3. 非晶合金铁芯变压器有何特点？

模块 6 干式变压器的原理、结构（GYPD00102006）

【模块描述】本模块介绍干式变压器的结构和特点。通过要点介绍和图形说明，掌握干式变压器的种类、结构、特点和应用注意事项。

【正文】

干式变压器的原理与普通油浸变压器的原理一致，都是利用电磁感应原理工作，其铁芯和绕组不浸渍在绝缘油中，可适应防火防爆的要求。

随着城市建设的发展，居民区和繁华商业区等用户对变压器的防灾性能要求越来越高，尤其是防水和防爆性能。干式变压器因没有油，也就没有火灾、爆炸、污染等问题。干式配电变压器安全，难燃防火，无污染，可直接安装在负荷中心。免维护、安装简便、综合运行成本低。

一、干式变压器的种类

1. 环氧树脂干式变压器

图 GYPD00102006-1 环氧树脂干式变压器

环氧树脂干式变压器如图 GYPD00102006-1 所示，具有电气强度高；机械强度高；具有较好的过负荷运行能力；具有难燃性和自熄性，电能损耗低，噪声低，体积小、质量轻，安装简单，可免去日常维护工作等优点，表 GYPD00102006-1 为 SC9 系列树脂绝缘配电变压器技术参数。

表 GYPD00102006-1 SC9 系列树脂绝缘配电变压器技术参数

额定容量（kVA）	额定电压（kV）		联结组别	阻抗电压（%）	空载电流（%）	损耗（W）		总重（kg）
	高压	低压				空载	负载（120℃）	
30	10	0.4	Yyn0	4	3.2	215	750	460
50					2.8	300	1055	500
80					2.6	415	1460	700
100					2.4	450	1665	740
125					2.2	530	1955	830
160					2.2	610	2250	900
200					2.0	700	2675	1240
250					2.0	810	2915	1430
315					1.8	990	3675	1580
400					1.8	1100	4220	1990
500					1.8	1305	5165	2130
630				6	1.6	1460	6310	2540
800					1.6	1710	7365	2860
1000					1.4	1990	8605	3660

2. 气体绝缘干式变压器

气体绝缘干式变压器是在密封的箱壳内充以六氟化硫（SF_6）气体代替绝缘油，利用六氟化硫气体作为变压器的绝缘介质和冷却介质，它具有防火、防爆、无燃烧危险，绝缘性能好，防潮性能好，运行可靠性高，维修简单等优点；

但是它的缺陷也很明显的，SF_6气体在金属过热时会被分解出一种SF_4的极毒物质，加上若制造工艺不好，产生泄漏后会对大气造成污染，带来严重的危害。

图 GYPD00102006-2　“赛格迈”干式变压器

3. “赛格迈”干式变压器

“赛格迈”干式变压器是一种采用美国杜邦公司 NOMEX 作主绝缘的 H 级（运行温度可达 180℃以上）绝缘变压器，如图 GYPD00102006-2 所示，NOMEX 具有非常稳定的化学性能，运行温度可达 220℃，在起火情况下具有自熄能力，即使完全分解也不会释放出有毒气体，其电气强度高，介电常数小，机械性能好，操作方便，易维护，噪声低，性能非常优越。特别适用于对电气设备要求比较苛刻的场合，如易燃、湿热、昼夜温差大、对噪声要求高的场合以及大气污染和严重盐雾地区。

二、干式变压器的结构

1. 干式变压器形式

（1）开启式。一种常用的形式，其器身与大气直接接触，适应于比较干燥而洁净的室内（环境温度 20° 时，湿度不应超过 85%），有空气自冷和风冷两种冷却方式。

（2）封闭式。器身处在封闭的外壳内，与大气不直接接触（由于密封、散热条件差，主要用于矿用，它属于是防爆型的）。

（3）浇注式。用环氧树脂或其他树脂浇注作为主绝缘，它结构简单、体积小，适用于较小容量的变压器。

2. 干式变压器的结构

铁芯采用优质冷轧晶粒取向硅钢片，铁芯硅钢片采用 45° 全斜接缝，使磁通沿着硅钢片接缝方向通过。

绕组有以下几种：① 缠绕式；② 环氧树脂加石英砂填充浇注；③ 玻璃纤维增强环氧树脂浇注（即薄绝缘结构）；④ 多股玻璃丝浸渍环氧树脂缠绕式。

一般使用玻璃纤维增强环氧树脂浇注，它能有效地防止浇注的树脂开裂，提高了设备的可靠性。

高压绕组采用多层圆筒式或多层分段式结构。

低压绕组采用层式或箔式结构。

三、干式变压器的应用

1. 干式变压器的特点

（1）干式变压器的冷却。干式变压器没有油，冷却方式分为自然空气冷却（AN）和强迫空气冷却（AF）。自然空冷时，变压器可在额定容量下长期连续运行。强迫风冷时，变压器输出容量可提高 50%。适用于断续过负荷运行，或应急事故过负荷运行；由于过负荷时负载损耗和阻抗电压增幅较大，处于非经济运行状态，故不应使其处于长时间连续过负荷运行。

（2）干式变压器的防护。根据使用环境特征及防护要求，干式变压器可选择不同的外壳。通常选用 IP20 防护外壳，可防止直径大于 12mm 的固体异物及鼠、蛇、猫、雀等小动物进入，造成短路停电等恶性故障，为带电部分提供安全屏障。若须将变压器安装在户外，则可选用 IP23 防护外壳，除上述 IP20 防护功能外，更可防止与垂直线成 60° 角以内的水滴入。但 IP23 外壳会使变压器冷却能力下降，选用时要注意其运行容量的降低。

（3）干式变压器的过载。干式变压器的过载能力与环境温度、过载前的负载情况（起始负载）、变压器的绝缘散热情况和发热时间常数等有关，可根据生产厂家关于干式变压器的过负荷曲线确定。通常可通过适当减小变压器计算容量或减少备用变压器数量来充分利用其过载能力。

2. 干式配电变压器的应用

干式配电变压器承受热冲击能力强、过负载能力大、难燃、防火性能高、对湿度，灰尘不敏感等优势，造就了其广泛的适应性。最适宜用于防火要求高，负荷波动大以及污秽潮湿的恶劣环境中。如：机场、地铁、发电厂、冶金、医院、高层、购物中心、居民密集区、石化、核电、核潜艇等重要场所。

日常运行中应特别注意以下方面：

（1）有无异常声音及振动。

（2）有无局部过热，有害气体腐蚀等，有无爬电痕迹和碳化现象等造成的变色。

（3）变压器的风冷装置运转是否正常。

（4）高、低压接头应无过热，电缆头应无漏电、爬电现象。

（5）绕组的温升应根据变压器采用的绝缘材料等级，监视温升不得超过规定值。

（6）支持绝缘子应无裂纹，无放电痕迹。

（7）检查绕组压件是否松动。

（8）室内通风应良好，铁芯风道应无灰尘及杂物堵塞，铁芯无生锈或腐蚀现象等。

【思考与练习】

1. 干式配电变压器的种类有哪些？

2. 干式配电变压器日常运行中应注意哪些问题？

模块 7　常用低压电器（GYPD00102007）

【模块描述】本模块介绍常用低压电器的种类、结构和使用注意事项。通过分类介绍和图形说明，掌握各类常用低压电器的特点和运行维护注意事项。

【正文】

一、低压电器的概述

低压电器是工作电压交流 1200V、直流 1500V 及以下，在电路中起保护、控制、调节、转换和通断作用的电器。

1. 低压电器的分类

低压电器可分为配电电器和控制电器两大类。

（1）配电电器：主要用于配电电路中，对电路及电气设备进行保护以及通断、转换电源或负载的电器。如断路器、熔断器等。

（2）控制电器：主要用于控制受电设备，使其达到预期工作状态的电器。如按钮、接触器、继电器等。

2. 低压电器外壳防护等级

低压电器以及由某些低压电器装配而成的设备，有的无保护外壳，电器裸露，无防护能力，有的有保护外壳，可以保护工作人员或工具不触及壳内部件。

衡量外壳防护性能好坏可用防护等级表示。根据国家标准规定，电器产品外壳的防护等级，一般由表示符号 IP 和其后两位数字构成。数字越小防护性能越差，数字越大防护性能越好。

第一位数字可取 0、1、2、3、4、5、6，用 0 表示无防护，用 1、2、3、4 分别表示可防大于 50mm、12.5mm、2.5mm、1mm 的固体异物进入壳内。取 5 时表示可防尘，取 6 时表示尘密（即无尘埃进入）。

第二位数字表示防水性能，可取 0、1、2、3、4、5、6、7、8，0 表示无防护，1、2、3、4、5 分别表示防滴、15° 防滴、防淋水、防溅水、防喷水。6 表示防海浪，7 表示防浸水影响，8 表示防潜水影响。

例如：IP30，表示可防直径或厚度大于 2.5mm 的固体异物进入，但对水无防护功能。而 IP43 表示可防直径或厚度大于 1mm 的固体异物进入，还可防护淋水。

二、常用低压电器

常用低压电器包括低压断路器、低压熔断器、低压刀开关、交流接触器、剩余电流动作保护装置。

(一) 低压断路器

1. 自动空气断路器的作用和结构

自动空气断路器又称自动开关，它是一种既可以接通、分断电路，又能对负荷电路进行自动保护的低压电器。当负荷电路中发生短路、过载、电压过低（欠压）等故障时，能自动切断电路。

自动空气断路器的型式种类很多，但其基本结构和动作原理是相同的，一般主要由触头系统、灭弧系统、操动机构、脱扣器几部分组成。

2. 自动空气断路器类型

（1）自动空气断路器的型号。

自动空气断路器型号各部分意义如下：

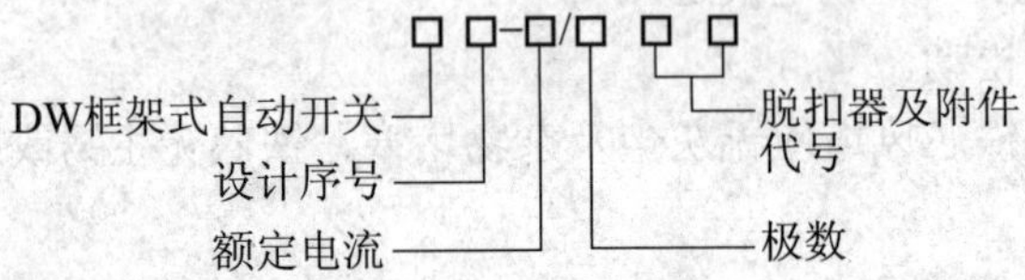

（2）框架式自动空气断路器。框架式自动空气断路器的结构特点是有一个钢制的框架，所有的部件都装在框架内，导电部分加装绝缘。它能实现各种不正常运行时的保护（例如短路、过载或欠压保护等）。在操作上它有多种传动机构，例如直接手动、杠杆连动、电动机传动、电磁铁操作以及压缩空气操作等，并且具有数量较多的辅助接头，以满足开关自身、继电保护及信号指示的需要。它广泛地应用于工企变配电站，作为接通和断开正常工作电流，以及不频繁的电路转换。

DW5 和 DW10、DW15 系列自动空气断路器是框架式自动开关的代表产品，应用较为广泛。图 GYPD00102007-1 为 DW5 框架式自动空气断路器的结构示意图，图 GYPD00102007-2 为 DW10 框架式自动空气断路器的外形结构示意图。

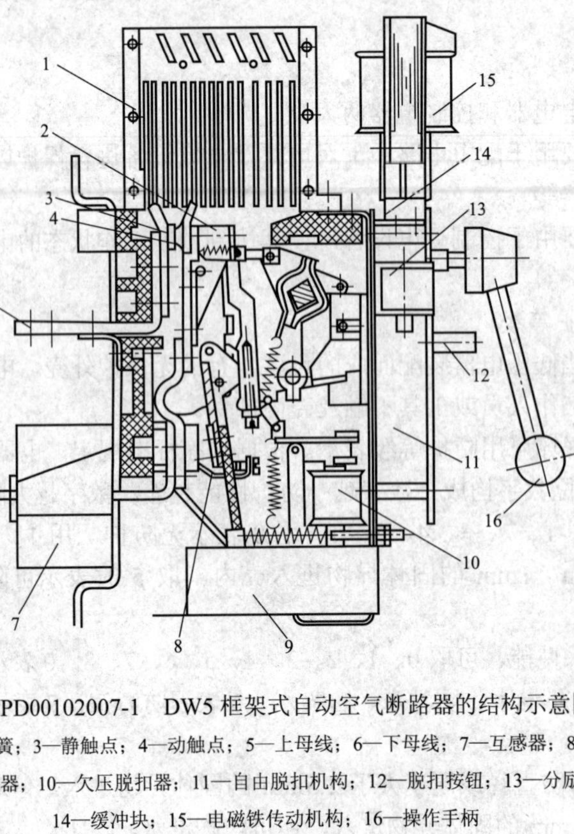

图 GYPD00102007-1 DW5 框架式自动空气断路器的结构示意图

1—灭弧室；2—触点弹簧；3—静触点；4—动触点；5—上母线；6—下母线；7—互感器；8—过电流脱扣器；9—半导体脱扣器；10—欠压脱扣器；11—自由脱扣机构；12—脱扣按钮；13—分励脱扣器；14—缓冲块；15—电磁铁传动机构；16—操作手柄

（3）装置式自动空气断路器。装置式又称为塑料外壳式自动空气断路器。它是把触头系统、灭弧室、操动机构及脱扣器等主要部件都安装在一个塑料压制的外壳内（分底壳和盖两部分）。装置式自动空气断路器以 DZ10 系列为代表产品，常用在电流较大的低压电路中作为总开关。电路过载或短路时它能自动跳闸。

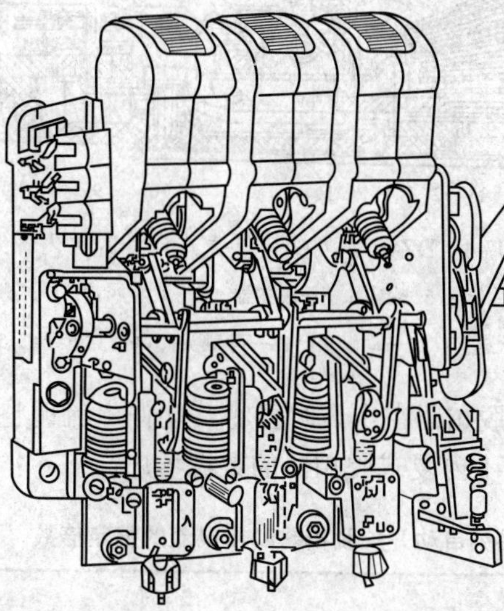

图 GYPD00102007-2　DW10—200 型万能式低压断路器

图 GYPD00102007-3 为 DZ10 型装置式自动空气断路器的外形结构示意图。图 GYPD00102007-4 为其内部结构示意图。

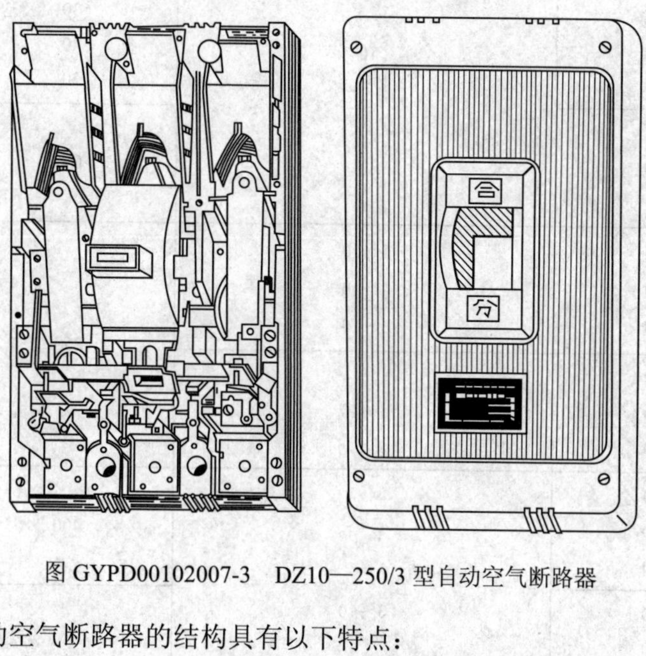

图 GYPD00102007-3　DZ10—250/3 型自动空气断路器

DZ10 型装置式自动空气断路器的结构具有以下特点：

1）自动空气断路器绝缘基座和盖采用良好的热固性塑料压制，具有良好的绝缘性能。

2）灭弧室采用去离子栅式。由于用金属薄片分割电弧，使电弧迅速冷却，熄灭。

3）触头采用银或银基合金材料制造，具有抗熔焊性强，耐磨损等特点。

4）操动机构采用四连杆机构，操作时能快速闭合和快速断开，自动开关触头分、合时间与操作速度无关。

5）脱扣器分为复式、电磁式、热脱扣和无脱扣器四种。热脱扣器为双金属片。

6）接线方式分板前接线和板后接线两种。

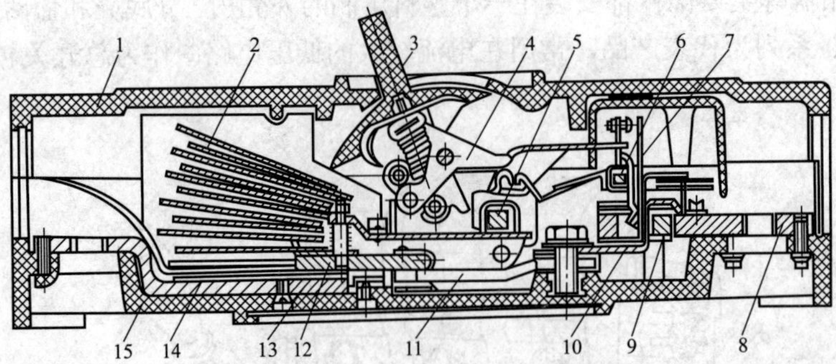

图 GYPD00102007-4　DZ10 系列塑料外壳式自动开关内部结构图

1—盖；2—灭弧室；3—手柄；4—自由脱扣器；5—主轴；6—脱扣器；7—双金属片；8—下母线；9—瞬时电磁脱扣器；10—热元件；11—软连接；12—动触头；13—静触头；14—上母线；15—底壳

DZ10 型自动空气断路器的过流脱扣器在出厂时已将其动作电流调整好，用户在选择脱扣器的额定电流值时，应按表 GYPD00102007-1 内复式脱扣器的数据考虑。

表 GYPD00102007-1　　DZ10 系列自动开关脱扣器动作电流的整定倍数

<table>
<tr><th rowspan="2">型号</th><th colspan="2">复式脱扣器</th><th colspan="2">电磁脱扣器</th></tr>
<tr><th>额定电流（A）</th><th>电磁脱扣器动作电流整定倍数</th><th>额定电流（A）</th><th>动作电流整定倍数</th></tr>
<tr><td rowspan="2">DZ10—100</td><td>15
20
25
30
40
50</td><td rowspan="2">10</td><td>15
20
25
30
40
50</td><td>10</td></tr>
<tr><td>60
80
100</td><td>100</td><td>6～10</td></tr>
<tr><td rowspan="2">DZ10—250</td><td>100
120
140</td><td>5～10
4～10
3～10</td><td rowspan="2">250</td><td>2～6</td></tr>
<tr><td>170
200
250</td><td>3～10</td><td>2.5～8</td></tr>
<tr><td rowspan="4">DZ10—600</td><td>200
250
300</td><td rowspan="4">3～10</td><td>400</td><td>2～7</td></tr>
<tr><td>350
400</td><td rowspan="3">600</td><td>2.5～8</td></tr>
<tr><td rowspan="2">500
600</td><td rowspan="2">3～10</td></tr>
<tr></tr>
</table>

3. 自动空气断路器的选用原则

（1）自动空气断路器选用的一般原则。自动空气断路器选用的一般原则是：根据用途选择其型式及极数，根据最大工作电流选择其额定电流，根据需要选择其脱扣器的类型，附件的种类和规格。具体要求是：

1）自动空气断路器的额定工作电压不小于线路额定电压。

2）自动空气断路器的额定电流不小于线路计算负荷电流。

3）自动空气断路器的额定短路通断能力不小于线路中可能出现的最大短路电流（一般按有效值计算）。

4）线路末端单相对地短路电流不小于1.25倍自动空气断路器瞬时（或短延时）脱扣整定电流。

5）自动空气断路器欠压脱扣器额定电压等于线路额定电压。

6）自动空气断路器分励脱扣器额定电压等于控制电源电压。

7）电动传动机构的额定工作电压等于控制电源电压。

8）自动空气断路器用于照明电路时，电磁脱扣器的瞬时整定电流一般取负载电流的6倍。

（2）配电用自动空气断路器的选用。

1）长延时动作电流整定值等于（0.8～1.0）导线容许电流值。

2）3倍长延时动作电流整定值的可返回时间不小于网络中最大起动电流电动机的起动时间。

3）短路延时动作电流整定值不小于1.1×（网络计算负荷电流+1.35×电动机的起动电流倍数×最大一台电动机的额定电流）。

4）短延时的延时时间按被保护对象的热稳定校核。

5）无短延时时，瞬时电流整定值不小于1.1×［网络计算负荷电流+（1.7～2）×电动机的起动电流倍数×最大一台电动机的额定电流］；如有短延时时，则瞬时电流整定值不小于1.1倍下级开关进线端计算短路电流值。

（3）电动机保护用自动空气断路器的选用。

1）长延时电流整定值等于电动机额定电流。

2）6倍长延时电流整定值的可返回时间不小于电动机实际起动时间。

3）鼠笼型电动机瞬时电流整定值等于（8～15）倍脱扣器额定电流；绕线型电动机瞬时电流整定值等于（3～6）倍脱扣器额定电流。

（4）照明用自动空气断路器的选用。

1）长延时动作电流整定值不大于网络计算负荷电流。

2）瞬时电流整定值等于6倍网络计算负荷电流（对纯钨丝灯组成的电路可为8倍）。

（5）保护特性配合的要求。

1）长延时特性低于被保护对象（架空线路、电缆、电动机、变压器等）的允许过负荷特性。

2）短延时脱扣器与一次侧过电流继电器的配合级差为0.4～0.7s，由不同保护继电器的特性而定。

3）过电流脱扣器保护特性低于一次侧熔断器的熔化特性。

4）上级自动空气断路器和下级自动空气断路器的保护特性不得相交。

5）上级自动空气断路器瞬时整定电流值不小于1.2倍下级自动空气断路器的短延时或瞬时（若下级无短延时）整定电流值。

6）上级自动空气断路器瞬时整定电流值不小于1.1倍下级自动空气断路器进线端短路电流值不大于自动空气断路器的延时通断能力。

7）具有短延时的自动空气断路器若带欠压脱扣器，则必须是延时的，其延时时间不小于短路延时的时间。

4. 自动空气断路器的运行维护

（1）巡视检查。

运行中的自动空气断路器，应从以下几个方面进行巡视检查。

1）检查所带的正常最大负荷是否超过自动空气断路器的额定值。

2）检查触头系统和导线连接点处有无过热现象，特别对有热元件保护装置的，更应注意。

3）检查分合闸状态是否与辅助触头所串接的信号指示灯相符合。

4）监听自动空气断路器在运行中有无异常音响。

5）检查传动机构及相间绝缘主轴的工作状态，前者有无变形、锈蚀、销钉松脱现象；后者有无裂痕、表层剥落和放电现象。

6）检查自动空气断路器保护脱扣器工作状态，如：整定值指示位置是否与被保护负荷相符、有无变动，电磁铁表面及间隙是否清洁、正常，弹簧的外观有无锈蚀，线圈有无过热及异常声响等。

7）检查灭弧罩的工作位置是否因受振动而移动。外观是否完整，有无喷弧痕迹和受潮情况。

8）遇有灭弧罩损坏，不论是多相还是一相，均需停止使用。必须修配、装齐后才准许运行，以免在断开时发生飞弧现象，造成相间短路而扩大事故。

9）如发生长时间的负荷变动（增加或减少），需要相应调节过电流脱扣器的整定值，必要时应更换设备或附件。

10）自动空气断路器因发生短路故障而跳闸或遇有喷弧现象时，除将故障排除外，还应安排开关解体检修，重点是触头系统和灭弧罩。

（2）维护与检修。

除上述巡视检查外，自动空气断路器还应安排定期维护及检修。其内容如下：

1）取下灭弧罩，检查灭弧栅片的完整性及清除表面的烟痕和金属细末，外壳应完整无损。

2）检查触头表面，清擦烟痕，用细锉或细砂布打平接触面，并须保持触头原有形状。如果触头的银钨合金表面烧伤，并超过 1mm 应更换新触头。

3）检查触头的压力，有无因过热而失效，调节三相触头的位置和压力，使其保持三相同时闭合，并保证接触面积完整，接触压力一致。

4）用手动缓慢分、合闸，检查辅助触头的常闭、常开接点的工作状态是否合乎要求，并清擦辅助触头的表面，如有损坏应更换。

5）检查脱扣器的衔铁和弹簧活动是否正常，动作应无卡阻，磁铁工作极面应清洁平滑，无锈蚀、毛刺和污垢。热元件的各部位有无损坏，其间隙是否正常。

6）机构各个摩擦部位应定期涂注润滑油。

全部检修完毕后，应做几次传动试验，检查是否正常，特别对于电气联锁系统，要确保动作准确无误（指两个电源自动空气断路器之间联锁控制接线等）。

（二）低压熔断器

1. 低压熔断器的类型及结构特点

（1）RC1 型瓷插式熔断器。

瓷插式熔断器的结构如图 GYPD00102007-5 所示。它由瓷底座的空腔与瓷插件凸部所构成的灭弧室、静触头、动触头、熔体等组成。

这种熔断器由于结构简单、价格便宜、更换熔体方便，所以广泛应用于 500V 以下的电路中，用来保护线路、照明设备和小容量电动机。它的额定电流为 10～200A。60A 以上的熔断器的瓷底座空腔内衬有编织石棉垫，以帮助熄弧。

（2）RL1 型螺旋管式熔断器。

螺旋管式熔断器的结构如图 GYPD00102007-6 所示。这种熔断器的优点是：体积小、重量轻、安装面积小、价格低、更换熔体方便、运行安全可靠，而且因熔管内充有石英砂，灭弧能力较强。其用途与 RC1 型基本相同。其额定电流在 60A 以下。

（3）RM 型熔断器。

RM 型熔断器的结构如图 GYPD00102007-7 所示。熔断器的熔体是用锌片制成截面形状。

当短路电流通过熔断器时，由于通过熔片的电流突然增大，使熔体狭窄部分的温度很快增高，所以，熔片是在狭窄处首先熔断。另外，纤维管（熔断管）在电弧的高温作用下，分解出大量气体，使管内压力迅速增大，促使电弧很快熄灭。

变截面熔片熔断时，由于电弧是在狭窄处产生，此时金属蒸气较少，有利于灭弧。而且，当几处狭窄部分同时熔断后，宽阔部分下坠所造成的较大的弧隙，对灭弧更为有利。故变截面结构的熔体，可以提高熔断器的断流能力。同时，这种熔断器具有快速灭弧和限流作用。

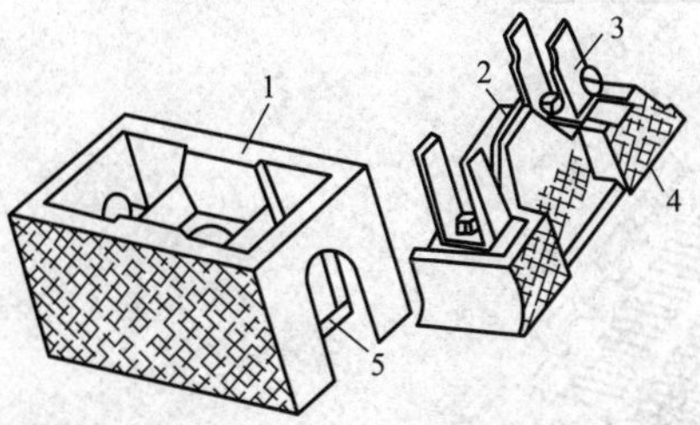

图 GYPD00102007-5 RC1A 型瓷插式熔断器

1—瓷底座；2—熔体；3—动触头；4—瓷插件；5—静触头

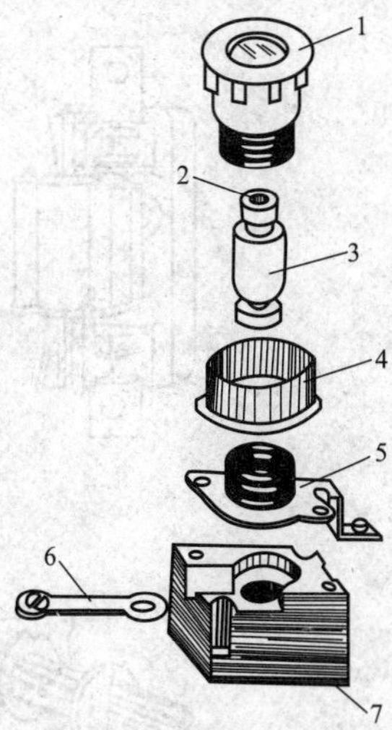

图 GYPD00102007-6 RL1 型熔断器

1—瓷帽；2—红点；3—熔断管；4—瓷套；5—上接线端；6—下接线端；7—底座

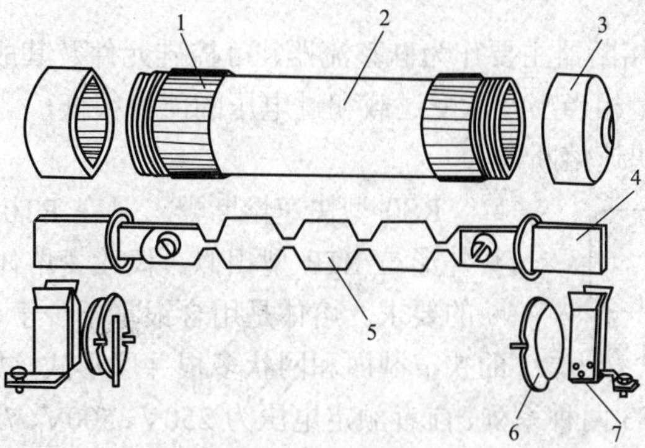

图 GYPD00102007-7 RM10 型无填料熔断器

1—黄铜圈；2—绝缘纸管；3—黄铜帽；4—插刀；5—熔体；6—特种垫圈；7—刀座

熔体变截面的数目，决定于工作电压，一般交流 380V、直流 440V 有四个小截面，交、直流 220V 只有两个小截面。

它的优点是：断流能力高、特性好、更换方便、运行安全可靠。它被广泛应用于发电厂和变电站中作为电动机的保护、断路器合闸控制回路的保护等。缺点是价格较贵。

额定电流在 60A 以下的熔断器没有插刀。

（4）RT0 型熔断器。

RT0 型熔断器为不可拆卸的有填料封闭管式结构，如图 GYPD00102007-8 所示。

管体是采用高频电瓷制成的波纹方管，它具有耐热性强、机械强度高、几何形状规则和外表光洁美观等优点。上盖板有明显的红色熔断指示器。

指示器熔体为康铜丝，与工作熔体并联，当工作熔体熔断后，紧接着指示熔体熔断，指示器被弹出，表明已断路。熔体是由多条冲有网孔和变截面的薄紫铜片并联组成，并卷成笼状，中部焊有“锡桥”如图 GYPD00102007-8 所示。笼状熔体的两端点焊在金属底板上，以保证管体和导电插刀间接触良好。

RT0 型熔断器，具有很高的分断能力和良好的安秒特性，在低压电网保护中与其他保护电器，如自动开关、磁力起动器等相配合，能组成具有一定选择性的保护。因此，多被用于短路电流较大的低压网络和配电装置中。缺点是熔体熔断后不能更换，且制作工艺要求高。

（5）RS0 型快速熔断器。

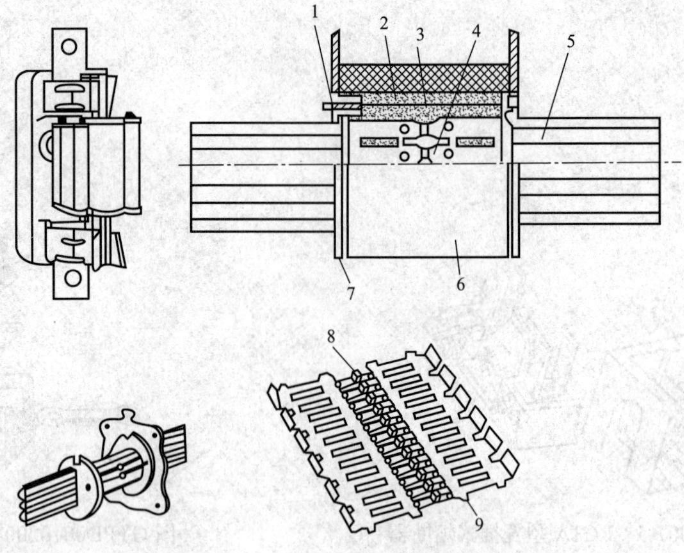

图 GYPD00102007-8 RT0 型熔断器

1—熔断指示器；2—指示熔体；3—石英砂；4—工作熔体；5—插刀；6—熔管；7—盖板；8—锡桥；9—点燃栅

我国生产的 RS0 型快速熔断器主要作为硅整流器、可控硅元件及其成套装置的短路保护之用。这是因为半导体整流器的热容量相当小及承受过载和过电压的能力很低，上述各种熔断器不能满足对它的保护要求，因而需要发展快速熔断器。

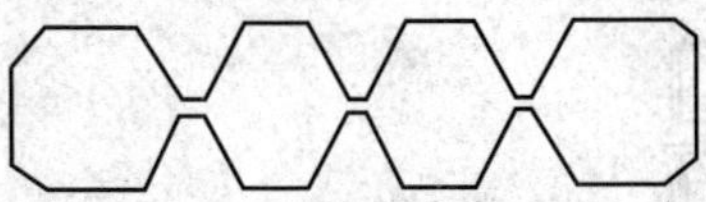

图 GYPD00102007-9 RS0 型快速熔断器

RS0 型快速熔断器，是在 RT0 型熔断器的基础上发展的，其外形与 RT0 型相似，仅改变熔体材料及结构，以达到快速熔断的要求。熔体是用含银量不少于 99.9%的薄银片制成“V”形的狭窄截面和网状多根并联形式，如图 GYPD00102007-9 所示。

我国生产的有 RS0 和 RS3 两种系列，前者额定电压为 250V、500V、750V，额定电流为 30～480A，分断能力为 30～50kA；后者额定电压为 500、750V，额定电流为 10～300A，分断能力为 25～50kA。

2. 不同用电设备熔件的选用原则

（1）照明电路。照明电路中的熔断器熔体一般采用铅—锑或铅—锡合金。对于照明配电支路，熔体的额定电流应大于或等于该支路实际的最大负载电流。但应小于支路中最细导线的安全电流。

照明电路的总熔体的额定电流应按下式进行选择

总熔体额定电流（A）=（0.9～1）×电能表额定电流（A）

总熔断器一般装在电能表出线上，熔体额定电流不应大于单相电能表的额定电流，但必须大于电路中全部用电器具的工作电流之和。

（2）电动机。感应电动机采用熔断器作为短路保护时，必须使熔断器的熔体能够承受电动机起动电流的冲击而不致熔断。因此，必须合理地选择熔断器的熔体，不能选得过小，也不能过大。如果熔体额定电流按电动机的额定电流选取，则电动机起动时，熔体就会很快熔断（因起动电流是电动机额定电流的 4～7 倍）。如果熔体按起动电流选取，则可能在电动机真正发生短路故障时，熔体就不能及时熔断，致使故障扩大，甚至烧毁电动机。具体选取方法如下：

当电路中只有一台电动机时

熔体额定电流（A）≥（1.5～2.5）×电动机的额定电流（A）

当电动机容量小、轻载或有降压起动设备时，倍数可选取小些；重载或直接起动时，倍数可取大些。

当一条电路中有几台电动机时

总熔体电流（A）≥（1.5～2.5）×容量最大的一台电动机的额定电流（A）+其余台电动机的额定电流之和（A）

（3）其他。单台交流电焊机：熔体额定电流按负荷电流的 2～3 倍选用。

并联电容器：单台：熔体额定电流=1.5～2.5 倍电容器额定电流；电容器组：熔体额定电流=1.3～1.8 倍电容器组额定电流。

快速熔断器：在小容量交流装置中熔断器熔体额定电流按下式选择

$$I_e=1.57I_V$$

式中 I_e——快速熔断器熔体额定电流（有效值），A；

I_V——晶闸管元件额定电流（平均值），A。

经验表明：如果晶闸管元件额定电流≤200A，同时系统短路电流在 4kA 以下，按上式计算选用熔体，能达到可靠保护。

（三）低压刀开关

1. 分类

低压刀开关包含开启式负荷开关、封闭式负荷开关、隔离刀开关、熔断器式刀开关。

（1）开启式负荷开关。

开启式负荷开关俗称胶盖闸，其结构如图 GYPD00102007-10 所示。由瓷质底座，静触座，接装熔丝的触头，上、下胶盖，带瓷质手柄的闸刀等组成。它常用在不经常操作的电路中，使用时必须与熔断器串联配合使用，以便在短路或过负荷时，利用熔丝熔断来自动分断电路。

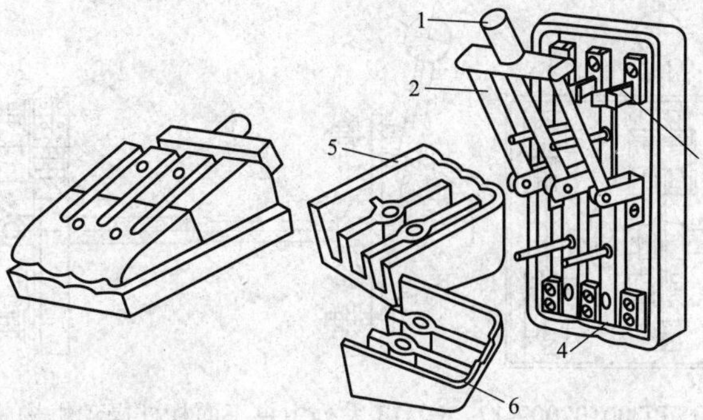

GYPD00102007-10 HK2 型开启式负荷开关图

1—瓷质手柄；2—闸刀本体；3—静触座；4—接装熔丝的触头；5—上胶盖；6—下胶盖

开启式负荷开关的安装和运行应注意以下事项：

1）电源进线应装在静触座上，而用电负荷应接在闸刀的下出线端上。这样当开关断开时，闸刀和熔丝上不带电，以保证换装熔丝时的安全。

2）隔离开关在合闸状态时手柄应向上，不可倒装或平装，以防误操作合闸。

3）由于过负荷或短路故障，而使熔丝熔断，待故障排除后，需要重新更换熔丝时，应特别注意观察绝缘瓷底座及上、下胶盖部分。这是由于熔丝熔化后，在电弧的作用下，使绝缘瓷底座和胶盖内壁表面附着一层金属粉粒，这些金属粉粒将造成绝缘部分的绝缘性能下降，甚至不绝缘，致使在重新合闸送电的瞬间，造成开关本体相间短路。因此，要先用干燥的棉布或棉丝将金属粉粒擦净，再更换熔丝。

4）负荷较大时，为防止出现闸刀本体相间短路，可与熔断器配合使用。将熔断器装在隔离开关负荷一侧，隔离开关本体不再装熔丝，在应装熔丝的接点上装与线路导线截面相同的铜线。此时，开启式负荷开关只做开关使用，短路保护及过负荷保护由熔断器完成。

（2）封闭式负荷开关。

封闭式负荷开关俗称铁壳开关，其结构如图 GYPD00102007-11 所示。它由刀开关、瓷插式熔断器或封闭管式熔断器、灭弧装置、侧方操作手柄、操动机构及钢板（或铸铁）外壳等构成。三相动触刀固定在一根绝缘的方轴上，受操作手柄操纵，操作手柄有机械联锁装置，保证壳盖打开时不能合闸，而手柄处于闭合位置时，不能打开壳盖，以确保操作安全，避免发生触电事故。另外，操动机构中装有速动弹簧，使刀开关能快速接通或切断电路，其分合速度与手柄的操动速度无关，有利于迅速切断

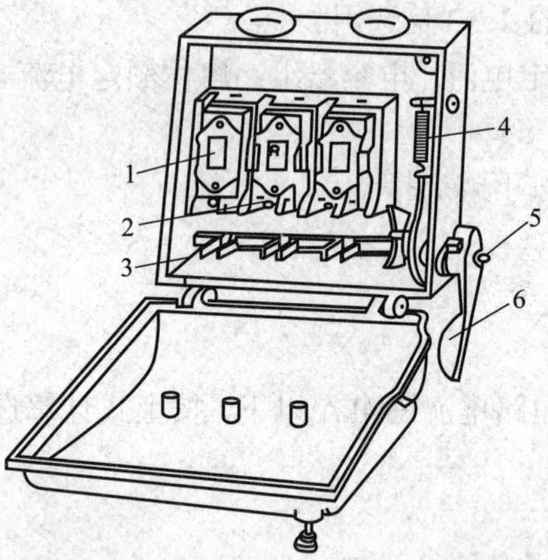

图 GYPD00102007-11 HH3 系列封闭式负荷开关

1—熔断器；2—静触座；3—动触刀；4—速动弹簧；5—绝缘方轴；6—操作手柄

电弧，减少电弧对动触头和静触座的烧蚀。

封闭式负荷开关安装和运行应注意以下事项：

1）开关的金属外壳应可靠接地或接零，防止因意外漏电时使操作者发生触电事故。

2）接线时，应将电源线接在静触座的接线端子上，负荷接在熔断器一端。如果接反了进行检修时将会不安全。

3）检查封闭式负荷开关的机械联锁是否正常，速断弹簧有无锈蚀变形。

4）检查压线螺钉是否完好，能否拧紧而不松扣。

（3）隔离刀开关。

隔离刀开关广泛用在 500V 及以下的低压配电装置中，作不频繁地接通和分断电路之用。各系列隔离刀开关的结构基本相同，如图 GYPD00102007-12 所示，主要由操动手柄或操动机构、动触头、静触座、灭弧罩和绝缘底板等组成。额定电流 100～400A 的采用单刀片，额定电流 600～1500A 的采用双刀片。触头压力由刀片两侧加装的弹簧片来取得。

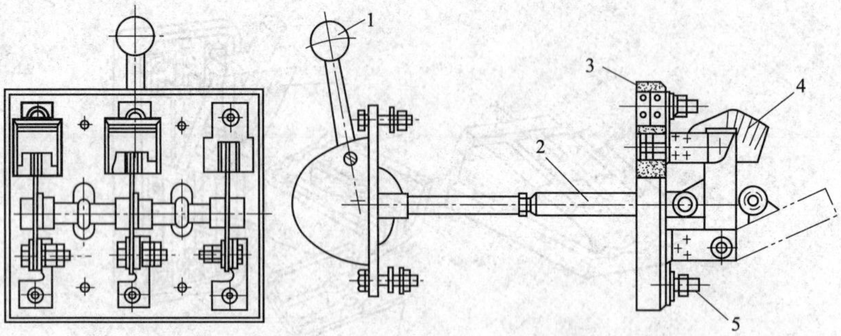

图 GYPD00102007-12 HD13 系列中央正面杠杆操动机构式刀开关

1—操动手柄；2—操动机构；3—绝缘底板；4—灭弧罩；5—接线端子

普通的刀开关，如图 GYPD00102007-13 所示，不可以带负荷操作。它和自动空气开关配合使用，在自动开关分断电路后才能操作。刀开关起隔离电源的作用，有明显的绝缘断开点，以保证检修人员的安全。

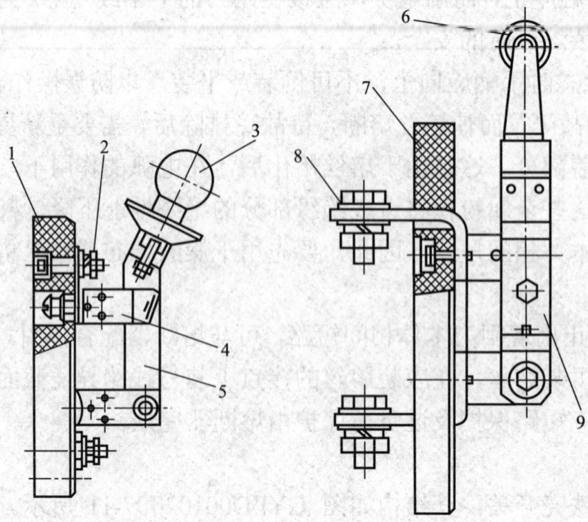

图 GYPD00102007-13 不带灭弧罩的隔离开关

（a）HD11 系列中央手柄式刀开关（板前接线）；（b）HD11 系列中央手柄式刀开关（板后接线）

1、7—绝缘底板；2、8—接线端子；3—操动手柄；4—静触座；5、9—动触刀；6—手柄带有杠杆操动机构的刀开关，如图 GYPD00102007-12、图 GYPD00102007-14 所示，均装有灭弧罩，可以用来分断不大于额定电流的负荷。灭弧罩是用绝缘纸板和钢板栅片拼铆而成。型号相同，规格不同的刀开关均采用同一形式的操动机构。操动机构具有明显的分合指示和可靠的定位装置，在和自动空气开关配合使用时，不会因自动空气开关操动时产生的电动力使刀开关位置偏移。

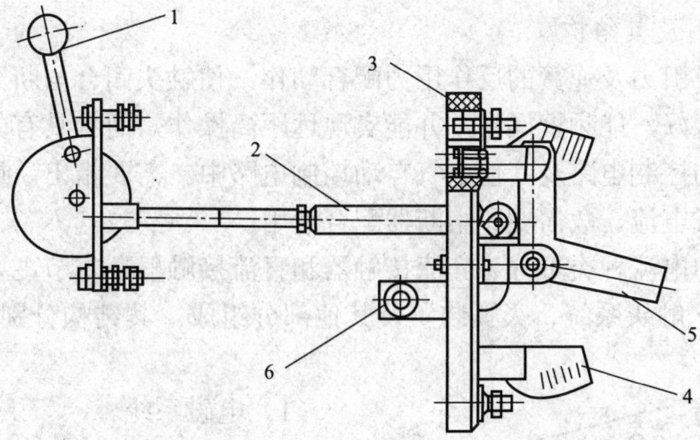

图 GYPD00102007-14 HS13 系列中央正面杠杆操动机构式刀开关

1—操动手柄；2—操动机构；3—绝缘底板；4—灭弧罩；5—动触刀；6—接线端子

（4）熔断器式刀开关。

熔断器式刀开关又称刀熔开关，它是以具有高分断能力的 RT0 系列有填料式熔断器作触刀，做成两断口带灭弧室的刀开关，如图 GYPD00102007-15 所示。熔断器式刀开关的熔断器固定在带有弹簧钩子锁板的绝缘梁上，在正常运行时，保证熔断器不脱扣。而熔体熔断后，熔断信号指示随即弹出。更换新熔断器时，只需按下弹簧钩子即可很方便地取下熔断器。

熔断器式刀开关适用于交流（50Hz）380V 或直流 440V，负荷电流 100～600A 的配电网络中，作电气设备或线路的过负荷和短路保护。正常情况下，可不频繁地接通和分断电路。

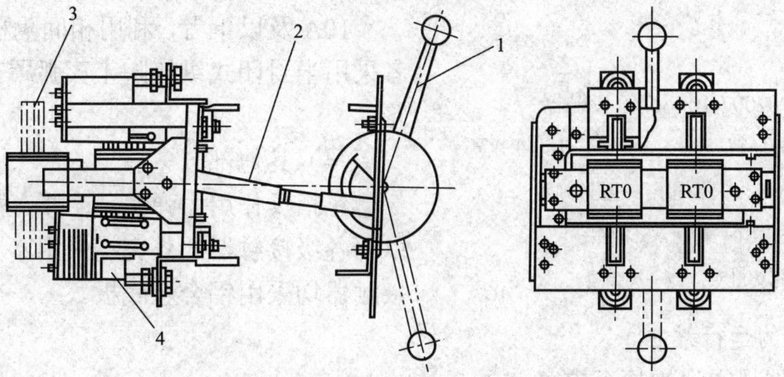

图 GYPD00102007-15 HR3 系列熔断器式刀开关

1—操作手柄；2—传动机构；3—熔断器触刀；4—静触座

2. 刀开关的运行维护

（1）检查负荷电流是否超过刀开关的额定值。

（2）检查刀开关是否有动、静触头连接不实，静触片闭合力不够或开关合闸不到位的故障。

（3）检查刀开关电源侧和负荷侧，进出线端子与开关连接处是否压接牢固，有无接触不良，过热变色等现象。

（4）检查绝缘连杆、底座等绝缘部分有无损坏和放电现象。

（5）检查动、静触头有无烧伤及缺损，灭弧罩是否清洁完整。

（6）检查刀开关三相闸刀在分合闸时，是否同时接触或分开，触头接触是否紧密。

（7）操动机构应完好，动作应灵活，分、合闸位置应准确到位。顶丝、销钉、拉杆等均应完好无缺损、断裂。

（8）对 HR3 型熔断器式刀开关，特别注意调整其同相位内上下触头同时闭合和上下触头间的中心位置，以使其接触紧密。

（四）交流接触器

1. 交流接触器的作用及其结构

接触器是利用电磁吸引力及弹簧的反作用力配合动作，使触头闭合与断开的一种电器。它操作方便，动作迅速，灭弧性能好，能频繁操作，并能实现远距离操作，而且具有欠压及零压保护作用。因此，广泛应用于电动机的控制电路及其他电气自动控制电路中。需要指出，接触器单独使用时，不能用来分断短路电流和过载电流，故需要和熔断器配合使用。

接触器按其所控制的电流种类可分为交流接触器和直流接触器。本节主要介绍交流接触器，交流接触器主要由电磁系统、触头系统、灭弧装置及其他部分组成。其结构分别如图 GYPD00102007-16 所示。

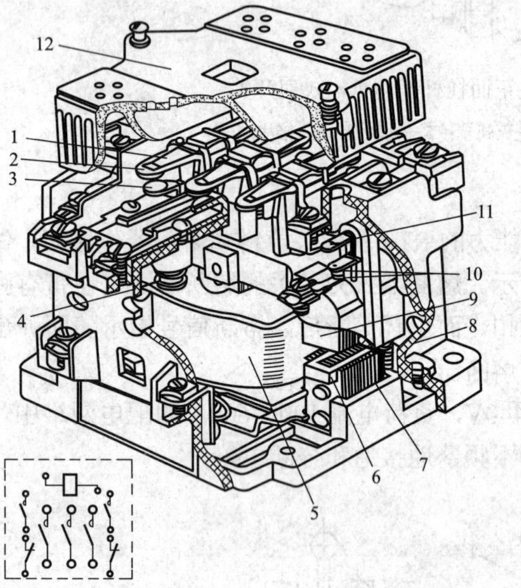

图 GYPD00102007-16 交流接触器

1—触头压力弹簧片；2—动触头；3—静触头；4—反作用弹簧；5—线圈；6—短路环；7—铁芯；8—缓冲弹簧；9—衔铁芯；10—辅助常开触头；11—辅助常闭触头；12—灭弧罩

（1）电磁系统。

由衔铁、铁芯（铁芯上装有短路环）、套在铁芯上的电磁线圈、缓冲件等构成，衔铁的运动方式：40A 及以下的为直线运动式，60A 及以上的为绕轴转动的拍合式。

（2）触头系统。

由动、静触头，触头弹簧、支持件，导电板和固定联结螺钉等组成。常用的 CJ10 系列触头为双断点桥式结构，银或银基合金触点，三组动合主触头接于主电路中，控制较大的电流。二组动合或二组动断辅助触头，接于控制电路中，其额定电流一般为 5A。

（3）灭弧系统。

10A 及以下者，利用相间隔板隔弧。20A 及以上者采用半封闭式纵缝陶土灭弧罩，并配以强磁吹弧回路。

（4）其他部分。

包括反作用力弹簧、连杆、外壳等部分。40A 及以下各级接触器的外壳均采用塑料压制。60A 及以上接触器均采用铝合金底板。

2. 交流接触器的运行维护

（1）交流接触器日常巡视检查内容。

1）通过的负荷电流是否在交流接触器的额定值以内（可通过电流表或用钳形表测量）。

2）接触器的分、合信号指示是否与电路状态相符。

3）接触器的灭弧室内有无因接触不良而发生的放电声。

4）接触器的合闸吸引线圈有无过热现象。电磁铁上的短路环是否脱出和损伤。

5）接触器与母线或出线的连接点有无过热现象。

6）接触器的辅助接点有无烧蚀现象。

7）接触器灭弧罩有否松动和裂损现象。

8）接触器的吸引线圈铁芯吸合是否良好，有无过大的噪声，断开后是否返回到正常位置。

9）接触器的绝缘杠上有无裂损现象。

10）接触器周围的环境有无变化，有无不利于它正常运行的情况，如：导电尘埃、过大的震动、通风不良等。

（2）运行维护。

经常或定期检查接触器的运行情况，进行必要的维修是保证其运行可靠、延长使用寿命的重要措施。对接触器的维护、检修应有次序、有重点地进行，检查时应先断开电源，然后按下列步骤进行：

1）外观检查：① 清除灰尘，可用棉布沾少量汽油擦去油污，然后用布擦干；② 拧紧所有压接导线的螺丝，防止松动脱落引起连接部分发热；③ 对金属外壳或条架要检查接地螺钉是否紧固完好。

2）灭弧罩检修：取下灭弧罩，用毛刷清除罩内脱落物及金属颗粒。如发现灭弧罩有裂损，应更换新品。对于栅片灭弧罩，应注意栅片是否完整或烧损变形、严重松脱位置变化等，若不易修复则应更换。

3）触头系统检查：① 检查动、静触头是否对准，三相是否同时闭合，并调节触头弹簧使三相一致；② 摇测相间绝缘电阻值，使用 500V 绝缘摇表进行测量，其绝缘电阻值不应低于 10MΩ；③ 触头磨损厚度超过 1mm（可与新品比较）或严重烧损、开焊脱落时应更换新件，银或银基合金触头有轻微烧损或接触面发毛、变黑一般不影响使用，可不予清理。若影响接触时，可用小锉予以磨平打光，不能使用砂纸；④ 经维修或更换后的触头应注意调整开距、超程及触头压力，使其符合规定，有关参数见表 GYPD00102007-2；⑤ 检查辅助触头动作是否灵活，静触头是否有松动或脱落现象，触头开距及行程要符合要求数值，并用万用表电阻挡测量接触情况，发现接触不良且不易修复时，应更换新触头。

表 GYPD00102007-2　　CJ10 系列交流接触器主触头开距、压力

项目 型号	开距（mm）	超程（mm）	初压力（N）	终压力（N）
CJ10—5	3.0～3.5	1.6～2.0	0.11～0.13	0.135～0.16
CJ10—10	3.4～4.1	1.6～2.4	0.16～0.20	0.2～0.24
CJ10—20	3.6～4.6	1.8～2.7	0.36～0.44	0.45～0.55
CJ10—40	4.1～5.3	2.3～3.0	0.72～0.88	0.855～1.045
CJ10—60	4.5～5.5	2.7～3.3	1.3～1.6	1.65～2.0
CJ10—100	5.0～6.5	2.7～3.3	2.0～2.4	2.4～3.0
CJ10—150	5.0～6.5	3.0～3.8	2.7～3.3	3.0～3.8

4）铁芯的检修：① 用棉纱沾汽油擦拭端面，除去油垢、灰尘等；② 检查各缓冲件是否齐全，位置是否正确；③ 铆钉有否断裂，导致铁芯端面松散的情况；④ 短路环有无脱落或断裂，特别注意隐裂，如有断裂会造成严重噪声，应更换短路环或铁芯；⑤ 检查电磁铁吸合是否良好，有无错位现象。

5）电磁线圈的检修：① 交流接触器的吸引线圈在电源电压为线圈额定电压值的 85%～105%时，应能可靠工作，当电源电压低于线圈额定电压值的 40%时应能可靠释放；② 检查电磁线圈有无过热，线圈过热反映在外表层老化、变色，或用半导体点温计测表面温度，若高于 65℃，说明线圈过热，线圈过热一般是由于出现匝间短路造成的，此时，可测其直流电阻与同类线圈进行比较。若不易修复时可更换新品；③ 引线与插接件有否开焊或将断开的情况；④ 线圈骨架有无裂纹、磨损或固定不正常（如缺少缓冲件等）情况，如发现应及早处理或更换。

（五）剩余电流动作保护装置

1. 剩余电流动作保护装置的作用及类型

在中性点接地的低压用电系统中，为防止由剩余电流引起的触电事故、火灾事故以及监视或切除一相接地故障，目前广泛采用由剩余电流继电器、低压断路器或交流接触器等组成的剩余电流保护装置，如图 GYPD00102007-17 所示。当剩余电流达到整定值时，能自动断开电路，保护人身和设备安全。被保护线路穿过零序电流互感器的圆孔，构成检测元件。当有人站在地面上发生单相触电事故，或线路中某一相绝缘严重降低而导致剩余电流时，零序电流互感器二次侧就有电流输出，剩余电流保护装置通过检测元件取得发生异常情况的信息，经过中间机构的放大转换和传递，使保护装置动作，切除电源，起到保护作用。

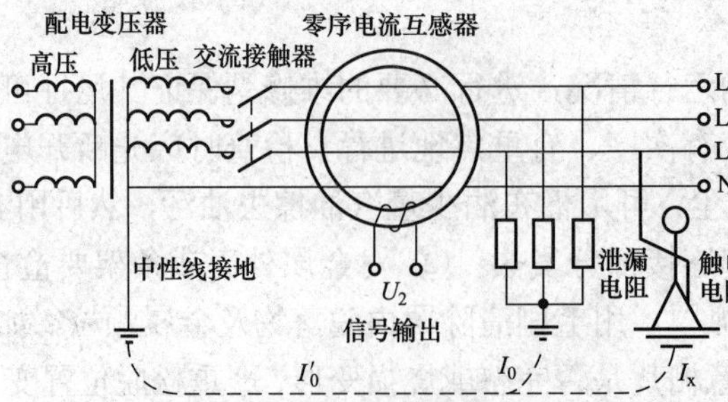

图 GYPD00102007-17 低压电网漏电保护装置原理图

I_0—三相对地漏电电流；I'_0—泄漏和触电合成电流；I_x—人体触电电流

目前广泛应用的剩余电流保护装置为电流型，有电子式和电磁式两类。按使用场所制成单相、两相或三相四线式。

2. 剩余电流保护装置的工作原理和结构

电流型剩余电流保护装置的原理是采用高灵敏度的零序电流互感器来检测人体触电电流或电路绝缘不良时的剩余电流。单相与三相剩余电流保护装置的原理相同，现在以三相电子式电流型剩余电流保护装置为例。

三相电子式电流型剩余电流保护装置工作原理如图 GYPD00102007-18 所示，它由零序电流互感器 TA、放大部分、执行机构 Q 等主要元件组成。当被保护线路上有剩余电流或人身触电时，零序电流互感器的二次侧感应出电流 I。当电流达到整定值时，起动放大电路，使执行机构中的脱扣器动作切断电源。

三相电磁式电流型剩余电流保护装置的工作原理如图 GYPD00102007-19 所示（图中 F 为零序电流互感器；NS 为永久磁铁），它由零序电流互感器 TA_0、电磁瞬时脱扣器 F 等主要元件组成。其工作原理与三相电子式电流型剩余电流保护装置基本相同，动作信息也采用零序电流互感器，不同之处是电流互感器输出电流不通过电子放大元件，而是通过灵敏电流继电器去驱动操动机构。图中永久磁铁产生磁通ϕ_1，当 TA_0 输出的电压 U_2 产生的磁通ϕ_2 大于ϕ_1 时，F 动作，使 Q 跳闸。

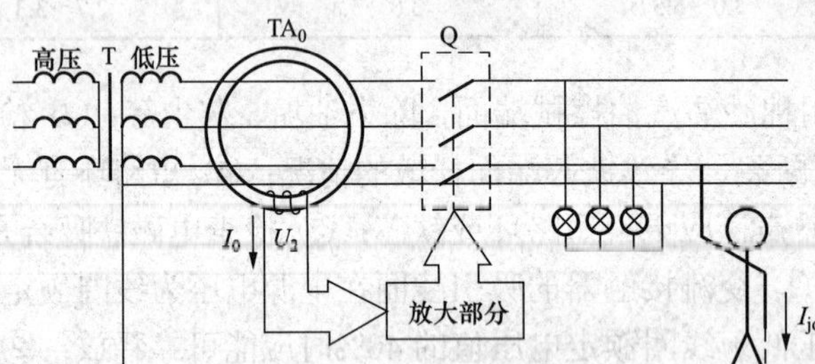

图 GYPD00102007-18 三相电子式电流型剩余电流保护装置原理图

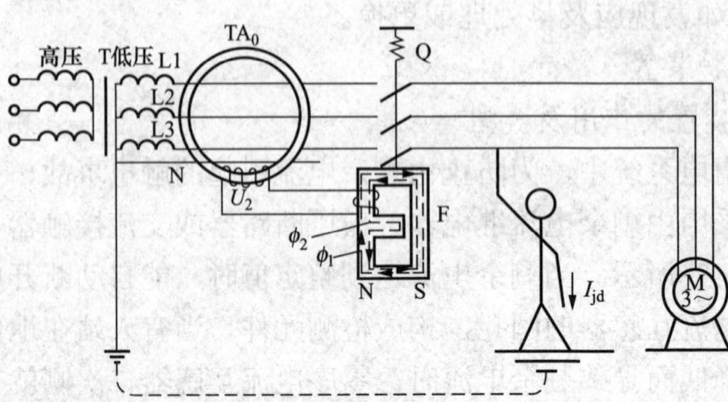

图 GYPD00102007-19 三相电磁式电流型剩余电流保护装置原理图

3. 剩余电流保护装置的选择原则

（1）保护方式。剩余电流保护装置的保护方式分为总保护和分级保护。低压电网必须有总保护，使全网处在保护范围之内，总保护方式有三种：① 保护器安装在电源中性点接地线上；② 保护器安装在总电源线上；③ 保护器安装在各条引出干线上。供电范围较大或有重要用户的低压电网总保护，宜将保护器装在各条引出干线上。专业户用电、移动式电力设备和临时用电设备必须装末级保护，家庭用电也应装末级保护。

（2）剩余电流保护装置动作电流整定。剩余电流保护装置动作电流值的整定原则是：在躲开电网泄漏电流的前提下尽量小。总保护的动作电流值调节范围一般在 15～100mA 之间，最大可达 200mA 以上。其动作时间一般不超过 0.1s。对剩余电流较小的电网，额定剩余电流动作电流值为 75mA，阴雨季节为 200mA；对剩余电流较大的电网，晴季的额定剩余电流动作电流值为 100mA，阴雨季节为 300mA。家庭中安装的漏电开关，主要是防止人身触电，漏电开关的动作电流值，一般不大于 30mA；移动式电器具或临时用电，剩余电流开关动作电流值应不大于 30mA；固定使用的电动机或其他电气设备，选择剩余电流开关动作电流值时，应考虑与上一级配合，一般比上一级的整定值小一个档次。

4. 剩余电流保护装置的运行维护

（1）剩余电流保护装置应安装在通风、干燥的地方，避免灰尘和有害气体的侵蚀。安装时应与交流接触器保持 200mm 以上的距离。

（2）在接线时，应将被保护线路用纱带或胶布扎紧并穿过零序电流互感器圆孔的中心，在零序电流互感器圆孔前后的 200mm 范围内线束不应散开；外壳应妥善接地，以保安全。

（3）采用电流型剩余电流保护器时，配电变压器中性点必须接地，零线上不得有重复接地。

（4）分级保护或分支保护的每一分支线路应有各自的专用零线，相邻两分支线路的零线不能相连，也不能任意就近支接，否则会造成误动作。如图 GYPD00102007-20（a）所示，若 N1、N2 连接起来，则支线 1 有ΔI_{N1}经 N2 线返回电源零点，而支线 2 必有ΔI_{N2}经 N1 线返回电源零点，导致零序电流互感器电流平衡破坏，当$|\Delta I_{N1}+\Delta I_{N2}|$的数值达到触电保护器的额定动作电流值时，触电保护器就误动作。图 GYPD00102007-20（b）为相邻两动力和照明分支线。若照明分支路 N2 线离零线距离过远而就近从 N1 线支接，则必有I_{N2}电流经 N1 线返回电源零点，造成动力支线上零序电流互感器内部电流平衡的破坏，使触电保护器误动作而切断电源。

（5）用电设备的接线应正确，如图 GYPD00102007-21 所示，1、2 用电设备为正确接法，3～6 用电设备为错误接法。

（6）投运后，每月至少进行一次动作试验，发生拒动或误动时，应立即进行检修。

（7）每年结合安全大检查，对用于总保护的漏电保护器应校验动作电流值。

（8）运行中的保护器发生动作后，必须查明原因，检查后确无原因，可试送电一次，再次跳闸不得强送电。

（9）已投运的漏电保护器严禁擅自退出运行。

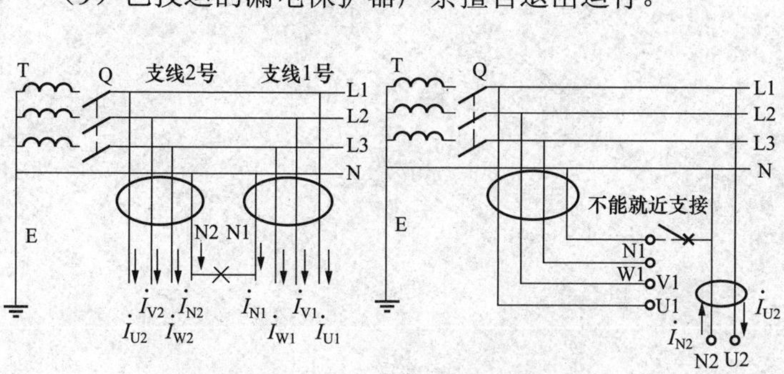

(a)　　(b)

图 GYPD00102007-20　相邻分支线零线接线示意图

（a）两支线的零线不能连；（b）零线不能就近支接

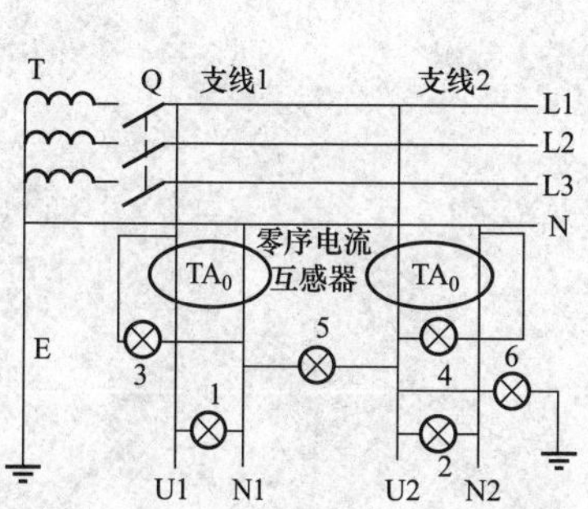

图 GYPD00102007-21　用电设备的接线图

【思考与练习】

1. 常用的低压电器有哪些种类？
2. 剩余电流保护器的原理是什么？
3. 低压断路器在使用时应注意哪些问题？
4. 如何选择低压熔断器？

第三章　配电网结构

模块1　配电网的基本要求（GYPD00103001）

【模块描述】本模块介绍配电网基本知识和运行要求。通过要点归纳，掌握配电网安全技术、电能质量、经济运行要求。

【正文】

当发电厂将燃料的热能、水流的位能或动能、风力的风能以及原子的核能等转换为电能后，就必须经过网络将电能分配到各个用电场所，承担输送电能的网络称之为电力网。将电压等级为110kV及以下的电力网称之为配电网，其实质上是承担分配电能的作用。图GYPD00103001-1为电力网的结构简图。

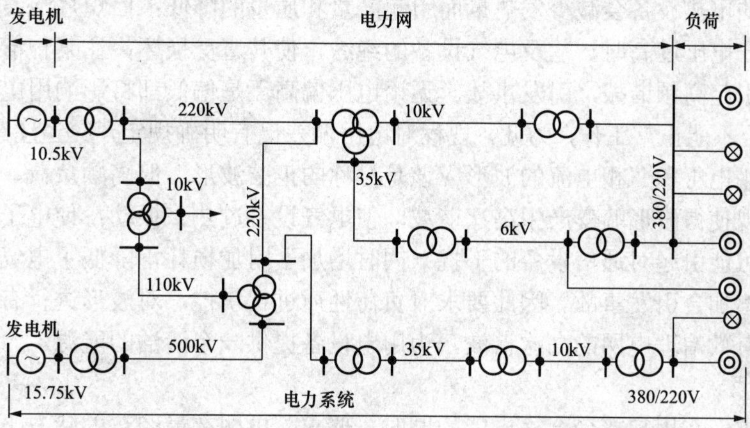

图 GYPD00103001-1　电力网的结构简图

一、配电网基本知识

配电网的作用主要为按照区域和用户的实际情况，输送和分配电能、用以满足电力供应和用户用电的需要。按电压等级可分为高压配电网、中压配电网和低压配电网。按设置形式可分为架空配电网、电缆配电网和混合配电网。

配电网的构成与分类在模块GYPD00101001中已介绍，本模块着重介绍配电网的基本要求。

二、对配电网的基本要求

1. 安全技术要求

保证持续配电是对配电网的第一要求。因为电能的生产、供应和用电几乎是瞬间同时完成的，电能的中断或减少会直接影响国民经济生产各部门及人们的生活需要。因此，必须对配电设备和用户实施不间断配电。

及时发现网络的非正常运行情况和设备存在的缺陷情况是对配电网的第二要求。因为网络处于异常运行情况或设备存在某些缺陷时，配电网还是可以继续运行一段时间，但是不及时发现这些问题就会使运行环境的恶化，导致发生电力事故。

迅速隔离故障、最大限度地缩小停电范围，满足灵活供电需要是对配电网的第三要求。因为一旦发生故障（如短路），断路器就会跳闸，如果重合不成就会造成较大面积的停电，此时需要迅速发现并隔离故障，缩小停电范围，保证其他用户可以继续安全、可靠地用电。

2. 电能质量要求

让用户接受合格的电能是对配电网提出的电能质量要求。衡量电能质量的指标通常是电压、频率和波形，在配电网中电压和波形显得尤为重要。

（1）频率。我国频率的额定值是 50Hz，频率的偏差一般允许值为±0.2Hz。维持电网频率的任务应该由发电厂的一次调频和二次调频系统来完成，但这是指电网在最大出力（即供应电能的能力）的情况下进行，一旦电网出现过载，超过调频系统的承受范围时，变电站内就会启动按频率自动减负荷装置，分级、有效地切除负荷以保证频率在额定值附近。因为，频率偏差大，将影响用户的产品产量和质量，影响电子设备工作的准确性，增大变压器和异步电机励磁无功损耗，将影响发电厂的出力和电网稳定，甚至造成汽轮机叶片损伤或断落事故。

（2）电压。各级电压等级应维持在额定值附近，但允许有一个偏差。

1）110～35kV 的高压配电网为±5%；

2）20～10kV 中压配电网和电力用户为±7%；

3）380V 低压配电网和电力用户为±7%；

4）220V 电力用户为−10%～+7%。

理想的供配电电压应该是幅值恒为额定值的三相对称正弦波电压。由于供配电系统存在阻抗、用电负荷变化和负荷性质差异等因素，实际供配电电压总是与理想电压之间存在着偏差，而实际用电设备均按额定电压设计，电压过低时，电动机绕组中电流增大，温升增加，效率降低，寿命缩短，甚至烧坏电动机；客户的电热设备会减少发热量而引起产量和质量的降低；白炽灯泡发光效率降低，电子设备不能正常工作。电压过高时，危及电气设备的绝缘，使其遭受损坏；在某种情况下，由于变压器的铁芯饱和还可能引起高频谐振，引发事故。无论电压偏高还是偏低都将影响用电设备运行的技术指标和经济指标，甚至不能正常工作，为此，规程对电压偏差已有明确规定，应当注意监视和适当调准。

（3）波形。三相电压和三相电流的波形应该是对称的正弦波形。但高频负荷、冲击负荷和可控硅整流装置的不断出现使得波形畸变产生高次谐波，使电气设备过热、振动；使电子设备和继电保护、自动装置误动；还可能引起对通信设备的干扰；同时增加了附加损耗，降低了电气设备的效率和利用率，电网谐振不断增加会引发事故。因此要求对负荷性质进行掌控，对波形进行有效检测，从技术和管理上坚决抵制和有效治理电网的高次谐波，为用电设备提供一个清洁的能源。

3. 经济运行要求

在保证持续供电、在用户接受合格电能的同时，要求配电网在最经济的状态下运行，这样可以使得配电网的网损最小，不仅可以降低运行成本，还可以提高一小部分供电能力。故可以从下列几个方面加以考虑：

（1）根据负荷变化情况改变配电网络的供电方式。

（2）根据负荷变化情况改变变压器的运行方式，使之处于经济运行状态。

（3）降低变压器的铁芯损耗，使用节能型的变压器。

（4）结合工程改变供电路径，使用节能设备、器材，避免迂回供电。

总之，配电网络的经济运行要在符合实际需要和可能的基础上加以考虑，避免盲目将尚可使用的设备加以撤换。

【思考与练习】

1. 配电网是由哪些主要设备构成？

2. 配电网的作用是什么？

3. 配电网主要有哪些安全技术要求？

4. 配电网的电能质量要求是什么？

5*. 为何要进行按频率自动减负荷？

*为基础较好者选用题。

模块 2　负荷的分类（GYPD00103002）

【模块描述】本模块介绍负荷的分类原则。通过概念描述和要点归纳，掌握负荷的三级分类原则和一般供电要求。

【正文】

电力负荷是指依法与供电企业建立供用电合同关系的电能消费者。所有的负荷表现形式为消耗电能，但就其性质而言却有所不同，把具有不同性质的负荷进行区分，称为负荷的分类。

一、用电负荷的分类

把电力负荷与供电可靠性的要求相结合，以及中断供电后将会对政治、经济及社会生活所造成损失或影响的程度进行区分，可以分为下列三级：

1. 一级负荷

一级负荷是指突然停电将会造成人身伤亡，或在经济上造成重大损失，或在政治上造成重大不良影响、公共秩序严重混乱、造成环境严重污染的这类负荷。如重要交通和通信枢纽用电负荷、重点企业中的重大设备和连续生产线、政治和外事活动中心等。

2. 二级负荷

二级负荷是指突然停电将在经济上造成较大损失，或在政治上造成不良影响、公共秩序混乱的这类负荷。如突然停电将造成主要设备损坏、大量产品报废、造成环境污染、大量减产的工厂用电负荷，交通和通信枢纽用电负荷，大量人员集中的公共场所等。

3. 三级负荷

三级负荷是指不属于一级和二级的这类负荷。

二、用电负荷的一般供电要求

一级负荷应由两路电源供电。供同一用户的两路电源不应该是单杆双回路架设，也不能出自电源的同一条母线。一级负荷中的特别重要负荷必须增设自备应急电源，也可以由第三路电源供电作为备用电源。

二级负荷宜由两路电源供电，当其中一路电源中断供电时，另一路电源应能满足全部或部分负荷的供电需要。用户也可以增设自备应急电源或其他应急措施。

三级负荷一般只有一路电源供电，视需要可以自备应急电源。

所有装设自备应急电源的用户，供电部门都应该有详细的记录。

三、各类用户的负荷特点

1. 居民

居民住宅用电设备主要是电灯、家用电器。需用系数较高，一般为 70%～95%，年负荷率为 10%～20%，即年 15min 最大负荷利用小时数为 900～1800h 左右，一般沿海城市较高，内地较低，同时率为 0.9～0.85。

2. 机关团体

机关团体的用电设备主要是电灯、电风扇、空调器等家用电器以及锅炉房的风机水泵等，需用系数一般为 60%～90%；年负荷率为 15%～25%，即年 15min 最大负荷利用小时数为 1350～2250h 左右；同时率为 0.85～0.80。

3. 商业大楼

商业大楼是指宾馆、餐厅、百货商场、贸易中心等高层建筑而言，用电设备除电灯、电风扇、电视机外，还有空调、电梯、水泵等。需用系数一般为 40%～70%；年负荷率为 25%～30%，即年 15min 最大负荷利用小时数为 2250～2700h 左右；同时率为 0.9～0.85。

4. 路灯

路灯的需用系数接近 100%；年负荷率夏季约为 15%～25%，冬季约为 50%，同时率为 0.85～0.80。

5. 工业

凡以电为原动力，或以电冶炼、烘焙、熔焊的工业生产用电设备以及生产车间的照明、空调等都在内。由于一班、二班、三班生产的不同，规模大小、产品种类的差异，各种系数也随之而有很大差距。一班生产、二班生产的需用系数约 50%～80%。但负荷率前者只有 25%～30%，即月最大负荷小时数 180～220h。后者可达 40%～55%，即月最大负荷利用小时数 290～400h；三班生产的机械、水泥等行业需用系数约为 60%～80%，负荷率约为 60%～70%；钢铁、煤炭、纺织、造纸、自来水等行业需用系数可达 80%～90%，负荷率约为 70%～80%；冶炼、化工等行业需用系数可达 70%～80%，负荷率超过 90%；中压配电电压受电容量在 160kVA 以上的工业用户，功率因数标准是 0.9，低压配电电压受电，容量在 100kVA 以上的工业用户是 0.85。

6. 农业灌溉

用电设备主要是电动机带动的水泵，需用系数可达 80%～100%，月负荷率最高可达 70 %～80%。最低可为 0。年负荷率很低，约为 15%～20%，同时率约为 0.9～0.65。

【思考与练习】

1. 何谓一级负荷？对一级负荷供电有何要求？
2. 何谓二级负荷？对二级负荷供电有何要求？
3. 中断对一级负荷供电将会造成什么影响？
4. 各类用户的负荷有何特点？

模块 3 配电网络的供电形式（GYPD00103003）

【模块描述】本模块介绍各类配电网络供电形式。通过原理图形说明和图表列举，掌握各类配电网络的组成、供电负荷、供电距离、供电电压和配电网络的结构形式。

【正文】

配电网络是电力系统的一个重要组成部分，它是由配电线路和配电变电站组成，其作用是将电能分配到各用电客户。

根据电力负荷对供电可靠性的要求，我们再确定其供电形式，供电形式一般分为单电源、双电源供电形式。

一、配电网络的供电形式

1. 配电网络的组成

配电网络是由配电线路和变配电所组成，它是电力系统的一个重要组成部分，其作用是将发电厂生产的电能分配到所属范围内的各电力用户。

根据电力负荷对供电可靠性的要求，确定其供电形式，供电形式一般分为单电源、双电源供电形式。

2. 单电源供电形式

如图 GYPD00103003-1 所示，这种供电形式主要是由降压变电站引出许多线路组成，电力用户由其中的一路线路供电（一般该线路沿线满足供电要求的电力用户都由该线路供电）。

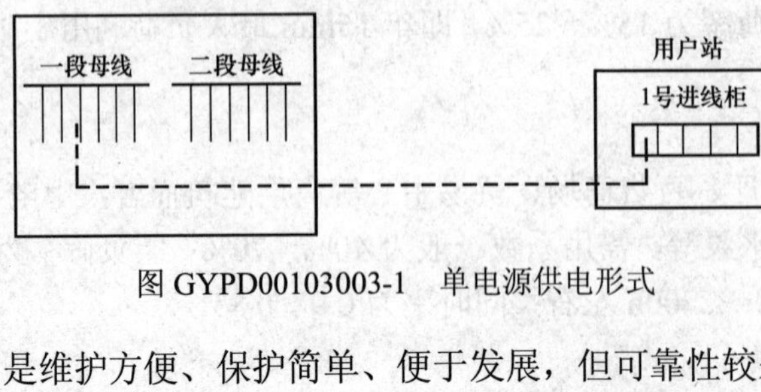

图 GYPD00103003-1 单电源供电形式

单电源供电形式特点是维护方便、保护简单、便于发展，但可靠性较差。单电源供电形式适用于三级负荷。

3. 双电源供电形式

（1）不同母线供电形式。

如图 GYPD00103003-2 所示，这种供电形式主要是电力用户由同一降压变电站不同母线的两路线路供电。

这种供电形式特点是供电可靠性高。这种供电形式适用于二级及以上的重要负荷。

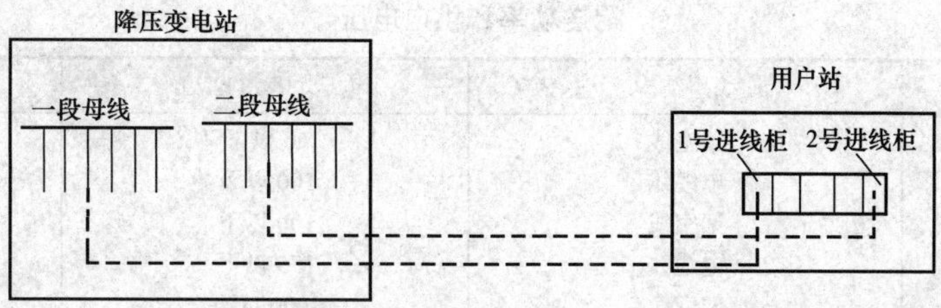

图 GYPD00103003-2　不同母线供电形式

（2）不同电源供电形式。

如图 GYPD00103003-3 所示，这种供电形式主要是电力用户由不属于同一降压变电站的两路线路供电。

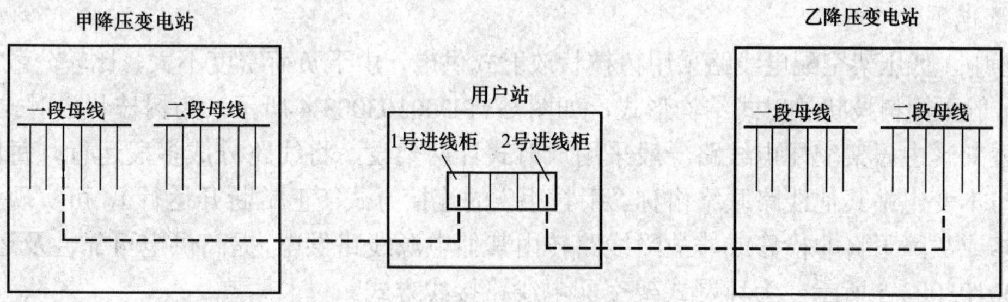

图 GYPD00103003-3　不同电源供电形式

这种供电形式特点是供电可靠性高。这种供电形式适用于二级及以上的重要负荷。

二、供电负荷、距离和供电电压

1. 供电负荷、电压确定

根据用户的装接容量和最大实际使用容量等情况来确定供电电压，根据负荷性质和对供电可靠性的要求来确定供电方式；一般来讲：用户的装接容量小、距离较近时则低压或中压供电，大者则高压供电；也有些比较特殊的情况如：用户有高压试验设备、冲击负荷等，这些设备的装接容量并不大，一旦瞬间工作时就会对中压配电网构成电压波动的威胁，故有可能需要高压供电。

2. 受电电压与装接容量

一旦受电电压被确定以后，根据用户装接设备总容量、最大需量等确定 10kV 及以上变压器容量，此时用户的实际工作负荷在电网高峰时段不能超过规定的最大需量，在电网低谷时段不能超过变压器的额定容量。这是因为在高峰时段超过规定的最大需量时，配电线路就会过负荷运行，这对电缆、导线接续金具等都会构成威胁；在低谷时段超过变压器的额定容量运行时，就会造成变压器过载，当变压器处于长时间过载运行时，就会减少使用寿命。表 GYPD00103003-1 是受电电压与装接容量的对应关系，供参考。

表 GYPD00103003-1　　受电电压与装接容量

受电电压（kV）	最大需量（kW）	用电设备装接容量（kW）	用户受电设备总容量（kVA）
10	大于 150	大于 350	250～6300（含 6300）
35	—	—	6300～40 000
110kV 及以上	—	—	31 500～63 000

注　各个地区对最大需量和用电设备装接容量会略有区别。

3. 配送功率和供电电压

在配电网络的供电形式中还需考虑负荷与电源点之间的距离，即使负荷不大，但是配送的距离很远时，不能机械地套用某些规定，为此还需考虑配送功率和配送距离的关系，表 GYPD00103003-2 是配送功率和供电电压的一般规定，供参考。

模块 3 GYPD00103003

表 GYPD00103003-2　　配送功率和供电电压

供电电压（kV）	线路结构	输送功率（kW）	供电距离（km）
0.22	架空线	50 以下	0.15 以下
0.22	电缆线	100 以下	0.20 以下
0.38	架空线	100 以下	0.25 以下
0.38	电缆线	175 以下	0.35 以下
10	架空线	3000 以下	8～15
10	电缆线	5000 以下	10 以下
35	架空线（电缆线）	2000～10 000	20～50
110	架空线	10 000～50 000	50～150

三、配电网络的结构形式

1. 架空配电网

一般地区中、低压架空配电线路采用树枝状放射式供电，由于负荷密度不大、比较分散且供电线路较长，此时一般采用树枝状放射式结构形式，如图 GYPD00103003-4 所示，为树枝状放射式结构形式。

城市及近郊区中压架空配电线路一般采用放射式环网架设，将线路分成多段运行，每段与其他变电站线路或与本变电站其他线路联络俗称“手拉手”的连接方式（正常断开运行），可实现当变电站设备及线路检修或故障下将非检修或非故障线路转由其他电源线路供电，提高供电可靠性及运行灵活性，如图 GYPD00103003-5 所示，为环网式架空配电线路接线方式。

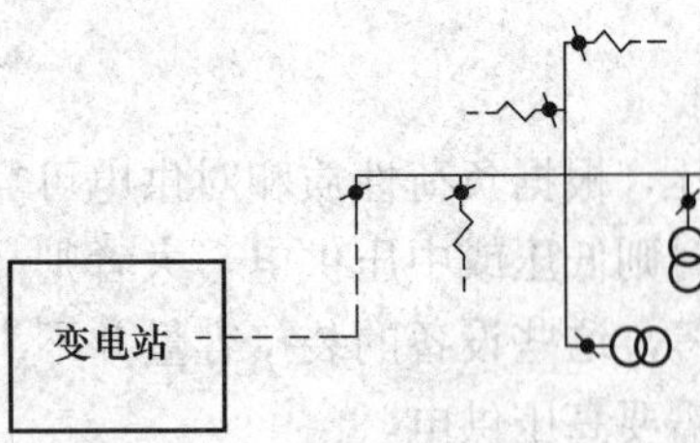

图 GYPD00103003-4　树枝状放射式结构形式

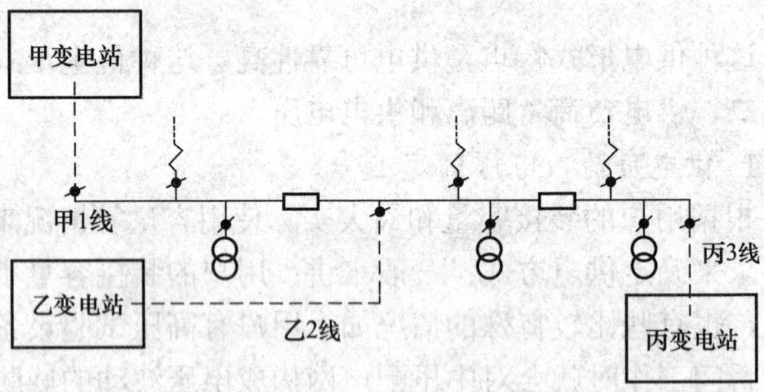

图 GYPD00103003-5　环网式架空配电线路接线方式

2. 电缆配电网

依据城市规划，高负荷密度地区、繁华地区、供电可靠性要求较高的地区、住宅小区、市容环境有特殊要求的地区、街道狭窄架空线路走廊难以解决的地区宜采用电缆线路。

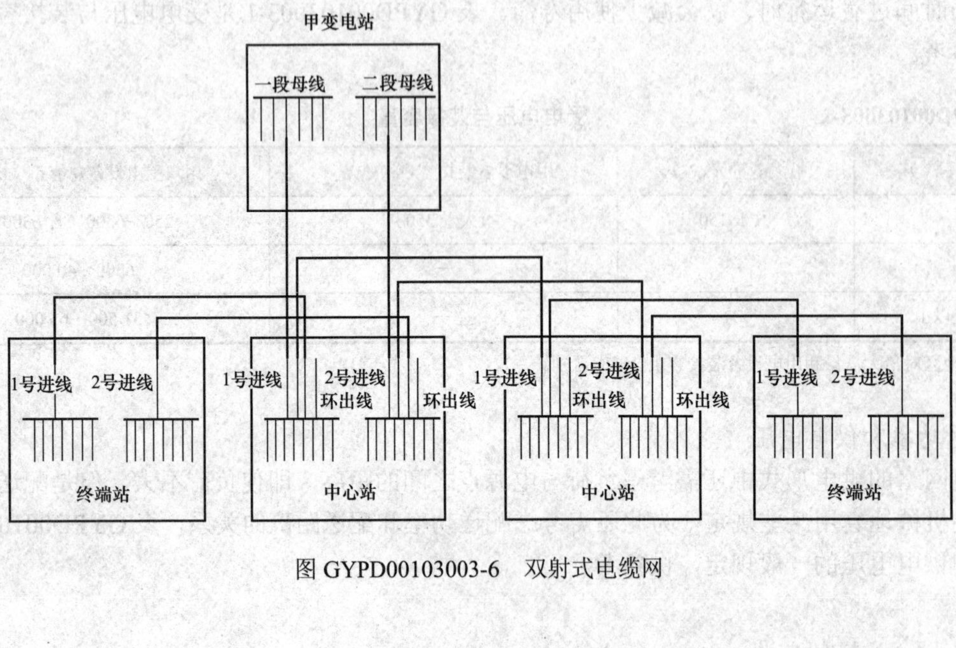

图 GYPD00103003-6　双射式电缆网

（1）负荷容量较大的中压用户及负荷较为重要的中压用户应采用双射式电缆线路供电，自一个变电站或开闭所的中压双母线各引出一回线路供电如图 GYPD00103003-6 所示，对于负荷特别重要的用户可采取来自不同变电站多条线路供电方式。

（2）对于负荷容量稍小的中压用户及中压架空线路入地改造的用户，宜采用电缆单环网方式供电如图 GYPD00103003-7 所示，在环网中部开环运行。为有效利用变电站的出线间隔，宜采用环网单元形成多回路单环网方式，如图 GYPD00103003-8 所示。在单环网尚未形成前，可以架空线路暂时拉手，以满足供电可靠性要求。

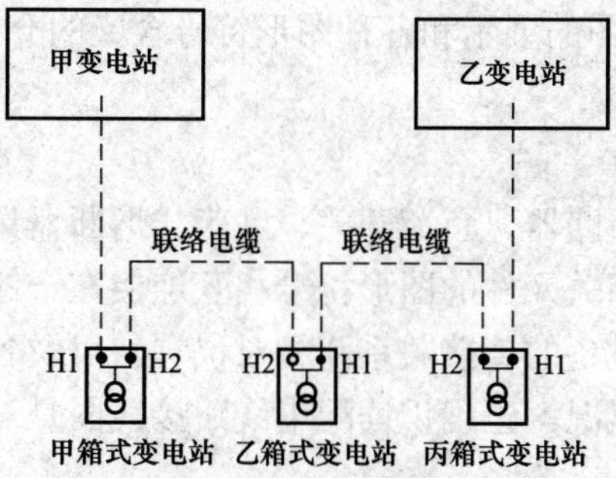

图 GYPD00103003-7 普通单环配电网

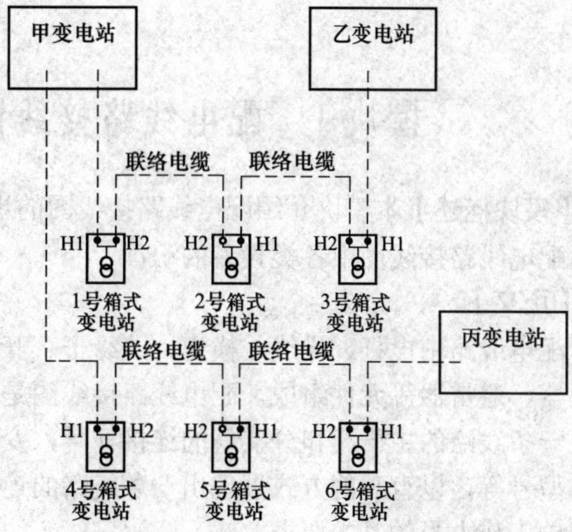

图 GYPD00103003-8 多回路单环配电网

【思考与练习】

1. 配电网络的重要性是什么？
2. 配电网络有几种供电形式？
3. 如何区分各类用电负荷的性质？
4. 配电网络的供电电压有几种？
5. 配电网络常规的供电距离有何规定？

第四章 配电线路电气、施工、安装图的识读

模块1 配电线路接线图识读（TYBZ00504001）

【模块描述】本模块介绍配电线路接线图的识读。通过接线图的展示和各种图形符号含义的介绍，掌握配电线路接线图中各类设备的识读。

【正文】

配电线路由电杆、导线、横担、绝缘子、开关设备（包括断路器、负荷开关、跌落式熔断器等）、变压器、避雷器等元件组成。配电线路接线图是以单线和线路相关元件的图形符号相互连接在一起，反映一条线路的主干线和分支线的连接杆号，变压器、开关等设备的连接关系和相对位置，以及各设备的型号等，以直观的方式展现出一条线路的连接关系和设备概况。正确识读配电线路接线图是对一名配电工作人员的基本要求。

一、常见配电线路元件的图形符号

常见配电线路元件的图形符号如表 TYBZ00504001-1 所示。

表 TYBZ00504001-1　　常见配电线路元件的图形符号

序号	图　例	名　称	序号	图　例	名　称
1		断路器（合）	12		双绕组变压器
2	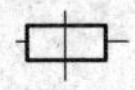	断路器（分）	13		单绕组变压器
3		负荷开关（合）	14	KG	开关站
4	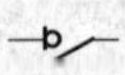	负荷开关（分）	15	PD	配电站(室)
5	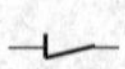	隔离开关（合）	16	HB	环网箱式变电站
6	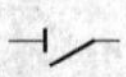	隔离开关（分）	17	XB	箱式变电站
7	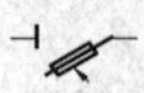	跌落式熔断器	18	DF	电缆分支箱
8	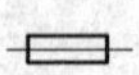	熔断器	19	HW	环网柜
9	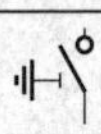	三工位开关(分)	20		电缆终端头
10		三工位开关(合)	21		电缆中间头
11		三工位开关(接地)	22	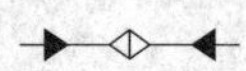	带中间接头的电缆回路

二、配电线路接线图的识读

1. 配电线路接线图

图 TYBZ00504001-1 是一条简单的配电线路接线图。

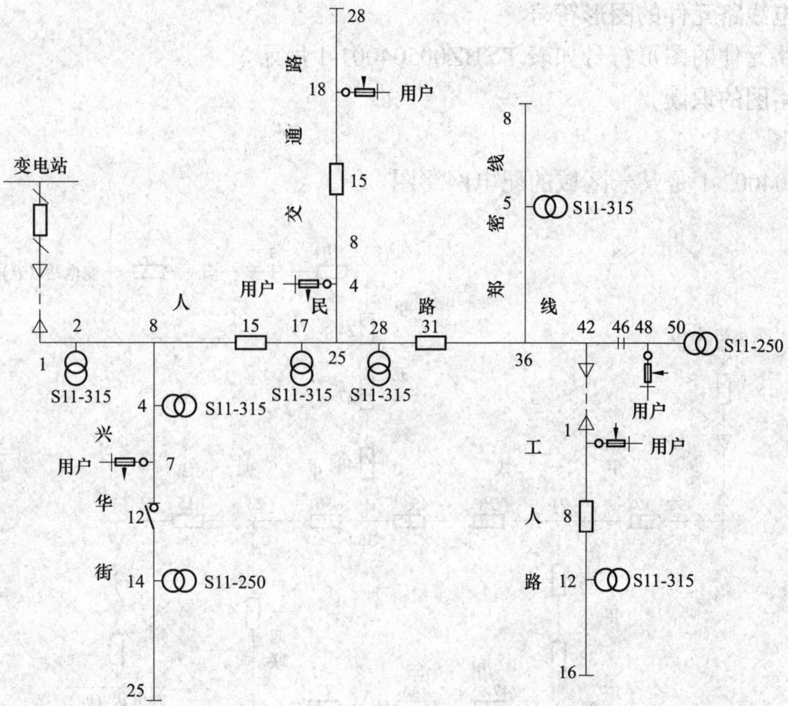

图 TYBZ00504001-1　配电线路接线图

2. 配电线路接线图的识读方法

在识读配电线路接线图时，以图 TYBZ00504001-1 为例，首先，要正确识别接线图中各图形符号的含义，如“▷---◁”表示电缆线路、“-OO-”表示变压器、“-□-”表示断路器、“-⌐/-”表示负荷开关、“⌐/⌐”表示跌落式熔断器等。

第二，要分清线路的电源侧和负荷侧，如人民路线的小号侧为电源侧（如人民路线 1 号），大号侧相对于小号侧即为负荷侧；第三，要确定干线和支线及相对位置，如人民路线为该条线路的干线，兴华街、交通路、工人路等为支线，兴华街分支在线路首端，工人路分支在线路末端；第四，要理解线路上开关设备作用、相对位置和逻辑关系，如人民路线 15 号、31 号断路器为干线分段开关，兴华街 12 号、交通路 15 号、工人路 8 号为支线分段开关，当人民路线 15 号断路器断开时，其负荷侧的断路器（人民路线 31 号、工人路 8 号）与其他设备均处于停电状态，其电源侧的线路及设备仍处于带电状态；第五，了解接线图中变压器和其他高压用户的分布和相对位置；第六，掌握接线图中蕴含的设备信息，如设备的数量、型号、容量等。

配电设备的种类和型号纷繁多样，线路的结构也千变万化，但只要我们掌握了基本的识图方法，就很容易读懂线路接线图。

【思考与练习】

1. 配电线路的基本组成元件有哪些？

2. 你能从配电线路接线图中了解哪些信息？

模块 2　配电网络图识读（TYBZ00504002）

【模块描述】本模块介绍配电网络图的识读。通过网络图的展示和各种图形符号含义的介绍，掌握配电网络图中各类设备的识读。

【正文】

配电网络图是反映一个区域内配电线路之间联络关系的接线图。网络图在一定程度上可反映该区域配电线路网架结构的合理性、灵活性和可靠性。正确识读配电网络图，对于我们分析配电网结构，指导配网建设改造，并使其达到经济合理具有重要作用。

一、常见配电线路元件的图形符号

常见配电线路元件的图形符号如表 TYBZ00504001-1 所示。

二、配电网络图的识读

1. 配电网络图

图 TYBZ00504002-1 是某一区域的配电网络图。

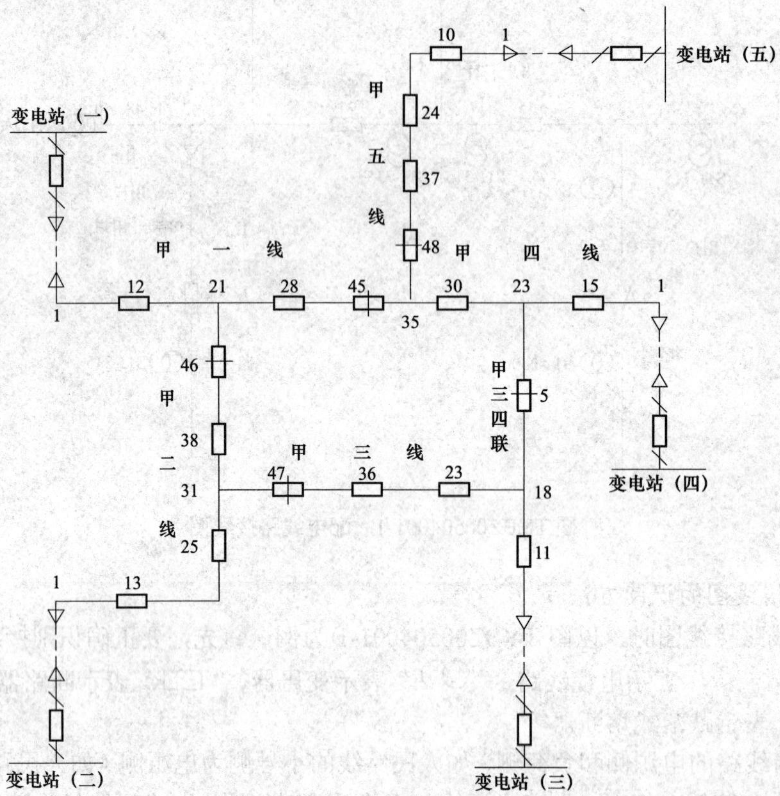

图 TYBZ00504002-1 配电网络图

该网络图由不同变电站的五条配电线路组成。

2. 配电网络图的识读方法

在配电网络图上，一般不显示每一条线路的所有变压器、高压用户、分支线的具体信息。主要显示每一条线路分段、联络开关的位置和各线路之间的连接关系。

在识读配电网络图时，以图 TYBZ00504002-1 为例，首先，要正确识别网络图中各图形符号的含义；第二，要分清每一条线路的电源侧和负荷侧，如变电站一侧为电源侧，联络开关一侧为负荷侧；第三，要确定各线路之间的连接关系，如甲一线既与甲二线联络又与甲四线联络、甲五线与甲四线联络、甲四线除与甲五线联络外，还与甲一线和甲三线联络等；第四，要理解线路上分段、联络开关设备的作用、相对位置和逻辑关系，如当甲二线 13 号断路器之前停电检修时，可通过相应分段开关和联络开关的分闸和合闸操作，使甲二线 13 号断路器之后的非检修段的负荷转移到甲一线或甲三线。同样，所有相互联络的线路，都可以相互转移负荷，使线路在停电检修或故障时，最大限度地缩小停电范围；第五，分析网络图中蕴含的逻辑关系，并能掌握其结构特点和优缺点。

配电网络复杂多变，不同地区所选择的网络结构也不尽相同，但只要我们掌握了基本的识图方法，就很容易读懂网络图。

【思考与练习】

1. 什么是配电网络图？

2. 图 TYBZ00504002-1 中，若甲四线 15 号断路器之前停电检修，其非检修段的负荷有哪几种转供发生？

第二部分

电力电缆基础

第五章　电力电缆基本知识

模块 1　电力电缆的种类及命名（GYDL00101001）

【模块描述】本模块介绍电力电缆的种类及命名。通过概念描述、要点讲解，熟悉电力电缆的种类及命名规则，掌握常用电缆型号及规格的含义。

【正文】

电力电缆品种规格很多，分类方法多种多样，通常按照绝缘材料、结构、电压等级和特殊用途等方法进行分类。

一、电力电缆的种类和特点

（一）按电缆的绝缘材料分类

电力电缆按绝缘材料不同，可分为油纸绝缘电缆、挤包绝缘电缆和压力电缆三大类。

1. 油纸绝缘电缆

油纸绝缘电缆是绕包绝缘纸带后浸渍绝缘剂（油类）作为绝缘的电缆。

根据浸渍剂不同，油纸绝缘电缆可以分为黏性浸渍纸绝缘电缆和不滴流浸渍纸绝缘电缆两类。其二者结构完全一样，制造过程除浸渍工艺有所不同外，其他均相同。不滴流电缆的浸渍剂黏度大，在工作温度下不滴流，能满足高差较大的环境（如矿山、竖井等）使用。

按绝缘结构不同，油纸绝缘电缆主要分为统包绝缘电缆、分相屏蔽和分相铅包电缆。

（1）统包绝缘电缆，又称带绝缘电缆。统包绝缘电缆的结构特点，是在每相导体上分别绕包部分带绝缘后，加适当填料经绞合成缆，再绕包带绝缘，以补充其各相导体对地绝缘厚度，然后挤包金属护套。

统包绝缘电缆结构紧凑，节约原材料，价格较低。缺点是内部电场分布很不均匀，电力线不是径向分布，具有沿着纸面的切向分量。所以这类电缆又叫非径向电场型电缆。由于油纸的切向绝缘强度只有径向绝缘强度的 1/2～1/10，所以统包绝缘电缆容易产生移滑放电。因此这类电缆只能用于 10kV 及以下电压等级。

（2）分相屏蔽电缆和分相铅包电缆。分相屏蔽和分相铅包电缆的结构基本相同，这两种电缆特点是，在每相绝缘芯制好后，包覆屏蔽层或挤包铅套，然后再成缆。分相屏蔽电缆在成缆后挤包一个三相共用的金属护套，使各相间电场互不相关，从而消除了切向分量，其电力线沿着绝缘芯径向分布，所以这类电缆又叫径向电场型电缆。径向电场型电缆的绝缘击穿强度比非径向型要高得多，多用于 35kV 电压等级。

2. 挤包绝缘电缆

挤包绝缘电缆又称固体挤压聚合电缆，它是以热塑性或热固性材料挤包形成绝缘的电缆。

目前，挤包绝缘电缆有聚氯乙烯（PVC）电缆、聚乙烯（PE）电缆、交联聚乙烯（XLPE）电缆和乙丙橡胶（EPR）电缆等，这些电缆使用在不同的电压等级。

交联聚乙烯电缆是 20 世纪 60 年代以后技术发展最快的电缆品种，与油纸绝缘电缆相比，它在加工制造和敷设应用方面有不少优点。其制造周期较短，效率较高，安装工艺较为简便，导体工作温度可达到 90℃。由于制造工艺的不断改进，如用干式交联取代早期的蒸汽交联，采用悬链式和立式生产线，使得 110～220kV 高压交联聚乙烯电缆产品具有优良的电气性能，能满足城市电网建设和改造的需要。目前在 220kV 及以下电压等级，交联聚乙烯电缆已逐步取代了油纸绝缘电缆。

3. 压力电缆

压力电缆是在电缆中充以能流动、并具有一定压力的绝缘油或气体的电缆。在制造和运行过程中，油纸绝缘电缆的纸层间不可避免地会产生气隙。气隙在电场强度较高时，会出现游离放电，最终导致绝缘层击穿。压力电缆的绝缘处在一定压力（油压或气压）下，抑制了绝缘层中形成气隙，使电缆绝缘工作场强明显提高，可用于63kV及以上电压等级的电缆线路。

为了抑制气隙，用带压力的油或气体填充绝缘，是压力电缆的结构特点。按填充压缩气体与油的措施不同，压力电缆可分为自容式充油电缆、充气电缆、钢管充油电缆和钢管充气电缆等品种。

（二）按电缆的结构分类

电力电缆按照电缆芯线的数量不同，可以分为单芯电缆和多芯电缆。

（1）单芯电缆。指单独一相导体构成的电缆。一般在大截面导体、高电压等级电缆多采用此种结构。

（2）多芯电缆。指由多相导体构成的电缆，有两芯、三芯、四芯、五芯，等等。该种结构一般在小截面、中低压电缆中使用较多。

（三）按电压等级分类

电缆的额定电压以 U_0/U（U_m）表示。其中：U_0 表示电缆导体对金属屏蔽之间的额定电压；U 表示电缆导体之间的额定电压；U_m 是设计采用的电缆任何两导体之间可承受的最高系统电压的最大值。根据IEC标准推荐，电缆按照额定电压 U 分为低压、中压、高压和超高压四类。

（1）低压电缆：额定电压 U 小于1kV，如0.6/1kV。

（2）中压电缆：额定电压 U 介于6～35kV之间，如6/6，6/10，8.7/10，21/35，26/35kV。

（3）高压电缆：额定电压 U 介于45～150kV之间，如38/66，50/66，64/110，87/150kV。

（4）超高压电缆：额定电压 U 介于220～500kV之间，如127/220，190/330，290/500kV。

（四）按特殊需求分类

按对电力电缆的特殊需求，主要有输送大容量电能的电缆、阻燃电缆和光纤复合电缆等品种。

1. 输送大容量电能的电缆

（1）管道充气电缆。管道充气电缆（GIC）是以压缩的六氟化硫气体为绝缘的电缆，也称六氟化硫电缆。这种电缆又相当于以六氟化硫气体为绝缘的封闭母线。这种电缆适用于电压等级在400kV及以上的超高压、传送容量100万kVA以上的大容量电站，高落差和防火要求较高的场所。管道充气电缆由于安装技术要求较高，成本较高，对六氟化硫气体的纯度要求很严，仅用于电厂或变电所内短距离的电气联络线路。

（2）低温有阻电缆。低温有阻电缆是采用高纯度的铜或铝作导体材料，将其处于液氮温度（77K）或者液氢温度（20.4K）状态下工作的电缆。在极低温度下，由导体材料热振动决定的特性温度（德拜温度）之下时，导体材料的电阻随绝对温度的5次方急剧变化。利用导体材料的这一性能，将电缆深度冷却，以满足传输大容量电力的需要。

（3）超导电缆。指以超导金属或超导合金为导体材料，将其处于临界温度、临界磁场强度和临界电流密度条件下工作的电缆。利用超低温下出现失阻现象的某些金属及其合金为导体的电缆称为超导电缆，在超导状态下导体的直流电阻为零，以提高电缆的传输容量。

2. 防火电缆

防火电缆是具有防火性能电缆的总称，它包括阻燃电缆和耐火电缆两类。

（1）阻燃电缆。指能够阻滞、延缓火焰沿着其外表蔓延，使火灾不扩大的电缆。在电缆比较密集的隧道、竖井或电缆夹层中，为防止电缆着火酿成严重事故，35kV及以下电缆应选用阻燃电缆。有条件时，应选用低烟无卤或低烟低卤护套的阻燃电缆。

（2）耐火电缆。是当受到外部火焰以一定高温和时间作用期间，在施加额定电压状态下具有维持通电运行功能的电缆，用于防火要求特别高的场所。

3. 光纤复合电力电缆

将光纤组合在电力电缆的结构层中，使其同时具有电力传输和光纤通信功能的电缆称为光纤复合电力电缆。光纤复合电力电缆集两方面功能于一体，因而降低了工程建设投资和运行维护费用。

二、电力电缆的命名方法

电力电缆产品命名用型号、规格和标准编号表示，而电缆产品型号一般由绝缘、导体、护层的代号构成，因电缆种类不同型号的构成有所区别；规格由额定电压、芯数、标称截面构成，以字母和数字为代号组合表示。

1. 额定电压 1（U_{m}=1.2kV）～35kV（U_{m}=40.5kV）挤包绝缘电力电缆命名方法

（1）产品型号的组成和排列顺序如下：

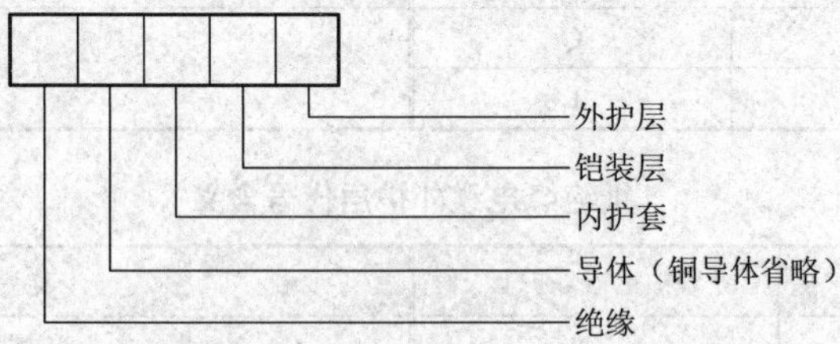

（2）各部分代号及含义见表 GYDL00101001-1。

表 GYDL00101001-1　　代　号　含　义

导体代号	铜导体	（T）省略	铠装代号	双钢带铠装	2
	铝导体	L		细圆钢丝铠装	3
绝缘代号	聚氯乙烯绝缘	V		粗圆钢丝铠装	4
	交联聚乙烯绝缘	YJ		双非磁性金属带铠装	6
	乙丙橡胶绝缘	E		非磁性金属丝铠装	7
	硬乙丙橡胶绝缘	HE	外护层代号	聚氯乙烯外护套	2
护套代号	聚氯乙烯护套	V		聚乙烯外护套	3
	聚乙烯护套	Y		弹性体外护套	4
	弹性体护套	F			
	挡潮层聚乙烯护套	A			
	铅套	Q			

举例：铜芯交联聚乙烯绝缘聚乙烯护套电力电缆，额定电压为 26/35kV，单芯，标称截面 400mm^2，表示为：YJY-26/35 1×400。

2. 额定电压 110kV 及以上交联聚乙烯绝缘电力电缆命名方法

（1）产品型号依次由绝缘、导体、金属套、非金属外护套或通用外护层以及阻水结构的代号构成。

（2）各部分代号及含义见表 GYDL00101001-2。

表 GYDL00101001-2　　代　号　含　义

导体代号	铜导体	（T）省略	非金属外护套代号	聚氯乙烯外护套	02
	铝导体	L		聚乙烯外护套	03
绝缘代号	交联聚乙烯绝缘	YJ	阻水结构代号	纵向阻水结构	Z
金属护套代号	铅套	Q			
	皱纹铝套	LW			

举例：（1）额定电压 64/110kV，单芯，铜导体标称截面 630mm^2，交联聚乙烯绝缘皱纹铝套聚氯乙烯外护套电力电缆，表示为：YJLW02 64/110 1×630。

（2）额定电压 64/110kV，单芯，铜导体标称截面 800mm^2，交联聚乙烯绝缘铅套聚乙烯外护套纵向阻水电力电缆，表示为：YJQ03-Z 64/110 1×800。

3. 额定电压 35kV 及以下铜芯、铝芯纸绝缘电力电缆命名方法

（1）产品型号依次由绝缘、导体、金属套、特征结构、外护层代号构成。

（2）各部分代号及含义见表 GYDL00101001-3 和表 GYDL00101001-4。

表 GYDL00101001-3　　代 号 含 义

导体代号	铜导体	（T）省略	特征结构代号	分相电缆	F
	铝导体	L		不滴流电缆	D
绝缘代号	纸绝缘	Z		黏性电缆	省略
金属护套代号	铅套	Q			
	铝套	L			

表 GYDL00101001-4　　纸绝缘电缆外护层代号含义

代号	铠装层	外被层或外护套	代号	铠装层	外被层或外护套
0	无	—	4	粗圆钢丝	—
1	联锁钢带	纤维外被	5	皱纹钢带	—
2	双钢带	聚氯乙烯外套	6	双铝带或铝合金带	—
3	细圆钢丝	聚乙烯外套			

外护层代号编制原则是：一般外护层按铠装层和外被层结构顺序，以两个阿拉伯数字表示，每一个数字表示所采用的主要材料。

举例：铜芯不滴流油浸纸绝缘分相铅套双钢带铠装聚氯乙烯套电力电缆，额定电压 26/35kV，三芯，标称截面 150mm^2，表示为：ZQFD22-26/35 3×150。

4. 交流 330kV 及以下油纸绝缘自容式充油电缆命名方法

（1）产品型号依次由产品系列代号、导体、绝缘、金属套、外护层代号构成。

（2）各部分代号及含义见表 GYDL00101001-5。

表 GYDL00101001-5　　代 号 含 义

产品系列代号	自容式充油电缆	CY	绝缘代号	纸绝缘	Z
导体代号	铜导体	（T）省略	金属护套代号	铅套	Q
	铝导体	L		铝套	L

外护层代号：充油电缆外护层型号按加强层，铠装层和外被层的顺序，通常以三个阿拉伯数字表示。每一个数字表示所采用的主要材料。

外护层以数字为代号的含义见表 GYDL00101001-6。

表 GYDL00101001-6　　充油电缆外护层代号含义

代号	加 强 层	铠装层	外被层或外护套
0	—	无铠装	—
1	铜带径向加强	联锁钢带	纤维外被
2	不锈钢带径向加强	双钢带	聚氯乙烯外套
3	铜带径向加强窄铜带纵向加强	细圆钢丝	—
4	不锈钢带径向窄不锈钢带纵向加强	粗圆钢丝	—

举例：铜芯纸绝缘铅包铜带径向窄铜带纵向加强聚氯乙烯护套自容式充油电缆，额定电压 220kV，单芯，标称截面 400mm^2，表示为：CYZQ302 220/1×400。

【思考与练习】

1. 电力电缆按绝缘材料和结构分类，有哪几类？
2. 挤包材质不同，挤包电缆有哪几种？
3. 举例说明额定电压 1(U_m=1.2kV)～35kV(U_m=40.5kV)挤包绝缘电力电缆的型号是怎样编制的。
4. 电力电缆按电压等级分类有哪几类？

模块 2　电缆的结构和性能（GYDL00101002）

【模块描述】本模块介绍电力电缆的结构和性能。通过要点介绍，掌握电缆导体、屏蔽层、绝缘层的结构及性能，熟悉电缆护层的结构及作用。

【正文】

电力电缆的基本结构一般由导体、绝缘层、护层三部分组成，6kV 及以上电缆导体外和绝缘层外还增加了屏蔽层。

一、电缆导体材料的性能及结构

导体的作用是传输电流，电缆导体（线芯）大都采用高电导系数的金属铜或铝制造。铜的电导率大，机械强度高，易于进行压延、拉丝和焊接等加工。铜是电缆导体最常用的材料，其主要性能如下：

20℃时的密度　8.89g/cm^3；

20℃时的电阻率　1.724×10^{-8}Ω·m；

电阻温度系数　0.003 93/℃；

抗拉强度　200～210N/mm^2。

铝也是用作电缆导体比较理想的材料，其主要性能如下：

20℃时的密度　2.70g/cm^3；

20℃时的电阻率　2.80×10^{-8}Ω·m；

电阻温度系数　0.004 07/℃；

抗拉强度　70～95N/mm^2。

为了满足电缆的柔软性和可曲性的要求，电缆导体一般由多根导线绞合而成。当导体沿某一半径弯曲时，导体中心线圆外部分被拉伸，中心线圆内部分被压缩，绞合导体中心线内外两部分可以相互滑动，使导体不发生塑性变形。

绞合导体外形有圆形、扇形、腰圆形和中空圆形等。

圆形绞合导体几何形状固定，稳定性好，表面电场比较均匀。20kV 及以上油纸电缆及 10kV 及以上交联聚乙烯电缆一般都采用圆形绞合导体结构。

10kV 及以下多芯油纸电缆和 1kV 及以下多芯塑料电缆，为了减小电缆直径，节约材料消耗，采用扇形或腰圆形导体结构。

中空圆形导体用于自容式充油电缆，其圆形导体中央以硬铜带螺旋管支撑形成中心油道，或者以型线（Z 形线和弓形线）组成中空圆形导体。

二、电缆屏蔽层的结构及性能

屏蔽，是能够将电场控制在绝缘内部，同时能够使绝缘界面处表面光滑，并借此消除界面空隙的导电层。电缆导体由多根导线绞合而成，它与绝缘层之间易形成气隙；而导体表面不光滑会造成电场集中。在导体表面加一层半导电材料的屏蔽层，它与被屏蔽的导体等电位，并与绝缘层良好接触，从而可避免在导体与绝缘层之间发生局部放电。这层屏蔽又称为内屏蔽层。

在绝缘表面和护套接触处，也可能存在间隙；电缆弯曲时，油纸电缆绝缘表面易造成裂纹或皱折，这些都是引起局部放电的因素。在绝缘层表面加一层半导电材料的屏蔽层，它与被屏蔽的绝缘层有良好接触，与金属护套等电位，从而可避免在绝缘层与护套之间发生局部放电。这层屏蔽又称为外屏蔽层。

屏蔽层的材料是半导电材料，其体积电阻率为 10^3～10^{6}Ω·m。油纸电缆的屏蔽层为半导电纸。半导电纸有吸附离子的作用，有利于改善绝缘电气性能。挤包绝缘电缆的屏蔽层材料是加入碳黑粒子的聚合物。没有金属护套的挤包绝缘电缆，除半导电屏蔽层外，还要增加用铜带或铜丝绕包的金属屏蔽层。其作用是：在正常运行时通过电容电流；当系统发生短路时，作为短路电流的通道，同时也起到屏蔽电场的作用。在电缆结构设计中，要根据系统短路电流的大小，采用相应截面的金属屏蔽层。

三、电缆绝缘层的结构及性能

电缆绝缘层具有承受电网电压的功能。电缆运行时绝缘层应具有稳定的特性，较高的绝缘电阻、击穿强度，优良的耐树枝放电和局部放电性能。电缆绝缘有挤包绝缘、油纸绝缘、压力电缆绝缘三种。

1. 挤包绝缘

挤包绝缘材料主要是各类塑料、橡胶。其具有耐受电网电压的功能，为高分子聚合物，经挤包工艺一次成型紧密地挤包在电缆导体上。塑料和橡胶属于均匀介质，这是与油浸纸的夹层结构完全不同。聚氯乙烯、聚乙烯、交联聚乙烯和乙丙橡胶的主要性能如下：

（1）聚氯乙烯塑料以聚氯乙烯树脂为主要原料，加入适量配合剂、增塑剂、稳定剂、填充剂、着色剂等经混合塑化而制成。聚氯乙烯具有较好的电气性能和较高的机械强度，具有耐酸、耐碱、耐油性，工艺性能也比较好；缺点是耐热性能较低，绝缘电阻率较小，介质损耗较大，因此仅用于6kV及以下的电缆绝缘。

（2）聚乙烯具有优良的电气性能，介电常数小、介质损耗小、加工方便；缺点是耐热性差、机械强度低、耐电晕性能差、容易产生环境应力开裂。

（3）交联聚乙烯是聚乙烯经过交联反应后的产物。采用交联的方法，将线形结构的聚乙烯加工成网状结构的交联聚乙烯，从而改善了材料的电气性能、耐热性能和机械性能。

聚乙烯交联反应的基本机理是，利用物理的方法（如用高能粒子射线辐照）或者化学的方法（如加入过氧化物化学交联剂，或用硅烷接枝等）来夺取聚乙烯中的氢原子，使其成为带有活性基的聚乙烯分子。而后带有活性基的聚乙烯分子之间交联成三度空间结构的大分子。

（4）乙丙橡胶是一种合成橡胶。用作电缆绝缘的乙丙橡胶是由乙烯、丙烯和少量第三单体共聚而成。乙丙橡胶具有良好的电气性能、耐热性能、耐臭氧和耐气候性能；缺点是不耐油，可以燃烧。

2. 油纸绝缘

油纸绝缘电缆的绝缘层采用窄条电缆纸带，绕包在电缆导体上，经过真空干燥后浸渍矿物油或合成油而形成。纸带的绕包方式，除仅靠导体和绝缘层最外面的几层外，均采用间隙式（又称负搭盖式）绕包，这使电缆在弯曲时，在纸带层间可以相互移动，在沿半径为电缆本身半径的12～25倍的圆弧弯曲时，不至于损伤绝缘。电缆纸是木纤维纸。

3. 压力电缆绝缘

在我国，压力电缆的生产和应用基本上是单一品种，即充油电缆。充油电缆是利用补充浸渍剂原理来消除气隙，以提高电缆工作场强的一种电缆。按充油通道不同，充油电缆分为自容式充油电缆和钢管充油电缆两类。我国生产应用自容式充油电缆已有近50年的历史，而钢管充油电缆尚未付诸工业性应用。运行经验表明，自容式充油电缆具有电气性能稳定、使用寿命较长的优点。自容式充油电缆油道位于导体中央，油道与补充浸渍油的设备（供油箱）相连，当温度升高时，多余的浸渍油流进油箱中，以借助油箱降低电缆中产生的过高压力；当温度降低时，油箱中浸渍油流进电缆中，以填补电缆中因负压而产生的空隙。充油电缆中浸渍剂的压力必须始终高于大气压。保证一定的压力，不仅使电缆工作场强提高，而且可以有效防止一旦护套破裂潮气浸入绝缘层。

四、电缆护层的结构及作用

电缆护层是覆盖在电缆绝缘层外面的保护层。典型的护层结构包括内护套和外护层。内护套贴紧绝缘层，是绝缘的直接保护层。包覆在内护套外面的是外护层。通常，外护层又由内衬层、铠装层和外被层组成。外护层的三个组成部分以同心圆形式层层相叠，成为一个整体。

护层的作用是保证电缆能够适应各种使用环境的要求，使电缆绝缘层在敷设和运行过程中免受机械或各种环境因素损坏，以长期保持稳定的电气性能。内护套的作用是阻止水分、潮气及其他有害物质侵入绝缘层，以确保绝缘层性能不变。内衬层的作用是保护内护套不被铠装扎伤。铠装层是电缆具备必须的机械强度。外被层主要是用于保护铠装层或金属护套免受化学腐蚀及其他环境损害。

【思考与练习】

1. 电力电缆的基本结构一般由哪几部分组成？

2. 电缆屏蔽层有何作用？

模块 3　高压电缆绝缘击穿原理和高压电缆绝缘厚度确定（GYDL00101003）

【模块描述】本模块介绍高压电缆绝缘击穿原理和高压电缆绝缘厚度的确定。通过概念讲解和要点介绍，了解高压电缆绝缘击穿机理，熟悉影响高压电缆绝缘厚度的因素，掌握电缆绝缘厚度的计算方法。

【正文】

一、高压电缆绝缘击穿原理

（一）固体绝缘击穿特性的划分

固体绝缘的击穿形式有电击穿、热击穿和电化学击穿。这几种击穿形式都与电压的作用时间密切相关。

1. 电击穿

电击穿理论是建立在固体绝缘介质中发生碰撞电离的基础上的，固体介质中存在的少量传导电子，在电场加速下与晶格结点上的原子碰撞，从而击穿。电击穿理论本身又分为两种解释碰撞电离的理论，即固有击穿理论与电子崩击穿理论。

电击穿的特点是电压作用时间短，击穿电压高，击穿电压和绝缘介质温度、散热条件、介质厚度、频率等因素都无关，但和电场的均匀程度关系极大。此外和绝缘介质特性也有很大关系，如果绝缘介质内有气孔或其他缺陷，会使电场发生畸变，导致绝缘介质击穿电压降低。在极不均匀电场及冲击电压作用下，绝缘介质有明显的不完全击穿现象。不完全击穿导致绝缘性能逐渐下降的效应称累积效应。绝缘介质击穿电压会随冲击电压施加次数的增多而下降。

2. 热击穿

由于绝缘介质损耗的存在，固体绝缘介质在电场中会逐渐发热升温，温度的升高又会导致固体绝缘介质电阻下降，使电流进一步增大，损耗发热也随之增大。在绝缘介质不断发热升温的同时，也存在一个通过电极及其他介质向外不断散热的过程。当发热较散热快时，介质温度会不断升高，以致引起绝缘介质分解炭化，最终击穿。这一过程即为绝缘介质的热击穿过程。

3. 电化学击穿（电老化）

在电场的长期作用下逐渐使绝缘介质的物理、化学性能发生不可逆的劣化，最终导致击穿，这种过程称电化学击穿。电化学击穿的类型有电离性击穿（电离性老化）、电导性击穿（电导性老化）和电解性击穿（电解性老化）。前两种主要在交流电场下发生，后一种主要在直流电场下发生。有机绝缘介质表面绝缘性能破坏的表现，还有表面漏电起痕。

（1）电离性老化。如果绝缘介质夹层或内部存在气隙或气泡，在交变电场下，气隙或气泡内的场强会比邻近绝缘介质内的场强大得多，但气体的起始电离场强又比固体介质低得多，所以在该气隙或气泡内很容易发生电离。

此种电离对固体介质的绝缘有许多不良后果。例如，气泡体积膨胀使介质开裂、分层，并使该部分绝缘的电导和介质损耗增大；电离的作用还可使有机绝缘物分解，新分解出的气体又会加入到新的电离过程中；还会产生对绝缘材料或金属有腐蚀作用的气体；还会造成电场的局部畸变，使局部介质承受过高的电压，对电离的进一步发展起促进作用。

气隙或气泡的电离，通过上述综合效应会造成邻近绝缘物的分解、破坏（表现为变酥、炭化等形式），并沿电场方向逐渐向绝缘层深处发展。在有机绝缘材料中，放电发展通道会呈树枝状，称为“电树枝”。这种电离性老化过程和局部放电密切相关。

（2）电导性老化。如果在两极之间的绝缘层中存在水分，则当该处场强超过某定值时，水分会沿电场方向逐渐深入到绝缘层中，形成近似树枝状的痕迹，称为“水树枝”。水树枝呈绒毛状的一片或多片，有扇状、羽毛状、蝴蝶状等多种形式。

产生和发展水树枝所需的场强比产生和发展“电树枝”所需的场强低得多。产生水树枝的原因是水或其他电解液中离子在交变电场下反复冲击绝缘物，使其发生疲劳损坏和化学分解，电解液便随之逐渐渗透、扩散到绝缘深处。

（3）电解性老化。在直流电压的长期作用下，即使所加电压远低于局部放电的起始电压，由于绝缘介质内部进行着电化学过程，绝缘介质也会逐渐老化，导致击穿。当有潮气侵入绝缘介质时，水分子本身就会离解出 H^+ 和 O^{2-}，从而加速电解性老化。

（4）表面漏电起痕及电蚀损。这是有机绝缘介质表面的一种电老化问题。在潮湿、污脏的绝缘介质表面会流过泄漏电流，在电流密度较大处会先形成干燥带，电压分布随之不均匀，在干燥带上分担较高电压，从而会形成放电小火花或小电弧。此种放电现象会使绝缘体表面过热，局部炭化、烧蚀，形成漏电痕迹，漏电痕迹的持续发展可能逐渐形成沿绝缘体表面贯通两端电极的放电通道。

（二）油纸绝缘的击穿特性

油纸电缆的优点主要是优良的电气性能，干纸的耐电强度仅为 10～13kV/mm，纯油的耐电强度也仅为 10～20kV/mm，二者组合以后，由于油填充了纸中薄弱点的空气隙，纸在油中又起到了屏蔽作用，从而使总体耐电强度提高很多。油纸绝缘工频短时耐电强度可达 50～120kV/mm。

油纸绝缘的击穿过程如同一般固体绝缘介质那样，可分为短时电压作用下的电击穿、稍长时间电压作用下的热击穿及更长时间电压作用下的电化学击穿。

油纸绝缘的短时电气强度很高，但在不同介质的交界处，或层与层、带与带交接处等，都容易出现气隙，因而容易产生局部放电。局部放电对油纸绝缘的长期电气强度是很大的威胁，它对油浸纸有着电、热、化学等腐蚀作用，十分有害。

油纸绝缘在直流电压下的击穿电压常为工频电压（幅值）下的 2 倍以上，这是因为工频电压下局部放电、损耗等都比直流电压下严重得多。

二、设计电缆绝缘厚度应考虑的因素

1. 制造工艺允许的最小厚度

根据制造工艺的可能性，绝缘层必须有一个最小厚度。例如，黏性纸绝缘的层数不得少于 5～10 层，聚氯乙烯最小厚度是 0.25mm。1kV 及以下电缆的绝缘厚度基本上是按工艺上规定的最小厚度来确定的，如果按照材料的平均电场强度的公式来计算低压电缆的绝缘厚度则太薄。例如 500V 的聚氯乙烯电缆，按聚氯乙烯击穿场强是 10kV/mm 计，安全系数取 1.7，则绝缘厚度只有 0.085mm，这样小的厚度是无法生产的。

2. 电缆在制造和使用过程中承受的机械力

电缆在制造和使用过程中，要受到拉伸、剪切、压、弯、扭等机械力的作用。1kV 及以下的电缆，在确定绝缘厚度时，必须考虑其可能承受的各种机械力。大截面低压电缆比小截面低压电缆的绝缘厚度要大一些，原因就是前者所受的机械力比后者大。满足了所承受的机械力的绝缘厚度，其绝缘击穿强度的安全裕度是足够的。

3. 电缆在电力系统中所承受的电压因素

电压等级在 6kV 及以上的电缆，绝缘厚度的主要决定因素是绝缘材料的击穿强度。在讨论这个问题的时候，首先要搞清楚电力系统中电缆所承受的电压情况。

电缆在电力系统中要承受工频电压 U_0。U_0 是电缆设计导体对地或金属屏蔽之间的额定电压。在进行电缆绝缘厚度计算时，我们要取电缆的长期工频试验电压，它是（2.5～3.0）U_0。

电缆在电力系统中还要承受脉冲性质的大气过电压和内部过电压。大气过电压即雷电过电压。电缆线路一般不会遭到直击雷，雷电过电压只能从连接的架空线侵入。装设避雷器能使电缆线路得到有效保护。因此电缆所承受的雷电过电压取决于避雷器的保护水平 U_p（U_p 是避雷器的冲击放电电压和残压两者之中数值较大者）。通常，取（120%～130%）U_p 为线路基本绝缘水平 *BIL*（Base Insulate Level），也即电缆雷电冲击耐受电压。电力电缆雷电冲击耐受电压见表 GYDL00101003-1。

表 GYDL00101003-1　　电力电缆雷电冲击耐受电压　　kV

额定电压（U_0/U）	3.6/6	6/6	8.7/10，8.7/15	12/20	21/35	26/35
雷电冲击耐受电压 *BIL*	60	75	95	125	200	250
额定电压（U_0/U）	38/66	50/66	64/110	127/220	190/330	290/500
雷电冲击耐受电压 *BIL*	325	450	550	950	1175	1550
				1050	1300	1675

注　表中 220kV 及以上有两个数值，可根据避雷器的保护特性、电缆线路脉冲波特性长度及相连设备雷电冲击绝缘水平等因素选取。

确定电缆绝缘厚度，应按 *BIL* 值进行计算，因为内部过电压（即操作过电压）的幅值，一般低于雷电过电压的幅值。

三、电缆绝缘厚度的确定

综上所述，确定电缆绝缘厚度，要同时依据长期工频试验电压和线路基本绝缘水平 *BIL* 来计算，然后取其厚者。在具体设计中，一般采用最大场强和平均场强两种计算方法。

1. 用最大场强公式计算

在电缆绝缘层中，靠近导体表面的绝缘层所承受的场强最大，若电缆绝缘材料的击穿强度大于最大场强，则

$$\frac{G}{m} \geqslant E_{max} = \frac{U}{r_c \ln \dfrac{R}{r_c}} \qquad \text{(GYDL00101003-1)}$$

式中　G——绝缘材料击穿强度，kV/mm；

m——安全裕度，一般取 1.2～1.6；

E_{max}——绝缘层最大场强，kV/mm；

U——工频试验电压或雷电冲击耐受电压，kV；

r_c——导体半径，mm；

R——绝缘外半径，mm。

经数学推导得出，绝缘外半径可用以 e 为底的指数函数表达，即

$$R = r_c \exp\frac{mU}{Gr_c} \qquad \text{(GYDL00101003-2)}$$

则绝缘厚度为

$$\Delta = R - r_c = r_c\left(\exp\frac{mU}{Gr_c} - 1\right) \qquad \text{(GYDL00101003-3)}$$

上列公式中的 U 应取试验电压值。即取长期工频试验电压（2.5～3.0）U_0，或取雷电冲击耐受电压，见表 GYDL00101003-2。

绝缘材料的击穿强度按不同的材料取值，严格地讲，材料的击穿强度应根据材料性质经试验确定，而且还与材料本身的厚度、导体半径等因素有关。表 GYDL00101003-2 列出了几种绝缘材料的击穿强度值，供参考。

表 GYDL00101003-2　　绝缘材料的击穿强度　　kV/mm

电压（kV）	工频击穿强度			冲击击穿强度		
	黏性油浸纸	充油	交联聚乙烯	黏性油浸纸	充油	交联聚乙烯
35 及以下	10	—	10～15	100	—	40～50
110～220	—	40	20～30	—	100	50～60

模块 3　GYDL00101003

2. 以平均场强公式计算

挤包绝缘电缆的绝缘厚度，习惯上采用平均强度的公式进行计算。这是因为挤包绝缘电缆的击穿强度受导体半径等几何尺寸的影响较大。以平均场强公式计算时，也需按工频电压和冲击电压两种情况分别进行计算，然后取其厚者。

在长期工频电压下，绝缘厚度为

$$\Delta=\frac{U_{om}}{G}k_1k_2k_3 \qquad \text{（GYDL00101003-4）}$$

在冲击电压下，绝缘厚度为

$$\Delta=\frac{BIL}{G'}k_1'k_2'k_3' \qquad \text{（GYDL00101003-5）}$$

式中　BIL——基本绝缘水平（见表 GYDL00101003-1），kV；

U_{om}——最大设计电压，kV；

G、G'——工频、冲击电压下绝缘材料击穿强度，参见表 GYDL00101003-2，kV/mm；

k_1、k_1'——工频、冲击电压下击穿强度的温度系数，是室温下与导体最高温下击穿强度的比值，对于交联聚乙烯电缆，k_1=1.1，k_1'=1.13～1.20；

k_2、k_2'——工频、冲击电压下的老化系数，根据各种电缆的寿命曲线得出，对于交联聚乙烯电缆 k_2=4，k_2'=1.1；

k_3、k_3'——工频、冲击电压下不定因素影响引入的安全系数，一般均取 1.1。

【思考与练习】

1. 固体绝缘有几种击穿形式？
2. 热击穿的原理是什么？
3. 设计电缆绝缘厚度应考虑哪些因素？

模块 4　电力电缆的载流量计算（GYDL00101004）

【模块描述】本模块包含电力电缆的载流量和最高允许工作温度的基本概念、影响载流量的因素和载流量的简单计算。通过对概念解释和要点讲解，了解电力电缆的载流量计算方法。

【正文】

一、电力电缆载流量和最高允许工作温度

1. 电缆载流量概念

在一个确定的适用条件下，当电缆导体流过的电流在电缆各部分所产生的热量能够及时向周围媒质散发，使绝缘层温度不超过长期最高允许工作温度，这时电缆导体上所流过的电流值称为电缆载流量。电缆载流量是电缆在最高允许工作温度下，电缆导体允许通过的最大电流。

2. 最高允许工作温度

在电缆工作时，电缆各部分损耗所产生的热量以及外界因素的影响使电缆工作温度发生变化，电缆工作温度过高，将加速绝缘老化，缩短电缆使用寿命。因此必须规定电缆最高允许工作温度。电缆的最高允许工作温度，主要取决于所用绝缘材料热老化性能。各种型式电缆的长期和短时最高允许工作温度见表 GYDL00101004-1。一般不超过表中的规定值，电缆可在设计寿命年限内安全运行。反之，工作温度过高，绝缘老化加速，电缆寿命会缩短。

表 GYDL00101004-1　各种型式电缆的长期和短时最高允许工作温度

电缆型式		最高允许工作温度（℃）	
		持续工作	短路暂态（最长持续 5s）
黏性浸渍纸绝缘电力电缆	3kV 及以下	80	220
	6kV	65	220

续表

电缆型式		最高允许工作温度（℃）	
		持续工作	短路暂态（最长持续 5s）
黏性浸渍纸绝缘电力电缆	10kV	60	220
	20～35kV	50	220
	不滴流电缆	65	175
充油电缆	普通牛皮纸	80	160
	半合成纸	85	160
充气电缆		75	220
聚乙烯绝缘电缆		70	140
交联聚乙烯绝缘电缆		90	250
聚氯乙烯绝缘电缆		70	160
橡皮绝缘电缆		65	150
丁基橡皮电缆		80	220
乙丙橡胶电缆		90	220

二、影响电力电缆载流量的主要因素

1. 电缆本体材料的影响

（1）导体材料的影响：

1）导体的电阻率越大，电缆的载流量越小。在其他情况都相同时，电缆载流量与导体材料电阻的平方根成反比。铝芯电缆载流量为相同截面铜芯电缆载流量的 78%，也即铜芯电缆载流量约比相同截面铝芯电缆的载流量大 28%。因此，选用高电导率的材料有利于提高电缆的传输容量。

2）导体截面越大，载流量越大。电缆载流量与导体材料截面积的平方根成正比（未考虑集肤效应），已知电缆的截面积及其他条件，可以计算出电缆载流量。反之，已知对电缆载流量的要求，也可按要求选择相应的电缆。

3）导体结构的影响。同样截面的导体，采用分割导体的载流量大。尤其对于大截面导体（800mm^2）而言，更是如此。

（2）绝缘材料对载流量的影响：

1）绝缘材料耐热性能好，即电缆允许最高工作温度越高，载流量越大。交联聚乙烯绝缘电缆比油纸绝缘允许最高工作温度高。所以同一电压等级、相同截面的电缆，交联聚乙烯绝缘电缆比油纸绝缘传输容量大。

2）绝缘材料热阻也是影响载流量的重要因素。选用热阻系数低、击穿强度高的绝缘材料，能降低绝缘层热阻，提高电缆载流量。

3）介质损耗越大，电力电缆载流量越小。绝缘材料的介质损耗与电压的平方成正比。计算表明，在 35kV 及以下电压等级，介质损耗可以忽略不计，但随着工作电压的提高，介质损耗的影响就较显著。例如，110kV 电缆介质损耗是导体损耗的 11%；220kV 电缆介质损耗是导体损耗的 34%；330kV 电缆介质损耗是导体损耗的 105%。因此，对于高压和超高压电缆，必须严格控制绝缘材料的介质损耗角正切值。

2. 电缆周围环境的影响

（1）周围媒质温度越高，电力电缆载流量越小。电缆线路附近有热源，如与热力管道平行、交叉或周围敷设有电缆等使周围媒质温度变化，会对电缆载流量造成影响。电缆线路与热力管道交叉或平行时，周围土壤温度会受到热力管道散热的影响，只有任何时间该地段土壤与其他地方同样深度土壤的温升不超过 10℃，电缆载流量才可以认为不受影响，否则必须降低电缆负荷。对于同沟敷设的电缆，由于多条电缆相互影响，电缆负荷应降低，否则对电缆寿命有影响。

（2）周围媒质热阻越大，电力电缆载流量越小。电缆直接埋设于地下，当埋设深度确定后，土壤热阻取决于土壤热阻系数。土壤热阻系数与土壤的组成、物理状态和含水量有关。比较潮湿紧密的土壤热阻系数约为 0.8m・K/W，一般土壤热阻系数约为 1.0m・K/W，比较干燥的土壤热阻系数约为

1.2m·K/W，含砂石而且特别干燥的土壤热阻系数约为 1.7m·K/W。降低土壤热阻系数，能够有效地提高电缆载流量。

电缆敷设在管道中，其载流量比直接埋设在地下要小。管道敷设的周围媒质热阻，实际上是三部分热阻之和，即电缆表面到管道内壁的热阻、管道热阻和管道的外部热阻，因此热阻增大。

三、电缆及其周围介质热阻

在热稳定状态下，电缆中的热流（包括导体电流损耗、介质损耗、金属护层损耗）和电缆各部分热阻（含周围媒质热阻）在导体和周围媒质之间形成的热流场，根据发热方程及如图 GYDL00101004-1 所示等值热阻，可知电缆及其周围的介质热阻由绝缘热阻、内衬层热阻、外护套热阻及土壤和管路热阻等组成。以下计算各热阻。

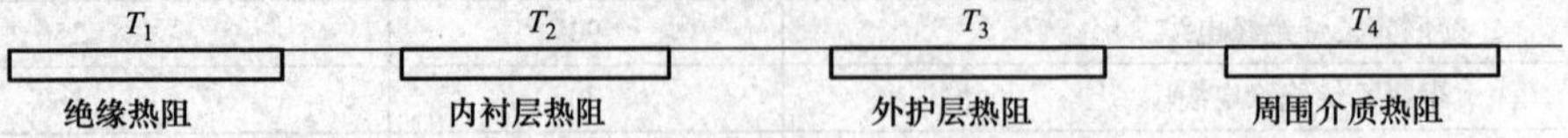

图 GYDL00101004-1　电缆及周围介质等值热阻

1. 绝缘热阻 T_1

$$T_1=\frac{\rho_{T1}}{2\pi}\ln\left(1+\frac{2t_1}{D_c}\right)=\frac{\rho_{T1}}{2\pi}G=\frac{\rho_{T1}}{2\pi n}G_1F_1 \quad \text{(GYDL00101004-1)}$$

式中 ρ_{T1}——绝缘热阻率（见表 GYDL00101004-2），m·K/W；
t_1——绝缘厚度，m；
D_c——导体外径，m；
G——单芯电缆的几何因数；
G_1——多芯电缆的几何因数；
n——电缆芯数；
F_1——屏蔽层影响因数，一般金属带屏蔽降低率取 0.6。

电缆本体各种材料的热阻率见表 GYDL00101004-2。

表 GYDL00101004-2　　各种材料的热阻率

材料名称		热阻率（m·K/W）
绝缘材料		
XLPE		3.50
内衬及护层	PE	3.50
	PVC	7.00
金属材料	铜	0.27×10^{-2}
	铝	0.48×10^{-2}
	铅	0.90×10^{-2}
	铁	2.00×10^{-2}
	钢	2.00×10^{-2}

2. 内衬（外护）层热阻 T_2

$$T_2=\frac{\rho_{T2}}{2\pi}\ln(d_4/d_3) \quad \text{(GYDL00101004-2)}$$

式中 ρ_{T2}——内衬（内护）层热阻率，m·K/W；
d_4——内衬（外护）层内径，mm；
d_3——内衬（外护）层外径，mm。

3. 直埋于地下的热阻 T_3

$$T_3=\frac{\rho_{T3}}{2\pi}\ln\frac{4L}{d_e} \quad \text{(GYDL00101004-3)}$$

式中　ρ_{T3}——土壤热阻率，m·K/W；

d_e——电缆外径，m；

L——电缆敷设深度，m。

4. 敷设于空气中的热阻 T_4

$$T_4 = \frac{100}{\pi d_e h} \qquad \text{(GYDL00101004-4)}$$

式中　d_e——电缆外径，m；

h——散热系数，一般取 7～10W/（m^2·K）。

5. 敷设于管道中的热阻 T_5

$$T_5 = \frac{100A}{1+(B+C\theta_m)d_e} \qquad \text{(GYDL00101004-5)}$$

式中　d_e——电缆外径，m；

θ_m——电缆管道中空气的平均温度值，一般可假设θ_m=50℃后校正；

A、B、C——分别为与电缆敷设条件有关的常数，见表 GYDL00101004-3。

表 GYDL00101004-3　　常数 *A*、*B*、*C* 的取值

敷设条件	*A*	*B*	*C*
在金属管道中	5.2	1.4	0.011
在纤维水泥管中	5.2	0.91	0.010
在陶土管道中	1.87	0.28	0.003 6

四、电缆额定载流量计算

电缆载流量计算有两个假设条件：① 假定电缆导体中通过的电流是连续的恒定负载（即 100%负载率）；② 假定在一定的敷设环境和运行状态下，电缆处于热稳定状态。

1. 电缆敷设环境温度的选择

为了在计算电缆载流量时有一个基准，对于不同敷设方式，规定有不同基准环境温度：如管道敷设时为 25℃；直埋敷设时为 25℃；空气或沟道敷设时为 40℃；室内敷设时为 30℃。

2. 电缆额定载流量

根据图 GYDL00101004-1 和热流场概念，由热流场富氏定律可导出热流与温升、热阻的关系，即热流与温升成正比、与热阻成反比。推导可得出

$$I = \sqrt{\frac{(\theta_c - \theta_0) - nW_i \times \frac{1}{2}(T_1 + T_2 + T_3 + T_4)}{nR[T_1 + (1+\lambda_1)T_2 + (1+\lambda_1+\lambda_2)(T_3+T_4)]}} \qquad \text{(GYDL00101004-6)}$$

式中　I——电缆连续额定载流量，A；

θ_c——电缆导体允许最高温度，取决于电缆绝缘材料、电缆型式和电压等级，℃；

θ_0——周围媒质温度，℃；

R——单位长度导体在θ_c温度时的电阻，Ω；

T_1、T_2、T_3、T_4——分别为单位长度电缆的绝缘层、内衬层、外被层、周围媒质热阻，m·K/W；

λ_1和λ_2——分别为护套损耗系数和铠装损耗系数；

n——在一个护套内的电缆芯数；

W_i——电缆绝缘介质损耗，W/m。

单芯电缆绝缘介质损耗计算公式为　$W_i = \omega C U_0^2 \tan\delta 2\pi f C U_0^2 \tan\delta$　（GYDL00101004-7）

多芯电缆绝缘介质损耗计算公式为　$W_i = \dfrac{2\pi f C_n U^2}{3\tan\delta \times 10^5}$　（GYDL00101004-8）

式中　ω——电源角频率，ω=2πf，工频 f=50Hz；

U_0——电缆所在系统的相电压，kV；

U——电缆所在系统的线电压，kV；

$\tan\delta$——电缆绝缘材料的介质损耗角正切值；

C——单位长度电缆的单相电容，F/m；

C_n——单位长度电缆的多相电容，F/m。

环境温度变化时，载流量校正系数见表 GYDL00101004-4。

表 GYDL00101004-4　　载流量校正系数

长期允许工作温度θ_c（℃）	环境温度θ_0（℃）	实际使用温度（℃）											
		5	10	15	20	25	30	35	40	45	50	0	−5
80	25	1.17	1.13	1.04	1.05	1.00	0.96	0.91	0.85	0.80	0.74	—	1.25
	40	—	—	1.27	1.23	1.18	1.12	1.07	1.00	0.94	0.87	—	1.46
90	25	—	—	1.04	1.10	0.96	0.96	0.92	0.88	0.83	0.78	1.18	1.21
	40	—	—	1.18	1.14	1.09	1.09	1.05	1.00	0.95	0.90	1.34	1.38

电缆在电缆沟、管道中和架空敷设时，由于周围介质热阻不同，散热条件不同，可对载流量进行校正；而对直埋电缆，因土壤条件不同，如泥土、沙地、水池附近、建筑物附近等，也要根据实际条件进行载流量校正。

3. 10kV 及以上 XLPE 电力电缆载流量校正系数

电力电缆由于敷设状态等因素不同，实际的载流量也有所不同，必须以一定条件为基准点，而代表这些基准点的参数为：电缆导体最高允许工作温度为 90℃，短路温度为 250℃，敷设环境温度为 40℃（空气中），25℃（土壤中）；直埋 1.0m 时土壤热阻系数为 1.0m • K/W，绝缘热阻系数为 4.0m • K/W，护套热阻系数为 7.0m • K/W。各种校正系数见表 GYDL00101004-5～表 GYDL00101004-9。

电缆载流量计算为

$$I_{总} = nk_1k_2k_3k_4k_5I \qquad \text{(GYDL00101004-9)}$$

式中 $I_{总}$——长期允许载流量总和；

I——电缆载流量；

n——电缆并列条数；

k_1——环境温度校正系数；

k_2——并列电缆架上敷设校正系数；

k_3——土壤热阻率的校正系数；

k_4——敷设深度校正系数；

k_5——土壤热阻的校正系数。

表 GYDL00101004-5　　环境温度校正系数

空气温度（℃）	25	30	35	40	45
校正系数	1.14	1.09	1.05	1.0	0.95
土壤温度（℃）	20	25	30	35	
校正系数	1.04	1.0	0.98	0.92	

表 GYDL00101004-6　　并列电缆架上敷设校正系数

敷设根数	敷设方式	$S=d$	$S=2d$	$S=3d$
1	并排平行	1.00	1.00	1.00
2	并排平行	0.85	0.95	1.00
3	并排平行	0.80	0.95	1.00
4	并排平行	0.70	0.90	0.95

注　d 为电缆外径，S 为电缆轴间距离。

模块 4　GYDL00101004

表 GYDL00101004-7　　土壤热阻率的校正系数

土壤热阻系数（m·K/W）	0.6	0.8	1.0	1.2	1.4	1.6	2.0
校正系数	1.17	1.08	1.00	0.94	0.89	0.84	0.77

表 GYDL00101004-8　　敷设深度校正系数

敷设深度（m）	0.8	1.0	1.2	1.4
校正系数	1.017	1.0	0.985	0.972

表 GYDL00101004-9　　各种土壤热阻的校正系数

土　壤　类　别	土壤热阻（Ω·m）	校正系数
湿度在 4%以下沙地，多石的土壤	300	0.75
湿度在 4%～7%沙地，湿度在 8%～12%多沙黏土	200	0.87
标准土壤，湿度在 7%～9%沙地，湿度在 12%～14%多沙黏土	120	1.0
湿度在 9%以上沙区，湿度在 14%以上黏土	80	1.05

【思考与练习】

1. 为什么不能只根据电缆导体的最高允许温度来确定电缆线路的载流量？

2. 电缆额定电流计算时有哪些假定条件？

模块 5　交联聚乙烯电力电缆绝缘老化机理（GYDL00101006）

【模块描述】本模块包含交联聚乙烯电力电缆绝缘老化机理的基本知识。通过概念解释和要点讲解，了解影响交联聚乙烯电力电缆绝缘性能变化的因素，熟悉交联聚乙烯电力电缆绝缘老化原因及形态，掌握交联聚乙烯电力电缆绝缘老化机理。

【正文】

绝缘材料的绝缘性能随时间的增加发生不可逆下降的现象称为绝缘老化。其表现形式主要有击穿强度降低、介质损耗增加、机械性能或其他性能下降等。

一、影响交联聚乙烯电力电缆绝缘性能的因素

1. 制造工艺和绝缘原材料

（1）制造厂家所用绝缘材料或制造过程中侵入水分及其他杂质，都将引起绝缘性能的降低。

（2）制造工艺落后（如湿法交联）导致交联绝缘层中遗留下水分、起泡或致屏蔽层不能均匀紧贴在主绝缘上，产生微小的气隙，都将降低交联电缆的绝缘性能。

2. 运行条件

（1）运行电压不正常，电压越高，击穿电压越低。电压作用时间足够长时，则易引起热击穿或电老化，使电缆绝缘击穿电压急剧下降。

（2）超负荷运行，电缆过热，当温度高至一定值时，绝缘的击穿电压将大幅度下降。

（3）电压性质对电缆绝缘也有影响：冲击击穿电压较工频击穿电压高；直流电压下，介质损耗小，击穿电压较工频击穿电压高；高频下局部放电严重，发热严重，其击穿电压最低。

（4）交联绝缘是固体绝缘，其累计效应也不容忽视。多次施加同样幅值的电压，每次产生一定程度的绝缘损伤，而不像油浸类绝缘有一定的自愈能力，因此其损伤可逐步积累，最后导致交联绝缘彻底击穿。

（5）任何外力破坏、机械应力损伤，都将使电缆的整体结构受到破坏而导致水分及其他有害杂质侵入，可迅速降低交联绝缘的击穿强度。

二、交联聚乙烯电力电缆绝缘老化机理及形态

在电场的长时间作用下逐渐使绝缘介质的物理、化学性能发生不可逆的劣化，最终导致击穿，即

称电老化。电老化的类型有电离性老化、电导性老化和电解性老化。前两种主要在交变电场下产生，后一种主要在直流电场下产生。有机介质表面绝缘性能破坏的表现，还有表面漏电起痕。

1. 电离性老化

在绝缘介质夹层或内部如果存在气隙或气泡，在交变电场下气隙或气泡内的场强较邻近绝缘介质内的场强大得多，而气体的起始电离场强又比固体介质低得多，所以在该气隙或气泡内很容易发生电离。

此种电离对固体介质的绝缘有许多不良后果。例如：气泡体积膨胀使介质开裂、分层，并使该部分绝缘的电导和介质损耗增大；电离的作用还可使有机绝缘物分解，新分解出的气体又会加入到新的电离过程中；还会产生对绝缘材料或金属有腐蚀作用的气体；电离还会造成电场的局部畸变，使局部介质承受过高的电压，对电离的进一步发展起促进作用。

气隙或气泡的电离，通过上述综合效应使邻近绝缘物的分解、破坏（表现为变酥、炭化等形式），并沿电场方向逐渐向绝缘层深处发展，在有机绝缘材料中放电发展通道会呈树枝状，称为“电树枝”。这种电离性老化过程和局部放电密切相关。

2. 电导性老化

如果在两极之间的绝缘层中存在液态导电物质（例如水），则当该处场强超过某定值时，该液体会沿电场方向逐渐深入到绝缘层中，形成近似树枝状的痕迹，称为“水树枝”，水树枝呈绒毛状的一片或多片，有扇状、羽毛状、蝴蝶状等多种形式。

产生和发展水树枝所需的场强比产生和发展电树枝所需的场强低得多。产生水树枝的原因是水或其他电解液中离子在交变电场下反复冲击绝缘物，使其发生疲劳损坏和化学分解，电解液便随之逐渐渗透、扩散到绝缘深处。

3. 电解性老化

在直流电压的长期作用下，即使所加电压远低于局部放电的起始电压，由于绝缘介质内部进行着电化学过程，绝缘介质也会逐渐老化，导致击穿。当有潮气侵入绝缘介质时，水分子本身就会离解出 H^+和 O^{2-}，会加速电解性老化。

4. 表面漏电起痕及电蚀损

这是有机绝缘介质表面的一种电老化问题。在潮湿、污脏的绝缘介质表面会流过泄漏电流，在电流密度较大处会先形成干燥带，电压分布随之不均匀，在干燥带上分担较高电压，从而会形成放电小火花或小电弧。此种放电现象会使绝缘表面过热，局部炭化、烧蚀，形成漏电痕迹，漏电痕迹的持续发展可逐渐形成沿绝缘表面贯通两极的放电通道。

三、交联聚乙烯电缆绝缘老化原因及形态

交联聚乙烯电缆绝缘老化原因及形态见表 GYDL00101006-1。

表 GYDL00101006-1　　交联聚乙烯电缆绝缘老化原因及形态

引起老化的主要原因	老 化 形 态
电气的原因（工作电压、过电压、负荷冲击、直流分量等）	局部放电老化 电树枝老化 水树枝老化
热的原因（温度异常、热胀冷缩等）	热老化 热—机械引起的变形、损伤
化学的原因（油、化学物品等）	化学腐蚀 化学树枝
机械的原因（外伤、冲击、挤压等）	机械损伤、变形及电—机械复合老化
生物的原因（动物的吞食、成孔等）	蚁害、鼠害

【思考与练习】

1. 制造工艺和所用绝缘原材对电缆绝缘有何影响？

2. 电缆线路投运后，运行条件对电缆绝缘有何影响？
3. 简述交联聚乙烯电缆绝缘老化的机理。

模块 6 改善电场分布的方法（GYDL00101008）

【模块描述】本模块介绍改善电缆接头电场分布的方法和措施。通过概念分析和要点讲解，掌握常用的改善电缆接头电场集中的几何法（采用应力锥和反应力锥）和参数法。

【正文】

电缆终端或电缆接头处金属护套或屏蔽层断开处的电场会发生畸变，为了改善绝缘屏蔽层断开处的电场分布，解决方法有几何法（采用应力锥和反应力锥）和参数法两种。在高压或超高压电缆附件上，还可采用电容锥的方法缓解绝缘屏蔽切断点的电场强度集中问题。

一、几何法

1. 应力锥

应力锥是用来增加高压电缆绝缘屏蔽直径的锥形装置，以将接头或终端内的电场强度控制在规定的设计范围内。应力锥是最常见的改善局部电场分布方法，从电气的角度上看，也是最可靠有效的方法。应力锥通过将绝缘屏蔽层的切断点进行延伸，使零电位形成喇叭状，改善了绝缘屏蔽层的电场分布，降低了电晕产生的可能性，减少了绝缘的破坏，从而保证了电缆线路的安全运行。在电缆终端和接头中，自金属护套边缘起绕包绝缘带（或者套橡塑预制件），使得金属护套边缘到增绕绝缘外表之间形成一个过渡锥面的构成件，即应力锥。在设计中，锥面的轴向场强应是一个常数。

应力锥能够改善金属护套末端电场分布、降低金属护套边缘处电场强度，现简述其原理如下：

电缆终端和接头端部，在剥去金属护套后，其电场分布与电缆本体相比发生了很大变化，金属护套边缘处的电场强度 E 可用与剥切长度 L 有关的双曲余切函数表示为

$$E=U_0\sqrt{\frac{\varepsilon}{R_e\varepsilon_m K}}\coth\left(\sqrt{\frac{\varepsilon}{R_e\varepsilon_m K}}\times L\right) \qquad \text{(GYDL00101008-1)}$$

其中
$$R_e=R\ln\frac{R}{r_c}$$

式中 U_0——导体对地电压，kV；
ε——电缆绝缘层材料的相对介电常数；
ε_m——周围媒质的相对介电常数；
R_e——等效半径，mm；
R——绝缘层外半径，mm；
r_c——导体半径，mm；
K——与周围媒质和绝缘层表面有关的常数；
L——剥去金属护套长度，mm。

当 L 达到一定数值时，双曲余切函数 $\coth\left(\sqrt{\frac{\varepsilon}{R_e\varepsilon_m K}}\times L\right)\approx 1$，则式（GYDL00101008-1）可简化为

$$E=U_0\sqrt{\frac{\varepsilon}{R_e\varepsilon_m K}} \qquad \text{(GYDL00101008-2)}$$

从以上两式可知，为了减小金属护套边缘处的电场强度，可采用增绕绝缘的方法增大等效半径 R_e。

有了应力锥后，锥面的绝缘厚度逐渐增加，绝缘表面的电场强度逐渐递减，于是疏散了电力线密度，提高了过渡界面的游离电压。

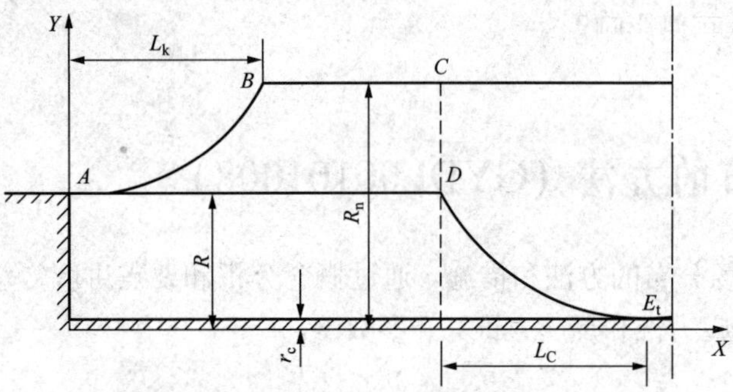

图 GYDL00101008-1　应力锥电气计算说明图

R—电缆本体绝缘半径；L_k—电缆轴向长度；R_n—增绕绝缘半径；r_c—导体半径；E_t—应力锥表面轴向场强

应力锥锥面形状，是按其表面轴向场强等于或小于允许最大轴向场强设计的。图 GYDL00101008-1 是应力锥电气计算的说明图。图中以电缆导体中心线为 X 轴，以应力锥起始点为 Y 轴。

设沿应力锥表面轴向场强为一常数 E_t，增绕绝缘半径为 R_n，电缆本体绝缘半径为 R，导体半径为 r_c，U_0 为设计电压。假定增绕绝缘的介电常数和电缆绝缘介电常数相等。经数学推导，应力锥面上沿电缆轴向长度 L_k 可用下列简化公式表示

$$L_k=\frac{U_0}{E_t}\ln\left(\frac{\ln\frac{R_n}{r_c}}{\ln\frac{R}{r_c}}\right) \tag{GYDL00101008-3}$$

式（GYDL00101008-3）表明，应力锥的锥面曲线是复对数曲线。它取决于电缆的运行电压、结构尺寸、电缆和增绕绝缘的厚度和材料性能。决定应力锥锥面的几个要素相互间有以下关系：

（1）轴向场强 E_t 越小，应力锥长度 L_k 越长。因此，设计时为减少接头尺寸，应取 E_t 为绝缘层最大允许轴向场强。

（2）当 L_k 确定时，增绕绝缘半径 R_n 越大，轴向场强越大，所以增绕绝缘的坡度不能太陡。

（3）当 U_0 和 E_t 确定后，增绕绝缘半径 R_n 随应力锥长度 L_k 加长而增大，而且当 L_k 增大时，R_n 的斜率也随之增大。

35kV 油纸绝缘终端应力锥，从电缆制造的绝缘表面过渡到安装时增绕绝缘表面，安装制作终端时用油浸沥青醇酸玻璃丝漆布带绕包，其工艺尺寸如图 GYDL00101008-2 所示。

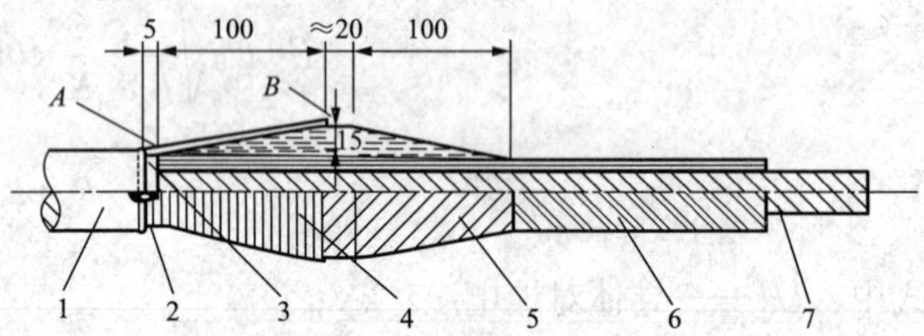

图 GYDL00101008-2　35kV 油纸绝缘终端应力锥

1—铅护套；2—锡焊；3—屏蔽层；4—软铅丝；5—油浸沥青醇酸玻璃丝漆布带；6—电缆本体绝缘；7—导体

为了使应力锥锥面接近理论曲线，即锥面轴向场强等于（或小于）允许最大轴向场强，为了施工方便，锥面不是根据电气计算方程的曲线，而是用直线锥面代替 E_t=常数曲线锥面的应力锥。如图 GYDL00101008-1 中的 AB 曲线在图 GYDL00101008-2 中为 AB 直线，应力锥锥面的坡度采用先小后大，而不能先大后小。

在 110kV 及以上的电缆附件中，采用由工厂生产的预制应力锥，这种应力锥面比较接近理论计算曲线。高压充油电缆终端则采用电容锥来强制轴向场强的均匀分布。以上都是降低金属护套边缘处电场强度的措施。

2. 反应力锥

在电缆接头中，为了有效控制电缆本体绝缘末端的轴向场强，将绝缘末端削制成与应力锥曲面恰好反方向的锥形曲面，称为反应力锥。反应力锥是接头中填充绝缘和电缆本体绝缘的交界面，这个交界面是电缆接头的薄弱环节，如果设计或安装时没有处理好，容易发生沿着反应力锥锥面的移滑击穿。

反应力锥的形状是根据沿锥面轴向场强等于或小于电缆绝缘最大轴向场强来设计的。图 GYDL00101008-3 是反应力锥电气计算说明图。图中以电缆导体中心线为 X 轴，以反应力锥起始点为 Y 轴。

设沿反应力锥锥面上轴向场强为一常数 E，增绕绝缘半径为 R_n，电缆本体绝缘半径为 R，导体半径为 r_c，U_0 为设计电压。并假定增绕绝缘的介电常数和电缆绝缘介电常数相等。经数学推导，反应力锥面上沿电缆轴向长度 L_C，可用下列简化公式表示

$$L_C=\frac{U_0}{E}\times\frac{\ln\frac{R_n}{r_c}}{\ln\frac{R}{r_c}} \quad \text{(GYDL00101008-4)}$$

为了简化施工工艺，一般反应力锥采用直线锥面形状。交联聚乙烯电缆用切削反应力锥的卷刀削成铅笔头形状。油纸绝缘电缆则采用呈梯步锥面形状的近似锥面，在靠近导体处的锥面应比较平坦，靠近本体绝缘处锥面比较陡一些，剥切绝缘梯步不可切伤不应剥除的电缆纸，更不应切伤导体。

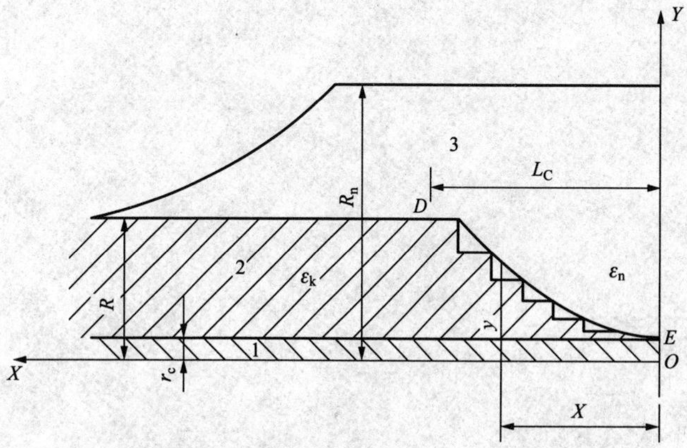

图 GYDL00101008-3　反应力锥电气计算说明图

R—电缆本体绝缘半径；L_C—反应力锥锥面沿电缆轴向长度；R_n—增绕绝缘半径；r_c—导体半径；E—应力锥表面轴向场强

二、参数法

1. 高介电常数材料的应用

随着高分子材料的发展，不仅可以用形状来解决电缆绝缘屏蔽层切断点电场集中分布的问题，还可以采用提高周围媒质的介电常数解决绝缘屏蔽层切断点电场集中分布的问题。

10～35kV 交联聚乙烯电缆终端，可用高介电常数材料制成的应力管代替应力锥，从而简化了现场安装工艺，并缩小了终端外形尺寸。

根据《额定电压 26/35kV 及以下电力电缆户内型、户外型热收缩式终端》（JB 7829—1995）以及《额定电压 26/35kV 及以下电力电缆直通型热收缩式接头》（JB 7830—1995）对热缩应力控制管的要求，应力控制管的介电常数应大于 20，体积电阻率在 10^5～$10^7\Omega\cdot m$ 范围内。

应力控制管的应用，要兼顾应力控制和体积电阻两项技术要求。虽然在理论上介电常数越高越好，但是介电常数过大引起的电容电流也会产生热量，会促使应力控制管老化。所以推荐介电常数取 25～30，体积电阻率控制在 10^6～$10^8\Omega\cdot m$。

2. 非线性电阻材料的应用

非线性电阻材料（FSD）是近期发展起来的一种新型材料，用于解决电缆绝缘屏蔽层切断点电场集中分布的问题。非线性电阻材料具有对不同的电压有变化电阻值的特性。当电压很低的时候，呈现出较大的电阻性能；当电压很高的时候，呈现较小的电阻。

采用非线性电阻材料能够生产出较短的应力控制管，从而解决电缆采用高介电常数应力控制管终端无法适用于小型开关柜的问题。

采用非线性电阻材料可以制成应力控制管，也可制成非线性电阻片（应力控制片），直接绕包在电缆绝缘屏蔽切断点上，缓解该点的应力集中问题。

【思考与练习】

1. 简述什么是应力锥。
2. 简述什么是反应力锥。
3. 改善电场的常用方法有哪些？

第三部分

功率因数、线损、电能质量及可靠性

第六章　电　容　器

模块 1　电容器的结构及原理（GYPD00201001）

【模块描述】本模块介绍电容器的结构及原理等方面的内容。通过概念描述和图形说明，掌握电容器基本结构、种类、型号，以及影响电容器电容量的因素。

【正文】

一、电容器的概念

1. 电容器概念

顾名思义电容器就是能容纳电荷的电器元件。将两块平行放置的金属板，中间充以绝缘介质（如空气、纸、云母、油、塑料等），并在两块金属板上分别引出一个电极。如图 GYPD00201001-1 所示，这样的一个组合整体就构成了一个平板电容器。其中的两块金属板叫做电容器的极板。在电路图中电容器用符号“⊣⊢”表示。

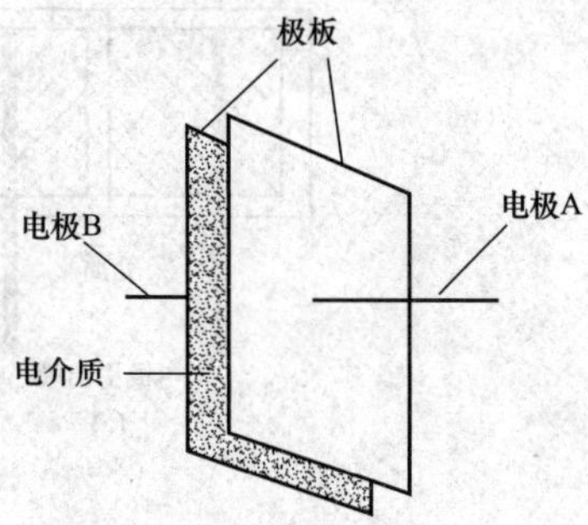

图 GYPD00201001-1　平板电容器

除人工制造的电容器外，自然界还存在着许多自然形成的电容器。任意两个相邻而彼此绝缘的导体都构成电容器。例如：架空线路的导线与导线之间；架空导线与大地之间；电缆的芯线之间；电缆芯线与电缆的金属包皮之间；变压器的线圈与线圈之间；同一线圈的层间、匝间都存在着分布电容。

2. 电容器的电容量

对于一个已经制造成的电容器来说，电容器极板上储存的电荷量与两极板间的电压成正比。即两极板间电压越高，极板上储存的电荷量越多。两者关系可以用下式表达

$$C=\frac{Q}{U} \qquad \text{(GYPD00201001-1)}$$

式中　U——两极板间的电压，V；

Q——极板的电荷量，C；

C——电容器的电容量，F。

其中 C 是极板上电荷量与极板间电压的比值，它表征了电容器储存电荷的能力。可以理解为极板间每增加一伏电压，电荷的增加量。我们称之为电容器的电容量，简称电容。

电容量 C 的单位是法拉（F），当一个电容器两极板之间的电压为一伏特，极板上储存的电荷量为一库仑时，则该电容器的电容量为一法拉。有时嫌法拉这一单位太大，可以用毫法（mF）、微法（μF）、纳法（nF）、皮法（pF）等较小的电容单位。

3. 决定电容量 C 大小的因素

前面已讲过两个相邻而彼此绝缘的导体构成一个电容器。对于一个已造成的电容器其电容量 C 的大小取决于电容器本身的结构以及电介质的性能。以平板电容器为例，其电容量可用下式表示

$$C=\frac{\varepsilon_0\varepsilon S}{d} \qquad \text{(GYPD00201001-2)}$$

式中　ε_0——真空介电系数；

ε——电介质的相对介电系数；

S——电容器极板的有效面积；

d——两极板之间的距离。

由式（GYPD00201001-2）可见，要使一个电容器具有较大的电容量 C，应该选用相对介电系数 ε 大的介质材料，同时要加大电容极板的有效面积 S，缩小两极板之间的距离 d。

二、电力电容器的结构及型号

在电力系统中，变压器的励磁电流消耗的是无功功率，大量的负荷是各种类型的电动机，也消耗大量的无功功率。电力电容器的作用是在电网中补偿以上感性元件所消耗的无功功率，减少线路上的电压损耗及功率损耗。

1. 电容器的结构

为使一个电容器具有较大的电容量 C，通常采用延展性良好的金属轧成金属箔（很薄的金属薄膜）作为电容器的极板，用绝缘性能良好、相对介电系数大的介质薄膜（纸、聚苯乙烯、聚丙烯等）将两金属箔隔开，一起卷成圆柱形，再在两极板上焊上引线就形成了一个电容芯子。如图 GYPD00201001-2 所示。

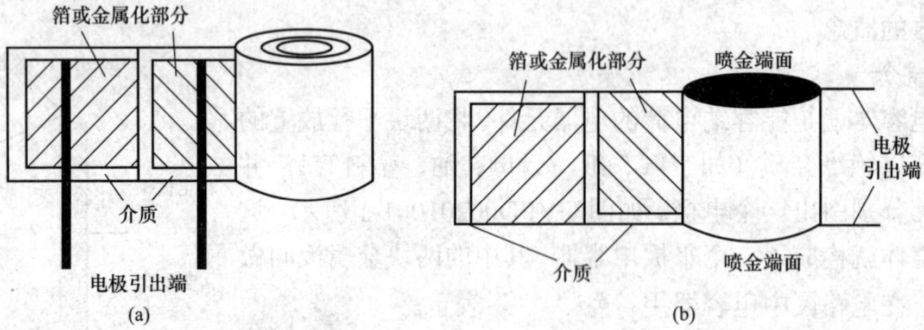

图 GYPD00201001-2　电容器芯子的结构

（a）有感电容器结构；（b）无感电容器结构

另外有一种金属化纸制成的电容器，其极板不是金属薄箔，而是用真空蒸发的方法在金属化纸上沉淀一层极薄的金属膜作为极板，再用聚苯乙烯或聚丙烯等薄膜交替重叠卷成圆柱形成电容器芯子。

金属化电容器比金属箔电容器明显的优点是具有自愈性，就是当金属化电容器的介质由于存在疵点而发生击穿时，击穿点会立即产生电弧电流，而且这个击穿电流集中在击穿点中心，由于金属化膜很薄，击穿电流产生的热量很快将击穿点附近的金属膜熔化蒸发，形成一个无金属区，使电容器的两极板间绝缘恢复，从而使电容器重新正常工作。

2. 电容器的种类

电力电容器的种类很多，按其构造形式的不同，大致分为以下几种，单台铁壳式电容器、箱式电容器、集合式电容器、半封闭式电容器、干式电容器、充气式电容器。

（1）高压单台铁壳式电容器。如图 GYPD00201001-3 所示，铁壳式电容器是将电容器芯装入密封的铁壳内，电容器芯与铁壳之间用绝缘材料固定、隔离，并灌注液体介质。液体介质亦称为电容器油，一般有苄基甲苯，异丙基联苯，蓖麻油、二芳基乙烷、矿物油等。电容器油不仅作为极板间液体介质，同时也增强了电容器芯与铁壳之间的绝缘强度，还改善了电容器的散热条件。

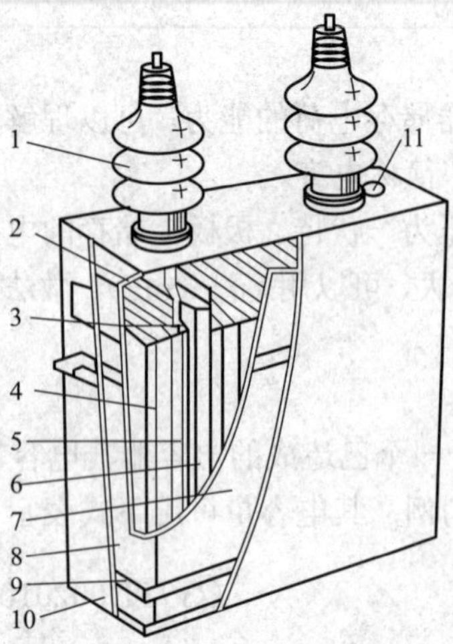

图 GYPD00201001-3　高压单台铁壳电容器结构

1—出线套管；2—出线连接片；3—连接片；4—元件；5—出线连接片固定板；6—组间绝缘；7—包封件；8—夹板；9—紧箍；10—外壳；11—封口盖

（2）箱式电容器。箱式电容器的外形与小型变压器相似，外部是一个铁箱，内部是按照设计的电压、容量要求将若干个电容器芯子（去掉铁壳的单台电容器）串并联组成，留有散热油道、抽真空后注满电容器油而成为箱式电容器。这种电容器单台容量较大，一般在 500kvar 及以上。

（3）集合式电容器。集合式电容器的外形与箱式电容器没多少区别，但箱内是由若干个单台铁壳式电容器串并联组成，在箱内同样注满油作为外绝缘和散热之用。集合式电容器有半密封和全密封两种形式，装置油枕和呼吸器的为半密封形式，没有油枕而采用其他方式来解决电容器油热胀冷缩的属于全密封形式。

（4）低压并联电容器。其种类有：① 干式塑壳结构；② 油浸塑壳结构；③ 油浸方形塑壳结构；④ 油浸方形金属壳结构。

3. 并联电容器的型号

并联电容器型号的具体规定如下：

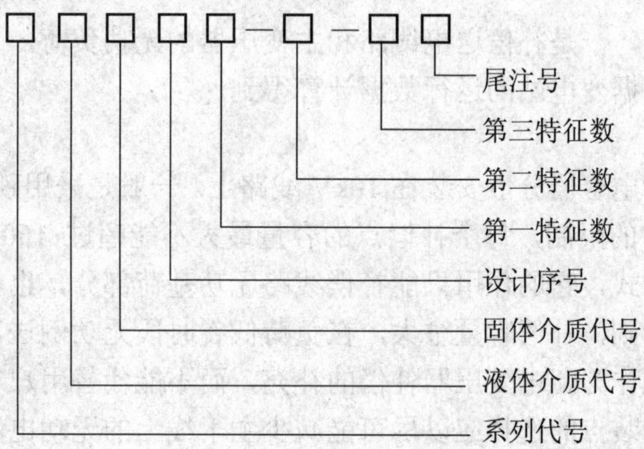

（1）系列代号。并联电容器系列代号 B。

（2）液体介质代号。A—苄基甲苯、B—异丙基联苯、C—蓖麻油、D—氮气、F—二芳基乙烷、G—硅油、K—空气、L—六氟化硫、S—石蜡、W—烷基苯、Y—矿物油、Z—菜籽油。以上为目前还在使用的几种，也有个别已使用的新液体介质（如 SAS—40）尚无给定代号。

（3）固体介质代号。M—全膜介质（金属化膜电容器在 M 后加 J，集合式电容器在 M 后加 H）、F—膜纸复合介质。全纸介质无代号，现已淘汰。

（4）设计序号。1 可略去。

（5）第一特征数。表示额定电压的 kV 数（分子表示线电压，分数值表示相电压）。

（6）第二特征数。表示额定容量的 kvar 数。

（7）第三特征数。表示相数，1—单相，3—三相。

（8）尾注号。W—户外型，G—高原型，户内无字母。

【例 GYPD00201001-1】BAM $11/\sqrt{3}$—334—1W

苄基甲苯浸渍的全膜并联电容器、额定电压 $11/\sqrt{3}$ kV、单台容量 334kvar、单相户外式。

【例 GYPD00201002-2】BFMH $11/\sqrt{3}$—3600—3W

二芳基乙烷浸渍的全膜集合式电容器、额定电压 $11/\sqrt{3}$ kV、单台容量 3600kvar、三相共体户外式。

【思考与练习】

1. 电容器的电容量与哪些因素有关，关系如何？
2. 电力电容器按其构造形式有哪些种类？
3. 低压并联电容器有哪些种类？

模块 2　无功补偿的方式及接线（GYPD00201002）

【模块描述】本模块介绍无功补偿方式和电容器组的接线方式。通过原理介绍和图形说明，掌握无功补偿的原理和主要方法，以及高、低压电容器组的各种接线方式。

【正文】

一、无功补偿的方式

根据目前配电网的结构特点，配电网无功补偿基本都是采用并联电容器的补偿方式，其安装方式可归纳为以下五种：变电站补偿、高压线路补偿、随机补偿、随器补偿、低压线路补偿五种方式。一般前两种为高压所采用的补偿方式，后三种为低压所采用的补偿方式。

1. 变电站补偿

变电站补偿方式是把补偿电容器连接在变电站二次侧母线上，电容器有固定连接组和分组投切连接组两种。控制设备真空断路器，对电容器组可以实现较完善的保护。电容器组的布置方式，有专设电容器室的，有在室外设有防雨篷的，也有采用电容器柜的，具体布置方式，可根据变电站实际情况而定。

变电站集中补偿的作用，一是补偿送电线路和主变压器的无功负荷，二是补偿供电区域内的无功缺额，具体安装容量必须根据变电站的运行数据计算得到。

2. 高压线路补偿

高压线路补偿是把补偿电容器分散安装在 10kV 线路上。一般是采用跌落式熔断器作控制和保护。由于跌落式熔断器熄弧能力的限制，每个补偿点的容量最大不能超过 150kvar。线路补偿是固定补偿方式，采用上述简单接线方式，它的作用只能补偿线路无功基荷部分，也就是由它供电的未补偿的用户配电变压器无功之和。否则，补偿容量过大，在负荷低谷时段无功倒送，网络损耗有可能不降低反而增加。因此这种补偿只能作为配电变压器补偿的补充，而不能代替用户补偿。

高压线路补偿电容器安装点的选择应以尽可能减少主干线上的无功电流为目标。负荷在线路上的分配方式不同，安装地点也不相同。合理的位置应设在重大分支线路的负荷中心或分支线全长的 1/2 处。具体位置还应根据负荷分布特点和容量的大小计算确定。通过优化计算后的安装位置如表 GYPD00201002-1 所示。

表 GYPD00201002-1　高压线路补偿装设多组电容器时的最佳装设位置及最优容量表

<table>
<tr><th>负荷分布</th><th colspan="2">组数</th><th>最佳装设位置
（距变压器所在的距离）</th><th>每组最优容量</th><th>补偿度</th><th>线损降低（%）</th></tr>
<tr><td>集中</td><td colspan="2">一</td><td>L</td><td>$Q_C = Q$</td><td>100</td><td>100</td></tr>
<tr><td rowspan="6">均布</td><td colspan="2">一</td><td>$\frac{2L}{3}$</td><td>$\frac{2Q}{3}$</td><td>66.7</td><td>88.9</td></tr>
<tr><td rowspan="2">二</td><td>1</td><td>$\frac{2L}{5}$</td><td>$\frac{2Q}{5}$</td><td rowspan="2">80</td><td rowspan="2">96</td></tr>
<tr><td>2</td><td>$\frac{4L}{5}$</td><td>$\frac{2Q}{5}$</td></tr>
<tr><td rowspan="3">三</td><td>1</td><td>$\frac{2L}{7}$</td><td>$\frac{2Q}{7}$</td><td rowspan="3">86</td><td rowspan="3">98</td></tr>
<tr><td>2</td><td>$\frac{4L}{7}$</td><td>$\frac{2Q}{7}$</td></tr>
<tr><td>3</td><td>$\frac{6L}{7}$</td><td>$\frac{2Q}{7}$</td></tr>
<tr><td rowspan="3">递增</td><td colspan="2">一</td><td>$0.775L$</td><td>$0.8Q$</td><td>80</td><td>93</td></tr>
<tr><td rowspan="2">二</td><td>1</td><td>$0.54L$</td><td>$0.368Q$</td><td rowspan="2">90.4</td><td rowspan="2">97.6</td></tr>
<tr><td>2</td><td>$0.86L$</td><td>$0.518Q$</td></tr>
<tr><td rowspan="3">递减</td><td colspan="2">一</td><td>$0.442L$</td><td>$0.628Q$</td><td>62.8</td><td>85.8</td></tr>
<tr><td rowspan="2">二</td><td>1</td><td>$0.253L$</td><td>$0.422Q$</td><td rowspan="2">76.8</td><td rowspan="2">94.6</td></tr>
<tr><td>2</td><td>$0.588L$</td><td>$0.348Q$</td></tr>
</table>

对于高压电容器在分散补偿中一般都采用半露天装置，装在杆上并保证安全距离，用跌落式熔断器保护。

3. 随机补偿

随机补偿就是把补偿电容器直接与电动机连接，与电动机采用一套控制和保护装置，并一起投切。为防止电动机轻载时发生谐振过电压，补偿容量一般应不大于电动机的励磁无功，即

$$Q_C < \sqrt{3}U_n I_0 \quad \text{(GYPD00201002-1)}$$

式中 Q_C——随机补偿容量，kvar；

U_n——电动机额定电压，kV；

I_0——电动机空载电流，A。

如果电动机容量较小，电容器可以和电动机直接并联，如图 GYPD00201002-1 所示。如果电动机容量较大，一般超过 10kW，可用电动机无功就地补偿器来补偿。这种补偿方式接线简单，便于维护管理。

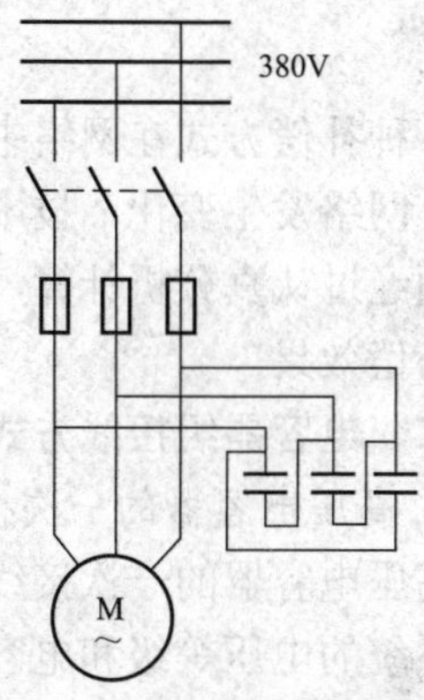

图 GYPD00201002-1 随机补偿

农网无功负荷的波动，主要是由于电动机的投入和退出运行引起的，采用随机补偿可以从根本上消除或减少农网无功负荷的波动，从而简化上级补偿方式。

由于随机补偿是将电容器直接与电动机连接，并与电动机一起投切。补偿点处于网络的最末端，因此是一种最直接、最彻底的补偿方式，具有较高的降损效益，所以其技术上的合理性无需置疑。但这种补偿方式存在的主要问题是许多农用电动机年运行小时数较少，补偿装置的投运率低，投资的收回时限较长。究竟电动机的年运行小时超过多少，随机补偿方式在经济上才能达到合理，这是一个非常复杂的问题。它与多种因素有关：电动机的容量及补偿的容量、电动机与上级电源总的距离、电源到电动机导线的截面积、上级电源点是否采取补偿、采取补偿所用的补偿设备的投资及维持费用、电费的价格等。所以对于不同的情况，很难得出一个准确的计算数值。根据一些统计算法认为 7.5kW 电动机年运行小时超过 480h 就可以进行随机补偿。需要指出的是容量过小的电动机，由于与其配套的小容量电容器价格将有所增加，要实施随机补偿时应另行考虑。

4. 随器补偿（低压用户集中补偿）

随器补偿（低压用户集中补偿）补偿方式是将补偿电容器组连接在用户变压器 0.4kV 母线上，其连接组有固定连接组和可投切的连接组两种。固定连接组补偿基本负荷部分，可投切连接组起调峰作用。投切方式可以手动或自动，对于大用户，如果负荷波动较大，应采用功率因数自动投切装置，较好地跟踪负荷变化进行补偿，可以取得较好的经济效益。

随器补偿（低压用户集中补偿）的安装容量一般是按年负荷高峰时段，使考核点的功率因数达到经济功率因数或标准功率因数而确定的。因此，在其他时段有一定的补偿裕度，可以在不发生过补的条件下，追求较高的补偿度和功率因数。对于随器补偿（低压用户集中补偿）电容器的分组，一般是先根据控制设备的情况确定分组数，然后根据日负荷的变化情况确定每组电容器的容量。组数划分越多，补偿跟踪精度越高，降损效果越好。但组数越多，控制设备越复杂，一次性投资加大，投切的频数增加，开关检修周期缩短，电容器承受涌流冲击次数增加，因此也不能划分组数太多。各组电容器的容量具体要根据补偿的电容容量，负荷的变化情况综合考虑确定。

随器补偿（低压用户集中补偿）是能比较经济地、准确地实现跟踪补偿的措施。为了缓解上级网络的无功负荷波动，应当要求用电大户实施无功补偿，并采用功率因数自动控制装置。

5. 低压线路补偿

低压线路补偿主要是针对 0.4kV 线路上沿线的用户负荷所需无功功率进行补偿，这种补偿方式具有投资小、回收快、补偿效率较高、便于管理和维护等优点，适合于功率因数较低且负荷较重的长距离配电线路，但是因负荷经常波动，而该补偿方式又是长期固定补偿，适应能力较差，主要是补偿了无功负荷，在线路重载情况下，补偿度一般是不能达到 0.95。

以上各种补偿方式如图 GYPD00201002-2 所示。

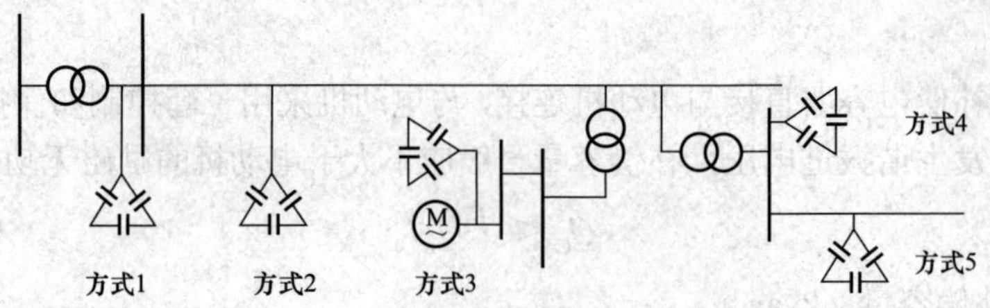

图 GYPD00201002-2 配电系统各种补偿方式示意图

方式 1—变电站补偿；方式 2—高压线路补偿方式；方式 3—随机补偿方式；
方式 4—随器补偿方式；方式 5—低压线路补偿方式

各种补偿方式在网络中所起到的作用是各不相同的。对某种补偿方式的技术和经济评价不能一成不变，网络发生变化，技术装备发生变化都将引起技术性能和经济性能的变化。所以，对一个具体网络必须经过认真分析计算，合理配置各补偿方式的容量，合理的选择补偿装置和补偿点，才能收到最佳的补偿效果。

二、电容器组接线方式

1. 高压电容器的一次接线

高压电容器的一次接线方法较多，目前采用的有星形接线和三角形接线。具体采用哪一种接线，要看系统的电压等级和电容器的额定电压。

在 6.6kV 系统中，如电容器额定电压为 6.6kV 时，应采用单三角形接线，如图 GYPD00201002-3 所示。电容器额定电压为 3.15kV 时，应采用两个电容器串联后的三角形接线，如图 GYPD00201002-4 所示。

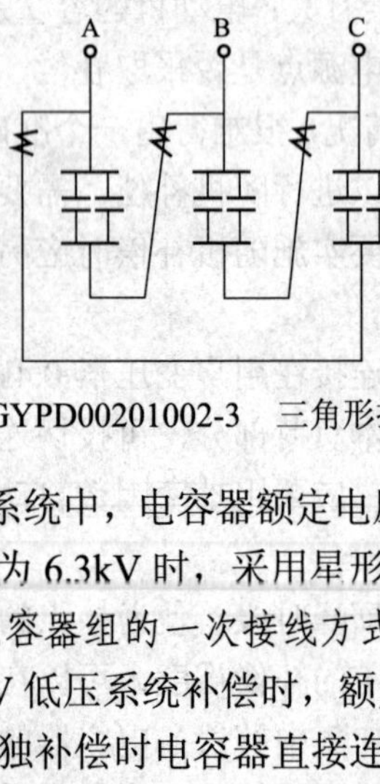

图 GYPD00201002-3 三角形接线

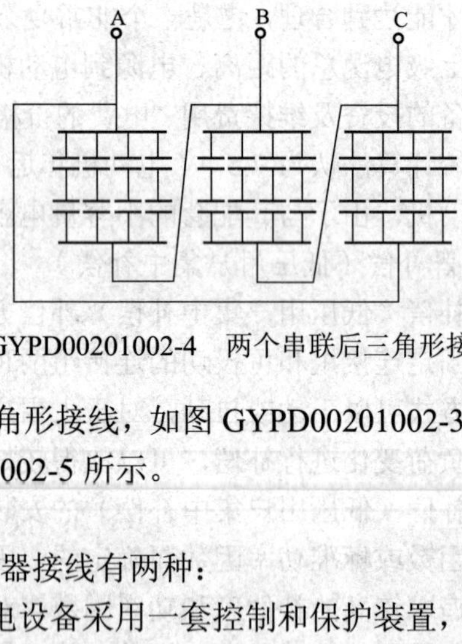

图 GYPD00201002-4 两个串联后三角形接线

在 10kV 系统中，电容器额定电压为 10kV 时，采用三角形接线，如图 GYPD00201002-3 所示。电容器额定电压为 6.3kV 时，采用星形接线如图 GYPD00201002-5 所示。

2. 低压电容器组的一次接线方式

采用 400V 低压系统补偿时，额定电压为 400V 的电容器接线有两种：

（1）在单独补偿时电容器直接连接至用电设备，与用电设备采用一套控制和保护装置，并一起投切，该种接线方式可以不装放电电阻，如图 GYPD00201002-6 所示。

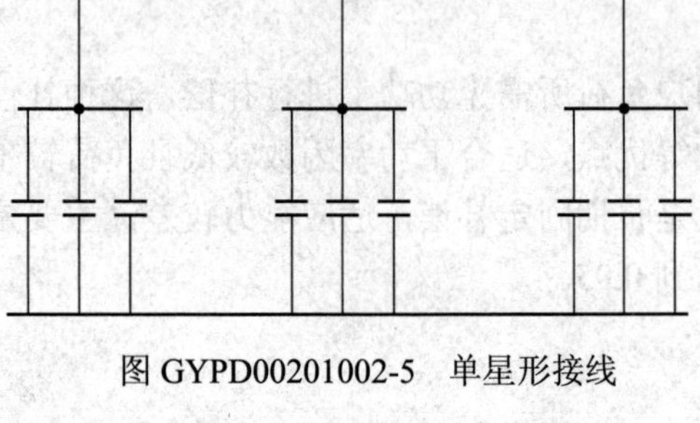

图 GYPD00201002-5 单星形接线

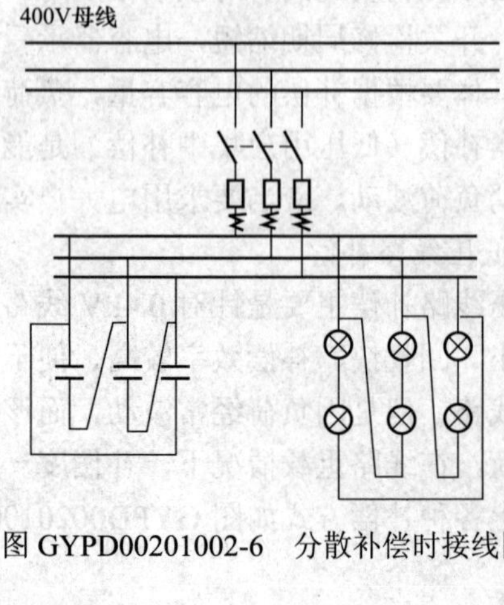

图 GYPD00201002-6 分散补偿时接线图

（2）在集中补偿时电容器组接至配电所 400V 低压母线，装有单独闸刀、开关和保险器并装有放电电阻，如图 GYPD00201002-7 所示。

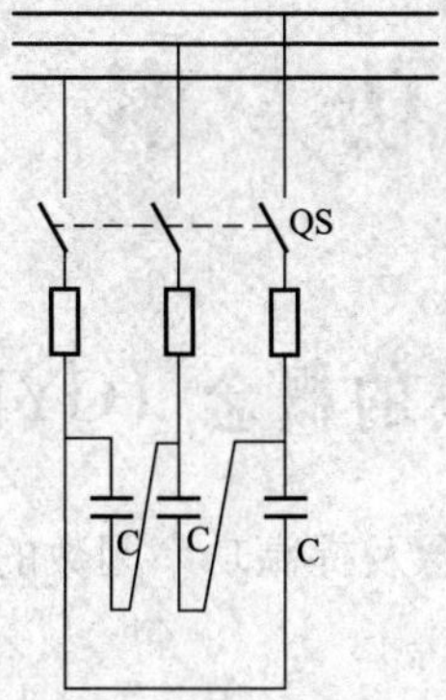

图 GYPD00201002-7 集中补偿时接线图

【思考与练习】

1. 配电网无功补偿采用什么补偿方式？常用的补偿方式有哪些？
2. 如何对低压用户进行集中无功补偿？
3. 如何进行无功功率的线路补偿？

第七章 功 率 因 数

模块1 功率因数的概念（GYPD00202001）

【模块描述】本模块包含功率因数的概念及提高功率因数的意义。通过公式介绍和推导，掌握补偿容量的确定方法。

【正文】

一、功率因数的概念

1. 无功补偿的意义

由于电网中的负荷多为感性负荷。所以电力网除了要供给用电负荷的有功功率 P，还要供给负荷的无功功率 Q_1。负荷的有功功率 P、无功功率 Q_1 和视在功率 S 之间的关系为

$$S=\sqrt{P^2+Q_1^2} \qquad \text{(GYPD00202001-1)}$$

式中 S——视在功率；

P——有功功率；

Q_1——感性无功功率。

而

$$\cos\varphi=\frac{P}{S} \qquad \text{(GYPD00202001-2)}$$

$\cos\varphi$ 被定义为电力网的功率因数，其物理意义是，电力网供给的有功功率 P 占视在功率 S 的百分数。在电力网的运行中，我们所希望的是功率因数越高越好。如能做到这一点，电网的电能质量和其他技术经济指标都将提高。

如何才能提高功率因数 $\cos\varphi$ 呢？从式（GYPD00202001-1）、式（GYPD00202001-2）可以看出，在供给的有功功率 P 不变的情况下，如能减小无功功率 Q_l，则视在功率 S 亦随之减小，功率因数 $\cos\varphi$ 就可以提高。由于电网中的无功功率多为感性无功功率，若在电网中加装电容器，即进行无功补偿，那么电容器的容性无功将与负荷的部分感性无功抵消，使总的无功功率减小，从而达到提高功率因数的目的。进行无功补偿后的视在功率及功率因数为

$$S_2=\sqrt{P^2+(Q_l-Q_C)^2} \qquad \text{(GYPD00202001-3)}$$

$$\cos\varphi_2=\frac{P}{S_2} \qquad \text{(GYPD00202001-4)}$$

式中 S_2——补偿后的视在功率；

Q_C——电容器的容性无功功率；

$\cos\varphi_2$——补偿后的功率因数。

从式（GYPD00202001-3）、式（GYPD00202001-4）可看出，配置适当的补偿电容量，可以有效提高功率因数 $\cos\varphi$。当补偿容量 Q_C 等于负荷感性无功 Q_l 时，视在功率等于有功功率，$\cos\varphi=1$。也就是说电力网只需提供有功功率，无需提供无功功率。

2. 功率三角形变化关系

在交流电路中，假设电感性负荷的视在功率为 S，有功功率为 P，功率因数角为 φ_1，需要电源供给的无功功率为 Q。并联电容器投运后，可以补偿的无功容量为 Q_C，补偿以后负荷仍需要电源供给的无功功率为 Q_2。此时负荷的视在功率变为 S_2，功率因数角变为 φ_2，如图 GYPD00202001-1 所示。

3. 电流相量变化关系

在交流电路中，电力负荷一般都为感性负荷，它的总电流滞后于端电压一个角度，总电流可分为有功电流和感性无功电流两个分量。以端电压为基准，有功电流与电压的相量一致，感性无功电流落后于电压相量90°，它们之间的相量关系如图GYPD00202001-2所示。

当电容器与感性负荷并联接入电路后，电容器的电容电流将超前电压相量90°。容性电流与感性电流相量恰好相反，从而抵消一部分感性电流。如果补偿的电容电流等于电感电流时，功率因数$\cos\varphi=1$。这时无功功率全部由电容器供给，电网只输送有功功率。

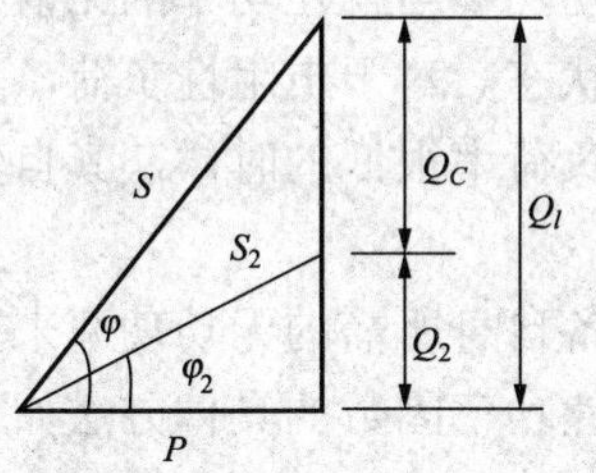

图GYPD00202001-1 功率补偿原理图

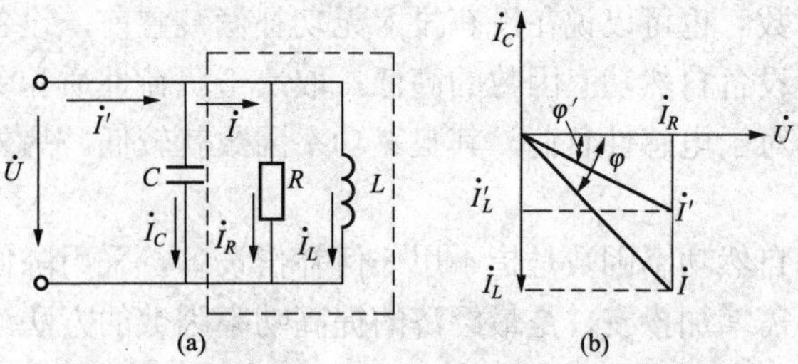

图GYPD00202001-2 并联电容电流补偿图

（a）接线原理图；（b）电流相量关系图

从图GYPD00202001-1、图GYPD00202001-2中可以看出：在有功功率P不变的情况下，电容补偿以后，电路中的电流I、视在功率S都将变小，而功率因数$\cos\varphi$将提高。这就是我们要进行电容无功补偿的目的。

二、提高功率因数的意义

提高功率因数的目的是要提高配电网络的功率因数，降低供电变压器及线路上的损耗、提高供电效率、改善供电电压质量、提高设备利用率。

1. 降低线损

当电力线路输送电能时，在线路中就产生功率损耗，此功率损耗与线路参数和通过线路的负荷大小密切相关。

线路中的电流由有功电流分量和无功电流分量二部分，减少无功负荷的大小，也就减小了无功电流分量，总电流的大小也就减少了，在电阻上消耗的功率损耗也就减少。

2. 改善电压质量

线路上的电压损耗由两部分组成，即有功功率有电阻上产生的压降和无功功率在电抗上产生的压降。一般来说，变压器和线路的电抗要比电阻大得多，所以无功功率对电压损耗的影响很大，而有功功率对电压损耗的影响要小得多。因此在电网中，无功功率是造成电压损耗的主要因素。电网中无功设备的合理配置，与电网的供电电压质量关系十分密切。合理安装补偿设备可以改善电压质量。

3. 提高设备利用率

（1）在设备容量不变的情况下，少送无功功率可多送有功功率。

（2）如果有功功率不变，则如果需要的无功减少，配电变压器所需的容量也可以减少。

【思考与练习】

1. 什么叫功率因数？

2. 提高功率因数有哪些好处？

模块2 功率因数的提高（GYPD00202002）

【模块描述】本模块介绍功率因数提高的方法和装置。通过原理介绍和要点说明，掌握提高自然功率因数的方法，以及低压无功补偿成套装置的工作原理、安装、调试。

【正文】

在电力系统中先天性地存在着大量的感性无功负荷，这些无功负荷来自电力线路、电力变压器以及用户的用电设备。系统运行中大量的无功功率，将降低系统的功率因数，增大线路电压损失和电能损失，严重地影响着企业的经济效益。解决这些问题的一个有效方法就是提高功率因数。功率因数高不但可以提高电力网运行的各项技术经济指标，而且也给电力用户带来经济实惠。我国的两部电价中就包含了功率因数调整点电费。功率因数越高相应减少的电费越多。那么如何提高功率因数呢？提高功率因数的方法有两种：一是提高自然功率因数，二是装设无功补偿装置。

一、提高自然功率因数

自然功率因数是指供用电设备在没有采取任何补偿手段的情况下，设备本身固有的功率因数，称自然功率数。也可以说在没有投入无功补偿装置前，设备本身有功功率与视在功率的比值称为自然功率因数。设备自然功率因数的高低，取决于负荷性质和负荷运行状态。对于电阻性负荷，其功率因数较高，而对于电感性负荷，其自然功率因数就较低。另外在设备负荷率很低的时候，其自然功率因数也会低。

提高自然功率因数是指不用任何补偿设备，采用降低用电设备自身所需的无功功率来提高功率因数。它不需增加投资，是最经济的提高功率因数的方法。提高自然功率因数的具体方法如下：

1. 合理地选择和使用电动机

无功功率用于感应电动机励磁占电力系统总无功功率的70%左右，合理选用感应电动机，是提高自然功率因数的重要措施之一。感应电动机在不同负荷下的功率因数和效率大致见表GYPD00202002-1。

表 GYPD00202002-1　　电动机的负荷率与功率因数及效率的关系表

负荷率	空载	25%	50%	75%	100%
功率因数	0.2	0.5	0.77	0.85	0.80
效率	0	0.78	0.85	0.88	0.87

由表 GYPD00202002-1 可知，应保证电动机在75%以上的负荷状态下运行，尽量减少备用容量，否则不仅降低功率因数，增加电耗，而且也增加设备及供电系统的投资。

总之，在感应电动机的选择与使用中，应充分利用感应电动机功率因数曲线的特点，正确选择与使用，以提高负荷的功率因数。

2. 适当降低电动机运行电压

由异步电动机的无功功率与端电压的关系曲线可知，在相同的有功功率情况下，电压越高则所需无功功率越大，因此对于轻载运行的电动机，可适当降低运行电压，以提高自然功率因数和节约电能。降低运行电压的方式有两种：

（1）对于有专变供电的电动机，可改变变压器的分接开关，或加装专用自耦接触式调压器、旋转式感应调压器和补偿式调压器，以适当降低电动机供电电压。

（2）改变电动机内部接线。对于轻载电动机可将三角形接线改为星形接线（适用于负荷率为40%及以下）来降低电动机运行电压，提高自然功率因数及效率。

3. 安装空载自动断电装置

对于存在周期性空载运行的电动机，可安装空载自动断电装置，以控制电动机的空载损失。因为空载时电动机消耗的无功功率占额定负荷时所消耗的无功功率的60%～70%，所以，此办法可以使电动机的自然功率因数显著提高。

4. 合理选择与使用变压器

合理选择变压器的容量，低损耗变压器的最佳负荷率为50%。及时切除空载变压器，减少变压器的空载损失。对变压器实行并联运行以及对并联运行的变压器根据其负荷变化的特点实行经济运行。根据电网运行电压情况及时调整变压器的分接开关，防止变压器过励磁。

5. 利用星形/三角形变换提高自然功率因数

对于三角形接法的轻载电动机可以改为星形接法，实行降压运行，以达到提高自然功率因数和节约电力的目的。

当电动机长期处于临界负荷率 β_L 以下工作状态时，直接将电动机改为星形接法，其提高的功率因数和节电效果最为明显。当电动机处于轻载、重载两档运行时，采用三角形/星形自动切换装置，可较好地提高功率因数而获得节电效果。

只有当电动机负荷率 β 小于 β_L 时，实行三角形/星形改接才有实际意义。由于电机极数不同，临界负荷率 β_L 就不同。现把部分电动机的临界负荷率列于表 GYPD00202002-2，供参考。

表 GYPD00202002-2　　各极电动机的临界负荷率

极　数	2	4	6	8
临界负荷率 β_L（%）	31	33	36	49

实践证明，当电动机从空载至 30%负荷变化时，由三角形变为星形运行，其效率和功率因数的提高都是十分显著的。

6. 采用电缆供电或减小架空线几何均距

在经济条件许可的情况下，采用电缆供电可提高自然功率因数。这是因为电缆线路的电抗为零，因而电缆供电没有无功损耗。此外，电缆线路的电容电流较大，有一定的无功补偿作用。减小架空线几何均距可以减小线路电抗，从而减少线路的无功损耗，达到提高自然功率因数的目的。

采用小截面多回路的供电方式，也可以减小线路电抗，从而减少线路无功损耗。

7. 停运空载变压器

变压器空载时的无功损耗为：$Q=\dfrac{I_0}{I_N}S_N$。停运空载变压器可以减少无功损耗，提高自然功率因数。例如，某 S_N=100kVA 的变压器，$I_0=2.5\% I_N$，则停运空载变压器可节省 2.5kvar 无功功率，同时还可以节省有功损耗。

二、装设无功补偿装置

根据《供电营业规则》对功率因数的规定：100kVA 及以上高压供电的用户功率因数为 0.9 以上。其他电力用户和大、中型电力排灌站、趸购转售电企业，功率因数为 0.85 以上。农业用电，功率因数为 0.8。因此，一般电力用户和大、中型企业仅仅依靠提高自然功率因数的方法，是不能满足要求的，用电单位还需装设无功补偿装置，对无功进行人工补偿，方能满足功率因数的要求。

在电力网中无功补偿设备通常有下列几种：

（1）同步发电机。同步发电机是电力系统中唯一的有功电源，同时也是无功的基本源。

（2）同步电动机。同步电动机功率因数可以超前运行，在工农业的生产中，凡是不要求调速的生产机械，诸如鼓风机、水泵等，在经济条件合适的情况下，应该尽量选用同步电动机拖动。

（3）电力电容器。在配电网中电力电容器是应用最为广泛的无功补偿设备，其原因是电容器静态补偿具有设备简单，投资省，运行维护方便等优点，但其缺点是采用常规接触器或复合开关进行电容投切，只能进行有级调节，并且受机械开关动作时间限制，响应速度慢，不能满足对波动较频繁的无功负荷补偿要求，即不能实现对无功功率的动态补偿，还有可能与系统发生谐波放大甚至并联谐振。因此，以并联电容器为代表的传统静态无功补偿装置在冲击负荷、非线性负荷大的系统就不能胜任。

（4）晶闸管动态补偿器。晶闸管动态补偿器是近年来才发展起来的无功补偿装置，它是动态静止补偿装置。由于采用晶闸管等电力电子器件完成调节或投切功能，它可以频繁地调节和投切，其动作速度是毫秒级的，远比机械设备的动作速度要快。能对无功功率进行快速跟踪补偿。因而被广泛使用，而且颇具发展潜力。与传统的并联电容器及同步调相机相比，它的唯一缺点是设计制造相对比较复杂。

三、无功补偿成套装置

1. 无功补偿成套装置概述

在 400V 低压配电网络一般都采用无功补偿成套装置进行补偿。无功补偿成套装置是将自动控制器、投切开关、低压电容器组及附件安装在相应的柜内，组成一套独立、完整的无功补偿装置。柜体型式与低压配电柜相同，便于和低压配电柜一起安装，也可以单独安装。户外式柜体宜采用不锈钢材料制成，具有防水、防腐、防小动物、防直晒、免维护的特点。

无功补偿成套装置的电容器组与普通并联补偿电容器组没有很大差别，区别在于无功补偿成套装置各组电容器的投切开关都受控于自动控制器。控制器在不停地检测电网上的电压和无功功率，按事先设定的电压和无功功率整定值，发出投入或切除电容器（组）的指令信号，使电网的电压和功率因数始终保持在理想的状态下运行。

对投切开关的选用：负荷比较稳定，投切次数少的可选用交流接触器；负荷变化大，投切频繁的应选用晶闸管。电容器选用自愈式金属化薄膜电容器，采用星形或三角形接线。控制器集单片机及采样、保护、控制、显示为一体，控制物理量综合考虑了电压和无功分量（复合型）。

低压无功补偿装置方框图如图 GYPD00202002-1 所示。

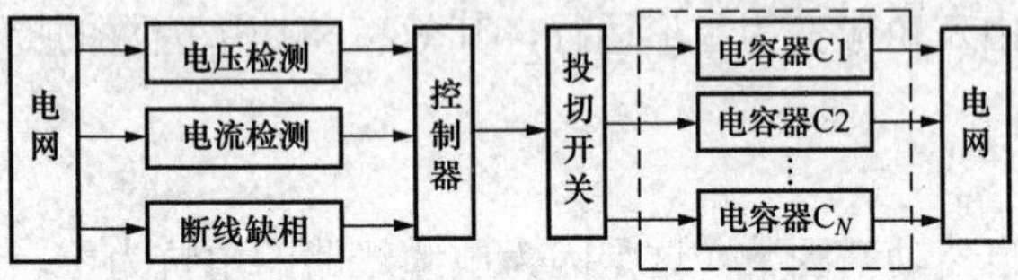

图 GYPD00202002-1 低压无功补偿装置方框图

2. 低压无功补偿成套装置工作原理

低压无功自动补偿装置原理接线图如图 GYPD00202002-2 所示。

根据国家标准规定：220V 单相供电电压允许偏差为额定电压的 +7%～−10%。低压无功补偿装置主要是依据上述标准工作的。当装置的开关合上后，电网向控制器输入电压模拟量和无功功率模拟量，然后装置自动进行检测、比较、判断、发出指令信号，具体工作原理如下：

（1）当电网电压 U 低于 198V（90%U_e）时。经延时后，触发器发出投入信号，此信号引入触发电路进行检测，并输出触发信号至第一组双向晶闸管 V1、V2、V3，使其触发导通，随之电容器组 C1 投入运行。如果电压仍低于 198V，则控制器再发出投入信号，此信号引入触发电路进行检测，并输出触发信号至第二组双向晶闸管 V4、V5、V6，使其触发导通，随之电容器组 C2 投入电网。

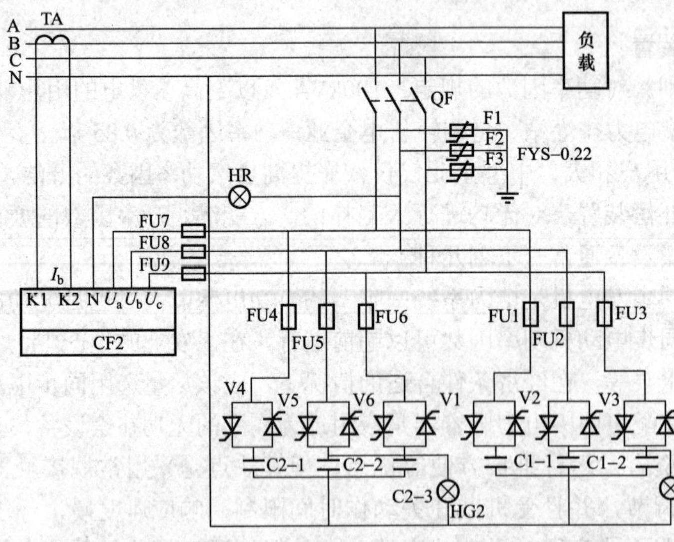

图 GYPD00202002-2 低压无功自动补偿装置原理接线图

QF—空气断路器；F1～F3—避雷器；HR—电源指示灯；HG1、HG2—电容投切指示灯；

FU1～FU9—熔断器；V1～V6—晶闸管；CF2—触发板；C1、C2—电容

（2）当电网电压 U 大于 198V 小于 205V 时。控制器根据电网无功功率与设定的无功功率投入门限相比较，经延时后控制器只发出投入信号，不发出切除信号，因此电容器组只投入运行，不切除运行，从而有效地避免了电容器的振荡投切。

（3）当电网电压 U 大于 205V 小于 228V 时。控制器根据电网无功功率与设定的无功功率投入门限、切除门限相比较。如果无功功率大于投入门限；经延时后控制器发出某输出回路投入信号，随之相关的电容器组投入运行。反之，电网无功功率小于切除门限，根据先投入先切除，后投入后切除的

原则，经延时后，控制器将发出某输出回路切除信号，随之相关的电容器组退出电网运行。

（4）当电网电压 U 大于 228V 小于 235V 时。控制器根据电网无功功率与设定的无功功率切除门限相比较，根据比较结果控制器发出切除信号，而不发出投入信号，因此电容器组切除运行，不投入运行，从而有效地避免电容器振荡投切。

（5）当电网电压 U 大于 235V（107%U_e）时。经延时后，控制器发出某输出回路的切除信号，随之相关的电容器组退出电网运行，直到将全部电容器组退出运行为止。

总之，按事先设定的电压和无功功率整定值，控制器在不停地检测电网上的电压和无功功率，并发出投入或切除电容器（组）的信号，如此周而复始，使无功补偿装置在低压电网保持良好的运行状态，充分发挥了补偿作用。

【思考与练习】

1. 如何采取措施提高自然功率因数？
2. 电力网中无功补偿设备有哪些种类？
3. 画出低压无功补偿装置的方框图。
4. 当电网电压 U 大于 198V 小于 205V 时，电容器的工作情况如何？

第八章 电压调整

模块 1 电压损耗的概念（GYPD00203001）

【模块描述】本模块介绍电压损耗的概念和计算方法。通过概念描述和公式介绍，掌握配电网络电压损耗的计算方法。

【正文】

一、电压损耗的概念

电压是表明电能质量的一个重要指标。电力网在运行时，在其阻抗中必然产生电压降落，因而电力网各点电压是不同的。又因为负荷的波动，电力系统运行方式的变化，电力网各点的电压也是经常变动的。此外，由于系统发生事故等原因也会引起电压大幅度的变动。

电力网电压的变化情况，常应用“电压降落”、“电压损耗”及“电压偏差”的概念来说明。“电压降落”和“电压损耗”可用图 GYPD00203001-1 说明。

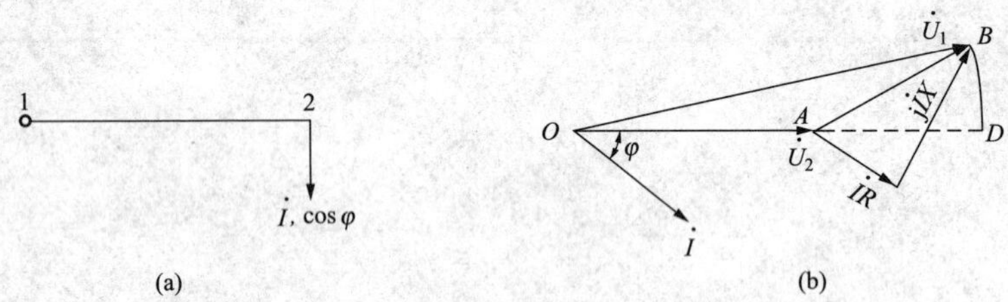

图 GYPD00203001-1 有一个集中负荷的线路

（a）示意图；（b）相量图

1. 电压降落

在图 GYPD00203001-1 中，若线路末端电压为 $\dot{U}_2$，首端电压为 $\dot{U}_1$，则线路首端电压和末端电压的相量差 $\overline{AB}=\Delta\dot{U}=\dot{U}_1-\dot{U}_2$，叫做电压降落。

2. 电压损耗

线路首端电压和末端电压的代数差 $\overline{AB}=\Delta U=U_1-U_2$，叫做电压损耗。

3. 电压偏差

电力网中某点的实际电压 U 与电力网额定电压 U_e 之差叫做电压偏差，常用百分数表示，即

$$m(\%)=\frac{U-U_e}{U_e}\times 100 \qquad \text{(GYPD00203001-1)}$$

电压偏差可能是正值，也可能是负值。正的电压偏差表示运行时的实际电压高于额定电压；负的电压偏差表示运行时的实际电压低于额定电压。

电压偏差对电气设备的运行有较大影响。为了保证电气设备正常运行，一般均规定出电压偏差的允许值，作为计算电力网和校验受电设备电压水平的依据。

二、配电网电压损耗计算

图 GYPD00203001-2 为末端有一个集中负荷 $\dot{S}_2=P_2-jQ_2$ 的线路，负荷电流为 I_2。线路阻抗 $Z=R+jX$，线路首端 A 和末端 B 的相电压分别为 $\dot{U}_{xg1}$ 和 $\dot{U}_{xg2}$，且

$$\dot{U}_{xg1}=\dot{U}_{xg2}+\dot{I}_2(R+jX) \qquad \text{(GYPD00203001-2)}$$

作相量图，如图 GYPD00203001-2（b）所示，将 $\dot{I}_2 Z$ 分解为与 $\dot{U}_{xg2}$ 平行和垂直的两个分量，如图 GYPD00203001-2（b）中的 $\overline{AG}$ 和 $\overline{GB}$，由图可以看出

$$\begin{aligned}\overline{AG} &= \overline{AE} + \overline{EG} \\ &= I_2 R\cos\varphi + I_2 X\sin\varphi = \Delta U_{xg2}\end{aligned} \quad \text{(GYPD00203001-3)}$$

$$\begin{aligned}\overline{GB} &= \overline{FB} - \overline{FG} \\ &= I_2 X\cos\varphi - I_2 R\sin\varphi = \delta U_{xg2}\end{aligned} \quad \text{(GYPD00203001-4)}$$

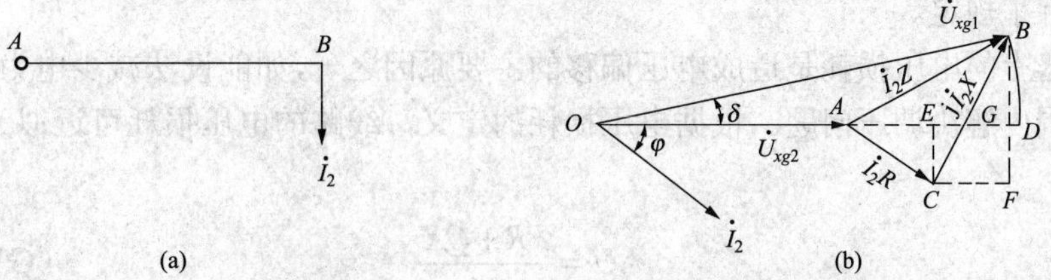

图 GYPD00203001-2　末端有一个集中负荷的线路

（a）示意图；（b）相量图

$\overline{AG}$ 称为电压降落的纵分量，以 ΔU_{xg2} 表示；$\overline{GB}$ 称为电压降落的横分量，以 δU_{xg2} 表示。由直角三角形△OBG 可知，线路首端电压为

$$\dot{U}_{xg1} = U_{xg2} + \Delta U_{xg2} + \mathrm{j}\delta U_{xg2} \quad \text{(GYPD00203001-5)}$$

$$U_{xg1} = \sqrt{(U_{xg2} + \Delta U_{xg2})^2 + (\delta U_{xg2})^2} \quad \text{(GYPD00203001-6)}$$

由式（GYPD00203001-3）和式（GYPD00203001-4）的等式两边各乘以 $\sqrt{3}$，可以得到以线电压和三相功率表示 ΔU_{xg2} 和 δU_{xg2}，即

$$\begin{aligned}\Delta U_2 = \sqrt{3}\Delta U_{xg2} &= \frac{\sqrt{3}U_2 I_2\cos\varphi_2 R + \sqrt{3}U_2 I_2\sin\varphi_2 X}{U_2} \\ &= \frac{P_2 R + Q_2 X}{U_2}\end{aligned} \quad \text{(GYPD00203001-7)}$$

$$\begin{aligned}\delta U_2 = \sqrt{3}\delta U_{xg2} &= \frac{\sqrt{3}U_2 I_2\cos\varphi_2 X - \sqrt{3}U_2 I_2\sin\varphi_2 R}{U_2} \\ &= \frac{P_2 X - Q_2 R}{U_2}\end{aligned} \quad \text{(GYPD00203001-8)}$$

上列各式都是根据感性无功功率情况下得到的，计算中若遇容性无功功率，则以负的无功功率代入计算。

实际计算中，一般只有在 220kV 及以上的超高压线路才必须计及 δU 对电压损耗的影响。对于 110kV 及以下的电力线路，可忽略 δU 的影响，则电压损耗就等于电压降的纵分量。

对于 10kV 及以下线路，由于线路短，沿线各点电压变化不大，因而在进行电压损耗计算时，可用电力网的额定电压代替各点的实际电压，电压损耗的计算式可写成

$$\Delta U = \frac{PR + QX}{U_e} \quad \text{(GYPD00203001-9)}$$

【思考与练习】

1. 什么叫电压损耗？

2. 已知线路末端的电压和负荷的功率，如何计算电压损耗？

3. 某变电站至 10kV 开关站采用 LGJ—240 架空线路输送电能，架空线长度为 3km，单位长度电阻为 $R_0 = 0.15\Omega/\text{km}$，单位长度电抗 X_0 为 $0.34\Omega/\text{km}$，变电站母线电压为 10.5kV，试求开关站送出 5MW 容量的负载，功率因数为 $\cos\varphi = 0.95$ 时线路上产生的电压损耗？

模块 2 电压调整的措施（GYPD00203002）

【模块描述】本模块介绍电压调整的方法。通过原理介绍，掌握无功功率补偿进行调压的方法和电压调整注意事项。

【正文】

供电电压允许偏差是指电力系统各处的电压偏离其额定值的百分比。GB 12325—2008《供电电压允许偏差》中进行了规定。

线路和变压器上的电压损耗是造成电压偏移的主要原因之一，如能设法减少电力网中的电压损耗，就可以在一定范围内解决调压问题。根据电压损耗的定义，线路的电压损耗可近似为电压降落的纵分量，即

$$\Delta U=\frac{PR+QX}{U} \quad \text{(GYPD00203002-1)}$$

显然当线路参数已定时，决定电压损耗的因素有两个：有功功率 P 和无功功率 Q。但实际上不可能通过改变有功功率的分布来进行调压，因为电力网的任务就是向用户输送有功功率。而无功功率既可由发电机供给，也可由装设在枢纽变电站或者负荷点附近的无功功率补偿设备供给。

一、无功功率补偿进行调压

1. 改变无功功率分布调压的原理

在无功功率不足的系统中，首要问题是增加无功功率电源，应用最多的是采用并联电容补偿。利用电容器组的分组投切，也可对电压进行调整。

当进行了无功补偿后，电压损耗就下降为

$$\Delta U=\frac{PR+(Q-Q_C)X}{U} \quad \text{(GYPD00203002-2)}$$

需要指出的是并非所有的场合都能使用这种调压措施。对于大截面架空线及有变压器的网络中，利用改变无功功率分布调压将取得显著的效果；而在小截面架空线和所有的电缆线路中，因 $R \geqslant X$，电压损耗主要由有功功率引起，改变无功 Q 值对降低 ΔU 并无多大影响，因此不宜采用这种调压措施。

由于电网各点的电压调节不同于频率的调节，可由电网统一进行，又由于电网各点电压主要反映了该点无功功率的供需关系，因此电压调节一般采取了无功就地平衡的方式进行无功功率补偿，并及时调整无功功率补偿量，以从源头上解决问题。

所以，并联电容补偿在减少了因输送无功功率而引起的有功功率损耗和电能损耗的同时，也是一种有效的调压措施。

还有利用调节变压器分接开关来进行调压。从总体上考虑，无功负荷只宜补偿到功率因数 0.90～0.95，但仍然有一部分变化无功负荷要电网供给，从而产生电压偏差，这就需要分区采取一些有效的技术手段，而调节变压器分接开关就是有效而经济的措施之一。

2. 改变无功功率分布调压的特点

（1）无功电源不受能源产地的限制，设置灵活。

（2）无功补偿设备可设置在负荷点附近，就地平衡无功，同时可以减少远距离输送无功功率引起的有功功率损耗和电能损耗。

（3）无功补偿的单位容量投资比有功电源的单位容量投资便宜（约 1/10），且不影响系统的经济运行。

二、调节变压器分接开关来进行调压

1. 调节原理

变压器的实际变比近似等于高压绕组分接头电压 U_t、与低压绕组额定电压 U_{2N} 之比，即

$$k=\frac{U_t}{U_{2N}}=\frac{N_1}{N_2} \quad \text{(GYPD00203002-3)}$$

变压器低压绕组的匝数是一定的，因此，改变高压绕组的分接头，就是改变高压绕组的匝数，即可改变变压器的变比，从而使变压器二次侧电压得到改变。

2. 注意事项

（1）调节前对被试变压器停电，并充分放电。

（2）选择正确的测试设备。

（3）根据要求调节分接头位置。

（4）测试设备的接线要正确，操作要规范。

（5）正确读数。

（6）安全文明操作。

3. 结果分析

调整结束后，应检查变压器分接头位置是否接触良好，并计算线间电阻不平衡度，1600kVA 及以下三相变压器不平衡度不大于 2%，1600kVA 以上三相变压器不平衡度不大于 1%。

$$\text{不平衡度} = \frac{R_{\max} - R_{\min}}{R_{av}} \times 100\% \qquad \text{（GYPD00203002-4）}$$

式中　$R_{\max}$ ——三次测量中的最大值；

$R_{\min}$ ——三次测量中的最小值；

R_{av} ——三次测量平均值。

【思考与练习】

1. 电力网中电压调整的方法有哪两种？

2. 调节变压器分接开关要注意什么？

3. 改变无功功率分布进行调压的特点是什么？

第九章 线 损

模块 1 线损的概念（GYPD00204001）

【模块描述】本模块介绍线损的概念和种类。通过计算方法和案例介绍，掌握线路及变压器等值电路知识、配电线路理论线损的方法。

【正文】

一、线损的基本概念

1. 线损

电能从发电机输送到客户需经过各个输、变、配电元件，这些元件都存在一定的电阻和电抗，电流通过这些元件时就会造成一定的损耗，这种损耗通常可用功率损失和电能损失两种形式表示。

功率损失是瞬时值，电能损失是功率损失在一段时间上的累计效应。

从狭义上讲，线损仅指电能输配过程的有功功率损耗；从广义上讲，线损是指电能输配过程中有功、无功和电压损失的总称。

2. 线损电量

电能传输和营销过程中的损耗体现为线损电量。对电网经营企业来说，通过线损理论计算出来的只是全部实际线损电量的一部分，即技术线损；在电能传输和营销过程中，从发电厂至客户电能表所产生的全部电能损耗和损失还包含管理线损，其中管理线损是无法进行理论计算的。为此，线损电量通常是根据电能表所计量的总“供电量”和总“售电量”相减得出，即

$$线损电量=供电量-售电量$$

其中，供电量是指供电企业供电生产活动的全部投入电量；售电量是指供电企业向所有客户销售的电量以及本企业电力生产以外的自用电量。

3. 线损率与统计线损率

线损率是线损电量占供电量的百分率，其计算公式为

$$线损率=\frac{线损电量}{供电量}\times 100\%=\frac{供电量-售电量}{供电量}\times 100\% \quad (GYPD00204001\text{-}1)$$

显然，线损率的准确性取决于电能计量装置的精确度，供、售电能表抄录的同期度和营销抄表、核算的准确度等多种因素。

式中的线损电量是根据统计范围内电能表所计量的总“供电量”和总“售电量”相减得出，所以这样计算出来的线损率是实际上的统计线损率。我们通常所说的线损率都是统计线损率。统计线损率往往体现为线损管理的实绩。

值得注意的是，上述线损电量和线损率统计时必须做到两点要求：一是供电量和售电量的统计范围必须明确，才能有目的地做好线损电量和线损率的分析；二是供电量和售电量的统计范围必须对应，才能使线损电量和线损率真正说明所要表达问题。否则就会使统计数据和结果失真，对线损管理和分析产生误导作用。例如，统计 10kV 综合线损时必须做好“变归线”工作，统计低压公变台区线损时，必须做好“表归变”工作。

4. 无损电量与有损电量

在电力营销和线损统计管理中，从损耗是否由供电企业承担的角度出发，一般将供电量、售电量分为无损电量与有损电量两种。对于供电量与售电量在同一计量点共用同一套计量装置计量的这一类电量，相对供电企业来说是没有损耗，其配变或供电线路产权归电力客户所有，相应的损耗已由电力

客户以售电量的形式承担，这类电量被称为无损电量，此时供电量等于售电量。显然，专线、专变客户的供电量和售电量就属于无损电量。相对于无损电量，在供电过程中，对供电量和售电量不在同一计量点，不共用同一套计量装置计量的电量就是有损电量，此时供电量不等于售电量，并且，一般情况下是供电量大于售电量，显然统计公变、公用线路上的供、售电量就是有损电量。

需强调的是，无损电量的所谓"无损"是个相对的概念。例如，对10kV电压等级而言，10kV首端计费的专线电量是无损电量；但对于35kV及以上电压等级而言，10kV首端计费的专线电量则是经历了35kV及以上电网输送的，显然存在着损耗，因此在计算35kV及以上电网线损率时，10kV首端计费的专线电量不能看作无损电量。

供电企业在进行线损统计计算时，从供、售电量中分离出有损电量、无损电量的目的在于：一方面可以查找本级电压电网线损发生的环节，从而进行有针对性的分析，并制定降损措施；另一方面能得到客观反映管理水平的线损率，更便于不同电网和企业之间的比较和分析。

5. 综合线损率与有损线损率

在进行线损率统计时，可以有两种统计方法：一种是在供、售电量中包含10kV首端计费的专线电量，这种方法统计出来线损率通常称为综合线损率。另一种是在供、售电量中不包含10kV首端计费的专线电量，而只统计公用线路、公用变压器的供电量和售电量，这种方法统计出来线损率通常称为有损线损率。显然按第一种方法计算出来的综合线损率低于按第二种方法计算出来的有损线损率，但是后者更能反映该电网运行的经济性和管理水平，在线损分析和管理中更有意义。

6. 统计线损与经营线损

为了能真实反映供电企业线损管理真实水平和供电成本，可以划分不同的供、售电量的统计范围，由此可将线损划分为统计线损和经营线损。

统计线损又称为实绩线损，是根据抄录的供、售电量读数统计计算出的线损电量和线损率。为能反映线损责任人的线损管理质量，在计算统计线损率时，不能将各种追补电量放入售电量中进行统计，这样当责任人因工作失误而造成线损波动时可从线损指标中反映出来，便于考核。

经营线损是指供电企业全部供电量与全部售电量（包括各种营业追补电量）统计计算出的线损。它反映了供电企业的经营成本。

二、线损的分类

统计线损电量由理论线损电量、管理线损电量和不明线损电量三部分组成。

1. 理论线损

理论线损又称技术线损，是指在供电过程由各种供电设备本身所消耗电能的总称。理论线损不可能为零，但可通过技术措施将其降低到最合理水平。

根据《电力网电能损耗计算导则》(DL/T 686—1999）的规定，理论线损电量是以下各项损耗电量之和：变压器的损耗电能、架空及电缆线路的导线损耗的电能、电容器、电抗器、调相机中的有功损耗电能、调相机辅机的损耗电能、电流互感器、电压互感器、电能表、电测仪表、保护及远动装置的损耗电能、电晕损耗的电能、绝缘子泄漏损耗电能、变电站的所用电能、电导损耗。

理论线损根据产生的原因和特点可以分成不同的部分。

（1）理论线损的构成。根据配电网的组成，理论线损主要由以下几部分组成：10kV导线损耗、10kV配电变压器的铜、铁损耗、380V低压导线的损耗、计量装置的损耗。

（2）理论线损的分类。根据线损与用户用电量的关系及变化特点，分为可变损耗和固定损耗。

可变损耗是供电设备上电阻产生的，与负荷电流（供电量）的平方成正比。变压器的铜损、导线的损耗就是可变损耗。

固定损耗也称不变损耗，它与负荷电流（用电量）的大小无关，它与系统所加电压的平方成正比，由于是系统中电压比较稳定，所以固定损耗也比较稳定。固定损耗主要包括变压器的空载（铁）损耗、高压线路的电晕损耗、电缆线路的介质损耗等。

2. 管理线损

管理线损则主要是由于经营管理存在不足等原因造成的电量损失。通常我们认为，营业过程的各种可计算的追补电量即可认为是管理线损。产生管理线损的主要原因包括电能计量装置的误差、营销工作中漏抄、错抄、估抄、漏计、错算及倍率搞错、用户违章用电及窃电等。

3. 不明线损

不明线损是指在线损统计分析时不能发现产生原因但又确实存在的线损。不明线损与管理线损是相对的概念，例如因窃电所产生的线损，在窃电被查明之前，它是不明线损，当窃电被查明并被追补电量时，被追补的电量就成为当月统计线损中的管理线损。

三、10kV 配电网线损理论计算

线损理论计算，是指从事线损管理的工作人员根据掌握的电网结构参数和运行参数，运用电工原理的理论，将电网元件中的理论线损电量及其所占比例、电网的理论线损率、最佳理论线损率和经济负荷电流等数值计算出来，并进行定性和定量分析。电力网线损理论计算属于电网计算技术之一，是一项对线损管理具有一定指导性的工作。

计算出来的理论线损率，可以为实际线损率提供一个“对比”，从而可以知道企业的管理水平是高是低，其实际线损率是否合理。计算出来的最佳线损率，可以为理论线损率提供一个“对比”，从而可以知道电网的运行是否经济，电网的结构和布局是否合理。计算出来的各种线损电量所占比重，可以为线损分析提供可靠依据，进而寻找出电网的薄弱环节，确定降损的主攻方向，采取有针对性的措施，获取事半功倍的节电效果。线损理论计算所提供的各种数据，是合理下达线损考核指标，按线路或设备分解指标，推行降损承包经济责任制的基础。线损理论计算所提供的各种资料，是企业的技术管理和基础工作的一个重要组成部分。因此，线损理论计算是推动企业做好此两项工作的一个具有重要环节性的工作。

1. 开展线损理论计算必须具备的条件

线损理论计算是在一定条件下进行的，必须事先做好以下准备工作。

（1）计量仪表要配备齐全。电网线路出口应装设电压表、电流表、有功电能表、无功电能表等仪表。每台配电变压器二次侧应装有功电能表、无功电能表等，并要求准确、完整地做好这些登记表的运行记录。

（2）要准备一份网络接线图。在这份网络接线图上，应能反映出线路上各种型号导线的配置、连接状况以及每台变压器的安放位置、挂接方式等。

（3）计算用的数据和资料应准确而齐全。计算用的数据和资料是指线路结构参数：线路导线型号及其长度、配电变压器的型号容量及台数等；线路运行参数：有功供电量、无功供电量、运行时间、负荷曲线特征系数、每台配电变压器二次侧总表抄见电量等。为了计算使用方便起见，要求把这些数据标在网络接线图上。

2. 10kV 配电网线损理论计算的常用方法

（1）最大负荷电流—最大负荷损耗时间法。计算式为

$$\Delta A=3I_{zd}^{2}R_{d\cdot\Sigma}t\times10^{-3} \qquad \text{(GYPD00204001-2)}$$

式中　ΔA——配电网理论线损（可变的损耗）电量，kWh；

I_{zd}——线路首端最大负荷电流，A；

$R_{d\cdot\Sigma}$——线路总等值电阻，包括线路和变压器的等值电阻两部分，Ω；

t——线路最大负荷损耗时间，h；由最大负荷利用小时数与功率因数关系曲线图中查得。

此法计算精度较低，一般适用于电网规划的线损测算。

（2）最大负荷电流—负荷损失因数法。计算式为

$$\Delta A=3I_{zd}^{2}FR_{d\cdot\Sigma}t\times10^{-3} \qquad \text{(GYPD00204001-3)}$$

式中　t——线路实际运行时间，h；

F——负荷损失因数，$F=0.2f+0.8f^{2}$；

f——线路的负荷率，等于线路平均负荷与最大负荷电流之比。

此法一般适用于电网规划的线损测算。

（3）均方根电流法（代表日负荷电流法）。计算式为

$$\Delta A = 3I_{if}^2 F R_{d\cdot\Sigma} t \left(\frac{A_{P\cdot g}}{A_{rj} N_t} \right)^2 \times 10^{-3} \qquad \text{(GYPD00204001-4)}$$

式中 I_{if}——线路首端代表日的均方根电流，A，均方根电流计算方法将后面介绍；

$A_{P\cdot g}$——线路某月的实际有功供电量，kWh；

A_{rj}——代表日的平均每天的有功代电量，kWh；

N_t——线路某月的实际投运天数，$N_t = t/24$。

此法适用于供电较为均衡，负荷峰谷差较小，日负荷曲线较为平坦的电网线损计算。

（4）平均电流—负荷曲线特征系数法。计算式为

$$\Delta A = 3I_{av}^2 K^2 R_{d\cdot\Sigma} t \left(\frac{A_{P\cdot g}}{A_{rj} N_t} \right)^2 \times 10^{-3} \qquad \text{(GYPD00204001-5)}$$

式中 I_{av}——线路首端平均负荷电流，A，$I_{av} = \dfrac{A_{P\cdot g}}{\sqrt{3} U_{av} \cos\varphi t}$；

U_{av}——线路平均运行电压，kV，取 $U_{av} = U_e$；

K——线路负荷曲线特征系数。

此法适用于农村电网的线损理论计算。

3. 线路总等值电阻的计算

（1）线路等值电阻计算。

在计算配电网等值电阻时，一般有以下两点假设：一是线路总电流按每个负载点配电变压器的容量（或电量）占该线路配电变压器总容量（或电量）的比例，分配到各处负载点上。二是每个负载点的功率因数 $\cos\varphi$ 相同。

1）“容量法”计算配电线路等值电阻。若线路有 m 个负载点，把线路分成 n 个计算段，每段导线电阻分别为 R_1，R_2，R_3，…，R_n，如图 GYPD00204001-1 所示。

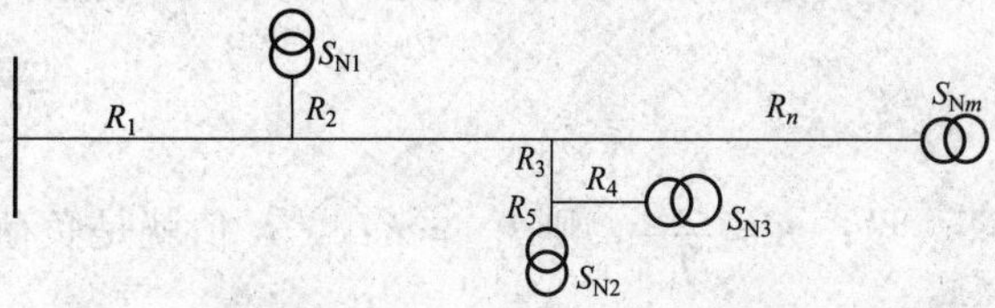

图 GYPD00204001-1 示意图

则基本等值电阻 R_{CL}

$$R_{CL} = \frac{1}{S_{N\Sigma}^2} \sum_{i=1}^{n} S_{Ni}^2 R_i \qquad \text{(GYPD00204001-6)}$$

式中 $S_{N\Sigma}$——线路配电变压器容量之和，kVA；

S_{Ni}——第 i 计算段后配电变压器容量之和；

R_i——第 i 计算段导线电阻（20℃时），$R_i = R_{0j} \times L_i$；

R_{0j}——各计算线段导线单位长度的电阻值，Ω/km；

L_i——各计算线段导线的长度，km。

2）“电量法”计算配电线路等值电阻。若上述配电网模型中，已知各段线路的总电量为 A_i，则上式中容量 S 用对应的电量 A 代入，也可算出等值电阻，并计算结果相对容量法要准确。

$$R_{CL} = \frac{1}{A_{N\Sigma}^2} \sum_{i=1}^{n} A_{Ni}^2 R_i \qquad \text{(GYPD00204001-7)}$$

（2）配变的等值电阻。

上述电网模型中，所有配电变压器可等值成一个等值电阻。

1）“容量法”计算配变等值电阻

$$R_{cb} = \frac{U_N^2 \sum_{i=1}^{n} \Delta P_{k\cdot i}}{S_{N\Sigma}^2} \qquad \text{(GYPD00204001-8)}$$

2）“电量法”计算配变等值

$$R_{\rm cb}=\frac{\sum\limits_{i=1}^{n}A_{b\cdot i}^{2}R_{i}}{A_{b\Sigma}^{2}}$$

$$R_{i}=\Delta P_{{\rm k}\cdot i}\left(\frac{U_{{\rm N}\cdot i}}{S_{{\rm N}\cdot i}}\right)^{2} \qquad \text{（GYPD00204001-9）}$$

有等值电阻和均方根电流，就可以利用等值电阻法求电能损耗了。

（3）总等值电阻。

电网的总等值电阻等于线路等值电阻与变压器等值电阻之和，即

$$R_{{\rm d}\cdot\Sigma}=R_{\rm CL}+R_{\rm cb} \qquad \text{（GYPD00204001-10）}$$

4. 均方根电流和平均电流计算

均方根电流的物理意义是：线路中流过的均方根电流所消耗的电能，等效于实际负荷在相等时间内所消耗的电能。

设代表日 24 小时的实测电流值分别为 I_1、I_2、…、I_{24}，均方根电流为

$$I_{\rm rms}=\sqrt{\frac{I_1^2+I_2^2+\cdots+I_{24}^2}{24}} \qquad \text{（GYPD00204001-11）}$$

上式也可表示成代表日 24 小时内的功率和电量形式

$$I_{\rm rms}=\sqrt{\frac{\sum\limits_{i=1}^{24}(P_i^2+Q_i^2)}{3U^2}}=\sqrt{\frac{\sum\limits_{i=1}^{24}(A_P^2+A_Q^2)}{3\times 24U^2}} \qquad \text{（GYPD00204001-12）}$$

平均电流表示负荷电流在一天 24 小时的平均值，其计算式为

$$I_{\rm av}=\frac{A_P}{24\sqrt{3}U\cos\varphi} \qquad \text{（GYPD00204001-13）}$$

设：$K=\dfrac{I_{\rm rms}}{I_P}$，则 $I_{\rm rms}=KI_P$，K 值就是负荷曲线特征参数，也称负荷形状系数，有了 K 值就可以利用平均电流求均方根电流了。一般 K＝1.05～1.15。

5. 逐点分段法计算 10kV 配电网理论线损举例

【例 GYPD00204001-1】图 GYPD00204001-2 示出了 10kV 配电线路，图中变压器和导线的参数如下：

（1）导线：LGJ—25，r_0＝1.38Ω/km，LGJ—50，r_0＝0.68Ω/km。

（2）变压器：30kVA，ΔP_0＝0.27kW，$\Delta P_{\rm k}$＝0.84kW；50kVA，ΔP_0＝0.39kW，$\Delta P_{\rm k}$＝1.3kW；100kVA，ΔP_0＝0.69kW，$\Delta P_{\rm k}$＝2.25kW。

求：当 10kV 出口处日均方根电流 $I_{\rm rms}$= 10A 时，日损失电量为多少？

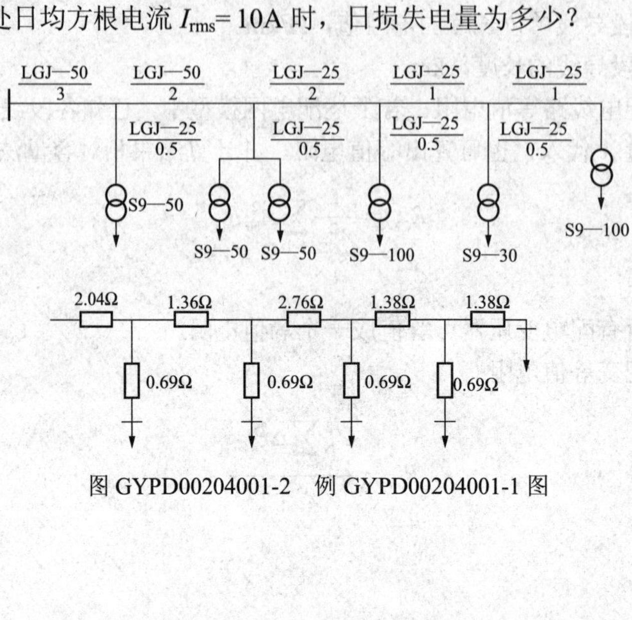

图 GYPD00204001-2 例 GYPD00204001-1 图

解：线损等值电阻

$$\begin{aligned}R_{\mathrm{CL}}&=\frac{1}{S_{\mathrm{N}\Sigma}^2}\sum_{i=1}^{n}S_{\mathrm{N}i}^2R_i\\&=(380^2\times2.04+330^2\times1.36+230^2\times2.76+130^2\times1.38+100^2\times1.38\\&\quad+50^2\times0.69+2\times50^2\times0.69+100^2\times0.69+30^2\times0.69)/380^2\\&=4.45\ (\Omega)\end{aligned}$$

变压器的等值电阻

$$R_{\mathrm{cb}}=\frac{U_{\mathrm{N}}^2\sum_{i=1}^{n}\Delta P_{\mathrm{k}i}}{S_{\mathrm{N}\Sigma}^2}=\frac{10^2\times(0.84\times1+1.3\times3+2.25\times2)}{380^2}\times10^3=6.4\ (\Omega)$$

日损耗电量

$$\begin{aligned}\Delta A&=3I_{\mathrm{rms}}^2(R_{\mathrm{CL}}+R_{\mathrm{cb}})\times24\times10^{-3}+24\sum\Delta P_0\\&=3\times10^2\times(4.45+6.4)\times24\times10^{-3}+24(0.27\times1+0.39\times3+0.69\times2)\\&=78.12+67.68\\&=145.8\ (\mathrm{kWh})\end{aligned}$$

月损耗电量

$$\Delta A'=145.8\times31=4519.8\ (\mathrm{kWh})$$

【思考与练习】

1. 管理线损是由哪些原因造成的？
2. 简述开展线损理论计算必须具备的条件。
3. 10kV 配电网线损理论计算的常用方法有哪些？

模块 2 降低线损的措施（GYPD00204002）

【模块描述】本模块介绍降低线损的技术措施和管理措施。通过原理说明，掌握提高功率因数和降低线损的关系，以及降低线损的主要技术和管理措施。

【正文】

电能通过导线、开关、变压器等设备进行传输的过程中，会产生功率损失（有功、无功功率），并在相应的时间内产生能量损失（有功、无功电量）。配电系统的线损率就是指在一段时间内，配电过程中损失的有功电量和该系统所获得的总电量之比。线损率是供电企业的一项十分重要的经济指标。线损工作是一项系统工程，它涉及供电企业的多个部门，从设计、基建、生产、调度、变电运行、线路维护到每月进行的抄、核、收工作，每个环节都与线损有联系。同时，线损是动态的，它随负荷的变化而变化，这需要我们加强管理。

一、功率因数提高与线损的关系

配电网经无功补偿 Q_C 后，无功从 Q 补偿到 $Q_L=Q-Q_C$，则功率因数从 $\cos\varphi=\frac{Q}{S}$ 提高到 $\cos\varphi_1=\frac{Q_L}{S}$。

三相线路中的有功功率损耗为

$$\Delta P=3I^2R \qquad \text{(GYPD00204002-1)}$$

若已知三相线路的视在功率 S，有功功率 P 和无功功率 Q 时，则 $I=S/\sqrt{3}U$ 代入上式得

$$\Delta P=\frac{S^2}{U^2}R=\frac{P^2+Q^2}{U^2}R \qquad \text{(GYPD00204002-2)}$$

式中　U——电力网的线电压，kV；

P——三相有功功率，MW；

Q——三相无功功率，Mvar。

经无功补偿后，则有功功率损耗变为

$$\Delta P=\frac{P^2+(Q-Q_C)^2}{U^2}R \qquad \text{（GYPD00204002-3）}$$

可见功率因数提高后线路上的有功功率损耗会下降。

二、配电网运行对线损的影响

1. 布局和结构不合理

在配电网中，超供电半径范围供电，或线路迂回供电；配网线路没有随着负荷的发展，伸入到用电负荷中心。以上这些问题，在国家大规模的电网改造后，有些问题已逐渐消除，但并没有全部解决。

2. 一些配电变压器的负荷轻、不平衡

配电变压器空载运行时间长，配电变压器的固定损耗大。白天用电负荷小，经常轻载或空载运行。在一些地区存在着相当数量配电变压器容量与实际用电负荷不匹配的情况，配电变压器负荷没有在经济运行区间。

3. 无功补偿配置不合理

如无功补偿方式不合理；无功补偿容量过大或不足。

另外三相负荷不平衡、负荷率和管理水平等因素都会影响线损的高低。

三、降低线损的技术措施

1. 电网的改造

（1）简化电压等级。

电压如能简化掉一级，便可减少一级设备，减少运行管理和检修工作，减少一级损耗。如将配电网的 35kV、10kV 两个电压等级变成 20kV 一个电压等级。

（2）改造不合理的电网结构。

对导线线径过细、迂回供电、负荷分布不合理的线路进行改造，确保电网安全经济运行。

（3）增加直供电。

对大型企业实行专线供电，起始点关口计量，减少线路损耗。

（4）采用新型节能变压器。

淘汰 S9 以下老型号高耗能变压器，新装配电变压器一律采用 S11 及以上型号系列。

2. 设备经济运行

（1）停用空载配电变压器，减少空载损耗。

（2）负荷和配电变压器容量相符，避免大负荷小容量或小负荷大容量现象。

（3）尽量使配电变压器三相负荷平衡。配电变压器三相负荷不平衡时，损耗要增加，而且不平衡度越大，损耗也越大，同时还危及配电变压器的安全运行。因此，一般要求配电变压器低压侧电流的不平衡度不得超过 10%。

3. 电网的无功补偿

实现无功功率就地平衡，提高用户的功率因数，可以减少发电机送出的无功功率和线路、变压器传输的无功功率，使线损率大大降低，而且还可以改善电压质量、提高线路和变压器的输送能力。提高功率因数，一般实行无功就地平衡原则：一是 10kV 配电线路分散补偿；二是 10kV 配电变压器低压侧无功动态补偿；三是大型电动机随机补偿等；四是公变台区实行低线路补偿。

4. 加快计量装置的改进

用全电子电能表代替机械电能表。全电子电能表不但具有误差线性好、准确度高、启动电流小、超载能力强、抗倾斜、防窃电，可实现抄表的自动化管理等特点，而且还有表损低的优点。对大型专供户实行高供高计，推广防窃电计量装置和远程抄表装置，实施实时监控。

5. 新增配电变压器要重视电源点的位置

将其选择在负荷的中心位置，农村地区宜采用小容量、短半径、密布点的方式进行配置，以提高供电的经济性和可靠性。调整配电网络，优化接线方式，实现降损节能。优先采用由电源点向周围辐射式的接线方式进行配网架设，尽量避免采用单边供电的接线方式。

四、降低线损的管理措施

以上仅仅是技术降损措施，在日常的线损管理工作中，措施的具体落实及日常的检查到位显得尤为重要，它能够引起线损的统计值较大幅度的波动，特别是目前的窃电问题，常常导致线损异常升高。必须完善线损管理的组织措施，确保线损有效管理。

（1）开展好线损分析。

做好统计线损率与理论线损率的对比；理论线损率与经济线损率的对比；固定损耗和可变损耗的对比；现实与历史问题的对比；当前水平与年平均水平的对比；计量总表与分表电量的对比；线路或设备之间的线损综合对比。定期召开用电形势、线损分析会，定期开展线损分析，并针对出现的异常问题，仔细研究对策，将问题尽早解决。

（2）实现线损理论计算管理。

必须定期进行线损理论计算，充分发挥计算机在线损管理中的作用。即：月理论线损计算；对照月完成指标进行分析，找出升降的原因，制定改进措施，并落实到位。这样可以有针对性，并且可以量化地分析其效果。尤其在城乡电网改造和“一户一表”工程完成后，电网的理论线损将发生较大的变动，必须对其进行详细的计算与分析，重新制定出合理的线损指标值。通过理论计算，明确降损主攻方向，为制定降损方案和年度降损计划及确定指标提供依据。

（3）营销管理的制度化、规范化、标准化、系统化。

确保电量在抄、核环节正确无误；制定定期抄表制度，强化动态抄表管理，定期和不定期地按线路同步查抄计量总表和分表，严防偷、漏、差、错等问题的发生；建立并完善计量装置的抽检和轮校制度，确保电能表的计量精度准确无误。

（4）严格加强计量管理和反窃电措施，大力宣传依法治电，依法用电。

加大巡视检查力度，保障计量装置安全运行、正确计量，不给窃电者有可乘之机，防范违章用电行为的发生。加强需求侧管理，正确指导用户维护管理用电设备，确保经济运行。重视配电变压器的经济运行，对于季节性或临时性的配电变压器，在投运前应根据配电变压器的容量，事先把用电负荷准备好；在变压器投运后，立即把用电负荷调整到某一合理值，以此保证变压器的负载率最合理，效率最高，能耗最小。

（5）不断加大查处活动打击窃电力度。

目前，窃电行为越来越巧妙，并向技术型发展。为此，我们一方面需要加大营业普查力度，采取突击查与定期查、互查与自查相结合，方式灵活多变，做到“情况明、计量准、按时抄、全部收、服务好”，有效堵塞了发生错计、漏抄的现象。并改变以往抄表工作模式，逐步建立相互监督、相互制约的管理办法。另一方面，加大打击窃电的力度，有关人员要不辞辛苦，经常夜晚出击，不定时到计量点现场察看，有力地维护电力市场的正常运营。

（6）控制人为调整。

如尽量保证配变三相负荷的平衡；抄表做到不错抄、估抄、漏抄。

（7）控制线损波动。

一是抄表时不按固定周期、固定的线路顺序或台区顺序。二是业扩新增用户，未及时出卡或录入系统结算，造成当月线损率异常高，而次月反而出现负线损，这种情况在城区或乡镇业扩量大的台区较普遍地存在。

线损管理工作是一项系统工程，其中既有技术因素，又有管理因素。因此，降损节能既要抓电网建设、改造线路、无功补偿等，又要抓管理，只有两者密切配合整体联动，才能取得最佳成效。

【思考与练习】

1. 降低线损的技术措施有哪些？

2. 如何保证设备的经济运行，降低线损？

3. 如何开展好线损的分析工作？

模块 3 配电网的功率损耗与电压计算（GYPD00204003）

【模块描述】本模块包含配电网的功率损耗与电压计算。通过对电压损耗、功率损耗的分析，掌握功率损耗与电压的计算。

【正文】

一、配电网的功率损耗及电能损耗计算

配电网运行时，将在线路和变压器中产生功率损耗。在配电网的电阻和电导中，产生有功功率损耗；在配电网的电抗和电纳中，用于建立磁场和电场的那部分功率，称无功功率损耗。有功功率损耗与时间的乘积，称为电能损耗（或称损耗电量）。

配电网的损耗电量一般分可变损耗和固定损耗两种。可变损耗就是指当电流通过导体时，其损耗与电流平方成正比，与导体本身的电阻值成正比；对一定截面导线来说，其损耗的大小取决于通过电流大小。固定损耗则与电流的大小无关，只要设备接通电源，配电网就有损耗，当电源电压变化不大时，其损耗基本上是固定的。

（1）可变损耗包括：① 线路上用户专用变压器、配电变压器的铜损；② 配电线路、接户线等导线上的铜损。

（2）固定损耗：① 线路上用户专用变压器、配电变压器的铁损；② 电缆、电容器和其他电器上的介质损耗；③ 电网中电能表和各种计量仪表的电压线圈以及仪用变压器上的铁损等。

此外，在配电网的实际运行中，还有各种不明损耗。例如由于用户电能表有误差，使电能表的读数偏小；用户电能表的读数漏抄、错算；因带电设备绝缘不良而漏电；以及无表用电和窃电等所损耗的电量。

【例 GYPD00204003-1】某 10kV 架空线路，已知：线路的电阻为 2.23Ω，电抗为 1.79Ω，线路所输送的负荷电流为 300A，求该线路所产生的功率损耗？

解：线路所产生的功率损耗

$$\begin{aligned}\Delta P &= 3I^2R\\ &= 3\times 300^2\times 2.23\\ &= 602\,100\text{（W）}\\ &= 602.1\text{（kW）}\end{aligned}$$

10kV 架空线路所产生的功率损耗 602.1kW。

【例 GYPD00204003-2】有一条 10kV 双回路线路，导线为 LGJ—150 型，线路长 $L=10$km，最大电流 I 为 263A，试计算停电检修 8h 时间双回路运行电能损耗？（提示：$r_0=0.21$Ω/km）

解：双回路运行 8h 的电能损耗

$$\begin{aligned}\Delta W &= 3I^2(r_0L/2)t\times 10^{-3}\\ &= 3\times 263^2\times(0.21\times 15/2)\times 10^{-3}\times 8\\ &= 2614.6\text{（kW·h）}\end{aligned}$$

二、配电网电压损耗的计算

1. 已知末端电压和功率求首端电压或电压损耗

【例 GYPD00204003-3】某变电站至 10kV 开关站采用 LGJ—240 架空线路输送电能，架空线长度为 3km，单位长度电阻为 $R_0=0.15$Ω/km，单位长度电抗 X_0 为 0.34Ω/km，变电站母线电压为 10.5kV，要求开关站母线电压不低于 10kV，试求 $\cos\varphi=0.95$ 时，该开关站最大能送出多少容量的负载？（LGJ—240 导线在 40℃室外温度时载流量为 494A）

解：（1）$\Delta u=10.5-10=0.5$（kV）

（2）设最大容量为 S

则　$P=S\cos\varphi=0.95S$

$Q=S\sin\varphi=0.31S$

（3）$R=R_0L=0.15\times 3=0.45$（Ω）

$X=X_0L=0.34\times 3=1.02$（Ω）

（4）$\Delta U=\dfrac{PR+QX}{U}<0.5$

$\dfrac{0.95S\times 0.45+0.31S\times 1.02}{10}<0.5$

$S<6.723$（MVA）

2. 具有几个集中负荷的地方电力网功率分布及电压计算

【例 GYPD00204003-4】图 GYPD00204003-1 为具有两个集中负荷的地方电力网，其功率分布计算如下。

线路 ab 段的功率为

$$P_2-jQ_2=p_b-jq_b$$

式中　p_b-jq_b——b 点的负荷功率。

线路 Aa 段的功率为

$$P_1-jQ_1=P_2-jQ_2+(p_a-jq_a)$$
$$=(p_a+p_b)-j(q_a+q_b)$$

式中　p_a-jq_a——a 点的负荷功率。

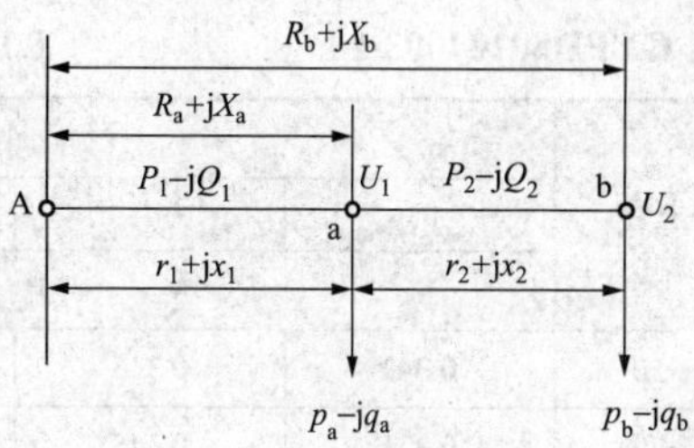

图 GYPD00204003-1　具有集中负荷的地方电力网

当线路具有几个集中负荷时，线路首端功率可写成如下普遍式

$$P-jQ=\Sigma p-j\Sigma q$$

图 GYPD00204003-1 所示线路的总电压损耗为

$$\Delta U=\frac{P_1r_1+Q_1x_1}{U_e}+\frac{P_2r_2+Q_2x_2}{U_e}$$

$$\Delta U=\frac{1}{U_e}\left[(P_1r_1+P_2r_2)+(Q_1x_1+Q_2x_2)\right]$$

$$\Delta U=\frac{1}{U_e}\left[(p_aR_a+p_bR_b)+(q_aX_a+q_bX_b)\right]$$

当线路具有几个集中负荷时，线路总电压损耗可写成如下普遍式

$$\Delta U=\frac{1}{U_e}\Sigma(Pr+Qx)$$

$$\Delta U=\frac{1}{U_e}\Sigma(pR+qX)$$

式中　P、Q——线路各段的有功功率和无功功率，MW、Mvar；

r、x——线路各段的电阻和电抗，Ω；

p、q——各负荷点有功功率和无功功率，MW、Mvar；

R、X——各负荷点至供电点之间线路的电阻和电抗，Ω。

当负荷用电流表示时，将 $P=\sqrt{3}U_eI\cos\varphi$、$Q=\sqrt{3}U_eI\sin\varphi$ 代入上述两公式，则得

$$\Delta U=\sqrt{3}\Sigma(Ir\cos\varphi+Ix\sin\varphi)$$

$$\Delta U=\sqrt{3}\Sigma(iR\cos\varphi+iX\sin\varphi)$$

式中　φ——线路各段电流 I、负荷电流 i 与相应的电压间的相位角。

应该注意，前两公式是按线路各段功率（或电流）及该段线路的阻抗来计算电压损耗的；而后两公式则是按各负荷点的功率（电流）及由供电点到该负荷点间的线路总阻抗来计算电压损耗的。

3. 具有分支的地方电力网功率分布及电压计算

当电力网具有分支时，其最大电压损耗可能在供电点与某一支线末端之间，因此，必须求出供电点至各支线末端间的电压损耗，比较后取电力网最大的电压损耗。

当电力网具有分支时，其最大电压损耗可能在供电点与某一支线末端之间，因此必须求出供电点至各支线末端间的电压损耗，比较后取电力网最大的电压损耗。

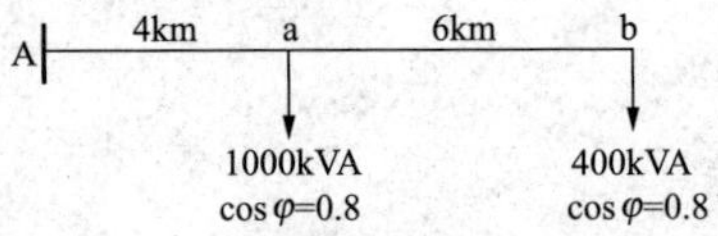

图 GYPD00204003-2　10kV 的配电线路示意图

【例 GYPD00204003-5】一回额定电压为 10kV 的配电线路，干线用相等截面的铝绞线架设，线路几何均距为 1m，容许电压损失 5%，线路每段长度和负载、功率因数 $\cos\varphi$ 值如图 GYPD00204003-2 所示，平均电抗 $X_0=0.38\Omega/\text{km}$，干线材料计算电导率为 32m/（Ω・mm²）。试按容许电压损失选择导线截面。（LJ 型架空线路导线的电阻及电抗见表 GYPD00204003-1）

表 GYPD00204003-1　　LJ 型架空线路导线的电阻及电抗　　Ω/km

导线型号	几何均距（m）				电阻（LJ 型）	载流量（A）	
	0.8	1	1.25	1.5		屋外	屋内
	电　感						
LG—50	0.341	0.335	0.365	0.38	0.64	215	170
LG—70	0.331	0.345	0.359	0.37	0.46	265	215
LJ—95	0.319	0.334	0.347	0.358	0.34	325	260

解　（1）功率分布的计算。

各段线路功率分别为

设

$$S'_{\text{a}}=1000\text{kVA}$$

$$S'_{\text{b}}=400\text{kVA}$$

$$\varphi_{\text{a}}=\arccos0.8=36.87^{\circ}$$

$$\varphi_{\text{b}}=\arccos0.9=25.84^{\circ}$$

$$\dot{S}_{\text{a}}=S'_{\text{a}}\cos\varphi_{\text{a}}-\text{j}S'_{\text{a}}\sin\varphi_{\text{a}}=1000\times0.8-\text{j}1000\times0.6$$
$$=800-\text{j}600\ (\text{kVA})$$

$$S_{\text{b}}=S'_{\text{b}}\cos\varphi_{\text{b}}-\text{j}S'_{\text{b}}\sin\varphi_{\text{b}}=400\times0.9-\text{j}400\times0.436$$
$$=360-\text{j}174.4\ (\text{kVA})$$

$$\dot{S}_{\text{ab}}=\dot{S}_{\text{b}}=360-\text{j}174.4\ (\text{kVA})$$

$$\dot{S}_{\text{Aa}}=S_{\text{a}}+S_{\text{ab}}=800-\text{j}600+360-\text{j}174.4$$
$$=1160+\text{j}774.4\ (\text{kVA})$$

（2）线路允许电压损失。

$$\Delta U_{\text{p}}=5\%U_{\text{n}}=\frac{5\times10\,000}{100}=500\ (\text{V})$$

（3）电抗中允许电压损失。

选取平均电抗 $X_0=0.38\Omega/\text{km}$，则电抗中允许电压损失为

$$\Delta U_{\text{x}}=\frac{X_0\Sigma Ql}{U_{\text{n}}}=\frac{0.38\times(774.4\times4+174.4\times6)}{10}$$
$$=157\ (\text{V})$$

（4）电阻中允许的电压损失。

$$\Delta U_{\text{rp}}=\Delta U_{\text{p}}-\Delta U_{\text{x}}=500-157=343\ (\text{V})$$
$$=0.343\text{kV}$$

（5）导线截面。

导线计算截面为

$$S_{com}=\frac{\Sigma Pl}{\gamma\Delta U_{rp}U_n}=\frac{1160\times4+360\times6}{32\times0.343\times10}=62\text{（mm}^2\text{）}$$

选取 LJ—70 型铝绞线，根据表 GYPD00204003-1 可知 $R_0=0.46\Omega/km$，$X_0=0.345\Omega/km$，长期容许电流 $I_{p25℃}=265A$。

（6）校验。

最大电压损失

$$\begin{aligned}\Delta U_{max}&=\frac{1}{U_n}(R_0\Sigma Pl+X_0\Sigma Ql)\\&=\frac{1}{10}[0.46\times(1160\times4+360\times6)+0.345\\&\quad\times(774.4\times4+174.4\times6)]\\&=456\text{（V）}<\Delta U_p\end{aligned}$$

【思考与练习】

1. 已知导线为LJ—70的10kV架空配电线路，单位长度导线的电阻 $r_0=0.45(\Omega/km)$，电抗 $x_0=0.345(\Omega/km)$，线路长 $L=5km$，输送有功功率 $P=800kW$，无功功率 $S=400kvar$，试校验配电线路的电压损耗（允许电压降为5%）。

2. 已知一台 S_9—250/10 型配电变压器，$P_0=0.56kW$，$P_K=3.05kW$，若变压器所带负荷 $S=85kVA$，求此时配电变压器的功率损耗。

第十章 过 电 压

模块 1 内部过电压的概念、分类（GYPD00205001）

【模块描述】本模块介绍内部过电压的概念、分类和产生原因及特点。通过概念描述和要点说明，掌握内部过电压相关知识，以及内部过电压对配电线路网络的不良影响。

【正文】

一、内部过电压的概念

一般来说，电力系统的运行电压在正常情况下是不会超过最高工作电压的。但是，由于雷击或电力系统中操作、事故等原因，某些电气设备和线路上承受的电压可能会大大超过正常运行最高工作电压，使设备或线路的绝缘遭受威胁。电力系统中这种危及绝缘的电压升高称为过电压。

电力系统出现过电压的原因是多种多样的。除雷电引起过电压外，还有电力系统内部的原因。一般把电力系统的过电压分成雷电过电压和内部过电压两大类。雷电过电压与气象条件有关，是外部原因造成的，产生过电压的能量来自电力系统的外部，因此也称为大气过电压或外部过电压。

内部过电压与电力系统内部结构、各项参数、运行状态、停送电操作和是否发生事故等多种因素有关，十分复杂。产生过电压的能量来自电力系统内部，因此称为内部过电压。不同原因引起的内部过电压，其过电压数值大小、波形、频率、延续时间长短也不同，防止的对策也有区别。

二、内部过电压的分类

为了便于研究，一般把内部过电压又细分为工频过电压、谐振过电压和操作过电压。其中工频过电压和谐振过电压又称作暂时过电压。意指这两种内部过电压一旦发生，有可能持续一段时间，但应尽快设法消除，以免引起事故扩大。参照电力行业标准 DL/T 620—1997《交流电气装置的过电压保护和绝缘配合》中的提法，内部过电压分类如下：

- 内部过电压
  - 工频过电压
    - 空载线路的电容效应
    - 不对称接地短路
    - 甩负荷时感性负荷变为容性负荷
  - 谐振过电压
    - 线性谐振过电压
    - 铁磁谐振过电压
    - 参数谐振过电压
  - 操作过电压
    - 操作电容器组过电压
    - 操作空载线路过电压
    - 操作电感负荷过电压（切空变等）
    - 弧光接地过电压

三、内部过电压的产生原因及特点

工频过电压形成的主要原因：电力系统的不对称短路、发电机突然甩掉负荷，以及伴随而来的电容效应、发电机飞转等。工频过电压的意义在于，它直接或间接地决定了电力系统的绝缘水平。例如决定线路绝缘子串中的绝缘子个数，决定避雷器灭弧电压，以及研究某些操作过电压时，均考虑工频过电压。

谐振过电压产生的原因是：系统中某一电感和电容元件参数的适当配合，形成产生谐振的振荡回路，在一定条件下，引起网络的线性或非线性的谐振暂态现象。这种过电压幅值较高，持续时间较长。

操作过电压产生的原因是：开关对线路或其他电器进行各种正常或故障开闭过程时，产生的电压振荡以及间歇性电弧短路、系统解列、中性点不接地系统的弧光接地等。随着电压等级的提高，操作过电压对决定系统绝缘水平越来越重要，因此在超高压等级及以上系统中，操作过电压的防护和限制成为主要的研究课题。

经验表明，220kV 及以下系统内部过电压的事故率及危险性要比外部过电压小，因此绝缘配合中只考虑外部过电压的影响。而 330kV 及以上超高压系统中，内部过电压的问题比较突出，因此绝缘配合中应特别注重内部过电压的影响。这是因为，内部过电压幅值与电网工频电压基本上成正比，一般将内部过电压幅值与电网最高运行相电压幅值之比，称为内部过电压倍数，即内部过电压与电网额定电压有关；而外部过电压主要与雷电的参数有关。雷电产生的过电压对额定电压较低的电网威胁较大，但对超高压电网，过电压数值有可能小于电网额定电压，故威胁不大。一般来讲，电压较低电网的绝缘裕度较大，超高压电网的绝缘裕度较小，所以内部过电压对电压较低电网威胁不大，而对超高压电网威胁较大。但是，铁磁谐振内部过电压对 6～35kV 系统，易造成较多的损坏事故。

【思考与练习】

1. 电力系统的内部过电压与哪些因素有关？
2. 内部过电压是如何分类的？
3. 工频过电压的产生原因有哪些？

模块 2 接地电阻的要求（GYPD00205002）

【模块描述】本模块介绍接地电阻的概念和对接地电阻的要求。通过概念描述和要点说明，掌握低压、中压、高压电气设备以及架空线路杆塔对接地电阻的要求和标准。

【正文】

一、接地电阻的概念

接地体或自然接地体的对地电阻和接地线电阻的总和，称为接地装置的接地电阻。接地电阻的数值等于接地装置对地电压与通过接地体流入大地中电流的比值。它包括接地线电阻、接地体电阻、接地体与土壤间的接触电阻以及土壤中的散流电阻。由于接地线电阻、接地体电阻、接触电阻相对较小，故通常近似以散流电阻作为接地电阻。

如果将通过接地体流入地中的工频电流求得的电阻称为工频接地电阻，其大小可以通过欧姆定律求得，计算公式为

$$R=\frac{U}{I} \tag{GYPD00205002-1}$$

式中 R——工频接地电阻，Ω；
U——接地装置对地电压，V；
I——接地体流入地中的工频电流，A。

如果接地体流入地中为冲击电流（雷电流），则通过接地体流入地中的冲击电流求得的接地电阻称冲击接地电阻，计算公式为

$$R_{ch}=\frac{U}{I_{ch}}=aR \tag{GYPD00205002-2}$$

式中 R_{ch}——冲击接地电阻，Ω；
U——雷电波电压幅值，V；
I_{ch}——雷电流幅值，A；
a——雷电流冲击系数；
R——工频接地电阻，Ω。

雷电流冲击系数一般小于 1.0，这是由于雷电流使土壤中的气隙，接地体与土壤的气隙击穿放电，相当于使土壤电阻系数变小和接地体与土壤接触面增大，所以导致接地电阻减少。但对于长度较长的接地体，在冲击电流作用下，电感效应明显，这一因素又使接地电阻值增大。综合这两个因素，得出雷电流下接地装置的冲击电阻值是时间的函数。

一般规程中未标明为冲击接地电阻的，都是指工频接地电阻。测量的接地电阻通常也是指工频接地电阻。

二、对接地电阻的要求

接地电阻值的大小，是根据接地装置在有接地短路电流流过时允许的对地电压来确定的。从安全的角度讲，接地电阻越小，可能产生的对地电压越低，对人产生的接触电压和跨步电压就低。因此，在施工中接地电阻应小于接地设计规程中上限允许值。

1. 高压电气设备的保护接地电阻

（1）有效接地系统。在中性点有效接地系统中，由于接地短路电流很大，接地装置一般均采用棒形和带形接地体联合组成环形接地网，以均压的措施达到降低跨步电压和接触电压的目的，一般要求接地电阻 $R_{jd}\leqslant 0.5\Omega$。

（2）非有效接地系统。当高压设备与低压设备共用接地装置时，要求在设备发生接地故障时，对地电压不超过 120V，即要求 $R_{jd}=120/I_{jd}\leqslant 10\Omega$（$I_{jd}$ 为接地电流）；当接地网仅用于 1kV 以上设备时，对地电压可放宽至 250V，即要求 $R_{jd}=250/I_{jd}\leqslant 10\Omega$。

2. 配电电气装置的接地电阻

（1）保护配电柱上断路器、负荷开关和电容器组等设备的避雷器的接地线应与设备外壳相连，接地装置的接地电阻不应大于 10Ω。

（2）1kV 以下的电气设备。使用同一接地装置的所有这类电气设备，当总容量≥100kVA，接地电阻不宜大于 4Ω，如总容量＜100kVA，接地电阻允许大于 4Ω，但不得大于 10Ω。

（3）与架空线直接连接的旋转电机进线段上的避雷器接地电阻不宜大于 30Ω。

（4）独立避雷针的接地电阻不得大于 10Ω（当与接地网连在一起时，不可单独测量）。

（5）露天配电装置的集中接地装置及独立避雷针（线）接地电阻不得大于 10Ω。

3. 架空线路杆塔的接地电阻要求

（1）有架空地线的线路杆塔。当杆塔高度在 40m 以下时，工频接地电阻不宜超过表 GYPD00205002-1 所列数值。

表 GYPD00205002-1　　有架空地线架空电力线路杆塔的工频接地电阻

土壤电阻率 ρ（Ω·m）	100 及以下	100～500	500～1000	1000～2000	2000 及以上
工频接地电阻（Ω）	10	15	20	25	30

当杆塔高度≥40m 时，则取上述值的 50%，但土壤电阻率大于 2000Ω·m 接地电阻难以达到 15Ω 时，可放宽至 20Ω。

（2）无架空地线的线路杆塔。① 非有效接地系统的钢筋混凝土杆、金属杆，其接地电阻不宜大于 30Ω；② 中性点不接地的低压电力网线路的混凝土杆、金属杆，其接地电阻不宜大于 50Ω；③ 低压进户线绝缘子铁脚的接地电阻不宜大于 30Ω。

4. 土壤电阻率较高地区的接地电阻要求

在高电阻率的地区，非有效接地系统中，电气设备的接地电阻允许达到 30Ω，发电厂、变电站允许达到 15Ω。对于低压中性点不接地系统，由于单相接地短路电流一般小于 1A，接地电阻在 30Ω 仍可满足接触电压在安全值以下。而高压中性点不接地系统，单相接地短路电流在数十安以下，接地电阻为 15Ω 就不能满足接触电压安全要求。因此，当发电厂、变电站接地电阻较大而又很难再降低到规定值时，应设置操作和维护电气设备用的绝缘台。绝缘台的周围应尽量使操作人员没有偶然触及外物的可能。安装在室外公共场所的配电变压器、柱上断路器等高压设备，其接地电阻不能达到规程要求时，应将接地装置予以屏护。

【思考与练习】

1. 什么是工频接地电阻？

2. 架空线路杆塔的接地电阻大小有何要求？

3. 配电电气装置的接地电阻大小有何要求？

模块 3 防雷装置的检查与维护（GYPD00205003）

【模块描述】本模块介绍避雷器的安装、日常检查与维护要求。通过要点说明，掌握一般防雷设备的分类，以及避雷器安装、巡视、维护等知识。

【正文】

过电压危及电气设备的绝缘安全，我们可以采用避雷针、避雷线、避雷器进行防护，这些设备通常称为防雷设备。防止直击雷过电压一般使用避雷针或避雷线；防止感应雷过电压、侵入波以及内部过电压一般使用避雷器。目前，在配电系统中一般采用氧化锌避雷器作为主要防雷装置。

一、氧化锌避雷器运行中的问题分析

1. 氧化锌避雷器的密封问题

氧化锌避雷器密封老化问题，主要是生产厂家采用的密封技术不完善或采用的密封材料抗老化性能不稳定，在温差变化较大时或运行时间接近产品寿命后期，造成其密封不良而使潮气浸入，造成内部绝缘损坏，加速了电阻片的劣化而引起爆炸。

2. 电阻片抗老化性能差

在氧化锌避雷器运行寿命的后期，电阻片劣化造成泄漏电流上升，甚至造成与瓷套内部放电，放电严重时避雷器内部气体压力和温度急剧增高，而引起氧化锌避雷器本体爆炸，内部放电不太严重时可引起系统单相接地。

3. 瓷套污染

由于工作在室外的氧化锌避雷器，瓷套受到环境粉尘的污染，给瓷套造成严重的污染而引起污闪或因污秽在瓷套表面的不均匀，而使沿瓷套表面电流也不均匀分布，势必导致电阻片中电流的不均匀分布（或沿电阻片的电压不均匀分布），使流过电阻片的电流较正常时大 1～2 个数量级，造成附加温升，使吸收过电压能力大为降低，也加速了电阻片的劣化。

4. 高次谐波

随着大吨位电弧炉、大型整流、变频设备的应用及轧钢生产的冲击负荷等影响，使电网上的高次谐波值严重超标。由于电阻片的非线性，当正弦电压作用时，还有一系列的奇次谐波，而在高次谐波作用时就更加速了电阻片的劣化速度。

5. 抗冲击能力差

氧化锌避雷器多在操作过电压或雷电条件下发生事故，其原因是电阻片在制造过程中，由于其工艺质量控制点控制不严，而使电阻片的耐受方波冲击能力不强，在频繁吸收过电压能量过程中，加速了电阻片的劣化而损坏，失去了自身的技术性能。

二、避雷器的安装要求

1. 避雷器的外观检查

避雷器安装前应进行外观检查，检查的主要项目有：

（1）避雷器额定电压与线路电压是否相同，试验是否合格，有无试验合格证。

（2）瓷件表面有无裂纹、破损、脱釉和闪络痕迹，胶合及密封情况是否良好。

（3）向不同方向轻轻摇动，避雷器内部应无响声。

2. 避雷器的安装要求

避雷器的安装要求如下：

（1）避雷器应尽量靠近被保护设备，一般不宜大于 5m。

（2）避雷器上下引线不应过紧或过松，截面积不应小于：铜线 16mm^2（3～10kV）或 4mm^2（380/220V）；铝线 25mm^2（3～10kV）或 6mm^2（380/220V）。

（3）避雷器的引线与导线连接要牢固、紧密，接头长度不应小于：100mm（3～10kV）或 50mm（380/220kV）。3～10kV 避雷器引线要用两块垫片压在接线螺栓的中间，且要压紧，在接线时不要用力

过猛。

（4）避雷器必须垂直安装，倾斜角不应大于 15°。排列要整齐，相间不小于 0.35m。避雷器底座对地面距离不应小于 2.5m。

（5）3～10kV 避雷器的瓷套与抱箍之间要加衬垫，以免损伤瓷套。

（6）避雷器与接地装置相连接的接地引下线应短而直，不应迂回弯曲。

三、避雷器的巡视项目

1. 日常巡视项目

（1）瓷质、法兰应无裂纹破损及闪络痕迹，瓷套表面应无严重污秽。

（2）避雷器内部无响声。

（3）与避雷器连接的导线和接地引下线应完整连接牢固，无松动断线现象。

（4）均压环应平正，无松动、歪曲。

（5）接地应良好，无锈蚀。

（6）在线监测仪的动作记录器密封应良好，动作记录有无变化，全电流指示数与初始值无大变异。

2. 特殊巡视项目

（1）天气异常巡视项目。雷雨后检查瓷套无裂纹、破损、放电痕迹；在线监测仪的动作记录器密封良好；抄录指示数读数。大风后检查避雷器引线、避雷针的摆动情况。

（2）过电压运行巡视项目。检查相关设备的接地线是否烧断或开焊；瓷套无裂纹、破损、放电痕迹；上部和底部的压力释放装置应完好；无异常声音；在线监测仪的动作记录器密封良好；指示数与初始值无大变异。

（3）有严重缺陷巡视项目。检查母线电压正常；瓷套裂纹或破损处无放电痕迹；在线监测仪的动作记录器密封良好，指示数与初始值无大变异；缺陷无加速发展的趋势。

（4）节假日巡视项目。按日常巡视项目进行。

（5）夜间巡视项目。使用测温设备测量引线接头温度，以检查泄漏电流是否过大；重点巡视避雷器无异常声音；表面无闪络现象。

特殊巡视中出现紧急状况时应立即向上级汇报并按照缺陷的处置原则进行处理。

四、防雷装置运行中的检查与维护

（1）防雷装置引雷部分、接地引下线和接地体三者之间连接良好。

（2）运行中应定期测试接地电阻，接地电阻应符合规定要求。

（3）避雷器应定期做好预防性试验。

（4）避雷针、避雷线及其接地线无机械损伤和锈蚀现象。

（5）避雷器绝缘套管应完整，表面应无裂纹、无严重污染和绝缘剥落现象。

（6）定期抄录放电记录器所指示的避雷器的动作次数，避雷器每年雷雨季前，检查放电计数器动作情况，并进行测试，测试 3～5 次，均应正常动作，测试后计数器指示应调到“0”。

（7）加强技术管理。对运行在电网上的每一只氧化锌避雷器建立技术档案，对出厂报告、定期测试报告及在线监测仪的运行记录均要存入技术档案，直至该避雷器退出运行。

此外，在每年的雷雨季节来临之前，应进行一次全面的检查、维护，并进行必要的电气预防性试验。

五、防雷装置异常及事故处理

1. 避雷器的引线及接地引下线有严重烧痕或放电记录器烧坏

（1）原因。当避雷器存在缺陷或不能及时灭弧时，则通过的工频续流的幅值增大、时间加长。这样接地引下线的连接处会产生烧伤的痕迹，或使放电记录器内部烧黑或烧坏。

（2）预防。加强巡视，密切关注各连接部位的情况。

（3）处理。发现避雷器的引线及接地引下线有严重烧痕或放电记录器烧坏，设法将避雷器退出运行，对避雷器进行检查和试验，并进行处理。必要时更换避雷器。

2. 避雷器套管闪络或爬电

（1）原因。套管表面脏污使套管表面等效爬电距离下降，或套管有裂缝等缺陷。

（2）预防。加强运行中的巡视，力争在闪络或爬电的初期就能得到处理。

（3）处理。若闪络或爬电是由于套管表面脏污所造成的，停电后，对套管表面进行清理；若闪络或爬电是由于套管损坏造成的，则停电后更换套管。

【思考与练习】

1. 避雷器安装前，外观检查项目有哪些？
2. 避雷器检查与维护的主要内容有哪些？
3. 避雷器的日常巡视项目有哪些？
4. 避雷器的特殊巡视项目有哪些？

模块 4　配电线路的防雷保护（GYPD00205004）

【模块描述】本模块介绍配电网防雷现状、雷害事故原因和防雷措施等内容。通过要点说明，掌握雷电对架空配电线路的危害，以及架空裸导线和低压架空线路的防雷措施。

【正文】

电力线路防雷的目的，就是要使线路的雷害跳闸次数减少到最低限度。电力线路的防雷方式，应根据线路的电压等级、负荷性质、系统运行方式、当地原有线路的运行经验、雷电活动的强弱、地形地貌的特点和土壤电阻率的高低条件，通过经济技术比较确定。

一、配电网防雷现状及雷害事故原因分析

6～10kV 配电网一般不装设避雷线保护、绝缘水平低，易受直击雷和感应雷的危害，据统计配电网总故障中雷击跳闸 80%左右，柱上断路器、隔离断路器、避雷器、变压器、绝缘子等设备遭受雷击损坏，甚至有些配电所 10kV 线路在雷电活动强烈时全部跳闸，极大影响了供电可靠性和电网安全。配电网雷害事故的原因分析如下：

（1）配电网一般靠变电站出线侧和配电变压器高压侧的避雷器保护，线路中间缺少避雷线保护而易受雷击，即使这些避雷器动作，较高的雷电过电压也会使线路绝缘子击穿放电。雷电过电压引发弧光接地过电压（可达 3.5p.u.，p.u.为系统最大运行电压，约为系统标称电压的 1.05～1.1 倍；有的特殊系统指系统最高电压，约为系统标称电压的 1.15 倍）和铁磁谐振过电压（可达 3.0p.u.），经常导致避雷器爆炸。另外还有些避雷器因质量差而在运行中受潮，或间隙动作后不能可靠熄弧而爆炸，造成电网接地短路事故。

（2）电网中避雷器接地存在较多问题。① 受场所限制，相当多配电型避雷器接地电阻超标（达上百欧姆）；② 接地引下线损坏，引下线有些用带绝缘外皮的铅线，内部折断不易发现，两边连接头易锈蚀，还有些在埋入大地中与接地体连接处产生电化学腐蚀甚至断裂（县级供电局配电网中相当严重），使避雷器等防雷设施形同虚设。

（3）柱上断路器和隔离断路器处有些未装避雷器保护或仅装在断路器一侧，断路器或隔离断路器断开的线路遭雷击时，雷电压将不沿线路传播而是在断开处经全反射后升高 1 倍，危害断路器或隔离断路器的绝缘甚至击穿。如某 110kV 变电站的 35kV 备用线路曾遭受雷击，雷电波在 35kV 备用断路器断口处全反射，35kV 断路器遭受雷击损坏，隔离断路器对地击穿。10kV 柱上断路器常被雷击坏的原因也大都如此。

（4）为节约线路走廊用地和投资，配电线路常用多回路同杆架设。而一旦雷击线路，绝缘子对地闪络并产生较大工频续流，则持续的接地电弧会波及同杆架设的其他回路而同时接地短路，造成同时跳闸，甚至倒杆断线的事故。

（5）目前大多数配电变压器的防雷保护是只在变压器高压侧装一组避雷器而低压侧不装。这在北方少雷区可行，但在南方多雷区和山区，配电变压器常遭雷击损坏（主要由逆变换、正变换过电压所致），造成线路接地短路并跳闸。

（6）配电网直接向用户供电，用户多无备用电源，线路和防雷设备长期无法正常检修维护，绝缘弱点不能及时消除，耐雷水平下降，雷击跳闸率上升。

（7）雷电过电压造成的闪络多具瞬时性，绝缘子闪络后一般都能自行恢复绝缘，自动重合闸是减少雷害事故、保证供电可靠性的主要手段，但种种原因使6～10kV电网自动重合闸投运率不高，这也是配电网雷害事故偏高的主要原因。

二、配电线路的防雷措施

配电线路受到雷击时，雷电冲击波就向导线两端流动，这种流动的冲击波又称作进行波。为了保护与线路连接电气设备免受进行波的冲击，在10kV及以下的配电系统中主要依靠加装金属氧化物避雷器做为防雷措施。

1. 架空裸导线

（1）装设避雷线。架空线路安装避雷线后，沿线及设备均可得到保护。10kV架空线路一般不装避雷线，但特殊地段需装避雷线时，混凝土电杆都要按设计要求做接地处理。

（2）装设避雷器。对于10kV裸导线，采用避雷器进行防雷保护的成本高，施工很不方便，目前基本上是一些雷电活动频繁的线段安装避雷器，同时按照要求做好杆塔的接地。但电杆上装设柱上断路器或电缆头时，均要装设避雷器来保护，设备的金属外壳和避雷器共同接地。

（3）改善配电网杆塔和防雷装置的接地。① 35kV进线段有架空地线杆塔的接地电阻应不大于10Ω，终端杆接地电阻应不大于4Ω；② 避雷器等防雷设备的接地引下线要用圆钢或扁钢，应防止连接处锈蚀和地下部分锈蚀开路。

（4）电容电流大于10A的电网安装自动跟踪补偿消弧装置。安装后可有效降低线路建弧率，提高供电可靠性。雷电过电压虽幅值很高，但作用时间很短，绝缘子的热破坏多由雷电流过后的工频续流即电网的电容电流引起。而某些型号的自动跟踪补偿消弧装置能把补偿后的残流控制在5A以下，为雷电流过后的可靠熄弧创造条件。

2. 低压架空线路

低压架空线路分布较广，多数是直接引入户内。低压架空线路绝缘水平较低，人身接触的机会又多，遭受雷击时，雷电冲击波可能沿线路侵入室内，引起人身和设备事故。为了降低雷电波的幅值，一般可采用以下保护措施：

（1）配电变压器采用Yy0接线时，宜在低压侧装设一组金属氧化物避雷器。

（2）进户线每一支持物或进户杆上的绝缘子螺杆（铁脚）及铁横担应一并接地。接地电阻不超过30Ω，如图GYPD00205004-1所示。

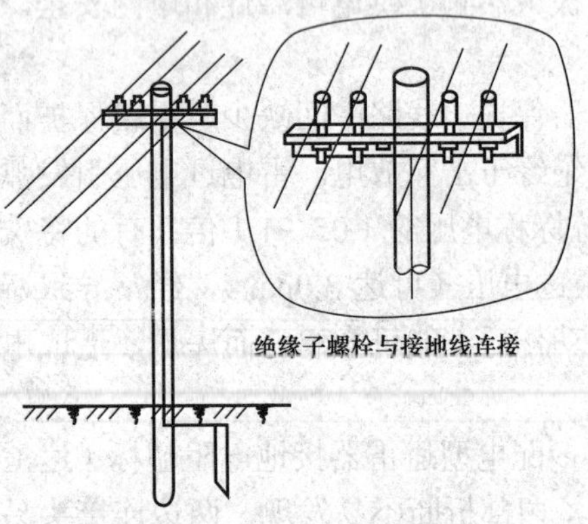

图 GYPD00205004-1 绝缘子螺杆接地

（3）为防止雷击损坏事故，对柱上变压器低压计量配电箱出线处应装设一组低压避雷器作为防雷措施。

（4）在配电箱（屏）处安装与其雷电防护分区相对应的电源电涌保护器SPD（Surge Protection Device）并可靠接地。具体安装要求和方法请参考IEC 61643等标准。

【思考与练习】

1. 架空裸导线的防雷措施有哪些？
2. 低压架空线路的防雷措施有哪些？
3. 配电网雷电事故的主要原因有哪些？

模块5 配电设备和配电所的防雷保护（GYPD00205005）

【模块描述】本模块介绍配电变压器、柱上断路器、电缆终端、进户装置和配电所的防雷要求。通过原理介绍和要点归纳，掌握配电设备雷电侵害的原理，以及配电设备和配电所的防雷方法和措施。

【正文】

一、配电变压器的防雷

1. 雷电波侵害配电变压器的机理

（1）正变换过电压。当雷电波由低压线路侵入时，配电变压器低压绕组就有冲击电流通过，这个冲击电流按匝数比在高压绕组上产生感应电动势，使高压侧中性点电位大大提高，它们层间和匝间的梯度电压也相应增加。这种由低压进波在高压侧产生感应过电压的过程，称为正变换。正变换过电压示意图，如图 GYPD00205005-1 所示。试验表明，当低压进波为 10kV，接地电阻为 5Ω 时，高压绕组上的层间梯度电压可能超过配电变压器的层间绝缘全波冲击强度一倍以上，这种情况，变压器层间绝缘肯定要击穿。

（2）逆变换过电压。当雷电波由高压线路侧侵入，引起避雷器动作时，在接地电阻上流过大量的冲击电流，产生压降，这个压降作用在配电变压器低压绕组的中性点上，使中性点电位升高，当低压线路比较长时，低压线路相当于波阻抗接地。因此，在中性点电位作用下，低压绕组流过较大的冲击电流，三相绕组中流过的冲击电流方向相同、大小相等，它们产生的磁通在高压绕组中按变压器匝数比感应出数值极高的脉冲电势。三相脉冲电势方向相同、大小相等。由于高压绕组接成星形，且中性点不接地，因此在高压绕组中，虽有脉冲电势，但无冲击电流。冲击电流只在低压绕组中流通，高压绕组中没有对应的冲击电流来平衡。因此，低压绕组中的冲击电流全部成为励磁电流，产生很大的零序磁通，使高压侧感应很高的电势。由于高压绕组出线端电位受避雷器残压固定，这个感应电势就沿着绕组分布，在中性点幅值最大。因此，中性点绝缘容易击穿。同时，层间和匝间的电位梯度也相应增大，可能在其他部位发生层间和匝间绝缘击穿。这种过电压首先是由高压进波引起的，再经低压感应至高压绕组，通常称之为逆变换。逆变换过电压示意图，如图 GYPD00205005-2 所示。

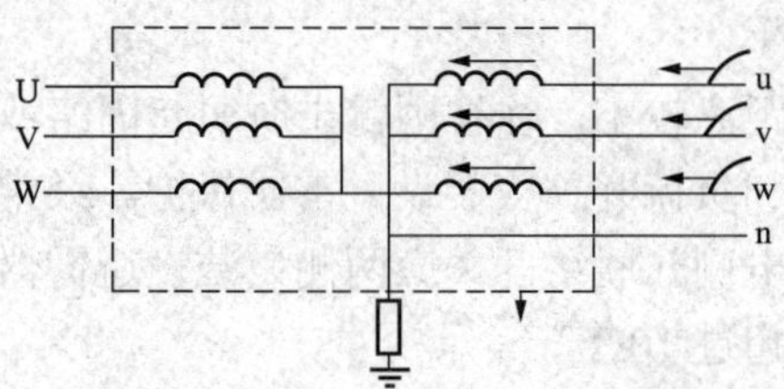

图 GYPD00205005-1 正变换过电压示意图

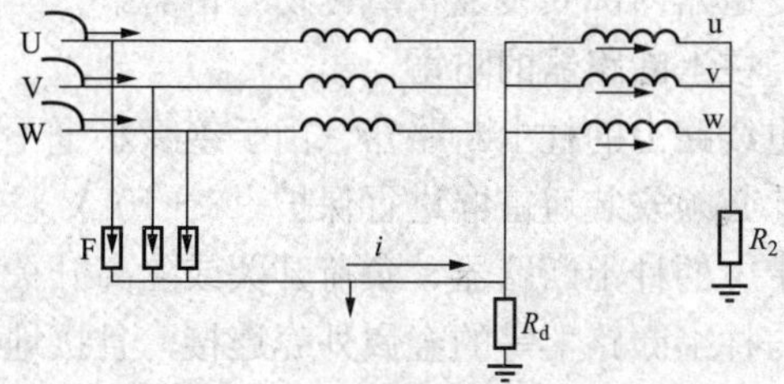

图 GYPD00205005-2 逆变换过电压示意图

2. 配电变压器的防雷措施

基于以上雷电波侵害配电变压器的机理分析可知，防止配电变压器受雷击损坏的关键是要防止配电变压器上的正、逆变换过电压。

（1）在配电变压器高、低压侧安装避雷器。金属氧化物避雷器是配电变压器防雷保护的基本保护元件。3～10kV 线路配电变压器的防雷保护接线如图 GYPD00205005-3 所示。

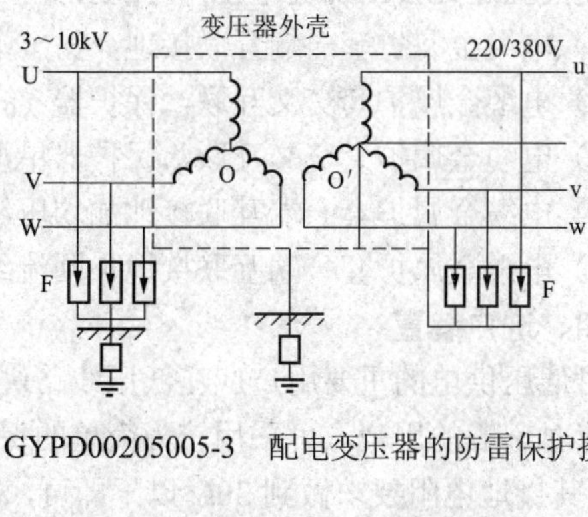

图 GYPD00205005-3 配电变压器的防雷保护接线

高压侧避雷器单独接地，低压侧避雷器、低压侧中性点及变压器金属外壳连接在一起的分开接地，这种接法的目的是保证当变压器高压侧受雷击经避雷器放电时，变压器主绝缘所承受的电压仅是避雷器的残压，而接地装置上的电压降并不作用在变压器主绝缘上，使避雷器与变压器得到较好的绝缘配合，能减少高、低压绕组间和高压绕组对变压器外壳之间发生绝缘击穿的危险。具体要求如下：

1）3～10kV 配电系统中的配电变压器应装设避雷器保护。避雷器应尽量靠近变压器装设，其接地线应与变压器低压侧中性点（中性点不接地时则为中性点的击穿保险器的接地端）以及金属外壳等连在一起接地。

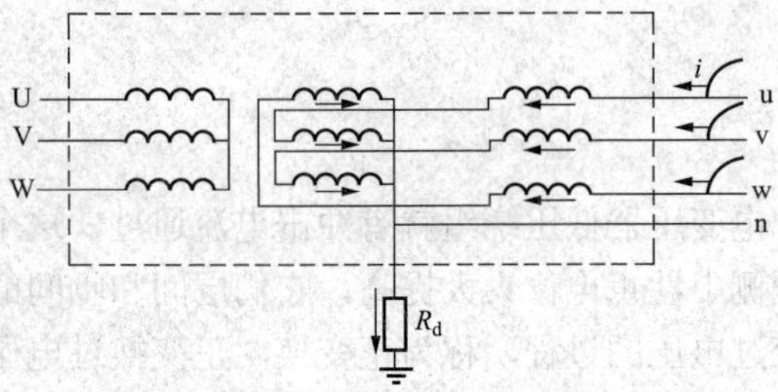

图 GYPD00205005-4 Yzn11 为曲折星形连接

2）3～10kV Yyn 和 Yy 接线的配电变压器，宜在低压侧装设一组避雷器或击穿保险器，以防止逆变换波和低压侧雷电侵入波击穿高压侧绝缘。但厂区内的配电变压器可根据运行经验确定。

（2）采用 Yzn11 接线的配电变压器。Yzn11 为曲折星形连接，如图 GYPD00205005-4 所示，其低压侧是把每一相线圈均分为两等份，分别绕在两个铁芯上，而把两个半线圈相反串接起来，成为相线圈，再按星形接法把三相线圈末端接在一起。这样，无论是高压进波还是低压进波，每相铁芯上两个绕组所感应的电压，大小相等，方向相反，冲击电流在铁芯上的总磁势几乎为零，高压绕组上并不感应出高电压，防雷性能很好。

（3）避雷设施安装应规范。在避雷设施安装过程中，除保证安装工艺、质量要求外，避雷器接地线不得迂回盘绕；同时，安装避雷器时对支持物应保持垂直，不得倾斜；引线要连接可靠，不得松动。

（4）避雷器的接地电阻应满足规程要求。户外配电变压器的接地装置，宜在地下敷设成围绕变压器台的闭合环形。户内配电变压器其接地装置应与建筑物钢筋等相连。接地线必须用整根导线，中间不应有接头。垂直接地体最少不能少于 3 根，接地线和接地体必须掩埋于地，埋深不得小于 600mm，千万不可裸露，接地引下线应越短越好。对于 100kVA 以上的配电变压器，$R_{jd}\leqslant 4\Omega$；重复接地每台不少于三处，每处 $R_{jd}\leqslant 10\Omega$。对于 100kVA 及以下的配电变压器，$R_{jd}\leqslant 10\Omega$；重复接地每台不少于三处，每处 $R_{jd}\leqslant 30\Omega$。

（5）在重雷区，特别是配电变压器年损坏率较高的地区，采用综合防雷保护措施仍未收到较好的防雷效果后，应根据技术经济比较，在配电变压器铁心上加装平衡绕组（即采用新型防雷避雷器），或在配电变压器内部安装金属氧化物避雷器。

二、柱上断路器的防雷

配电线路上的柱上断路器，由于绝缘水平不高，极间距离较小，往往因雷击时引起闪络或短路故障，因此必须安装避雷器进行保护。3～10kV 柱上断路器和负荷开关应装设避雷器保护。经常开路运行而又带电的柱上断路器、负荷开关或隔离开关，应在带电侧（联络开关应两侧）装设避雷器，其接地线应与柱上断路器等的金属外壳连接，且接地电阻不应超过 10Ω。

三、电缆线路的防雷和接地

电力电缆由于其本身结构特点和与其他电气设施连接的要求，根据不同电压等级采取不同的防雷方法。

（1）对于 35kV 及以下电压等级的电力电缆，基本上应采取在电缆终端头附近安装避雷器，同时终端头金属屏蔽、铠装必须接地良好。

（2）对于 110kV 及以上的高压电缆，当电缆线路遭受雷电冲击电压作用时，在金属护套的不接地端或交叉互连处会出现过电压，可能会使护层绝缘发生击穿，应采取以下保护方案之一：

1）电缆金属护套一端互联接地，另一端接保护器；

2）电缆金属护套交叉互联，保护器 Y_0 接线；

3）电缆金属护套交叉互联，保护器星形接线或三角形接线；

4）电缆金属护套一端互联接地加均压线；

5）电缆金属护套一端互联接地加回流线。

四、进户装置

对低压供电的重要用户应在低压线路进入建筑物前安装一组低压避雷器，接地电阻要求做到 10Ω 以下。对一般的用户，可采用较为简单的保护措施，即将低压线进入房间前的电杆上绝缘子铁脚进行接地，其接地电阻要求做到 30Ω 以下即可，对钢筋混凝土电杆埋在地下的自然接地作用也应加以利用。

五、配电所的防雷措施

配电所为防止侵入雷电波，应在每一路进（出）线及每一段母线上安装避雷器。具体接线要求如下：具有电缆进（出）线段的架空线路，应在架空线路与电缆终端盒接续处，装设避雷器并作集中接地装置。避雷器的接地线还应和电缆头（电缆）金属外皮相连，电缆另一端的终端盒与变电站的接地网相连。这种接地法的目的是，一旦线路落雷时，避雷器放电，雷电流经集中接地体流入大地的同时，有一部分雷电流沿电缆金属外皮流入变电站内接地网，这样在电缆外皮产生螺旋形磁场，相当于增加电缆的电感使波阻抗加大，因此，经电缆芯线侵入变电站的截断雷电波很快衰减，使波幅和陡度都有所减小，有利于保护变压器的安全。

【思考与练习】

1. 雷电波侵害配电变压器的机理是什么？
2. Yzn11 接线的配电变压器防雷原理是什么？
3. 配电变压器防雷方法有哪些？
4. 柱上断路器的防雷方法有哪些？

模块 6 架空绝缘导线的防雷（GYPD00205006）

【模块描述】本模块介绍架空绝缘导线使用情况、雷击断线原因和防雷措施。通过要点归纳，掌握架空绝缘导线雷击断线的原因和防雷措施。

【正文】

架空绝缘导线较好解决了裸导线所解决不了的走廊和安全问题，与电缆相比，投资省、建设快，优点十分明显。但是，架空绝缘线路发生雷击断线和绝缘子击穿事故的统计数量呈上升趋势，并随着绝缘导线线路长度增加而急剧上升，已成为严重威胁线路安全运行的主要根源，因此在使用绝缘导线时应考虑采取相应的防雷措施。

一、绝缘导线的应用

随着配电网的飞速发展，供电区域被树木覆盖，严重的腐蚀、台风等诸多因素的影响，使配电网的可靠性面临新的困难。受到自然界对配电网构成的这种或那种威胁，从而产生了架空绝缘导线。架空绝缘导线与普通架空裸导线相比，具有许多优点，可解决常规裸导线在运行过程中遇到的一些难题，价格又比地埋电缆便宜得多，因此，在配电网中得到广泛的应用。

1. 架空绝缘导线相对于裸导线的优点

（1）绝缘性能好。架空绝缘导线由于多了一层绝缘层，比裸导线优越的绝缘性能，可减少线路相间距离，降低对线路的支持件的绝缘要求，提高同杆架设线路的回路数。

（2）防腐蚀性能好。架空绝缘导线由于外层有绝缘层，比裸导线受氧化腐蚀的程度小，抗腐蚀能力较强，可延长线路的使用寿命。

（3）防外力破坏。减少受树木，飞飘金属膜和灰尘等外在因素的影响，减少相间短路及接地事故。

（4）缩小线路走廊。架空绝缘导线便于在狭小通道内穿越，缩小了线路走廊，与架空裸线相比较，线路走廊可缩小很多。

另外还具有利于城镇绿化、延长检修周期等诸多优点。

2. 架空绝缘导线的应用区域

（1）适用于盐雾污秽较多的地方。在沿海地带，盐雾较多，线路腐蚀老化较快，选用架空绝缘导线，因为有了一层有机物质包裹，可延缓线路的老化，延长使用寿命。

（2）适用于金属灰尘较多及多污染的区域。在老工业区，由于环保达不到标准，金属加工企业，经常有金属灰尘随风飘扬。在化工厂的污染区域，造成架空配电线路短路、接地故障。采用架空绝缘导线，是防止 10kV 配电线路短路接地的较好途径。

（3）适用于多树木地方。裸导线架设的线路，在树木较多的地段，往往线路的架设和维护与绿化和林业产生很大的矛盾。采用架空绝缘导线可减少树木的砍伐（架设初期及运行维护阶段），解决了许多难题，与绿化、林业等部门的矛盾也减少，保护了生态环境，同时美化了市容，并且降低了线路接地故障。

（4）适用于旧城区改造。由于 10kV 架空绝缘导线可承受电压 15kV，人不易触电。因此，将 10kV

架空绝缘导线代替低压干线，直接送入负荷中心，缩短低压电网供电半径是旧城改造一种行之有效的配电方式。

（5）可减少台风造成的线路故障。由于架空裸导线线路的抗台风能力较差，台风一到，线路跳闸此起彼伏。采用架空绝缘导线后，导线瞬间相碰不会造成短路，减少了故障，大大提高线路的抗台风能力。

二、架空绝缘导线雷击断线原因

架空绝缘导线应用以来，其优点是显著的，线路的故障率下降；有效解决了城市绿化中的树线矛盾，美化了城市景观；提高了线路通道的利用率；防止了环境污秽对导线的直接影响；并具有良好的社会效益和经济效益。但是，近年来有关统计资料表明：绝缘导线在运行中，其总故障数为裸线故障总数的15%左右，故障数大大下降，但绝缘导线遭受雷击的可能性不比裸导线少，且雷击断线的可能性增加。

实际上，架空绝缘线路频繁发生雷击断线事故已引起国内外专家广泛重视，大家围绕雷击断线的机理，就如何有效防止架空绝缘线路发生雷击断线事故的焦点问题展开了大量的试验研究和应用技术的研发工作。

绝缘导线的雷击断线特性与裸导线的情况相比有明显不同。在直击雷或感应雷过电压作用于裸导线引起绝缘子闪络时，接续的工频短路电流电弧在电动力的作用下沿着导线滑动，不会严重烧伤导线。而绝缘导线则不同，雷电过电压引起绝缘子闪络并击穿导线绝缘层时，被击穿的绝缘层呈一针孔状，接续的工频短路电流电弧受周围绝缘的阻隔，弧根只能在针孔处燃烧，这样在极短的时间内导线就会被整齐地烧断。断线位置大部分在导线支持物附近和档距中部的最低点。主要原因是由于绝缘导线有较好的绝缘层，雷击导线时，直击雷落雷点往往在杆塔附近（位置相对较高），感应雷沿着导线传送，波头经过支持物时不能像裸导线那样逐根在支持物（瓷绝缘子）表面释放雷电波，从而快速泄漏，而往往在线路支持物附近导线薄弱部位，击穿绝缘层而放电，由于集中放电，电流较大，往往造成过热烧断。而导线弧垂底部的断线，往往是由于绝缘导线在安装施工时工艺不过关，导致渗水，流至最低点，日积月累，在电流作用下产生导线局部发热，而在雷电波通过时，在两档中部的弧垂底部导线烧融产生断线。

三、架空绝缘导线的防雷措施

1. 安装架空地线

架空地线的作用，主要是将幅值很大的雷电过电压转化为电流，经很低的杆塔接地电阻排泄出去，从而大幅度降低雷电过电压，使导线得到保护，这在绝缘水平很高的110kV等级及以上线路中是作为防雷的主要措施。10kV配电网绝缘水平较低，雷击架空地线后易造成反击闪络，仍然会发生工频续流烧断绝缘导线。而且根据统计，配电线路遭受直接雷击或绕击的概率很小，约占雷害事故的20%，配电线路上80%的雷电过电压故障是感应过电压。此种方法可行性和难度大，造价也高。因此，架空地线只能在直击雷频繁的区域使用。

2. 安装防雷绝缘子

为提高线路绝缘子的耐压水平，将10kV绝缘子换为防雷绝缘子，可大大提高防雷水平。

（1）防雷支柱绝缘子防雷的基本原理。在绝缘子固定点将绝缘导线绝缘层剥离，绝缘导线导体与绝缘子上部放电金具紧密连接，绝缘子上部放电金具用于定位雷电闪络路径和固定工频电弧烧灼点，绝缘子下部有引弧板。当雷电过电压闪络后，工频短路电流在绝缘子上部放电金具与下端引弧板之间燃烧，放电金具保护了导体免受损伤。放电金具上加绝缘罩起绝缘作用，绝缘罩与放电金具间留有间隙作放电的通道。剥离的导体裸露部分与绝缘层之间加防水绝缘胶带起密封和防水作用，绝缘罩两端用防水绝缘胶带固定。

（2）防雷支柱绝缘子的安装。每基直线杆需安装1组（3只），直线跨越杆塔安装2组（6只），根据运行经验，有条件的每3基电杆可加1处接地装置，接地电阻小于10Ω。

3. 安装放电线夹

架空绝缘线路直线杆采用放电线夹，必须安装在针式绝缘子的负荷侧，如果雷雨季节线路改变运行方式负荷侧变为电源侧，则应在改后的负荷侧补装。

(1) 采用穿刺型放电线夹应按季节气温配置扭矩螺母、扭断螺母、紧固线夹和扣绝缘护罩，绝缘子立瓶中心距线夹 250mm，误差 ±10mm，引弧板安装平直，如图 GYPD00205006-1 所示。

(2) 采用裸露型放电线夹，应剥除相应线夹长度绝缘层，误差 ±5mm，紧固电线，并用绝缘自粘带包缠绝缘线端头封口 2 层，不允许裸露导线，引弧板安装平直，如图 GYPD00205006-2 所示。

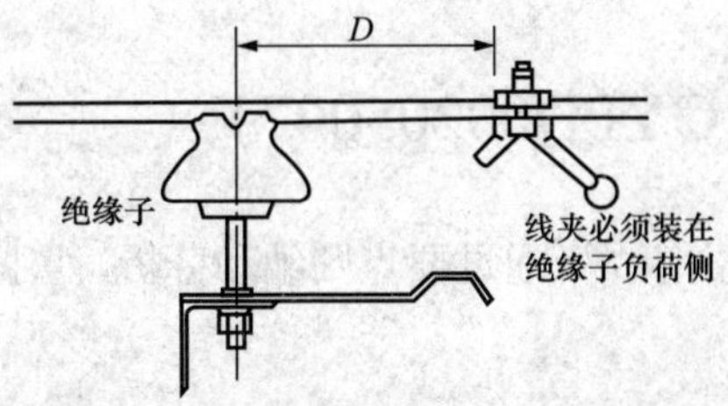

图 GYPD00205006-1 穿刺型放电线夹安装图

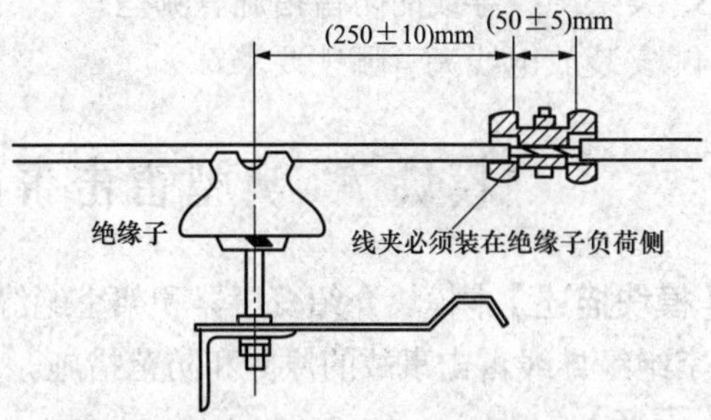

图 GYPD00205006-2 裸露型放电线夹安装图

4. 安装线路过电压保护器

这种线路过电压保护器，相当于带有外间隙的氧化锌避雷器。在多雷区，按照一定档距，安装线路过电压保护器能有效减少雷击断线事故。

在雷电过电压作用下，带间隙的氧化锌避雷器的串联间隙击穿（在内过电压下，串联间隙不击穿，保护器不动作），间隙击穿后通过限流元件释放雷电能量，从而限制了雷电过电压，此时绝缘子不闪络。当工频续流产生后，氧化锌阀片能够有效截断工频续流。安装示意图如图 GYPD00205006-3 所示。由于是带外串联间隙，在运行时不承受工频电压，因此具有使用寿命较长、免维护等优点。

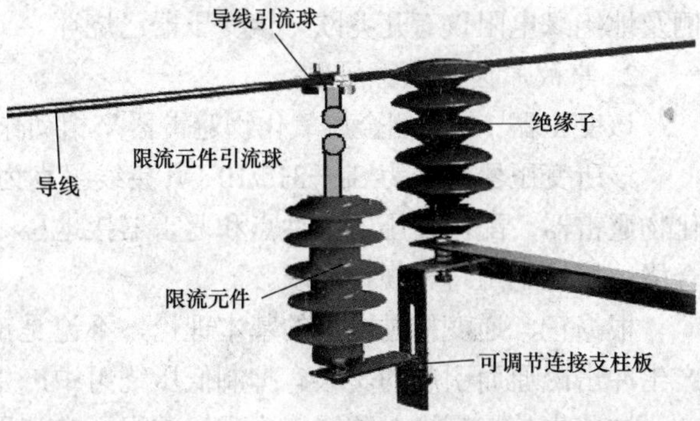

图 GYPD00205006-3 线路过电压保护器安装图

5. 延长闪络路径

为使电弧容易熄灭，局部增加绝缘强度，如在导线与绝缘子相连处加强绝缘以及采用长闪络路径避雷器等。

6. 局部剥离导线绝缘

局部剥离导线绝缘，使之局部成为裸导线，从而使电弧能在剥离部分滑动，而不是固定在某一点燃蚀，同时也为以后施工时提供一个接地线的挂点。

另外根据资料介绍，可参考芬兰的做法——架空绝缘导线线路杆顶结构用"闪络保护悬垂线夹"，如图 GYPD00205006-4 所示。

图 GYPD00205006-4 悬垂线夹在绝缘子上悬挂图

在线夹握持的一段导线上的绝缘层必须剥离并密封端口。悬垂线夹和耐张线夹之所以能起到闪络保护作用是因为线夹围绕导线的部分形成厚实金属部件，足以防止短路电弧在其根部的燃烧效应。闪络短路时，电弧在线夹负荷侧厚实金属部件间燃烧，导线不受损伤。如果耐张线夹内带有穿刺，则握在耐张线夹中的绝缘导线与耐张线夹接通，对防止雷击闪络断线效果更好。采用"闪络保护悬垂线夹"比常规扎线方法固定导线，对于导线承受风吹振动所引起的金属疲劳，其耐受力要好得多。

绝缘导线雷击必断，这是其特性所然，在架设架空绝缘导线的地方，应重视雷击断线问题。在直击雷频繁的区域，可以架设架空地线，以减少直击雷的危害。如有可靠的密封防潮措施，采用氧化锌避雷器也是不错的选择。防弧金具能防止雷击断线，但导体裸露较长，存在绝缘、密封缺陷。线路过电压保护器防雷效果好，不破坏线路绝缘，免维护，值得推广。目前，我国架空绝缘导线运行中最突出的问题是断线和密封防水问题，因此，在做防雷措施时最好不要破坏线路的绝缘。

【思考与练习】

1. 架空绝缘导线主要适合在哪些区域应用？
2. 架空绝缘导线雷击断线机理是什么？
3. 架空绝缘导线的防雷措施有哪些？
4. 安装放电线夹有哪些要求？

模块 7　典型雷击事故分析（GYPD00205007）

【模块描述】本模块介绍变压器和架空绝缘导线典型雷击事故。通过要点归纳和分析，掌握变压器和架空绝缘导线雷击事故的原因和防范措施。

【正文】

一、变压器典型雷击事故分析

1. 事故概况

2009 年夏季，处于南方某地区的一台配电变压器，在雷雨天遭受雷击。10kV 侧 V 相熔断器跌落。数小时后，检修人员用手触试变压器外壳时，变压器外壳依然烫手。用绝缘电阻表测量高压侧对低压侧及地绝缘电阻仅有几兆欧，该变压器已烧坏。

2. 事故原因及暴露问题

该变压器 10kV 侧金属氧化物避雷器 V 相动作了一次。证明发生这起事故是由于雷击所致。

该所变压器型号为 S_9—315/10，其接线组别为 Yyn0，其防雷及接地保护为高压侧装设一组金属氧化物避雷器，配电变压器中性点和避雷器接地引下线分别与变电站接地极相连。事后检查避雷器质量合格，接地电阻符合规程要求。

根据正、逆变换过电压的基本理论，不论是正变换还是逆变换，都是由于低压绕组流过冲击电流产生冲击磁通而引起的。只有抑制低压绕组中产生的冲击磁通，才可抑制过电压而免遭雷击。

这些事故暴露出对防雷工作不够重视，未能采取有效防雷措施，导致正、逆变换过电压损坏配电变压器。

3. 防范措施

（1）要大力推广使用新型配电变压器，因为新型配电变压器已采取措施防止其产生正、逆变换过电压。

（2）正确设置避雷器。为防止正逆变换而导致雷电冲击波击穿变压器绝缘，在配电变压器的低压侧也要装设避雷器，高低压侧避雷器的接地线必须与变压器的零线、外壳连接在一起形成四位一体接地，要保证接触良好。

（3）定期校验避雷器。为了保护变压器免遭雷击，应按规程要求定期测试避雷器，不合格的，应予更换。

（4）测试接地电阻。每年雷雨季节前，应对变压器接地电阻进行测试，如发现不符合规定的，及时采取补救措施。同时检查防雷设施，尤其是对引下线在土壤交界处的检查和所有接头的检查，使其达到要求。

二、架空绝缘导线典型雷击事故分析

1. 事故概况

某地区，夏日雨中的一天，雷声过后，某 10kV 速断保护跳闸，重合成功，而后又出现“一次接地”信号，接调度命令后，配电工区立即组织有关人员对线路及有关客户设备进行巡视检查。在 10kV 东山线 9～10 号杆间左边相被落雷击断。停电后进行了事故抢修处理，工作完毕后送电。

2. 事故原因及暴露问题

经现场检查分析发现：

10kV 东山线使用导线型号为 JKLYJ—185，此次雷击应为直击雷，不仅击断了导线，还将 9 号杆左边相绝缘子击碎，造成导线接地，对横担放电。

10kV 配电线路在设计上“先天不足”的耐雷水平，难以承受直接雷和感应雷的作用。当裸线遭受雷击发生闪络时，由于电动力关系，数千安培的工频续流电弧向负荷端移动直至保护动作，不会造成导线严重烧坏。绝缘导线则不同，在击穿点的周围存在绝缘，阻碍电弧的移动，使弧根停留在一点燃烧，此时即使将继电器跳闸时间调整到最小，导线也将被几千安的短路电流所损伤，断线事故的发生仍然难以避免。雷击过电压引起工频续流是导致架空绝缘导线雷击断线的主要原因。

这些事故暴露出对架空绝缘导线防雷工作不够重视，未能及时采取有效防雷措施，导致架空绝缘导线遭受雷击断线。

3. 防范措施

（1）提高线路绝缘子耐雷水平。将 10kV 绝缘子换为防雷绝缘子，将大大提高防雷水平。

（2）采取架空绝缘导线防止雷击断线的技术措施，具体方法参看前面章节所述。

（3）严格执行避雷器带电测试周期，雷雨季节（4～10 月）各测试一次。每年检验避雷器接地的可靠性。接地必须可靠，且引线应尽可能短。引线应符合规定，无断股现象，旱季应检测接地电阻，其值不应超过规定值。

（4）对雷害事故较多的线路，通过观测雷电，掌握雷电活动规律，找出线路重雷区和易击点，采取综合防雷措施。

（5）制定应急预案，根据气象预报，提前做好抢修准备。

（6）在 10kV 线路上安装短路故障指示器，即使 10kV 线路发生短路故障，也能快速查出故障点及时排除，降低事故损失。

【思考与练习】

1. 配电变压器防雷措施有哪些？

2. 架空绝缘导线的防雷措施有哪些？

模块 8 污闪放电的机理（GYPD00205008）

【模块描述】本模块介绍污闪的概念、特点及其危害以及绝缘子的污闪机理。通过要点归纳，掌握污闪发生的机理和污闪通常会造成的危害。

【正文】

架空配电线路长期处于露天运行，经常受到周围环境和大自然变化的影响，在运行中会发生各种各样的故障，其中季节性故障居多，而季节性故障中受天气影响的污闪故障最为严重。

一、污闪的概念

1. 污闪定义

污闪就是指电气设备的绝缘子表面受到固体的、液体的和气体的导电物质的污染，在遇到雾、露、毛毛雨和溶冰等不利气象条件时，使污层的电导增大，泄漏电流增加，在运行电压下产生局部电弧而发展为沿面闪络的一种放电。

2. 污秽的种类

根据绝缘子的污秽来源。绝缘子的污秽大致可分为以下几种。

（1）尘土污秽。由于风吹或运输车辆、农业机械等使空中的尘土飞扬，逐渐落到绝缘子表面而形成尘土污秽。尘土中并不含大量的导电物质，所以对线路的威胁并不显著，但如果农田使用大量化肥，增加了尘土中的导电物质，就容易引起绝缘子串污闪故障。

（2）盐碱污秽。处于盐碱地区的线路，由风吹起含盐粒的尘土，积沉在绝缘子上面而形成盐碱污秽。盐碱污秽对线路危害较严重，特别是沙土或半沙土的盐碱地区，常因遇到尘土风暴，从而形成严重的盐碱污秽。

（3）海水污秽。线路靠近海岸附近，海浪冲击海岸引起海水飞溅或海水微粒，受风吹的作用，把它们吹向远离海岸的地方，一旦散落在绝缘子上面，在干燥的气象条件，水分蒸发，微小颗粒的海盐则沉积在绝缘子上面形成海水污秽。

（4）工业污秽。如化肥厂、水泥厂、焦化厂、玻璃厂、冶金厂等工矿企业排出的烟尘和废气，飘散在空中，当落在绝缘子上面时就会形成工业污秽。这些污秽物质可能是液体、气体或固体。

（5）鸟粪污秽。在多鸟的地区，多发生在季节鸟成群集中的地区，鸟群停留在横担上，鸟粪则落在绝缘子串上形成鸟粪污秽。

二、污闪的特点及其危害

1. 污闪的特点

（1）闪络电压低，为正常的运行电压。干净干燥条件下每片绝缘子的闪络电压为75kV，干净淋雨状态下的闪络电压为45kV，脏污潮湿条件下的闪络电压会降低到10kV以下。

（2）设备发生污闪时，重合闸成功率低。气象条件不改善，绝缘难以恢复，必须经检修处理，才能送电。

2. 污闪的危害

污闪往往造成大面积停电，停电时间长，损失大，给工农业生产和人民生活带来严重影响。

运行经验表明，电网面临的两大威胁是系统稳定破坏和发生大面积污闪。解决系统稳定问题，并不能防止大面积污闪发生。电网失去稳定往往因偶发因素引起的连锁反应所致，污闪是其中的偶发因素之一。大面积污闪会使局部电网解列甚至崩溃，造成电网的大面积停电。

三、绝缘子的污闪机理

污闪放电是一个涉及电、热和化学现象的错综复杂的变化过程。宏观上可将污闪放电过程分为四个阶段，即：① 绝缘子表面的积污；② 污秽层的湿润；③ 干带形成和局部放电的产生；④ 局部放电发展并导致沿面闪络。

下面对这四个阶段的发展变化过程及影响因素分别进行讨论。

1. 绝缘子表面的积污

大气污染越严重的地区，绝缘子的积污也越严重。绝缘子的积污是受风力、重力、静电力等多种因素影响的一个动态过程。一般来说，绝缘子表面的积污是一个缓慢变化的过程，在干旱少雨的季节里绝缘子表面的污秽量是逐渐积累的，但在沿海地区海风的袭击可使污秽迅速建立。在多雨季节里，由于大雨对绝缘子表面的积污有清洗作用，绝缘子表面的积污量会显著减少，特别是绝缘子上表面的积污明显少于下表面的积污。

静电力对绝缘子的积污是有影响的。一般来说，在同样的条件下，带电运行的绝缘子比不带电的绝缘子积污速度快；在直流电压下运行的绝缘子比在交流电压下运行的绝缘子积污速度快。

2. 绝缘子表面污秽层的湿润

在相对湿度较大的时间里，污秽绝缘子表面容易湿润，因而容易发生污闪。绝缘子表面的湿润过程与气象条件密切相关，大雾、凝露、毛毛雨、雨夹雪、粘雪、溶雪、溶冰、雾凇、雨凇等对污秽绝缘子是极为不利的气象条件。

一日之内，从子夜到凌晨是相对湿度较大的时间。相对湿度的年变化一般是夏季小，冬季大。但在季风盛行的地区，相对湿度是夏季大，冬季小。

夜间由于室外温度较低，在绝缘子表面很容易形成水汽的凝结，凝露很容易在绝缘子的各个部位形成充分湿润的条件。雾凇、雨凇和溶雪、溶冰的情况类似，都是在环境温度升高时，绝缘子表面的附着物溶化而造成湿润的条件。

毛毛雨对污闪是危险的，若雨量很大，对绝缘子表面的污秽有冲洗作用，反而不容易发生污闪。

脏污和湿润条件也可能会同时建立，例如在海风袭击下的海水飞溅、湿沉降、酸雨和酸雾等。这些都是可导致污闪的极为不利的气象条件。

3. 干带形成和局部放电

在潮湿的气象条件下，污秽绝缘子表面受潮湿润后，污秽物中的可溶物质会逐渐溶于水中，在绝缘子的表面会形成一层具有一定导电性的水膜。污秽物中的可溶物质决定了水膜的电导率，污秽物中的不溶物质可起吸附水分的作用。此水膜构成了沿绝缘子表面导电的通道，从而有泄漏电流沿绝缘子表面流过。泄漏电流的大小不仅取决于绝缘子表面脏污的程度及污秽物的成分，而且和污秽物的湿润程度有关。

沿绝缘子表面流过的泄漏电流是不稳定的，泄漏电流的热效应会使水分蒸发。绝缘子表面各处的电流密度不同，在悬式绝缘子的帽、脚附近，或棒形支柱绝缘子的杆径处，由于这些部位相对来说直径较小，从而电流密度较大，这些部位较易形成干带。干带具有很大的表面电阻，从而中断了泄漏电流，沿绝缘子表面的电压分布随之发生变化。加在绝缘子两端的电压主要由干带承担，当干带某处的场强超过沿介质表面空气放电的临界场强时，该处就会发生沿面的局部放电。

这种放电是不稳定的，呈间歇的脉冲状态。当放电火花熄灭时，由于此时已形成明显的干带，泄漏电流被干带的高电阻限制到很小的值，泄漏电流的烘干作用几乎终止，大气的潮湿会使干带重新湿润，从而在某场强较高处又会产生新的放电火花。放电火花出现的部位是随机的，在一绝缘子上同时可能出现多个放电火花。这种沿面的放电可持续相当长的时间。放电的强弱和泄漏电流的大小有严格的对应关系，每次放电都对应一组泄漏电流的脉冲。这种放电火花的强弱以及泄漏电流的大小，都取决于与干带相串联的湿污层的电阻值。

如果绝缘子脏污不很严重，或者受潮不充分，以及绝缘子的泄漏距离较长从而有较大的绝缘裕度，湿污层的电阻值将较大。这种条件下的放电比较微弱，放电的形式多是蓝紫色的火花或刷状放电，此时相应的泄漏电流脉冲值也较小。这种间歇的放电可持续相当长的时间，但绝缘子发生污闪的可能性不大。随着使绝缘子受潮因素的减弱（天气的好转，空气相对湿度的减小），这种放电现象会逐渐减弱，并最终消失。

4. 局部放电的发展并导致闪络

如果绝缘子脏污比较严重，绝缘子表面又充分受潮，再加上绝缘子的泄漏距离较小，这些因素决定了绝缘子湿污层的电阻较小，从而会出现较强烈的局部放电现象。在这种条件下，跨越干带的放电形式为电弧放电，电弧为黄红色并作频繁伸缩的树枝形状，放电通道中的温度可增高到热游离的程度。与这种放电形式相对应的泄漏电流脉冲值较大，可达数十或数百毫安，局部电弧越强烈，相应的泄漏电流值就越大。这种间歇脉冲状的放电现象的发生和发展也是随机的、不稳定的，在一定的条件下，局部电弧会逐渐沿面伸展并最终完成闪络。

对一串绝缘子而言，污闪过程基本如上所述，但有以下特点：单个绝缘子表面的电压分布取决于整串绝缘子的状态。当其中某个绝缘子首先形成环状干带，跨越干带的电压将是整串绝缘上总电压的一部分，所以较易发生跨越干带的局部电弧。只有当多个绝缘子均已形成环状干带，分在一个干带上的电压才会减小下来。

流过某个绝缘子的泄漏电流，不仅取决于该绝缘子，而且取决于整串绝缘子在此时外绝缘变化的状态，它们互相联系，互相影响。当某个绝缘子的干带被局部电弧桥络时，原来加在这个绝缘子上的较高的电压将转移到其他绝缘子上。电压分布的突变，犹如一个触发脉冲，有时迫使整串绝缘子串联放电。一旦所有绝缘子的干带都被电弧桥络，泄漏电流将决定于绝缘子串湿污层的电阻，此时泄漏电流大增，强烈的放电有可能发展成整串绝缘子的闪络。

【思考与练习】

1. 污闪的概念是什么？有哪些危害？
2. 绝缘子污闪的发生要经过哪些过程？

模块 9 防止污闪的主要方法（GYPD00205009）

【模块描述】本模块介绍影响污闪的因素、防止污闪的措施。通过要点归纳，掌握影响污闪的因素、我国大气环境污染的特点和防止污闪的具体措施。

【正文】

在配电线路中，因为线路及其配电设备运行的环境不同，因此线路及其设备所受的污秽也不同；

而设备的污秽程度又直接影响线路及其设备的安全运行，所以防污工作是一项非常重要的工作。

一、影响污闪的因素

1. 影响污闪的因素

由于自然界的污秽种类多种多样，湿润特征千差万别，地理环境和气候条件存在差异，另外绝缘子本身材质、形状、尺寸、安装方式和承受的电压、频率的不同，都直接或间接影响绝缘子的表面状况和表面电弧的发展，因而也影响着绝缘子的污闪电压。影响污闪的因素主要有以下几方面。

（1）大气污染。随着城乡工业的迅速发展大气污染越来越严重，气象条件越来越恶劣，由于绝缘子表面长期遭受工业和自然污秽物的污染和积污，当其表面污秽层受潮后，绝缘电阻下降，泄漏电流增加，从而导致闪络事故发生。

（2）鸟粪污染。虽然鸟粪污秽的盐密度不高，但是由于鸟在排粪时，其粪便极易造成短路或缩短绝缘子的有效爬距，使绝缘子在正常工作电压下发生污闪事故。

（3）酸雨、酸雾影响。由于地理环境的不同，大气污染造成个别地区不同程度的存在酸雨、酸雾现象，由于酸性污秽物的电导率随 pH 值的减少而增大，从而大大降低绝缘子的闪络电压。

（4）绝缘子覆冰、覆雪的影响。绝缘子覆冰、覆雪对污闪电压有不同的影响，经过有关科研部门的试验研究，绝缘子先污染后结冰时在相同的盐密下，无论在冻结状态还是在融化状态下其污闪电压可提高，若冰在充分融化时其耐受电压不变。通常情况下由于冰雪在空气中往往是受到污染后冻结在绝缘子上，这时其耐受电压值最低，极易发生闪络事故。

（5）雷电和操作过电压的影响。由于雷电和电气操作所产生的过电压容易使污秽绝缘子发生闪络，所以部分闪络的发生来源于雷电和操作过电压。

（6）海拔高度的影响。由于在高海拔环境下大气压强较低，所以极易发生放电现象，并且电弧较粗，在交流过零后，电路极易发生放电现象，电弧容易发生重燃，较难熄灭。

（7）绝缘爬距、结构、材料的影响。绝缘子爬距、结构及材料与污闪电压密切相关，一般情况下，污闪电压随爬距的增大而增加。绝缘子的结构形状直接影响绝缘子的防污性能。

2. 我国大气环境污染的特点

（1）工业污染占的比重较大。

（2）大气中总悬浮微粒日平均浓度大，城市更严重。

（3）燃煤所产生的污染加重，造成大气中 SO_2、NO_2、总悬浮微粒及降尘量均达到相当严重的水平。

（4）酸雨的污染范围不断扩大。

（5）废气排放量逐年增加。

综上所述，我国的防污闪工作是一项长期艰巨的工作，应常抓不懈，从技术上和管理上制订切实可行的措施，减少污闪事故的发生。

二、防止污闪的措施

各种污秽达到一定程度时会引起绝缘子串的闪络，造成污闪。污闪故障波及面广且时间较长，有时造成几十条线路污闪停电。所以防止污闪对保证线路安全运行极为重要，一般可根据本地区的运行经验，采取以下防污闪措施。

1. 确定线路的污秽期和污秽等级

污闪具有明显的季节性和区域性，根据历年线路发生污闪的时期和绝缘子的等值盐密测量结果，确定本地区电力线路的污秽季节或月份和污秽等级（或允许的绝缘子串单位泄漏比距）。这样，可在污秽季节到来之前完成防污工作，同时对新建或大修改建的线路提供防污闪数据。

2. 定期清扫绝缘子

在污秽季节到来之前，逐基登杆清扫绝缘子。清扫方法，可用干布、湿布或蘸汽油的布（或浸肥皂水的布）将绝缘子擦干净；也可带电冲洗绝缘子（现已很少采用）。对污秽严重，不易在现场清扫的绝缘子，可以更换新的绝缘子，将旧绝缘子带回工厂进行清洗。

3. 在线监测和更换不良或零值绝缘子

对绝缘子串定期进行零值和不良绝缘子的测量，及时更换不良和零值绝缘子，使线路永远保持耐污闪的绝缘水平。

在线监测的前提条件是需要有相应的仪器才能进行。在绝缘子数量大的情况下，劳动量也很大。并且目前开发出的一些在线监测仪器，在使用中受温度、湿度、风速等气候条件影响较大，准确率起伏很大。市场新开发的玻璃绝缘子虽然具有零值自爆特点，为绝缘子的绝缘检测提供了一条新的途径，但由于其自洁能力差，积污重，很不适应重污区使用。

4. 增加绝缘子串的单位泄漏比距

绝缘子表面泄漏电流越大，污闪越严重，而泄漏电流的大小与绝缘子串的单位泄漏比距成反比。因此，可以增加绝缘子片数或改为耐污绝缘子来增加绝缘子串的单位泄漏比距。

5. 采用憎水性涂料

憎水性涂料是一种具有粘附性和拒水性油料。将它涂在绝缘子表面，当污秽物落在其上后，便被涂料包围形成一个个孤立的细小微粒。因为这些污秽物的微粒外面包裹了一层拒水性涂料，故使里面的污秽物质不易吸潮，即使吸潮后也是一个个孤立的微粒，而不能形成片状水膜的导电通路，从而可以避免污闪发生。

采用憎水性涂料是一种比较先进且成本较低的方法，优越性也比较明显。我国从20世纪六七十年代就开始使用耐污涂料，最初使用硅油、硅脂、地蜡。80年代以来，又开发出室温硫化硅橡胶（RTV Room Temperature Vulcanized Silicone Rubber）涂料应用于现场，由于其具有憎水性和包容污秽物的特点，当污秽物落上后，被防污涂料包围成一个个孤立的细小微粒，使其不被雨水或潮雾中的水分所润湿，因此，该污秽物质不被离子化，从而能有效地扼制泄漏电流，极大地提高绝缘子的防污闪能力。在实际应用中，使用RTV涂料，要严格按使用说明书操作。施工工艺要求较高，太薄或龟裂、脱皮都会失去应有作用，造成闪络事故。在保证喷涂质量的条件下，一次使用可保持绝缘子五年内不用清扫。

6. 采用合成绝缘子

合成绝缘子是由环氧玻璃纤维棒制成芯棒和以硅橡胶为基本绝缘体构成的，环氧玻璃纤维棒抗张性强度相当高，为普通钢材抗张强度的1.6～2.0倍，是高强度瓷的3～5倍。硅橡胶绝缘伞裙具有良好的耐污闪性能，所以采用合成绝缘子是线路防污闪的有效措施。

另外，在春检、秋检将跌落式熔断器处污秽物进行清洗。对污秽段的跌落式熔断器，在跌落式熔断器上加装爬距增长器、更换绝缘导线和在绝缘子附近的绝缘导线上缠绕绝缘包覆带并涂RTV涂料，也是防止污闪的有利方法。

由于架空线路的污闪故障对供电可靠性危害极大，因此治理工作非常重要，只有通过预防与治理相结合的措施，采用先进的治理方法，才能达到预期的效果。同时防污闪工作要有规范的制度和科学的管理方法，通过强化管理，层层落实防污闪工作，把污闪跳闸率降到最低点，力争消灭污闪故障，保证配电网安全运行。

【思考与练习】

1. 影响污闪的因素有哪些？

2. 防止污闪的措施有哪些？

第十一章 电 能 质 量

模块 1 电能质量指标（GYPD00206001）

【模块描述】本模块介绍电能质量的概念、电能质量指标等。通过概念介绍和要点归纳，掌握影响电能质量的因素和电能质量的指标标准。

【正文】

随着时代的进步与科技的飞速发展，现代电网与负荷构成出现新的变化趋势，由此带来的电能质量问题越来越引起电力部门和电力客户的高度重视。一方面，冲击性负荷、非线性负荷使电网出现诸如波形畸变、电压闪变、电压暂降等较为严重的电能质量问题；另一方面，人们所使用的精密和复杂电子设备也要求高质量和高可靠性的电能供应。为适应生产发展的需要，对电能质量指标进行监测、分析和调整，实现对电能的全面质量控制是十分必要的。

一、电能质量的概念

电能质量是指通过公用电网供给客户端的交流电能的品质。理想状态的公用电网应以额定的频率、正弦波形和标准电压对客户供电。同时，在三相交流系统中，各相电压和电流的幅值应大小相等、相位对称且互差 120°。但由于系统中的发电机、变压器和线路等设备非线性或不对称，负荷性质多变，加之调控手段不完善及运行操作、外来干扰和各种故障等原因，这种理想的状态并不存在，因此产生了电网运行、电力设备和供用电环节中的各种问题，也就产生了电能质量的概念。

目前，世界各国对电能质量的定义都不完全相同。从不同的角度来看，对电能质量会有不同的理解。从供电角度看，电能质量是指供电的参数符合标准及供电的可靠性；从用电设备生产商的角度看，电能质量是指提供设备所要求的电能特性；从客户角度看，电能质量问题是指一切会引起用电设备运行故障的供电电压、电流及频率的异常扰动。国际电工委员会（IEC）标准对电能质量是这样定义的：电能质量是指供电装置在正常工作情况下不中断和干扰客户使用电力的物理特性。美国电气及电子工程师学会（IEEE）给出电能质量问题的一般解释为在供电过程中导致电气设备出现误动作或故障损坏的任何异常现象，如电压凹陷、过电压、暂态、谐波畸变和电气噪声等。

二、电能质量指标

电能质量是表征电能品质的优劣程度。对于供电企业而言，衡量电能质量的主要指标是电网频率和电压质量。频率质量指标为频率允许偏差；电压质量指标包括允许电压偏差、允许波形畸变率（谐波）、三相电压允许不平衡度以及允许电压波动和闪变。

为加强电网电能质量管理，保证电网的安全运行和电能质量，维护电气安全使用环境，保护发、供、用各方的合法权益，国家技术监督局先后组织制定并颁布了 5 项电能质量国家标准：GB/T 15945—2008《电能质量 电力系统频率允许偏差》；GB/T 12325—2008《电能质量 供电电压偏差》；GB/T 15543—2008《电能质量 三相电压允许不平衡度》；GB/T 12326—2008《电能质量 电压波动和闪变》；GB/T 14549—1993《公用电网谐波》。这些标准是我国公用电网正常运行应满足的条件，给电能质量治理工作提供了参考与依据。

1. 频率偏差

频率偏差的标准与规定：

（1）要求供电方遵守的标准与规定。我国电力系统的标称频率为 50Hz，GB/T 15945—2008《电能质量 电力系统频率允许偏差》中规定：电力系统正常频率偏差允许值为 ±0.2Hz，当系统容量较小时，偏差值可放宽到 ±0.5Hz，标准中没有说明系统容量大小的界限。在《全国供用电规则》中规定供电公司供电频率的允许偏差：电网容量在 300 万 kW 及以上者为 ±0.2Hz；电网容量在 300 万 kW 以下者，为 ±0.5Hz。实际运行中，从全国各大电力系统运行看都保持在不大于 ±0.1Hz 范围内。因此，系统频率目前在电能质量中最有保障。

（2）要求需电方用电设备遵守的标准与规定。GB/T 1980—2005《标准频率》规定：电力供电系统及设备，其额定频率的允许偏差值为 ±1%。

2. 电压偏差

电压偏差是指系统各处的电压偏离其额定值的百分比，它是由于电网中客户负荷的变化或电力系统运行方式的改变，使加到用电设备的电压偏离网络的额定电压。

GB/T 12325—2008 中规定：

（1）35kV 及以上供电电压正、负偏差的绝对值之和不超过标称电压的 10%。（注：如供电电压上、下偏差同号，即均为正或负时，按较大的偏差绝对值作为衡量依据）

（2）20kV 及以下三相供电电压允许偏差为标称电压的 ±7%。

（3）220V 单相供电电压允许偏差为标称电压的 +7%～−10%。

（4）对供电点短路容量较小、供电距离较长以及对供电电压偏差有特殊要求的客户由供、用电双方协议确定。

标准中供电电压为供电部门与客户产权分界处的电压或由供用电协议所规定的电能计量点的电压。确定允许电压偏差是一个综合的技术经济问题，允许的电压偏差小，有利于用电设备的安全、经济运行，但为此要在电网中增添更多的无功电源和调压设备，需要更多的投入。反过来如果扩大用电设备对电压的适应范围，提高设备在这方面的性能，往往也要增加设备投资。综合国外标准和我国国情制定的供电电压允许偏差的国家标准，能满足绝大部分用电设备的运行要求。

3. 电压波动与闪变

电压波动是电压方均根值（有效值）一系列的变动或连续的改变。电压波动值为电压均方根值的两个极值 U_{max} 和 U_{min} 之差 ΔU，常以额定电压 U_N 的百分数表示其相对百分值

$$\Delta U = \frac{U_{max} - U_{min}}{U_N} \times 100\% \qquad \text{(GYPD00206001-1)}$$

闪变是灯光照度不稳定造成的视感，包括电压波动对电工设备的影响和危害。但不能以电压波动来代替闪变，因为闪变是人对照度波动的主观视感。

电压波动与闪变主要是由冲击性功率负荷（如电力牵引机、炼钢电弧炉、电弧焊机和轧钢机等）引起的。这些非线性、不平衡冲击性负荷产生的有功和无功功率会随机或者周期性的变动，有功和无功的剧烈变化将会使电压产生周期性或随机的变化，从而使同一电网上其他客户电压以相同的方式波动。这种电压幅值在一定范围内（通常为额定值的 90%～110%或 110%～180%）有规律或随机地变化，即称为电压波动。闪变表现为人眼对电压波动所引起的照明异常的视觉感受。电压波动对电压质量要求很高的敏感性负荷影响是十分巨大的，造成的经济损失也不容忽视。电压闪变超过限度值使照明负荷无法正常工作，损害工作人员身体健康。

4. 三相不平衡度

指三相电力系统中三相不平衡的程度，用电压或电流负序分量与正序分量的方均根值百分比表示

$$\varepsilon_U = \frac{U_2}{U_1} \times 100\% \qquad \text{(GYPD00206001-2)}$$

式中　U_1——三相电压的正序分量方均根值，V；

U_2——三相电压的负序分量方均根值，V。

如将式（GYPD00206001-2）中 U_1、U_2 换为 I_1、I_2，则为相应的电流不平衡度 ε_I 的表达式。

GB/T 15543—2008 规定的电压不平衡度允许值：① 电力系统公共连接点正常电压不平衡度允许值为 2%，短时不得超过 4%；② 接于公共接点的每个客户，引起该点正常电压不平衡度允许值一般为 1.3%。

5. 公用电网谐波

谐波即对周期性的变流量进行傅里叶级数分解，得到频率为大于 1 的整数倍基波频率的分量，它是由电网中非线性负荷而产生的。

GB/T 14529—1993 中规定了各电压等级的总谐波畸变率，各单次奇次电压含有率和各单次偶次电压含有率的限制值：6～220kV 各级公用电网电压（相电压）总谐波畸变率是 0.38kV 为 5.0%，6～10kV 为 4.0%，35～66kV 为 3.0%，110kV 为 2.0%；客户注入电网的谐波电流允许值应保证各级电网谐波电压在限值范围内，所以国标规定各级电网谐波源产生的电压总谐波畸变率是：0.38kV 为 2.6%，6～10kV 为 2.2%，35～66kV 为 1.9%，110kV 为 1.5%。对 220kV 电网及其供电的电力客户参照本标准 110kV 执行。

6. 电压合格率

（1）概念。实际运行电压偏差在限值范围内累计运行时间与对应的总运行统计时间的百分比。

被监测的供电点称为监测点，通过供电电压偏差的统计计算获得电压合格率。供电电压偏差监测统计的时间单位为 min，通常每次以月（或周、季、年）的时间为电压监测的总时间，供电电压偏差超限的时间累计之和为电压超限时间，监测点电压合格率计算公式如下

$$电压合格率（\%）=\left(1-\frac{电压超限累计时间}{电压监测总时间}\right)\times 100\% \qquad （GYPD00206001\text{-}3）$$

（2）电网电压监测。电网电压监测分为 A、B、C、D 四类监测点：

1）A 类为带地区供电负荷的变电站和发电厂的 20kV、10（6）kV 母线电压。

2）B 类为 20kV、35kV、66kV 专线供电的和 110kV 及以上供电电压。

3）C 类为 20kV、35kV、66kV 非专线供电的和 10（6）kV 供电电压。每 10MW 负荷至少应设一个电压监测点。

4）D 类为 380/220V 低压网络供电电压。每百台配电变压器至少设 2 个电压监测点。

测点应设在有代表性的低压配电网首末两端和部分重要用户处。各类监测点每年应随供电网络变化进行调整。

【思考与练习】

1. 电能质量指标有哪些？

2. 我国电力系统对电压偏差的允许值是什么？

模块 2　电压偏差的调整（GYPD00206002）

【模块描述】本模块介绍电压偏差对用电设备的影响和治理电压偏差超标的对策。通过要点归纳，掌握电压偏差对照明类设备、异步电动机、电子设备的影响和治理电压偏差超标的措施。

【正文】

一、电压偏差对用电设备的影响

1. 照明类设备

照明灯具中常用的白炽灯、荧光灯，其发光效率、光通量和使用寿命均与电压有关。照明灯的电压特性如图 GYPD00206002-1 所示。图中的曲线表示白炽灯和荧光灯端电压变化时，其光通量、发光效率和寿命的变化。从图中可看出，当电压较额定电压降低 10%时，光通量约减少 30%，照度显著降低。当电压较额定电压升高 10%时，寿命约减少 50%，这将使白炽灯损坏的数量显著增加。由上可知电压偏差对白炽灯影响很大，对荧光灯影响相对较小。

2. 异步电动机设备

许多家用电器（如洗衣机、电风扇、空调机、电冰箱、抽油烟机等）内的异步电动机，其转矩与端电压的平方成正比。如果以额定电压时的转矩作为 100%，则电压降低 10%时，转矩就要降低 19%。因此，若端电压降得太低时，电动机可能因转矩太小而停转；重载电动机因之也难以起动。另一方面，当异步电动机带机械荷载工作时，外电压降低，绕组电流增大，促使电动机温度增加，加速绝缘老化、

寿命缩短，严重时可能烧坏电动机。如果异步电动机的外加电压超过额定电压过多时，有可能损坏绝缘或由于励磁过大而发生过电流。

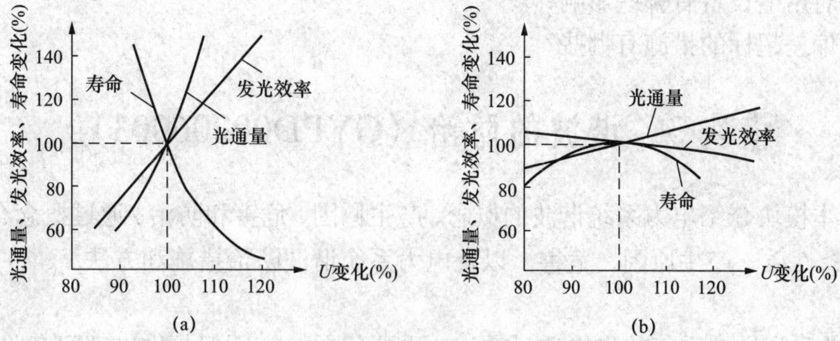

图 GYPD00206002-1　照明灯的电压特性
（a）白炽灯电压特性；（b）荧光灯电压特性

3. 电子设备

现代电子设备中的电子器件，对电压质量要求更高，电压高于设备额定电压时，就会严重降低器件寿命；电压低于设备额定电压时，器件工作点不稳定，失真严重，甚至不能工作。

二、治理电压偏差超标的措施

电压偏差超标治理的主要对策是采取各种调压手段和方法，在各种不同运行方式下，使客户的电压偏差符合国家标准。主要包括以下几种电压调整方式。

1. 中枢点电压控制与调整

电力系统电压的监视和调整可以通过对中枢点电压的监视和调整来实现。所谓中枢点，是指电力系统中可以反映系统电压水平的主要发电厂和变电站的母线，很多负荷都由这些母线供电。若控制了这些中枢点的电压偏差，也就控制了系统中大部分负荷的电压偏差。根据电网运行经验，为了满足中枢点供电电力用户的电压要求，一定电压等级的线路的供电距离和供电容量是有一定范围的。对于中枢点的电压调整，也可根据电力网的不同性质，大致确定一个中枢点电压的变动范围。

2. 发电机调压

发电机不仅是有功电源，而且也是无功电源，有些发电机还能通过进相运行吸收无功功率，所以可用调整发电机端电压的方式进行调压。现在的同步发电机都装有自动调节励磁装置，其主要功能是自动调整发电机的机端电压、分配无功电能，提高发电机同步运行的稳定性。按规定，发电机可以在其额定电压的95%～105%范围内保持以额定功率运行。这是一种充分利用发电机设备，不需额外投资的调压手段。

3. 变压器调压

变压器调压分为无载调压和有载调压两种。无载调压必须在变压器停电之后，调整变压器的分接头的挡位。有载调压可以在变压器不停电的情况下进行调整电压，并且调压范围大，调压级数多，10kV有载调压配电变压器调整范围可达额定电压的±10%，可大大改善配电网的电压质量。

4. 优化无功补偿

合理的无功补偿点的选择以及补偿容量的确定，能够有效地维持系统的电压水平，提高系统的电压稳定性，避免大量无功的远距离传输，从而降低有功网损，减少发电费用。无功补偿的原则是全面规划、合理布局、分级补偿、就地平衡。集中补偿与分散补偿相结合，以分散补偿为主；高压补偿与低压补偿相结合，以低压补偿为主；在优化无功补偿的同时，注意调压与降损相结合，在满足电压合格率的前提下，最大限度地降低电能损耗。一般配电网无功补偿方式有：变电站集中补偿方式、低压集中补偿方式、线路补偿方式和用户终端分散补偿方式。

电压调整是一项十分复杂的问题，对于配电网来说，首先应建立电压监测点，安装电压监测控制仪对电压质量进行连续监测。对监测点电压按规定的合格范围值进行整定，准确地统计出一个周期内总供电时间及电压不合格（偏高或偏低）的累计时间，从而准确地反映出电压质量的实测数据，为调整电压提供依据。目前改善电压质量的方法主要是变压器调压和优化无功补偿两种形式。

【思考与练习】

1. 电压偏差对用电设备有哪些影响？

2. 治理电压偏差超标的措施有哪些？

模块3 谐波的防治（GYPD00206003）

【模块描述】本模块介绍电力系统谐波的概念、产生原因、危害和防治。通过概念介绍和要点归纳，掌握谐波的定义、性质、产生原因、危害，以及电力系统谐波防治措施和方法。

【正文】

谐波问题是关系到供电系统的供电质量的一个重要问题，它不但与供电部门有关，而且还关系到广大电力用户和电气设备制造厂的切身利益。如何有效地抑制谐波，保证电力系统的正常运行是广大电力用户亟待解决的问题。

一、电力系统谐波的定义与性质

1. 电力系统谐波的定义

国际上公认的谐波定义为：谐波是一个周期电气量的正弦波分量，其频率为基波频率的整数倍。由于谐波的频率是基波频率的整数倍，也常称它为高次谐波。国际大电网会议文献中对谐波有明确的定义：谐波分量为周期量的傅里叶级数中大于1的 n 次分量。对谐波次数 n 的定义则为：以谐波频率和基波频率之比表达的整数。IEEE 519：1992《电力系统谐波控制的推荐规程和要求》中的定义为：谐波为一周期波或量的正弦波分量，其频率为基波频率的整数倍。

2. 电力系统谐波的性质

（1）谐波次数 n 必须是正整数。例如，我国电力系统的额定频率为 50Hz，则其基波为 50Hz，2次谐波为 100Hz，3 次谐波为 150Hz。n 不能为非整数，因此也不能有非整数次谐波。

（2）谐波和暂态现象的区别。通常认为谐波现象的波形保持不变，而暂态现象则在每周的波形都发生变化或有衰减现象等。根据傅里叶级数的基本理论，被变换的波形必须是周期性的和不变的。实际上很难完全做到，这是因为电力系统负荷是波动的，而负荷的变动会影响系统中的谐波含量。在实际分析中，只要被分析的现象或情况持续一段适当的时间，就可以应用傅里叶级数。因此，谐波可以分解成傅里叶级数。

二、电力系统谐波的产生

电力系统本身包含的能产生谐波电流的非线性元件，主要有变压器，交、直流换流站的晶闸管控制元件，晶闸管控制的电容器、电抗器组等。但电力系统谐波更主要的来源是各种非线性负荷用户，如各种整流设备、调节设备、电弧炉、轧钢机以及电气拖动设备。各种低压电气设备和家用电器所产生的谐波电流也能从低压侧馈入高压侧。对于这些设备，即使供给它理想的正弦波电压，它的电流也是非正弦的，即有谐波电流存在。其谐波含量取决于它本身的特性和工况，基本上与电力系统参数无关，因而可看作谐波恒流源。这些用电设备产生的谐波电流注入电力系统，使系统各处电压含有谐波分量。变压器的励磁回路也是非线性电路，也会产生谐波电流。

1. 变压器和电抗器造成的谐波

在电力系统中，变压器的总容量一般是发电机总容量的4倍左右或更多，因此它是电力系统普遍存在的谐波源。变压器和电抗器产生谐波的原因是铁磁饱和特性，而系统运行电压则是使变压器和电抗器铁芯磁饱和的决定因素。在稳态工作时，这种由磁饱和引起的谐波一般很小，不会对系统的工作造成严重的危害。正常工作时，变压器空载励磁电流仅为额定工作电流的 2%～10%，饱和电抗器正常工作产生的谐波已由设计良好的滤波器滤除。但当变压器流过直流时，增加了变压器铁芯的饱和程度，励磁电流显著增加。变压器、电抗器饱和时的合闸涌流可达额定电流的 6～8 倍。这种电流包含很大的非周期分量和谐波分量。

2. 电弧的非线性伏安特性造成的谐波

在电弧燃烧过程中，电弧的电压与通过的电流有关。电流增大，电阻以更快的速度降低，这使得电弧的伏安特性呈现明显的非线性。即使在电弧中通过正弦波形的电流时，电弧电压的波形也不是正弦波形的。这样就产生了谐波。

3. 整流、换流装置

整流、换流装置在变换电力的工作过程中，使得从电力系统输入的电压、电流之间失去了比例关系，导致了负荷电流波形的非正弦。因此，就整流装置来说，它既是一个从电力系统吸收功率的负荷，又是一个“谐波源”。

4. 家用电器

家用电器单个容量不大，但数量多且散布于各处，电力部门对其又难以管理。家用电器所产生的谐波电流可以从低压系统馈入电网。一般家用电器所产生的谐波电流含量，如表 GYPD00206003-1 所示。

表 GYPD00206003-1　　一般家用电器设备产生的谐波电流含量　　%

名　称	谐 波 次 数				
	3	5	7	9	11
日光灯	14.1	2.9	1.8	—	—
鼓风机	8.5	1.4	0.9	—	—
洗衣机	21～40	4.5～9	3～6	1～4	—
彩色电视机	87.9	68.3	45.2	23.5	6.8
黑白电视机	89.1	16.9	2.1	2.1	1.2
电子灶	14.6	1.7	1.0	—	—
电冰箱	10～13	3～5	0.5～2	—	—
吸尘器	9.1	1.1	0.7	—	—

从表 GYPD00206003-1 中可知，产生谐波含量最高的是电视机，尤其是彩色电视机。随着家用电器的发展，其产生的谐波污染已日益严重，成为不可忽视的问题。

三、配电系统谐波的危害

配电系统谐波污染主要危害：

（1）由于谐波电压在许多情况下能使正弦波变得更尖，不仅导致变压器、电容器等电气设备的磁滞及涡流损耗增加，而且使绝缘材料承受的电压力增大；再者，谐波电流能使变压器的铜耗增加，所以变压器在严重的谐波电流下将产生局部过热、噪声增大现象，从而加速绝缘老化，缩短变压器等电气设备的使用寿命，降低供电可靠性。

（2）导致电力电缆发热，在三相对称回路中，三次谐波在三相导线中相位相同，在中性线上叠加后产生了 3 倍于相线的谐波电流和谐波电压，导致了中性线温度升高。大量的电子设备及电子式荧光灯使三次谐波在系统中的占有率增大，因此，谐波引起中性线发热的问题值得关注。当高频电流通过导线时，线路集肤效应加重，线路外表面电流密度加大，就会导致线路（相线及中性线）发热。

（3）当配电线路与通信线路平行或相距较近时，由于两者之间存在静电感应和电磁感应，容易形成电场耦合和磁场耦合，三次谐波分量效应更显强烈，并在通信系统内产生音频干扰，从而降低信号的传输质量，破坏信号的正常传输，不仅影响通话的清晰度，严重时将威胁通信设备及人身安全。

（4）导致低压配电设备工作异常，谐波畸变可使配电用低压电器设备（断路器、漏电保护器、接触器、热继电器等）发生故障。谐波电流使低压电器设备铁损、铜损增加，集肤效应加剧，从而产生异常发热、误动作等故障。

（5）导致电网的各类保护及自动装置产生误动或拒动，特别在广泛应用的微机保护、综合自动化装置中表现突出，容易引起区域系统瓦解，造成故障扩大等恶性后果。

（6）建筑物突发火灾被证明也有一部分与电网谐波有关。同时，电网谐波还会严重削弱和干扰电网的经济运行，造成电网“公害”。

四、谐波的治理

1. 组织措施

（1）谐波情况的普查。测量电网中的谐波电压、电流和谐波潮流及其方向，以查明谐波源，为采取措施、控制电网谐波含量提供依据。

（2）谐波监测点的设置。在电网中谐波源或其他谐波畸变严重的连接点上设置谐波警报器或谐波电流、电压表，监视该点谐波变化情况，以便及时采取限制措施。

（3）新的谐波源负荷接入电网时的检测。在谐波源负荷接入电网前后，均应进行谐波测量，以便为研究谐波源接入电网需要采取的措施提供依据。检查谐波源接入电网后其谐波含量是否超过允许值。

（4）谐波事故分析。在电网或电气设备出现异常或故障时，要进行谐波检测分析，如因为谐波（特别要注意谐振和放大）造成的故障，则应采取措施，予以消除。

2. 技术措施

对谐波的治理应该从两方面来考虑，一是产生谐波的非线性负荷；二是受危害的电气设备和装置。这两个方面应该相互配合，统一协调，作为一个整体来研究，采用技术、经济最合理，符合社会发展和历史条件的方案来治理和消除谐波。

（1）减少谐波源的谐波含量。

1）增加晶闸管变换装置脉冲数。对于整流、换流设备，增加晶闸管变换装置脉冲数是降低谐波最基本的一种方法。

2）改变供电系统运行方式。适当改变供电系统的运行方式可达到抑制谐波影响的目的。尽可能地保持三相负荷电流的平衡，可以减少 $mp\pm1$ 次以外的非理论谐波电流。运行中需尽量减少变压器空载，避免运行电压过高，改善电网电压质量。在系统参数不当、可能造成谐波共振时（实测）采用倒换系统错开共振点或改变无功补偿容量的办法来消除谐波共振。在存在较大容量的谐波源负荷的情况下，可采用提高供电电压等级或采用专线供电的方法，例如专用一台主变压器对该条线路进行供电等。

（2）安装滤波器。

1）安装无源滤波器。在谐波源设备已经确定的情况下，防止谐波电流注入电网的有效措施是在谐波源处就近安装滤波器。靠近谐波源吸收谐波电流是安装滤波器的基本原则。这是因为谐波电流进入高压电网后再采取措施，无论是在技术上还是经济上都是不合理的。

2）安装有源滤波器。安装交流滤波器的实质是组成一个对某次谐波为低阻抗的谐振回路来吸收负荷所产生的谐波电流，因此，它是一种有源滤波器。目前许多国家使用的是利用时域补偿原理的有源滤波器，这种滤波器的优点是能做到适时补偿且不增加电网的容性元件，但造价较高。设置有源滤波器是近年来采用的一种较为先进的抑制谐波的方法。有源滤波器由具有自换向能力的半导体元件 GTO（可关断晶闸管）和直流电流源组成。采用 PWM（脉宽调制）控制方式，通过 GTO 的导通调制出和负荷产生的谐波电流大小相等、极性相反的输出电流，与谐波电流相抵消，从而达到滤波效果。

（3）装设动态无功补偿装置。采取快速可变的电抗器或电容元件组合，形成动态无功补偿装置（或称静止无功补偿装置）与谐波源并联，不仅可有效地减少谐波量，而且能够抑制电压波动、闪变，增加系统阻尼，提高系统功率因数，保证电网供电质量。补偿装置一次性投资较大，但是，经济和社会效益较好，适合于有较大谐波源的场所。

（4）相数倍增法。电力系统中接入的非线性器件，有许多往往正是利用非线性来达到技术上的某种目的，因此，不能用降低甚至消除非线性来消除谐波。谐波都是一些正弦交流量，其大小和方向与相位有关，因此可设法让次数相同、相位相反的谐波相互抵消。经分析推理证明，对于两组三相系统，如果它们的相位相差 30° 时，可以消除 5、7、17、19、29、31 次谐波；相位相差 15° 的 4 组三相系统，可以消除 11、13、35、37 次等谐波。因此，用两只整流桥组成的换流器分别接在有相位相差 30° 的三相电路上，组成 12 脉冲换流器，可以消除 5、7、17、19、29、31 次谐波。这样总的谐波量可由 6 脉冲换流器时的 $0.246I_1$ 降到 $0.117I_1$。如果组成 24 脉冲换流器，则谐波成分可降为 $0.053I_1$。以上方法就是相数倍增法。

相数倍增法也可用普通换流变压器配合适当的移相变压器组成 12 相、18 相、24 相、36 相等换流装置。这时移相变压器使各组换流装置获得 30°、20°、15° 和 10° 等的相位移。这种方式虽然克服了换流变压器复杂的困难，但增加了移相变压器的费用，这在经济性方面是否合理应进行具体的分析比较。可见，相数倍增法只有在各组整流器的负载完全一致时才能有效消除谐波。

【思考与练习】

1. 电力系统谐波的产生原因有哪些？
2. 谐波有哪些危害？
3. 谐波的治理措施有哪些？

第十二章　可　靠　性

模块 1　配网可靠性的基本知识（GYPD00207001）

【模块描述】本模块介绍配电系统可靠性的概念、主要指标、计算公式和城市配电网供电安全 N–1 准则。通过概念描述和列表比较，掌握可靠性指标的计算方法，以及城市配电网供电安全 N–1 准则的相关知识。

【正文】

配电系统可靠性的工作，可以分为两个基本方面，即评价过去的性能和预测未来的行为。也就是说，对现有已运行的配电系统进行历史的可靠性的统计、分析及评价，它是整个配电系统供电能力评估中极为重要的部分。

一、可靠性概论

配电系统是电力系统中直接针对用户的环节，对用户供电质量和供电可靠性的影响也最为直接。据统计，大约有 80%的停电事故缘于配电系统故障。可见，配电系统可靠性在电力系统可靠性中占有非常重要的地位。随着中国配电网络规模的不断扩大，如何快速、高效地对网络进行可靠性评估已成为人们研究的热点。

1. 配电系统可靠性的研究现状

20 世纪 60 年代，人们开始研究电力系统可靠性时，由于发电设备与配电设备相比，相对比较集中，设备一次性投资额大，建设周期长，发电容量不足造成的停电给社会及环境可能带来后果的严重性和广泛性容易引起人们的注意，因此人们着重强调发电系统的可靠性，而忽视了配电系统可靠性的重要性。随着统计工作的不断完善和数据资料的不断积累，人们发现配电系统的故障对用户供电可靠性的影响很大。长期以来，美国、英国、加拿大、日本以及法国等国都投入大量资金对配电系统可靠性进行专门研究，相关研究成果已经用于生产实践。在发达国家，可靠性评估已成为配电系统规划决策中的一项常规性工作。把停电损失列入规划方案的比较，将可靠性与经济性统一协调，使可靠性技术的应用发展到了一个新的层次。

在我国是由中国电力企业联合会负责归口开展全国电力可靠性管理的各项工作，受政府有关部门委托，制定可靠性管理的实施细则和有关规章制度，统一发布可靠性指标。中国电力企业联合会设立电力行业可靠性管理委员会，在中国电力企业联合会常务理事会领导下开展工作。

国家有关部门先后颁布《县级供电企业开展电力可靠性管理工作的指导性意见》（国电可［2001］6 号文件）等有关规章制度。《电力可靠性基本名词术语》（DL/T 861—2004），《输变电设施可靠性评价规程》（DL/T 837—2003）、《输变电设施可靠性评价规程》实施细则、《电力可靠性监督管理办法》（国家电力监管委员会令［2007］第 24 号）。

2. 基本术语和定义

（1）供电系统用户供电可靠。供电系统对用户持续供电的能力。

（2）供电系统及供电系统设施。

1）低压用户供电系统及其设施。由公用配电变压器二次侧出线套管外引线开始至低压用户的计量收费点为止范围内所构成的供电网络，其设施为连接至接户线为止的中间设施。

2）中压用户供电系统及其设施。由各变电站（发电厂）10（6、20）kV 出线母线侧隔离开关开始至公用配电变压器二次侧出线套管为止，及 10（6、20）kV 用户的电气设备与供电企业的管界点为止范围内所构成的供电网络及其连接的中间设施。

3）高压用户供电系统及其设施。由各变电站（发电厂）35kV 及以上电压出线母线侧刀闸开始至 35kV 及以上电压用户变电站与供电部门的管界点为止范围内所构成的供电网络及其连接的中间设施。

注：这里所指供电系统的定义及其高、中、低压的划分，适用于用户供电可靠性统计。

（3）供电系统的状态。

1）供电状态。用户随时可从供电系统获得所需电能的状态。

2）停电状态。用户不能从供电系统获得所需电能的状态，包括与供电系统失去电的联系和未失去电的联系。

注：对用户的不拉闸限电，视为等效停电状态。自动重合闸重合成功或备用电源自动投入成功，不应视为对用户停电。

二、可靠性主要指标及计算公式

目前全国统一使用的供电可靠性统计中其主要统计指标有四个，即：AIHC-1、AIHC-3、RS-1、RS-3。

1. 用户平均停电时间

（1）用户在统计期间内的平均停电小时数（AIHC-1）

$$\text{AIHC-1}=\frac{\sum(\text{每户每次停电时间})}{\text{总用户数}}=\frac{\sum(\text{每次停电持续时间}\times\text{每次停电用户数})}{\text{总用户数}}\quad \text{h/户}\qquad (\text{GYPD00207001-1})$$

（2）若不计系统电源不足限电时，用户平均停电时间（AIHC-3）

$$\text{AIHC-3}=\text{用户平均停电时间}-\text{用户平均限电停电时间}\quad \text{h/户}\qquad (\text{GYPD00207001-2})$$

其中

$$\text{用户平均限电停电时间}=\frac{\sum(\text{每次限电停电持续时间}\times\text{每次限电停电户数})}{\text{总用户数}}\quad \text{h/户}\qquad (\text{GYPD00207001-3})$$

2. 供电可靠率

（1）在统计期间内，对用户有效供电时间总小时数与统计期间小时数的比值（RS-1）

$$\text{RS-1}=\left(1-\frac{\text{用户平均停电时间}}{\text{统计期间时间}}\right)\times 100\%\qquad (\text{GYPD00207001-4})$$

（2）若不计系统电源不足限电时则（RS-3）

$$\text{RS-3}=\left(1-\frac{\text{用户平均停电时间}-\text{用户平均限电停电时间}}{\text{统计期间时间}}\right)\times 100\%\qquad (\text{GYPD00207001-5})$$

供电可靠率 RS-1 是计入所有对用户的停电后得出的，真实地反映了电力系统对用户的供电能力，RS-3 是扣除限电因素后的供电可靠率，直接反映了目前我国城市电网的现状和供电部门的综合管理水平。

3. 10kV 用户供电可靠性指标

2008 年全国共 366 个供电企业向电力可靠性管理中心报送了 10kV 用户供电可靠性数据。这些单位的 10kV 供电系统数据汇总情况如下（此报告所有数据的统计范围均为市中心 + 市区 + 城镇，不包括农村）。2008 年全国 10kV 供电系统数据汇总见表 GYPD00207001-1；10kV 用户供电可靠性统计基本数据十几年的变化情况见表 GYPD00207001-2；2008 年全国直辖市及省会城市的供电可靠性指标见表 GYPD00207001-3。

表 GYPD00207001-1　　2008 年全国 10kV 供电系统数据汇总表

总用户数	1 113 966 户	配电变压器总容量	597 405 898kVA
线路总长度	428 222km	平均供电可靠率（RS-1）	99.862 6%
电缆线路总长度	201 639km	用户年平均停电时间	12.070 5h
配电变压器总台数	1 348 009 台	扣除系统电源不足限电的平均供电可靠率（RS-3）	99.882 0%

表 GYPD00207001-2　　10kV 用户供电可靠性统计基本数据十几年的变化情况

年份	统计单位个数	RS-1（%）	AIHC-1（h/户）	RS-3（%）	AIHC-3（h/户）
1995	203	99.075	81.03	99.724	24.18
1996	238	99.264	64.65	99.747	22.22
1997	255	99.717	24.79	99.802	17.39
1998	275	99.810	16.62	99.824	15.40
1999	277	99.863	12.01	99.868	11.54
2000	286	99.889	9.767	99.893	9.417
2001	310	99.897	8.999	99.898	8.944
2002	312	99.907	8.171	99.916	7.375
2003	312	99.866	11.724	99.929	6.241
2004	316	99.820	15.806	99.927	6.388
2005	345	99.766	20.491	99.845	13.539
2006	347	99.849	13.191	99.853	12.877
2007	364	99.882	10.360	99.883	10.202
2008	366	99.863	12.071	99.882	10.347

表 GYPD00207001-3　　2008 年全国直辖市及省会城市的供电可靠性指标

序号	城市	供电可靠率（%）		平均停电时间（h/户）		系统总容量（kVA）
		RS-1	RS-3	AIHC-1	AIHC-3	
1	北京	99.954	99.954	4.057	4.057	49 292 973
2	石家庄	99.865	99.865	11.823	11.823	6 026 672
3	太原	99.826	99.865	15.309	11.880	3 481 833
4	天津	99.912	99.912	7.780	7.780	12 542 535
5	济南	99.931	99.935	6.061	5.684	4 584 042
6	呼和浩特	99.844	99.844	13.704	13.704	2 112 887
7	沈阳	99.902	99.909	8.606	8.009	9 425 324
8	长春	99.894	99.894	9.313	9.313	6 289 411
9	哈尔滨	99.910	99.910	7.925	7.925	6 236 539
10	南京	99.974	99.974	2.329	2.329	12 292 497
11	杭州	99.972	99.972	2.432	2.423	11 357 905
12	合肥	99.853	99.853	12.881	12.881	5 407 282
13	上海	99.978	99.978	1.916	1.916	38 690 118
14	福州	99.913	99.913	7.603	7.603	3 087 995
15	郑州	99.896	99.899	9.146	8.837	8 010 371
16	武汉	99.889	99.908	9.760	8.040	12 382 469
17	长沙	99.366	99.729	55.673	23.781	7 352 650

续表

序号	城市	供电可靠率（%）		平均停电时间（h/户）		系统总容量（kVA）
		RS-1	RS-3	AIHC-1	AIHC-3	
18	南昌	99.838	99.838	14.211	14.211	2 775 253
19	成都	99.866	99.906	11.758	8.295	5 876 999
20	重庆	99.847	99.863	13.415	12.003	13 396 352
21	西安	99.812	99.841	16.532	13.970	9 741 916
22	兰州	99.840	99.840	14.039	14.039	3 250 141
23	西宁	99.817	99.817	16.078	16.078	1 690 310
24	银川	99.925	99.925	6.573	6.573	2 125 779
25	乌鲁木齐	99.875	99.875	11.000	11.000	3 174 905
26	广州	99.919	99.919	7.095	7.095	22 877 378
27	南宁	99.904	99.904	8.449	8.449	4 385 500
28	昆明	99.877	99.877	10.820	10.820	4 474 054
29	贵阳	99.557	99.629	38.934	32.614	2 498 068
30	海口	99.833	99.835	14.654	14.541	1 842 486

由表 GYPD00207001-2 可知，继 2002 年全国平均供电可靠率（RS-1）第一次超过“三个九”，达到历史最高水平 99.907%后，2003 年则出现了近 10 年来的首次下降，为 99.866%，而后出现波动，到 2008 年供电可靠率（RS-1）为 99.863%，这一水平相当于我国城镇地区 10kV 用户的年平均停电时间为 12 小时 4 分钟多一点，而历史上供电可靠率最高的 2002 年这一数字仅为 8 小时 10 分钟左右。与历年指标比较，2008 年供电可靠率（RS-1）为 99.863%，也相对较高。近几年全社会对电能质量的要求逐步提高，保证电力安全可靠的供应成为供电企业的重要社会责任，国家电网公司、中国南方电网公司均将供电系统用户供电可靠性作为反映供电服务的重要指标对社会公布。由于电网企业的高度重视，企业内部对供电系统用户供电可靠性管理已经作为一项常态化工作不断深入，通过对电网投资不断的增加，完善电网结构，同时使用比较先进的技术手段和管理手段，最大限度的降低用户停电时间，供电系统用户供电可靠性水平稳步提高。

与此形成对照的是：扣除系统电源不足限电后的供电可靠率（RS-3）自 1998 年后保持了持续上升的势头，2003 年为 99.929%，此后有所变化，2008 年又达到 99.882%。这与我们广大供电企业近年来狠抓可靠性管理是分不开的，他们以可靠性管理工作为龙头，在城网规划、设计、设备选型、施工、检修、停电管理等各个环节，都以提高供电可靠率为原则，特别是加强了对停电的管理，有效地减少了盲目的、低效率的停电。

由表 GYPD00207001-3 可知，2008 年供电可靠率（RS-1）最高的北京为 99.954%，最低的长沙为 99.366%。2008 年限电最严重的地区是湖南，平均每个用户全年限电达到 24.471h/户年，主要原因为系统电源出力不足及雨雪冰冻影响。

三、城市配电网供电安全 N–1 准则

正常运行方式下的电力系统中任一元件（如线路、发电机、变压器等）无故障或因故障断开，电力系统应能保持稳定运行和正常供电，其他元件不过负荷，电压和频率均在允许范围内，这通常称为 N－1 原则。

城网规划考虑的供电可靠性是指对用户连续供电的可靠程度。《国家电网公司城市电力网规划设计导则》（Q/GDW 156—2006）中规定：城网规划考虑的供电可靠性应满足电网供电安全准则和满足用户用电的程度两个方面中的具体规定：

1. 电网供电安全准则

城网的供电安全采用 N–1 准则，即

（1）变电站中失去任何一回进线或一台降压变压器时，不损失负荷。

（2）高压配电网中一条架空线，或一条电缆，或变电站中一台降压变压器发生故障停运时：① 在正常情况下，不损失负荷；② 在计划停运的条件下又发生故障停运时，允许部分用户停电，但应在规定时间内恢复供电。

（3）中压配电网中一条架空线，一条电缆或配电室中一台配电变压器发生故障停运时：① 在正常情况下，除故障段外不停电，并不得发生电压过低，以及供电设备不允许的过负荷；② 在计划停运情况下，又发生故障停运时，允许部分停电，但应在规定时间内恢复供电。

（4）低压配电网中，当一台变压器或低压线路发生故障时，允许部分停电，待故障修复后恢复供电。

2. 满足用户用电的程度

为了提高用户用电的满意度，电网故障造成用户停电时，原则上允许停电的容量和恢复供电的目标是：

（1）两回路供电的用户，失去一回路后应不停电。

（2）三回路供电的用户，失去一回路后应不停电，再失去一回路后，应满足 50%～70%用电。

（3）一回路和多回路供电的用户，供电电源全停时，恢复供电的时间为一回路故障处理的时间。

（4）开环网路中的用户，环网故障时需通过电网操作恢复供电的时间为操作所需的时间。

考虑具体目标时间的原则是：负荷越大的用户或供电可靠性要求越高的用户，恢复供电的目标时间应越短。可分阶段规定恢复供电的目标时间。随着电网结构的改造和完善，恢复供电的目标时间应逐步缩短，若配备自动化装置时，故障后负荷应能自动切换。

【思考与练习】

1. 供电可靠性统计中主要统计指标有哪些？
2. 城市配电网的供电安全采用 N–1 准则是什么？
3. 城市配电网满足用户的用电程度是什么？

模块 2 提高供电可靠性的措施（GYPD00207002）

【模块描述】本模块介绍影响配电网可靠性的主要因素和提高配电网可靠性的措施。通过要点归纳，掌握提高配电网可靠性的方法和具体措施。

【正文】

一、配电网系统特点

配电系统同其主网系统相比而言，大多网架结构薄弱，配网虽进行了大规模电网改造，但由于 110kV、35kV 变电站布点等原因，10kV 配网不少线路存在着供电半径长、供电面广、“T”接多的特点，特别是农网线路，线路接线也基本上是单电源树状结构，而且线路开关数量少，往往线路一处故障会引起整条线路停电。同时低压配电系统线路布局的不合理，也会影响到供电可靠性。这些因素都直接或间接地影响到配电系统供电可靠性的提高。

二、影响配电网可靠性的主要因素

1. 设备故障与线路故障

配电网中的各种电气设备、配电线路，在运行中，都有可能发生不同类型的故障，从而影响系统运行与对用户的正常供电。

2. 电网结构不合理

电网结构还不够优化。配电网线路电缆化率还比较低，线路供电半径长，平均每段线路所带户数较多。农村电网还没有达到环网运行，影响了可靠性指标的进一步提高。

3. 线路缺乏运行维护与管理

检修质量及试验水平不高；带电作业和状态检修未能及时开展。安排停电计划的不够合理；处理停电故障能力低都是影响可靠性的主要因素。

4. 配电网自动化程度还不够高

对配电网可靠性有较大影响的一个因素是故障定位和隔离，向完好线段恢复供电时间。若配电网实现了自动化，故障隔离操作时间可大大缩短，如远方手动操作时间可缩短至几分钟到十几分钟，全自动操作则可以缩短至几分钟内完成。

5. 环境方面

地理环境、自然现象和社会环境状况是影响供电可靠性环境方面的重要因素。

三、提高配电网可靠性的措施

1. 建立健全可靠性管理组织机构

只有健全组织、建立制度才能有据可依，有章可循。成立可靠性管理组织机构，每个季度召开可靠性管理工作的分析、研讨专业会，发现问题及时提出管理上的对策，不断促进专业化的科学管理。经常性召开关于供电可靠性管理工作的会议，认真贯彻《国家电网公司可靠性管理办法》的要求以及有关文件要求，明确可靠性领导和工作小组及职责，使可靠性管理工作形成从上自下，层层有人负责，一级对一级负责，相互协调、运作高效的可靠性管理体系。

2. 提高配电网供电可靠性的组织措施

（1）加强检修计划管理，推行一条龙检修。在检修管理工作中，将可靠性管理与生产计划管理紧密结合，安排每项检修时，各单位配合工作，合理高效利用停电时间，杜绝重复停电。

（2）提高业务人员技术水平，杜绝各种可能的人为误操作。

（3）完善配电 GIS 建设，实现配网系统信息化管理，提高配网系统管理水平。利用配网自动化手段进行故障管理。故障处理的快慢，直接影响供电可靠性的高低。配电网综合自动化处理采取一系列措施包括故障检测、定位、故障点隔离、网络重构以及恢复供电。

（4）加强配电设备、输配电线路运行管理。严格按照规定对电气设备、电力线路进行巡视、维护，实行 24 小时值班制，对发现的问题及时处理。开展特巡、夜巡，减少事故隐患，消除事故萌芽，确保配电设备、配电线路的正常运行。

（5）加快用电管理步伐，制定与当前形势相匹配的用电企业现代化管理模式。

（6）从管理、技术、科技思维以及电力营销上，都要加强配电人员的自身素质建设，为供电可靠性创建一个良好的氛围。

3. 提高配电网供电可靠性的技术措施

（1）选择先进设备。着力抓好电网建设，采用先进的设备，推广应用小型化、无油化、自动化、少维护的设备，提高电网的装备水平。对新接入配网的用户设备，进行严格的把关与技术指导。新上网的设备要有良好的性能，要符合状态检修的要求。

（2）选择合理的配电网系统结构和接线。

（3）制定合理的运行方式。

（4）建立配电网络自动化，选择合理的与本地相适应的综合自动化系统方案，配网自动化在实施一整套监控措施的同时，加强对电网实时状态、设备、开关动作次数、负荷情况、潮流动向等数据进行采集，实施网络管理，拟定优化方案，提高供电可靠性。

（5）主干线路进行合理分段，减少停电范围。

（6）在人口较集中，树线矛盾突出的地方采用架空绝缘线或地下电缆，并加强架空绝缘线的防雷措施。

（7）中性点接地和配套技术的应用，随着电缆的广泛采用，对地容性电流越来越高，中性点运行方式的改变和配套技术的应用，是改善系统过电压对设备的危害、减少绝缘设备破坏造成的事故、增强馈线自动化对单相接地故障的判别能力的重要手段。

（8）增大导线截面，提高线路输送容量。10kV 主干网要满足“准则”要求。

（9）对 35kV 及以上电压等级变电站形成 N–1 方式的供电模式，增设变电站之间的联络线，提高各站负荷的转供能力。

（10）推广设备状态检修，通过各种在线监测、诊断技术，掌握设备实际运行状况，确定状态检修周期，并做到“应修必修，修必修好”，以保证状态检修的科学性、合理性，达到延长检修周期、减少停电时户数的目的。

（11）推广带电作业，树立检修、施工不中断对客户供电的工作理念，并通过提高带电作业的水平，拓展带电作业范围，最大限度地减少停电时户数。

【思考与练习】

1. 影响配电网可靠性的主要因素有哪些？

2. 提高配电网可靠性的措施有哪些？

第四部分

配网自动化

第十三章　配网自动化基本知识

模块 1　配网自动化的概念（GYPD00401001）

【模块描述】本模块介绍配电自动化的概念、功能和内容。通过要点归纳，掌握配电自动化实现的功能和应包括的自动化模块。

【正文】

我国电力迅速发展，特别是经济发展较快地区的工业与民用负荷逐年上升很快，配电网及配电设备大幅度增加，与此同时，用户对电力的要求也相应提高。

配网系统自动化是电力系统自动化的必然趋势，它是综合应用现代电子技术、通信技术、网络技术和图形技术并与配电设备相结合，将配电系统在正常和事故情况下的监视、保护、控制和供电企业的工作管理有机融合在一起的综合性先进技术。实践表明，配电系统自动化可以大大提高配电网安全运行水平，提高供电质量，降损节能，降低人们的劳动强度并充分利用现有设备的能力。

《配电系统自动化规划设计导则》给配电系统自动化作了比较明确的定义。所谓配电系统自动化，"是利用现代电子、计算机、通信及网络技术，将配电网在线数据和离线数据、配电网数据和用户数据、电网结构和地理图形进行信息集成，构成完整的自动化系统，实现配电网及其设备正常运行及事故状态下的监测、保护、控制、用电和配电管理的现代化。"

一、配网自动化功能

配网系统自动化的主要功能有：配电网运行和管理功能；运行计划模拟和优化功能；运行分析和维护管理功能；用户负荷监控和故障报修功能。

1. 配电网运行和管理功能

（1）配电网运行监视。对配电网的运行监视是指通过采集配电网上的状态量（如开关位置和保护动作情况等）和模拟量（电压、电流和功率等）及电能量，从而对配电网的运行状况进行监视。

它包括配电网及变电站运行状态监视、电网拓扑结构监视、电网负荷监视、切换动作监视、报警监视和设备越限运行的监视。

配电网及变电站运行状态监视能使电力公司随时掌握电网接线状况和负荷状况，也可帮助判明用户故障报修和管理现场工作班的地点。

电网拓扑结构监视是当高压/中压变电站或中压电网中的开关位置变化时，自动而且几乎是同时地更新网络拓扑结构。

电网负荷监视是对中压和低压电网的负荷提供最佳可能的估算，也能计算整个电网的电压和设备负载，并能检测出过负荷或电压问题。

切换动作监视是记录所有进入系统的工作内容，对每组切换动作的细节全都记录下来。

（2）配电网运行的控制。对配电网的运行控制是指在需要的时候，远方控制开关的合闸或跳闸以及有载调压变压器的分接头，以达到所期望的目的（如满足电压质量的要求、无功补偿和负荷平衡等）。

包括就地自动控制和地区遥控。就地自动控制是仅需要就地信息而不需要知道电网接线状况就可进行控制的动作。它是由变电站的控制设备在就地实现的操作。如变电站变压器和馈线通过就地安装的各种继电保护装置或配电网线路上的分段断路器，通过本身安装的继电保护和重合闸装置实现自动跳闸或重合闸；变压器的有载分接开关、电容器的投切开关通过按远方整定的整定值就地自动控制切换或投切，都属于就地自动控制功能。地区遥控是协调各个就地功能的，它是由运行人员通过各类通道向设备发出投切的控制而完成操作的，也可以由运行人员通过流动终端站向现场工作班发出工作命令后再就地实现操作。

（3）配电网的保护。配电网的保护功能是指检测和判断故障区段，并隔离故障区域，维持正常区域供电。

（4）故障诊断分析与恢复供电。它包括用户故障信息的收集，根据用户故障报修对低压电网的故障进行诊断与定位分析，根据继电保护及断路器动作情况和故障检测器动作情况对中压电网的故障进行诊断与定位分析，恢复供电操作和现场抢修的安排。

（5）运行情况统计及报告。它包括维修资料、运行计划资料和管理控制资料，在配电网数据管理中的配电运行动态数据中记录和更新。

2. 运行模拟和优化功能

（1）配电网运行模拟。它包括配电网负荷的估计、有功和无功潮流计算、倒闸操作的模拟（例如确定最合理的变压器分接头位置、电容器投切的整定、确定环网中开环点的最适当位置等）和事故的模拟计算。事故的模拟计算包括馈线的各种类型短路的计算和冷负荷起动的计算（冷负荷起动的计算是用于估计电网上重新接通的负荷值）。

（2）倒闸操作计划的编制。它包括编制遥控或遥调操作命令及委派现场操作人员的操作任务的计划，对倒闸操作后可能影响用户用电的分析和及时通知用户等。

（3）入网关口电量的计划和优化。根据配电网的负荷及潮流，合理安排各入网关口的电量，使购电成本最低，损耗最小，且又能保证供电质量。

3. 运行分析和维护管理功能

主要是对配电网故障和供电质量反馈的信息进行运行分析（如控制装置及配电设备的误动作及故障分析、电网故障分析和电能质量分析等），以及根据设备状况进行维修计划的编制，对维修工作的班组进行跟踪管理及对维修结果进行分析以得知维修的费用和效益。

4. 用户负荷监控和故障报修功能

（1）用户端负荷和电能质量的遥测。通过对用户端负荷的遥测，可以了解该用户的负荷曲线和特性，用于统计分析以建立负荷预测模型；通过对电压、电流、三相不平衡度、电压偏移率、短时或瞬时断电以及谐波的测量，可以诊断向用户供应的电能质量。

（2）用户端负荷和表计的控制。根据与用户的合同遥控整定表计的参数，可按日和季度不同电费的分时电价来调节用户用电量，通过自动装置遥控用户的电热水器、大型空调机等的分时投切，使其随电价的变化而调节用电。在电网发生意外情况时遥控改变用户的电力供应整定值以实现有效的电力平衡等。

（3）用户故障报修处理系统。它包括用户故障报修的自动应接记录和人工应接记录。将用户报修信息输入配电网地理信息系统，为分析事故提供准确信息，根据调度对事故的分析和处理估计向用户提供可能恢复供电的大致时间，并列入话音处理装置，作为对用户答应的内容之一。

二、配网自动化内容

配电自动化应包括：调度自动化系统；变电站、配电所自动化；馈线自动化（FA）；自动制图/设备管理/地理信息系统（AM/FM/GIS）；用电管理自动化；配电系统运行管理自动化；配电网分析的软件（DPAS）；与其他系统的接口等八个内容。

（1）配电调度自动化系统包括配电调度监控和数据采集系统（SCADA），配电网电压管理系统，配电网故障诊断和断电管理系统，操作票专家系统（ES）。

1）配电调度监控和数据采集系统（SCADA）。配电 SCADA 系统应包括数据采集（遥测、遥信），报警，状态监视，遥控，事件顺序记录，统计计算，趋势曲线，事故追忆，历史数据存储和制表打印等常规内容。还应具有以下功能：支持无人值班变电站的接口，实现馈线保护的远方投切、定值远方切换、线路动态着色、地理接线图与信息集成等功能。

2）配电网电压管理系统。根据配电网电压、功率因数或无功电流参数，自动控制无功补偿电容器投切和变压器有载分接开关接头的档位，实现电压、无功自动闭环控制。

3）配电网故障诊断和断电管理系统。根据远传信息、投诉电话和故障报告的分析，实现故障诊断、故障定位、故障隔离、负荷转移、恢复供电和现场故障检修安排、检修操作票管理、事故报告存档，事故处理信息交换等。

4）操作票专家系统（ES）。地调调度自动化系统按有关规定执行。

（2）变电站、开关站（配电所）自动化。

1）变电站自动化是指与配电系统自动化相关联的变电站自动化系统，对整个变电站实施数据采集、监视和控制，与控制中心、调度自动化系统（SCADA）通信，必要时也可与配电网各远方终端（FTU）和用户终端（DTU 和 TTU）相连，成为配电系统自动化的二级主站。

2）开关站（配电所）自动化是指与配电系统自动化相关联的开关站（配电所）自动化，一般由安装在开关站（配电所）内的 DTU 来完成，对整个开关站（配电所）实施数据采集、监视和控制，与控制中心或配电调度自动化系统（SCADA）通信，必要时也可与配电网各远方终端（FTU）和用户终端（DTU 和 TTU）相连，实现数据转发功能。

（3）馈线自动化（FA）。

1）馈线故障自动隔离和恢复供电系统。当馈线发生相间短路故障或单相接地故障时，自动判断馈线故障区段，自动将故障区段隔离，并恢复对非故障区段用户的供电。

2）馈线数据检测和电压、无功控制系统。正常运行状态下，可实现运行电量参数（包括对馈线、杆变或台变、箱变等设备的电流、电压、有功、无功、功率因数及电能量等参数）的远方测量，设备状态的远方监视，开关设备的远方控制和有关定值的远方切换。

（4）自动制图/设备管理/地理信息系统（AM/FM/GIS，也有统称图资系统）。自动制图/设备管理/地理信息系统（AM/FM/GIS）应用目的是形成以地理背景为依托的分布概念和基础信息（电网资料）分层管理的基础数据库，既能方便地查询和管理，又能为电网运行管理提供一个有效的、能操作的具有地理信息的网络模型。

（5）配电工作管理系统（DWM）。配电工作管理系统建筑在 AM/FM/GIS 数据库平台上，借助 GIS 技术，进行日常的配电网运行管理、工程设计、施工计划、档案和统计等项工作管理，并延伸出其他的辅助应用。

（6）用电管理自动化。主要包括客户信息系统，负荷管理系统，计量计费系统。

（7）配电网分析软件（DPAS）。主要包括：网络接线分析（又称网络拓扑）；配电网潮流分析（包括三相潮流）；短路电流计算；负荷模型的建立和校核；配网状态估计；配网负荷预测；安全分析；网络结构优化和重构；配电网电压调整和无功优化等九部分。

（8）与其他系统的接口。

【思考与练习】

1. 配电网自动化功能有哪些？
2. 配电网自动化内容有哪些？

模块 2 馈线自动化（GYPD00401002）

【模块描述】本模块介绍馈线自动化的功能和作用。通过原理介绍和要点归纳，掌握馈线自动化的功能和实现模式。

【正文】

馈线自动化 FA 系统是对配电线路上的设备进行远方实时监视、协调及控制的一个集成系统，它不仅是配电网自动化的重要组成部分之一，也是提高配电网可靠性的关键技术之一。在配电网中实现馈线自动化具有减少停电时间、提高供电可靠性和供电质量、节省线路上的投资和减少电网运行与检修费用等优点。

一、馈线自动化功能与作用

1. 馈线自动化作用

正常运行时监测线路状态，如电流、电压、开关状态及进行相关操作；当馈电线上发生故障时，能通过远方与就地控制及时准确地确定故障所在线路，跳开故障线路开关，迅速隔离线路并恢复非故障线路的供电。

2. 馈线自动化基本功能

（1）数据采集。采集线路上环网开关（负荷开关）等设备正常运行时各回路的电流和开关位置信号，以及现场设备的监视信号等，如 10kV 馈线柱上开关处的电流、电压等。

（2）状态监视与故障处理。正常状态监测内容包括电压、电流、有功、无功、功率因数、电压谐波和电流谐波，既要求监测量是实时的，也要求存储一定时间段的监测结果，一般仅配置在部分配电设备上，如线路开关、电容器、调压器和配电变压器等，故障状态监测主要用于快速查找故障点；故障处理主要是故障区域自动判断、指示与自动隔离；故障消除后迅速恢复供电功能。

（3）无功控制功能。是指对安装在线路上的无功补偿电容器组的自动投切控制。

（4）控制操作功能。在电网正常运行过程中投、切馈线开关，并能带负荷遥控投、切馈线环网开关和负荷开关以及遥控调整变压器的分接头位置，特别是在馈线发生故障时能通过控制开关动作自动隔离故障区域，及时地自动恢复对非故障区域的供电。

（5）事故告警功能。当电网状态异常变化（如遥测量越限、设备运行异常）时，由事件顺序记录开关动作的先后顺序和次数、时间，记下其全过程，另外保护和开关动作发出声光报警信号。

（6）报表功能。用户按照所发生的事件类型采用不同类型的报告格式，以时间顺序或空间位置根据需要生成和打印各种表格和报表且可以任意更改，定时打印、复制。

（7）对时功能。为了保证全网时钟统一，网上各机与主机时钟保持一致。

二、馈线自动化

1. 简易模式

简易模式指在馈电线上必要的节点处装设故障指示器，如图 GYPD00401002-1 所示，来判断故障区段的方法。实用的故障指示器是当地显示自动复位，寻线人员需到现场查看并判断故障区段。故障区段区分精度与装设故障指示器的组数成正比。运行经验表明，在由电缆与架空线混合组成的馈线中，电缆故障或者高压用户内部故障波及电网时，故障寻找比较麻烦，但在关键点上装设故障指示器时，则将变得较为容易。

图 GYPD00401002-1 故障指示器

线路故障指示器是应用在输配电线路、电力电缆及开关柜进出线上，用于指示故障电流流通的装置。线路发生故障，巡线人员可借助指示器的报警显示，迅速确定故障区段，找出故障点。极大地提高了供电可靠性，缩短停电时间，减少用电损失，减轻巡线人员劳动强度，提高工作效率。

检测接地瞬间的暂态电容放电电流，当检测到线路电压降低时，认为线路接地，否则线路未发生接地，如图 GYPD00401002-2 所示。

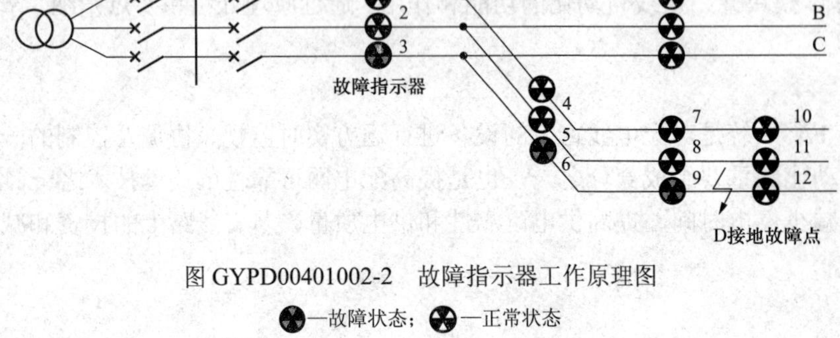

图 GYPD00401002-2 故障指示器工作原理图

—故障状态；—正常状态

2. 基于重合器模式

是以每一条馈线为单元，采用重合器与分段器的配合，利用故障时工频量变化形成的逻辑动作来自动实现对故障检测、隔离及恢复供电的功能的方法。基于重合器模式有脉冲电流计数型（简称电流型）和电压—时序型（简称电压型），它们的优点是动作速度比较快（约为几十秒），缺点是：与电流型分段器配合时要通过多次试合寻找区段，会给系统带来多余的故障冲击，对现有设备水平是一个较为突出的威胁，尤其是主变压器动稳定不过关的情况下更加危险不宜采用，且对负荷开关的关合短路能力（电流值及次数）要求很高；与电压型分段器配合时要通过一次试合寻找故障区段，可防止多余的故障冲击，但对负荷开关的关合短路能力（电流值及次数）仍要求很高，与电流型相同。

重合器、分段器与自动负荷开关配合使用，可以自动实施故障检测、隔离及恢复供电的功能，不用设专用通信通道，无需远方集控中心干预，速度快，可靠性高。

（1）重合器。

所谓重合器就是具有多次重合功能和自具功能的断路器，是一种能够检测故障电流，并能在给定时间内遮断故障电流以及进行给定次数重合的控制装置。

一方面：一般断路器只能一次重合，而在现有的重合器中，通常可以进行三次或四次重合。如果故障系永久性的，则当重合器达到预先整定的重合次数以后，则不再进行重合，即进行所谓闭锁，使故障段线路与系统隔离。大大提高了重合的成功率，更有效的排除了瞬时性故障对系统的影响。

另一方面：重合器具有自具功能，它自带控制和操作电源，例如高效锂电池，同时，它的操作不受外界继电保护的控制，由微处理器控制，微处理器按事先编好的程序指令重合器动作，具有记忆和识别功能。

重合器一般装在柱上，简化了传统变电站的接线，取消了控制室、高压配电室、继电保护盘、电源柜、高压开关柜等设备，节省建设投资，减少占地面积，缩短施工期。

（2）分段器。

线路自动分段器，简称分段器，是一种与电源侧开关相配合，在无电压或无电流的情况下自动分闸的开关设备。分段器在分合电流能力上属于负荷开关。

分段器是配电网中提高供电可靠性和自动化程度的重要设备，广泛应用在配电线路的分支线或区段线路上，用来隔离永久性故障。它一般串联在重合器或断路器的负荷侧，从开关能力上看，它不能开断短路电流，而靠电源侧重合器或断路器开断短路电流。

按照工作原理可分为过流脉冲计数型和电压—时序型。

（1）过流脉冲计数型分段器。分段器分闸必须具备三个条件：第一，故障电流超过整定的额定启动电流值；第二，计数次数达到整定值（1、2、3 次）；第三，线路失压、线路电流低 300mA，三者缺一不可，才能自动分闸。

若变电站出口选用重合器，整定为“一快三慢”。分支线路选用六组跌落式自动分段器 F1、F2、F3、F4、F5、F6 将其线路分成 L1、L2、L3、L4、L5、L6、L7 段。分段器的额定启动电流值与重合器启动电流值相配合，F1 计数次数 3 次，F2、F3、F5 计数次数 2 次，F4、F6 计数次数 1 次。分段器工作原理如图 GYPD00401002-3 所示。

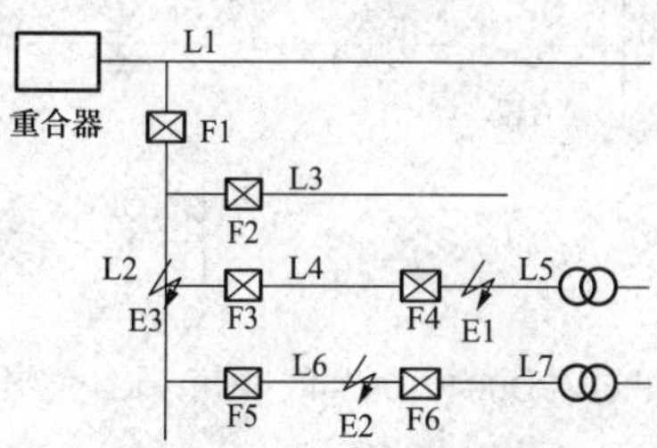

图 GYPD00401002-3　分段器工作原理图

若故障 E1 发生在 L5 段，重合器、分段器 F1、F3、F4 通过故障电流，重合器自动分闸，线路失压，重合器第一次重合，若故障没消失，再次跳开，F4 达到整定 1 次计数次数自动分闸跌落，隔离故障 L5 段，重合器第二次自动重合后，恢复线路 L1、L2、L3、L4、L6、L7 段供电。

若故障 E2 发生在 L6 段，重合器、分段器 F1、F5 通过故障电流，重合器自动分闸，如果为瞬时故障，重合器第一次自动重合成功恢复供电。F1、F5 没有达到整定计数次数应处于合闸状态。如果为永久性故障，重合器自动重合不成功，再次分闸，线路失压，重合器第二次重合，不成功，跳开，F5 达到整定 2 次计数次数自动分闸跌落，隔离故障 L6 段，F1 没有达整定的计数次数处于合闸状态。重合器重合后恢复线路 L1、L2、L3、L4、L5 段供电。

若故障 E3 发生在 L2 段，重合器、分段器 F1 通过故障电流，重合器自动分闸。如果为瞬时故障，重合器自动重合成功恢复供电。F1 没有达到整定计数次数应处于合闸状态。如果为永久性故障，重合器重合不成功，分闸，重合器再次重合不成功，再次分闸，重合器第三次重合，不成功，跳开，线路失压，F1 达到整定 3 次计数次数自动分闸跌落，隔离故障 L2 段，重合器重合后恢复线路 L1 段供电。

选择自动跌落式分段器，一般在用户入口处选择计数次数 1 次。因用户变电站故障大多是永久性的故障，架空线路故障 80%是瞬时性故障，架空线路分支处应选择计数次数 2 次或 3 次的，以利分段器之间配合和优化。

（2）电压—时序型分段器。电压—时序型分段器又称重合式分段器，是凭借加压、失压的时间长短来控制其动作的，加压后延时合闸或闭锁，失压后分闸。电压—时序型分段器即可用于放射型线路，又可用于环型线路。电压—时序型分段器由负荷开关（PVS），故障检测器（FDR），电源变压器（SPS），远方控制终端（RTU）等组成。

电压—时序型分段器重要参数。故障检测器（FDR）的时序参数见表 GYPD00401002-1，X 时序为合闸延时时序；Y 时序为合闸后确认时序；XL 时序为联络开关合闸延时时序。

表 GYPD00401002-1　　故障检测器（FDR）时序参数表

类　型	时　　序		可选时序参数（s）
分段开关	X 时序	SHORT	7、14、21、28、35、42
		LONG	14、28、42、56、70、84
	Y 时序	SHORT	5
		LONG	10
联络开关	XL 时序	SHORT	45、60、75、90、105、120
		LONG	80、100、120、140、160、180

电压—时序型分段器工作原理如图 GYPD00401002-4 所示。故障 E1 发生在 C 段，重合器 QF 跳闸，分段器 F1、F2、F3 因失压而分闸，经过一定时间（假设 5s）重合器 QF 第一次重合，经过 X 时序（7s）延时，F1 合闸，经过 X 时序（7s）延时，F2 合闸重合器 QF 再次跳闸，分段器 F1、F2 因失压而再次分闸，同时 F2（确认时序不足）、F3（感受到短时电压或低压）闭锁经过一定时间（假设 5s）重合器 QF 第二次重合，经过 X 时序（7s）延时，F1 合闸，F4 因一侧失压启动，经过 XL 时序（45s）延时，F4 合闸，线路 d 段由另一侧恢复供电。

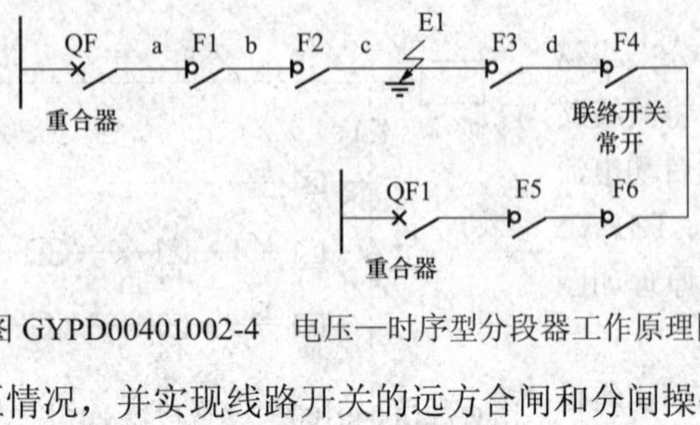

图 GYPD00401002-4　电压—时序型分段器工作原理图

3. 基于远方终端 FTU 模式

是通过在变电站出口断路器及户外馈线分段开关处安装柱上 FTU，以及在配电变压器处安装 TTU，并建设可靠的通信网络将它们和配电网控制中心的 SCADA 系统连接，再配合相关的处理软件所构成的高性能系统。在正常情况下，远方实时监视馈线分段开关与联络开关的状态和馈线电流、电压情况，并实现线路开关的远方合闸和分闸操作以优化配网的运行方式，从而达到充分发挥现有设备容量和降低线损的目的；在故障时，获取故障信息并自动判别和隔离馈线故障区段以及恢复对非故障区域的供电，从而减小停电面积和缩短停电时间。

FTU 是基于 FTU 的馈线自动化系统的核心设备，起着联接开关与数据采集、控制系统（SCADA）的桥梁作用，用于实现配电网监控，对配电开关（架空线）或环网柜（地下电缆）进行监控的自动化设备。FTU 主要由主控制器部分、开关量输入/输出（I/O）部分、调制解调器（MODEM）和电压电流形成部分等四部分组成，其结构如图 GYPD00401002-5 所示。FTU 一般应具有的功能为：遥信功能、遥测功能、遥控功能、统计功能、对时功能、事件顺序记录（SOE）、事故记录、定值远方修改和召唤定值、自检和自恢复功能、远方控制闭锁与手动操作功能抗恶劣环境、良好的维修性、可靠的电源、电能采集等。

典型的基于 FTU 的馈线自动化系统的组成如图 GYPD00401002-6 所示。

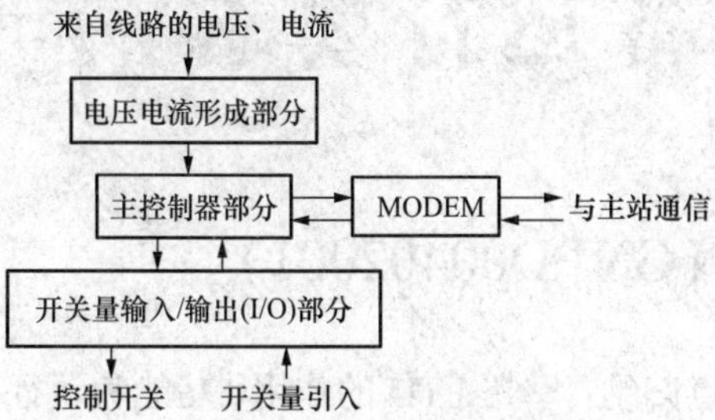

图 GYPD00401002-5 FTU 内部结构图

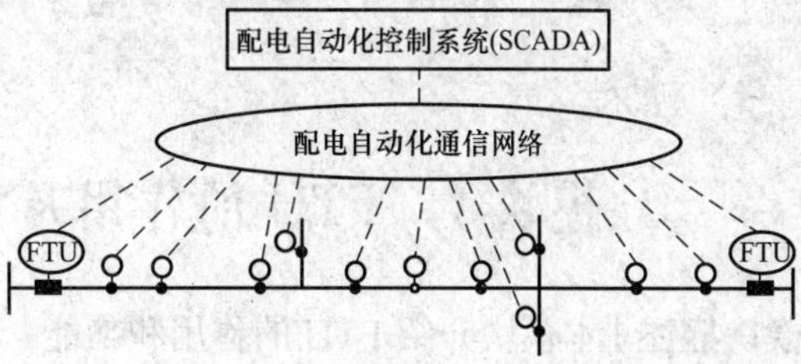

图 GYPD00401002-6 典型基于 FTU 的馈线自动化的组成

1）一次设备有为馈线自动化所选用的要具备电动操作功能的负荷开关、分段器等和电压互感（传感）器、电流互感（传感）器。

2）FTU 控制箱主要由开关操作控制电路、不间断供电电源、控制箱体等部件组成。在配电网中，各 FTU 分别采集相应柱上开关的运行实时信息，如电流、电压、功率和开关的当前位置和储能完成情况等，并将上述信息由通信网络传送到远方配电网自动控制中心。各 FTU 还可以接受配电网自动控制中心下达的命令进行相应的远方倒闸操作。在馈线发生故障时，相关 FTU 的保护动作并记录故障发生前及发生故障时的重要信息，如最大故障电流、故障前的负荷电流、最大故障功率等，且将这些信息传送到配电网自动控制中心，经计算机系统根据配电网运行状态分析计算和判断后，确定故障区段和最佳供电恢复方案，最终以遥控方式隔离故障区段、恢复非故障区段供电。

3）通信系统通常采用多点通信系统，可选择电话线、无线电、光纤及电力线载波等通信方式，其中常用的是光纤及电力线载波方式。

4）FA 控制主站是提供人机接口，自动处理来自线路的 FTU 的数据，对故障点进行定位，并遥控线路开关，实现故障点的自动隔离及恢复供电，正常运行时 FA 控制主站是一个通道集中器和转发装置，将众多分散的采集单元集中起来和上级配电管理系统主站联系，而在故障情况下 FA 控制主站可以将自身范围内的故障进行快速隔离，对自身不能隔离的故障，将故障信息快速上报便于上级主站处理，减轻上级主站的负担。

5）SCADA/DMS 主站是系统的最高一层，把它与馈线自动化控制主站相连，可完成配电线路的 SCADA 监控以及更高级的配电管理功能。对 SCADA/DMS 主站来说，FA 控制主站相当于一个常规的 RTU，按照一定的规约互相之间进行通信。

这种基于 FTU 的馈线自动化为全面实现配电自动化创造了最为基本的条件，自动化程度高。但这种模式对通信通道的依赖性很强，结构复杂，建设费用高。多用于城网、负荷密度大的地区、重要工业园区、供电途径多的网格状配电网、其他对供电可靠性要求高的区域。

【思考与练习】

1. 馈线自动化的功能有哪些？
2. 馈线自动化的模式有哪些？
3. 故障指示如何工作？
4. 电压—时序型分段器如何隔离故障？

第十四章　终端设备运行要求

模块1　FTU的作用及组成（GYPD00402001）

【模块描述】本模块介绍FTU的作用和功能。通过要点归纳，掌握FTU的作用、功能和运行要求，以及FTU的技术核心。

【正文】

配电网自动化系统远方终端是用于配电网馈线回路的各种馈线远方终端、配电变压器远方终端以及中压监控单元（配电自动化及管理系统子站）等设备的统称。

FTU（Feeder Terminal Unit）就是指馈线远方终端。

一、FTU的组成

一般来说，FTU作为一个独立的智能设备，由核心模块远方终端控制器、充电器、蓄电池、机箱外壳以及各种附件组成。

1. 远方终端控制器

远方终端控制器，一般需完成FTU的主要功能，如模拟和数字信号测量、逻辑计算、控制输出和通信处理。远方终端控制器一般由高性能的嵌入式CPU或DSP来完成。

2. 充电器

充电器完成交流降压、整流及隔离，完成蓄电池充放电管理，多电源自动切换，蓄电池容量监视等。当操作电源不同于FTU内部的直流电源时，还须提供操作电源的充电管理。

3. 蓄电池

蓄电池是作为FTU所有供电电源的后备电源，蓄电池在FTU中是不可缺少的。蓄电池的电压可选DC24V或DC48V，从安装维护和人身安全方面考虑，DC24V更合适些。蓄电池的容量选择要依据FTU自身的功耗和系统要求的停电工作时间而定。一般来说，控制器的功耗往往为4～5W，而停电后开关至少还需分、合闸操作各一次，同时FTU也至少应能保证停电继续工作时间不少于24h，因此蓄电池的容量至少应在24V/7Ah以上。

4. 机箱外壳

机箱外壳。由于大多FTU安装在户外，受酸雨等的腐蚀较严重，因而机箱宜采用耐腐蚀的材料做成，最好采用不锈钢材料。尺寸不宜大于1000×600×400mm（长×宽×深）。为保证FTU能够在－25～＋70℃环境下正常工作，控制箱设计时应考虑一定的隔热措施，比如在箱体内侧敷一层隔热材料，在控制箱顶部安装一层遮阳板避免阳光直射，箱体侧面开百叶窗孔，与箱体底部的泄水孔构成对流散热。冬季温度低的场合，也可以在箱体底部安装加热设施，由FTU根据环境温度投退加热器。设泄水孔的另一个作用是排水和除湿，当由箱体结合部或百叶窗渗入水时，或箱体内凝露滴水时，泄水孔可以提供排水通道，及时将水分排出控制箱。由于FTU属于精密电子设备，应有一定的防尘除虫措施，一般要求控制箱的门及电缆孔应装设密封圈，百叶窗及泄水孔处应装设防虫网。

各种附件包括就地远方控制把手、分合闸按钮、跳合位置指示灯、接线端子排、航空接插件、空气开关、除湿和加热器等。

二、FTU的作用（功能）

1. FTU的功能

（1）FTU功能主要有：

1）遥信功能。FTU 应能对柱上开关的当前位置、通信是否正常、储能完成情况等重要状态量进行采集。若FTU自身有微机继电保护功能的话，还应对保护动作情况进行遥信。

2）遥测功能。FTU应能采集线路的电压、开关经历的负荷电流和有功功率、无功功率等模拟量。一般线路的故障电流远大于正常负荷电流，要采集故障信息必须要求FTU能提供较大的电流动态输入范围。故障电流测量主要用于完成继电保护功能和判断故障区段，因此对测量精度要求不高，但要求响应速度快，而且要滤出基波信号，一般采用全波或半波傅氏算法。测量正常运行情况下的电流对测量精度有很高要求，但响应可以慢些，并且要求的电流有效值是一种平均的概念，一般采用均方根算法。FTU一般还应对电源电压及蓄电池剩余容量进行监视。

3）遥控功能。FTU应能接受远方命令控制开关合闸和跳闸以及起动储能过程等。

4）统计功能。FTU应能对开关的动作次数和动作时间及累计切断电流的水平进行监视。

5）对时功能。FTU应能接受主系统的对时命令，以便和系统时钟保持一致。

6）事件顺序记录（SOE）。记录状态量发生变化的时刻和先后顺序。

7）事故记录。记录事故发生时的最大故障电流和事故前一段时间（一般是1min）的平均负荷，以便分析事故，确定故障区段，并为恢复健全区段供电时进行负荷重新分配提供依据。

8）定值远方修改和召唤定值。为了能够在故障发生时及时地起动事故记录等过程，必须对FTU进行整定，并且整定值应能随着配网运行方式的改变而自适应。

9）自检和自恢复功能。FTU应具有自检测功能，并在设备自身故障时及时告警。FTU应具有可靠的自恢复功能，凡是受干扰造成死机时，则通过监视定时器（WDG）重新复位系统，能恢复正常运行。

10）远方控制闭锁与手动操作功能。在检修线路或开关时，相应的FTU应具有远方控制闭锁的功能，以确保操作的安全性，避免误操作造成的恶性事故。同时FTU应能提供手动合闸、跳闸按钮，以备当通道出现故障时能进行手动操作，避免上杆直接操作开关。

11）通信功能。除了需提供一个通信口与远方主站通信外，FTU应能提供标准的RS232或RS485接口和周边各种通信传输设备相连，完成通信转发功能。重要问题是FTU的通信规约，这面临着标准化的迫切需要。

（2）FTU的选配功能：

1）电能采集。FTU对采集到的有功和无功功率进行积分，可以获得粗略的有功和无功电能值，对于核算电费和估算线损有一定的意义。虽然瞬间干扰造成的误差可能会被累计，影响电能测量精度，但在分段开关处测电能的目的在于估算线损，侦察窃电行为，因此这个测量精度一般可以容忍。当然为了进一步提高精度，可以采用状态估计算法。

2）微机保护。虽然在选用柱上开关时可以选择过流脱扣型设备，即利用开关本体的保护功能，但利用FTU中的CPU进行交流采样构成的微机保护，则具有更强的功能和灵活性。因为这样做可以使定值自动随运行方式调整，从而实现自适应的继电保护策略。

3）故障录波。尽管故障时电流、电压的小型记录是否具有作用仍是一个有争议的问题，但是对于我国这样的中性点不接地的配网，对零序电流的录波用来判断单相接地区段，显然是十分有效的。

2. 性能要求

FTU是配网自动化系统的核心设备之一，还有一些特别的性能要求，如抗恶劣环境、具有良好的维修性、可靠的电源等。

（1）抗恶劣环境。由于FTU通常安装在户外，因此要求它在恶劣环境下仍能可靠地工作。恶劣环境通常包括：

1）雷电：直接雷击或间接雷击造成的过电压是极其有害的。因此，必须考虑充分的防雷措施，包括加装避雷器、可靠接地和电气防雷等。需要防雷击的部分通常有低压电源进线（采用低压交流线路馈电），有线通信电缆，无线通信天线系统和10kV线路（采用TV获取低压电源），要在这些与FTU接口的部位考虑可靠的防雷措施。

2）环境温度：一般FTU应能在－25～＋70℃的环境下正常工作，对于一些特殊地区，甚至会有更高的要求。

3）防雨、防湿：具有导电性的雨水是一切电子设备的大敌，因此FTU应当具有可靠的防雨手段。FTU应能在湿度95%的环境下工作。

4）风沙：风沙也是户外设备的大敌，风沙加上雨水会浸蚀设备的一切保护材料。此外，风沙对于FTU的引线和固定结构也会造成冲击，威胁其安全。

5）振动：若设计不当，会导致FTU中印刷板上的器件脱落或接触不良以及接插件松动等，导致设备故障。为此，设计FTU时，应尽量考虑采用单板机的一体化结构，必要的接插件应选用质地好而且可靠的，并尽可能在结构上采取紧固措施。

6）电磁干扰：安放于户外的FTU也往往伴随着较长的引线，而这些长线实际上构成了天线，它能有效地接收各种电磁波并耦合进入FTU。为此FTU中必须考虑有效的抗干扰措施。

（2）具有良好的维修性。由于FTU安放于分段开关处，因此当FTU故障时必须能够不停电检修，否则会造成较大面积停电。为此，FTU应能很方便地和开关隔离开来，有必要在TA进线处采用试验端子，与开关之间采用航空插头连接，加装电源保险，以及采用双层机壳等措施。

（3）可靠的电源。当故障或其他原因导致电路停电时，FTU 应保持有工作电源，因为这时 FTU 上报的故障信息对于故障区段的判断极有意义。此外，在恢复线路供电时，往往也需要可靠的操作电源。

三、FTU的技术核心

FTU的技术核心主要有以下几个方面：

1. 快速故障定位、事故隔离和恢复供电

目前国内外大多配电自动化方案，完成一次故障定位、事故隔离和恢复供电需耗时近1min，有的甚至更长。随着用户对供电质量的要求越来越高，这一指标显然不能满足要求。目前已有用户希望停电时间能减少到0.2s之内，以便在不采用UPS的情况下也能保证计算机不停机。这一指标是否合理暂且不论，但用户对事故后能快速恢复供电的希望可见一斑。目前，事故停电时间主要取决于配电自动化主站或子站采集各现场FTU故障信息耗费时间。以太网的引入，有望使停电时间缩短到10s之内。

2. 网络通信

以太网的快速发展使各地的电力部门争相提出网络通信的要求，目前已有众多地区的供电部门已经将光纤铺设到变电站，甚至已经铺设到柱上开关安装处，配网自动化中通信媒介采用光纤已成趋势。但目前光纤中传输的大多仍是低速率的RS232或RS485信号，虽然也有厂家将RS232/RS485信号转成TCP/IP协议在光纤通道上传输，但由于RS232/RS485接口的低速性，其光纤通信的高速性大大受到限制。如果各FTU能够直接采用10M/100M以太网，并用TCP/IP协议与配电子站或主站通信，光纤通信的优势就能真正发挥出来。鉴于FTU属于现场安装的智能设备，考虑到其稳定性和低功耗，厂家往往采用主控单元MCU来完成其通信处理功能。受MCU运行速度和计算能力的限制，在配电网中FTU中采用10M以太网通信比100M以太网更为切实可行。

3. 配电网单相接地选线与定位

小接地电流系统的接地选线和定位一直以来是各供电部门比较头疼的问题，有人甚至认为它是一个世界性的难题。由于配电网中供电网络复杂多变，更增加了接地定位的难度。现有的小接地电流装置主要是利用各出线的零序电流实现故障选线。小接地电流系统的零序电流是全网的电容电流，而这个电容电流数值较大时又往往采用消弧线圈进行补偿，因此接地选线采用的特征量很小，很可能使故障线的零序电流大小与某条非故障线的零序电流相近，造成识别上的困难。如果使用5次谐波电流选线，由于电网中5次谐波电流数值本来就很小，且很易受系统内噪声的干扰，选线也很困难。受技术能力限制，在实际应用中，种种不利因素导致现有的小接地电流系统单相接地故障选线的正确率很低（20%～30%）。很多供电部门仍在使用拉路法确定故障出线。因而小接地电流系统的接地故障选线和定位正成为改善电能质量，提高供电可靠性的主要困难之一。

4. 开关状态在线监视

通过测量记录断路器或负荷开关累计切断故障电流、负荷电流的水平、动作时间、动作次数，可以监视触头受电腐蚀的程度以及开关机械性能，为开关检修提供依据。由于配网开关多装设在户外，检修和维护极为不便，如何能及时预测开关寿命，成为各供电部门关心的问题。目前国外的 FTU 在这方面已能比较精确的预测。国内部分厂家的 FTU 也能提供类似功能，不过提供的数据相对粗糙些。目前容易得到的开关运行状态数据有如下几种：累计切断电流的水平，开关的动作时间和动作次数。

【思考与练习】

1. 什么叫 FTU？
2. 简述 FTU 的组成。
3. FTU 的功能有哪些？
4. FTU 的技术核心主要有哪些？

第十五章　终端设备安装技术要求

模块 1　配网自动化终端设备安装技术要求（GYPD00403001）

【模块描述】本模块介绍配网自动化终端设备的种类、作用及安装技术。通过要点介绍，掌握 FTU、DTU、TTU 等终端设备的作用和安装技术要求。

【正文】

一、配网自动化终端设备的种类、作用

配网自动化终端设备是用于配网馈线回路的各种馈线远方终端、配电变压器远方终端以及中压监控单元等设备的通称。其采用通信通道，完成数据采集和远方控制等功能。

配网自动化终端设备分类及作用：

（1）FTU。安装在配电网馈线回路的柱上开关和开关柜处，具有遥信、遥测、遥控和故障电流检测等功能的远方终端。

（2）DTU。安装在配电网馈线回路的开闭站和配电室，具有遥信、遥测、遥控和故障电流检测等功能的远方终端。

（3）TTU。用于配电变压器的各种运行参数的监视、测量的远方终端。

二、配网自动化终端设备的安装技术

配电自动化终端设备（以 FTU 安装为例）安装在户外电线杆上，FTU 安装图如图 GYPD00403001-1 所示。由于其安装环境特殊，对 FTU 的安装有几个需要特别注意的地方。

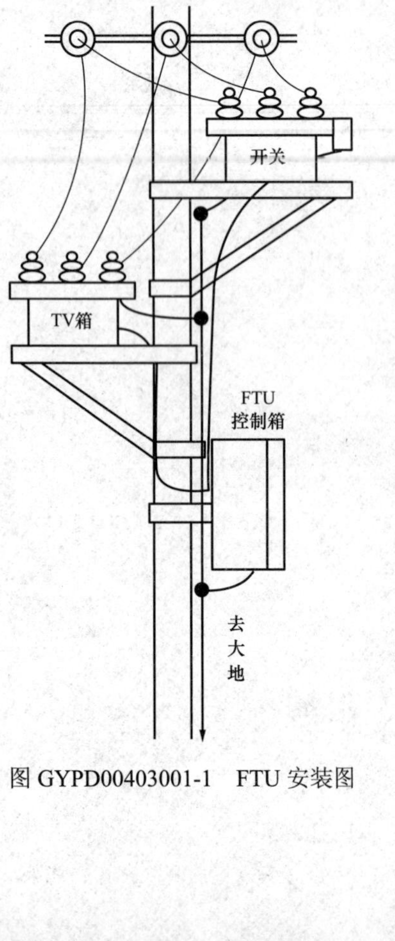

图 GYPD00403001-1　FTU 安装图

1. 安装配件的选择

由于安装环境恶劣，容易受雨、雪、风沙等的侵蚀，FTU 控制箱应该采用耐腐蚀的材料制成。同样地，将 FTU 控制箱安装到电线杆上所用的支架、螺栓等各种配件也应采用耐腐蚀的材料，最好使用不锈钢材料。安装支架需采用 20mm 或以上的螺栓以保证足够的强度，如果控制箱采用钢带安装，钢带宽度应达 20mm 或以上。另外，安装控制箱的电线杆最好经过应力计算，以保证足够的强度支撑开关及控制箱。

2. 可靠的接地

开关的外壳和避雷器应经过不小于 $70mm^2$ 的铜导体直接接地，使任何冲击电流通过这条通路流入地下。不要将避雷器经另外的路径接地，否则雷击等冲击电流产生的电位差有可能损坏控制箱或开关。如果采用无线通信，通信天线也应接到开关或主接地回路上，控制箱也不允许另外接地。主接地回路在沿电杆向下布线时，应尽可能远离控制通信电缆，对于木电杆或混凝土电杆，这个距离至少需要 200mm，对钢电杆则至少应有 100mm。

3. 工作电源的连接

FTU 的工作电源一般有两种来源，一种从专用的 TV 或其他

电压互感器（一般为 AC 100V）引入，另一种由低压馈线（一般为 AC 220V）引入。采用低压馈线供电方式时，低压馈线的地线必须与主接地回路 T 接，低压避雷器也必须接在这个 T 型线路中。这种连接方式使低压和高压的接地连通，当有冲击电流经过时，可以很好地保护工作电源内部互感器的绝缘。此外，本 FTU 不使用的其他低压相都要安装低压避雷器，以平衡其他低压用户的供电。如果采用专用的 TV 或其他电压互感器供电，其 TV 二次侧的一端也必须与 FTU 控制箱的接地螺栓连接，实现可靠接地，以保护设备和人身安全。

4. 安装牢固可靠

应采用专用的固定金具进行安装，安装既要牢固又不能使壳体出现变形。

三、馈线远方终端的维护

馈线远方终端设备应定期进行维护，维护工作内容主要包括以下几个方面。

1. 箱体的清洁和检查

检查并清除控制箱上的灰尘，特别要注意箱顶。要确保百叶窗没有关闭，底部的排水孔是开着的。当打开箱盖时，确保通气孔上的防虫网未被灰尘和脏物堵塞。检查门的密封橡胶是否已经老化或变硬，必要时予以更换。

2. 电池的更换

电池理想的使用寿命是 5 年，但在某些环境条件下，如箱体内部温度过高，电池的寿命可能会缩短。更换电池时，应按下列步骤进行：首先断开电池开关，然后拔出旧电池，换上新电池，确保极性正确，最后合上电池开关，确定电池进入正常充放电状态。

3. 定期试验

定期试验可以检查设备和开关是否工作正常，以便及时发现问题。除了进行开关分合闸试验和故障检测功能试验外，还应检查设备接地状况，保证设备始终处于良好接地状态。

【思考与练习】

1. 简述配网自动化终端设备分类及作用。
2. 馈线远方终端维护的内容有哪些？

第五部分

配电线路验收

第十六章 配电线路验收标准

模块1 电气装置安装工程电气设备交接试验标准有关内容（GYPD00301001）

【模块描述】本模块介绍电气装置安装工程电气设备交接试验相关内容。通过要点归纳和分类介绍，掌握电力变压器、二次回路、1kV 及以下配电装置和馈电线路及 1kV 以上架空电力线路交接的试验项目标准和有关内容。

【正文】

一、标准的引用及相关内容

（1）引用 GB 50150—2006《电气装置安装工程电气设备交接试验标准》。

（2）引用标准交接试验主要包括以下电气设备：同步发电机及调相机；直流电机；中频发电机；交流电动机；电力变压器；电抗器及消弧线圈；互感器；油断路器；空气及磁吹断路器；真空断路器；六氟化硫断路器；六氟化硫封闭式组合电器；隔离开关、负荷开关及高压熔断器；套管；悬式绝缘子和支柱绝缘子；电力电缆线路；电抗器；绝缘油和 SF_6 气体；避雷器；电除尘器；二次回路；1kV 及以下电压等级配电装置和馈电线路；1kV 以上架空电力线路；接地装置；低压电器。

二、电力变压器

（1）电力变压器的试验项目，应包括下列内容：

1）绝缘油试验或 SF_6 气体试验。

2）测量绕组连同套管的直流电阻。

3）检查所有分接头的电压比。

4）检查变压器的三相接线组别和单相变压器引出线的极性。

5）测量与铁芯绝缘的各紧固件（连接片可拆开者）及铁芯（由外引接地线的）绝缘电阻。

6）非纯瓷套管的试验。

7）有载调压切换装置的检查和试验。

8）测量绕组连同套管的绝缘电阻、吸收比或极化指数。

9）测量绕组连同套管的介质损耗角正切值 $\tan\delta$。

10）测量绕组连同套管的直流泄漏电流。

11）变压器的绕组变形试验。

12）绕组连同套管的交流耐压试验。

13）绕组连同套管的长时感应电压试验，带局部放电试验。

14）额定电压下的冲击合闸试验。

15）检查相位。

16）测量噪声。

注：除 GB 50150—2006 条文规定的原因外，各类变压器试验项目应按下列规定进行：

1）1600kVA 及以下油浸式电力变压器的试验，可按本条的第 1）、2）、3）、4）、5）、6）、7）、8）、12）、14）、15）项的规定进行，其中 2）、3）、4）、8）为强制性条文，必须严格执行。

2）干式变压器的试验，可按以上的第 2）、3）、4）、5）、7）、8）、12）、14）、15）项的规定进行。

3）变流、整流变压器的试验，可按本条的第 1）、2）、3）、4）、5）、7）、8）、12）、14）、15）项的规定进行。

4）电炉变压器的试验，可按本条的第 1）、2）、3）、4）、5）、7）、8）、12）、14）、15）项的规定进行。

（2）测量绕组连同套管的直流电阻，应符合下列规定：

1）测量应在各分接头的所有位置上进行。

2）1600kVA 及以下三相变压器，各相测得值的相互差值应小于平均值的 4%，线间测得值的相互差值应小于平均值的 2%；1600kVA 以上三相变压器，各相测得值的相互差值应小于平均值的 2%；线间测得值的相互差值应小于平均值的 1%。

3）变压器的直流电阻，与同温下产品出厂实测数值比较，相应变化不应大于 2%；不同温度下电阻值按照式（GYPD00301001-1）换算。

$$R_2 = R_1 \frac{T + t_2}{T + t_1} \quad \text{(GYPD00301001-1)}$$

式中 R_1、R_2——分别为温度在 t_1、t_2（℃）时的电阻值，℃；

T——计算用常数，铜导线取 235，铝导线取 225。

4）由于变压器结构等原因，差值超过本条第 2 款时，可只按本条第 3 款进行比较。但应说明具体原因。

（3）检查所有分接头的电压比，与制造厂铭牌数据相比应无明显差别，且应符合电压比的规律；电压等级在 220kV 及以上的电力变压器，其电压比的允许误差在额定分接头位置时为 ±0.5%。

（4）检查变压器的三相接线组别和单相变压器引出线的极性，必须与设计要求及铭牌上的标记和外壳上的符号相符。

（5）测量绕组连同套管的绝缘电阻、吸收比或极化指数，应符合下列规定：

1）绝缘电阻值不应低于产品出厂试验值的 70%。

2）当测量温度与产品出厂试验时的温度不符合时，可按表 GYPD00301001-1 换算到同一温度时的数值进行比较。

表 GYPD00301001-1　　油浸式电力变压器绝缘电阻的温度换算系数

温度差 K	5	10	15	20	25	30	35	40	45	50	55	60
换算系数 A	1.2	1.5	1.8	2.3	2.8	3.4	4.1	5.1	6.2	7.5	9.2	11.2

注 1. 表中 K 为实测温度减去 20℃的绝对值。

2. 测量温度以上层温度为准。

当测量绝缘电阻的温度差不是表中所列数值时，其换算系数 A 可用线性插入法确定，也可按式（GYPD00301001-2）计算

$$A = 1.5^{K/10} \quad \text{(GYPD00301001-2)}$$

校正到 20℃时的绝缘电阻值可用式（GYPD00301001-3）计算，当实测温度为 20℃以上时

$$R_{20} = AR_t \quad \text{(GYPD00301001-3)}$$

当实测温度为 20℃以下时

$$R_{20} = R_t / A \quad \text{(GYPD00301001-4)}$$

式中 R_{20}——校正到 20℃时的绝缘电阻值，MΩ；

R_t——在测量温度下的绝缘电阻值，MΩ。

三、二次回路

（1）测量绝缘电阻，应符合下列规定：

1）小母线在断开所有其他并联支路时，不应小于 10MΩ。

2）二次回路的每一支路和断路器、隔离开关的操动机构的电源回路等，均不应小于 1MΩ。在比较潮湿的地方，可不小于 0.5MΩ。

（2）交流耐压试验，应符合下列规定：

1）试验电压为 1000V。当回路绝缘电阻值在 10MΩ 以上时，可采用 2500V 绝缘电阻表代替，试

验持续时间为 1min。

2）48V 及以下回路可不作交流耐压试验。

3）回路中有电子元器件设备的，试验时应将插件拔出或将其两端短接。

注：二次回路是指电气设备的操作、保护、测量、信号等回路及其回路中的操动机构的线圈、接触器、继电器、仪表、互感器二次绕组等。

四、1kV 及以下配电装置和馈电线路

（1）测量绝缘电阻，应符合下列规定：

1）配电装置及馈电线路的绝缘电阻值不应小于 0.5MΩ。

2）测量馈电线路绝缘电阻时，应将断路器（或熔断器）、用电设备、电器和仪表等断开。

（2）动力配电装置的交流耐压试验，应符合下述规定：

1）试验电压为 1000V。当回路绝缘电阻值在 10MΩ 以上时，可采用 2500V 兆欧表代替，试验持续时间为 1min，或符合产品技术规定。

2）交流耐压试验为各相对地，48V 及以下电压等级配电装置不做耐压试验。

（3）检查配电装置内不同电源的馈线间或馈线两侧的相位应一致。

五、1kV 以上架空电力线路

（1）1kV 以上架空电力线路的试验项目，应包括下列内容：

1）测量绝缘子和线路的绝缘电阻。

2）检查相位。

3）冲击合闸试验。

4）测量杆塔的接地电阻。

（2）测量绝缘子和线路的绝缘电阻，应符合下列规定：

1）绝缘子的试验应按本标准的悬式绝缘子和支柱绝缘子部分规定进行。

2）测量并记录线路的绝缘电阻值。

（3）检查各相两侧的相位应一致。

（4）在额定电压下对空载线路的冲击合闸试验，应进行 3 次，合闸过程中线路绝缘不应有损坏。

（5）测量杆塔的接地电阻值，应符合设计的规定。

六、低压电器

（1）低压电器的试验项目应包括下列内容：

1）测量低压电器连同所连接电缆及二次回路的绝缘电阻。

2）电压线圈动作值校验。

3）低压电器动作情况检查。

4）低压电器采用的脱扣器的整定。

5）测量电阻器和变阻器的直流电阻。

6）低压电器连同所连接电缆及二次回路的交流耐压试验。

注：低压电器包括电压为 60～1200V 的刀开关转换开关、熔断器、自动开关、接触器、控制器、主令电器、起动器、电阻器、变阻器及电磁铁等。对安装在一、二级负荷场所的低压电器应按本条第（2）、（3）、（4）项的规定进行。

（2）测量低压电器连同所连接电缆及二次回路的绝缘电阻值，不应小于 1MΩ；在比较潮湿的地方，可不小于 0.5MΩ。

（3）电压线圈动作值的校验应符合下述规定：线圈的吸合电压不应大于额定电压的 85%，释放电压不应小于额定电压的 5%。短时工作的合闸线圈应在额定电压的 85%～110%范围内，分励线圈应在额定电压的 75%～110%范围内均能可靠工作。

（4）低压电器动作情况的检查应符合下述规定：对采用电动机或液压、气压传动方式操作的电器，除产品另有规定外，当电压液压或气压在额定值的 85%～110%范围内，电器应可靠工作。

（5）低压电器采用的脱扣器的整定，各类过电流脱扣器失压和分励脱扣器、延时装置等应按使用要求进行整定。

（6）测量电阻器和变阻器的直流电阻值，其差值应分别符合产品技术条件的规定。电阻值应满足回路使用的要求。

（7）低压电器连同所连接电缆及二次回路的交流耐压试验应符合下述规定：试验电压为 1000V，当回路的绝缘电阻值在 10MΩ 以上时，可采用 2500V 兆欧表代替，试验持续时间为 1min。

【思考与练习】

1. 1kV 及以下配电装置和馈电线路的试验项目有哪些？

2. 1kV 以上架空电力线路的试验项目有哪些？

模块 2 架空配电线路及设备运行规程有关内容（GYPD00301002）

【模块描述】本模块介绍 10kV 及以下架空配电线路及其设备运行相关规程。通过要点归纳和分类说明，掌握架空配电线路的防护、事故处理和技术管理等相关知识。

【正文】

一、规程的引用及相关内容

（1）引用 SD 292—1988《架空配电线路及设备运行规程》。

（2）引用标准主要包括以下内容：配电线路及设备的防护；架空配电线路的运行；配电设备的运行；防雷与接地；事故处理；技术管理。

二、配电线路及设备的防护

（1）配电线路及设备的防护应认真执行《电力设施保护条例》及其《实施细则》的有关规定。

（2）运行单位要发动沿线有关部门和群众进行护线和做好护线宣传工作，防止外力破坏，及时发现和消除设备缺陷。

（3）配电线路对地距离及交叉跨越距离应符合“架空配电线路设计技术规程”的要求。修剪树木，应保证在修剪周期内树枝与导线的距离符合上述规定的数值。

（4）当线路跨越通航江河时，应采取措施设立标志，防止船桅碰线。

（5）配电运行部门的工作人员对下列事项可先行处理，但事后应及时通知有关单位。

1）修剪超过规定界限的树木。

2）为处理电力线路事故，砍伐林区个别树木。

3）消除可能影响供电安全的收音机、电视机天线、铁烟囱或其他凸出物。

（6）运行单位对可能威胁线路安全运行的各种施工或活动，应进行劝阻或制止，必要时应向有关单位和个人提出防护通知书。对于造成事故或电力设施损坏者，应按情节与后果，予以处罚或提交公安、司法机关依法惩处。

三、事故处理

（1）事故处理的主要任务。

1）尽快查出事故地点和原因，消除事故根源，防止事故扩大。

2）采取措施防止行人接近故障导线和设备，避免发生人身事故。

3）尽量缩小事故停电范围和减少事故损失。

4）对已停电的用户尽快恢复供电。

（2）配电系统发生下列情况时，必须迅速查明原因，并及时处理。

1）断路器掉闸（不论重合是否成功）或熔断器跌落（熔丝熔断）。

2）发生永久性接地或频发性接地。

3）变压器一次或二次熔丝熔断。

4）线路倒杆、断线；发生火灾、触电伤亡等意外事件。

5）用户报告无电或电压异常。

（3）运行单位为便于迅速、有效的处理事故，应建立事故抢修组织和有效的联系办法。

（4）高压配电线路发生故障或异常现象，应迅速组织人员（包括用电检查人员）对该线路和其相连接的高压用户设备进行全面巡查，直至故障点查出为止。

（5）线路上的熔断器熔断或柱上断路器掉闸时，不得盲目试送，必须详细检查线路和有关设备，确无问题后，方可恢复送电。

（6）中性点不接地系统发生永久性接地故障时，可用柱上开关或其他设备（如用负荷切断器操作隔离开关或跌落熔断器）分段选出故障段。

（7）变压器一、二次熔丝熔断按如下规定处理。

1）一次熔丝熔断时，必须详细检查高压设备及变压器，无问题后方可送电。

2）二次熔丝（片）熔断时，首先查明熔断器接触是否良好，然后检查低压线路，无问题后方可送电，送电后立即测量负荷电流，判明是否运行正常。

（8）变压器、油断路器发生事故，有冒油、冒烟或外壳过热现象时，应断开电源并待冷却后处理。

（9）事故巡查人员应将事故现场状况和经过做好记录（人身事故还应记录触电部位、原因、抢救情况等），并收集引起设备故障的一切部件，加以妥善保管，作为分析事故的依据。

（10）事故发生后，运行单位应及时组织有关人员进行调查、分析，制订防止事故的对策。并按有关规定提出事故报告。

（11）事故处理工作应遵守本规程和其他有关的部颁规程的规定。紧急情况下，可在保障人身安全和设备安全运行的前提下，采取临时措施，但事后应及时处理。

（12）运行单位应备有一定数量的物资、器材、工具作为事故抢修用品。

四、技术管理

（一）技术管理

1. 运行部门应备有以下主要技术资料

（1）配电网络运行方式图板或图纸。

（2）配电线路平面图。

（3）线路杆位图（表）。

（4）低压台区图（包括电流、电压测量记录）。

（5）高压配电线路负荷记录。

（6）缺陷记录。

（7）配电线路、设备变动（更正）通知单。

（8）维护（产权）分界点协议书。

（9）巡视手册。

（10）防护通知书。

（11）交叉跨越记录。

（12）事故、障碍记录。

（13）变压器卡片。

（14）断路器、负荷开关卡片。

（15）配变站巡视记录。

（16）配变站运行方式结线图。

（17）配变站检修记录。

（18）配变站竣工资料和技术资料。

（19）接地装置布置图和试验记录。

（20）绝缘工具试验记录。

（21）工作日志。

2. 运行部门应备有下列规程

（1）电力工业管理法规。

（2）架空配电线路及其设备运行规程。

（3）电力安全工作规程（电力线路部分）。

（4）电力设施保护条例。

（5）架空配电线路设计技术规程。

（6）电气设备过电压保护设计技术规程。

（7）电气设备接地设计技术规程。

（8）电气装置安装工程施工及验收规范（10kV 及以下架空配电线路篇）。

（9）电业生产人员培训制度。

（10）电气设备预防性试验规程。

（11）电业生产事故调查规程。

（12）配电系统供电可靠性统计办法。

（13）变压器运行规程。

（14）并联电容器装置设计技术规程。

（二）缺陷管理

（1）缺陷管理的目的是为了掌握运行设备存在的问题，以便按轻、重、缓、急消除缺陷，提高设备的健康水平，保障线路、设备的安全运行。另一方面对缺陷进行全面分析总结变化规律，为大修、更新改造设备提供依据。

（2）缺陷按下列原则分类：

1）一般缺陷。是指对近期安全运行影响不大的缺陷。可列入年、季检修计划或日常维护工作中去消除。

2）重大缺陷。是指缺陷比较严重，但设备仍可短期继续安全运行。该缺陷应在短期内消除，消除前应加强监视。

3）紧急缺陷。是指严重程度已使设备不能继续安全运行，随时可能导致发生事故或危及人身安全的缺陷，必须尽快消除或采取必要的安全技术措施进行临时处理。

（3）运行人员应将发现的缺陷，详细记入缺陷记录内，并提出处理意见，紧急缺陷应立即向领导汇报，及时处理。

（三）设备标志

（1）配电线路及其设备应有明显的标志，主要标志内容如下。

1）配电线路名称和杆塔编号。

2）配变室或开关站的名称或编号。

3）相位标志。

4）开关的调度名称和编号。

（2）变电站配电线的出口和配变站的进、出线应有配电线名称、编号和相位标志。架空配出线的标志设在出线套管下方（或构架上）。电缆配出线的标志设在户外电缆头下方。

（3）每基杆塔和变压器台应有名称和编号标志，标志设在巡视易见一侧，同一条线路标志应设在同一侧。

（4）导线的三相用黄、绿、红三色标志。下列杆塔应设有相色标志。

1）每条线的出口杆塔。

2）分支杆。

3）转角杆。

（5）配电站（包括箱式）和变压器应有警告牌。

（四）电压管理

（1）配电运行人员应掌握配电网络中高压线路和低压台区的电压质量情况，运行部门要采取技术措施，为提高供电电压质量而努力。

（2）供电局供到用户受电端（产权分界点）的电压变动幅度应不超过受电设备（器具）额定电压的下列指标范围。

20kV 及以下三相供电电压允许偏差为标称电压的 ±7%，220V 单相供电电压允许偏差为标称电压的 +7%、－10%。

（3）配电线路的电压损失，高压不应超过 5%，低压不应超过 4%。

（4）低压网络每个台区的首、末端每年至少测量电压一次。

（5）有下列情况之一者，应测量电压。

1）投入较大负荷。

2）用户反映电压不正常。

3）三相电压不平衡，烧坏用电设备（器具）。

4）更换或新装变压器。

5）调整变压器分接头。

（五）负荷管理

（1） 配电变压器不应过负荷运行，应经济运行，最大负荷电流不宜低于额定电流的 60%，季节性用电的专用变压器，应在无负荷季节停止运行。

（2）变压器的三相负荷应力求平衡，不平衡度不应大于 15%，只带少量单相负荷的三相变压器，零线电流不应超过额定电流的 25%，不符合上述规定时，应将负荷进行调整。不平衡度的计算如式（GYPD00301002-1）所示。

$$\text{不平衡度（\%）}=(\text{最大电流}-\text{最小电流})/\text{最大电流}\times 100\% \qquad \text{(GYPD00301002-1)}$$

（3）变压器熔丝选择，应按熔丝的安—秒特性曲线选定。如无特性曲线可按以下规定选用。

1）一次熔丝的额定电流按变压器额定电流的倍数选定，10～100kVA 变压器为 1～3 倍，100kVA 以上变压器为 1.5～2 倍。

2）多台变压器共用一组熔丝时，其熔丝的额定电流按各变压器额定电流之和的 1.0～1.5 倍选用。

3）二次熔丝的额定电流按变压器二次额定电流选用。

4）单台电动机的专用变压器，考虑起动电流的影响，二次熔丝额定电流可按变压器额定电流的 1.3 倍选用。

5）熔丝的选定应考虑上下级保护的配合。

【思考与练习】

1. 配电运行部门的工作人员对哪些事项可先行处理，但事后应及时通知有关单位？

2. 变压器一、二次熔丝熔断应如何处理？

3. 缺陷管理有何规定？

模块 3　电力电缆运行规程有关内容（GYPD00301003）

【模块描述】本模块介绍电缆备品的管理和电力电缆的巡查内容。通过要点归纳，掌握电缆备品管理、电缆巡查要点和注意事项，以及相关技术标准。

【正文】

一、规程的引用及相关内容

（1）引用《电力电缆运行规程》。

（2）引用规程主要包括以下内容：电缆线路基本要求及各种敷设方式规定；电缆线路机型损伤的防止；电缆绝缘过热和导线连接点损坏的防止；电缆的腐蚀及其他故障预防；电缆的巡查；电缆的预防性试验；电缆故障分析；运行前电缆线路设备的验收。

二、电缆备品

（1）电缆应储存在干燥的地方，有搭盖的遮棚，电缆盘下应放置枕垫，以免陷入泥土中。电缆盘不许平卧放置。

（2）对充油电缆的备品，还应定期检查其油压是否在规定范围内和有无漏油现象。

（3）运行中各级电压的电缆和附件一般均应备有事故备品，以便能满足一次事故内替换损坏电缆和附件的需要，其数量应考虑节约资金和根据过去运行经验决定。有的备品可由电缆网络中的指定机构，集中贮备。

（4）电缆线路有部分通过桥梁或者排管者，应备有一段事故备品，其长度应足够跨越整个桥梁和排管的距离。

（5）水底电缆因检修困难，修复时间较长，故允许将事故备用电缆事先和线路平行敷设。此外，一般陆地上电缆不应事先敷设一条（或一相）备用电缆。

三、电缆的巡查

（一）巡查周期

1. 电缆线路及电缆线段的巡查

（1）敷设在土中、隧道中以及沿桥梁架设的电缆，每三个月至少一次。根据季节及基建工程特点，应增加巡查次数。

（2）电缆竖井内的电缆，每半年至少一次。

（3）水底电缆线路，由现场根据具体需要规定，如水底电缆直接敷于河床上，可每年检查一次水底路线情况。在潜水条件允许下，应派遣潜水员检查电缆情况，当潜水条件不允许时，可测量河床的变化情况。

（4）发电厂、变电站的电缆沟、隧道、电缆井、电缆架及电缆线段等的巡查，至少每三个月一次。

（5）对挖掘暴露的电缆，按工程情况，酌情加强巡视。

2. 电缆终端头，由现场根据运行情况每1～3年停电检查一次

装有油位指示的电缆终端头，每年应检视油位高度。污秽地区的电缆终端头的巡视与清扫的期限，可根据当地的污秽程度予以决定。有油位指示的终端头、每年夏、冬季检查一次。

（二）巡查的主要注意事项

（1）对敷设在地下的每一电缆线路，应查看路面是否正常，有无挖掘痕迹及路线标桩是否完整无缺等。

（2）电缆线路上不应堆置瓦砾、矿渣、建筑材料、笨重物件、酸碱性排泄物或砌碓石灰坑等。

（3）对于通过桥梁的电缆，应检查桥堍两端电缆是否拖拉过紧，保护管或槽有无脱开或锈烂现象。

（4）对于备用排管应该用专用工具疏通，检查其有无断裂现象。

（5）人井内电缆铅包在排管口及挂钩处，不应有磨损现象，需检查衬铅是否脱落。

（6）安装有保护器的单芯电缆，在通过短路电流后，或每年至少检查一次阀片或球间隙有无击穿或烧熔现象。

（7）对户外与架空线连接的电缆和终端头应检查终端头是否完整，引出线的接点有无发热现象和电缆铅包有无龟裂漏油，靠近地面一段电缆是否被车辆撞碰等。

（8）多根并列电缆要检查电流分配和电缆外皮的温度情况。防止因接点不良而引起电缆过负荷或烧坏接点。

（9）隧道内的电缆要检查电缆位置是否正常，接头有无变形漏油，温度是否正常，构件是否失落，通风、排水、照明等设施是否完整。特别要注意防火设施是否完善。

（10）充油电缆线路不论其投入运行与否，都要检查油压是否正常。油压系统的压力箱、管道、阀门、压力表是否完善。并注意与构架绝缘部分的零件，有无放电现象。

（11）应经常检查临近河岸两侧的水底电缆是否有受潮水冲刷现象，电缆盖板有否露出水面或移位。同时检查河岸两端的警告牌是否完好，瞭望是否清楚。

（三）巡查结果的处理

（1）巡线人员应将巡视电缆线路的结果，记入巡线记录簿内。运行部门应根据巡视结果，采取对策消除缺陷。

（2）在巡视检查电缆线路中，如发现有零星缺陷，应记入缺陷记录簿内，据以编订月度或季度的维护小修计划。

（3）在巡视检查电缆线路中，如发现有普遍性的缺陷，应记入大修缺陷记录簿内，据以编制年度大修计划。

（4）巡线人员如发现电缆线路有重要缺陷，应立即报告运行管理人员，并作好记录，填写重要缺陷通知单。运行管理人员接到报告后应及时采取措施，消除缺陷。

四、技术文件

（1）各种型式电缆必须具备电缆截面图并注明必要的结构和尺寸。

（2）电缆网络的运行部门应备有该部门所属：① 全部电缆线路的地形总图。比例尺一般为 1:5000，主要标明线路名称和相对位置；② 电缆网络的系统接线图；③ 电缆线路路径的协议文件。

（3）直埋电缆线路必须有详细的敷设位置图样，比例尺一般为 1:5000，地下管线密集地段为 1:100（甚至更大），管线稀少地段为 1:1000。平行敷设的电缆线路，尽可能合用一张图纸，但必须标明各条线路相对位置并标明地下管线剖面图。

（4）有油压的电缆线路应有供油系统压力分布图和油压整定值等资料，并有示警信号接线图。

（5）电缆线路必须有原始装置记录：准确的长度、截面积、电压、型号、安装日期线路的参数，中间接头及终端头的型号、编号、装置日期。

（6）沿电缆线路如有特殊结构，如桥梁、隧道、人井、排管等，应备有特殊结构的图样。

（7）电缆的接头和终端头的安装及检修，都应具有相应的工艺标准和设计装配总图；总图必须配有详细注明材料的分件图。

（8）电缆线路必须有运行记录、事故日期、地点及原因以及变动原有装置的记录。

（9）电缆线路发生事故或预防性试验击穿等，都必须做好调查记录：部位、原因、检修过程等，据此制订反事故措施计划，调查记录就逐年归入各条线路的运行档案。对原因不明的事故或击穿，应积累后列入课题，集中研究。

（10）电缆线路上的任何变动或修改，都应及时更正相应的技术资料，保持资料的正确性。

【思考与练习】

1. 对电缆备品如何管理？
2. 电缆的巡视检查有哪些要求？

模块 4　35kV 及以下架空电力线路施工及验收规范有关内容（GYPD00301004）

【模块描述】本模块介绍《35kV 及以下架空电力线路施工及验收规范》的有关内容。通过要点归纳和分类介绍，掌握 35kV 及以下架空电力线路施工及验收的范围、内容、规定和要求。

【正文】

一、总则

（1）引用 GB 50173—1992《35kV 及以下架空电力线路施工及验收规范》。

（2）引用规范主要包括以下内容：原材料及器材检验；电杆基坑及基础埋设；电杆组立与绝缘子安装；拉线安装；导线安装；10kV 及以下架空电力线路上电气设备；接户线；接地工程；工程交接验收。

二、原材料及器材检验

（1）架空电力线路工程所使用的原材料、器材，具有下列情况之一者，应重作检验：

1）超过规定保管期限者。

2）因保管、运输不良等原因而有变质损坏可能者。

3）对原始试验结果有怀疑或试样代表性不够者。

（2）架空电力线路使用的线材，架设前应进行外观检查，且应符合下列规定：

1）不应有松股、交叉、折叠、断裂及破损等缺陷。

2）不应有严重腐蚀现象。

3）钢绞线、镀锌铁线表面镀锌层应良好，无锈蚀。

4）绝缘线表面应平整、光滑、色泽均匀，绝缘层厚度应符合规定。绝缘线的绝缘层应挤包紧密，且易剥离，绝缘线端部应有密封措施。

（3）由黑色金属制造的附件和紧固件，除地脚螺栓外，应采用热浸镀锌制品。金属附件及螺栓表面不应有裂纹、砂眼、锌皮剥落及锈蚀等现象。

（4）各种连接螺栓宜有防松装置。防松装置弹力应适应，厚度应符合规定。

（5）金具组装配合应良好，安装前应进行外观检查，且应符合下列规定：

1）表面光洁，无裂纹、毛刺、飞边、砂眼、气泡等缺陷。

2）线夹转动灵活，与导线接触面符合要求。

3）镀锌良好，无锌皮剥落、锈蚀现象。

（6）绝缘子及瓷横担绝缘子安装前应进行外观检查，且应符合以下规定：

1）瓷件与铁件组合无歪斜现象，且结合紧密，铁件镀锌良好。

2）瓷釉光滑，无裂纹、缺釉、斑点、烧痕、汽泡或瓷釉烧坏等缺陷。

3）弹簧销、弹簧垫的弹力适宜。

（7）环形钢筋混凝土电杆制造质量应符合现行 GB/T 396—1994《环形钢筋混凝土电杆》的规定。安装前应进行外观检查，且应符合下列规定：

1）表面光洁平整，壁厚均匀，无露筋、跑浆等现象。

2）放置地平面检查时，应无纵向裂缝，横向裂缝的宽度不应超过 0.1mm。

3）杆身弯曲不应超过杆长的 1/1000。

（8）预应力混凝土电杆制造质量应符合现行 GB 4623—1994 的规定。安装前应进行外观检查，且应符合下列规定：

1）表面光洁平整，壁厚均匀，无露筋、跑浆等现象。

2）应无纵、横向裂缝。

3）杆身变曲不应超过杆长的 1/1000。

三、电杆基坑及基础埋设

1. 基坑施工前的定位应符合下列规定

（1）直线杆顺线路方向位移，10kV 及以下架空电力线路不应超过设计档距的 3%。直线杆横线路方向位移不应超过 50mm。

（2）转角杆、分支杆的横线路、顺线路方向的位移均不应超过 50mm。

2. 电杆基础坑深度

电杆基础坑深度应符合设计规定。电杆基础深度的允许偏差应为 +100mm、−50mm。同基基础坑在允许偏差范围内应按最深一坑操平。岩石基础坑的深度不应小于设计规定数值。

3. 电杆基础采用卡盘时，应符合下列规定

（1）安装前应将其下部土壤分层回填夯实。

（2）安装位置、方向、深度应符合设计要求。深度允许偏差为 ±50mm。当设计无要求时，上平面距地面不应小于 500mm。

（3）与电杆连接应紧密。

4. 基坑回填土应符合下列规定

（1）土块应打碎。

（2）35kV 架空电力线路基坑每回填 300mm 应夯实一次；10kV 及以下架空电力线路基坑每回填 500 应夯实一次。

（3）松软土质的基坑，回填土时应增加夯实次数或采取加固措施。

（4）回填土后的电杆基坑宜设置防沉土层。土层上部面积不宜小于坑口面积；培土高度应超过地面 300mm。

（5）当采用抱杆立杆留有滑坡时，滑坡（马道）回填土应夯实，并留有防沉土层。

四、电杆组立与绝缘子安装

（1）单电杆立好后应正直，位置偏差应符合下列规定：

1）直线杆的横向位移不应大于 50mm。

2）直线杆的倾斜，35kV 架空电力线路不应大于杆长的 3‰；10kV 及以下架空电力线路杆梢的位移不应大于杆梢直径的 1/2。

3）转角杆的横向位移不应大于 50mm。

4）转角杆应向外角预偏、紧线后不应向内角倾斜，向外角的倾斜，其杆梢位移不应大于杆梢直径。

5）终端杆立好后，应向拉线侧预偏，其预偏值不应大于杆梢直径。紧线后不应向受力侧倾斜。

（2）双杆立好后应正直，位置偏差应符合下列规定：

1）直线杆塔结构中心与中心桩之间的横向位移，不应大于 50mm，转角杆结构中心与中心桩之间的横、顺向位移，不应大于 50mm。

2）迈步不应大于 30mm。

3）根开不应超过 ±30mm。

（3）以螺栓连接的构件应符合下列规定：

1）螺杆应与构件面垂直，螺头平面与构件间不应有间隙。

2）螺栓紧好后，螺杆丝扣露出的长度，单螺母不应少于两个螺距；双螺母可与螺母相平。

3）当必须加垫圈时，每端垫圈不应超过 2 个。

（4）螺栓穿入方向应符合下列规定：

1）对立体结构：水平方面由内向外、垂直方向由下向上。

2）对平面结构：顺线路方向，双面构件由内向外，单面构件由送电侧穿入或按统一方向；横线路方向，两侧由内向外，中间由左向右（面向受电侧）或按统一方向；垂直方向，由下向上。

（5）线路横担的安装：

1）线路单横担的安装，直线杆应装于受电侧；分支杆、90° 转角杆（上、下）及终端杆应装于拉线侧。

2）横担安装应平正、安装偏差应符合下列规定：横担端部上下歪斜不应大于 20mm；横担端部左右扭斜不应大于 20mm；双杆的横担，横担与电杆连接处的高差不应大于连接距离的 5/1000；左右扭斜不应大于横担总长度的 1/100。

3）瓷横担绝缘子安装应符合下列规定：当直立安装时，顶端顺线路歪斜不应大于 10mm；当水平安装时，顶端宜向上翘 5°～15°；顶端顺线路歪斜不应大于 20mm；当安装转角杆时，顶端竖直安装的瓷横担支架应安装转角的内角侧（瓷横担应装在支架的外角侧）；全瓷式瓷横担绝缘子的固定处应加软垫。

（6）绝缘子安装应符合下列规定：

1）安装应牢固，连接可靠，防止积水。

2）安装时应清除有面灰垢、附着物及不应有的涂料。

3）悬式绝缘子安装，尚应符合下列规定：与电杆、导线金具连接处，无卡压现象；耐张串上的弹簧销子、螺栓及穿钉应向由上下穿。当有特殊困难时可由内向上或由左向右穿入；悬垂串上的弹簧销子、螺栓及穿钉应向受电侧穿入两边线应由内向外，中线应由左向右穿入；绝缘子裙边与带电部位的间隙不应小于 50mm。

（7）采用的闭口销或开口销不应有折断、裂纹等现象，当采用开口销时应对称开口，开口角度应为 30°～60°。严禁用线材或其他材料代替闭口销、开口销。

五、拉线安装

1. 拉线安装应符合下列规定

（1）安装后对地平面夹角与设计值允许偏差，应符合下列规定：35kV 架空电力线路不应大于 1°；10kV 及以下架空电力线路不应大于 3°；特殊地段应符合设计要求。

（2）承力拉线应与线路方向的中心线对正；分角拉线应与线路分角线方向对正，防风拉线应与线路方向垂直。

（3）跨越道路的拉线，应满足设计要求，且对通车路面边绝缘的垂直距离不应小于 5m。

（4）当采用 UT 型线夹及楔形线夹固定安装时，应符合下列规定：安装前丝扣上应涂润滑剂；线夹舌板与拉线接触应紧密，受力后无滑动现象，线夹凸肚在尾线侧，安装时不应损伤线股；拉线弯曲部分不应有明显松股，拉线断头处与拉线主线应固定可靠，线夹处露出的尾线长度为 300～500mm，尾线回头后与本线应扎牢；当同一组拉线使用双线夹并采用连板时，其尾线端的方向应统一；UT 型线夹或花篮螺栓的螺杆应露出扣，并应用不小于 1/2 螺杆比扣长度可供调紧，调整后，UT 型线夹的双螺母应并紧，花篮螺栓应封固。

（5）当采用绑扎固定安装时，应符合下列规定：拉线两端应设置心形环；钢绞线拉线，应采用直径不大于 3.2 的镀锌铁线绑扎固定。绑扎应整齐、紧密，最小缠绕长度应符合表 GYPD00301004-1 的规定。

表 GYPD00301004-1 最小缠绕长度

钢绞线截面（mm^2）	最小缠绕长度（mm）				
	上段	中段有绝缘子的两端	与拉棒连接处		
			下端	花缠	上端
25	200	200	150	250	80
35	250	250	200	250	80
50	300	300	250	250	80

（6）当一基电杆上装设多条拉线时，各条拉线的受力应一致。

（7）混凝土电杆的拉线当装设绝缘子时，在断拉线情况下，拉线绝缘子距地面不应小于 2.5m。

2. 采用拉线柱拉线的安装，应符合下列规定

（1）拉线柱的埋设深度，当设计无要求时，应符合下列规定：采用坠线的，不应小于拉线柱长的 1/6；采用无坠线的，应按其受力情况确定。

（2）拉线柱应向张力反方向倾斜 10°～20°。

（3）坠线与拉线柱夹角不应小于 30°。

（4）附线上端固定点的位置距拉线柱顶端的距离应为 250mm。

（5）坠线采用镀锌铁线绑扎固定时，最小缠绕长度应符合表 GYPD00301004-1 的规定。

3. 顶（撑）杆的安装，应符合下列规定

（1）顶杆底部埋深不宜小于 0.5m，且设有防沉措施。

（2）与主杆之间夹角应满足设计要求，允许偏差为 ±5°。

（3）与主杆连接应紧密、牢固。

六、导线架设

（1）导线在展放过程中，对已展放的导线应进行外观检查，不应发生磨伤、断股、扭曲、金钩、断头等现象。

（2）当导线在同一处损伤需进行修补时，应符合下列规定。

1）损伤补修处理标准应符合表 GYPD00301004-2 的规定。

表 GYPD00301004-2　　导线损伤补修处理标准

导线类别	损伤情况	处理方法
铝绞线	导线在同一处损伤程度已经超过规定，但因损伤导致强度损失不超过总拉断力的 5%时	以缠绕或修补预绞丝修理
铝合金绞线	导线在同一处损伤程度超过总拉断力的 5%，但不超过 17%时	以补修管补修
钢芯铝绞线	导线在同一处损伤程度已经超过规定，但因损伤导致强度损失不超过总拉断力的 5%，且截面积损伤又不超过导电部分总截面积的 7%时	以缠绕或修补预绞丝修理
铜芯铝合金绞线	导线在同一处损伤程度已超过总拉断力的 5%但不足 17%，且截面积损伤也不超过导电部分总截面积的 25%时	以补修管补修

2）当采用缠绕处理时，应符合下列规定：受损伤处的线股应处理平整；应选与导线同金属的单股线为缠绕材料，其直径不应小于 2mm；缠绕中心应位于损伤最严重处，缠绕应紧密，受损伤部分应全部覆盖，其长度不应小于 100mm。

3）当采用预绞丝补修时，应符合下列规定：受损伤处的线股应处理平整；补修预绞丝长度不应小于 3 个节距，或应符合相关国家标准的规定；补修预绞丝的中心应位于损伤最严重处，且与导线接触紧密，损伤处应全部覆盖。

4）当采用补修管补修时，应符合下列规定：损伤处的铝（铝合金）股线应先恢复其原绞制状态；补修管的中心应位于损伤最严重处，需补修导线范围应于管内各 20mm 处；当采用液压施工时应符合相关国家标准的规定。

（3）导线在同一处损伤有下列情况之一者，应将损伤部分全部割去，重新以直线接续管连接。

1）连续损伤其强度、截面积虽未超过补修管补修的规定，但损伤长度已超过补修管能补修的范围。

2）钢芯铝绞线的钢芯断一股。

3）导线出现灯笼的直径超过导线直径的 1.5 倍而又无法修复。

4）金钩、破股已形成无法修复的永久变形。

（4）不同金属、不同规格、不同绞制方向的导线严禁在档距内连接。

（5）10kV 及以下架空电力线路的导线紧好后，弧垂的误差不应超过设计弧垂的 ±5%。同档内各相导线弧垂宜一致，水平排列的导线弧垂相差不应大于 50mm。

（6）导线的固定应牢固、可靠，且应符合下列规定：

1）直线转角杆：对针式绝缘子，导线应固定在转角外侧的槽内；对瓷横担绝缘子导线应固定在第一裙内。

2）直线跨越杆：导线应双固定，导线本体不应在固定处出现角度。

3）裸铝导线在绝缘子或线夹上固定应缠绕铝包带，缠绕长度应超出接触部分 30mm。铝包带的缠绕方向应与外层线股的绞制方向一致。

（7）10kV 及以下架空电力线路的引流线（跨接线或弓子线）之间、引流线与主干线之间的连接应符合下列规定：

1）不同金属导线的连接应有可靠的过渡金具。

2）同金属导线，当采用绑扎连接时，绑扎长度应符合表 GYPD00301004-3 的规定。

表 GYPD00301004-3　　绑扎长度值

导线截面（mm^2）	绑扎长度（mm）
35 及以下	≥150
50	≥200
70	≥250

3）绑扎连接应接触紧密、均匀、无硬弯，引流线应呈均匀弧度。

4）当不同截面导线连接时，其绑扎长度应以小截面导线为准。

5）绑扎用的绑线，应选用与导线同金属的单股线，其直径不应小于 2.0mm。

（8）最小安全距离。

1）1～10kV 线路每相引流线、引下线与邻相的引流线、引下线或导线之间，安装后的净空距离不应小于 300mm；1kV 以下电力线路，不应小于 150mm。

2）线路的导线与拉线、电杆或构架之间安装后的净空距离，35kV 时，不应小于 600mm；1～10kV 时，不应小于 200mm；1kV 以下时，不应小于 100mm。

七、10kV 及以下架空电力线路上的电气设备

（1）电杆上电气设备的安装，应符合下列规定：

1）安装应牢固可靠。

2）电气连接应接触紧密，不同金属连接，应有过渡措施。

3）瓷件表面光洁，无裂缝、破损等现象。

（2）杆上变压器及变压器台的安装，尚应符合下列规定：

1）水平倾斜不大于台架根开的 1/100。

2）一、二次引线排列整齐、绑扎牢固。

3）油枕、油位正常，外壳干净。

4）接地可靠，接地电阻值符合规定。

5）套管压线螺栓等部件齐全。

6）呼吸孔道通畅。

（3）跌落式熔断器的安装，尚应符合下列规定：

1）各部分零件完整。

2）转轴光滑灵活，铸件不应有裂纹、砂眼、锈蚀。

3）瓷件良好，熔丝管不应有吸潮膨胀或弯曲现象。

4）熔断器安装牢固、排列整齐，熔管轴线与地面的垂线夹角为 15°～30°。熔断器水平相间距离不小于 500mm。

5）操作时灵活可靠、接触紧密。合熔丝管时上触头应有一定的压缩行程。

6）上、下引线压紧，与线路导线的连接紧密可靠。

（4）杆上断路器和负荷开关的安装，尚应符合下列规定：

1）水平倾斜不大于托架长度的 1/100。

2）引线连接紧密，当采用绑扎连接时，长度不小于 150mm。

3）外壳干净，不应有漏油现象，气压不低于规定值。

4）操作灵活，分、合位置指示正确可靠。

5）外壳接地可靠，接地电阻值符合规定。

（5）杆上隔离开关安装，尚应符合下列规定：

1）瓷件良好。

2）操动机构动作灵活。

3）隔离刀刃合闸时接触紧密，分闸后应有不小于 200mm 的空气间隙。

4）与引线的连接紧密可靠。

5）水平安装的隔离刀刃，分闸时，宜使静触头带电。

6）三相连动隔离开关的三相隔离刀刃应分、合同期。

（6）杆上避雷器的安装，尚应符合下列规定：

1）瓷套与固定抱箍之间加垫层。

2）排列整齐、高低一致，相间距离：1～10kV 时，不小于 350mm；1kV 以下时，不小于 150mm。

3）引线短而直、连接紧密，采用绝缘线时，其截面应符合下列规定：引上线：铜线不小于 16mm^2，

铝线不小于 $25mm^2$；引下线：铜线不小于 $25mm^2$，铝线不小于 $35mm^2$。

4）与电气部分连接，不应使避雷器产生外加应力。

5）引下线接地可靠，接地电阻值符合规定。

八、接地工程

接地体规格、埋设深度应符合设计规定。接地装置的连接应可靠。连接前，应清除连接部位的铁锈及其附着物。

1. 接地体的连接采用搭接焊时，应符合下列规定

（1）扁钢的搭接长度应为其宽度的 2 倍，四面施焊。

（2）圆钢的搭接长度应为其直径的 6 倍，双面施焊。

（3）圆钢与扁钢连接时，其搭接长度应为圆钢直径的 6 倍。

（4）扁钢与钢管、扁钢与角钢焊接时，除应在其接触部位两侧进行焊接外，并应焊以由钢带弯成的弧形（或直角形）与钢管（或角钢）焊接。

2. 接地体的敷设

（1）采用垂直接地体时，应垂直打入，并与土壤保持良好接触。

（2）采用水平敷设的接地体，应符合下列规定：接地体应平直，无明显弯曲；地沟底面应平整，不应有石块或其他影响接地体与土壤紧密接触的杂物；倾斜地形沿等高线敷设。

（3）接地沟的回填宜选取无石块及其他杂物的泥土，并应夯实。在回填后的沟面应设有防沉层，其高度宜为 100～300mm。

（4）接地引下线与接地体连接，应便于解开测量接地电阻。接地引下线应紧靠杆身，每隔一定距离与杆身固定一次。

（5）接地电阻值，应符合有关规定。

九、工程交接验收

1. 在验收时应按下列要求进行检查

（1）采用器材的型号、规格。

（2）线路设备标志应齐全。

（3）电杆组立的各项误差。

（4）拉线的制作和安装。

（5）导线的弧垂、相间距离、对地距离、交叉跨越距离及对建筑物接近距离。

（6）电器设备外观应完整无缺损。

（7）相位正确、接地装置符合规定。

（8）沿线的障碍物、应砍伐的树及树枝等杂物应清除完毕。

2. 验收时应提交下列资料和文件

（1）竣工图。

（2）变更设计的证明文件（包括施工内容明细表）。

（3）安装技术记录（包括隐蔽工程记录）。

（4）交叉跨越距离记录及有关协议文件。

（5）调整试验记录。

（6）接地电阻实测值记录。

（7）有关的批准文件。

【思考与练习】

1. 架空电力线路使用的线材，架设前进行外观检查应符合哪些规定？

2. 单电杆立好后，位置偏差应符合哪些规定？

3. 导线的固定有哪些要求？

4. 跌落式熔断器的安装有哪些规定？

模块5 架空绝缘配电线路施工及验收规程有关内容（GYPD00301005）

【模块描述】本模块介绍《架空绝缘配电线路施工及验收规程》的有关内容。通过要点归纳和分类介绍，掌握架空绝缘配电线路施工及验收的范围、内容、规定和要求。

【正文】

一、规程的引用及相关内容

1. 引用 DL/T 602—1996《架空绝缘配电线路施工及验收规程》。

2. 引用规程相关内容：器材检验；电杆基坑；拉线的安装要求；导线架设；电气设备安装的一般规定；对地距离及交叉跨越；接户线；工程交接验收。

本规程规定了架空绝缘配电线路器材检验、施工技术要求、工程验收规则。适用于新建和改建的额定电压 6～10kV（中压）和额定电压 1kV 及以下（低压）架空绝缘配电线路的施工及验收。

二、施工前对器材的检验

1. 架空绝缘导线的外观检查

中压架空绝缘线必须符合 GB/T 14049—2008《额定电压 10kV 架空绝缘电缆》的规定，低压架空绝缘线必须符合 GB/T 12527—2008《额定电压 1kV 及以下架空绝缘电缆》的规定。安装导线前，应先进行外观检查，且符合下列要求：

（1）导体紧压，无腐蚀。

（2）绝缘线端部应有密封措施。

（3）绝缘层紧密挤包，表面平整圆滑，色泽均匀，无尖角、颗粒，无烧焦痕迹。

2. 金具及绝缘部件的外观检查

低压金具及绝缘部件应符合 DL/T 765.3—2004《额定电压 10kV 及以下架空绝缘导线及金具》的规定。安装金具前，应进行外观检查，且符合下列要求：

（1）表面光洁，无裂纹、毛刺、飞边、砂眼、气泡等缺陷。

（2）线夹转动灵活，与导线接触的表面光洁，螺杆与螺母配合紧密适当。

（3）镀锌良好，无剥落、锈蚀。

绝缘管、绝缘包带应表面平整，色泽均匀。绝缘支架，绝缘护罩应色泽均匀，平整光滑，无裂纹，无毛刺、锐边，关合紧密。

3. 绝缘子的外观检查

绝缘子应符合 GB/T 772—2005《高压绝缘子瓷件 技术条件》的规定。安装绝缘子前应进行外观检查，且符合下列要求：

（1）瓷绝缘子与铁绝缘子结合紧密。

（2）铁绝缘子镀锌良好，螺杆与螺母配合紧密。

（3）瓷绝缘子轴光滑，无裂纹、缺釉、斑点、烧痕和气泡等缺陷。

4. 钢筋混凝土电杆的外观检查

普通钢筋混凝土电杆应符合 GB 396 的规定，预应力钢筋混凝土电杆应符合 GB 4623 的规定。安装钢筋混凝土电杆前应进行外观检查，且符合下列要求：

（1）表面光洁平整，壁厚均匀，无偏心、露筋、跑浆、蜂窝等现象。

（2）预应力混凝土电杆及构件不得有纵向、横向裂缝。

（3）普通钢筋混凝土电杆及细长预制构件不得有纵向裂缝，横向裂缝宽度不应超过 0.1mm，长度不超过 1/3 周长。

（4）杆身弯曲不超过 2/1000。

5. 电气设备的外观检查

电气设备必须符合相应的产品标准规定及产品使用要求。安装电气设备前应进行外观检查，且符合下列要求：

（1）外表整齐，内外清洁无杂物。

（2）操作机构灵活无卡位。

（3）通、断动作应快速、准确、可靠。

（4）辅助触点通断准确、可靠。

（5）仪表与互感器变比及接线、极性正确。

（6）紧固螺母拧紧，元件安装正确、牢固可靠。

（7）母线、电路连接紧固良好，并且套有绝缘管。

（8）保护元件整定正确。

（9）随机元件及附件齐全。

三、电杆基坑

1. 基坑施工前的定位要求

基坑施工前的定位应符合下列规定：

（1）直线杆：顺线路方向位移不应超过设计档距的 5%，垂直线路方向不应超过 50mm。

（2）转角杆：位移不应超过 50mm。

2. 电杆埋设深度

在设计未作规定时电杆埋设深度应符合表 GYPD00301005-1。

表 GYPD00301005-1　　电杆埋设深度表　　m

杆长	8.0	9.0	10.0	11.0	12.0	13.0	15.0	18.0
埋深	1.5	1.6	1.7	1.8	1.9	2.0	2.3	2.6～3.0

遇有土松软、流沙、地下水位较高等情况时，应做特殊处理。

变压器台的电杆在设计未作规定时，其埋设深度不应小于 2.0m。

3. 电杆基础采用卡盘时的要求

电杆基础采用卡盘时，应符合下列规定：

（1）卡盘上口距地面不应小于 0.5m。

（2）直线杆：卡盘应与线路平行并应在线路电杆左、右侧交替埋设。

（3）承力杆：卡盘埋设在承力侧。

4. 基坑回填土的要求

电杆组立后，回填土时应将土块打碎，每回填 500mm 应夯实一次。回填土后的电杆坑应有防沉土台，其埋设高度应超出地面 300mm。沥青路面或砌有水泥花砖的路面不留防沉土台。采用抱杆立杆，电杆坑留有滑坡时，滑坡长度不应小于坑深，滑坡回填土时必须夯实，并留有防沉土台。

5. 现场浇筑基础混凝土的养护规定

现场浇筑基础混凝土的养护应符合下列规定。

（1）浇筑后应在 12h 内开始浇水养护，当天气炎热、干燥有风时，应在 3h 内进行浇水养护，养护时应在基础模板外加遮盖物，浇水次数应能保持混凝土表面始终湿润。

（2）混凝土浇水养护日期，对普通硅酸盐和矿碴硅酸盐水泥拌制的混凝土不得少于 5d，当使用其他品种水泥时，其养护日期应符合有关国家标准的规定。

（3）基础拆模经表面检查合格后应立即回填土，并应对基础外露部分加遮盖物，按规定期限继续浇水养护，养护时应使遮盖物及基础周围的土始终保持湿润。

（4）采用养护剂养护时，应在拆模并经表面检查合格后立即涂刷，涂刷后不再浇水。

（5）日平均气温低于 5℃时不得浇水养护。

四、电杆基坑

1. 铁塔的组立

（1）铁塔基础符合下列规定时方可组立铁塔：

1）经中间检查验收合格。

2）混凝土的强度符合规定：分解组塔时为设计强度的 70%；整体立塔时为设计强度的 100%，遇特殊情况，当立塔操作采取有效防止影响混凝土强度的措施时，可在混凝土强度不低于设计强度 70%时整体立塔。

（2）自立式转角塔、终端塔应组立在倾斜平面的基础上，向受力反方向产生预倾斜，倾斜值应视塔的刚度及受力大小由设计确定。架线挠曲后，塔顶端仍不应超过铅垂线而偏向受力侧。当架线后塔的挠曲超过设计规定时，应会同设计单位处理。

（3）塔材的弯曲度应符合 GB/T 2694—2003《输电线路铁塔制造技术条件》的规定。对运至桩位的个别角钢当弯曲度超过长度的 2‰时，可采用冷矫正，但不得出现裂纹。铁塔组立后，各相邻节点间主材弯曲不得超过 1/750。塔脚板应与基础面接触良好，有空隙时应垫铁片，并应灌筑水泥砂浆。直线型塔经检查合格后可随即浇筑保护帽。耐张型塔应在架线后浇筑保护帽。保护帽的混凝土应与塔脚板上部铁板接合严密，且不得有裂缝。

2. 电杆立好后位置偏差的要求

电杆立好后，应符合规定：直线杆的横向位移不应大于 50mm；电杆的倾斜不应使杆梢的位移大于杆梢直径的 1/2；转角杆应向外角预偏，紧线后不应向内角倾斜，向外角的倾斜不应使杆梢位移大于杆梢直径；终端杆应向拉线侧预偏，紧线后不应向拉线反方向倾斜，拉线侧倾斜不应使杆梢位移大于杆梢直径。

3. 线路横担的安装要求

（1）线路横担的安装：直线杆单横担应装于受电侧；90°转角杆及终端杆当采用单横担时，应装于拉线侧。

（2）横担安装应平整，安装偏差不应超过下列规定数值：

1）横担端部上下歪斜：20mm。

2）横担端部左右扭斜：20mm。

（3）导线为水平排列时，上层横担距杆顶距离不宜小于 200mm。

同杆架设的多回路线路，横担间的最小垂直距离见表 GYPD00301005-2。

表 GYPD00301005-2　　同杆架设多回路线路横担间的最小垂直距离　　m

架设方式	直线杆	分支或转角杆
中压与中压	0.5	0.2/0.3
中压与低压	1.0	—
低压与低压	0.3	0.2（不包括集束线）

4. 绝缘子的安装要求

绝缘子安装应符合下列规定：

（1）安装牢固，连接可靠。

（2）安装时应清除表面灰垢、泥沙等附着物及不应有的涂料。

（3）悬式绝缘子安装，尚应遵守规定：安装后防止积水；开口销应开口至 60°～90°，开口后的销子不应有折断、裂痕等现象，不应用线材或其他材料代替开口销子；金具上所使用的闭口销的直径必须与孔径配合，且弹力适度；与电杆、导线金属连接处，不应有卡压现象。

五、拉线的安装要求

1. 拉线安装的规定

拉线安装应符合下列规定：

（1）拉线与电杆的夹角不宜小于 45°，当受地形限制时，不应小于 30°。

（2）终端杆的拉线及耐张杆承力拉线应与线路方向对正，分角拉线应与线路分角线方向对正，防风拉线应与线路方向垂直。

（3）拉线穿过公路时，对路面中心的距离不应小于 6m，且对路面的最小距离不应小于 4.5m。

（4）当一基电杆上装设多条拉线时，拉线不应有过松、过紧、受力不均匀等现象。

2. 采用 UT 型线夹及楔型线夹固定的拉线安装要求

采用 UT 型线夹及楔形线夹固定的拉线安装时：

（1）安装前丝扣上应涂润滑剂。

（2）线夹舌板与拉线接触应紧密，受力后无滑动现象，线夹凸肚应在尾线侧，安装时不应损伤线股。

（3）拉线弯曲部分不应明显松脱，拉线断头处与拉线应有可靠固定。拉线处露出的尾线长度不宜超过 0.4m。

（4）同一组拉线使用双线夹时，其尾线端的方向应统一。

（5）UT 型线夹的螺杆应露扣，并应有不小于 1/2 螺杆丝扣长度可供调紧。调整后，UT 型线夹的双螺母应并紧。

3. 采用拉线杆拉线的安装要求

拉桩杆的安装应符合设计要求。设计无要求，应满足以下几点：

（1）采用坠线的，不应小于杆长的 1/6。

（2）无坠线的，应按其受力情况确定，且不应小于 1.5m。

（3）拉桩杆应向受力反方向倾斜 10°～20°。

（4）拉桩坠线与拉桩杆夹角不应小于 30°。

（5）拉桩坠线上端固定点的位置距拉桩杆顶应为 0.25m。

六、导线架设

1. 放线要求

架设绝缘线宜在干燥天气进行，气温应符合绝缘线制造厂的规定。放紧线过程中，应将绝缘线放在塑料滑轮或套有橡胶护套的铝滑轮内。滑轮直径不应小于绝缘线外径的 12 倍，槽深不小于绝缘线外径的 1.25 倍，槽底部半径不小于 0.75 倍绝缘线外径，轮槽槽倾角为 15°。放线时，绝缘线不得在地面、杆塔、横担、瓷瓶或其他物体上拖拉，以防损伤绝缘层。宜采用网套牵引绝缘线。

2. 绝缘导线损伤的处理

（1）线芯损伤的处理：

1）线芯截面损伤不超过导电部分截面的 17%时，可敷线修补，敷线长度应超过损伤部分，每端缠绕长度超过损伤部分不小于 100mm。

2）线芯截面损伤在导电部分截面的 6%以内，损伤深度在单股线直径的 1/3 之内，应用同金属的单股线在损伤部分缠绕，缠绕长度应超出损伤部分两端各 30mm。

3）线芯损伤有下列情况之一时，应锯断重接：在同一截面内，损伤面积超过线芯导电部分截面的 17%；钢芯断一股。

（2）绝缘层的损伤处理：

1）绝缘层损伤深度在绝缘层厚度的 10%及以上时应进行绝缘修补。可用绝缘自粘带缠绕，每圈绝缘粘带间搭压带宽的 1/2，补修后绝缘自粘带的厚度应大于绝缘层损伤深度，且不少于两层，也可用绝缘护罩将绝缘层损伤部位罩好，并将开口部位用绝缘自粘带缠绕封住。

2）一个档距内，单根绝缘线绝缘层的损伤修补不宜超过三处。

3. 绝缘导线的连接和绝缘处理

（1）绝缘线连接的一般要求：绝缘线的连接不允许缠绕，应采用专用的线夹、接续管连接；不同金属、不同规格、不同绞向的绝缘线，无承力线的集束线严禁在档内做承力连接；在一个档距内，分相架设的绝缘线每根只允许有一个承力接头，接头距导线固定点的距离不应小于 0.5m，低压集束绝缘线非承力接头应相互错开，各接头端距不小于 0.2m；铜芯绝缘线与铝芯或铝合金芯绝缘线连接时，应采取铜铝过渡连接；剥离绝缘层、半导体层应使用专用切削工具，不得损伤导线，切口处绝缘层与线芯宜有 45°倒角；绝缘线连接后必须进行绝缘处理。绝缘线的全部端头、接头都要进行绝缘护封，不得有导线、接头裸露，防止进水；中压绝缘线接头必须进行屏蔽处理。

（2）绝缘线接头应符合规定：线夹、接续管的型号与导线规格相匹配；压缩连接接头的电阻不应大于等长导线的电阻的 1.2 倍，机械连接接头的电阻不应大于等长导线的电阻的 2.5 倍，档距内压缩接头的机械强度不应小于导体计算拉断力的 90%；导线接头应紧密、牢靠、造型美观，不应有重叠、弯曲、裂纹及凹凸现象。

（3）承力接头的连接和绝缘处理：承力接头的连接采用钳压法、液压法施工，在接头处安装辐射交联热收缩管护套或预扩张冷缩绝缘套管（统称绝缘护套），其绝缘处理示意图如图 GYPD00301005-1、GYPD00301005-2、GYPD00301005-3 所示。

绝缘护套管径一般应为被处理部位接续管的 1.5～2.0 倍。中压绝缘线使用内外两层绝缘护套进行绝缘处理，低压绝缘线使用一层绝缘护套进行绝缘处理；有导体屏蔽层的绝缘线的承力接头，应在接续管外面先缠绕一层半导体自粘带和绝缘线的半导体层连接后再进行绝缘处理。每圈半导体自粘带间搭压带宽的 1/2；截面为 240mm^2 及以上铝线芯绝缘线承力接头宜采用液压法施工。

承力接头钳压连接绝缘处理见图 GYPD00301005-1。

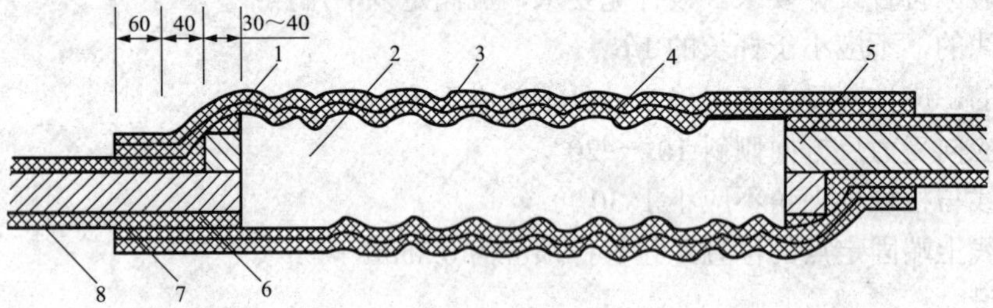

图 GYPD00301005-1　承力接头钳压连接绝缘处理示意图

1—绝缘粘带；2—钳压管；3—内层绝缘护套；4—外层绝缘护套；

5—导线；6—绝缘层倒角；7—热熔胶；8—绝缘层

承力接头铝绞线液压连接绝缘处理见图 GYPD00301005-2。

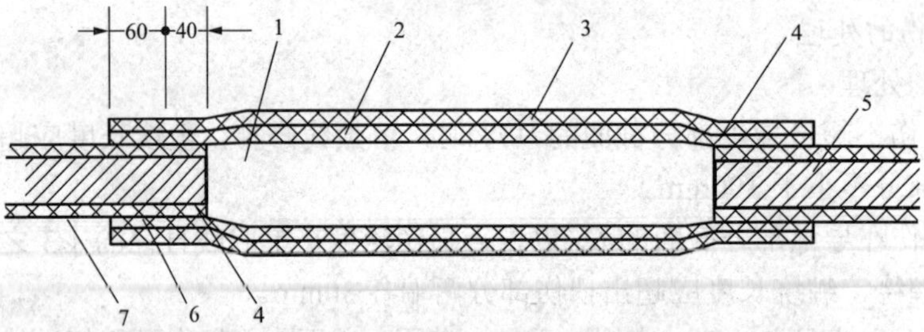

图 GYPD00301005-2　承力接头铝绞线液压连接绝缘处理示意图

1—液压管；2—内层绝缘护套；3—外层绝缘护套；4—绝缘层倒角，绝缘粘带；

5—导线；6—热熔胶；7—绝缘层

承力接头钢芯铝绞线液压连接绝缘处理见图 GYPD00301005-3。

（4）非承力接头的连接和绝缘处理：非承力接头包括跳线、T 接时的接续线夹（含穿刺型接续线夹）和导线与设备连接的接线端子；接头的裸露部分须进行绝缘处理，安装专用绝缘护罩；绝缘罩不得磨损、划伤，安装位置不得颠倒，有引出线的要一律向下，需紧固的部位应牢固严密，两端口需绑扎的必须用绝缘自粘带绑扎两层以上。

4. 紧线要求

紧线时，应使用网套或面接触的卡线器，并在绝缘线上缠绕塑料或橡皮包带，防止卡伤绝缘层；绝缘线不宜过牵引；绝缘线的安装弛度按设计给定值确定，可用弛度板或其他器件进行观测。绝缘线紧好后，同档内各相导线的弛度应力求一致，施工误差不超过 ±50mm；绝缘线紧好后，线上不应有任何杂物。

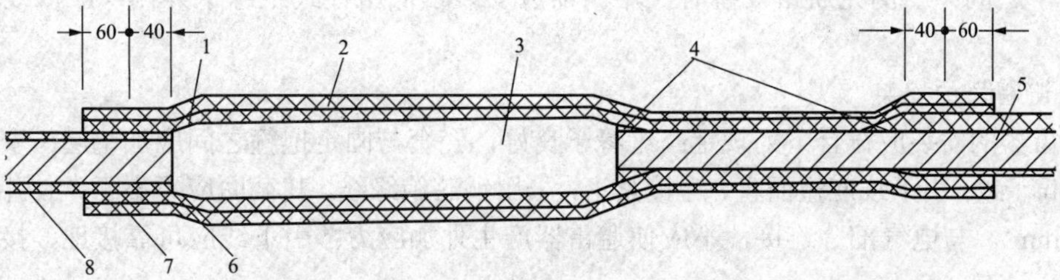

图 GYPD00301005-3 承力接头钢芯铝绞线液压连接绝缘处理示意图

1—内层绝缘护套；2—外层绝缘护套；3—液压管；4—绝缘粘带；5—导线；
6—绝缘层倒角，绝缘粘带；7—热熔胶；8—绝缘层

5. 绝缘导线的固定

（1）采用绝缘子（常规型）架设方式时绝缘线的固定：中压绝缘线直线杆采用针式绝缘子或棒式绝缘子，耐张杆采用两片悬式绝缘子和耐张线夹或一片悬式绝缘子和一个中压蝶式绝缘子；低压绝缘线垂直排列时，直线杆采用低压蝶式绝缘子；水平排列时，直线杆采用低压针式绝缘子；沿墙敷设时，可用预埋件或膨胀螺栓及低压蝶式绝缘子，预埋件或膨胀螺栓的间距以 6m 为宜。低压绝缘线耐张杆或沿墙敷设的终端采用有绝缘衬垫的耐张线夹，不需剥离绝缘层，也可采用一片悬式绝缘子与耐张线夹或低压蝶式绝缘子；针式或棒式绝缘子的绑扎，直线杆采用顶槽绑扎法；直线角度杆采用边槽绑扎法，绑扎在线路外角侧的边槽上。蝶式绝缘子采用边槽绑扎法。使用直径不小于 2.5mm 的单股塑料铜线绑扎；绝缘线与绝缘子接触部分应用绝缘自粘带缠绕，缠绕长度应超出绑扎部位或与绝缘子接触部位两侧各 30mm；没有绝缘衬垫的耐张线夹内的绝缘线宜剥去绝缘层，其长度和线夹等长，误差不大于 5mm。将裸露的铝线芯缠绕铝包带，耐张线夹和悬式绝缘子的球头应安装专用绝缘护罩罩好。

（2）中压绝缘线采用绝缘支架架设时绝缘线的固定：按设计要求设置绝缘支架，绝缘线固定处缠绕绝缘自粘带。带承力钢绞线时，绝缘支架固定在钢绞线上。终端杆用耐张线夹和绝缘拉棒固定绝缘线，耐张线夹应装设绝缘护罩；$240mm^2$ 及以下绝缘线采用钢绞线的截面不得小于 $50mm^2$。钢绞线两端用耐张线夹和拉线包箍固定在耐张杆上，直线杆用悬挂线夹吊装。

（3）集束绝缘线的固定：中压集束绝缘线直线杆采用悬式绝缘子和悬挂线夹，耐张杆采用耐张线夹；低压集束绝缘线直线杆采用有绝缘衬垫的悬挂线夹，耐张杆采用有绝缘衬垫的耐张线夹。

（4）中压绝缘线路每相过引线、引下线与邻相的过引线、引下线及低压绝缘线之间的净空距离不应小于 200mm；中压绝缘线与拉线、电杆或构架间的净空距离不应小于 200mm。

（5）低压绝缘线每相过引线、引下线与邻相的过引线、引下线之间的净空距离不应小于 100mm；低压绝缘线与拉线、电杆或构架间的净空距离不应小于 50mm。

七、电气设备安装的一般规定

1. 杆上变压器及变压器台的安装

杆上变压器及变压器台的安装应符合下列规定：安装牢固，水平倾斜不应大于台架根开的 1/100；一、二次引线应排列整齐、绑扎牢固；变压器安装后，套管表面应光洁，不应有裂纹、破损等现象；油枕油位正常，外壳干净；变器外壳应可靠接地；接地电阻应符合规定。

2. 跌落式熔断器的安装

跌落式熔断器的安装应符合下列规定：各部分零件完整、安装牢固；轴光滑灵活、铸件不应有裂纹、砂眼；缘子良好，熔丝管不应有吸潮膨胀或弯曲现象；断器安装牢固、排列整齐、高低一致，熔管轴线与地面的垂线夹角为 15°～30°；作灵活可靠，接触紧密；下引线应压紧，与线路导线的连接应紧密可靠。

3. 低压刀开关、隔离开关、熔断器的安装

低压刀开关、隔离开关、熔断器的安装应符合下列规定；安装牢固、接触紧密。开关机构灵活、

正确，熔断器不应有弯曲、压偏、伤痕等现象；二侧有断路设备时，熔断器应安装于断路设备与低压针式绝缘子之间；二侧无断路设备时，熔断器应安装于低压针式绝缘子外侧；应以线材代替熔断器。

4. 杆上避雷器的安装

杆上避雷器的安装应符合下列规定：绝缘子良好，瓷套与固定抱箍之间应加垫层；安装牢固，排列整齐，高低一致；引下线应短而直，连接紧密，采用铜芯绝缘线，其截面应不小于：上引线：$16mm^2$；下引线：$25mm^2$。与电气部分连接，不应使避雷器产生外加应力；引下线应可靠接地、接地电阻值应符合规定。

5. 杆上中压开关的安装

杆上中压开关的安装应符合下列规定：安装牢固可靠，水平倾斜不大于托架长度的 1/100；引线的连接处应留有防水弯；绝缘子良好、外壳干净，不应有渗漏现象；分合动作正确可靠，指示清晰；外壳应可靠接地。

6. 杆上隔离开关安装

杆上隔离开关安装应符合下列规定：绝缘子良好、安装牢固；操作机构动作灵活；合闸时应接触紧密，分闸时应有足够的空气间隙，且静触头带电；与引线的连接应紧密可靠。

7. 箱式变电站的施工

箱式变电所站的施工应符合下列规定：箱式变电站基础应符合设计规定，平整、坚实、不积水，留有一定通道；箱式变电站应有足够的操作距离及平台，周围留有巡视走廊；电缆沟布置合理；外壳应可靠接地。

八、对地距离及交叉跨越

1. 绝缘导线对地最小距离

对地距离：绝缘线在最大弧垂时，对地面及跨越物的最小垂直距离见表 GYPD00301005-3。

绝缘配电线路应尽量不跨越建筑物，如需跨越，导线与建筑物的垂直距离在最大计算弧垂情况下，不应小于下列数据：中压：2.5m；低压：2.0m。

线路边线与永久建筑物之间的距离在最大风偏的情况下，不应小于下列数值：中压：0.75m（人不能接近时可为 0.4m）；低压：0.2m。

表 GYPD00301005-3 绝缘线在最大弧垂时，对地面及跨越物的最小垂直距离 m

线路经过地区	线路电压		线路经过地区	线路电压	
	中压	低压		中压	低压
繁华市区	6.5	6.0	至电车行车线	3.0	3.0
一般城区	5.5	5.0	至河流最高水位（通航）	6.0	6.0
交通困难地区	4.5	4.0	至河流最高水位（不通航）	3.0	3.0
至铁路轨顶	7.5	7.5	与索道距离	2.0	1.5
城市道路	7.0	6.0	人行过街桥	4.0	3.0

配电线路通过公园、绿化区和防护林带，导线与树木的净空距离在风偏情况下不应小于 1m。

配电线路的导线与街道行道树之间的最小距离见表 GYPD00301005-4。

表 GYPD00301005-4 导线与街道行道树之间的最小距离 m

最大弧垂情况下的垂直距离		最大风偏情况下的水平距离	
中压	低压	中压	低压
0.8	0.2	1.0	0.5

校验导线与树木之间垂直距离，应考虑树木在修剪周期内生长的高度。

2. 绝缘导线最小交叉跨越距离

交叉跨越距离：

绝缘线对民用天线的距离在最大风偏时应不小于 1m。

绝缘线与弱电线路的交叉应符合下列规定：强电在上，弱电在下；与一级弱电线路交叉时交叉角不小于 45°，与二级弱电线路交叉时交叉角不小于 30°。

绝缘线与弱电线路的最小距离见表 GYPD00301005-5。

表 GYPD00301005-5　　绝缘线与弱电线路的最小距离　　m

类　别	中压	低压
垂直距离	2.0	1.0
水平距离	2.0	1.0

绝缘线与绝缘线之间交叉跨越的最小距离见表 GYPD00301005-6。

表 GYPD00301005-6　　绝缘线与绝缘线之间交叉跨越最小距离　　m

线路电压	中压	低压
中压	1.0	1.0
低压	1.0	0.5

绝缘线与架空裸线间交叉跨越距离应符合裸线交叉跨越距离规定。

九、接户线

1. 接户线架设要求

接户线指架空绝缘线配电线路与用户建筑物外第一支持点之间的一段线路。

低压接户线档距不宜超过 25m，中压接户线档距不宜大于 30m。

绝缘接户线导线的截面不应小于下列数值：中压：铜芯线，25mm^2；铝及铝合金芯线，35mm^2。低压：铜芯线，10mm^2；铝及铝合金芯线，16mm^2。

接户线不应从 1～10kV 引下线间穿过，接户线不应跨越铁路。不同规格不同金属的接户线不应在档距内连接，跨越通车道的接户线不应有接头。两个电源引入的接户线不宜同杆架设。接户线与导线如为铜铝连接必须采用铜铝过渡措施。接户线与主杆绝缘线连接应进行绝缘密封。接户线零线在进户处应有重复接地，接地可靠，接地电阻符合要求。

2. 接户线对地及交叉跨越距离

分相架设的低压绝缘接户线的线间最小距离见表 GYPD00301005-7。

表 GYPD00301005-7　　分相架设的低压绝缘接户线的线间最小距离　　m

架设方式		档　距	线间距离
自电杆上引下		25 及以下	0.15
沿墙敷设	水平排列	4 及以下	0.10
	垂直排列	6 及以下	0.15

绝缘接户线受电端的对地面距离，不应小于下列数值：中压，4m；低压，2.5m。

跨越街道的低压绝缘接户线，至路面中心的垂直距离，不应小于下列数值：通车街道，6m；通车困难的街道、人行道，3.5m；胡同（里、弄、巷），3m。

分相架设的低压绝缘接户线与建筑物有关部分的距离，不应小于下列数值：与接户线下方窗户的垂直距离，0.3m；与接户线上方阳台或窗户的垂直距离，0.8m；与阳台或窗户的水平距离，0.75m；与墙壁、构架的距离，0.05m。

低压绝缘接户线与弱电线路的交叉距离，不应小于下列数值：低压接户线在弱电线路的上方，0.6m；低压接户线在弱电线路的下方，0.3m。

如不能满足上述要求，应采取隔离措施。

3. 接户线的固定要求

在杆上应固定在绝缘子或线夹上，固定时接户线不得本身缠绕，应用单股塑料铜线绑扎。在用户墙上使用挂线钩、悬挂线夹、耐张线夹和绝缘子固定。挂线钩应固定牢固，可采用穿透墙的螺栓固定，内端应有垫铁，混凝土结构的墙壁可使用膨胀螺栓，禁止用木塞固定。

十、工程交接验收

1. 工程验收时应提交下列资料：施工中的有关协议及文件；设计变更通知单及在原图上修改的变更设计部分的实际施工图、竣工图；施工记录图；安装技术记录；接地记录，记录中应有接地电阻值、测试时间、测验人姓名；导线弧垂施工记录，记录中应明确施工线段、弧垂、观测人姓名、观测日期、气候条件；交叉跨越记录，记录中应明确跨越物设施、跨越距离、工作质量负责人；施工中所使用器材的试验合格证明；交接试验记录。

2. 工程验收时应进行下列检查：绝缘线型号、规格应符合设计要求；电杆组合的各项误差应符合规定；电器设备外观完整无缺损，线路设备标志齐全；拉线的制作和安装应符合规定；绝缘线的弧垂、相间距离、对地距离及交叉跨越距离符合规定；绝缘线上无异物；配套的金具、卡具应符合规定。

3. 交接试验：测量绝缘电阻；中压架空绝缘配电线路使用2500V绝缘电阻表测量，电阻值不低于1000MΩ；低压架空绝缘配电线路使用500V绝缘电阻表测量，电阻值不低于0.5MΩ；测量线路绝缘电阻时，应将断路器或负荷开关、隔离开关断开；相位正确；冲击合闸试验。在额定电压下对空载线路冲击合闸3次，合闸过程中线路绝缘不应有损坏。

【思考与练习】

1. 电杆立好后对位置偏差有何要求？
2. 绝缘导线的绝缘层损伤后如何处理？
3. 绝缘线连接的一般要求有哪些？
4. 工程验收时应进行哪些检查？

模块6　电缆线路施工及验收规范有关内容（GYPD00301006）

【模块描述】本模块介绍500kV及以下的电缆线路施工及验收规范有关内容。通过要点归纳和分类介绍，掌握电缆线路施工及验收的范围、内容、规定和要求。

【正文】

一、规范的引用及相关内容

（1）引用GB 50168—2006《电气装置安装工程电缆线路施工及验收规范》。

（2）引用规范主要包括以下内容：电缆及附件的运输与储存保管；电缆的敷设；电缆附件的安装；电缆的防火阻燃设施施工；工程交接验收。

二、电缆的敷设的一般规定

（1）电缆敷设前应按下列要求进行检查：

1）电缆沟、电缆隧道、排管、交叉跨越管道及直埋电缆沟深度、宽度、弯曲半径等符合设计和规程要求。电缆通道畅通，排水良好。金属部分的防腐层完整。隧道内照明、通风符合设计要求。

2）电缆型号、电压、规格应符合设计要求。

3）电缆外观应无损伤，当对电缆的外观和密封状态有怀疑时，应进行潮湿判断；直埋电缆与水底电缆应试验并合格。外护套有导电层的电缆，应进行外护套绝缘电阻试验并合格。

4）充油电缆的油压不宜低于0.15MPa；供油阀门应在开启位置，动作应灵活；压力表指示应无异常；所有管接头应无渗漏油；油样应试验合格。

5）电缆放线架应放置稳妥，钢轴的强度和长度应与电缆盘重量和宽度相配合，敷设电缆的机具应检查并调试正常，电缆盘应有可靠的制动措施。

6）敷设前应按设计和实际路径计算每根电缆的长度，合理安排每盘电缆，减少电缆接头。中间接头位置应避免设置在交叉路口、建筑物门口、与其他管线交叉处或通道狭窄处。

7）在带电区域内敷设电缆，应有可靠的安全措施。

8）采用机械敷设电缆时，牵引机和导向机构应调试完好。

（2）电缆敷设时，不应损坏电缆沟、隧道、电缆井和人井的防水层。

（3）三相四线制系统中应采用四芯电力电缆，不应采用三芯电缆另加一根单芯电缆或以导线、电缆金属护套作中性线。

（4）并联使用的电力电缆其长度、型号、规格应相同。

（5）电力电缆在终端头与接头附近宜留有备用长度。

（6）电缆各支持点间的距离应符合设计规定。当设计无规定时，不应大于表 GYPD00301006-1 中所列数值。

表 GYPD00301006-1　　电缆各支持点间的距离　　mm

电缆种类		敷设方式	
		水平	垂直
电力电缆	全塑型	400	1000
	除全塑型外的中低压电缆	800	1500
	35kV 及以上高压电缆	1500	2000
控制电缆		800	1000

注　全塑型电力电缆水平敷设沿支架能把电缆固定时，支持点间的距离允许为 800mm。

（7）电缆的最小弯曲半径应符合表 GYPD00301006-2 的规定。

表 GYPD00301006-2　　电缆最小弯曲半径

电缆型式			多芯	单芯
控制电缆	非铠装型、屏蔽型软电缆		6*D*	—
	铠装型、铜屏蔽型		12*D*	
	其他		10*D*	
橡皮绝缘电力电缆	无铅包、钢铠护套		10*D*	
	裸铅包护套		15*D*	
	钢铠护套		20*D*	
塑料绝缘电缆	无铠装		15*D*	20*D*
	有铠装		12*D*	15*D*
油浸纸绝缘电力电缆	铝套		30*D*	
	铅套	有铠装	15*D*	20*D*
		无铠装	20*D*	—
自容式充油（铅包）电缆			—	20*D*

注　表中 *D* 为电缆外径。

（8）黏性油浸纸绝缘电缆最高点与最低点之间的最大位差，不应超过表 GYPD00301006-3 的规定；当不能满足要求时，应采用适应于高位差的电缆。

表 GYPD00301006-3　　黏性油浸纸绝缘铅包电力电缆的最大允许敷设位差

电压（kV）	电缆护层结构	最大允许敷设位差（m）
1	无铠装	20
	铠装	25
6～10	铠装或无铠装	15
35	铠装或无铠装	5

（9）电缆敷设时，电缆应从盘的上端引出，不应使电缆在支架上及地面摩擦拖拉。电缆上不得有铠装压扁、电缆绞拧、护层折裂等未消除的机械损伤。

（10）用机械敷设电缆时的最大牵引强度宜符合表 GYPD00301006-4 的规定，充油电缆总拉力不应超过 27kN。

表 GYPD00301006-4　　电缆最大牵引强度　　N/mm^2

牵引方式	牵引头		钢丝网套		
受力部位	铜芯	铝芯	铅套	铝套	塑料护套
允许牵引强度	70	40	10	40	7

（11）机械敷设电缆的速度不宜超过 15m/min，110kV 及以上电缆或在较复杂路径上敷设时，其速度应适当放慢。

（12）在使用机械敷设大截面电缆时，应在施工措施中确定敷设方法、线盘架设位置、电缆牵引方向，校核牵引力和侧压力（侧压力和牵引力的常用计算公式，参见附录 A），配备敷设人员和机具。

（13）机械敷设电缆时，应在牵引头或钢丝网套与牵引钢缆之间装设防捻器。

（14）110kV 及以上电缆敷设时，转弯处的侧压力应符合制造厂的规定；无规定时，不应大于 3kN/m。

（15）油浸纸绝缘电力电缆在切断后，应将端头立即铅封；塑料绝缘电缆应有可靠的防潮封端；充油电缆在切断后尚应符合下列要求：

1）在任何情况下，充油电缆的任一段都应有压力油箱保持油压。

2）连接油管路时，应排除管内空气，并采用喷油连接。

3）充油电缆的切断处必须高于邻近两侧的电缆。

4）切断电缆时不应有金属屑及污物进入电缆。

（16）敷设电缆时，电缆允许敷设最低温度，在敷设前 24h 内的平均温度以及敷设现场的温度不应低于表 GYPD00301006-5 的规定；当温度低于表 GYPD00301006-5 规定值时，应采取措施（若厂家有要求，按厂家要求执行）。

表 GYPD00301006-5　　电缆允许敷设最低温度

电缆类型	电缆结构	允许最低温度（℃）
油浸纸绝缘电力电缆	充油电缆	−10
	其他油纸电缆	0
橡皮绝缘电力电缆	橡皮或聚氯乙烯护套	−15
	铅护套钢带铠装	−7
塑料绝缘电力电缆	—	0
控制电缆	耐寒护套	−20
	橡皮绝缘聚氯乙烯护套	−15
	橡皮乙烯绝缘聚氯乙烯护套	−10

（17）电力电缆接头的布置应符合下列要求：

1）并列敷设的电缆，其接头的位置宜相互错开。

2）电缆明敷时的接头，应用托板托置固定。

3）直埋电缆接头应有防止机械损伤的保护结构或外设保护盒。位于冻土层内的保护盒，盒内宜注入沥青。

（18）电缆敷设时应排列整齐，不宜交叉，加以固定，并及时装设标志牌。

（19）标志牌的装设应符合下列要求：

1）生产厂房及变电站内应在电缆终端头、电缆接头处装设电缆标志牌。

2）城市电网电缆线路应在下列部位装设电缆标志牌：① 电缆终端及电缆接头处；② 电缆管两端，人孔及工作井处；③ 电缆隧道内转弯处、电缆分支处、直线段每隔 50～100m。

3）标志牌上应注明线路编号。当无编号时，应写明电缆型号、规格及起讫地点；并联使用的电缆应有顺序号。标志牌的字迹应清晰不易脱落。

4）标志牌规格宜统一。标志牌应能防腐，挂装应牢固。

（20）电缆的固定，应符合下列要求：

1）在下列地方应将电缆加以固定：① 垂直敷设或超过 45° 倾斜敷设的电缆在每个支架上；② 水平敷设的电缆，在电缆首末两端及转弯、电缆接头的两端处；当对电缆间距有要求时，每隔 5～10m 处。

2）单芯电缆的固定应符合设计要求。

3）交流系统的单芯电缆或分相后的分相铅套电缆的固定夹具不应构成闭合磁路。

（21）沿电气化铁路或有电气化铁路通过的桥梁上明敷电缆的金属护层或电缆金属管道，应沿其全长与金属支架或桥梁的金属构件绝缘。

（22）电缆进入电缆沟、隧道、竖井、建筑物、盘（柜）以及穿入管子时，出入口应封闭，管口应密封。

（23）装有避雷针的照明灯塔，电缆敷设时尚应符合现行国家标准《电气装置安装工程 接地装置施工及验收规范》GB 50169 的有关规定。

三、电缆附件的安装

（一）一般规定和准备工作

（1）电缆终端与接头的制作，应由经过培训的熟练工人进行。

（2）电缆终端及接头制作时，应严格遵守制作工艺规程；充油电缆尚应遵守油务及真空工艺等有关规程的规定。

三芯电力电缆在电缆中间接头处，其电缆铠装、金属屏蔽层应各自有良好的电气连接并相互绝缘；在电缆终端头处，电缆铠装、金属屏蔽层应用接地线分别引出，并应接地良好。

（3）在室外制作 6kV 及以上电缆终端与接头时，其空气相对湿度宜为 70%及以下；当湿度大时，可提高环境温度或加热电缆。

110kV 及以上高压电缆终端与接头施工时，应搭临时工棚，环境湿度应严格控制，温度宜 10～30℃。制作塑料绝缘电力电缆终端与接头时，应防止尘埃、杂物落入绝缘内。严禁在雾或雨中施工。

在室内及充油电缆施工现场应备有消防器材。室内或隧道中施工应有临时电源。

（4）电缆终端与接头应符合下列要求：

1）型式、规格应与电缆类型如电压、芯数、截面、护层结构和环境要求一致。

2）结构应简单、紧凑，便于安装。

3）所用材料、部件应符合相应技术标准要求。

4）35kV 及以下电缆终端与接头主要性能应符合 GB/T 12706.1～12706.4—2008《额定电压 1kV（U_m=1.2kV）至 35kV（U_m=40.5kV）挤包绝缘电力电缆及附件》及相关的其他产品标准的规定。

5）35kV 以上至 110kV 电缆终端与接头主要性能应符合 GB/T 11017.1～11017.3—2002《额定电压 110kV 交联聚乙烯绝缘电力电缆及其附件》及相关的其他产品标准的规定。

6）220kV 电缆终端与接头主要性能应符合 GB/Z 18890.1～18890.3—2002《额定电压 220kV（U_m=252kV）交联聚乙烯绝缘电力电缆及其附件》及相关的其他产品标准的规定。

7）330kV 和 500kV 电缆终端与接头主要性能应符合国家现行相关产品标准的规定。

（5）采用的附加绝缘材料除电气性能应满足要求外，尚应与电缆本体绝缘具有相容性。两种材料的硬度、膨胀系数、抗张强度和断裂伸长率等物理性能指标应接近。橡塑绝缘电缆应采用弹性大、粘接性能好的材料作为附加绝缘。

（6）电缆线芯连接金具，应采用符合标准的连接管和接线端子，其内径应与电缆线芯匹配，间隙不应过大；截面宜为线芯截面的 1.2～1.5 倍。采用压接时，压接钳和模具应符合规格要求。

（7）控制电缆在下列情况下可有接头，但必须连接牢固，并不应受到机械拉力。

1）当敷设的长度超过其制造长度时。

2）必须延长已敷设竣工的控制电缆时。

3）当消除使用中的电缆故障时。

（8）制作电缆终端和接头前，应熟悉安装工艺资料，做好检查，并符合下列要求：

1）电缆绝缘状况良好，无受潮；塑料电缆内不得进水；充油电缆施工前应对电缆本体、压力箱、电缆油桶及纸卷桶逐个取油样，做电气性能试验，并应符合标准。

2）附件规格应与电缆一致；零部件应齐全无损伤；绝缘材料不得受潮；密封材料不得失效。壳体结构附件应预先组装，清洁内壁；试验密封，结构尺寸符合产品技术要求。

3）施工用机具齐全，便于操作，状况清洁，消耗材料齐备，清洁塑料绝缘表面的溶剂宜遵循工艺导则准备。

4）必要时应进行试装配。

（9）电力电缆接地线应采用铜绞线或镀锡铜编织线与电缆屏蔽层的连接，其截面面积不应小于表 GYPD00301006-6 的规定。110kV 及以上电缆的接地线截面面积应符合设计规定。

表 GYPD00301006-6　　电缆终端接地线截面　　mm^2

电缆截面	接地线截面
16 及以上	接地线截面可与芯线截面相同
16 以下～120	6
150 及以上	25

（10）电缆终端与电气装置的连接，应符合现行国家标准《电气装置安装安装工程 母线装置施工及验收规范》GBJ 149 的有关规定。

（二）安装要求

（1）制作电缆终端与接头，从剥切电缆开始应连续操作直至完成，缩短绝缘暴露时间。剥切电缆时不应损伤线芯和保留的绝缘层。附加绝缘的包绕、装配、收缩等应清洁。

（2）充油电缆线路有接头时，应先制作接头；两端有位差时，应先制作低位终端头。

（3）电缆终端和接头应采取加强绝缘、密封防潮、机械保护等措施。6kV 及以上电力电缆的终端和接头，尚应有改善电缆屏蔽端部电场集中的有效措施，并应确保外绝缘相间和对地距离。

（4）66kV 及以上交联电缆终端和接头制作前，电缆应按要求加热矫直。安装工艺应符合安装说明书和安装图纸的要求。

（5）三芯油纸绝缘电缆应保留统包绝缘 25mm，不得损伤。剥除屏蔽碳墨纸，端部应平整。弯曲线芯时应均匀用力，不应损伤绝缘纸；线芯弯曲半径不应小于其直径的 10 倍。包缠或灌注、填充绝缘材料时，应消除线芯分支处的气隙。

（6）充油电缆终端和接头包绕附加绝缘时，不得完全关闭压力箱。制作中和真空处理时，从电缆中渗出的油应及时排出，不得积存在瓷套或壳体内。

（7）电缆线芯连接时，应除去线芯和连接管内壁油污及氧化层。压接模具与金具应配合恰当。压缩比应符合压缩工艺的要求。压接后应将端子或连接管上的凸痕修理光滑，不得残留毛刺。

（8）三芯电力电缆接头两侧电缆的金属屏蔽层（或金属套）、铠装层应分别连接良好，不得中断，跨接线的截面不应小于 GB 50168—2006 表 6.1.9 接地线截面的规定。直埋电缆接头的金属外壳及电缆的金属护层应做防腐处理。

（9）三芯电力电缆终端处的金属护层必须接地良好；塑料电缆每相铜屏蔽和钢铠应锡焊接地线。电缆通过零序电流互感器时，电缆金属护层和接地线应对地绝缘；电缆接地点在互感器以下时，接地线应直接接地；接地点在互感器以上时，接地线应穿过互感器接地。单芯电力电缆金属护层接地应符合设计要求。

（10）单芯电力电缆的交叉互联箱、接地箱、护层保护器等电缆附件的安装应符合设计要求。

（11）装配、组合电缆终端和接头时，各部件间的配合或搭接处必须采取堵漏、防潮和密封措施。铅包电缆铅封时应擦去表面氧化物；搪铅时间不宜过长，铅封必须密实无气孔。充油电缆的铅封应分两次进行，第一次封堵油，第二次成形和加强，高位差铅封应用环氧树脂加固。

塑料电缆宜采用自粘带、粘胶带、胶粘剂（热熔胶）等方式密封塑料护套表面应打毛，粘接表面应用溶剂除去油污，粘接应良好。

电缆终端、接头及充油电缆供油管路均不应有渗漏。

（12）充油电缆供油系统的安装应符合下列要求：

1）供油系统的金属油管与电缆终端间应有绝缘接头，其绝缘强度不低于电缆外护层。

2）当每相设置多台压力箱时，应并联连接。

3）每相电缆线路应装设油压监视或报警装置。

4）仪表应安装牢固，室外仪表应有防雨措施，施工结束后应进行整定。

5）调整压力油箱的油压，使其在任何情况下都不应超过电缆允许的压力范围。

（13）电缆终端上应有明显的相色标志，且应与系统的相位一致。

（14）控制电缆终端头可采用热缩型，也可以采用塑料带、自粘带包扎。接头应有防潮措施。

四、电缆线路防火阻燃设施施工

（1）对易受外部影响着火的电缆密集场所或可能着火蔓延而酿成严重事故的电缆线路，必须按设计要求的防火阻燃措施施工。

（2）电缆的防火阻燃可采取下列措施：

1）在电缆穿过竖井、墙壁、楼板或进入电气盘、柜的孔洞处，用防火堵料密实封堵。

2）在重要的电缆沟和隧道中，按设计要求分段或用软质耐火材料设置阻火墙。

3）对重要回路的电缆，可单独敷设于专门的沟道中或耐火封闭槽盒内，或对其施加防火涂料、防火包带。

4）在电力电缆接头两侧及相邻电缆 2～3m 长的区段施加防火涂料或防火包带。必要时采用高强度防爆耐火槽盒进行封闭。

5）按设计采用耐火或阻燃型电缆。

6）按设计设置报警和灭火装置。

7）防火重点部位的出入口，应按设计要求设置防火门或防火卷帘。

8）改、扩建工程施工中，对于贯穿已运行的电缆孔洞、阻火墙，应及时恢复封堵。

（3）防火阻燃材料必须具备下列质量资料：

1）有资质的检测机构出具的检测报告。

2）出厂质量检验报告。

3）产品合格证。

（4）防火阻燃材料使用时，应按设计要求和材料使用工艺提出施工措施，材料质量与外观应符合下列要求：

1）有机堵料不氧化、不冒油，软硬适度具有一定的柔韧性。

2）无机堵料无结块、无杂质。

3）防火隔板平整、厚薄均匀。

4）防火包遇水或受潮后不板结。

5）防火涂料无结块、能搅拌均匀。

6）阻火网网孔尺寸大小均匀，经纬线粗细均匀，附着防火复合膨胀料厚度一致。网弯曲时不变形、不脱落，并易于曲面固定。

（5）涂料应按一定浓度稀释，搅拌均匀，并应顺电缆长度方向进行涂刷，涂刷厚度或次数、间隔时间应符合材料使用要求。

（6）包带在绕包时，应拉紧密实，缠绕层数或厚度应符合材料使用要求。绕包完毕后，每隔一定距离应绑扎牢固。

（7）在封堵电缆孔洞时，封堵应严实可靠，不应有明显的裂缝和可见的孔隙，堵体表面平整，孔洞较大者应加耐火衬板后再进行封堵。电缆竖井封堵应保证必要的强度。有机堵料封堵不应有漏光、漏风、龟裂、脱落、硬化现象；无机堵料封堵不应有粉化、开裂等缺陷。

（8）阻火墙上的防火门应严密，孔洞应封堵；阻火墙两侧电缆应施加防火包带或涂料。

（9）阻火包的堆砌应密实牢固，外观整齐，不应透光。

【思考与练习】

1. 电缆敷设前应进行哪些方面的检查？

2. 电缆附件的安装的一般规定和准备工作有哪些？

3. 电缆线路防火阻燃设施施工有哪些要求？

模块7　接地装置施工及验收规范的有关内容（GYPD00301007）

【模块描述】本模块介绍《接地装置施工及验收规范》的有关内容。通过要点归纳和分类介绍，掌握接地装置施工及验收的范围、内容、规定和要求。

【正文】

一、规范引用及相关内容

（1）应用 GB 50169—2006《接地装置施工及验收规范》。

（2）引用规范的主要内容包括术语和定义、电气装置的接地和工程交接验收。

二、电气装置接地的一般规定

1. 电气装置的下列金属部分均应接地或接零

（1）电机、变压器、电器、携带式或移动式用电器具等的金属底座和外壳。

（2）电气设备的传动装置。

（3）屋内外配电装置的金属或钢筋混凝土构架以及靠近带电部分的金属遮栏和金属门。

（4）配电、控制、保护用的屏（柜、箱）及操作台等的金属框架和底座。

（5）交、直流电力电缆的接头盒、终端头和膨胀器的金属外壳和可触及的电缆金属护层和穿线的钢管。穿线的钢管之间或钢管和电器设备之间有金属软管过渡的。应保证金属软管段接地畅通。

（6）电缆桥架、支架和井架。

（7）装有避雷线的电力线路杆塔。

（8）装在配电线路杆上的电力设备。

（9）在非沥青地面的居民区内，不接地、消弧线圈接地和高电阻接地系统中无避雷线的架空电力线路的金属杆塔和钢筋混凝土杆塔。

（10）承载电气设备的构架和金属外壳。

（11）发电机中性点柜外壳、发电机出线柜、封闭母线的外壳及其他裸露的金属部分。

（12）气体绝缘全封闭组合电器（GIS）的外壳接地端子和箱式变电站的金属箱体。

（13）电热设备的金属外壳。

（14）铠装控制电缆的金属护层。

（15）互感器的二次绕组。

2. 电气装置的下列金属部分可不接地或不接零

（1）在木质、沥青等不良导电地面的干燥房间内，交流额定电压为 400V 及以下或直流额定电压为 440V 及以下的电气设备的外壳；但当有可能同时触及上述电气设备外壳和已接地的其他物体时，则仍应接地。

（2）在干燥场所，交流额定电压为 127V 及以下或直流额定电压为 110V 及以下的电气设备的外壳。

（3）安装在配电屏、控制屏和配电装置上的电气测量仪表、继电器和其他低压电器等的外壳，以及当发生绝缘损坏时，在支持物上不会引起危险电压的绝缘子的金属底座等。

（4）安装在已接地金属构架上的设备，如穿墙套管等。

（5）额定电压为 220V 及以下的蓄电池室内的金属支架。

（6）由发电厂、变电站和工业、企业区域内引出的铁路轨道。

（7）与已接地的机床、机座之间有可靠电气接触的电动机和电器的外壳。

3. 需要接地的直流系统的接地装置应符合下列要求

（1）能与地构成闭合回路且经常流过电流的接地线应沿绝缘垫板敷设。不得与金属管道、建筑物和设备的构件有金属的连接。

（2）在土壤中含有在电解时能产生腐蚀性物质的地方，不宜敷设接地装置，必要时可采取外引式接地装置或改良土壤的措施。

（3）直流电力回路专用的中性线和直流两线制正极的接地体、接地线不得与自然接地体有金属连接；当无绝缘隔离装置时。相互间的距离不应小于 1m。

（4）三线制直流回路的中性线宜直接接地。

接地线不应作其他用途。

三、接地装置的选择

各种接地装置应利用直接埋入地中或水中的自然接地体。交流电气设备的接地，可利用直接埋入地中或水中的自然接地体。

除临时接地装置外，接地装置应采用热镀锌钢材，水平敷设的可采用圆钢和扁钢，垂直敷设的可采用角钢和钢管。腐蚀比较严重地区的接地装置，应适当加大截面，或采用阴极保护等措施。

1. 人工接地网的敷设应符合以下规定

（1）人工接地网的外缘应闭合。外缘各角应做成圆弧形，圆弧的半径不宜小于均压带间距的一半。

（2）接地网内应敷设水平均压带。按等间距或不等间距布置。

（3）35kV 及以上变电站接地网边缘经常有人出入的走道处，应铺设碎石、沥青路面或在地下装设 2 条与接地网相连的均压带。

（4）不得采用铝导体作为接地体或接地线。

2. 对接地装置人工接地体的要求

接地装置人工接地体的导体截面应符合热稳定、均压和机械强度的要求，还应考虑腐蚀的影响，一般不小于表 GYPD00301007-1 和表 GYPD00301007-2 所列规格。

表 GYPD00301007-1　　钢接地体的最小规格

种类、规格及单位		地上		地下	
		室内	室外	交流电流回路	直流电流回路
圆钢直径（mm）		6	8	10	12
扁钢	截面（mm^2）	60	100	100	100
	厚度（mm）	3	4	4	6
角钢厚度（mm）		2	2.5	4	6
钢管管壁厚度（mm）		2.5	2.5	3.5	4.5

注　电力线路杆塔的接地体引出线的截面不应小于 $50mm^2$，引出线应热镀锌。

模块 7　GYPD00301007

表 GYPD00301007-2 铜接地体的最小规格

种类、规格及单位	地上	地下
铜棒直径（mm）	4	6
铜排截面（mm^2）	10	30
铜管管壁厚度（mm）	2	3

注 裸铜绞线一般不作为小型接地装置的接地体用，当作为接地网的接地体时，截面应满足设计要求。

低压电气设备地面上外露的铜接地线的最小截面应符合表 GYPD00301007-3 的规定。

表 GYPD00301007-3 低压电气设备地面上外露的铜接地线的最小截面 mm^2

名 称	铜
明敷的裸导体	4
绝缘导体	1.5
电缆的接地芯或与相线包在同一保护外壳内的多芯导线的接地芯	1

3. 在高土壤电阻率地区，接地电阻值很难达到要求时，可采用以下措施降低接地电阻

（1）在变电站附近有较低电阻率的土壤时，可敷设引外接地网或向外延伸接地体。

（2）当地下较深处的土壤电阻率较低时，可采用井式或深钻式深埋接地极。

（3）填充电阻率较低的物质或压力灌注降阻剂等以改善土壤传导性能。

（4）敷设水下接地网。当利用自然接地体和引外接地装置时，应采用不少于 2 根导体在不同地点与接地网相连接。

（5）采用新型接地装置，如电解离子接地极。

（6）采用多层接地措施。

4. 在永冻土地区除可采用上述措施外，还可采用以下措施降低接地电阻

（1）将接地装置敷设在溶化地带或溶化地带的水池或水坑中。

（2）敷设深钻式接地极，或充分利用井管或其他深埋地下的金属构件作接地极，还应敷设深度约 0.5m 的伸长接地极。

（3）在房屋溶化盘内敷设接地装置。

（4）在接地极周围人工处理土壤，以降低冻结温度和土壤电阻率。

四、接地装置的敷设

1. 接地体的敷设要求

（1）接地体顶面埋设深度应符合设计规定。当无规定时，不应小于 0.6m。角钢、钢管、铜棒、铜管等接地体应垂直配置。除接地体外至接地体引出线的垂直部分和接地装置连接（焊接）部位外侧 100mm 范围内应做防腐处理；在做防腐处理前，表面必须除锈并去掉焊接处残留的焊药。

（2）垂直接地体的间距不宜小于其长度的 2 倍。水平接地体的间距应符合设计规定。当无设计规定时不宜小于 5m。

（3）接地线应采取防止发生机械损伤和化学腐蚀的措施。在与公路、铁路或管道等交叉及其他可能使接地线遭受损伤处，均应用钢管或角钢等加以保护。接地线在穿过墙壁、楼板和地坪处应加装钢管或其他坚固的保护套，有化学腐蚀的部位还应采取防腐措施。热镀锌钢材焊接时将破坏热镀锌防腐，应在焊痕外 100mm 内做防腐处理。

（4）接地干线应在不同的两点及以上与接地网相连接。自然接地体应在不同的两点及以上与接地干线或接地网相连接。

（5）每个电气装置的接地应以单独的接地线与接地汇流排或接地干线相连接，严禁在一个接地线中串接几个需要接地的电气装置。重要设备和设备构架应有两根与主地网不同地点连接的接地引下线。且每根接地引下线均应符合热稳定及机械强度的要求，连接引线应便于定期进行检查测试。

（6）接地体敷设完后的土沟其回填土内不应夹有石块和建筑垃圾等；外取的土壤不得有较强的腐蚀性；在回填土时应分层夯实。室外接地回填宜有100～300mm高度的防沉层。在山区石质地段或电阻率较高的土质区段应在土沟中至少先回填100mm厚的净土垫层，再敷接地体，然后用净土分层夯实回填。

2. 明敷接地线的安装应符合下列要求

（1）接地线的安装位置应合理，便于检查，无碍设备检修和运行巡视。

（2）接地线的安装应美观，防止因加工方式造成接地线截面减小、强度减弱、容易生锈。

（3）支持件间的距离，在水平直线部分宜为0.5～1.5m；垂直部分宜为1.5～3m；转弯部分宜为0.3～0.5m。

（4）接地线应水平或垂直敷设，也可与建筑物倾斜结构平行敷设；在直线段上，不应有高低起伏及弯曲等现象。

（5）接地线沿建筑物墙壁水平敷设时，离地面距离宜为250～300mm；接地线与建筑物墙壁间的间隙宜为10～15mm。

（6）在接地线跨越建筑物伸缩缝、沉降缝处时，应设置补偿器。补偿器可用接地线本身弯成弧状代替。

明敷接地线，在导体的全长度或区间段及每个连接部位附近的表面，应涂以15～100mm宽度相等的绿色和黄色相间的条纹标识。当使用胶带时，应使用双色胶带。

在接地线引向建筑物的入口处和在检修用临时接地点处，均应刷白色底漆并标以黑色标识，其代号为“⏚”。同一接地体不应出现两种不同的标识。

3. 接地体（线）的连接

（1）接地体（线）的连接应采用焊接，焊接必须牢固无虚焊。接至电气设备上的接地线，应用镀锌螺栓连接；有色金属接地线不能采用焊接时。可用螺栓连接、压接、热剂焊（放热焊接）方式连接。用螺栓连接时应设防松螺母或防松垫片。螺栓连接处的接触面应按《电气装置安装工程母线装置施工及验收规范》GBJ 149的规定处理。不同材料接地体间的连接应进行处理。

（2）接地体（线）的焊接应采用搭接焊，其搭接长度必须符合下列规定：

1）扁钢为其宽度的2倍（且至少3个棱边焊接）。

2）圆钢为其直径的6倍。

3）圆钢与扁钢连接时，其长度为圆钢直径的6倍。

4）扁钢与钢管、扁钢与角钢焊接时，为了连接可靠，除应在其接触部位两侧进行焊接外，并应焊以由钢带弯成的弧形（或直角形）卡子或直接由钢带本身弯成弧形（或直角形）与钢管（或角钢）焊接。

（3）接地体（线）为铜与铜或铜与钢的连接工艺采用热剂焊（放热焊接）时，其熔接接头必须符合下列规定：

1）被连接的导体必须完全包在接头里。

2）要保证连接部位的金属完全熔化，连接牢固。

3）热剂焊（放热焊接）接头的表面应平滑。

4）热剂焊（放热焊接）的接头应无贯穿性的气孔。

（4）采用钢绞线、铜绞线等作接地线引下时，宜用压接端子与接地体连接。

（5）沿电缆桥架敷设铜绞线、镀锌扁钢及利用沿桥架构成电气通路的金属构件，如安装托架用的金属构件作为接地干线时，电缆桥架接地时应符合下列规定：

1）电缆桥架全长不大于30m时，不应少于2处与接地干线相连。

2）全长大于30m时，应每隔20～30m增加与接地干线的连接点。

3）电缆桥架的起始端和终点端应与接地网可靠连接。

（6）金属电缆桥架的接地应符合下列规定：

1）电缆桥架连接部位宜采用两端压接镀锡铜鼻子的铜绞线跨接。跨接线最小允许截面积不小于$4mm^2$。

2）镀锌电缆桥架间连接板的两端不跨接接地线时，连接板每端应有不少于2个有防松螺母或防松垫圈的螺栓固定。

4. 携带式和移动式电气设备的接地

（1）携带式电气设备应用专用芯线接地，严禁利用其他用电设备的零线接地；零线和接地线应分别与接地装置相连接。

（2）携带式电气设备的接地线应采用软铜绞线。其截面不小于1.5mm²。

（3）由固定的电源或由移动式发电设备供电的移动式机械的金属外壳或底座，应和这些供电电源的接地装置有可靠连接；在中性点不接地的电网中，可在移动式机械附近装设接地装置，以代替敷设接地线，并应首先利用附近的自然接地体。

（4）移动式电气设备和机械的接地应符合固定式电气设备接地的规定，但下列情况可不接地：

1）移动式机械自用的发电设备直接放在机械的同一金属框架上，又不供给其他设备用电。

2）当机械由专用的移动式发电设备供电，机械数量不超过 2 台，机械距移动式发电设备不超过50m，且发电设备和机械的外壳之间有可靠的金属连接。

5. 配电电气装置的接地

（1）户外配电变压器等电气装置的接地装置，宜在地下敷设成围绕变压器台的闭合环形。

（2）配电变压器等电气装置安装在由其供电的建筑物内的配电装置室时。其接地装置应与建筑物基础钢筋等相连。

（3）引入配装置室的每条架空线路安装的避雷器的接地线，应与配电装置室的接地装置连接，但在入地处应敷设集中接地装置。

（4）配电电气装置的接地电阻值应符合设计要求。

6. 建筑物电气装置的接地

（1）按照电气装置的要求，安全接地、保护接地或功能接地的接地装置可以采用共用的或分开的接地装置。

（2）建筑物的低压系统接地点、电气装置外露导电部分的保护接地（含与功能接地、保护接地共用的安全接地）、总等电位联结的接地极等可与建筑物的雷电保护接地共用同一接地装置。接地装置的接地电阻应符合其中最小值的要求。

（3）接地装置的安装应符合以下要求：

1）接地极的型式、埋入深度及接地电阻值应符合设计要求。

2）穿过墙、地面、楼板等处应有足够坚固的机械保护措施。

3）接地装置的材质及结构应考虑腐蚀而引起的损伤。必要时采取措施。防止产生电腐蚀。

（4）电气装置应设置总接地端子或母线，并与接地线、保护线、等电位连接干线和安全、功能共用接地装置的功能性接地线等相连接。

（5）断开接地线的装置应便于安装和测量。

（6）埋入土壤内的接地线的最小截面应符合表 GYPD00301007-4 的规定。

表 GYPD00301007-4　　埋入土壤内的接地线的最小截面　　mm²

名　称	铜	钢
有防腐蚀保护的（没有采用机械方法保护）	16	16
没有防腐蚀保护的	25	50

（7）等电位联结主母线的最小截面不应小于装置最大保护线截面的一半，并不应小于 6mm²。当采用铜线时，其截面不应小于 2.5mm²。当采用其他金属时，则其截面应承载与之相当的载流量。

（8）连接两个外露导电部分的辅助等电位联结线，其截面不应小于接至该两个外露导电部分的较小保护线的截面。连接外露导电部分与装置外导电部分的辅助等电位联结线，其截面不应小于相应保护线截面的一半。

五、工程交接验收

1. 在验收时应按下列要求进行检查

（1）按设计图纸施工完毕，接地施工质量符合本规范要求。

（2）整个接地网外露部分的连接可靠，接地线规格正确，防腐层完好，标识齐全明显。

（3）供连接临时接地线用的连接板的数量和位置符合设计要求。

（4）接地电阻值及设计要求的其他测试参数符合设计规定。

2. 在交接验收时，应向甲方提交下列资料和文件

（1）实际施工的记录图。

（2）变更设计的证明文件。

（3）安装技术记录（包括隐蔽工程记录等）。

（4）测试记录。

【思考与练习】

1. 电气装置的哪些金属部分均应接地或接零？

2. 接地体的敷设有哪些要求？

3. 接地体（线）的连接是如何规定的？

第六部分

基 本 技 能

第十七章 常用仪器、仪表使用、维护

模块1 单臂电桥的使用（GYPD00501001）

【模块描述】本模块介绍单臂电桥的工作原理、使用操作步骤和相关安全注意事项。通过原理介绍和要点归纳，掌握直流单臂电桥的结构、原理、性能、使用方法和相关安全注意事项。

【正文】

单臂电桥主要用来测量各种电机、变压器及各种电器设备的直流电阻。以进行设备出厂试验及故障分析。直流单臂电桥又称为惠斯登电桥，是一种用来测量电阻与电阻有一定函数关系的参量的比较式仪器。适用于测量1Ω～10MΩ的中阻值电阻，测量范围大，精度高。常见的有QJ23型直流单臂电桥。

一、单臂电桥的工作原理

电桥线路是由连接成为环形的四个电阻 R_1、R_2、R_3 和 R_x 组成，其原理电路如图GYPD00501001-1所示。图中 a、b、c 和 d 四个点称为电桥的顶点。电阻 R_1、R_2、R_3 和 R_x 为电桥线路桥臂。在顶点 a、c 间接入工作电源 E，ac 支路称为电源对角线。顶点 b、d 间接入检流计G，作为电桥平衡指示器，bd 支路称为测量对角线，又称为检流计对角线。这样，四边形 $abcd$ 对电源 E 就形成了 abc 和 adc 两条支路。检流计支路则与 abc 和 adc 两条支路成并联连接，就像在它们之间架起了一座“桥”，由此称为桥式电路。

单臂电桥接线图如图GYPD00501001-2所示。R_1、R_2、R_3 为已知电阻，R_x 未知电阻，G为检流计支路的开关，B为电源支路的开关；接通按钮开关B后，调节电阻 R_1、R_2、R_3 使检流计电流 I_g 为0，指针不偏转，这时电桥平衡，说明 b 和 d 点电位相等。则

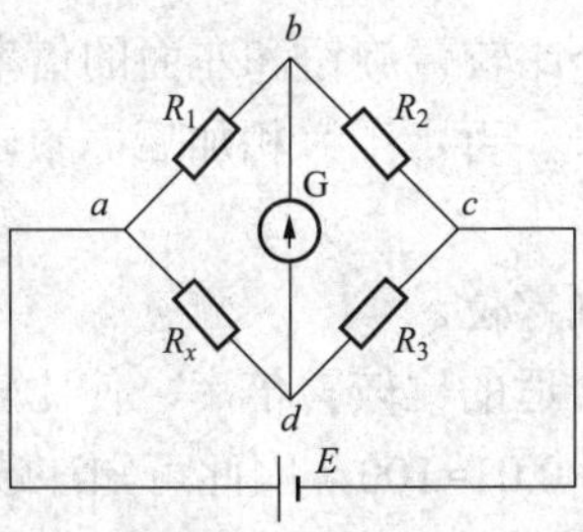

图GYPD00501001-1 电桥原理图

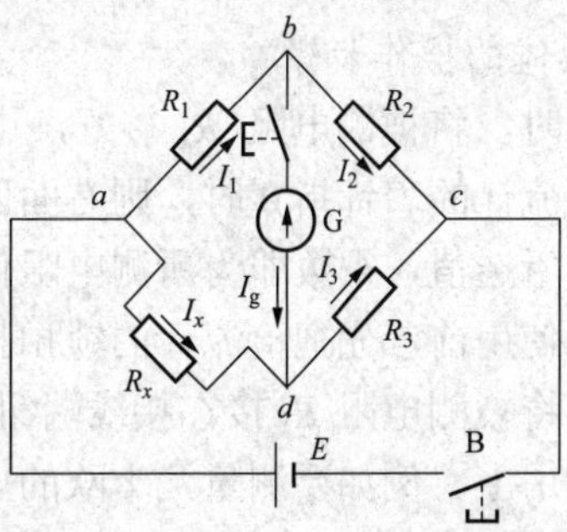

图GYPD00501001-2 单臂电桥接线图

$U_{ab}=U_{ad}$ 即

$$I_1R_1=I_xR_x \qquad (GYPD00501001\text{-}1)$$

$U_{bc}=U_{dc}$ 即

$$I_2R_2=I_3R_3 \qquad (GYPD00501001\text{-}2)$$

由于 $I_g=0$，所以 $I_1=I_2$，$I_3=I_x$

将式（GYPD00501001-1）除以式（GYPD00501001-2）得

$$\frac{I_1R_1}{I_2R_2}=\frac{I_xR_x}{I_3R_3},\quad \frac{R_1}{R_2}=\frac{R_x}{R_3}$$

则

$$R_x=\frac{R_1R_3}{R_2} \qquad (GYPD00501001\text{-}3)$$

以上是电桥的工作原理。在测量时可根据对被测电阻的粗略估计选取一定的比率臂电阻

R_1、R_2，然后调节比较臂电阻 R_3，使电桥平衡，则比较臂的数值乘上比率臂的倍数就是被测电阻的数值。

二、典型单臂电桥的使用

下面以 QJ23 型电桥为例介绍单臂电桥的结构和使用。

1. 操作面板介绍

QJ23 型电桥的测量范围是 1Ω～9.999MΩ（四位有效数字），准确度为 0.2 级。其面板布置如图 GYPD00501001-3 所示：右面的四个转换旋钮 2 称为比较臂转换开关，有×1、×10、×100、×1000 四挡；左上的转换旋钮 1 称为倍率转换开关或比较臂，有 0.001、0.01、0.1、1、10、100 和 1000 共七挡。倍率转换开关（旋钮）下面是检流计 5，实际上是一电流表；最左端上方是外接电源插孔 E，下方为外接—内接检流计的转换接头；右下角为被测电阻 R_x 的接线端钮 3；中间下方有两个按钮 4，按 E 时电源接通，按 G 则检流计接通。

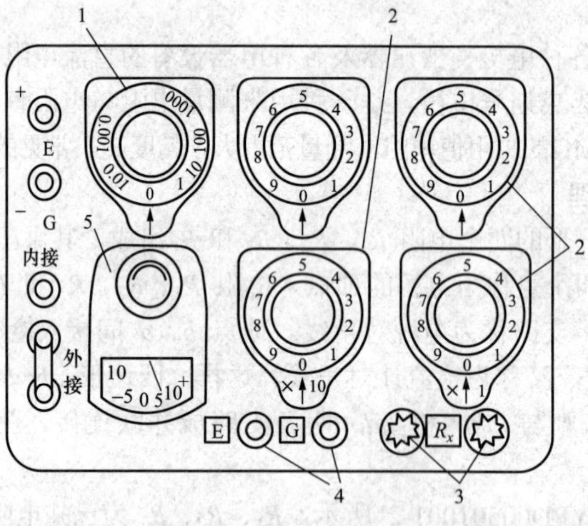

图 GYPD00501001-3　QJ23 型直流单臂电桥的面板图

1—倍率转换开关；2—比较臂转换开关；3—被测电阻接线端钮；4—按钮开关；5—检流计

2. 具体的操作步骤

测量时，将被测电阻 R_x 接好，电源接通后，通过调节右面四个比较臂旋钮和左面的倍率转换开关，使检流计的表针指 0 时，则右面四个比较臂的四组数字（个、十、百、千）相加后，乘以倍率转换开关的所选值，得数即为所测电阻值。其操作步骤如下：

（1）使用前，先把检流计的锁扣打开，并调节调零器把指针调到零位。

（2）将被测电阻 R_x 接在接线端钮上，根据 R_x 的阻值范围选择合适的比较臂倍率，使比较臂的四组电阻都用上。例如要测量几十欧的电阻，用比较臂的最高挡 1000×0.01=100，因此可知，选用 0.01 倍率时四组电阻都能用上。

（3）调节平衡时，按下 G 钮，指针若向“+”移动，应增大比较臂电阻；若向“−”移动则应减小比较臂电阻。开始调节时注意应松开 G 钮再调，待调到表针接近平衡时，才可按住按钮进行细调，否则，调整中检流计指针可能受到猛烈撞击而损坏；另外，要先按电源按钮 E，再按检流计按钮 G；调节完后，先松开检流计按钮 G，再松开电源按钮 E，以防被测对象产生感应电动势损坏检流计。

（4）如使用外接电源，电压应符合规定；使用外接检流计时，应将内接检流计用短路片短路，将外接检流计接在“外接”端钮上。

（5）测量结束后，应锁上检流计锁扣，以免表针受振动而损坏。

3. 使用注意事项

（1）接入被测电阻时，应选择较粗较短的连接导线，并将接头拧紧。接头接触不良时，将使电桥的平衡不稳定，甚至可能损坏检流计，所以需要特别注意。

（2）进行测量时，应先接通电源按钮，然后接通检流计按钮。测量结束后，应先断开检流计按钮，再断开电源按钮。这是为了防止当被测元件具有电感时，由于电路的通断产生很大的自感电动势而使检流计损坏。在测电感线圈的直流电阻时，这一点尤其需要注意。

（3）电桥使用完毕后，应立即将检流计的锁扣锁上，以防止在搬运过程中将悬丝振坏。有的电桥中检流计不装锁扣，这时，应将按钮“G”断开，它的动断触点就会自动将检流计短路，使可动部分在摆动时受到强烈的阻尼作用而得到保护。

4. 日常维护事项

（1）发现电池电压不足时应更换，否则将影响电桥的灵敏度。

（2）电桥应储存在环境温度为 5～45℃、相对湿度小于 80%的条件下，室内空气中不应含有能腐蚀仪器的气体和有害杂质。

（3）仪器应保持清洁，并避免直接阳光曝晒和剧烈振动。

【思考与练习】

1. 简介单臂电桥的工作原理。

2. 直流单臂电桥的使用有哪些注意事项？

模块 2 双臂电桥的使用（GYPD00501002）

【模块描述】本模块介绍双臂电桥的工作原理、使用操作步骤和相关安全注意事项。通过原理介绍和要点归纳，掌握直流双臂电桥的结构、原理、性能、使用方法和相关安全注意事项。

【正文】

直流双臂电桥又称为凯尔文电桥，是用来测量小电阻值的一种仪器，适用于测量 1Ω以下的小阻值电阻。如大中型电机和变压器绕组的电阻、分流器及导线的电阻，或开关的接触电阻等。其特点是可以避免测量时连线接触电阻造成的误差。国产双臂电桥的型号有 QJ28、QJ42 和 QJ44 等。

一、双臂电桥的工作原理

直流双臂电桥的原理接线如图 GYPD00501002-1 所示。

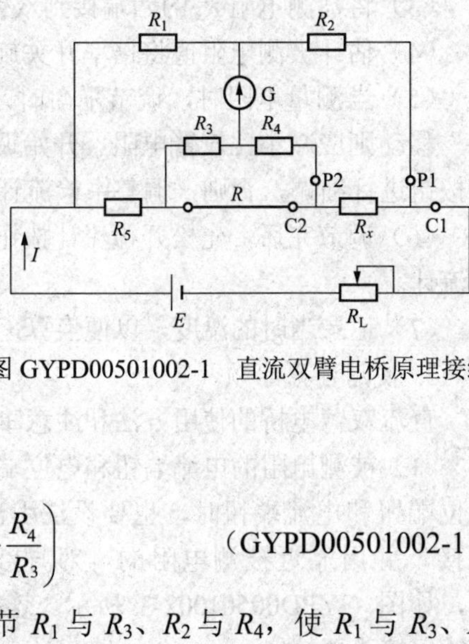

图 GYPD00501002-1 直流双臂电桥原理接线

图 GYPD00501002-1 中电阻 R_1、R_2、R_3、R_4 和 R_5 为标准电阻，R_x 为被测电阻，R 是一根粗连接线的电阻。被测电阻 R_x 必须具备两对接头：电流接头 C1、C2 和电位接头 P1、P2，而且电流接头一定要在电位接头的外边。

由电路的基本原理可以推得，当电桥达到平衡（检流计电流为零）时，被测电阻的计算公式为

$$R_x = \frac{R_2}{R_1}R_5 + \frac{RR_3}{R+R_3+R_4}\left(\frac{R_2}{R_1}-\frac{R_4}{R_3}\right) \qquad \text{(GYPD00501002-1)}$$

在双臂电桥中通常采用两个机械联动的转换开关，同时调节 R_1 与 R_3、R_2 与 R_4，使 R_1 与 R_3、R_2 与 R_4 总是保持相等，从而使得电桥在调节平衡的过程中，R_2/R_1 恒等于 R_4/R_3，则式（GYPD00501002-1）的第 2 项为零，则得

$$R_x = \frac{R_2}{R_1}R_5 \qquad \text{(GYPD00501002-2)}$$

说明双臂电桥调至平衡时，被测电阻值仍等于比率臂的比率乘以比较臂电阻的数值。但这时被测电阻的引线电阻和接触电阻对测量结果的影响却大为减小了。这可据图 GYPD00501002-1 和式（GYPD00501002-2）加以说明：C1 处的引线电阻和接触电阻只影响总的工作电流 I，对电桥的平衡没有影响，就不会影响测量结果；C2 处的引线电阻和接触电阻可归入 C2 与 R_5 间粗连接线的电阻 R，因为电桥平衡时，R 的大小不会影响 R_5 的数值，对测量结果也无影响；P1 和 P2 处的接触电阻（10^{-3}～10^{-4}Ω）分别包括在 R_2 和 R_4 中，它们与 R_1、R_2、R_3 和 R_5（10Ω以上）相比，对测量的结果影

响甚微，综上所述，双臂电桥可以排除和大大减小引线电阻与接触电阻对测量结果的影响，适用于测量 1Ω以下的小电阻。

二、典型双臂电桥的使用

下面以 QJ42 型电桥为例介绍双臂电桥的结构和使用。

1. 操作面板介绍

图 GYPD00501002-2 为 QJ42 型直流双臂电桥的面板图。各部分名称如下：左端有四个接线端钮，C1、C2 称为电流端钮，P1、P2 称为电压端钮。测量时，被测电阻 R_x 的每端接出两根引线，一端接在 C1、P1 上，另一端接在 C2、P2 上。面板的右上角是外接或内部电源选择开关和外接电源端钮 E外；下面的比较臂电阻调节盘可在 0.5～110 范围内调节。左上方是倍率选择开关，有×10^{-4}、×10^{-3}、×10^{-2}、×10^{-1}、×1 五挡，下面是检流计，检流计下面是电源按钮（S_E）和检流计按钮（S_G）。

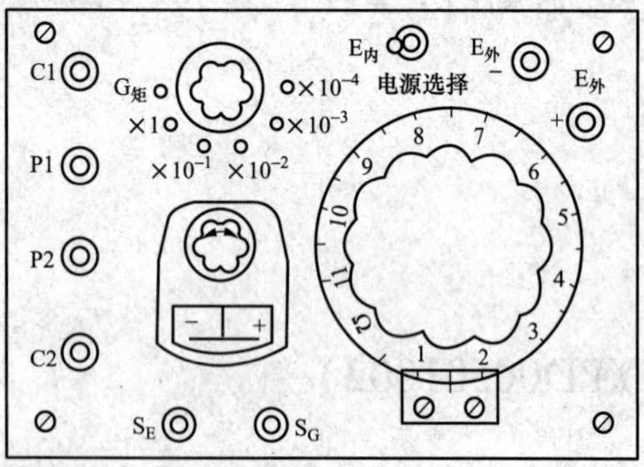

图 GYPD00501002-2 QJ42 型直流双臂电桥

2. 具体的操作步骤

使用时，按照与前面介绍的使用单臂电桥相同的步骤，调节至检流计平衡后，用比较臂电阻值乘以倍率，即得到所测的电阻值。

（1）选择电源为“内接”还是“外接”。

（2）按下“检流计电源按钮”，调节“检流计调零”使“检流计”指针指到 0 位。然后调节“检流计灵敏度”到最小，并将“电源选择”开关拔向相应位置。

（3）将被测电阻 R_x 的四端接到双臂电桥的相应四个接线柱上。

（4）估计被测电阻值将倍率开关旋到相应的位置上。

（5）当测量电阻时，调节平衡时，按下 S_E 钮，指针若向“+”移动，应增大比较臂电阻；若向“–”移动则应减小比较臂电阻。开始调节时注意应松开 S_G 钮再调，待调到表针接近平衡时，才可按住按钮进行细调，否则，调整中检流计指针可能受到猛烈撞击而损坏。

（6）调节完后，先松开检流计按钮 S_G，再松开电源按钮 S_E，以防被测对象产生感应电动势损坏检流计。

（7）记录当时的温度，以便换算，与出厂值比较。

3. 使用注意事项

直流双臂电桥的使用方法和注意事项和单臂电桥基本相同，但还要注意以下几点：

（1）被测电阻的电流端钮和电位端钮应与双臂电桥的对应端钮正确连接。当被测电阻没有专门的电位端钮和电流端钮时，也要设法引出四根线和双臂电桥相连接，并用靠近被测电阻的一对导线接到电桥的电位端钮上，如图 GYPD00501002-3 所示。连接导线应尽量用短线和粗线，接头要接牢。

图 GYPD00501002-3 被测电阻的连接方法

（2）由于双臂电桥的工作电流较大，所以测量要迅速，以免耗电过多，测量结束后应立即关闭电源。

（3）在测量未知电阻时，为保护指零仪指针不被打坏，指零仪的灵敏度掉界旋钮应放在最低位置，使用电桥初步平衡后再增加指零仪灵敏度。在改变指零仪灵敏度或环境等因素的影响，有时会引起指零仪指针偏离零位，在测量之前，随时都可以调节指零仪零位。

（4）日常维护事项：

1）如电桥长期搁置不用，应将电池取出。

2）电桥应储存在环境温度为 5～45℃、相对湿度小于 80%的条件下，室内空气中不应含有能腐蚀仪器的气体和有害杂质。

3）仪器应保持清洁，并避免直接阳光曝晒和剧烈振动。

【思考与练习】

1. 简介双臂电桥的工作原理。

2. 直流双臂电桥的使用有哪些注意事项？

模块 3　经纬仪的基本操作（GYPD00501004）

【模块描述】本模块介绍经纬仪的基本结构及对中、整平、瞄准及读数的基本方法。通过图像介绍和要点归纳，掌握使用经纬仪进行测量的基本方法及注意事项。

【正文】

一、经纬仪的概述

经纬仪是线路施工中测量的主要仪器之一，常用它来测量线路的转角、高差、高度、弧垂、限距、距离等。它不仅可以精确地测量水平角度和垂直角度，而且也可以较准确的用视距法测量距离。

经纬仪有光学经纬仪和电子经纬仪两类，目前线路测量用仪器还有先进的电子全站仪。图 GYPD00501004-1 为光学 J6 型经纬仪的外形图，图 GYPD00501004-2 为电子经纬仪外形图。

国产光学经纬仪最常用的是 DJ2 和 DJ6 两种类型，“D”和“J”分别为“大地测量”和“经纬仪”的汉语拼音第一字母，“2”、“6”分别表示用该类型仪器测量水平角一侧回水平方向标准偏差为±2″、±6″。

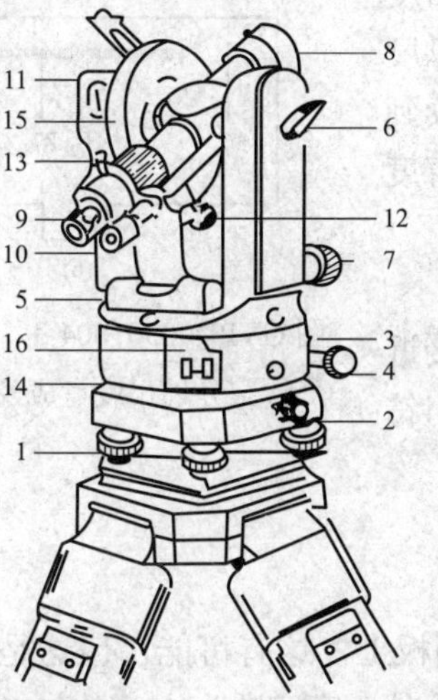

图 GYPD00501004-1　光学 J6 型经纬仪的外形图

1—底脚螺旋，调平仪器用；2—基座固定螺旋，连接照准部与底座；3—水平制动扳钮；4—水平微动螺旋；5—照准部水准管，管水准器；6—望远镜制动扳钮；7—望远镜微动螺旋；8—望远镜物镜；9—望远镜目镜；10—读数目镜，读水平、垂直角度显微镜；11—垂直度盘水准管；12—垂直度盘水准管微动螺旋；13—调焦螺旋，调目标清晰用；14—水平度盘外罩；15—垂直度盘外罩；16—水平度盘开关机钮

图 GYPD00501004-2　电子经纬仪外形图

二、经纬仪的基本结构

1. J6 型经纬仪主要结构

J6 型经纬仪主要由望远镜、水准器、基座和读数设备四部分组成。其主要设备简介如下：

（1）望远镜。望远镜是经纬仪的照准设备，它的作用是将不同距离的目标通过望远镜放大成像，使观测者看清目标，也为了精确照准目标。

现代经纬仪都采用内对光式，由物镜、目镜、调焦透镜和十字丝板四部分组成。

（2）水准器。为了测得水平角，经纬仪的水平度盘必须保持水平，垂直轴应处于铅垂位置。而水准器是用来调平仪器的。水准器有管水准器和圆水准器两种。

1）管水准器。管水准器是将玻璃管内表面磨成一定半径的圆弧，根据使用的目的不同，半径由3.5～200m。其制作方法是：水准管内装满酒精和乙醚的混合液，加热使其膨胀而排出一部分，然后用火融封闭，内部的酒精和乙醚冷却后，液体的体积缩小，管内形成一个空间，此空间称为水准管气泡。

2）圆水准器。圆水准器为一金属圆盒，上面盖一玻璃，玻璃盖的内表面为磨光的球面，球面的曲率半径通常为 0.5～2m。在圆盒的底部有一螺旋孔，通过此孔注满沸腾的酒精和乙醚，然后用螺旋钉把该孔封闭，水准器内的液体冷却后，所形成的空间称为水准器气泡。

3）水准器灵敏度。水准器曲率半径越大，分划值越小，则水准器灵敏度越高，即水准器气泡移动得越灵敏。由于管水准器比圆水准器的曲率半径大，故管水准器较圆水准器灵敏度高，用它可以精确整平仪器，而圆水准器仅用于粗略的整平仪器。

（3）基座。照准部以下为基座。转动基座下三个底脚螺旋可使水平盘水准管气泡居中，从而使水平度盘水平，仪器旋转轴竖直。

（4）读数设备。读数设备包括度盘、测微器、显微镜三部分。度盘分水平度盘和垂直度盘，都由玻璃制成。水平度盘沿着全圆周从 0°～360° 顺时针刻有等角距分划线，相邻两分划线间弧长所对的圆心角称为度盘的格值，J6 型经纬仪的水平度盘格值有 1°、30′ 两种。

测微器是测量不足一格的小数用的，目的是使读数精度提高。外部光线通过反光镜反射进去照亮度盘，内部的光学装置将水平度盘和垂直度盘的影像折射到望远镜旁边的读数显微镜里。

一般经纬仪采用分划尺测微器。图 GYPD00501004-3 是分划尺度盘成像情况，度盘格值为 1°，分划尺有 60 格，总长为放大后度盘每格（1°）的宽度，所以分划尺格值刚好为 1′。读数时，以度盘分划线为指标线，反过来读取分划线在分划尺上的读数，估读到 0.1′。图 GYPD00501004-3 中水平度盘读数为 130° 6.2′，垂直度盘读数为 87° 15′。

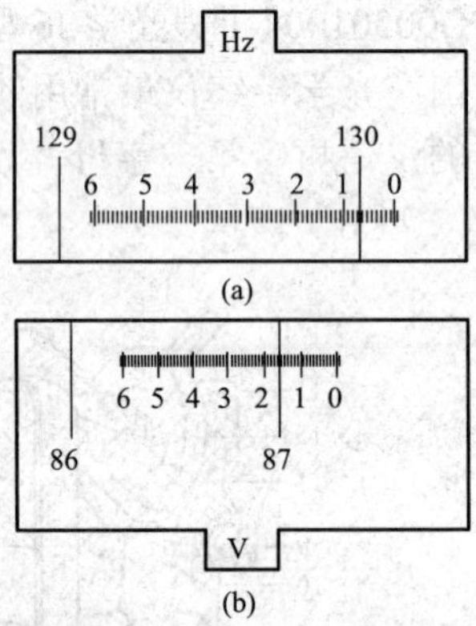

图 GYPD00501004-3　J6 型经纬仪分划尺度盘成像情况
（a）水平；（b）垂直

注意问题：

1）在显微镜中看到分划板上有两种角度，当两刻度数较接近时，容易将两角度混淆，其实只要看清符号，也不难判别，常用符号是：

水平度盘：平、水平、Hz、～；

垂直度盘：立、垂直、V、⊥。

2）有人会担心尺度盘读数指线是否会有两条同时切在分划板上，这有可能，但这是一种极限状态（两端点）。因为分划板上的格值正好是 1° 的宽度，所以，此时角度读数为小度数加 60′ 或大度数加 0′。如图 GYPD00501004-3，若水平角度 129°、130° 同时切在分划板上，此时读数分别为 129° 60′ 或 130° 0′，其结果完全一样。

2. J2 型经纬仪与 J6 型经纬仪的不同处

（1）J2 型多一个测微手轮，测不足 10′ 的角度调整用。

（2）J2 型多一个换像手轮，转向水平和垂直位置可分别读出两种角度，使两种角度不同时反映在读数显微镜中，则不易读错。

（3）J2 型多一块度盘反光镜（水平、垂直分开反光）。

（4）对中装置不同。J6 型大多数采用悬垂球；而 J2 型采用有直角棱镜的光学对中器，它与垂球比较有精度高又不受风吹影响的优点。

（5）J2 型经纬仪读角度比较复杂，但精度很高，它可以直读到 1″。

1）读数符合法：转动测微螺旋，读数显微镜内见到度盘上下两部分影像相对移动，直到上下格线精确符合为止。这时读数窗内已显出度、分、秒。当符合时，必须尽可能的正确，因为其直接影响读数的精度。

2）读数方法：整度数由上窗中央或偏左的数目字读得，上窗中的小框内的数字为整十位分数，余下的个位分数与秒数从左边的小窗内读得。小窗左边的数目字为分，右边的数目字乘 10″，再数到指标线的格数即秒数。度盘上读得的读数加上测微尺上读得的读数之和即为全部的读数。

3. 电子全站仪的主要特点

与经纬仪、经外线测距仪比较有以下优点：

（1）所有角度、距离、高程等测量数据不必人工记录、计算，都能按用户要求自动记录、计算和显示。

（2）当定线测量遇障时，可采用坐标形式任意绕，不影响观测精度。

（3）经纬仪上有一接口，能将测量记录的数据与计算机连接，进行处理、自动描图等。

（4）水平灵敏度很高，稍有偏差，仪器会发出声响提示。

一般用户购买仪器时，厂商会专门对操作人员进行培训，并附有操作说明书。

三、经纬仪的基本操作

1. 仪器架设

（1）对中。对中的目的是把仪器中心点与测站的标志点处于同一铅垂线上，一般经纬仪用垂球对中，光学经纬仪也可用光学设备对中，分别介绍如下：

1）重锤法对中。① 松开三脚架的伸张螺旋，将三脚架安置在测站桩的周围，使其高度适合观测者的身材，使架顶面略成水平，架顶面中心略对准测站点。② 在三脚架的连接螺旋上挂上垂球，初步对中，然后将三脚架的各支脚均衡地依次踩入土中。垂球底部距离被测目标的距离越近越好。③ 将经纬仪放在三脚架上，用三脚架与经纬仪的连接螺旋固定，观察垂球尖端是否对准测站点，如果稍有偏差时，可轻轻松开中心连接螺旋，移动仪器使垂尖对准测站点，然后再旋紧中心连接螺旋，垂球尖距离被测目标越近越好。

2）光学法对中。利用光学设备对中时，先将仪器整平，使光学垂线成铅垂位置，然后移动仪器，使地面标志中心与光学对中器的分划板圆圈大致对准，旋转光圈对中器目镜的对光螺旋（有的仪器对中器目镜是拉动的）使地面标志点影像清晰，平移仪器，使标志点的像与对中分划板重合实行对中，此时整平又受到影响，因此应使对中和整平反复进行，直到两项均到指标为止。

（2）整平。整平的目的是使经纬仪能处在水平位置上。其操作步骤如下：

1）打开固定支撑经纬仪的三脚架，抽出三条架腿并且使它们基本等长（地势特殊情况除外），再拧紧或固定三脚架的长度；将三脚架支于标桩的上方并目测其上平面基本水平，架头的中心基本铅垂对准标桩；然后将三脚架的三条腿尖端踩入地中并使其稳固。

2）利用三脚架顶部的固定螺旋，将经纬仪稳固在三脚架上。首先用脚螺旋把仪器基座上的圆水准器水泡调整为居中，然后再调整水准管的气泡并使之居中。调整的方法是用两手向内或向外缓缓旋转管水准管的两个脚的螺旋，当气泡居中后，再将仪器旋转 90° 使水准器和水准管垂直于前两个整平螺旋的连线，调整第三个整平螺旋使气泡居中。

整平工作要反复进行，直到度盘转至任何位置时水准管气泡仍都居中为止，这就表明竖轴垂直，度盘水平，在实际工作中，可允许气泡不超过一格的偏差。方法如图 GYPD00501004-4 所示。

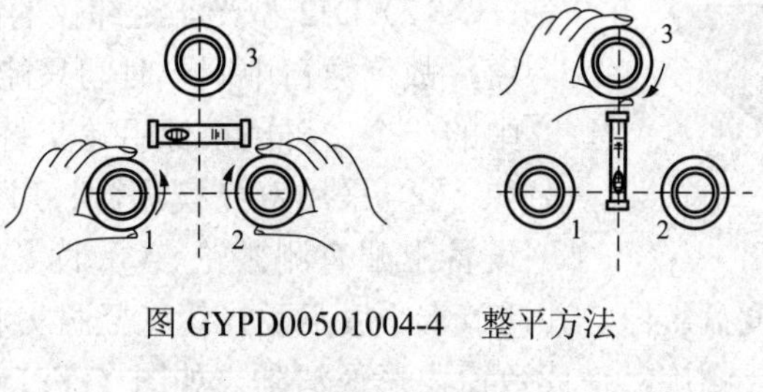

图 GYPD00501004-4 整平方法

2. 对光瞄准

（1）对光。经纬仪整平后，测量时应先进行对光瞄准。

目镜对光，将望远镜对向天空或某一明亮的物体，转动目镜使十字丝最清晰；物镜对光，将望远镜照准目标，转动调焦螺旋使目标的像落在十字丝平面上，从目镜中就可同时清晰看到十字丝和目标。

消除视差，目标物像与十字丝平面不重合的现象称为视差，为了检查是否存在视差，可使眼睛在目镜后稍晃动，观察物像与十字丝是否有相对移动，如果十字丝交点始终对着目标同一位置，表示无视差，如发现物像随眼睛的晃动而移动则说明有视差，经纬仪对光图如图 GYPD00501004-5 所示。

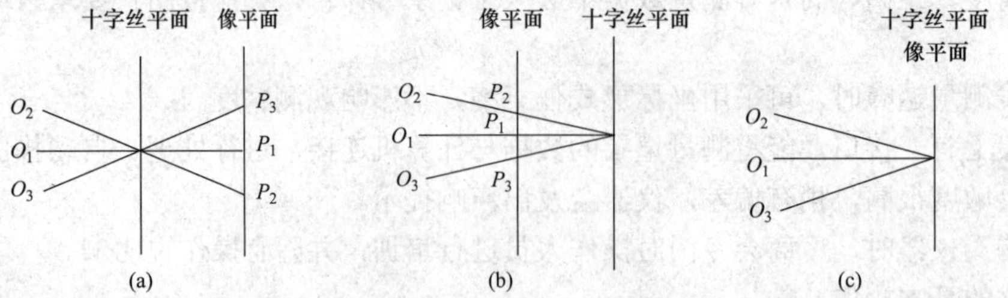

图 GYPD00501004-5 经纬仪对光图

(a)、(b) 有视差；(c) 无视差

图 GYPD00501004-5 中 O_1、O_2、O_3 表示眼睛位置，P_1、P_2、P_3 表示物像上不同点，视差的消除方法是重新仔细地进行物镜对光，如仍不能消除，这表示目镜对光还不十分正确，应重新对目镜进行对光，如此反复进行，直到完全消除视差。

（2）瞄准。用望远镜的十字丝交点瞄准视测目标称为瞄准，观测时，先用望远镜上的缺口及准星大致对准目标，然后进行目镜、物镜对光，旋紧水平度盘和望远镜的制动螺旋，再调水平度盘和望远镜的微动螺旋，使十字丝交点准确地瞄准目标。

测量时，将标杆直立于观测点上作为瞄准目标，当瞄准时，最好是使十字丝交点对准标杆下部铁尖，如看不见铁尖，应使十字竖丝平分标杆全部。

测量中的联络与信号。测量过程中，尤其是野外测量时，观测人员与前、后方人员的联络或指挥最好采用无线电对讲机，它使用方便，指挥准确，不受地形限制，但如果没有对讲机时也可采用旗语联络指挥，一般的旗语可自己规定。

3. 精平及读数

读数前必须保证仪器处于精平状态，即保证水平度盘水准管气泡在观测各个方向都居中，这时才能读得正确的水平度盘读数。竖直盘读数时，竖直盘指标水准管气泡也需居中。

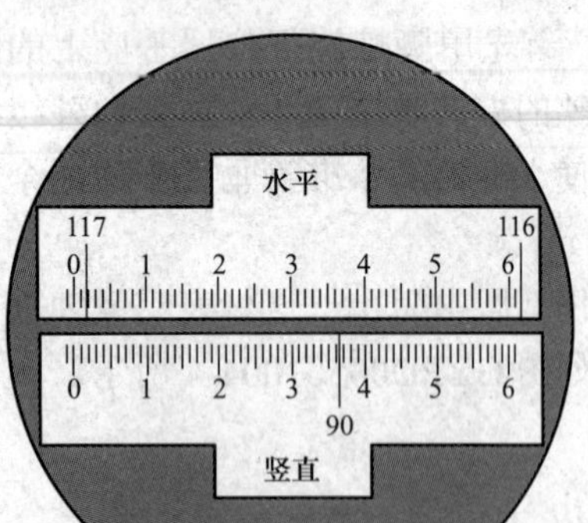

图 GYPD00501004-6 DJ6 型光学经纬仪读数窗

（1）DJ6 型光学经纬仪的读数。瞄准目标后，调节反光镜的位置，使读数显微镜读数窗亮度适当，旋转显微镜的目镜调焦螺旋，使度盘及分微尺的刻划线清晰，读取落在分微尺上的度盘刻划线所示的度数，然后读出分微尺上 0 刻划线到这条度盘刻划线之间的分数，最后估读至 1′ 的 0.1 位（如图 GYPD00501004-6 所示，水平度盘读数为 117° 1.9′，竖直盘读数为 90° 36.2′）。

（2）DJ2 型光学经纬仪的读数。① 由于共用一个读数窗，故读数窗中同一时间只能显示水平度盘或竖直盘影像中的一个，可用换像手轮交替调出水平度盘或竖直盘的影像。② 采用双光楔测微、对径分划符合法读数，故读数设备上配有测微轮。③ 读数时，转动换像手轮，使读数显微镜中的读数窗显示水平度盘影像，并调节水平度盘反光镜（竖盘另有反光镜），使读数窗亮度适当；调节读数显微镜目镜调焦螺旋，使读数窗内影像清晰，如图 GYPD00501004-7（a）所示；转动测微轮，使上下对径分划影像严格对齐成一直线，如图 GYPD00501004-7（b）所示；在度盘影像上读取“度”及“10 倍的分”值［图 GYPD00501004-7（a）中所示为 94° 10′］，再在测微器影像上读取“分秒”值，可估读到秒的 0.1 位［图 GYPD00501004-7（b）中所示为 2′ 44.6″］，故图 GYPD00501004-7（b）中的完整读数为 94° 12′ 44.6″。

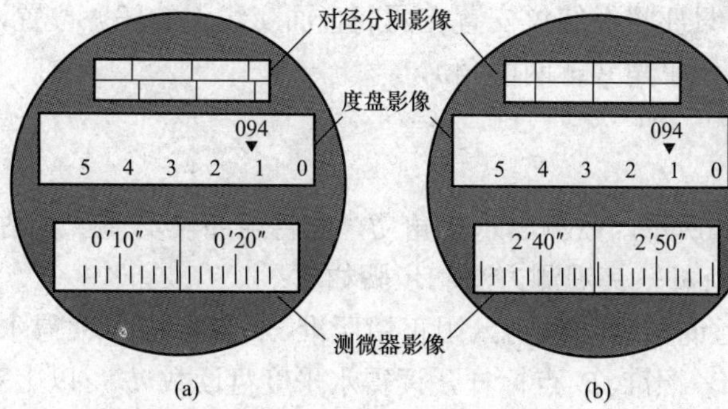

图 GYPD00501004-7　DJ2 型光学经纬仪的读数

四、经纬仪在使用时的注意事项与维护

（1）仪器包装箱为塑料或木质包装箱，仪器从箱内取出须小心，应轻拿轻放，一手握住轴座，一手握住三角基座，切勿握扶望远镜。

（2）仪器在三脚架上安装时，要一手握扶轴座，一手旋动三脚架的中心螺旋，防止仪器滑落，卸下时也应该如此。

（3）在严寒冬季观测时，室内外温差较大，仪器在搬到室外或搬入室内时，应间隔一段时间后才能开箱。

（4）外露的光学零件表面如有灰尘时，可用软毛刷轻轻刷去，如有水分或油污，可用脱脂棉或镜头纸轻轻地擦净，切不可用手帕、衣服擦拭光学零件表面。

（5）仪器在不用时应保存在干燥、清洁、通风良好的储存室内，温度应控制在–20～+45℃之间。

（6）仪器的内包装箱应经常更换干燥剂，应使干燥剂的湿度小于 20%，在仪器箱内要放置防霉药片以免仪器生霉。

（7）在仪器搬离测站时，如果距离较近，仪器可连同三脚架一起搬动，但须小心，最好把三脚架夹在肋下，仪器放在前面，用手保护。应避免扛在肩上行走。如果距离较远，取下仪器放进仪器箱内搬走。

【思考与练习】

1. 经纬仪对中的目的是什么？
2. 简述经纬仪整平的操作步骤。
3. 简述经纬仪水平度盘和垂直度盘读数方法。

模块 4　经纬仪水平角测量（GYPD00501005）

【模块描述】本模块介绍经纬仪水平角测量的基本方法。通过计算说明和要点归纳，掌握线路水平角测量的方法及注意事项。

【正文】

用经纬仪进行水平角度测量是校验或进行线路复测的重要测量方式之一，也是线路转角测量必不可少的工序。

一、水平角的概念

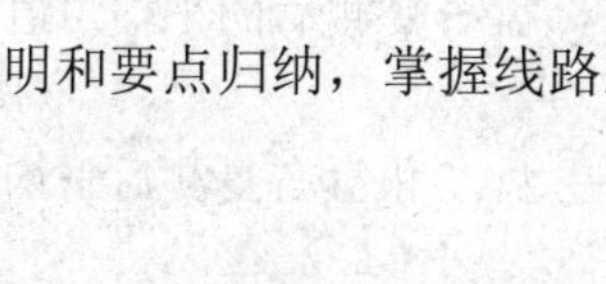

图 GYPD00501005-1　水平角观测

大地表面是起伏不平的，设 A、B、C 是地面上的任意三点，其高程不等，如图 GYPD00501005-1 所示，将这三点沿铅垂线方向，投影到同一平面 P 上，得 a、b、c 三点。在 P 平面上 a 和 b 及 a 和 c 连线的夹角α，称为水平角，由图 GYPD00501005-1 可知，ab 和 ac 分别是 AB 和 AC 在平面上的投影，因此，水平角就是地面上的一点到另两点的方向线之间的夹角，也是通过这两条方向线 AB、AC 所作的两竖直面之间的两面角，由于望远镜绕仪器竖轴旋转，其竖丝可以瞄准任何水平方向。因此，只要将经纬仪安置在两竖直面交线上的任意位置，都能够测出两竖直面的方向，由读数显微镜中读出水平角（即两面角）。

二、水平角测量方法

1. 测回法

如图 GYPD00501005-2 所示，欲测出水平角 β，先将经纬仪安置于测站点 O 上，进行对中，整平，并在 A、B 两点上竖立标杆，其观测方法和步骤如下：

（1）正镜（竖盘在望远镜左边）观测。用正镜照准 A 点标杆，读得水平度盘读数 a_z，作好记录，然后顺时针旋转照准部，照准 B 点标杆，读得水平度盘读数 b_z，以上观测为上半测回，所测角值为

$$\beta_z=b_z-a_z$$

（2）倒镜（竖盘在望远镜右边）观测。旋转望远镜以倒镜照准 B 点，读得水平度盘读数 b_D。然后逆时针转动照准部，再照准 A 点，读得水平度盘读数 a_D，以上观测为下半测回，所测角值为

$$\beta_D=b_D-a_D$$

上下两半测回合在一起称为一测回，若两半测回角值之差不大于仪器游标最小读数 1.5 倍，则取其平均一测回的角值，即

$$\beta=(\beta_z+\beta_D)/2$$

用盘左和盘右两个位置观测可以消除视准轴误差和横轴倾斜误差对测角的影响，在观测后半测回时，最好将度盘约转 90° 后再行观测，这样不但可减少度盘刻划不均匀的影响，同时还容易发现错误。

2. 复测法

复测法的要点是将一个角值的若干倍在盘上累积反映出来，而后取其平均值，这样可以减少仪器读数误差的影响，从而提高测角精度，它必须在有度盘离合器（复测扳手）仪器上使用。

测角时和测回法一样，先用盘左测得角的数值 $\beta'=b_z-a_z$，此角也称为校核角，用于检查观测中有无错误产生，然后松开水平度盘，逆时针转动使望远镜第二次照准 A 点，并拧紧水平度盘，不必读数，再顺时针转动使望远镜第二次照准 B，这时盘左已将该角复测了两次，度盘中读数已增加了 β 值，重复松度盘照准 A、紧度盘后不读数，再照准 B，直到所需要的复测次数 n，读出最后一次瞄准 B 时读数 b_n，则盘左复测后的平均角值为

$$\beta_z=(b_n-a_z)/n$$

复测过程中，可能累计角值已超过 360° 若干倍，可从校核角中推算出来，这样计算盘左平均角值 β_z 时，就要加上一个或数个 360°。

同测回法一样，为了消除视准轴误差和横轴倾斜误差的影响，须再用倒镜测后半测回。用相似办法，盘右复测后的平均角值为

$$\beta_D=(b'_n-a'_D)/n$$

盘左和盘右复测后平均角值为

$$\beta=(\beta_z+\beta_D)/2=[b_n-a_z+(b'_n-a'_D)]/2n$$

3. 水平角测量步骤

测水平角度，如图 GYPD00501005-2 所示。

测量线路水平角时（线路转角度数）在线路转角桩 O 点安置经纬仪，调平对中后对准后视点 A 点，旋紧仪器水平制动螺旋，并将仪器水平度盘调整为零（便于读数），然后松开水平制动螺旋，顺时针方向转动仪器对准 B 点，读水平度盘得到水平角 β 的度数，则线路转角 θ=180° −β。如逆时针方向转动仪器对准 B 点，则得到水平角α的度数，线路转角 θ= α−180°。

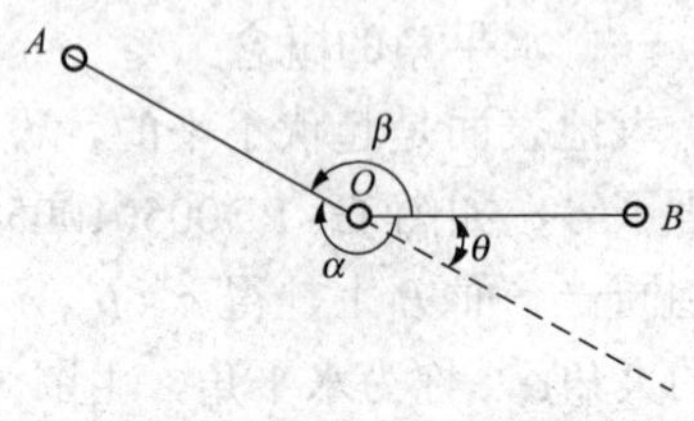

图 GYPD00501005-2　测水平角度示意图

4. 线路水平角测量

线路测角一般一测回就能满足要求，要求更高测角精度，可对同一角度观测几个测回，各个测回

水平度盘起始读数应按 180° /n 递增，n 为测回数。表 GYPD00501005-1 为观测两个测回的记录，观测时应当场记录和计算，必须待算出的结果符合规定之后，才能搬站移走仪器，表中计算半测回角值时，均用右边目标读数减去左边目标读数，当不够减时，则应先加 360° ，然后进行计算，如只作一测回，则角值为 79° 17′ 09″ 。

表 GYPD00501005-1　　测回法水平角观测记录

<table>
<tr><th>测回数</th><th>测站</th><th>测点</th><th>正倒镜</th><th>水平度盘读数</th><th>半测回角值</th><th>一测回平均角度值</th><th>各测回平均角度值</th></tr>
<tr><td rowspan="8">1</td><td rowspan="8">O</td><td>A</td><td rowspan="2">正</td><td>0° 00′02″</td><td rowspan="2">79° 17′06</td><td rowspan="4">79° 17′09″</td><td rowspan="8">79° 17′12″</td></tr>
<tr><td>B</td><td>79° 17′08″</td></tr>
<tr><td>A</td><td rowspan="2">倒</td><td>180° 00′12″</td><td rowspan="2">79° 17′12″</td></tr>
<tr><td>B</td><td>259° 17′24″</td></tr>
<tr><td>A</td><td rowspan="2">正</td><td>90° 00′01″</td><td rowspan="2">79° 17′18″</td><td rowspan="4">79° 17′15″</td></tr>
<tr><td>B</td><td>169° 17′19″</td></tr>
<tr><td>A</td><td rowspan="2">倒</td><td>270° 00′12″</td><td rowspan="2">79° 17′12″</td></tr>
<tr><td>B</td><td>349° 17′24″</td></tr>
</table>

三、线路水平角测量的注意事项

用经纬仪测角时，往往由于疏忽大意而产生错误，如仪器对中不准确，望远镜瞄准目标不准确，读错度盘读数（包括数值读错，竖直盘、水平度盘读数读混）记录记错或扳错复测扳钮等，因此，在观测时必须注意以下几点：

（1）仪器高度要合适，脚架要踩稳，仪器要按牢，在观测时不要用手扶三脚架，转动照准部和使用各种螺旋时用力要轻。

（2）对中要准确，这与测角精度、边长有关，测角精度越高，边长越短，对中要求越严格。

（3）如观测的目标高低相差较大，更需注意整平仪器。

（4）尽量用十字丝交点瞄准标杆底部或桩顶小钉。

（5）在用正、倒镜观测同一角度时，由于先以正镜观测左目标 A，再观测右目标 B，倒镜时先观测右目标 B，再观测左目标 A，所以记录时，在正镜位置先记录目标 A 的读数，后记目标 B 的读数，而在倒镜位置时，则先记目标 B 的读数，后记目标 A 的读数。

（6）记录要清楚，如发现错误，应立即重测。

（7）在水平角观测过程中，不得再调整水平盘水准管，如果气泡偏移超过 1 格时只能重新整平仪器，再进行观测。

（8）施工测量应注意的问题：对在测量中的原始数据需要随时记录清楚，并对所测量数据的正确性应能及时判断，如有疑问，应尽可能通过再次复测解决，这就要求测量人员在测量前对于所测的内容要明确，并要估计可能出现的问题；对点瞄准和读数的偏差是造成测量误差的主要原因。要清除上述误差，就必须要求测量人员对所对的目标及读数细致观测和重复测量；在瞄准时，需要耐心地反复校对。目标对准要在桩位下部，如果用提高花杆为目标，往往误差很大，因此必须保持垂直。

【思考与练习】

1. 简述水平角的测量方法。
2. 测量水平角时应注意哪些问题？

模块 5　经纬仪垂直角测量（GYPD00501006）

【模块描述】本模块介绍经纬仪垂直角测量的基本方法。通过计算说明和要点归纳，掌握线路垂直角测量的方法及注意事项。

【正文】

一、垂直角的概念

垂直角测量是测量测点与地面上下间的角度或进行线路断面图测量的重要环节之一。

在同一竖直面内，视准轴与水平线的夹角称为垂直角（也称为竖直角）。在水平面上面的夹角称为仰角，角值为正，用符号“+”表示，在水平线下面的夹角称为俯角，角值为负，用符号“–”表示。如图 GYPD00501006-1 所示，*A*、*B* 和 *C* 点同为一个竖直面上的点，*CD* 为水平线，*CA* 是上倾斜线，则∠*ACD′* 为仰角，符号为正（+）；*CB* 是下倾斜线，则∠*BCD′* 为俯角，符号为负（–）。

二、垂直角测量步骤及要求

竖直盘是用来观测垂直角的，垂直角分划注记数字有多种形式，一般常用的有两种：一种是全圆式，如图 GYPD00501006-2（a）所示，由 0°～360° 注记数字按逆时针方向递增；另一种是天顶距式，由 0°～360° 注记数字按顺时针方向递增，如图 GYPD00501006-2（b）所示，一般仪器为天顶距式，以下说明垂直角的计算方法。

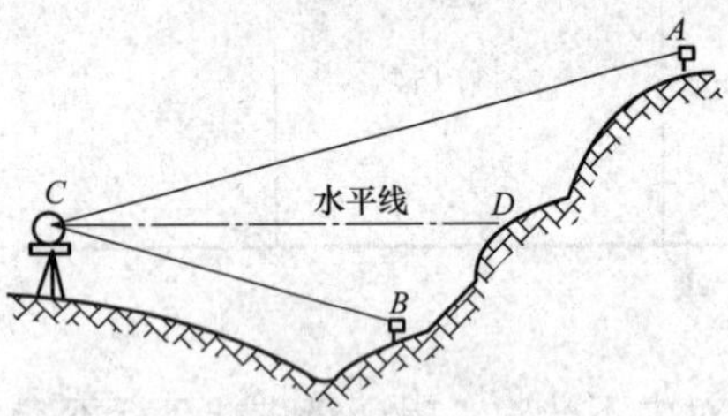

图 GYPD00501006-1　观测竖直角

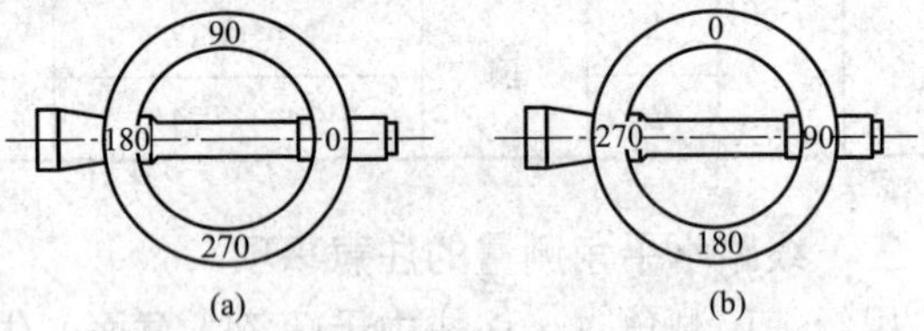

图 GYPD00501006-2　垂直角形式

（a）全圆式；（b）天顶距式

1. 天顶距式测角

（1）度盘读数在 0°～180° 之间（90° 附近）

$$\theta=90° - 读数$$

（2）度盘读数在 180°～360° 之间（270° 附近）

$$\theta=读数-270°$$

2. 垂直角的观测方法

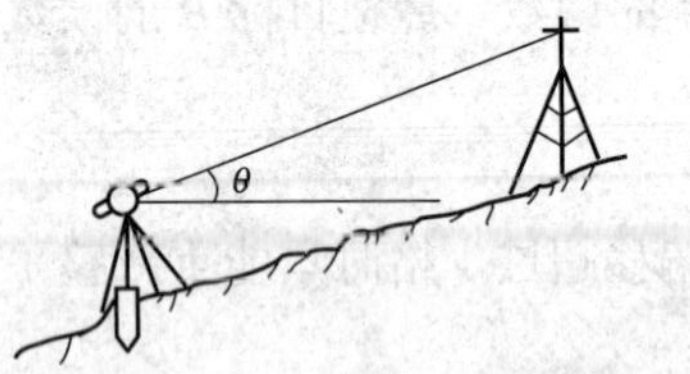

图 GYPD00501006-3　垂直角的观测

垂直角的观测方法如图 GYPD00501006-3 所示，在 *O* 点架设经纬仪，用望远镜正镜位置十字丝交点照准 *A* 点，调整游标水准管微动螺旋，使水准管气泡居中，读出游标竖盘读数，以天顶距式竖盘为例，设游标读数为 68° 35′ 20″。记入垂直角观测记录簿，实测垂直角应记为 90° – 68° 35′ 20″ =21° 24′ 40″。

用倒镜照准 *B* 点再测一次，设游标读数为 291° 24′ 30″，实测垂直角度应是 291° 24′ 30″ – 270° =21° 24′ 30″ 记入记录簿。如表 GYPD00501006-1 所示。

正倒镜两次测得 *θ* 角的平均值为

$$\theta=（21° 24′ 40″ +21° 24′ 30″）/2=21° 24′ 35″$$

正倒镜两次测得 *θ* 角之差为 10″，如果经纬仪最小分划值是 20″ 的，该值小于最小分划值的 1.5 倍，在允许范围之内。

测量俯角时方法与此相同。

表 GYPD00501006-1　　　　垂直角观测记录

测站号	目标	正倒镜	竖盘读数			竖直角			平均竖直角		
			(°)	(′)	(″)	(°)	(′)	(″)	(°)	(′)	(″)
O	*A*	正	68	35	30	21	24	40	21	24	35
		倒	291	24	30	21	24	30			

3. 竖直角观测步骤

（1）如图 GYPD00501006-3 所示，在测站 *O* 安置经纬仪，对中、整平后，经正镜照准目标 *A*，调节竖盘指标水准管微动螺旋，使指标水准管气泡居中，若仪器有竖盘指标自动归零装置，应将其旋到工作位置，然后读竖盘读数 *L*，记入竖直角观察记录（见表 GYPD00501006-1）。

（2）为了校核并提高测量精度，依上法倒镜照准 *A* 点再测一次，读得竖盘读数 *R*。

（3）根据所用经纬仪竖盘注记方式，用相应公式计算平均竖直角。

三、垂直角测量注意事项

（1）仪器应正确使用，应轻拿轻放，一手握扶轴座，一手握住三角基座，切勿握扶望远镜。

（2）对中、整平符合要求。

（3）测量读数时，注意仰角或俯角。

（4）计算数据应准确。

【思考与练习】

1. 什么是垂直角？
2. 简述垂直角的观测方法。
3. 垂直角如何计算？

第十八章　配电线路杆上作业

模块 1　横担及金具安装（GYPD00502001）

【模块描述】本模块介绍配电线路杆上作业中横担及金具安装工艺。通过流程介绍、图表列举和图形说明，掌握作业前准备、安装作业工作流程、操作步骤和验收质量标准，以及危险点预控等内容。

【正文】

一、作业内容

本部分主要讲述配电线路杆上作业中横担及金具安装所需工器具和材料的选择、制作的工作流程和质量标准、安装的方法及安全注意事项等。

二、危险点分析与控制措施

（1）为防止误登杆塔，登杆塔前，作业人员应核对停电线路的双重编号后，方可工作。

（2）登杆塔前要对杆塔检查，包括杆塔是否有裂纹，杆塔埋设深度是否达到要求，拉线是否紧固，基础是否坚实，同时要对登高工具检查，看其是否在试验期限内，登杆前要对脚扣和安全带做冲击试验。

（3）为防止高空坠落物体打击，作业现场人员必须戴好安全帽，严禁在作业点正下方逗留。

（4）为防止作业人员高空坠落，杆塔上工作的作业人员必须正确使用安全带、保险绳两道保护。离开地面 2m 及以上即为高空作业，攀登杆塔时应检查脚钉或爬梯是否牢固可靠；在杆塔上作业时安全带应系在牢固的构件上，高空作业中不得失去双重保护，转向移位时不得失去一重保护。

（5）高空作业时不得失去监护。

（6）杆上人员要用传递绳索将工具材料传递，严禁抛扔。

（7）传递绳索与横担之间的绳结应系好以防脱落，金具可以放在工具袋内传递。

三、作业前准备

（一）工器具和材料准备

（1）横担及金具安装所需工器具如表 GYPD00502001-1 所示。

表 GYPD00502001-1　　横担及金具安装所需工器具

序号	名　称	规格	单位	数量	备　注
1	个人用具		套	1	登高、安全防护、常规工具等
2	工具袋		只	1	
3	传递滑车	1t	个	1	
4	绳套	与传递滑车配合	个	1	

（2）横担及金具安装所需要材料如表 GYPD00502001-2 所示。

表 GYPD00502001-2　　横担及金具安装所需要材料

序号	名　称	规格	单位	数量	备　注
1	横担		块	若干	根据装置要求决定
2	抱箍托架		块	若干	根据装置要求决定

续表

序号	名　　称	规格	单位	数量	备　　注
3	抱箍		只	若干	根据装置要求决定
4	螺栓	M16	只	若干	
5	垫圈	$\phi18$	kg	若干	
6	各类金具		套	若干	

（二）作业条件

横担及金具安装是室外作业项目，要求天气良好，无雨、风力不超过6级。

四、操作步骤及质量标准

（一）基本规定

横担、金具安装是在电杆等已经组立完成的基础上再进行的一项工作，是为导线架设、连接并进行固定做准备。

横担主要是支撑并固定导线，使导线间保持相间距离，保持导线与电杆等接地体的距离，以及支持熔断器、隔离开关、断路器、避雷器等电器设备稳固地安装在杆塔上。

1. 横担分类

（1）直线横担。在直线杆上配置的横担。它可以是单块横担（用于一般的直线电杆），也可以是双块横担（用于较大的档距，如交叉路口、跨越铁路和重要等级公路、转角度数较大但还是直线杆允许的范围）；通过螺栓、垫圈、抱箍（或元箍）与横担连接并固定于电杆上，如图GYPD00502001-1所示的直线横担。

（2）耐张横担。在耐张杆上配置的横担，它通常以双块横担的形式安装于电杆上，通过单帽螺栓、双头四帽螺栓、垫圈等与横担连接并固定于电杆上，如图GYPD00502001-2所示的耐张横担。

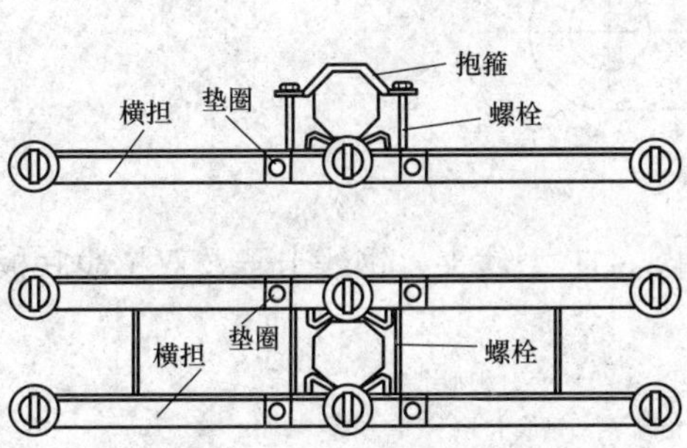

图GYPD00502001-1　直线横担

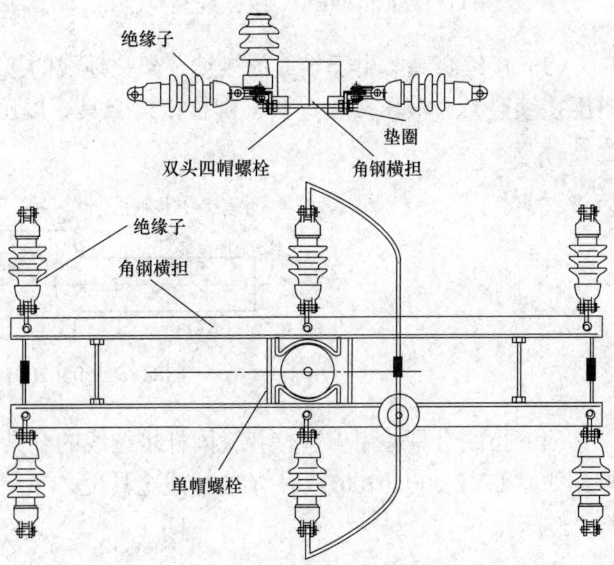

图GYPD00502001-2　耐张横担

（3）终端横担。在终端杆上配置的横担，它通常以双块横担的形式安装于电杆上，通过单帽螺栓、双头四帽螺栓、垫圈等与横担连接并固定于电杆上，与耐张横担有所区别的是它是承受导线单侧的张力，如图GYPD00502001-3所示的终端横担。

2. 金具分类

金具主要是连接和组合线路上各类装置的部件，它通常以金属材料制成，可以传递机械张力、接续电气负荷，以起到相应的作用。

（1）耐张线夹。是用来将导线或架空地线固定在耐张绝缘子串上，起锚固作用，有些地区俗称

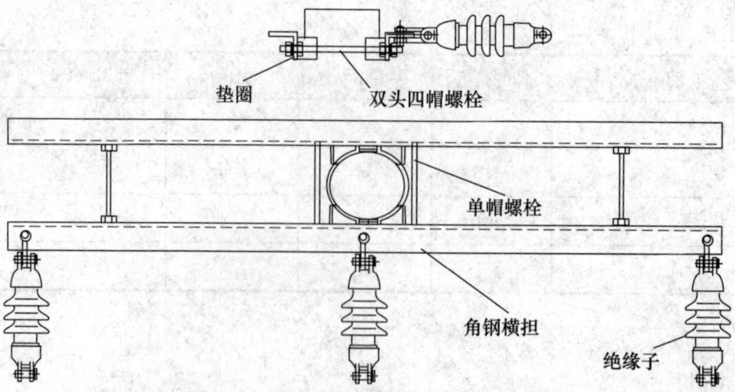

图 GYPD00502001-3 终端横担

耐张线夹金具。耐张线夹有三大类，即螺栓式耐张线夹、压缩型耐张线夹、楔型线夹。如图 GYPD00502001-4 所示的紧固金具。

（2）悬垂线夹。主要是支持导线垂直荷重，通过支持金具等配合可以将导（地）线垂直荷重转移到绝缘子（或地线支架）上，有些地区俗称悬垂线夹金具，如图 GYPD00502001-5 所示的悬垂线夹。

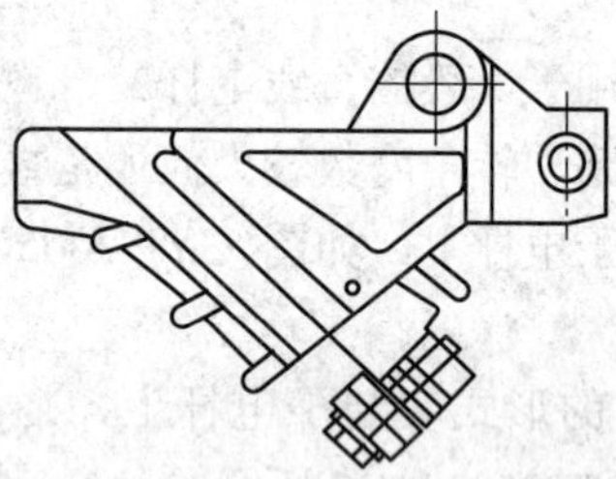

图 GYPD00502001-4 耐张线夹

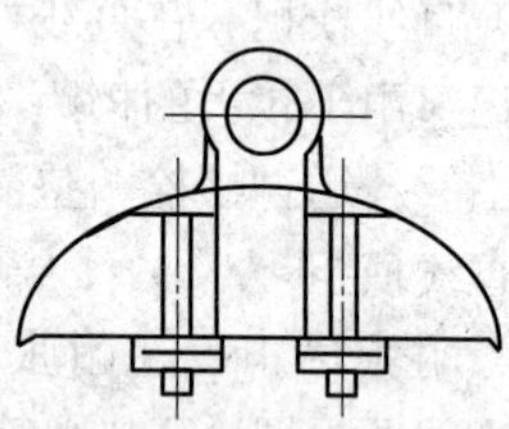

图 GYPD00502001-5 悬垂线夹

（3）接续金具。用于导线的接续及架空地线的接续、耐张杆塔跳线的接续。定型的接续金具有：钳压接续金具、液压接续金具、螺栓接续金具、爆压接续金具。如图 GYPD00502001-6 所示的接续金具。

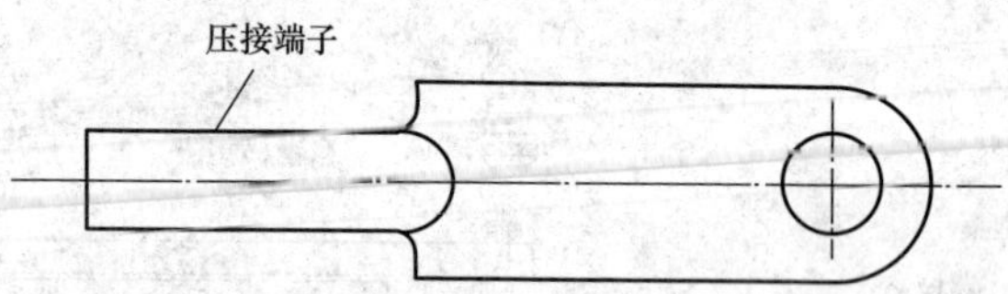

图 GYPD00502001-6 接续金具

（4）拉线金具。用于调整和稳固杆塔拉线的金具有：可调式 UT 型线夹、钢线卡子及双拉线联板等。如图 GYPD00502001-7 所示的拉线金具。

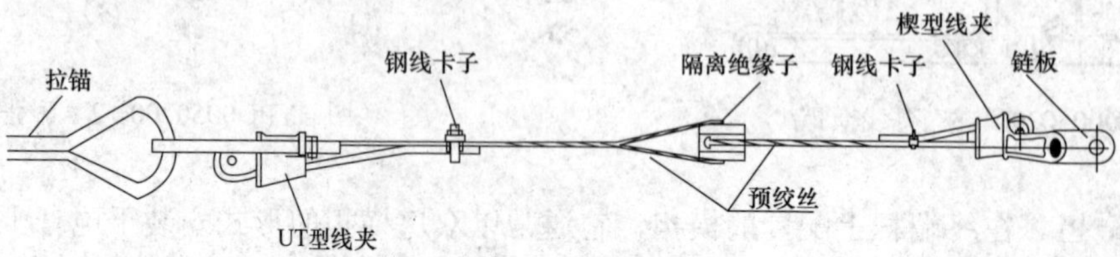

图 GYPD00502001-7 拉线金具

（5）连接金具。主要用于线路上承力金具之间的连接，但也有承力导（地）线连接的压接管、对接管等，它不仅承受导（地）线连接后的张力，同时还承受导线的电气连接（起着接续金具的作用），但还是把它归类到连接金具处，对具有双重作用的金具应该正确把握。如图 GYPD00502001-8 所示的连接金具。

（6）保护金具。用于防护导线、架空地线振动的防振锤、护线条、阻尼线；用于抑制次档距振动的间隔棒；用于防护绝缘子串产生电晕的屏蔽环及均压环等。但在配电线路上很少使用。如图 GYPD00502001-9 所示的保护金具。

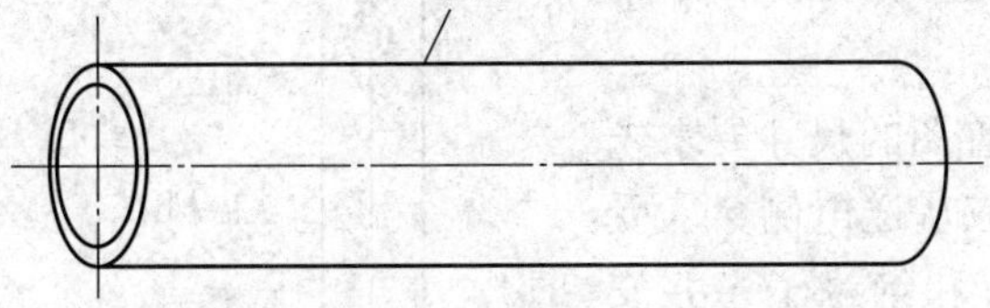

图 GYPD00502001-8　连接金具

图 GYPD00502001-9　保护金具

因此在安装时应该掌握横担、金具安装（串）的组装要求，了解横担、金具材料等性能特点；按线路装置图要求正确安装并使之符合运行要求，在设计书（装置图）未详列之处通常根据相对应的规程，如 DL/T 5220—2005《10kV 及以下架空配电线路设计技术规程》、DL/T 602—1996《架空绝缘配电线路施工及验收规程》等规定指导安装。

（二）横担、金具安装的工作流程

横担、金具安装的工作流程如图 GYPD00502001-10 所示。

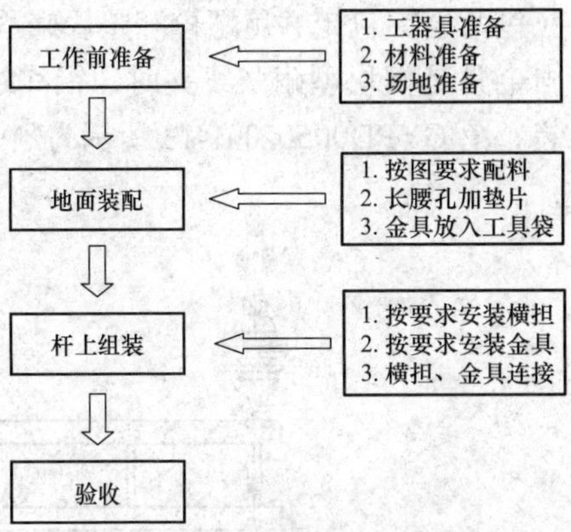

图 GYPD00502001-10　横担、金具安装的工作流程图

（三）操作步骤和质量标准

1. 地面装配

（1）根据装置图要求进行配置直线横担。问题是目前使用的大部分电杆是拔梢型电杆，即不同部位的电杆直径是不同的，所以需要在电杆上不同位置配置相应的螺栓和抱箍，有些横担有腰型长孔，一般使用 M-16 螺栓与横担连接并固定，在此孔安装螺栓时应该放上一片 ϕ18 的垫圈。

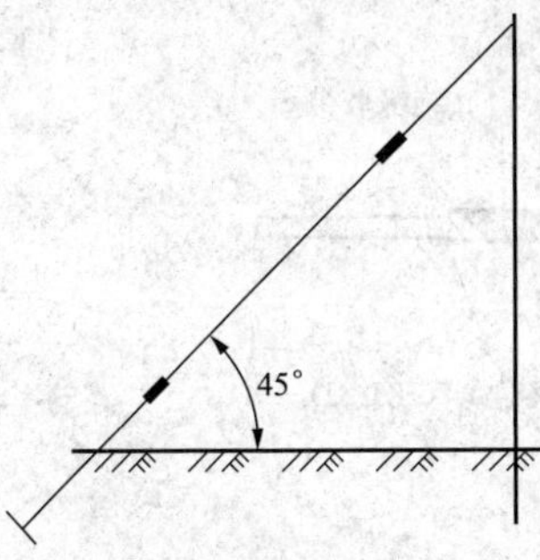

图 GYPD00502001-11　电杆单侧拉线

（2）根据装置图要求进行配置耐张横担。由两个单帽螺栓和两个双头四帽螺栓、垫圈等与横担连接并固定于电杆上，用合适的螺栓、垫圈等加以配置。

（3）根据装置图要求进行配置终端横担。与耐张横担有区别的是承受导线单侧的张力。若选用上述耐张横担作为终端横担，一般则要在导线的另一侧加装拉线以平衡张力。如图 GYPD00502001-11 所示的电杆单侧拉线。

（4）根据施工图纸和金具（串）的组装要求配备相应金具，检查所有材料应符合质量要求、数量要求，由于这些金具体积较小，难以用传递绳捆绑，故按要求连接后装入工具袋。

2. 杆上组装

（1）登高工具及个人工具。要将登高使用的工具如脚扣或踩板、安全帽、安全带、保险钩、吊绳（材料传递绳子）和个人工具如扳手、电工钳、螺丝刀等应用之物都带齐并检查符合安全作业的要求；这些工具是安装横担、金具的必备工具，当电杆在潮湿状态需要施工时还需带上登杆的防滑工具或材料。

（2）其他工具。当要对原来的线路装置进行改造重新安装所需的横担、金具时，线路应处于检修状态，而对需要改造的这一基电杆来讲是安装所需的横担、金具，因此还需准备相关工具，如验电器、绝缘杆、短路线、接地线、绝缘手套、标志牌、红白带、紧线器、压接管、滑轮（临时板线、锚桩等视情况而定）等工具。

（3）横担安装标准。线路直线横担安装时，横担平面应装于受电侧。横担安装应平正，安装偏差应符合规定：横担端部上下歪斜不应大于 20mm，横担端部左右扭斜不应大于 20mm；双杆上安装的横担与电杆连接处的高差不应大于连接距离的 5/1000；左右扭斜不应大于横担总长度的 1/100。

（4）横担、金具安装的基本步骤：

1）安装人员站立在电杆的合适位子，用吊绳将需要安装的横担、金具材料分别进行安装，绳结应打在铁件杆上。当提升较重的横担时，可以在电杆端部安放一个滑轮用于提升重物，如图 GYPD00502001-12 所示的电杆端部安放滑轮。

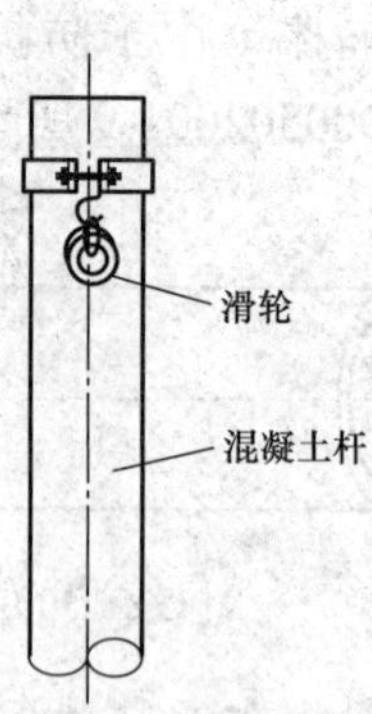

图 GYPD00502001-12 电杆端部安放滑轮

2）先从电杆的顶部开始安装横担、金具。按照装置图的尺寸要求先装横担，待安装牢固后再安装该横担上的金具，螺栓应从送电侧穿入受电侧，按规定要求实施。紧固金具、支持金具等可以和绝缘子一并安装，除了应考虑绝缘子的安装要求外，还应考虑此金具与导线的合理匹配；当紧固金具、支持金具是螺栓型金具用于固定导线时，铝线的外层应包两层铝包带并用螺栓和垫块来固定导线（铜线可以直接固定），当紧固金具是楔块型耐张线夹时，铝线线芯上不必缠绕铝包带，可以直接安装。图 GYPD00502001-13 所示为耐张线夹安装方式。

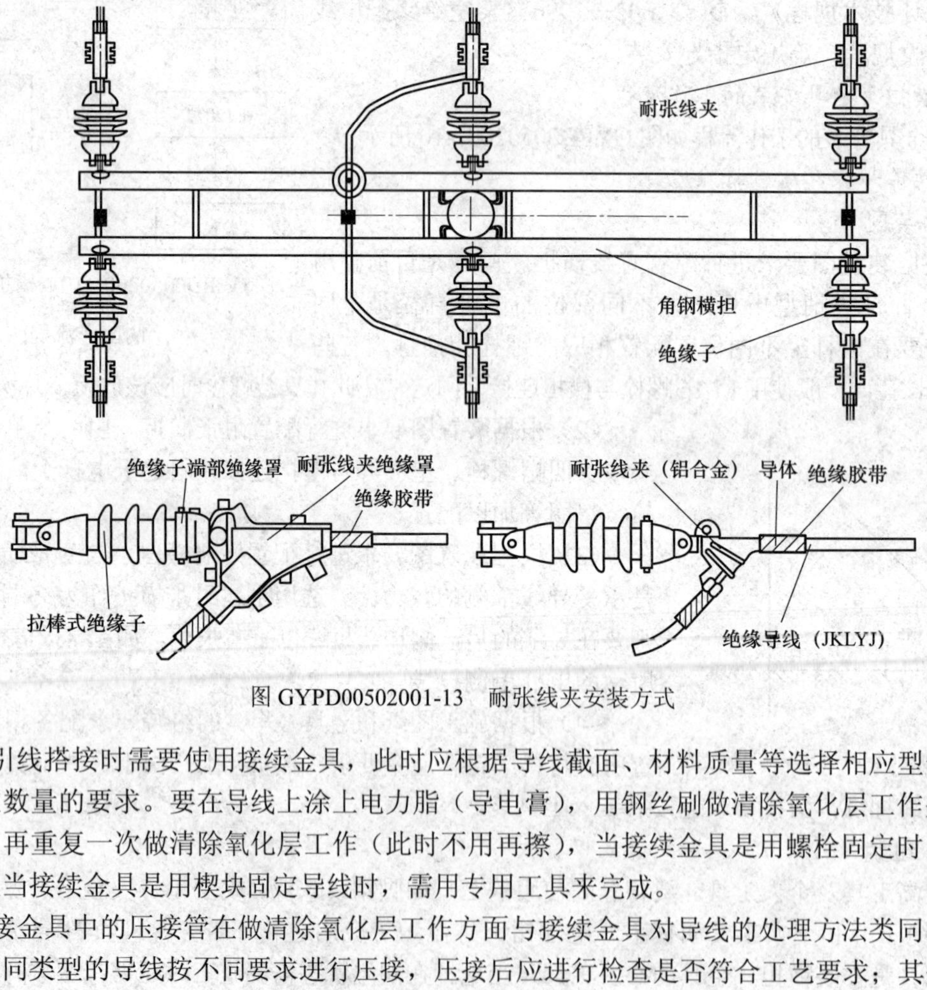

图 GYPD00502001-13 耐张线夹安装方式

3）在引线搭接时需要使用接续金具，此时应根据导线截面、材料质量等选择相应型号的金具，并满足规定数量的要求。要在导线上涂上电力脂（导电膏），用钢丝刷做清除氧化层工作并用干净布擦去污垢，再重复一次做清除氧化层工作（此时不用再擦），当接续金具是用螺栓固定时，用扳手即可安装，但当接续金具是用楔块固定导线时，需用专用工具来完成。

4）连接金具中的压接管在做清除氧化层工作方面与接续金具对导线的处理方法类同，但还要用压接钳对不同类型的导线按不同要求进行压接，压接后应进行检查是否符合工艺要求；其余金具如拉线金具、保护金具、预绞丝金具相对比较简单，在此不一一赘述了。

3. 验收

（1）用于配电线路的各类横担、金具出厂必须检验合格，产品应有合格的包装和标志。由黑色金属制造的横担和金具，应采用热浸镀锌制品，防腐层良好，表面光洁，无裂纹、毛刺、飞边、砂眼、气泡、锌皮剥落、锈蚀等缺陷，线夹转动灵活无卡阻现象，与导线接触面符合要求。

（2）应根据导线规格、最大使用张力和安全系数要求，考虑各所用金具与导线相互匹配，紧固金具主要是根据导线截面和导线张力等因素来验收其强度；支持金具主要是根据导线截面和导线材料等因素来验收匹配；接续金具主要是根据导线截面、材料质量和规定连接导线金具的数量等因素来验收；拉线金具主要是根据导线张力、拉线位置等因素来验收；连接金具主要是根据导线张力与承力金具之间的连接要求等因素来验收；保护金具主要是根据导线截面、配套器材结构等因素来验收，但一般较少使用；预绞丝金具主要是根据使用场合、要求等因素来验收。

（3）按照节能工作的要求，目前新建线路安装的金具应该是铝合金节能型金具，要逐步淘汰落后的、铸铁浇制的会产生磁滞损耗的金具。

（4）施工作业结束后，工作负责人依据施工验收规范对施工工艺、质量进行自查验收，按要求清理施工现场，整理工具、材料，办理工作终结手续。

五、注意事项

横担、金具的安装位置、方向应符合规定。

金具选择应匹配，禁止以小吨位金具代替大吨位金具。

【思考与练习】

1. 横担、金具有哪些种类？
2. 试配制一套离杆顶 3m 处的 10kV 耐张横担及金具材料。
3. 做导线清除氧化层工作有哪些内容？
4. 线路直线横担安装时有哪些基本要求？

模块 2　拉线安装（GYPD00502002）

【模块描述】本模块介绍拉线制作与安装工艺。通过流程介绍、图表列举和图形说明，掌握作业前准备、安装作业工作流程、操作步骤和验收质量标准，以及危险点预控等内容。

【正文】

一、作业内容

本部分主要讲述配电网系统中拉线制作所需工器具和材料的选择、制作的工作流程和质量标准、安装的方法及安全注意事项等。

二、危险点分析与控制措施

登杆和杆上作业危险点分析与控制措施参见模块“横担及金具安装（GYPD00502002）”部分，拉线安装时要特别注意以下两点：

（1）弯曲钢绞线时应抓牢，防止钢绞线反弹伤人。

（2）使用木槌时要防止从手中脱落伤人。

三、作业前准备

（一）工器具和材料准备

（1）拉线制作和安装所需工器具如表 GYPD00502002-1 所示。

表 GYPD00502002-1　拉线制作和安装所需工器具

序号	名称	规　格	单位	数量	备　注
1	个人用具		套	1	登高、安全防护、常规工具等
2	木槌		把	1	
3	断线钳		把	1	
4	紧线器	根据钢绞线规格选择	个	1	
5	钢丝绳套	与紧线器配合	个	1	
6	传递滑车	1t	个	1	
7	传递绳	与传递滑车配合	个	1	
8	绳套	与传递滑车配合	个	1	
9	防锈漆		筒	1	
10	拉线护套		只	1	

（2）拉线制作和安装所需要材料如表 GYPD00502002-2 所示。

表 GYPD00502002-2　　拉线制作和安装所需要材料

序号	名　　称	规格	单位	数量	备　　注
1	楔型线夹		个	1	
2	UT 型线夹		个	1	
3	U 形环（或延长环）		条	1	
4	钢绞线		m	若干	
5	铁丝		m	若干	
6	拉线绝缘子		个	1	
7	拉线抱箍和螺栓		套	1	
8	扎丝		m	若干	

（二）作业条件

拉线的制作和安装是室外作业项目，要求天气良好，无雨、风力不超过 6 级，作业程序是在地面制作拉线上把，安装拉线上把，制作和安装拉线下把。

四、操作步骤及质量标准

（一）基本规定

拉线应采用镀锌钢绞线，拉线规格通常由设计计算确定。镀锌钢绞线的最小截面应不小于 25mm²，强度安全系数应不小于 2。拉线应根据电杆的受力情况装设。正常情况下，拉线与电杆的夹角宜采用 45°，如受地形限制，可适当减少，但不应小于 30°。拉线装设方向一般在 30°及以内的转角杆设合力拉线，拉线应设在线路外角的平分线上；30°以上的转角杆拉线应按线路导线方向分别设置，每条拉线应向外角的分角线方向移 0.5～1.0m；终端杆的拉线应设在线路中心线的延长线上；防风拉线应与线路方向垂直。拉线坑深度按受力大小及地质情况确定，一般为 1.2～2.2m 深，拉线棒露出地面长度为 500～700mm。拉线棒最小直径应不小于 16mm。拉线棒通常采取热镀锌防腐，严重腐蚀地区，拉线棒直径应适当加大 2～4mm 或采取其他有效的防腐措施。

（二）拉线制作和安装的工作流程

拉线制作和安装的工作流程如图 GYPD00502002-1 所示。

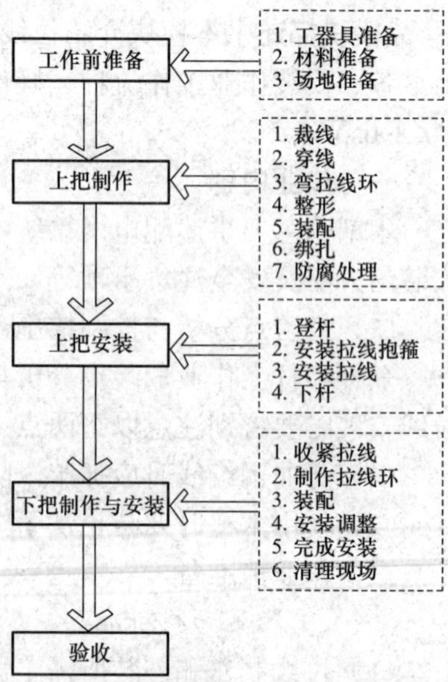

图 GYPD00502002-1　拉线制作和安装的工作流程图

（三）操作步骤和质量标准

1. 拉线上把的制作

拉线上把（楔型线夹）的制作如图 GYPD00502002-2 所示。

（1）裁线。由于镀锌钢绞线的钢性较大，为避免散股，在制作拉线下料前应用细扎丝在拉线计算长度处进行绑扎，如图 GYPD00502002-2（a）所示，然后用断线钳将其断开。

（2）穿线。取出楔型线夹的舌板，将钢绞线穿入楔型线夹，并根据舌板的大小在距离钢绞线端头 300mm 加上舌板长度处做弯线记号，应注意主线在线夹平面侧，尾线在凸肚侧，如图 GYPD00502002-2（b）所示。

（3）弯拉线环。用双手将钢绞线在记号处弯一小环，然后如图 GYPD00502002-2（c）所示，用脚踩住主线，一手拉住线头，另一手握住并控制弯曲部位，协调用力将钢绞线弯曲成环；为保证拉线环的平整，应将端线如图 GYPD00502002-2（d）所示换边弯曲。

（4）整形。为防止钢绞线出现急弯，将做好的拉线环如图 GYPD00502002-2（e）所示的方式，分别用膝盖抵住钢绞线主线、尾线进行整形，使其呈如图 GYPD00502002-2（f）所示的开口销状，以保证钢绞线与舌板间结合紧密。

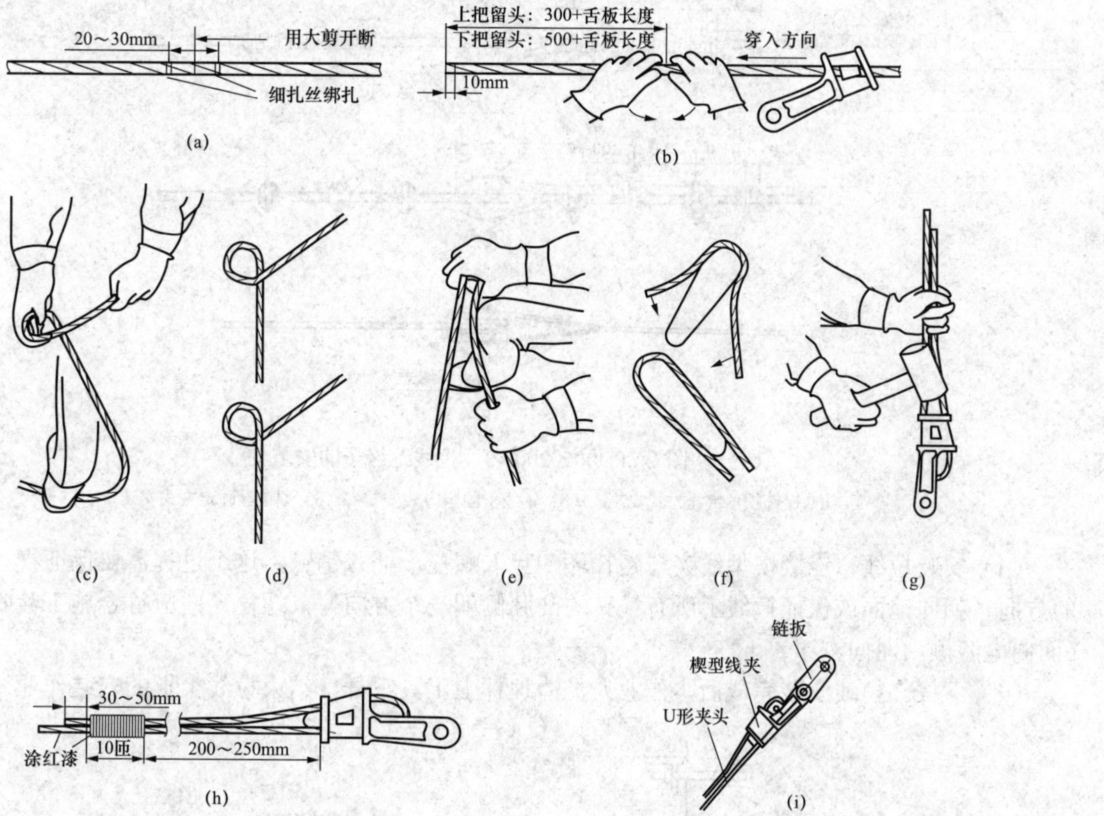

图 GYPD00502002-2 拉线的制作流程分解图

（a）裁线；（b）穿线量尺寸；（c）弯拉线环；（d）拉线环；（e）调整拉线环；（f）拉线环与舌板的配合；（g）装配楔型线夹；（h）楔型线夹安装绑扎尺寸；（i）用 U 形夹头来固定尾线

（5）装配。拉线环制作完成后，将拉线的回头尾线端从楔型线夹凸肚侧穿出，放入舌板并适度地用木槌敲击，使其与拉线及线夹间的配合紧密，如图 GYPD00502002-2（g）所示。

（6）绑扎。在尾线回头端距端头 30～50mm 的地方，用 12 号或 10 号镀锌铁丝缠绕 100mm 对拉线进行绑扎，如图 GYPD00502002-2（h）所示，使拉线的回头尾线与主线间的连接牢固，也可以使用 U 形夹头来固定尾线如图 GYPD00502002-2（i）。

（7）防腐处理。按拉线安装施工的规定要求，完成制作后应在扎线及钢绞线的端头涂上红漆，以提高拉线的防腐能力。

一般情况下拉线可以不装拉线绝缘子，但当 10kV 线路的拉线从导线之间穿过或跨越导线时，按规定要装设拉紧绝缘子；0.4kV 线路拉线一律要装设拉紧绝缘子，且要求在断拉线情况下拉紧绝缘子距地面不应小于 2.5m。拉线绝缘子分为悬式绝缘子和圆柱形拉线绝缘子，这两种拉线绝缘子的安装方法不同，前者可以用楔型线夹连接，连接的方法和工艺标准与上把一致，后者的连接按规定将上、下拉线交叉套在拉线绝缘子上，用（12 号或 10 号）镀锌铁丝绑扎（长度不少于 100mm）或 U 形夹头将尾线锁紧（也可以用两根预绞丝交叉穿过拉线绝缘子后与钢绞线连接），这样即使拉线绝缘子损坏，其上、下拉线也不会断开脱落，具体安装如图 GYPD00502002-3 所示。

2. 上把安装

拉线上把制作完成后，便可进行拉线的杆上安装。拉线的杆上安装示意图如图 GYPD00502002-4 所示，具体安装步骤如下：

（1）登杆。按上杆作业的要求完成电杆、登杆工具等必须的检查工作。取得现场施工负责人的允许后带上必备操作工具上杆，并在指定位置站好位、系好安全带。绑好传递滑车和传递绳。

（2）安装拉线抱箍。将拉线抱箍连接延长环传递到杆上并固定安装在距电杆合适位置（一般为横担下方 100mm 处），并根据拉线装设的要求，调整好拉线抱箍方向。

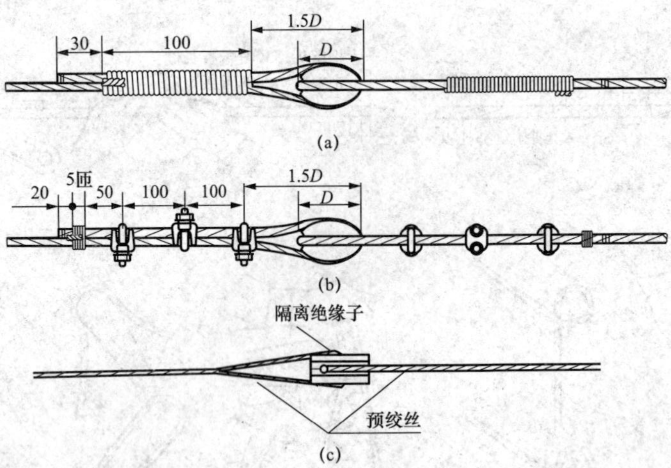

图 GYPD00502002-3 拉线绝缘子的安装

（a）镀锌铁丝绑扎方式安装；（b）钢线卡固定方式安装；（c）预绞丝固定方式安装

（3）安装拉线。连接楔型线夹与延长环，穿入螺栓，插入销钉，这个过程需要保证楔型线夹凸肚的方向（朝向地面或保证拉线上所有线夹的凸肚侧朝一个方向），螺栓穿向应符合施工验收规范要求（面向电源侧由左向右穿）。

（4）下杆。拉线安装完成后，作业人员清理杆上工具下杆，结束拉线上把的安装作业。

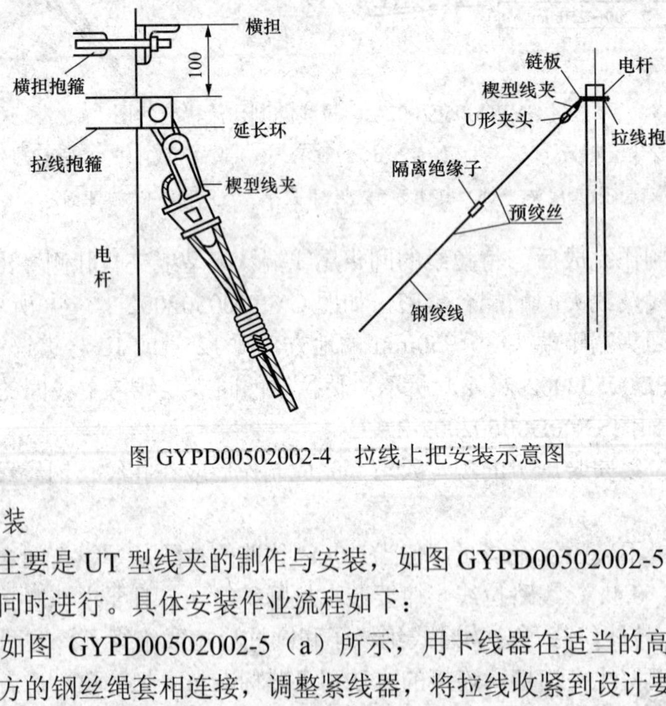

图 GYPD00502002-4 拉线上把安装示意图

3. 下把制作与安装

拉线下把的安装主要是 UT 型线夹的制作与安装，如图 GYPD00502002-5 所示，UT 型线夹的安装与制作均在地面上同时进行。具体安装作业流程如下：

（1）收紧拉线。如图 GYPD00502002-5（a）所示，用卡线器在适当的高度将钢绞线卡住，另一端与套在拉线棒环下方的钢丝绳套相连接，调整紧线器，将拉线收紧到设计要求的角度（设计对部分转角杆有预偏角度的要求）。如果拉线环境条件需要安装警示杆的情况下，应在卡线前在拉线上穿入警示杆。

（2）制作拉线环。拆下 UT 型线夹的 U 型螺栓，取出舌板，将 U 型螺栓从拉棒环穿入，抬起 U 型螺栓，再用手拉紧拉线尾线，对比 U 型螺栓从螺栓端头向下量取 200mm 的距离（通常为丝杆的长度），如图 GYPD00502002-5（b）所示，然后按上把制作流程的第三到第四步过程制作好拉线环。

（3）装配。将拉线从 UT 型线夹穿出（线回头尾线端从 UT 型线夹凸肚侧穿出）并应保证主线在线夹平面侧，装上舌板，如图 GYPD00502002-2（g）用木锤敲击使拉线环与舌板能紧密配合。

（4）安装调整。将 U 型螺栓丝杆涂上润滑剂，重新套进拉棒环后穿入 UT 型线夹，使 UT 型线夹凸肚方向与楔型线夹方向一致，装上垫片、螺母，并调节螺母使拉线受力后撤出紧线器。拉线调好后，U 型螺栓上应将两个螺母拧紧（最好采用防盗螺母），螺母拧紧后螺杆应露扣，并保证有不小于

1/2 丝杆的长度以供调节，其舌板应在 U 型螺栓的中心轴线位置。

（5）完成安装。在 UT 型线夹出口量取拉线露出长度（不超过 500mm），将多余部分剪去；而后在尾线距端头 150mm 的地方，用镀锌铁丝由下向上缠绕 50～80mm 长度，如图 GYPD00502002-5（c）所示，使拉线的回头尾线与主线间的连接牢固，并将扎线尾线拧麻花 2～3 圈；而后按规定在扎线及钢绞线端头涂上红油漆，以提高拉线的防腐能力。

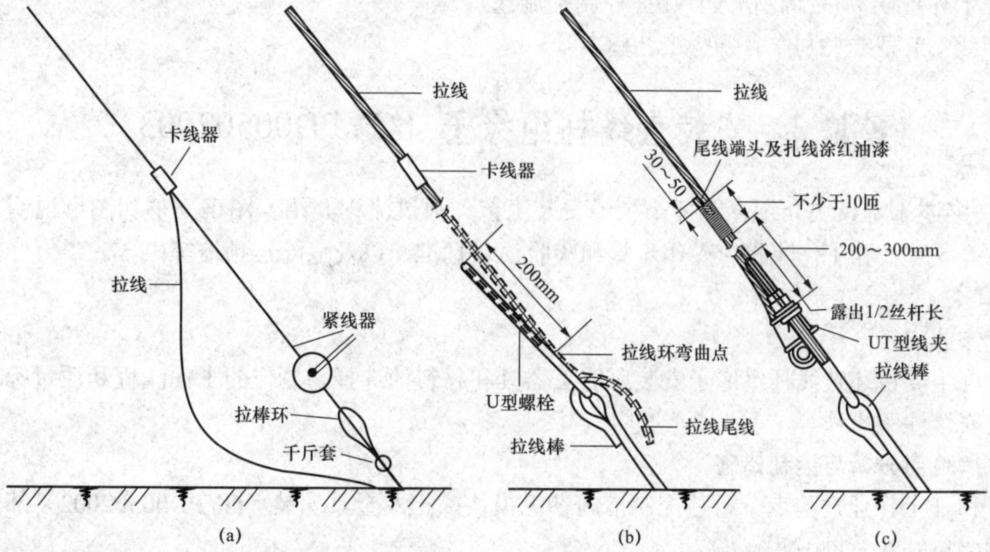

图 GYPD00502002-5　UT 型线夹的制作安装图

（a）收紧拉线示意图；（b）量拉线环尺寸；（c）UT 型线夹的安装尺寸

4. 验收质量要求

当采用 UT 型线夹及楔型线夹固定安装拉线时的基本要求如下：

（1）安装前丝扣上应涂润滑剂。

（2）线夹舌板与拉线接触应紧密，受力后无滑动现象，线夹凸肚应在尾线侧，安装时不应损伤线股。

（3）拉线弯曲部分不应明显松脱，拉线断头处与拉线应有可靠固定。拉线处露出的尾线长度以 400mm 为宜（上把：300～400mm，下把：300～500mm）；尾线回头后与本线应扎牢，并在扎线及尾线端头上涂红油漆进行防腐处理。

（4）上、下楔型线夹及 UT 型线夹的凸肚和尾线方向应一致，同一组拉线使用双线夹并采用连板时，其尾线端的方向应统一。

（5）UT 型线夹或花篮螺栓的螺杆应露扣，并应有不小于 1/2 螺杆丝扣长度可供调紧，调整后，UT 型线夹的双螺母应并紧，U 型螺栓应封固。

（6）水平拉线的拉桩杆的埋设深度不应小于杆长的 1/6，拉线距路面中心的垂直距离不应小于 6m，拉桩坠线与拉桩杆夹角不应小于 30°，拉桩杆应向张力反方向倾斜 10°～20°，坠线上端距杆顶应为 250mm；水平拉线对通车路面边缘的垂直距离不应小于 5m。

（7）当拉线位于交通要道或人易接触的地方，须加装警示套管保护。套管上端垂直距地面不应小于 1.8m，并应涂有明显红、白相间油漆的标志。

5. 清理现场

施工作业结束后，工作负责人依据施工验收规范对施工工艺、质量进行自查验收，按要求清理施工现场，整理工具、材料，办理工作终结手续。

五、注意事项

（1）安装拉线时，其金具、钢绞线的选择应与线路导线型号相匹配。

（2）拉线尾线穿入方向不得出现错误。

（3）钢绞线在弯制过程中，不得出现散股。

（4）U 形夹头的 U 形面不得固定在主线上，应压在尾线上。

【思考与练习】

1. 杆上作业登杆前必须做哪些检查?
2. 保证安全的技术措施有哪些?
3. 杆上作业防高空坠落有哪些控制措施?
4. 杆上作业防高空坠物伤人有哪些控制措施?
5. 拉线 UT 型线夹制作有哪些工艺标准?

模块 3　安装直线杆绝缘子（GYPD00502003）

【模块描述】本模块介绍直线杆绝缘子安装工艺。通过流程介绍、图表列举和图形说明，掌握作业前准备、安装作业工作流程、操作步骤和验收质量标准，以及危险点预控等内容。

【正文】

一、作业内容

本部分主要讲述直线杆绝缘子安装所需工器具和材料的选择、制作的工作流程和质量标准、安装的方法及安全注意事项等。

二、危险点分析与控制措施

登杆和杆上作业危险点分析与控制措施参见模块横担及金具安装（GYPD00502002）部分，绝缘子检测时要特别注意以下两点：

（1）绝缘子安装前要进行外观检查。

（2）绝缘子摇测绝缘前，要对绝缘电阻表进行开路和短路自检，检测绝缘时，转速符合规定，注意人身和表计安全。

三、作业前准备

（一）工器具和材料准备

（1）直线杆绝缘子安装所需工器具如表 GYPD00502003-1 所示。

表 GYPD00502003-1　　直线杆绝缘子安装所需工器具

序号	名　称	规　格	单位	数量	备　注
1	个人用具		套	1	登高、安全防护、常规工具等
2	工具袋		只	1	
3	传递滑车	1t	个	1	
4	绳套	与传递滑车配合	个	1	
5	绝缘电阻表	2500V	只	1	
6	抹布		块	1	

（2）直线杆绝缘子安装所需材料如表 GYPD00502003-2 所示。

表 GYPD00502003-2　　直线杆绝缘子安装所需材料

序号	名　称	规　格	单位	数量	备　注
1	直线绝缘子		只	若干	根据装置要求决定
2	悬式绝缘子		只	若干	用于较大跨越地形或要求决定
3	支持金具		只	若干	用于支撑导线的悬垂线夹
4	U 形环	4t	只	若干	用于绝缘子和横担连接
5	铝包带	1×10	kg	若干	
6	扎线		圈	若干	
7	垫片	ϕ18	kg	若干	

（二）作业条件

直线杆绝缘子安装是室外作业项目，要求天气良好，无雨、风力不超过 6 级。

四、操作步骤及质量标准

（一）基本规定

安装直线杆绝缘子，是在电杆、横担等已经完成的基础上再进行的一项工作，是为导线架设和在直线杆上进行固定做准备。因此在安装时应该掌握直线杆绝缘子（串）的组装要求，了解该绝缘子的性能特点；正确使用与之相匹配的金具材料。

（二）安装直线杆绝缘子的工作流程

安装直线杆绝缘子的工作流程如图 GYPD00502003-1 所示。

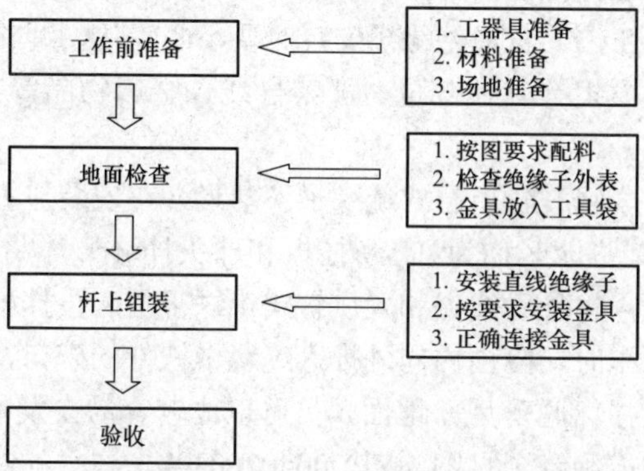

图 GYPD00502003-1　安装直线杆绝缘子的工作流程图

（三）操作步骤和质量标准

1. 地面检查

根据施工图纸和直线绝缘子（串）的组装要求准备相应材料，并考虑直线绝缘子（连接金具、支持金具）与导线最大使用张力、导线直径之间的相互匹配性，检查所有材料应符合质量要求、数量要求。

（1）在低压线路上一般使用蝶式绝缘子，当导线为 35mm^2 及以下时，选用 ED-3 蝶式绝缘子；而当导线为 50mm^2 及以上时，则选用 ED-2 蝶式绝缘子；绝缘子是通过 M-16 螺栓与横担连接并固定，见图 GYPD00502003-2。由于蝶式绝缘子上端的圆孔开口直径约为 20mm，故螺栓根部与蝶式绝缘子连接处应放上一片ϕ18 的垫圈。

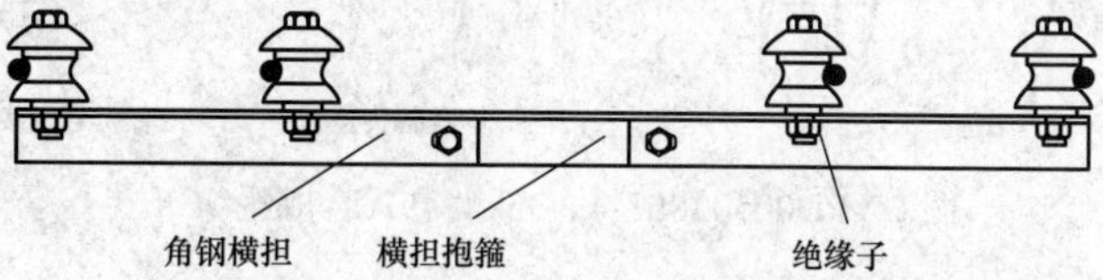

图 GYPD00502003-2　0.4kV 直线绝缘子在横担安装图

（2）在中、高压配电线路上一般使用瓷质柱式、针式或瓷横担式绝缘子。此类绝缘子的顶部或颈部第一槽宽一般在ϕ24 左右，适用于 LGJ-185 及以下的导线直径。10kV 直线绝缘子在横担安装图见图 GYPD00502003-3。近年来也有用硅橡胶合成材料做成柱式或横担式绝缘子，被称为硅橡胶柱式绝缘子或硅橡胶横担式绝缘子，其适用范围类同。

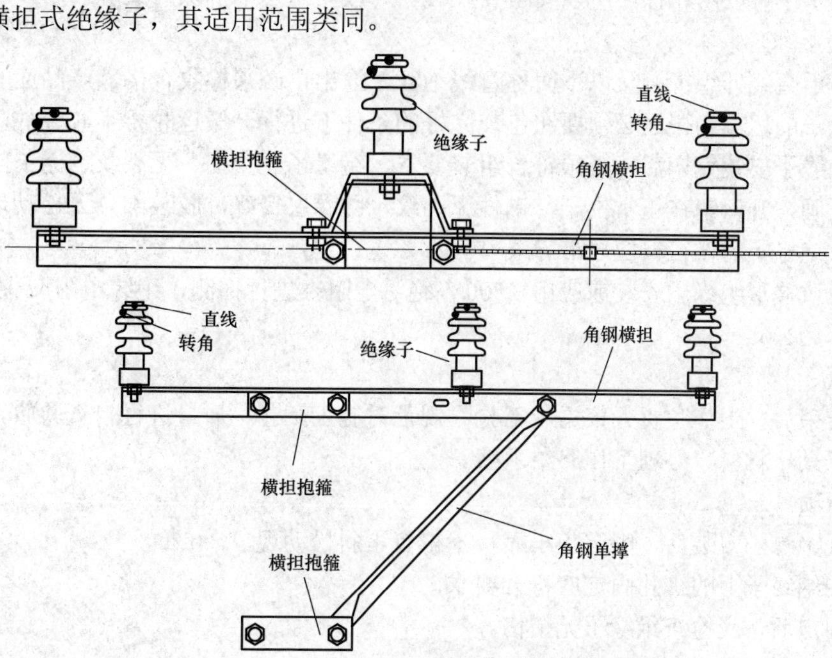

图 GYPD00502003-3　10kV 直线绝缘子在横担安装图

2. 组装过程

（1）登高工具及个人工具。要将登高使用的工具如脚扣或踩板、安全帽、安全带、保险钩、吊绳（材料传递绳子）和个人工具如扳手、电工钳、螺丝刀等应用之物都带齐，并检查符合安全作业的要求；这些工具是安装直线杆绝缘子的必备工具，当电杆在潮湿状态需要施工时还需带上登杆的防滑工具或材料。

（2）安装人员站立在电杆的合适位置，用吊绳将需要安装的金具材料和绝缘子分别进行安装，绳结应打在铁件杆上。当提升较重的绝缘子串时，可以在横担端部安放一个滑轮用于提升重物。

（3）合成绝缘子安装时要小心轻放，绳结应打在端部铁件上，提升时不得将合成绝缘子撞击电杆和横担等其他部位。严禁导线、金属物品等在合成绝缘子上摩擦滑行，严禁在合成绝缘子上爬行脚踩。

（4）瓷质悬式绝缘子（球形）在安装过程中首先安装与横担连接的直角挂环，其次安装球头链板（有些地区称为 U 形挂板和球头挂环），将瓷质悬式绝缘子和球头链板连接起来，用 W 形销子固定，将悬垂线夹和瓷质悬式绝缘子用碗头挂板连接起来，分别用销钉和 W 形销子固定；在安装 W 形销子时，应由内向外推入绝缘子铁件的碗口，使施工和维护较为方便，另一原因是一旦 W 形销子年久损坏脱落后，地面人员可以比较容易去发现其缺陷。其他同类绝缘子的安装方法类同，35kV 悬式合成绝缘子见图 GYPD00502003-4。

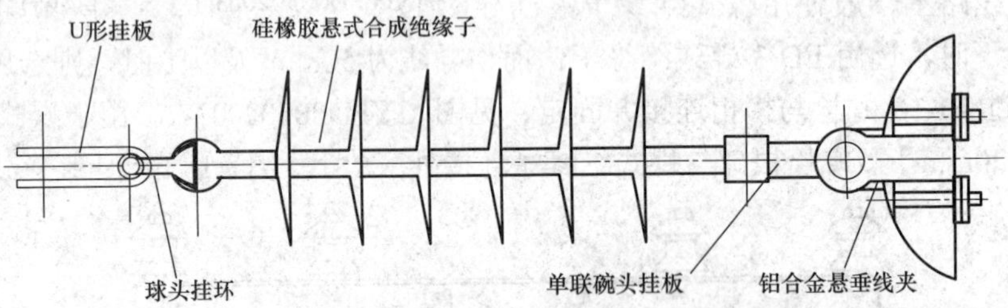

图 GYPD00502003-4　35kV 悬式合成绝缘子

（5）在安装瓷质柱式或瓷横担式绝缘子时无需用绝缘电阻表进行摇测，但应将柱式或瓷横担式绝缘子颈部槽口与导线方向平行，与横担连接的螺栓应有防松垫圈，使用瓷横担式绝缘子时还应安装剪切销子。

（6）在直线绝缘子安装完毕后，应用干净的抹布将安装过程中沾上瓷质绝缘子表面的脏污抹去，但对于合成绝缘子不可以用布抹，所以安装要小心，一般安装时不拆除外层包装。

3. 验收质量要求

（1）各类用于直线杆绝缘子（以下简称直线绝缘子）出厂必须检收合格，产品应有合格的包装和标志。合成绝缘子的运输和搬运必须要在包装完好的条件下进行，搬运时要小心轻放。

（2）直线绝缘子安装完毕后，必须符合组装要求，绝缘子无受损、无裂纹、无卡阻现象，螺栓、销钉穿入方向正确，开口销在正常位子，钢件无裂纹，防腐层良好，胶装部分无松动现象，当绝缘子有正反朝向时其绝缘子的盆径口应对准导线方向。

（3）悬式瓷质盆形绝缘子安装前应用 2500V 绝缘电阻表进行摇测，绝缘电阻应大于 500MΩ，但棒形绝缘子可以免去此举。

4. 清理现场

施工作业结束后，工作负责人依据施工验收规范对施工工艺、质量进行自查验收，按要求清理施工现场，整理工具、材料，办理工作终结手续。

五、注意事项

（1）直线杆绝缘子安装后，固定应牢靠，不得有歪斜松动现象。

（2）导线在绝缘子上的绑扎固定应符合要求。

（3）导线固定后，应检查绝缘子无损伤。

【思考与练习】

1. 准备材料、工器具有哪些内容？

2. 直线绝缘子安装的基本要求有哪些？

模块4 安装耐张杆绝缘子（GYPD00502004）

【模块描述】本模块介绍耐张杆绝缘子安装工艺。通过流程介绍、图表列举和图形说明，掌握作业前准备、安装作业工作流程、操作步骤和验收质量标准，以及危险点预控等内容。

【正文】

一、作业内容

本部分主要讲述耐张杆绝缘子安装所需工器具和材料的选择、制作的工作流程和质量标准、安装的方法及安全注意事项等。

二、危险点分析与控制措施

登杆和杆上作业危险点分析与控制措施参见模块横担及金具安装（GYPD00502002）部分，绝缘子检测时要特别注意以下两点：

1. 绝缘子安装前要进行外观检查。

2. 绝缘子摇测绝缘前，要对绝缘电阻表进行开路和短路自检，检测绝缘时，转速符合规定，注意人身和表计安全。

三、作业前准备

（一）工器具和材料准备

（1）耐张杆绝缘子安装所需工器具如表GYPD00502004-1所示。

表GYPD00502004-1 耐张杆绝缘子安装所需工器具

序号	名称	规格	单位	数量	备注
1	个人用具		套	1	登高、安全防护、常规工具等
2	工具袋		只	1	
3	传递滑车	1t	个	1	
4	绳套	与传递滑车配合	个	1	
5	绝缘电阻表	2500V	只	1	
6	抹布		块	1	

（2）耐张杆绝缘子安装所需材料如表GYPD00502004-2所示。

表GYPD00502004-2 耐张杆绝缘子安装所需材料

序号	名称	规格	单位	数量	备注
1	耐张棒形绝缘子		只	若干	根据装置要求决定
2	悬式绝缘子		只	若干	用于较大跨越地形
3	紧固金具		只	若干	用于紧固导线的耐张线夹
4	U形环	4t	只	若干	用于绝缘子和横担连接
5	铝包带	1×10	kg	若干	
6	扎线		圈	若干	

（二）作业条件

耐张杆绝缘子安装是室外作业项目，要求天气良好，无雨、风力不超过 6 级。

四、操作步骤及质量标准

（一）基本规定

安装耐张杆绝缘子，是在电杆、横担等已经完成的基础上再进行的一项工作，是为导线的架设和紧固做准备。因此在安装时应该掌握耐张绝缘子串的组装要求，了解该绝缘子的性能特点；正确使用与之相匹配的金具材料。

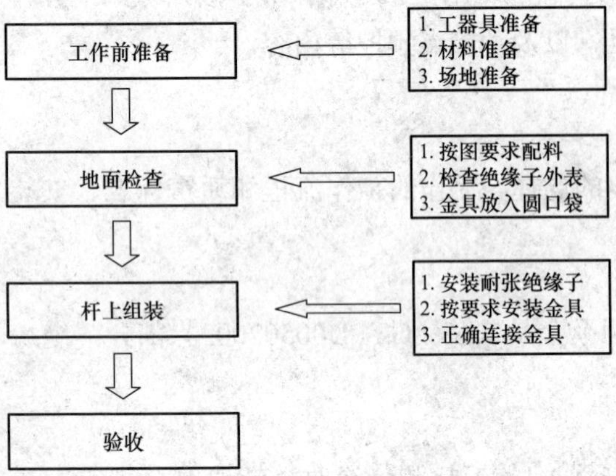

图 GYPD00502004-1　耐张杆绝缘子的工作流程图

（二）安装耐张杆绝缘子的工作流程

安装耐张杆绝缘子的工作流程如图 GYPD00502004-1 所示。

（三）操作步骤和质量标准

1. 地面检查

根据施工图纸和耐张绝缘子串的组装要求准备相应材料，并考虑耐张绝缘子、连接金具、紧固金具与导线最大使用张力之间的相互匹配性，检查所有材料应符合质量要求、数量要求。

（1）在低压线路上一般使用蝶式绝缘子，当导线为 35mm^2 及以下时，选用 ED-3 蝶式绝缘子；而当导线为 50mm^2 及以上时，则选用 ED-2 蝶式绝缘子；绝缘子是通过两块带有弧形的金属链板与横担连接，弧形金属链板两端分别用螺栓与蝶式绝缘子和铁横担固定。

（2）在中、高压配电线路上一般使用瓷质悬式（球形）绝缘子，根据导线规格型号选用合适的紧固金具（即耐张线夹）；再配碗头挂板、球头挂环和直角挂板等，耐张绝缘子（球形）安装方式见图 GYPD00502004-2。还有两种绝缘子可供选择：

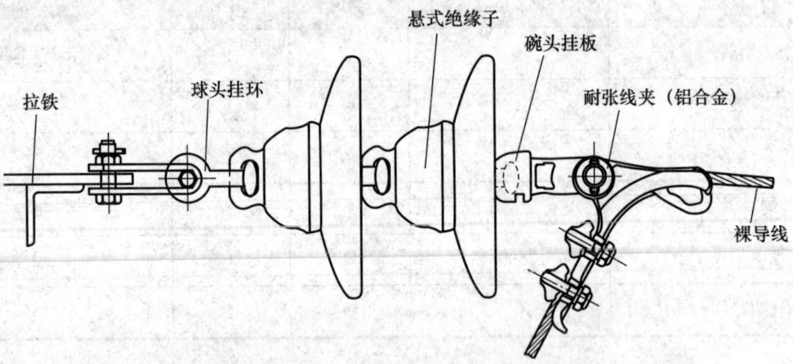

图 GYPD00502004-2　耐张绝缘子（球形）安装方式

1）可以选择受张力 30～45kN 的瓷拉棒，两端分别配耐张线夹（与导线固定）和 U 形环（与横担固定），见图 GYPD00502004-3。

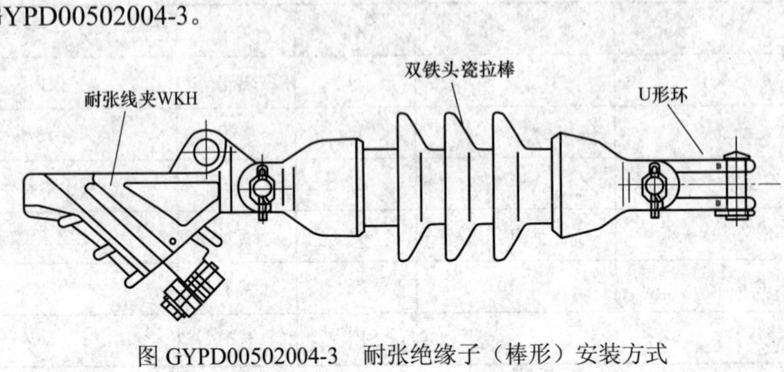

图 GYPD00502004-3　耐张绝缘子（棒形）安装方式

2）硅橡胶合成悬式绝缘子，可以承受张力 70～100kN 的张力；其金具匹配与瓷质悬式（球形）绝缘子相同，见图 GYPD00502004-4。

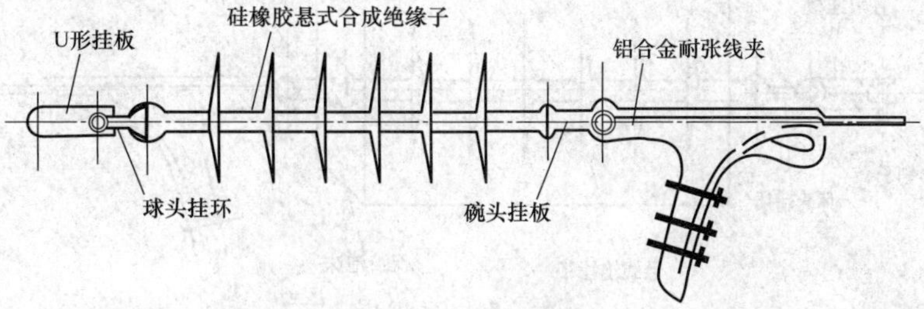

图 GYPD00502004-4 硅橡胶合成绝缘子（悬式）安装方式

2. 杆上组装

（1）登高工具及个人工具。要将登高使用的工具如脚扣或踩板、安全帽、安全带、保险钩、吊绳（材料传递绳子）和个人工具如扳手、电工钳、螺丝刀等应用之物都带齐，并检查符合安全作业的要求；这些工具是安装耐张杆绝缘子的必备工具，当电杆在潮湿状态需要施工时还需带上登杆的防滑工具或材料。

（2）可能需要的其他工具。当原来的线路电杆是直线杆因需要改成耐张杆时，线路应该处于检修状态，而对这一基电杆来讲是安装耐张杆绝缘子，因此还需准备相关工具；如验电器、绝缘杆、短路线、接地线、绝缘手套、标志牌、红白带、紧线器、临时板线、锚桩、滑轮等工具。

（3）安装人员站立在电杆的合适位子，用吊绳将需要安装的金具材料和绝缘子分别进行安装，绳结应打在铁件杆上。当提升较重的绝缘子串时，可以在横担端部安放一个滑轮，用于提升重物。

（4）合成绝缘子安装时要小心轻放，绳结应打在端部铁件上，提升时不得将合成绝缘子撞击电杆和横担等其他部位。严禁导线、金属物品等在合成绝缘子上摩擦滑行，严禁在合成绝缘子上爬行脚踩，严禁在合成绝缘子受力的状态下旋转。

（5）瓷质悬式绝缘子（球形）在安装过程中，首先安装与横担连接的 U 形挂板，其次安装球头链板，将瓷质悬式绝缘子和球头链板连接起来，用 W 形销子固定，将耐张线夹和瓷质悬式绝缘子用碗头挂板连接起来，分别用销钉和 W 形销子固定；在安装 W 形销子时，应由下向上推入绝缘子铁件的碗口，这是因为一旦 W 形销子年久损坏脱落后，地面人员可以比较容易去发现其缺陷。当一耐张绝缘子串安装完毕后，其他同类绝缘子的安装方法类同。

（6）在安装耐张棒形绝缘子时无需用绝缘电阻表进行摇测，但在连接耐张线夹和 U 形环时，在销钉端部应加上 R 形销子，见图 GYPD00502004-5。

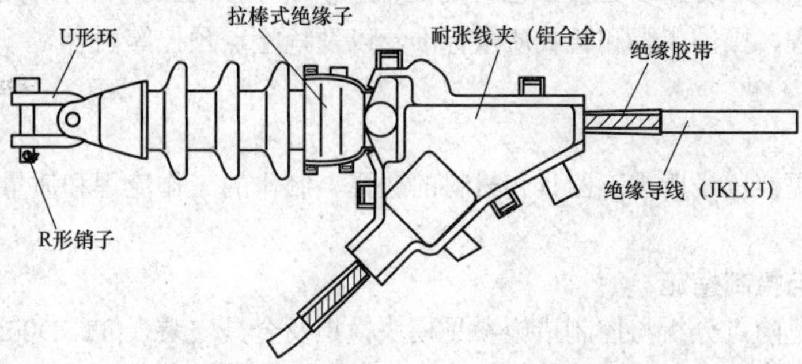

图 GYPD00502004-5 R 形销子安装方式

（7）在耐张绝缘子安装完毕后，应用干净的抹布将安装过程中沾上瓷质绝缘子表面的脏污抹去，但对于合成绝缘子不可以用布抹，所以安装要小心，一般安装时不拆除外层包装，待导线紧固完毕后再拆除外层包装，见图 GYPD00502004-6。

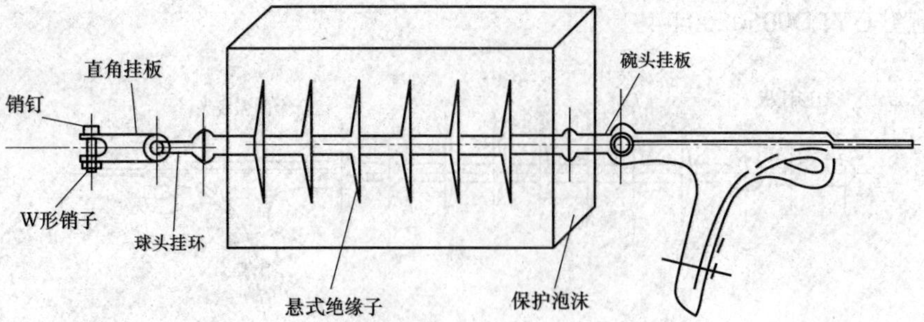

图 GYPD00502004-6 带有外层包装的合成绝缘子（悬式）安装方式

3. 验收质量要求

（1）各类用于耐张杆绝缘子（简称耐张绝缘子）出厂必须检收合格，产品应有合格的包装和标志。合成绝缘子的运输和搬运必须要在包装完好的条件下进行，搬运时要小心轻放。

（2）耐张绝缘子安装完毕后，必须符合组装要求，绝缘子无受损、无裂纹、无卡阻现象，螺栓、销钉穿入方向正确，开口销在正常位子，钢件无裂纹，防腐层良好，胶装部分无松动现象，当绝缘子有正反朝向时，其绝缘子的盆径口应对准导线方向。

（3）瓷质悬式盆形绝缘子安装前应用 2500V 绝缘电阻表进行摇测，绝缘电阻应大于 500MΩ，但棒形绝缘子可以免去此举。

4. 清理现场

施工作业结束后，工作负责人依据施工验收规范对施工工艺、质量进行自查验收，按要求清理施工现场，整理工具、材料，办理工作终结手续。

五、注意事项

（1）绝缘子有正反朝向时，其绝缘子的盆径口应对准导线方向。

（2）合成绝缘子在受力的状态下严禁旋转。

（3）在安装 W 形销子时，应由下向上推入绝缘子铁件的碗口。

【思考与练习】

1. 简述瓷质悬式绝缘子（球形）的安装过程。

2. 耐张绝缘子安装的基本要求有哪些？

模块 5 更换拉线（GYPD00502005）

【模块描述】本模块介绍拉线更换工艺。通过流程介绍、图表列举和图形说明，掌握作业前准备、安装作业工作流程、操作步骤和验收质量标准，以及危险点预控等内容。

【正文】

一、作业内容

本部分主要讲述更换拉线所需工器具和材料的选择、制作的工作流程和质量标准、安装的方法及安全注意事项等。

二、危险点分析与控制措施

登杆和杆上作业危险点分析与控制措施参见模块横担及金具安装（GYPD00502002）部分，拉线更换时要特别注意以下两点：

（1）弯曲钢绞线时应抓牢，防止钢绞线反弹伤人。

（2）使用木锤时要防止从手中脱落伤人。

三、作业前准备

（一）工器具和材料准备

（1）更换拉线所需工器具如表 GYPD00502005-1 所示。

表 GYPD00502005-1　　更换拉线所需工器具

序号	名　称	规　格	单位	数量	备　注
1	个人用具		套	1	登高、安全防护、常规工具等
2	木锤		把	1	
3	断线钳		把	1	
4	紧线器	根据钢绞线规格选择	个	1	
5	钢丝绳套	与紧线器配合	个	1	
6	U 形环	3t	个	2	
7	传递滑车	1t	个	1	
8	传递绳	与传递滑车配合	个	1	
9	绳套	与传递滑车配合	个	1	
10	钢丝绳	ϕ12×25	m	1	
11	工具袋		只	1	

（2）更换拉线所需材料如表 GYPD00502005-2 所示。

表 GYPD00502005-2　　更换拉线所需材料

序号	名　称	规　格	单位	数量	备　注
1	楔型线夹		个	1	
2	UT 型线夹		个	1	
3	二联板		块	1	
4	钢绞线		m	若干	
5	钢线卡子	3 号	只	2	用于固定钢绞线端部
6	拉线绝缘子		个	1	
7	拉线抱箍和螺栓		套	1	
8	预绞丝		根	2	

（二）作业条件

更换拉线是室外作业项目，要求天气良好，无雨、风力不超过 6 级。

四、操作步骤及质量标准

（一）基本规定

更换拉线是线路施工和维护中一项常见的工作，线路一般处于检修状态。要检查被更换板线的锈蚀情况，检查地锚拉梗（地面下 50mm 处）受腐蚀情况，在确保抱箍、地锚拉梗完好、原有板线满足安全的前提下才能进行更换，新拉线和原有拉线应一致或满足设计要求。

（二）更换拉线的工作流程

更换拉线的工作流程如图 GYPD00502005-1 所示。

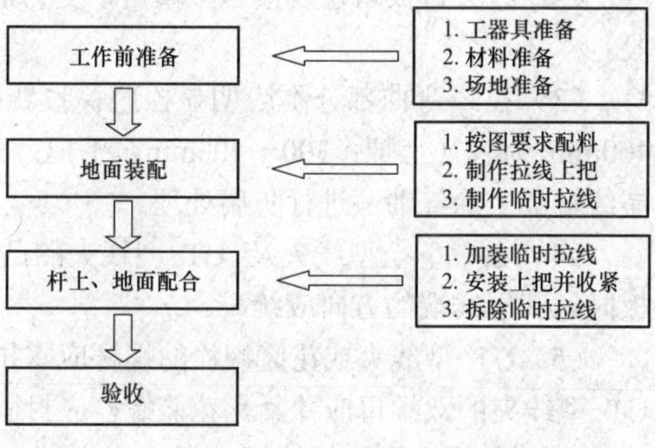

图 GYPD00502005-1　更换拉线的工作流程图

（三）操作步骤和质量标准

1. 拉线上把的制作

拉线上把的制作参见模块拉线安装（GYPD00502002）部分。

2. 临时拉线装设和上把安装

拉线上把制作完成后，在安装前，要在杆上安装临时拉线并收紧固定，然后再更换拉线，具体安装步骤如下：

（1）登杆。按上杆作业的要求完成电杆、登杆工具等必需的检查工作，取得现场施工负责人的允许后带上必备操作工具上杆，并在指定位置站好位、系好安全带与保险钩；绑好传递滑车和传递绳。

（2）设置临时拉线。设置临时拉线时，应先将不小于原钢绞线截面的钢丝绳在原拉线抱箍下面的电杆上绕 2 圈，然后用御扣（U 形环）固定；由地面工作人员用拉线紧线器固定在同一拉线地锚的钢丝绳套上，将钢丝绳收紧受力（绕 2 圈），使原拉线松弛处于不受力状态，将钢丝绳尾用钢线卡子固定，防止滑动，见图 GYPD00502005-2。将拉线抱箍连接延长环传递到杆上并固定安装在距电杆合适位置（一般为横担下方 100mm 处），并根据拉线装设的要求，调整好拉线抱箍方向（若拉线抱箍连接延长环无锈蚀则可以利用）。

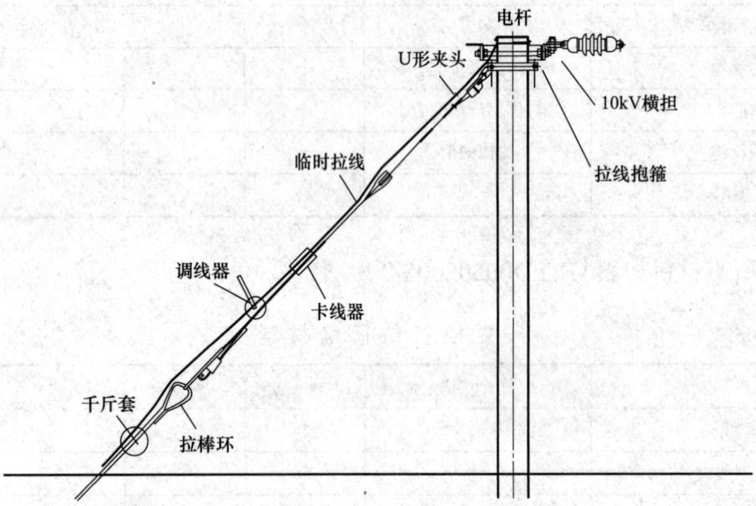

图 GYPD00502005-2 临时拉线装设位置

（3）安装拉线上把。参见模块拉线安装（GYPD00502002）部分。

3. 地面配合安装

地面配合调换旧拉线，先用扳手将 UT 型线夹螺栓松开，不得用断线剪突然将拉线剪断；然后再制作 UT 型线夹并安装，UT 型线夹的安装与制作均在地面上同时进行。具体安装作业流程如下：

（1）收紧新拉线。用卡线器在适当的高度将钢绞线卡住，另一端与套在拉线棒环下方的钢丝绳套相连接，调整紧线器，将新拉线收紧受力，使临时拉线不受力（或比原来受力小），把拉线收紧到设计要求的角度（设计对部分转角杆有预偏角度的要求）；如果拉线环境条件需要安装警示杆的情况下，应在卡线前的拉线上穿入警示杆。

（2）制作拉线环、装配、安装调整工作参见模块拉线安装（GYPD00502002）部分。

4. 验收质量要求

当采用 UT 型线夹及楔型线夹固定更换拉线时的基本要求如下：

（1）安装前丝扣上应涂润滑剂。

（2）线夹舌板与拉线接触应紧密，受力后无滑动现象，线夹凸肚应在尾线侧，安装时不应损伤线股。

（3）拉线弯曲部分不应明显松脱，拉线断头处与拉线应有可靠固定。拉线处露出的尾线长度以 400mm 为宜（上把：300～400mm，下把：300～500mm）；尾线回头后与本线应扎牢，并在扎线及尾线端头上涂红油漆进行防腐处理。

（4）上、下楔型线夹及 UT 型线夹的凸肚和尾线方向应一致，同一组拉线使用双线夹并采用连板时，其尾线端的方向应统一。

（5）UT 型线夹或花篮螺栓的螺杆应露扣，并应有不小于 1/2 螺杆丝扣长度可供调紧，调整后，UT 型线夹的双螺母应并紧，花篮螺栓应封固。

（6）水平拉线的拉桩杆的埋设深度不应小于杆长的 1/6，拉线距路面中心的垂直距离不应小于 6m，拉桩坠线与拉桩杆夹角不应小于 30°，拉桩杆应向张力反方向倾斜 10°～20°，坠线上端距杆顶应为 250mm；水平拉线对通车路面边缘的垂直距离不应小于 5m。

（7）当拉线位于交通要道或人易接触的地方，须加装警示套管保护。套管上端垂直距地面不应小于 1.8m，并应涂有明显红、白相间油漆的标志。

（8）当原有地锚腐蚀严重则需在原有拉线地锚位置后 1.5m 处重新设置地锚一只，马槽道口对准原有拉线位置，施工结束后将旧地锚绞起收回。

5. 清理现场

施工作业结束后，工作负责人依据施工验收规范对施工工艺、质量进行自查验收，按要求清理施工现场，整理工具、材料，办理工作终结手续。

五、注意事项

（1）在松开需要更换的拉线时，必须检查临时拉线牢固后才能进行。

（2）在部分停电线路上更换拉线时严禁在上层线路停电、下层线路有电的情况下进行调换拉线工作（但用带电作业的方法除外）。

（3）拉线尾线穿入方向不得出现错误。

（4）钢绞线在弯制过程中，不得出现散股。

（5）钢线卡子 U 形面不得固定在主线上，应压在尾线上。

【思考与练习】

1. 更换拉线的一般注意事项是什么？
2. 如何初步计算拉线的有效长度？
3. 调换拉线需要哪些材料和工器具？
4. 临时拉线如何设置？

第十九章　配电设备试验

模块1　安全用具电气试验的项目和周期（GYPD00504001）

【模块描述】本模块介绍各种安全用具常见的电气试验的项目和试验周期。通过方法介绍和列表说明，掌握各种安全用具工频耐压、直流电阻、泄漏电流等试验项目的试验内容及其周期和相关试验的要求。

【正文】

一、电力安全用具定义和分类

防止触电、灼伤、坠落、摔跌等事故，保障工作人员人身安全的各种专用工具和器具统称为电力安全用具。

电力安全用具分为绝缘安全用具和一般防护安全用具两大类。① 绝缘安全用具又分为基本绝缘安全用具和辅助绝缘安全用具。基本绝缘安全用具是指能直接操作带电设备及可能接触带电体的工器具，如电容型验电器、绝缘操作杆、核相器、绝缘罩、绝缘隔板、携带型短路接地线等，这类工器具和带电作业工器具的区别在于工作过程中为短时间接触带电体或非接触带电体。辅助绝缘安全用具是指绝缘强度不是承受设备或线路的工作电压，只是用于加强基本绝缘安全用具的保安作用，用以防止接触电压、跨步电压、泄漏电流电弧对操作人员的伤害，不能用辅助绝缘安全用具直接接触高压设备带电部分，属于这类的安全用具有：绝缘手套、绝缘靴、绝缘胶垫等。② 一般防护用具是指防护工作人员发生事故的器具，如安全带，安全帽，登高用的脚扣、升降板、梯子等。

二、电力安全用具电气试验的项目、周期、要求和试验方法

（一）电容型验电器

1. 试验项目、周期和要求

电容型验电器的试验项目、周期和要求如表 GYPD00504001-1 所示。

表 GYPD00504001-1　　电容型验电器的试验项目、周期和要求

<table>
<tr><th>序号</th><th>试验项目</th><th>周期</th><th colspan="4">要　　求</th><th>说　明</th></tr>
<tr><td>1</td><td>启动电压试验</td><td>1年</td><td colspan="4">启动电压值在 0.15～0.4 倍额定电压之间</td><td>试验时接触电极应与试验电极相接触</td></tr>
<tr><td rowspan="4">2</td><td rowspan="4">工频耐压试验</td><td rowspan="4">1年</td><td rowspan="2">额定电压（kV）</td><td rowspan="2">试验长度（m）</td><td colspan="2">工频耐压（kV）</td><td rowspan="4"></td></tr>
<tr><td>1min</td><td>5min</td></tr>
<tr><td>10</td><td>0.7</td><td>45</td><td>—</td></tr>
<tr><td>35</td><td>0.9</td><td>95</td><td>—</td></tr>
</table>

2. 试验方法

见模块安全用具的试验（GYPD00504003）部分。

（二）携带型短路接地线

1. 试验项目、周期和要求

携带型短路接地线的试验项目、周期和要求如表 GYPD00504001-2 所示。

表 GYPD00504001-2 携带型短路接地线的试验项目、周期和要求

<table>
<tr><th>序号</th><th>试验项目</th><th>周期</th><th colspan="3">要求</th><th>说明</th></tr>
<tr><td>1</td><td>成组直流电阻试验</td><td>不超过5年</td><td colspan="3">在各接地线鼻之间测量直流电阻，对于25、35mm² 的截面，平均每米的电阻值应分别小于0.79、0.56mΩ</td><td>同一批次抽测，不少于2条，接线鼻与软导线压接的应做该试验</td></tr>
<tr><td rowspan="4">2</td><td rowspan="4">操作棒的工频耐压试验</td><td rowspan="4">1年</td><td rowspan="2">额定电压（kV）</td><td colspan="2">工频耐压（kV）</td><td rowspan="4">试验电压加在护环与紧固头之间</td></tr>
<tr><td>1min</td><td>5min</td></tr>
<tr><td>10</td><td>45</td><td>—</td></tr>
<tr><td>35</td><td>95</td><td>—</td></tr>
</table>

2. 试验方法

（1）成组直流电阻试验。成组直流电阻试验用于考核携带型短路接地线线鼻和汇流夹与多股铜质软导线之间的接触是否良好。同时，也可考核多股铜质软导线的截面积是否符合要求，以组合式接地线为例，其测量接线见图 GYPD00504001-1。

成组直流电阻试验采用直流电阻降法测量，常用的测量方式为电流—电压表法，试验电流宜大于或等于 30A。

进行接地线的成组直流电阻试验时，应先测量各接线鼻间的长度，根据测得的直流电阻值，算出每米的电阻值，其值如符合表 GYPD00504001-2 的规定，则为合格。

（2）工频耐压试验。试验电压加在操作棒的护环与紧固头之间，其余见模块安全用具的试验（GYPD00504003）部分介绍。

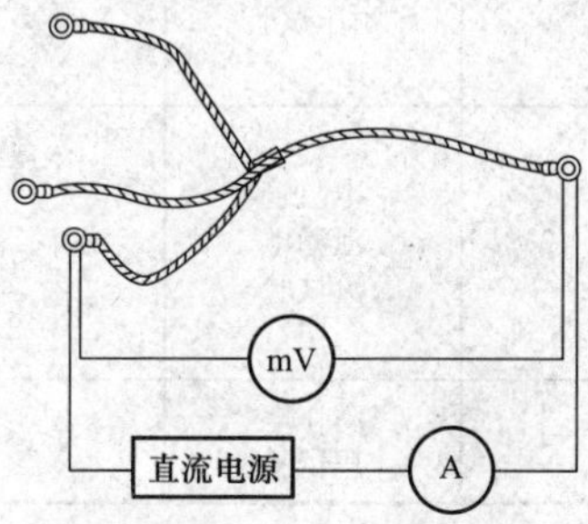

图 GYPD00504001-1 携带型短路接地线成组直流电阻试验

（三）个人保护接地线

1. 试验项目、周期和要求

个人保护接地线的试验项目、周期和要求如表 GYPD00504001- 3 所示。

表 GYPD00504001-3 个人保护接地线的试验项目、周期和要求

序号	试验项目	周期	要求	说明
1	成组直流电阻	不超过5年	在各接线鼻之间测量直流电阻，对于10、16、25mm² 的截面，平均每米的电阻值应分别小于1.98、1.24、0.79mΩ	同一批次抽测，不少于2条

2. 试验方法

成组直流电阻试验。试验方法同（二）2（1），如测得的直流电阻值符合表 GYPD00504001-3 的规定，则认为合格。

（四）绝缘杆

1. 试验项目、周期和要求

绝缘杆的试验项目、周期和要求如表 GYPD00504001-4 所示。

表 GYPD00504001-4 绝缘杆的试验项目、周期和要求

<table>
<tr><th>序号</th><th>试验项目</th><th>周期</th><th colspan="4">要求</th><th>说明</th></tr>
<tr><td rowspan="4">1</td><td rowspan="4">工频耐压试验</td><td rowspan="4">1年</td><td rowspan="2">额定电压（kV）</td><td rowspan="2">试验长度（m）</td><td colspan="2">工频耐压（kV）</td><td rowspan="4"></td></tr>
<tr><td>1min</td><td>5min</td></tr>
<tr><td>10</td><td>0.7</td><td>45</td><td>—</td></tr>
<tr><td>35</td><td>0.9</td><td>95</td><td>—</td></tr>
</table>

2. 试验方法

工频耐压试验。试验方法同（二）2（2）。

（五）核相器

1. 试验项目、周期和要求

核相器的试验项目、周期和要求如表 GYPD00504001-5 所示。

表 GYPD00504001-5 核相器的试验项目、周期和要求

<table>
<tr><th>序号</th><th>试验项目</th><th>周期</th><th colspan="4">要 求</th><th>说 明</th></tr>
<tr><td rowspan="3">1</td><td rowspan="3">连接导线绝缘强度试验</td><td rowspan="3">必要时</td><td>额定电压（kV）</td><td colspan="2">工频耐压（kV）</td><td>持续时间（min）</td><td rowspan="3">浸在电阻率小于100Ω·m的水中</td></tr>
<tr><td>10</td><td colspan="2">8</td><td>5</td></tr>
<tr><td>35</td><td colspan="2">28</td><td>5</td></tr>
<tr><td rowspan="3">2</td><td rowspan="3">绝缘部分工频耐压试验</td><td rowspan="3">1年</td><td>额定电压（kV）</td><td>试验长度（m）</td><td>工频耐压（kV）</td><td>持续时间（min）</td><td rowspan="3"></td></tr>
<tr><td>10</td><td>0.7</td><td>45</td><td>1</td></tr>
<tr><td>35</td><td>0.9</td><td>95</td><td>1</td></tr>
<tr><td rowspan="3">3</td><td rowspan="3">电阻管泄漏电流试验</td><td rowspan="3">半年</td><td>额定电压（kV）</td><td>工频耐压（kV）</td><td>持续时间（min）</td><td>泄漏电流（mA）</td><td rowspan="3"></td></tr>
<tr><td>10</td><td>10</td><td>1</td><td>≤2</td></tr>
<tr><td>35</td><td>35</td><td>1</td><td>≤2</td></tr>
<tr><td>4</td><td>动作电压试验</td><td>1年</td><td colspan="4">最低动作电压应达 0.25 倍额定电压</td><td></td></tr>
</table>

2. 试验方法

（1）连接导线绝缘强度试验。导线应拉直，放在电阻率小于 100Ω·m 的水中浸泡，也可直接浸泡在自来水中，两端应有 350mm 长度露出水面，试验电路图见图 GYPD00504001-2。

在金属盆与连接导线之间施加表 GYPD00504001-5 规定的电压，以 1000V/s 的恒定速度逐渐加压，到达规定电压后，保持 5min，如果没有出现击穿，则试验合格。

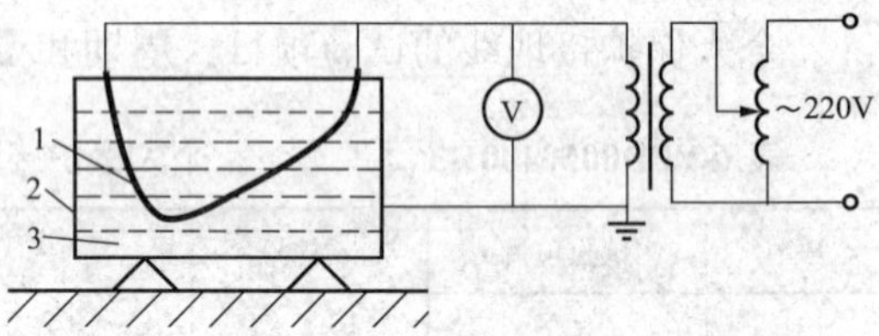

图 GYPD00504001-2 连接导线绝缘强度试验

1—连接导线；2—金属盆；3—水

（2）绝缘部分工频耐压试验。试验电压加在核相棒的有效绝缘部分，试验方法同前所述。

（3）电阻管泄漏电流试验。依此对两核相棒进行试验，将待试核相棒的试验电极接至交流电压的一极上，其连接导线的出口与交流电压的接地极相连接，施加表 GYPD00504001-5 规定的电压，如泄漏电流小于表 GYPD00504001-5 规定的值，则试验通过。

（4）动作电压试验。将核相器的接触电极与一极接地的交流电压的两极相接触，逐渐升高交流电压，测量核相器的动作电压，如动作电压最低达到 0.25 倍额定电压，则认为试验通过。

（六）绝缘罩

1. 试验项目、周期和要求

绝缘罩的试验项目、周期和要求如表 GYPD00504001-6 所示。

表 GYPD00504001-6 绝缘罩的试验项目、周期和要求

<table>
<tr><th>序号</th><th>试验项目</th><th>周期</th><th colspan="3">要 求</th><th>说 明</th></tr>
<tr><td rowspan="3">1</td><td rowspan="3">工频耐压试验</td><td rowspan="3">1年</td><td>额定电压（kV）</td><td>工频耐压（kV）</td><td>持续时间（min）</td><td rowspan="3"></td></tr>
<tr><td>6～10</td><td>30</td><td>1</td></tr>
<tr><td>35</td><td>80</td><td>1</td></tr>
</table>

2. 试验方法

工频耐压试验。对于功能类型不同的遮蔽罩，应使用不同形式的电极。通常遮蔽罩的内部电极是一金属芯棒，并置于遮蔽罩内中心处，遮蔽罩外部电极为接地电极，由导电材料，如金属箔或导电漆等制成，试验电极布置如图 GYPD00504001-3 所示。

在试验电极间，按表 GYPD00504001-6 规定，施加工频电压，持续时间 5min，试验中，试品不应出现闪络或击穿。试验后，试样各部位应无灼伤、无发热现象。

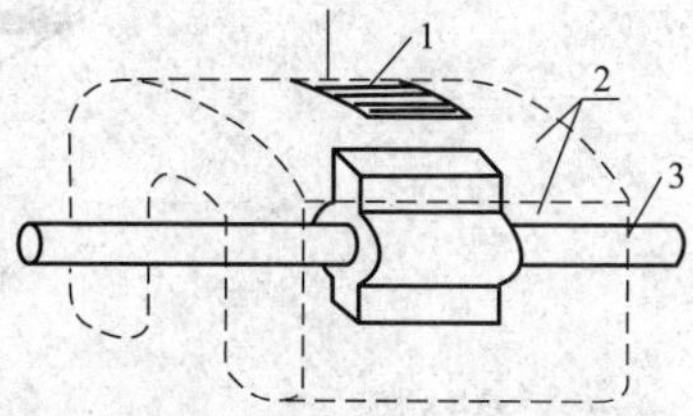

图 GYPD00504001-3　试验电极布置

1—接地电极；2—金属箔或导电漆；3—高压电极

（七）绝缘隔板

1. 试验项目、周期和要求

绝缘隔板的试验项目、周期和要求如表 GYPD00504001-7 所示。

表 GYPD00504001-7　　绝缘隔板的试验项目、周期和要求

序号	试验项目	周期	要　求			说　明
1	表面工频耐压试验	1年	额定电压（kV）	工频耐压（kV）	持续时间（min）	电极间距离 300mm
			6～35	60	1	
2	工频耐压试验	1年	额定电压（kV）	工频耐压（kV）	持续时间（min）	
			6～10	30	1	
			35	80	1	

2. 试验方法

（1）表面工频耐压试验。用金属板作为电极，金属板的长为 70mm，宽为 30mm，两电极之间相距 300mm。在两电极间施加工频电压 60kV，持续时间 1min，试验过程中不应出现闪络或击穿，试验后，试样各部分应无灼伤、无发热现象。

（2）工频耐压试验。试验时，在待试验的绝缘隔板上下铺上湿布或金属箔，除上下四周边缘各留出 200mm 左右的距离以免沿面放电外，应覆盖试品的所有区域，并在其上下安好金属极板，然后按表 GYPD00504001-7 中的规定加压试验，试验中，试品不应出现闪络和击穿，试验后，试样各部位应无灼伤、无发热现象。

（八）绝缘胶垫

1. 试验项目、周期和要求

绝缘胶垫的试验项目、周期和要求如表 GYPD00504001-8 所示。

表 GYPD00504001-8　　绝缘胶垫的试验项目、周期和要求

序号	试验项目	周期	要　求			说　明
1	工频耐压试验	1年	额定电压等级	工频耐压（kV）	持续时间（min）	使用在带电设备区域
			高压	15	1	
			低压	3.5	1	

2. 试验方法

工频耐压试验。绝缘胶垫试验接线如图 GYPD00504001-4 所示。试验时先将绝缘胶垫上下铺上湿布或金属箔，并应比被测绝缘胶垫四周小 200mm，连续均匀升压至表 GYPD00504001-8 规定的电压值，保持 1min，观察有无击穿现象，若无击穿，则试验通过。试样分段试验时，两段试验边缘要重合。

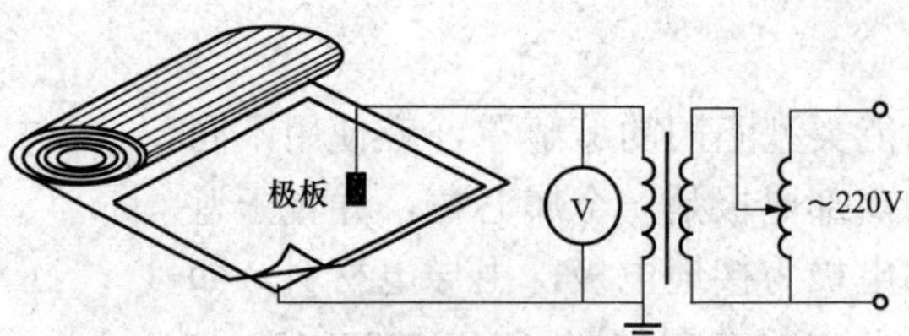

图 GYPD00504001-4 绝缘胶垫试验接线图

（九）绝缘靴

1. 试验项目、周期和要求

绝缘靴的试验项目、周期和要求如表 GYPD00504001-9 所示。

表 GYPD00504001-9　　绝缘靴的试验项目、周期和要求

序号	试验项目	周期	要求			说明
1	表面工频耐压试验	1年	工频耐压（kV）	持续时间（min）	泄漏电流（mA）	
			25	1	≤10	

2. 试验方法

工频耐压试验。将一个与试样鞋号一致的金属片为内电极放入鞋内，金属片上铺满直径不大于4mm的金属球，其高度不小于15mm，外接导线焊一片直径大于4mm的铜片，并埋入金属球内。外电极为置于金属器内的浸水海绵，试验电路见图 GYPD00504001-5。

以1kV/s的速度使电压从零上升到所规定电压值的75%，然后以100V/s的速度升到规定的电压值。当电压升到表 GYPD00504001-9 规定的电压时，保持1min，然后记录毫安表的电流值。电流值小于10mA，则认为试验通过。

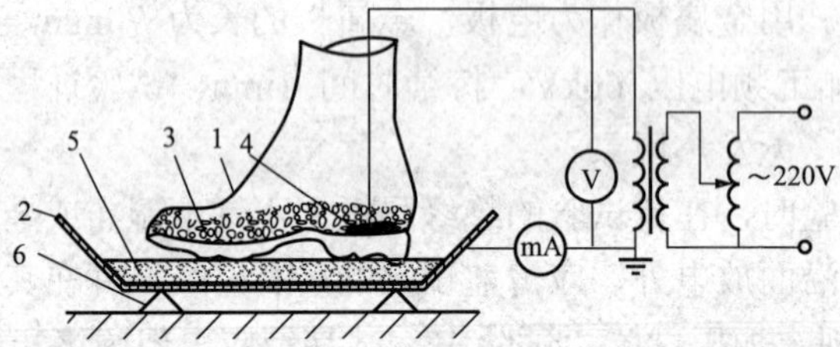

图 GYPD00504001-5 绝缘靴试验电路示意图

1—被试靴；2—金属盘；3—金属球；4—金属片；5—海绵和水；6—绝缘支架

（十）绝缘手套

1. 试验项目、周期和要求

绝缘手套的试验项目、周期和要求如表 GYPD00504001-10 所示。

表 GYPD00504001-10　　绝缘手套的试验项目、周期和要求

序号	试验项目	周期	要求				说明
1	工频耐压试验	半年	电压等级	工频耐压（kV）	持续时间（min）	泄漏电流（m）	
			高压	8	1	≤9	
			低压	2.5	1	≤2.5	

2. 试验方法

工频耐压试验。在被试手套内部放入电阻率不大于 100Ω•m 的水，如自来水，然后浸入盛有相同水的金属盆中，使手套内外水平面呈相同高度，手套应有90mm的露出水面部分，这一部分应该擦干，试验接线如图 GYPD00504001-6 所示。

以恒定速度升压至表 GYPD00504001-10 规定的电压值，保持 1min，不应发生电气击穿，测量泄漏电流，其值满足表 GYPD00504001-10 规定的数值，则认为试验通过。

【思考与练习】

1. 电力安全用具常用电气试验有哪些项目？
2. 画出绝缘手套耐压试验接线示意图。
3. 绝缘杆的试验周期和要求有何规定？

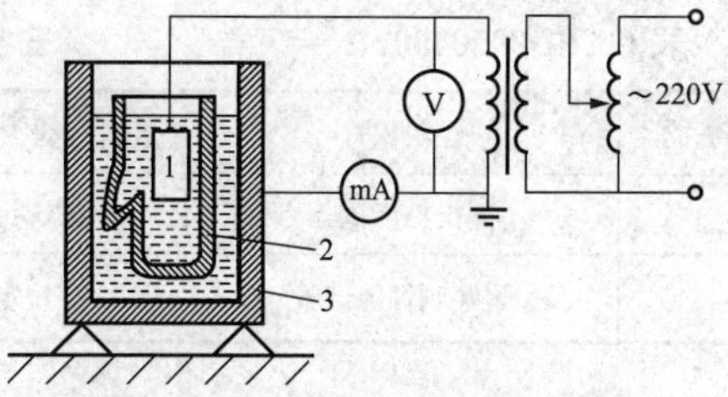

图 GYPD00504001-6　绝缘手套试验装置示意图

1—电极；2—试样；3—盛水金属器皿

模块 2　安全用具机械试验的项目和周期（GYPD00504002）

【模块描述】本模块介绍各种安全用具常见的机械试验的项目和试验周期。通过方法介绍和列表说明，掌握各种安全用具静负荷试验、冲击性能试验、耐穿刺性能试验等试验项目的试验内容及其周期和相关试验的要求。

【正文】

一、安全带

1. 试验项目、周期和要求

安全带的试验项目、周期和要求如表 GYPD00504002-1 所示。

表 GYPD00504002-1　　安全带的试验项目、周期和要求

序号	试验项目	周期	要求			说明
			种类	试验静拉力（N）	载荷时间（min）	
1	静负荷试验	1年	围杆带	2205	5	牛皮带试验周期为半年
			围杆绳	2205	5	
			护腰带	1470	5	
			安全绳	2205	5	

2. 试验方法

用拉力试验机进行试验，连接形式见图 GYPD00504002-1，拉伸速度为 100mm/min，根据表 GYPD00504002-1 中的种类，施加对应的静拉力，载荷时间为 5min，如不变形或破断，则为合格。

二、安全帽

1. 试验项目、周期和要求

安全帽的试验项目、周期和要求如表 GYPD00504002-2 所示。

2. 试验方法

安全帽的使用期，从产品制造完成之日计算，根据表 GYPD00504002-2 的规定，使用期满后，要进行抽查测试合格后方可继续使用。抽检时，每批从最严酷使用场合中抽取，每项试验，试样不少于 2 顶，以后每年抽检一次，有一项不合格则该批安全帽须全部报废。

（1）冲击性能试验。参见模块安全用具的试验（GYPD00504003）部分。

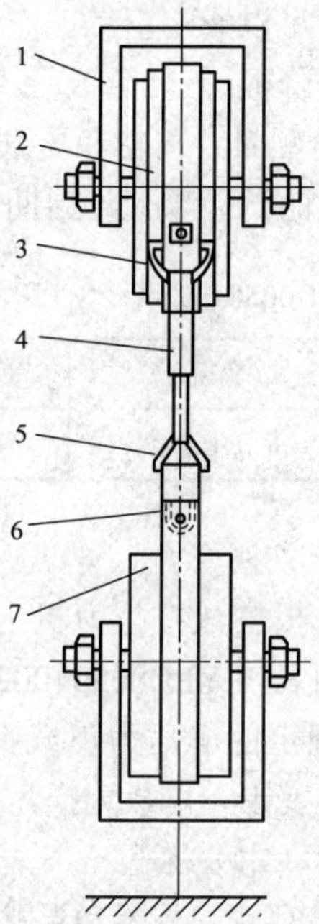

图 GYPD00504002-1　安全带整体静负荷试验图

1—夹具；2—安全带；3—半圆环；4—钩；5—三角环；6—带、绳；7—木轮

表 GYPD00504002-2　　安全帽的试验项目、周期和要求

序号	试验项目	周　期	要　求	说　明
1	冲击性能试验	按规定期限	冲击力小于 4900N	使用期限：从制造之日起，塑料帽，小于或等于 2.5 年，玻璃钢帽，小于或等于 3.5 年
2	耐穿刺性能试验	按规定期限	钢锥不接触头模表面	

（2）耐穿刺性能试验。耐穿刺性能试验示意图如图 GYPD00504002-2 所示，将一顶完好的安全帽安放在头模上，安全帽衬垫与头模之间放置电接触显示装置的一个电极，该电极由铜片或铝片制成，如钢锥与该电极相接触，可形成一个电闭合回路，电接触显示装置会有指示。用 3kg 的钢锥从 1m 高度倒向下落穿刺安全帽，钢锥着帽点应在帽顶中心ϕ100 范围内的薄弱部分，穿刺后观察电接触显示装置，如无显示，则试验通过。

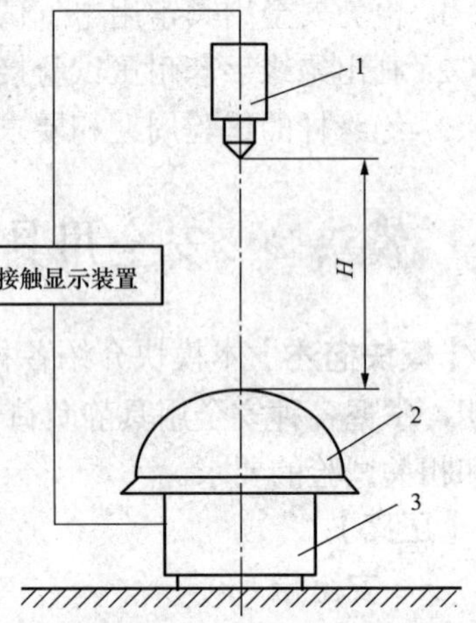

图 GYPD00504002-2　耐穿刺性能试验示意图

1—钢锥；2—安全帽；3—头模；H—冲击距离

三、脚扣

1. 试验项目、周期和要求

脚扣的试验项目、周期和要求如表 GYPD00504002-3 所示。

表 GYPD00504002-3　　脚扣的试验项目、周期和要求

序号	试验项目	周期	要　求	说　明
1	静负荷试验	1 年	施加 1176N 静压力，持续时间为 5min	

2. 试验方法

脚扣静负荷试验示意图如图 GYPD00504002-3 所示，将脚扣安放在模拟的等径杆上，用拉力试验机对脚扣的踏盘施加 1176N 的静压力，时间为 5min，卸荷后，活动钩在扣体内滑动应灵活，无卡阻现象，其他受力部位不得产生有足以影响正常工作的变形和其他可见的缺陷。

图 GYPD00504002-3　脚扣静负荷试验示意图

四、升降板

1. 试验项目、周期和要求

升降板的试验项目、周期和要求如表 GYPD00504002-4 所示。

表 GYPD00504002-4　　升降板的试验项目、周期和要求

序号	试验项目	周期	要　求	说　明
1	静负荷试验	1 年	施加 2205N 静压力，持续时间为 5min	

2. 试验方法

将升降板安放在拉力机上，其静负荷试验如图 GYPD00504002-4 所示。施加表 GYPD00504002-4 规定的静压力，加载速度应均匀缓慢上升，在规定的静压力下载荷时间为 5min，如围杆绳不破断、不撕裂，钩子不变形，踏板无损，则认为试验通过。

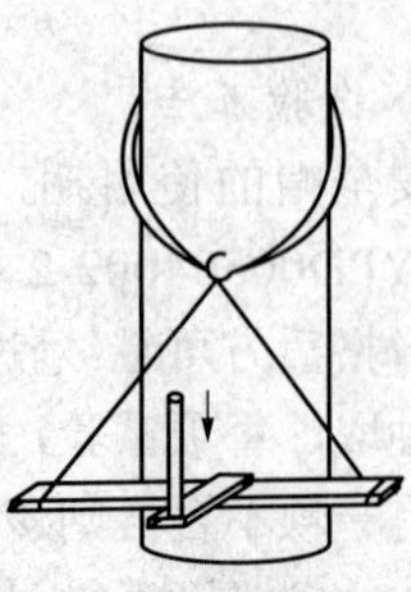

图 GYPD00504002-4　升降板《静负荷试验示意图》

五、竹（木）梯

1. 试验项目、周期和要求

竹（木）梯的试验项目、周期和要求如表 GYPD00504002-5 所示。

表 GYPD00504002-5　　竹（木）梯的试验项目、周期和要求

序号	试验项目	周期	要　　求	说　明
1	静负荷试验	半年	施加 1765N 静压力，持续时间为 5min	

2. 试验方法

将梯子置于工作状态，与地面的夹角为 75°±5°，在梯子的经常站立部位，对梯子的踏板施加 1765N 的载荷，踏板受力区应有 10cm 宽，不允许冲击性加载，试验在此载荷下持续 5min，卸荷后，梯子的各部件应不发生永久变形和损伤。

六、防坠自锁器

1. 试验项目、周期和要求

防坠自锁器的试验项目、周期和要求如表 GYPD00504002-6 所示。

表 GYPD00504002-6　　防坠自锁器的试验项目、周期和要求

序号	试验项目	周期	要　　求	说　明
1	静负荷试验	1 年	施加 7500N 静压力，持续时间为 5min	
2	冲击试验	1 年	安全带与悬挂物处在同一水平位置，自由落体荷载 980N，锁止距离应不超过 0.2m	

2. 试验方法

（1）静负荷试验。试验方法同本节一、2 部分。

（2）冲击试验。试验方法同本节二、2（1）部分。

七、缓冲器

1. 试验项目、周期和要求

缓冲器的试验项目、周期和要求如表 GYPD00504002-7 所示。

表 GYPD00504002-7　　缓冲器的试验项目、周期和要求

序号	试验项目	周期	要　　求	说　明
1	冲击试验	2 年抽检	悬挂 980N 荷载自由落体冲击行程 4m，挂点冲击力应不超过 8825N	

2. 试验方法

冲击试验方法同本节一、2（1）部分。

【思考与练习】

1. 安全带的静负荷试验有哪些要求？
2. 防坠自锁器的静负荷和冲击试验有哪些要求？
3. 缓冲器的冲击试验有哪些要求？

模块 3　安全用具的试验（GYPD00504003）

【模块描述】本模块介绍安全用具常见的电气试验、机械试验的分类、试验方法和相关试验要求。通过要点归纳，掌握安全用具电气性试验和机械性试验的方法及相关注意事项。

【正文】

一、安全用具的试验要求

（1）各类安全用具应经过国家规定的型式试验、出厂试验和使用中的周期性试验，并做好记录。

（2）应进行试验的安全用具如下：

1）规程要求进行试验的安全用具；

2）新购置和自制的安全用具；

3）检修后或关键零部件经过更换的安全用具；

4）对安全用具的机械、绝缘性能发生疑问或发现缺陷时。

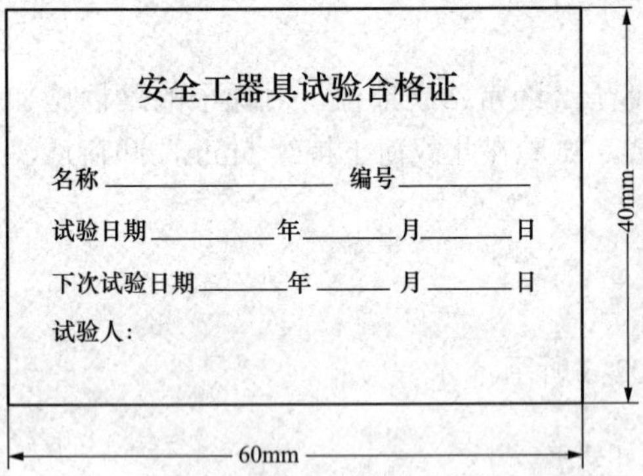

图 GYPD00504003-1 安全工器具试验合格证标志牌

（3）安全用具经试验合格后，应在不妨碍绝缘性能且醒目的部位粘贴合格证。试验完毕后，试验人员应该及时出具试验报告，用不干胶或挂牌制成标志牌，见图 GYPD00504003-1。

（4）安全用具的电气试验和机械试验可由各使用单位根据试验标准和周期进行，也可委托有资质的试验研究机构试验。

二、安全用具的电气试验

根据安全用具的不同用途和性能，电气性试验一般有启动电压试验、工频耐压试验、直流电阻试验、绝缘强度试验、泄漏电流试验、动作电压试验等。

以验电器为例，介绍其启动电压试验和工频耐压试验，其他电气性试验参见国家电网公司《电力安全工器具预防性试验规程（试行）》。

（1）启动电压试验。测量被测试安全用具的预警电压或动作电压是否在一定的额定范围内。

启动电压试验的高压电极由金属球体构成，在 1m 的空间范围内不应放置其他物体，将验电器的接触电极与一极接地的交流电压的高压电极相接触，逐渐升高高压电极的电压，当验电器发出“电压存在”信号，如“声光”指示时，记录此时的启动电压，如该电压在 0.15～0.4 倍额定电压之间，则认为试验通过。

（2）工频耐压试验。我国工业用电的频率是 50Hz，则规定 50Hz 为工频。工频耐压试验是指把 50Hz 的一定额度的高压交流电加在被试安全用具上。

工频耐压试验的高压试验电极布置于绝缘杆的工作部分，高压试验电极和接地极间的长度即为试验长度，根据表 GYPD00504003-1 中规定确定两电极间距离，如在绝缘杆间有金属连接头，两试验电极间的距离还应在此值上再加上金属部件的长度，绝缘杆间应保持一定距离，以便于观察试验情况。接地极和高压试验电极以宽 50mm 的金属箔或用导线包绕。

表 GYPD00504003-1 验电器的启动电压试验和工频耐压试验项目、周期和要求

<table>
<tr><th>序号</th><th>试验项目</th><th>周期</th><th colspan="4">要　求</th><th>说　明</th></tr>
<tr><td>1</td><td>启动电压试验</td><td>1年</td><td colspan="4">启动电压值不高于额定电压的 40%，不低于额定电压的 15%</td><td>试验时接触电极应与试验电极相接触</td></tr>
<tr><td rowspan="4">2</td><td rowspan="4">工频耐压试验</td><td rowspan="4">1年</td><td rowspan="2">额定电压（kV）</td><td rowspan="2">试验长度（m）</td><td colspan="2">工频耐压（kV）</td><td rowspan="4"></td></tr>
<tr><td>1min</td><td>5min</td></tr>
<tr><td>10</td><td>0.7</td><td>45</td><td>—</td></tr>
<tr><td>35</td><td>0.9</td><td>95</td><td>—</td></tr>
</table>

对于各个电压等级的绝缘杆，施加对应的电压。对于 10～35kV 电压等级的绝缘杆，加压时间为 1min。

缓慢升高电压，以便能在仪表上准确读数，达到 0.75 倍试验电压值起，以每秒 2%试验电压的升压速率至规定的值，保持相应的时间，然后迅速降压，但不能突然切断，试验中各绝缘杆应不发生闪络或击穿，试验后绝缘杆应无放电、灼伤痕迹，应不发热。

若试验变压器电压等级达不到试验的要求，可分段进行试验，最多可分成 4 段，分段试验电压应为整体试验电压除以分段数再乘以 1.2 倍的系数。

三、安全用具的机械试验

根据安全用具的不同用途和性能，机械性试验一般有静负荷试验、冲击性能试验和耐穿刺性能试验。

以安全帽为例，其冲击性能试验如图GYPD00504003-2所示，基座由不小于500kg的混凝土座构成。将头模、力传感器装置及底座垂直安放在基座上，力传感器装置安装在头模与底座之间，帽衬调至适当位置后将一顶完好的安全帽戴到头模上，钢锤从1m高度（锤的底面至安全帽顶的距离）自由倒向落下冲击安全帽。钢锤重心运动轨迹应与头模中心线和传感器敏感轴重合。通过记录显示仪器测出头模所受的力，如记录到的冲击力小于4900N，则试验通过。

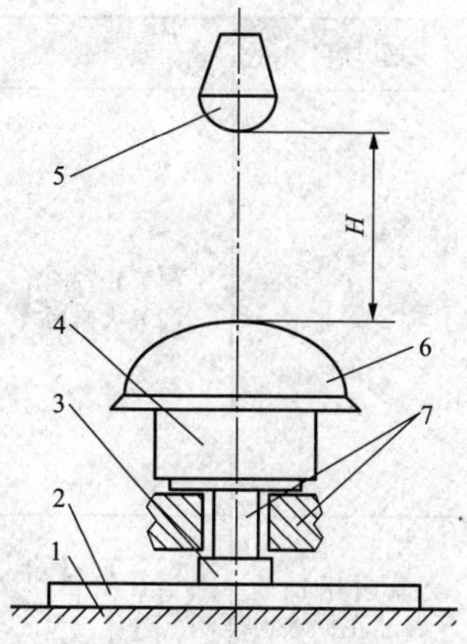

图GYPD00504003-2　冲击吸收性能试验示意图（采用压电式力传感器）

1—混凝土基座；2—底座；3—压电式传感器；4—头模；5—钢锤；6—安全帽；7—力传感器配套装置；H—冲击距离

【思考与练习】

1. 应做电气和机械性试验的安全用具有哪些规定？

2. 安全用具的电气性试验和机械性试验各有哪些项目？

模块4　开关设备的试验项目和周期（GYPD00504004）

【模块描述】本模块介绍断路器开关设备试验项目及其试验内容和周期。通过列表介绍，掌握SF_6断路器和GIS、真空断路器和隔离开关的试验项目、周期和要求。

【正文】

一、SF_6断路器和GIS

SF_6断路器和GIS的试验项目、周期和要求如表GYPD00504004-1所示。

表GYPD00504004-1　SF_6断路器和GIS的试验项目、周期和要求

序号	试验项目	周　期	要　求	说　明
1	SF_6气体泄漏试验	（1）大修后； （2）必要时	年漏气率不大于1%或按制造厂要求	
2	辅助、控制回路绝缘电阻	（1）1～3年； （2）大修后	绝缘电阻不低于2MΩ	采用500V或1000V绝缘电阻表
3	耐压试验	（1）大修后； （2）必要时	交流耐压的试验电压为出厂试验电压值的80%	（1）试验在SF_6气体额定压力下进行； （2）对GIS试验时不包括其中的电磁式电压互感器及避雷器，但在投运前应对它们进行试验电压值为U_m的5min耐压试验
4	辅助、控制回路交流耐压试验	大修后	试验电压为2kV	耐压试验后的绝缘电阻值不应降低
5	合闸电阻值和合闸电阻的投入时间	（1）1～3年； （2）大修后	（1）阻值变化允许范围不得大于±5%； （2）合闸电阻的有效接入时间按制造厂规定校核	
6	导电回路电阻	（1）1～3年； （2）大修后； （3）交接后	（1）敞开式断路器的测量值不大于制造厂规定值的120%； （2）对GIS中的断路器按制造厂规定	用直流压降法测量，电流不小于100A

二、真空断路器

真空断路器的试验项目、周期和要求如表GYPD00504004-2所示。

表 GYPD00504004-2 真空断路器的试验项目、周期和要求

<table>
<tr><th>序号</th><th>试验项目</th><th>周 期</th><th colspan="3">要 求</th><th>说 明</th></tr>
<tr><td rowspan="5">1</td><td rowspan="5">绝缘电阻</td><td rowspan="5">（1）1～3 年；
（2）大修后</td><td colspan="3">（1）整体绝缘电阻参照制造厂规定。
（2）断口和用有机物制成的提升杆的绝缘电阻不应低于下表中的数值：</td><td rowspan="5"></td></tr>
<tr><td rowspan="2">试验类别</td><td colspan="2">额定电压</td></tr>
<tr><td><24kV</td><td>24～40.5kV</td></tr>
<tr><td>大修后</td><td>1000MΩ</td><td>2500MΩ</td></tr>
<tr><td>运行中</td><td>300MΩ</td><td>1000MΩ</td></tr>
<tr><td>2</td><td>交流耐压试验（断路器主回路对地、相间及断口）</td><td>（1）1～3 年（12kV 及以下）；
（2）大修后；
（3）必要时</td><td colspan="3">断路器在分、合闸状态下分别进行，试验电压按 DL/T 596—1996《电力设备预防性试验规程》规定</td><td>（1）更换或干燥后的绝缘提升杆必须进行耐压试验；
（2）相间、相对地及断口的耐压值相同</td></tr>
<tr><td>3</td><td>辅助回路和控制回路交流耐压试验</td><td>（1）1～3 年；
（2）大修后</td><td colspan="3">试验电压为 2kV</td><td></td></tr>
<tr><td>4</td><td>导电回路电阻</td><td>（1）1～3 年；
（2）大修后</td><td colspan="3">（1）大修后应符合制造厂规定；
（2）运行中，不大于 1.2 倍出厂值</td><td>用直流电压降法测量电流不小于 100A</td></tr>
<tr><td>5</td><td>真空灭弧室真空度的测量</td><td>大小修时</td><td colspan="3">自行规定</td><td>有条件时进行</td></tr>
</table>

三、隔离开关

隔离开关的试验项目、周期和要求如表 GYPD00504004-3 所示。

表 GYPD00504004-3 隔离开关的试验项目、周期和要求

<table>
<tr><th>序号</th><th>试验项目</th><th>周期</th><th colspan="3">要 求</th><th>说 明</th></tr>
<tr><td rowspan="5">1</td><td rowspan="5">有机材料支持绝缘子及提升杆的绝缘电阻</td><td rowspan="5">（1）1～3 年；
（2）大修后</td><td colspan="3">（1）用绝缘电阻表测量胶合元件分层电阻。
（2）有机材料传动提升杆的绝缘电阻值不得低于下表数值：</td><td rowspan="5">采用 2500V 绝缘电阻表</td></tr>
<tr><td rowspan="2">试验类别</td><td colspan="2">额定电压</td></tr>
<tr><td><24kV</td><td>24～40.5kV</td></tr>
<tr><td>大修后</td><td>1000MΩ</td><td>2500MΩ</td></tr>
<tr><td>运行中</td><td>300MΩ</td><td>1000MΩ</td></tr>
<tr><td>2</td><td>二次回路的绝缘电阻</td><td>（1）1～3 年；
（2）大修后；
（3）必要时</td><td colspan="3">绝缘电阻不低于 2MΩ</td><td>采用 1000V 绝缘电阻表</td></tr>
<tr><td>3</td><td>交流耐压试验</td><td>大修后</td><td colspan="3">试验电压值按 DL/T 596—1996《电力设备预防性试验规程》规定</td><td>在交流耐压试验前、后应测量绝缘电阻；耐压后的阻值不得降低</td></tr>
<tr><td>4</td><td>二次回路交流耐压试验</td><td>大修后</td><td colspan="3">试验电压为 2kV</td><td></td></tr>
<tr><td>5</td><td>导电回路的电阻测量</td><td>大修后</td><td colspan="3">不大于制造厂规定值的 1.5 倍</td><td>用直流压降法测量，电流值不小于 100A</td></tr>
</table>

【思考与练习】

1. SF_6 断路器和 GIS 的试验项目有哪几种？
2. 真空断路器的试验项目有哪几种？
3. 隔离开关的试验项目有哪几种？

模块5　开关设备的试验（GYPD00504005）

【模块描述】本模块介绍断路器开关设备试验接线、工作程序及注意事项。通过要点归纳，掌握开关设备试验方法和相关注意事项。

【正文】

一、回路电阻的测试

断路器回路电阻包括导电体的固有电阻和接触电阻。其中导电体的固有电阻基本上是定值，而接触电阻是随接触的状态而变化，因而它决定和影响着整个导电回路的电阻值。

断路器的触头是断路器的最重要部件，如果在安装过程中，由于调整不良或清扫不彻底，就会引起断路器动静触头之间的接触电阻增大，这样当流过工作电流时触头就会发热，尤其当流过短路电流时，可能使触头局部过热以致烧损或粘连在一起，这就影响断路器的跳闸时间，甚至发生拒动。

断路器导电回路接触良好是保证断路器安全运行的一个重要条件，导电回路电阻增大，将使触头发热严重、造成弹簧退火、触头周围绝缘零件烧损，因此在预防性试验中需要测量导电回路直流电阻。

1. 接线

（1）直流电压降法。其原理是：当在被测回路中通以直流电流时，则在回路接触电阻上将产生电压降，测量出通过回路的电流及被测回路上的电压降，即可根据欧姆定律计算出导电回路的直流电阻值。

用直流电压降法测试断路器导电回路电阻的接线如图 GYPD00504005-1 所示。测量时，回路通以 100A 或以上的直流电流，电流用分流器及 PV1 进行测量，导电回路电阻的电压降用 PV2 进行测量，PV2 应接在电流接线端内侧，以防止电流端头的电压降引起测量误差。

（2）回路电阻测试仪（微欧仪）法。采用回路电阻测试仪测量断路器回路电阻比较方便、准确。测试接线如图 GYPD00504005-2 所示。测量仪器采用开关电路，由交流电源整流后作为直流电源通过开关转换为高频电流，再经过变压器降压和隔离，最后整流为低压直流作为测试电源。在测量回路中串接一个标准分流器，使其自动调整高频电源的脉冲宽度，达到自动恒定测试电流的目的。试验接线时，电压线同样应接在电流接线端内侧。

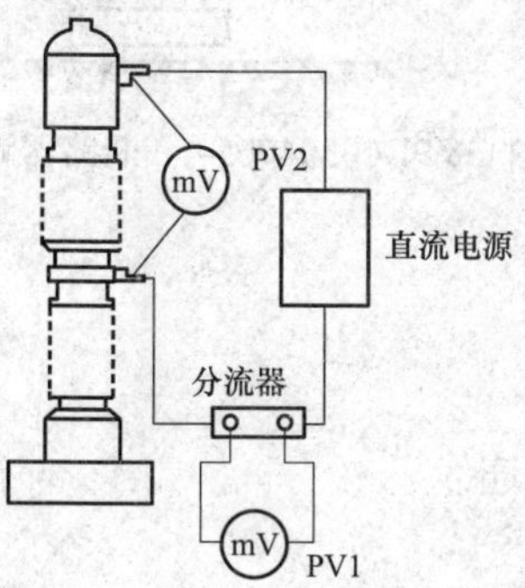

图 GYPD00504005-1　用直流电压降法测试断路器导电回路电阻的接线

PV1、PV2—直流电压表

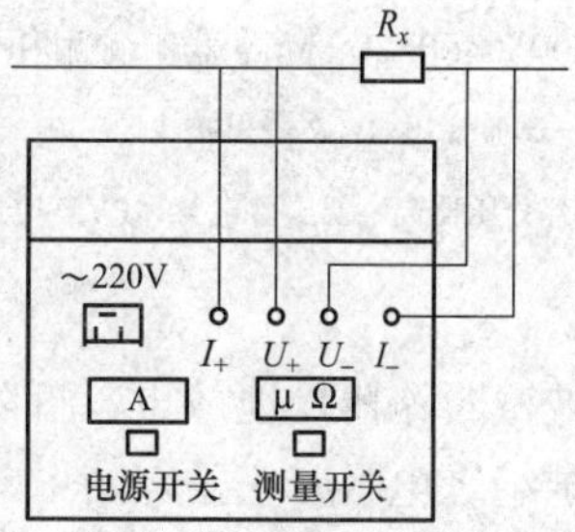

图 GYPD00504005-2　回路电阻测试仪测试断路器导电回路电阻的接线

2. 步骤

（1）断开断路器任意一端的接地开关或接地线。

（2）将断路器进行电动合闸。

（3）清除被试断路器接线端子接触表面的油漆及金属氧化物，按图 GYPD00504005-1 或图 GYPD00504005-2 进行接线，检查测试接线是否正确。测试接线应接触紧密良好。

（4）接通仪器电源，调整测试电流应不小于 100A，待电流稳定后读出被测回路电阻值（或根据欧姆定律计算出导电回路的直流电阻值），并做好记录。

（5）拆除试验测试线，将断路器分闸（断路器恢复测试前状态）。

3. 注意事项

（1）测量时应注意避免引线和接触方式的影响。应注意电压线要接在断口的触头端，电流线应接在电压线的外侧。测试电流应不小于100A。

（2）如发现断路器回路电阻增大或超过标准值，可将断路器进行数次电动合闸后再进行测试。如电阻值变化不大，可分段检查以确定接触不良的部位（如断路器有几个断口或多个接触面时），并进行处理。如有主副触头或多个并联支路，应对并联的每一对触头分别进行测量。测量时，非被测量触头间应垫以薄绝缘物。

（3）在测量回路中若有TA串入，应将TA二次进行短路，防止保护误动。

（4）测试时，为防止被测断路器突然分闸，应断开被测断路器操作回路的熔丝。

二、交流耐压试验

交流耐压试验是鉴定设备绝缘强度最有效和最直接的试验项目。对断路器进行耐压试验的目的是为了检查断路器的安装质量，考核断路器的绝缘强度。

1. 接线

（1）断路器工频耐压试验原理接线如图GYPD00504005-3所示。

（2）断路器耐压试验接线如图GYPD00504005-4所示。油断路器耐压试验应在合闸状态的导电部分对地之间和在分闸状态的断口间分别进行。对于三相共箱式的油断路器应作相间耐压，试验时一相加压其余两相接地；对瓷柱式SF_6定开距型断路器只作断口间耐压。SF_6罐式断路器耐压试验方式应为合闸对地，分闸状态两端轮流加压，另一端接地。

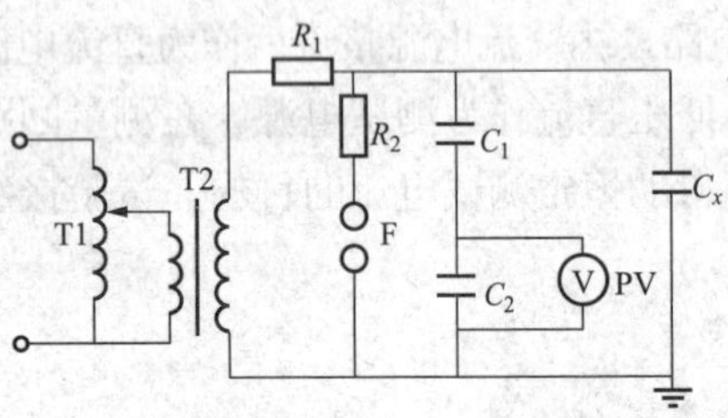

图GYPD00504005-3 断路器工频耐压试验原理接线

T1—调压器；T2—试验变压器；R_1—保护电阻；R_2—球隙保护电阻；F—球间隙；
C_1、C_2—电容分压器高、低压臂电容；PV—电压表；C_x—被试电容

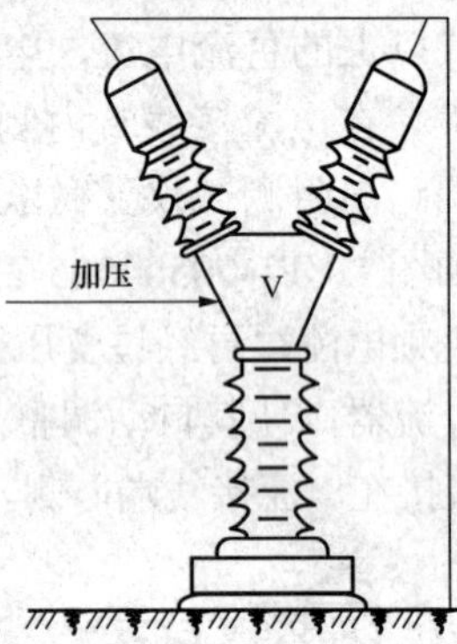

图GYPD00504005-4 断路器耐压试验接线

2. 步骤

（1）将被试断路器接地放电，拆除或断开断路器对外的一切连线。

（2）测试绝缘电阻应正常。

（3）按图GYPD00504005-3、图GYPD00504005-4进行接线，检查试验接线正确、调压器在零位后，不接试品升压，将球隙的放电电压整定在1.2倍额定试验电压所对应的放电距离。

（4）断开试验电源，降低电压为零，将高压引线接上试品，接通电源，开始升压进行试验（当采用串联谐振试验装置时，在较低的励磁电压下调谐电感或频率找谐振点，当被试品上电压达到最高时，即达到试验回路的谐振点，可以开始升压进行试验）。

（5）升压必须从零（或接近于零）开始，切不可冲击合闸。升压速度在75%试验电压以前，可以是任意的，自75%电压开始应均匀升压，约为每秒2%试验电压的速率升压。升压过程中应密切监视高压回路和仪表指示，监听被试品有何异响。升至试验电压，开始计时并读取试验电压。时间到后，迅速均匀降压到零（或1/3试验电压以下），然后切断电源，放电、挂接地线。试验中如无破坏性放电发生，则认为通过耐压试验。

（6）测试绝缘电阻，其值应无明显变化（一般绝缘电阻下降不大于30%）。

3. 注意事项

由于交流耐压试验所用的电压远比运行电压高，对绝缘不良的设备来讲是一种破坏性试验，因此在进行交流耐压试验以前，必须对被试品先进行绝缘电阻、吸收比和泄漏电流等项目的试验，以初步鉴定设备的绝缘状况，若已发现设备的绝缘情况不良（如受潮和局部缺陷等），则为了避免在进行耐压试验过程中，造成不应有的绝缘击穿而延长检修时间或影响设备投入运行，应首先进行处理后再做交流耐压试验。

（1）进行绝缘试验时，被试品温度应不低于+5℃。户外试验应在良好的天气情况下进行，且空气相对湿度一般不高于 80%。

（2）有时工频耐压试验进行了数十分钟，中途因故失去电源，使试验中断，在查明原因、恢复电源后，应重新进行全时间的持续耐压试验，不可仅进行“补足时间”的试验。

（3）对于过滤和新加油的断路器必须等油中气泡全部逸出后才能进行耐压试验，以免油中气泡引起放电。一般需要静止 3～5h 后才能进行油断路器的交流耐压试验。对于 SF_6 断路器必须在充气至额定气压 24h 后才能进行交流耐压试验。

（4）油断路器进行耐压试验时如有击穿声或冒烟，则为不合格，务必查明原因、重新处理。原因未查明，不得轻易重试以免造成损失。

（5）谐振试验回路品质因数 Q 值的高低与试验设备、试品绝缘表面干燥清洁及高压引线直径大小、长短有关，因此试验宜在天气晴好的情况下进行。试验设备、试品绝缘表面应干燥、清洁，尽量缩短高压引线的长度，采用大直径的高压引线，以减少电晕损耗，提高试验回路品质因数 Q 值。

【思考与练习】

1. 断路器回路电阻测试的主要步骤有哪些？有何注意事项？
2. 试画出断路器交流耐压试验接线图？
3. 断路器交流耐压试验有哪些注意事项？

模块 6　避雷器的试验项目和周期（GYPD00504006）

【模块描述】本模块介绍避雷器试验的项目及周期。通过要点归纳，掌握避雷器的试验类型、周期和试验要求。

【正文】

根据 DL/T 596—1996《电力设备预防性试验规程》规定，避雷器的试验项目、周期和要求如表 GYPD00504006-1 所示。

表 GYPD00504006-1　　避雷器的试验项目、周期和要求

序号	试验项目	周　期	要　求	说　明
1	绝缘电阻测试	（1）每年雷雨季节前； （2）必要时	（1）35kV 以上，不低于 2500MΩ； （2）35kV 及以下，不低于 1000MΩ	采用 2500V 及以上绝缘电阻表
2	直流 1mA 电压 U_{1mA} 及 $0.75U_{1mA}$ 下的泄漏电流测试	（1）每年雷雨季节前； （2）必要时	（1）不得低于 GB 11032①的规定； （2）U_{1mA} 实测值与制造厂规定值比较，变化不应大于±5%； （3）$0.75U_{1mA}$ 下的泄漏电流不应大于 50μA	（1）要记录试验时的环境温度和相对湿度； （2）测量电流的导线应使用屏蔽线； （3）初始值指交接试验或投产试验时的测量值
3	工频参考电流下的工频参考电压测试	必要时	应符合 GB 11032①或制造厂的规定	（1）测量环境温度为20℃±15℃； （2）测量应每节单独进行，整相避雷器有一节不合格，应更换整相
4	底座绝缘电阻	（1）每年雷雨季节前； （2）必要时	自行规定	采用 2500V 及以上绝缘电阻表
5	检查放电计数器动作情况	（1）每年雷雨季节前； （2）必要时	测试 3～5 次，均应正常动作，测试后计数器指示应调到“0”	

① GB 11032—2000《交流无间隙金属氧化物避雷器》。

【思考与练习】

1. 金属氧化物避雷器主要有哪些试验项目？

2. 直流 1mA 电压 U_{1mA} 及 $0.75U_{1mA}$ 下的泄漏电流测试要求是什么？

模块 7 避雷器的试验（GYPD00504007）

【模块描述】本模块介绍避雷器试验项目和各类试验的工作程序及注意事项。通过要点归纳和分类说明，掌握避雷器试验方法及相关安全、技术措施。

【正文】

一、绝缘电阻测量

当避雷器密封良好时，其绝缘电阻很高，受潮以后，绝缘电阻下降很多，因此测量避雷器绝缘电阻对判断避雷器是否受潮是很有效的一种方法。对金属氧化物避雷器，测量绝缘电阻可检查出是否存在内部受潮或瓷套裂纹等缺陷。对带放电计数器的避雷器应进行底座绝缘电阻测试，其目的是检查底座绝缘是否受潮或瓷套出现裂纹等，保证放电计数器在避雷器动作时能够正确计数。

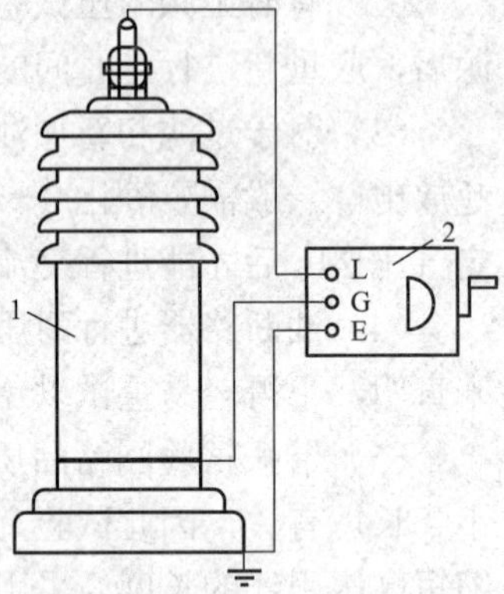

GYPD00504007-1 避雷器绝缘电阻测量接线图

1—避雷器；2—绝缘电阻表

避雷器绝缘电阻测量接线如图 GYPD00504007-1 所示。为避免试品表面绝缘电阻影响试验值。在测量前，应先用干净抹布将避雷器瓷套表面擦拭干净，然后使用 2500V 绝缘电阻表进行测量。测量方法是，将绝缘电阻表的两个测量端子接在避雷器的两极上，并应将避雷器垂直放稳，不应横放在地面上。

二、避雷器工频放电电压试验

工频放电电压测试主要是检查避雷器的放电性能，检验它在内部过电压下是否有动作的可能性。

1. 试验接线

避雷器工频放电电压试验接线如图 GYPD00504007-2 所示。将试验变压器的高压输出端临时接地，将高压测试线连接到被试避雷器的高压端，被试避雷器末端可靠接地，保持测试线对地有足够的安全距离。

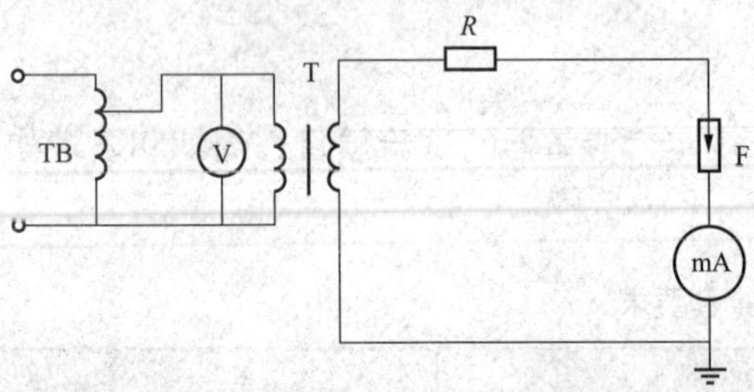

图 GYPD00504007-2 避雷器工频放电电压试验接线图

TB—调压器；T—试验变压器；R—限流电阻；F—避雷器

2. 试验步骤

（1）将避雷器接地放电，拆除或断开避雷器对外的一切连线。

（2）将避雷器表面擦拭干净，进行接线。检查接线正确无误后，拆除试验变压器的高压端临时接地线，开始试验。

（3）检查调压器在零位，接通电源，缓慢升压，记录避雷器间隙击穿时的电压读数。测试 3 次，取平均值作为测试数据。

（4）将调压器降到零，断开电源。

（5）对避雷器进行充分放电。拆除试验所接的引线，整理现场。

3. 试验注意事项

（1）试验应在完整避雷器上进行，升压必须从零开始，不可冲击合闸。试验前应用电容分压器进行变压器输出电压的校正。

（2）试验电压的波形应为正弦波，为消除高次谐波的影响，必要时在试验变压器低压侧加滤波回路。

（3）应在被试避雷器下端串接电流表，用来判别间隙是否有放电现象。

（4）两次放电要保持一定的时间间隔，以免由于两次放电的时间间隔太短，间隙内部没有充分去游离，而造成放电电压偏低或分散性较大。一般时间间隔不少于 1min。

三、避雷器直流 1mA 电压 U_{1mA} 及 $0.75U_{1mA}$ 下的泄漏电流测试

1. 测试目的

U_{1mA} 为无间隙金属氧化物避雷器通过 1mA 直流电流时，被试品两端的电压值。测量氧化锌避雷器的 U_{1mA}，主要是检查其阀片是否受潮、老化，确定其动作性能是否符合要求。直流 1mA 参考电压值一般等于或大于避雷器额定电压的峰值。

$0.75U_{1mA}$ 电压下的泄漏电流为试品两端施加 $0.75U_{1mA}$ 电压时，测量流过避雷器的泄漏电流。$0.75U_{1mA}$ 直流电压一般比最大工作相电压（峰值）要高一些，在此电压下主要检测长期允许工作电流是否符合规定，因为这一电流与氧化锌避雷器的寿命有直接关系，一般在同一温度下泄漏电流与寿命成反比。

2. 测试接线

氧化锌避雷器直流 1mA 电压 U_{1mA} 测试的原理接线如图 GYPD00504007-3 所示。被试避雷器元件末端接地，试验电压施加在高压端。保持测试线对地足够的安全距离。

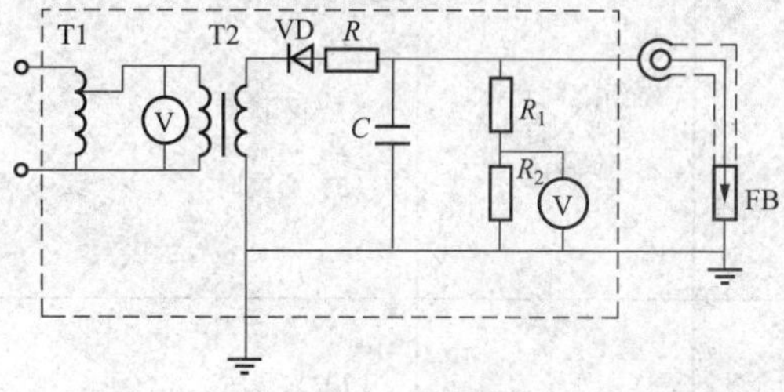

图 GYPD00504007-3　氧化锌避雷器直流 1mA 电压 U_{1mA} 测试的原理接线

T1—调压器；T2—试验变压器；VD—高压硅堆；R—限流电阻；C—滤波电容；R_1、R_2—电阻分压器高、低压臂电阻；FB—被试避雷器

3. 测试步骤

（1）拆除或断开避雷器对外的一切连线，将避雷器接地放电。

（2）将避雷器表面擦拭干净，进行接线。检查测试接线正确后，拆除接地线，开始试验。

（3）确认电压输出在零位，接通电源，然后缓慢地升高电压到规定的试验电压值。当电流达到 1mA 时，读取并记录电压值 U_{1mA} 后，降压至零。

（4）计算 $0.75U_{1mA}$ 的值。

（5）测量 $0.75U_{1mA}$ 下的泄漏电流值。重新接通电源，将直流电压升高至 $0.75U_{1mA}$，读取并记录泄漏电流值后，降压至零。

（6）待电压表指示基本为零时，断开试验电源，用带限流电阻的放电棒对避雷器充分放电，挂接地线。

（7）拆除试验所接的引线，整理现场。

4. 测试注意事项

（1）直流 U_{1mA} 测试前，应先测试绝缘电阻，其值应正常。

（2）为了防止外绝缘的闪络和易于发现绝缘受潮等缺陷，避雷器直流 U_{1mA} 测试通常采用负极性直流电压。

（3）因泄漏电流大于 200μA 以后，随电压的升高，电流将急剧增大，故应放慢升压速度，当电流达到 1mA 时，准确地读取相应的电压 U_{1mA}。

（4）由于无间隙金属氧化物避雷器表面的泄漏原因，在试验时应尽可能的将避雷器瓷套表面擦拭干净。如果由于受潮或脏污等原因使 U_{1mA} 电压数据异常，应在靠近避雷器加压端的瓷套表面装一个屏蔽环。测量泄漏电流的导线应使用屏蔽线，测试线与避雷器的夹角应尽量大。

（5）直流高压的测量应在高压侧进行，测量系统应经过校验，测量误差不应大于 2%。

（6）试验回路的接地应在被试品处接地。

【思考与练习】

1. 避雷器工频放电电压试验注意事项有哪些？
2. 避雷器直流 1mA 电压 U_{1mA} 的测试目的是什么？
3. 避雷器 $0.75U_{1mA}$ 下的泄漏电流测试目的是什么？

4. 避雷器直流 1mA 电压 U_{1mA} 及 $0.75U_{1mA}$ 下的泄漏电流测试注意事项有哪些？

模块 8　配电变压器的试验项目和周期（GYPD00504008）

【模块描述】本模块介绍配电变压器试验项目及周期。通过要点归纳，熟悉配电变压器常见试验项目的周期和要求。

【正文】

根据 GB 50150—2006《电气装置安装工程 电气设备交接试验标准》规定，配电变压器的试验项目、周期和要求如表 GYPD00504008-1 所示。

表 GYPD00504008-1　　配电变压器的试验项目、周期和要求

序号	试验项目	周　期	要　求	说明
1	绕组连同套管的绝缘电阻和吸收比	（1）大修后； （2）每隔 1～2 年一次； （3）必要时	（1）在测试温度为 20℃左右时，绕组的绝缘电阻值必须大于或等于 300MΩ。 （2）在同一配电变压器中，高、低压绕组的绝缘电阻标准相同。 （3）大修后和运行中的标准可自行规定，但在相同温度下，绝缘电阻应不低于出厂值的 70%。 （4）吸收比应大于 1.3	
2	绕组连同套管的直流电阻	（1）大修后； （2）每隔 1～2 年一次； （3）在变换绕组分接头位置后； （4）必要时	（1）1600kVA 及以下三相变压器，各相测得值的相互差值应小于平均值的 4%，线间测得值的相互差值应小于平均值的 2%。 （2）1600kVA 以上三相变压器，各相测得值的相互差值应小于平均值的 2%；线间测得值的相互差值应小于平均值的 1%	
3	绕组连同套管的直流泄漏电流	（1）每隔 1～2 年一次； （2）必要时	（1）绕组额定电压是 6～10kV，直流试验电压是 10kV。 （2）配电变压器的泄漏电流值在测试温度为 20℃左右时为 70μA。 （3）泄漏电流测试值与历年数值比较不应有显著变化	
4	绕组连同套管的工频交流耐压试验	必要时	（1）绕组额定电压小于或等于 1kV 时试验电压是 3kV，交接及大修后试验电压是 2.5kV。 （2）绕组额定电压为 10kV 时，出厂时试验电压是 35kV，交接及大修后试验电压是 30kV	

【思考与练习】

1. 配电变压器的常见试验项目有哪些？
2. 配电变压器测量吸收比和绝缘电阻的判断标准是什么？
3. 配电变压器测量直流电阻的判断标准是什么？

模块 9　配电变压器的预防性试验（GYPD00504009）

【模块描述】本模块介绍配电变压器预防性试验、工作程序及注意事项。通过要点归纳，掌握配电变压器试验方法和相关注意事项。

【正文】

本节以配电变压器绕组连同套管的绝缘电阻测试、工频交流耐压试验为例介绍配电变压器预防性试验测试步骤、要求及注意事项。

一、绕组连同套管的绝缘电阻测试

1. 测试接线

配电变压器的绝缘电阻测试项目及接地要求见表 GYPD00504009-1。

表 GYPD00504009-1 配电变压器的绝缘电阻测试项目及接地要求

序号	被 测 部 位	接 地 部 位	备 注
1	低压	高压、铁芯、外壳	
2	高压	低压、铁芯、外壳	

2. 测试步骤和要求

（1）断开变压器的有载分接开关，将变压器各绕组对地充分放电。拆除或断开变压器对外的一切连接线。

（2）按要求进行绝缘电阻表检查，若正常，将表计的接地端与被试品的地线连接，高压端接上测试线，测试线的另一端悬空（不接试品），再次驱动绝缘电阻表，表计指示应无明显差异。然后停止绝缘电阻表转动。

（3）变压器按表 GYPD00504009-1 测试项目进行绝缘测试，参考图 GYPD00504009-1 进行接线，经检查确认无误后，驱动绝缘电阻表达额定转速，再将测试线搭上测试部位，分别读取 15、60s 的绝缘电阻值，并做好记录。

（4）读取绝缘电阻后，应先断开被试品高压端的连接线，然后再将绝缘电阻表停止运转，以免变压器在测量时所充的电荷经绝缘电阻表放电而损坏表计。

3. 测试注意事项

（1）每次测试应选用相同电压、相同型号的绝缘电阻表。

（2）测量时宜使用高压屏蔽线，若无高压屏蔽线，测试线不要与地线缠绕，应尽量悬空。

（3）非被测部位短路接地要良好，不要接到变压器有油漆的地方，以免影响测试结果。

（4）测量应在天气良好的情况进行，且空气相对湿度不高于 80%。若遇天气潮湿、套管表面脏污，则需进行“屏蔽”测量。“屏蔽”测量常用的接线如图 GYPD00504009-2 所示。

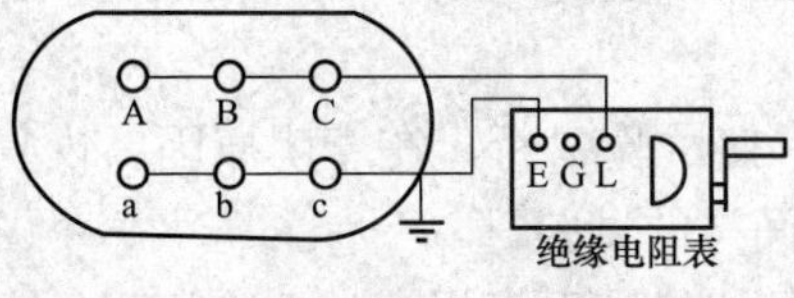

图 GYPD00504009-1 配电变压器的绝缘电阻测试接线图

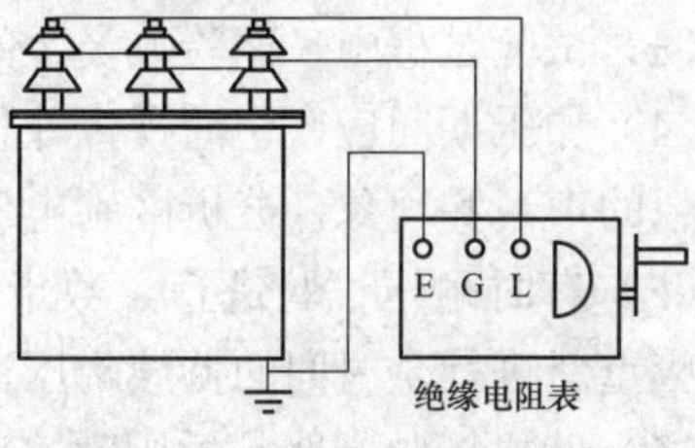

图 GYPD00504009-2 绝缘电阻表采用屏蔽的接线图

测量吸收比和测量绝缘电阻的方法大致相同，所不同的是要记录通电时间。通电时间越长，其读数值越大。一般采用 60s 和 15s 绝缘电阻的比值，即为所测得的吸收比。

二、工频交流耐压试验

工频交流耐压对考核变压器的主绝缘强度，检查主绝缘有无局部缺陷具有决定性的作用。它是检查验证变压器设计、制造和安装质量的重要手段。进行耐压试验的设备，可根据情况采用工频试验变压器或串联谐振耐压装置。

1. 试验接线

图 GYPD00504009-3 所示为变压器工频交流耐压试验接线图。图 GYPD00504009-3 中高压绕组整体对地电位相等，整个低压绕组电位为零，高、低压绕组绝缘间承受试验电压。配电变压器的交流耐压试验项目如表 GYPD00504009-2 所示。

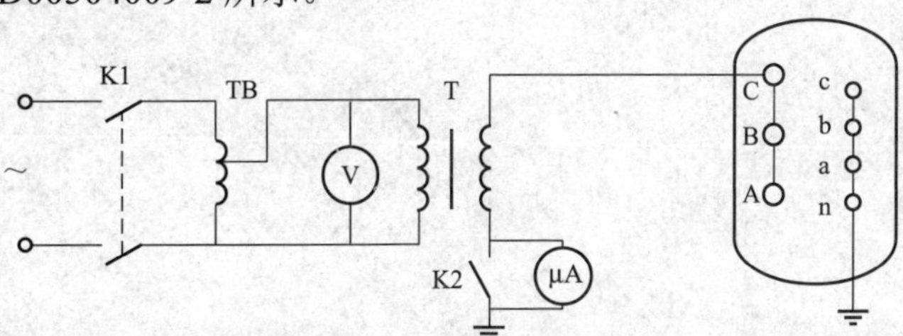

图 GYPD00504009-3 变压器工频交流耐压试验接线图

表 GYPD00504009-2　　配电变压器的交流耐压试验项目

序号	加压绕组	接地绕组	备注
1	低压	高压、外壳	
2	高压	低压、外壳	

2. 试验步骤和要求

（1）将变压器各绕组对地充分放电。拆除或断开变压器对外的一切连接线。

（2）进行接线。检查接线正确无误、调压器在零位。被试变压器外壳和非加压绕组应可靠接地，试验回路中过电流和过电压保护应整定正确、可靠。

（3）合上试验电源，不接试品升压，将球隙放电电压整定在 1.2 倍额定试验电压所对应的放电距离。

（4）断开试验电源，降低电压为零，将高压引线接上试品，接通电源，开始升压进行试验。

（5）升压必须从零开始，且不可冲击合闸。升压速度在 75%试验电压开始应均匀升压，约为每秒 2%试验电压等速率升压。升压过程中应密切监视高压回路和仪表指示，监听被试品有何异常声音。升至试验电压时，开始计时，并读取试验电压。时间到后，迅速均匀降到零，然后切断电源，放电、挂接地线。试验中，如无破坏性放电发生，则认为通过耐压试验。

（6）测试绝缘电阻，其值应正常（一般绝缘电阻下降不大于 30%）。

3. 试验注意事项

（1）交流耐压是一项破坏性试验，因此耐压试验之前被试品必须通过绝缘电阻、吸收比、绝缘油色谱等各项绝缘试验且合格。

（2）进行耐压试验时，被试品温度不能低于+5℃，户外试验应在天气良好的情况下进行，且空气相对湿度不高于 80%。

（3）试验过程中，试验人员之间应口号联系清楚，加压过程中应有人监护并呼唱。

（4）加压期间应密切注视表计指示动态，防止谐振现象发生。应注意观察、监听被试变压器、保护球隙的声音和现象，分析区别电晕或放电等有关迹象。

（5）有时耐压试验进行了数十分钟，中途因故失去电源，使试验中断，在查明原因、恢复电源后，应重新进行全时间的持续耐压试验，不可仅进行“补足时间”的试验。

（6）谐振试验回路品质因数 Q 值的高低与试验设备、试品绝缘表面干燥清洁及高压引线直径大小、长短有关，因此试验宜在天气晴好的情况下进行。试验设备、试品绝缘表面应干燥、清洁。尽量缩短高压引线的长度，采用大直径的高压引线，以减小电晕损耗，提高试验回路品质因数 Q 值。

（7）变压器的接地端和测量控制系统的接地端要互相连接，并应自成回路，应采用一点接地方式，即仅有一点和接地网的接地端子相连。

【思考与练习】

1. 配电变压器绝缘电阻测试的注意事项有哪些？

2. 配电变压器做工频交流耐压试验时有何要求？

第二十章　安全用具使用及紧急救护

模块 1　电气火灾的扑救方法（GYPD00505001）

【模块描述】本模块介绍电气火灾的扑救方法和注意事项。通过要点归纳，掌握造成电气火灾的原因、扑救方法、扑救常识，以及带电灭火注意事项。

【正文】

一、造成电气火灾的主要原因

1. 线路发生短路能引起电气火灾

线路是由导线组成的。由于导线选择不当、安装不当及绝缘老化破损，如截面选择过小，绝缘等级不够；导线穿过墙壁未用套管保护；导线与导线之间的间距不够；年久失修等，都能造成线路短路。导线发生短路时，其短路电流比正常工作电流大几倍到十几倍，甚至更多。因线路中产生的热量是和电流的平方成正比的，所以线路短路时产生的热量很大，导线温度会很快升高，从而造成导线熔化、绝缘燃烧，情况严重时将形成火灾。

2. 线路过负荷能引起火灾

线路电流超过了允许电流，这时称为线路过负荷。线路过负荷时，熔断器和保护装置如不动作，时间长了可能因为过热而使绝缘损坏、燃烧，造成火灾。

3. 接触电阻过大能引起火灾

导线与导线连接的不好，或者某一个接线柱压接的不实、不牢，在连接处便形成较大接触电阻，即使电流没有超过允许值，也会产生过热现象，可能引起火灾。此外，由于接触不好，有时在接触处还会发生电火花，造成绝缘燃烧形成火灾事故。

4. 电动机运行故障能造成火灾

电动机在运行中长期过负荷或发生匝间短路、扫膛、单相接地、两相运转、相间短路等故障时，都可能使电动机绕组过热而将绝缘烧焦，还可能由于对外壳放电而形成电弧和火花，引起绝缘起火。

5. 变压器运行故障能造成火灾

大多数变压器都是油浸自冷式的，变压器的绝缘油运行时间过长会老化变质，引起绝缘击穿，在油中发生火花和电弧。变压器运行中如内部发生故障，如铁芯绝缘损坏、接触电阻过大、套管破裂、绕组接地、短路等，都可能引起变压器着火。

6. 低压配电盘故障能造成火灾

低压配电盘上装有隔离开关、熔断器、接触器以及各种仪表、指示灯等。配电盘上的电器容量过小或接头接触不良，都可能引起过热，烧坏绝缘或产生火花；导线排列零乱、布线不符合要求，也可能引起接地或短路。有些自制配电盘，由于材料和结构不合理，也容易发生火灾事故。

7. 使用电器不注意安全能造成火灾

在生产和日常生活中使用电器不注意，也可能造成火灾事故。如电炉子、电烙铁、电熨斗等，用后忘记断开开关或拔插销，时间长了会造成火灾。近几年来，由于照明灯安装不符合要求和用灯泡取暖而引起的火灾事故已经发生多起，应引起注意。

8. 静电放电火花能造成火灾

两种物体相互摩擦会产生静电。有时绝缘的带电体上积累的静电荷对地电位可达数千伏，甚至上万伏，能够击穿周围的空气层而放电，产生相当大的火花。在有易燃、爆炸性气体的场合，这种静电的放电现象，也会造成严重的火灾或爆炸事故。

二、电气火灾的预防

（1）根据不同环境的要求，正确选择和安装电气线路、设备以及各种电气保护装置。

（2）定期测试电气线路、设备和变压器油等的绝缘及耐压状况，发现问题及时解决。

（3）经常监视电气线路和设备的运行情况，严禁乱加设备，防止过负荷。

（4）加强日常维护、检查及计划修理工作，使电气线路、设备及各种电气保护装置保持良好状态。

（5）建立健全各项规章制度和操作规程，加强责任心，防止麻痹大意和丢三拉四的现象。

（6）由于皮带传动、易燃和可燃液体摩擦、粉尘在空间的浮动等都容易产生静电，因此需要分别采取消除静电的措施。

三、电气火灾扑救方法

1. 断电灭火

电气设备发生火灾时，由于带电燃烧，所以十分危险。现场抢救人员首先应千方百计设法立即切断电源，进行灭火。在离配电室或动力配电箱较近时，可切断油断路器、空气断路器或其他可带负荷拉闸的负荷开关。但不能带负荷拉隔离开关，以免电弧短路而发生危险。

在火灾现场，由于开关设备受潮或受烟熏，其绝缘性能会下降，因此切断电源时，最好用绝缘工具操作，以免触电。切断用磁力开关接通的电路时，应先操作按钮停下设备，然后再拉开隔离开关，以免电弧伤人。

如果需要切断对地电压在 250V 及以下的小容量电气线路，应穿绝缘鞋或戴绝缘手套。切断电源的地点要选择适当，以防止电线断落后造成接地短路或接触电压伤人。

切断电源后，应立即使用现场附近的灭火工具，将初起火源及时扑灭。

2. 充油电气设备灭火

充油电气设备的绝缘油，闪点通常在 130～140℃，属可燃液体，有较大的火灾危险性。充油电气设备发生火灾，一般有外部起火和内部因故障而喷油燃烧两种情况。

充油电气设备外部起火时，可用二氧化碳、干粉、1211 等适宜带电灭火的灭火器扑救。若火势较大，应切断电源进行扑救。

充油电气设备因内部故障造成油箱破损或防爆玻璃破裂而喷油燃烧或爆炸，且火势较猛时，应立即切断电源，并设法将设备内部的油放至蓄油坑或其他安全地方。要注意防止燃烧着的流油蔓延，将火灾扩大。

事故蓄油坑内和流油在周围地面上或沟道内的燃油，除使用上述灭火器扑救外，也可用干砂灭火。

3. 电力电缆火灾的扑救

（1）电缆着火燃烧时，不论什么情况，都应立即切断电源，并认真检查和找出起火电缆的故障点，同时迅速组织人员进行扑救。

（2）当敷设在沟中的电缆发生燃烧时，如果与其并排敷设的电缆有明显的燃烧可能，也应将这些电缆的电源切断。电缆若是分层排列的，则首先应把起火电缆上面的受热电缆电源切断，然后把起火电缆并排的电缆电源切断，最后把起火电缆下面的电缆电源切断。

（3）在电缆起火时，为了避免空气流通，以利迅速灭火，应将电缆沟的隔火门关闭或将两端堵死，采用窒息法进行扑救，这对电缆间隔小而电缆布置稠密的电缆沟较为有效。

（4）进行扑救电缆沟道等地方的电缆火灾时，扑救人员应戴上防毒面具及绝缘手套，并穿绝缘靴。

（5）扑救电力火灾电缆时，可采用手提式干粉灭火器或二氧化碳灭火器灭火，也可用黄土和干砂进行覆盖灭火。

（6）在扑救电力电缆火灾时，禁止用手直接接触电缆钢甲，也不准移动电缆。

4. 变压器火灾的扑救

变压器火灾事故的危害甚大，一旦爆炸起火，顷刻之间便能蔓延火灾，而且不易扑救，其后果无疑是严重的，因此，一旦变压器发生火灾，要迅速组织人员进行扑救，其方法是：

（1）变压器起火后，应立即切断变压器各侧断路器，并向值班长和有关领导报告，迅速组织人员到现场扑救；同时赶快打火警电话，使消防人员尽快赶到现场进行扑救。

（2）若变压器油溢在变压器顶盖上着火，则应设法打开变压器下部的放油阀，使油流入蓄油坑内，油面低于着火处；当变压器内确实有直接燃烧的危险或外壳有爆炸的可能时，必须把变压器的油全部放到蓄油坑里去。操作放油阀时，为保证操作人员的安全，最好用喷雾水枪隔离火源。

（3）在通向火区的通道上，应临时设立值勤保卫人员。扑救火灾要统一指挥，以免现场混乱。为预防变压器爆炸伤人，无关人员严禁靠近。

（4）对起火的变压器应使用干粉灭火器或推车式泡沫灭火器进行灭火。一旦专业消防队赶到，则应以消防队为主进行灭火。在不得已的情况下，可用砂子覆盖灭火，严禁带电使用泡沫灭火器灭火，以防触电伤人。

（5）当火势继续蔓延扩大时，可能波及到其他设备时，应采取适当的隔离措施，必要时可用砂土阻挡油火；同时要防止着火油料流入电缆沟内。

（6）当变压器着火并威胁到装设在其上部的电气设备或当烟灰、油脂飞落到正在运行的设备和架空线上时，必须设法切断此类设备的电源。

四、带电灭火注意事项

电气设备发生火灾时，如果火势迅猛，来不及断电，或因某种原因而不可能断电。为了争取灭火及时，防止火灾扩大，则可以立即进行带电灭火。

进行带电灭火时，应使用干粉灭火器、二氧化碳灭火器或四氯化碳灭火器。由于这些灭火器的药剂为不导电物质，因而适宜用来扑救电气火灾。用四氯化碳灭火时，扑救人员应站在上风方向以防中毒，同时灭火后要注意通风。

泡沫灭火器是一种常见的通用灭火器，但由于泡沫具有一定的导电性，而且对电气设备的绝缘强度有影响，所以不得用来进行带电灭火。水具有较高的导电性，也不能用来进行带电灭火。

进行带电灭火时，人体、灭火器的机体及喷嘴与带电体之间应保持必要的安全距离。如果带电导体断落地面，应画出一定的警戒区，以防止接触电压或跨步电压伤人。作为辅助保护措施，救火人员应穿绝缘靴、戴绝缘手套。

【思考与练习】

1. 造成电气火灾的主要原因有哪些？
2. 电气火灾的预防方法有哪些？
3. 简述电力电缆火灾的扑救方法。
4. 带电灭火应注意的事项有哪些？

模块2　创伤急救（GYPD00505002）

【模块描述】本模块介绍创伤急救的方法。通过分类介绍和要点归纳，掌握不同类型创伤急救方法和操作注意事项。

【正文】

一、创伤急救的基本要求

（1）创伤急救原则上是先抢救、后固定、再搬运，并注意采取措施，防止伤情加重或污染。需要送医院救治的，应立即做好保护伤员措施后送医院救治。急救成功的条件是：动作快，操作正确，任何延迟和误操作均可加重伤情，并可导致死亡。

（2）抢救前先使伤员安静躺平，判断全身情况和受伤程度，如有无出血、骨折和休克等。

（3）外部出血立即采取止血措施，防止失血过多而休克。外观无伤，但呈休克状态，神志不清或昏迷者，要考虑胸腹部内脏或脑部受伤的可能性。

（4）为防止伤口感染，应用清洁布片覆盖。救护人员不得用手直接接触伤口，更不得在伤口内填塞任何东西或随便用药。

（5）搬运时应使伤员平躺在担架上，腰部束在担架上，防止跌下。平地搬运时伤员头部在后，上楼、下楼、下坡时头部在上，搬运中严密观察伤员，防止伤情突变。伤员搬运时的方法如图 GYPD00505002-1 所示。

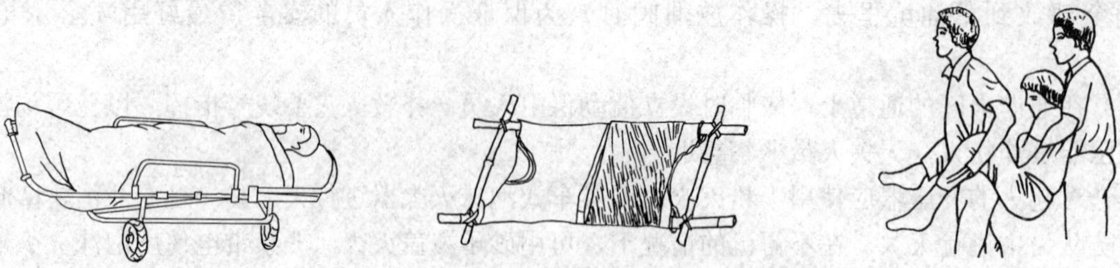

(a)　(b)　(c)

图 GYPD00505002-1　搬运伤员

（a）正常担架；（b）临时担架及木板；（c）错误搬运

（6）若怀疑伤员有脊椎损伤（高处坠落者），在放置体位及搬运时必须保持脊柱不扭曲、不弯曲，应将伤员平卧在硬质平板上，并设法用沙土袋（或其他代替物）放置头部及躯干两侧以适当固定之，以免引起截瘫。

二、止血

（1）伤口渗血。用较伤口稍大的消毒纱布数层覆盖伤口，然后进行包扎。若包扎后仍有较多渗血，可再加绷带适当加压止血。

（2）伤口出血呈喷射状或鲜红血液涌出时，立即用清洁手指压迫出血点上方（近心端），使血流中断，并将出血肢体抬高或高举，以减少出血量。

（3）用止血带或弹性较好的布带等止血时，如图 GYPD00505002-2 所示，应先用柔软布片或伤员的衣袖等数层垫在止血带下面，再扎紧止血带以使肢端动脉搏动消失为度。上肢每 60min，下肢每 80min 放松一次，每次放松 1～2min。开始扎紧与每次放松的时间均应书面标明在止血带旁。扎紧时间不宜超过 4h。不要在上臂中 1/3 处和窝下使用止血带，以免损伤神经。若放松时观察已无大出血可暂停使用。

（4）严禁用电线、铁丝、细绳等作止血带使用。

（5）高处坠落、撞击、挤压可能有胸俯内脏破裂出血。受伤者外观无出血但常表现面色苍白、脉搏细弱、气促、冷汗淋漓、四肢厥冷、烦躁不安，甚至神志不清等休克状态，应迅速躺平，抬高下肢，如图 GYPD00505002-3 所示，保持温暖，速送医院救治。若送院途中时间较长，可给伤员饮用少量糖盐水。

图 GYPD00505002-2　止血带

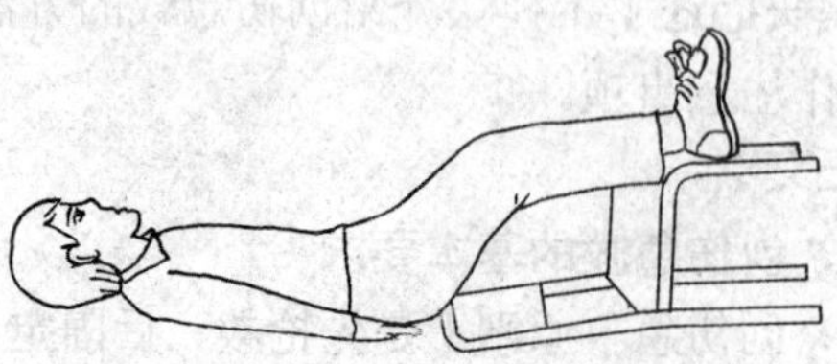

图 GYPD00505002-3　抬高下肢

三、骨折急救

（1）肢体骨折可用夹板或木棍、竹竿等将断骨上、下方两个关节固定，如图 GYPD00505002-4 所示，也可利用伤员身体进行固定，避免骨折部位移动，以减少疼痛，防止伤势恶化。

开放性骨折，伴有大出血者，先止血、再固定，并用干净布片覆盖伤口，然后速送医院救治。切勿将外露的断骨推回伤口内。

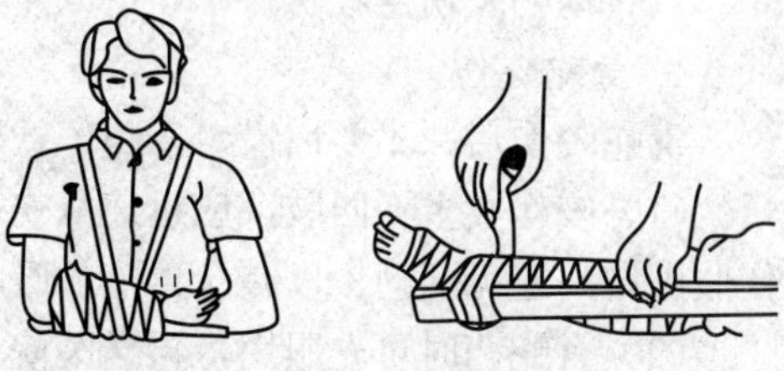

(a)　　(b)

图 GYPD00505002-4　骨折固定方法

（a）上肢骨折固定；（b）下肢骨折固定

（2）疑有颈椎损伤，在使伤员平卧后，用沙土袋（或其他代替物）放置头部两侧（见图 GYPD00505002-5）使颈部固定不动。应进行口对口呼吸时，只能采用抬颏使气道通畅，不能再将头部后仰移动或转动头部，以免引起截瘫或死亡。

（3）腰椎骨折应将伤员平卧在平硬木板上，并将腰椎躯干及两侧下肢一同进行固定预防瘫痪，如图 GYPD00505002-6 所示。搬动时应数人合作，保持平稳，不能扭曲。

图 GYPD00505002-5　颈椎骨折固定

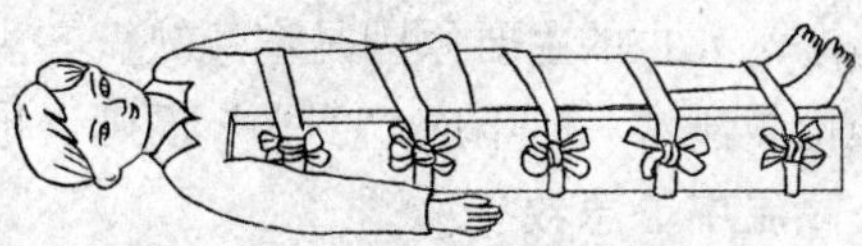

图 GYPD00505002-6　腰椎骨折固定

（4）骨折固定和注意事项：

1）骨折固定应先检查意识、呼吸、脉搏及处理严重出血；

2）骨折固定的夹板长度应能将骨折处的上下关节一同加以固定；

3）骨折端暴露时，不要拉动。

（5）颅脑外伤

1）应使伤员采取平卧位，保持气道通畅，若有呕吐，应扶好头部和身体，使头部和身体同时侧转，防止呕吐物造成窒息。

2）耳鼻有液体流出时，不要用棉花堵塞，只可轻轻拭去，以利降低颅内压力。也不可用力擤鼻，排除鼻内液体，或将液体再吸入鼻内。

3）颅脑外伤时，病情可能复杂多变，禁止给予饮食，速送医院诊治。

四、烧伤急救

（1）电灼伤、火焰烧伤或高温气、水烫伤均应保持伤口清洁。伤员的衣服鞋袜用剪刀剪开后除去。伤口全部用清洁布覆盖，防止感染。四肢烧伤时，先用清洁水冲洗，然后用清洁布片或消毒纱布覆盖送医院。

（2）强酸或碱灼伤应迅速脱去被溅染衣物，现场立即用大量清水彻底冲洗，然后用适当的药物给予中和；冲洗时间不少于 10min；被强酸烧伤应用 5%碳酸氢钠溶液中和；被强碱烧伤应用 0.5%～5%醋酸溶液，或 5%氯化铵，或 10%枸橼酸液中和。

（3）未经医务人员同意，灼伤部位不宜赋搽任何东西和药物。

（4）送医院途中，可给伤员多次少量口服糖盐水。

五、冻伤急救

（1）冻伤使肌肉僵直，严重者深及骨骼，在救护搬运过程中动作要轻柔，不要强使其肢体弯曲活动，以免加重损伤，应使用担架，将伤员平卧并抬至温暖室内救治。

（2）将伤员身上潮湿的衣服剪去后用干燥柔软的衣服覆盖，不得烤火或搓雪。

（3）全身冻伤者呼吸和心跳有时十分微弱，不应误认为死亡，应努力抢救。

六、动物咬伤急救

1. 毒蛇咬伤

毒蛇咬伤后，不要惊慌、奔跑、饮酒，以免加速蛇毒在人体内扩散。

（1）咬伤大多在四肢，应迅速从伤口上端向下方反复挤出毒液，然后在伤口上方用布带扎紧，将伤肢固定，避免活动，以减少毒液的吸收。

（2）有蛇药时可先服用，再送医院救治。

2. 犬咬伤

（1）犬咬伤后应立即用浓肥皂水或清水冲洗伤口至少 15min，同时用挤压法自上而下将残留伤口内唾液挤出，然后再用碘酒涂搽伤口。

（2）少量出血时，不要急于止血，也不要包扎或缝合伤口。

（3）尽量设法查明该犬是否为“疯狗”，对医院制订治疗计划有较大帮助。

七、溺水急救

（1）发现有人溺水应设法迅速将其从水中救出，呼吸心跳停止者用心肺复苏法坚持抢救。曾受水中抢救训练者在水中即可抢救。

（2）口对口呼吸因异物堵塞发生困难，而又无法用手指除去时，可用两手相叠，置于脐部稍上正中线上（远离剑突）迅速向上猛压数次，使异物退出，但也不用力太大。

（3）溺水死亡的主要原因是窒息缺氧。由于淡水在人体内能很快经循环吸收，而气管能容纳的水量很少，抢救溺水者时不应“倒水”而延误抢救时间，更不应“倒水”而不用心肺复苏法进行抢救。

八、高温中暑急救

（1）烈日直射头部，环境温度过高，饮水过少或出汗过多等可以引起中暑现象，其症状一般为恶心、呕吐、胸闷、眩晕、嗜睡、虚脱，严重时抽搐、惊厥甚至昏迷。

（2）应立即将病员从高温或日晒环境转移到阴凉通风处休息。用冷水擦浴，湿毛巾覆盖身体，电扇吹风，或头部置冰袋等方法降温，并及时给伤员口服盐水。严重者送医院治疗。

九、有害气体中毒急救

（1）气体中毒开始时有流泪、眼痛、呛咳、咽部干燥等症状，应引起警惕。稍重时会头痛、气促、胸闷、眩晕。严重时会引起惊厥昏迷。

（2）怀疑可能存在有害气体时，应立即将人员撤离现场，转移到通风良好处休息。抢救人员进入险区应带防毒面具。

（3）已昏迷病员应保持气道通畅，有条件时给予氧气吸入。呼吸心跳停止者，按心肺复苏法进行抢救，并联系医院救治。

（4）迅速查明有害气体的名称，供医院及早对症治疗。

【思考与练习】

1. 创伤急救的基本要求是什么？
2. 简述骨折急救的包扎方法。

第二十一章 配电专用术语

模块1 配电网络常用调度术语（GYPD00506001）

【模块描述】本模块介绍配电网络常用调度术语。通过配电网络常用调度术语的介绍，熟悉配电网络常用调度术语及其与配网运行管理之间的规定。

【正文】

一、配电网络常用调度术语

1. 报数

么、两、三、四、伍、陆、拐、八、九、洞。

一、二、三、四、五、六、七、八、九、零。

2. 调度管辖

电力系统运行和操作指挥权限划分。

3. 调度许可

在改变电气设备状态和方式前，根据有关规定由有关人员提出操作项目，值班调度员许可后才进行。

4. 调度命令

值班调度员对其管辖的设备发布有关运行和操作命令。

5. 调度同意

上级调度员对值班人员（下级调度值班员、集控站和变电站值班长）提出的申请、要求等予以同意。

6. 直接调度

值班调度员直接向值班人员发布调度命令的调度方式。

7. 间接调度

值班调度员通过下级调度员向其他值班人员转达调度命令的方式。

8. 设备停役

在运行或备用中的设备经调度操作后，停止运行或备用，由生产单位进行检修、试验或其他工作。

9. 设备复役

生产单位将停役或检修的设备改变为具备可以投入运行条件的设备交给调度部门统一安排使用。

10. 设备备用

设备处于完好状态，随时可以投入运行。

11. 设备试运行

生产单位将停止运行的设备交给调度部门启动及新设备加入系统进行必要的试验和检查，并随时可以停止运行。

12. 停电时间

线路及主变压器等电气设备从各端做好保护接地许可工作算起。

13. 复役时间

线路及主变压器等电气设备从汇报工作结束时算起。

14. 增加或减少有功（无功）出力
在发电机原有功（或无功）出力基础上增加或减少有功（或无功）出力。
15. 线路潮流
线路的电流，有功或无功功率。
16. 地区负荷
地区用电的有功或无功负荷。
17. 超负荷
机组的负荷超过制造厂或改造后规定的限定。
18. 频率
电力系统工频为50Hz，单位是："赫"或"千赫"。
19. 提高频率或电压
在原有频率或电压基础上，提高频率或电压值。
20. 降低频率或电压
在原有频率或电压基础上，降低频率或电压值。
21. 紧急备用
设备存在某些缺陷，只允许在紧急需要时，短时期运行。
22. 合上××开关
使××开关由分闸位置转为合闸位置。
23. 拉开××开关
使××开关由合闸位置转为分闸位置。
24. 合上××闸刀
使××闸刀由断开位置转为接通位置。
25. 拉开××闸刀
使××闸刀由接通位置转为断开位置。
26. ××线路（或设备）许可工作开始×点××分
××线路（或设备）转入检修后值班调度员许可工作开始命令。
27. 现在××线路（或设备）工作全部结束现场接地线已拆除工作人员已撤离可以送电
现场检修人员或下级调度员向上级调度员汇报调度许可的设备上工作结束后的汇报术语。
28. 定期检修
按规程或厂家规定的检修周期进行的检修。
29. 计划检修
经上级批准，由调度统一安排的检修，可分为年、季、月度。
30. 临时检修
计划外临时批准的检修。
31. 事故检修
因设备故障进行的检修。
32. 振荡
电力系统并列运行的两部分或几部分失去同期，系统电压、电流、有功和无功发生大幅度的有规律的摆动现象。
33. 波动
系统电压发生瞬间下降或上升后立即恢复正常。
34. 摆动
系统电压、电流产生有规律的小量摇摆现象。
35. 过负荷
线路、主变压器等电气设备的电流超过运行限额。

二、配电网络常用操作术语

1. 合环

在电气回路电网上开口处经操作将开关或闸刀合上形成回路。

2. 解环

将环状运行的电网，在某处经操作后成为非环状运行电网。

3. 合上

把开关与闸刀放在接通位置。

4. 拉开

将开关与闸刀处于断开位置。

5. 开关跳闸

未经操作的开关三相同时由合闸转为分闸位置。

6. 倒排

线路、主变压器等设备由接在某一条母线改为接在另一母线上。

7. 冷倒

开关在热备用状态，拉开×母闸刀，再合上×母闸刀，而后合上开关。

8. 充电

设备带标准电压但不接带负荷。

9. 送电

对设备充电并带负荷。

10. 停电

拉开开关使设备不带电。

11. 强送

设备因故障跳闸后，不经检查即送电。

12. 试送

设备因故障跳闸后经初步检查后再送电。

13. 带电巡视

在线路带电情况下巡线。

14. 停电巡线

在线路停电并挂好接地线情况下巡线。

15. 事故巡线

线路发生事故后，为查明故障原因的巡线。

16. 特巡

对带电线路在暴风雨、覆冰、雾、河流开冰、水灾、大负荷、地震等情况下的巡线。

17. 验电

用验电器验明设备是否带电。

18. 放电

设备停电后，用放电棒将电荷放去。

19. 挂接地线

用临时接地线将设备与大地接通。

20. 拆接地线

拆除将设备与大地接通的临时接地线。

21. 合上接地闸刀

用接地闸刀将设备与大地接通。

22. 拉开接地闸刀

用接地闸刀将设备与大地断开。

23. 拆除引线或接引线

将设备引线或架空线的跨接线拆断或接通。

24. 核相

用仪表工具核对两电源或环路相位是否相同。

25. 核对相序

用仪表或其他手段核对电源的相序是否正确。

26. 短接

用临时导线将开关或闸刀等设备跨越旁路。

27. 带电拆装

在设备带电状态下拆断或接通短线。

28. 接引线

将设备引线或架空线的跨接线接通。

29. 拆引线

将设备引线或架空线的跨接线拆除。

30. 限电

限制用户用电。

31. 紧急拉闸

事故情况下（或超电网供电能力时）将供向用户的电力线路切断停止送电。

32. 保安电力

保证人身和设备安全的电力。

33. 开关改非自动

将开关的操作直流电源回路解除。

34. 开关改自动

恢复开关的直流回路。

【思考与练习】

1. 什么是调度许可？
2. 什么是直接调度？
3. 什么是振荡？
4. 什么是摆动？
5. 什么是合环？
6. 什么是特巡？

第七部分

架空配电线路运行维护

第二十二章　配电线路巡视、操作

模块1　架空配电线路巡视种类、周期、内容（ZY0300101001）

【模块描述】本模块包含架空配电线路巡视的种类、周期以及各主要组成元件的巡视检查内容。通过内容介绍，掌握在常规和特殊状况下的巡视知识。

【正文】

一、架空配电线路巡视种类

（1）定期性巡视。定期性巡视的目的是经常掌握配电线路各部件的运行状况、沿线情况以及随季节而变化的其他情况。定期性巡视可由线路专责人单独进行，但巡视中不得攀登杆塔及带电设备，并应与带电设备保持足够的安全距离，如10kV不小于0.7m。

（2）特殊性巡视。特殊性巡视是指遇有气候异常变化（如大雪、大雾、暴风、大风、沙尘暴等）、自然灾害（如地震、河水泛滥等）、线路过负荷和遇有重要政治活动、大型节假日等特殊情况时针对线路全部或全线某段、某些部件进行的巡视，以便发现线路的异常变化和损坏。

（3）夜间巡视。夜间巡视在线路高峰负荷时进行，主要利用夜间的有利条件发现接头有无发热打火、绝缘子表面有无闪络放电现象。

（4）故障性巡视。故障性巡视的目的是为了查明线路发生故障的地点和原因，以便排除。无论线路故障重合闸成功与否，均应在故障跳闸或发现接地后立即进行巡视。

（5）监察性巡视。由运行部门领导和线路专责技术人员进行，也可由专责巡线人员互相交叉进行。目的是了解线路和沿线情况，检查专责人员巡线工作质量，并提高其工作水平。巡视可在春季、秋季安全检查及高峰负荷时进行，可全面巡视，也可抽巡。

二、架空配电线路巡视周期

规程规定，定期巡视周期为：城镇公用电网及专线每月巡视一次，郊区及农村线路每季至少一次。特殊巡视的周期不做规定，根据实际情况随时进行。夜间巡视周期为：公用电网及专线每半年一次，其他线路每年一次。监察性巡视周期为：重要线路和事故多的线路每年至少一次。

线路巡视周期按表ZY0300101001-1规定执行。

表ZY0300101001-1　　线路巡视周期表

巡视项目	周期	备注
定期性巡视	10kV城镇公用电网及专线：每月一次	
	10kV郊区及农村线路：每季一次	
	低压一般每季至少一次	
特殊性巡视		根据需要
夜间巡视	每年至少冬、夏季各进行一次	根据负荷情况
故障性巡视		根据需要
监察性巡视	重要线路和事故多的线路每年至少一次	

三、架空配电线路巡视内容

1. 导线的巡视检查

（1）裸导线的巡视检查。

1）导线有无断股、烧伤，在化工和沿海地区导线有无腐蚀现象。

2）各相弧垂是否一致，有无过紧或过松。

3）接头有无变色、烧熔、锈蚀，铜铝导线连接是否使用过渡线夹（特别是低压中性线接头），并沟线夹弹簧垫圈是否齐全，螺母是否紧固。

4）引流线对邻相及对地（杆塔、金具、拉线等）距离是否符合要求（最大风偏时，10kV 对地不小于 200mm，线间不小于 300mm；低压对地不小于 100mm，线间不小于 150mm）。

（2）绝缘导线的巡视检查。

1）绝缘线外皮有无磨损、变形、龟裂等。

2）绝缘护罩扣合是否紧密，有无脱落现象。

3）各相弧垂是否一致，有无过紧或过松。

4）引流线最大风偏时，10kV 对地不应小于 200mm，线间不小于 300mm。

5）沿线有无树枝刮蹭绝缘导线。

6）红外监测技术检查接头有无发热现象。

2. 杆塔的巡视检查

（1）杆塔是否倾斜（混凝土杆：转角杆、直线杆不应大于 15/1000，转角杆不应向内角倾斜，终端杆不应向导线侧倾斜，向拉线侧倾斜应小于 200mm；铁塔：50m 以下不应大于 10/1000，50m 以上不应大于 5/1000）；铁塔构件有无弯曲、变形、锈蚀；螺栓有无松动；混凝土杆有无裂纹（不应有纵向裂纹，横向裂纹不应超过 1/3 周长，且裂纹宽度不应大于 0.5mm）、酥松、钢筋外露，焊接处有无开裂、锈蚀。

（2）基础有无损坏、下沉或上拔，周围土壤有无挖掘或沉陷，寒冷地区电杆有无冻鼓现象。

（3）杆塔位置是否合适，有无被车撞的可能，或被水淹、冲的可能，杆塔周围防洪设施有无损坏、坍塌。

（4）杆塔标志（杆号、相位、警告牌等）是否齐全、明显。

（5）杆塔周围有无杂草和蔓藤类植物附生。有无危及安全的鸟巢、风筝及杂物。

3. 横担和金具的巡视检查

（1）横担有无锈蚀（锈蚀面积超过 1/2）、歪斜（上下倾斜、左右偏歪不应大于横担长度的 2%）、变形。

（2）金具有无锈蚀、变形；螺栓有无松动、缺帽；开口销有无锈蚀、断裂、脱落。

4. 绝缘子的巡视检查

（1）绝缘子有无脏污，出现裂纹、闪络痕迹，表面硬伤超过 1cm^2，扎线有无松动或断落。

（2）绝缘子有无歪斜，紧固螺钉是否松动，铁脚、铁帽有无锈蚀、弯曲。

（3）合成绝缘子伞裙有无破裂、烧伤。

5. 拉线、顶（撑）杆、拉线柱的巡视检查

（1）拉线有无锈蚀、松弛、断股和张力分配不均等现象。

（2）拉线绝缘子是否损坏或缺少。

（3）拉线、抱箍等金具有无变形、锈蚀。

（4）拉线固定是否牢固，拉线基础周围土壤有无突起、沉陷、缺土等现象。

（5）拉桩有无偏斜、损坏。

（6）水平拉线对地距离是否符合要求。

（7）拉线有无妨碍交通或被车碰撞。

（8）顶（撑）杆、拉线柱、保护桩等有无损坏、开裂、腐朽等现象。

6. 防雷设施的巡视检查

（1）避雷器绝缘裙有无硬伤、老化、裂纹、脏污、闪络。

（2）避雷器的固定是否牢固，有无歪斜、松动现象。

（3）引线连接是否牢固，上下压线有无开焊、脱落，接头有无锈蚀。

（4）引线与相邻杆塔构件的距离是否符合规定。

（5）附件有无锈蚀，接地端焊接处有无开裂、脱落。

7. 接地装置的巡视检查

（1）接地引下线有无断股、损伤、丢失。

（2）接头接触是否良好，线夹螺栓有无松动、锈蚀。

（3）接地引下线的保护管有无破损、丢失，固定是否牢靠。

（4）接地体有无外露、严重腐蚀，在埋设范围内有无土方工程。

8. 接户线的巡视检查

（1）线间距离和对地、对建筑物等交叉跨越距离是否符合规定。

（2）绝缘层有无老化、损坏。

（3）接头接触是否良好，有无电化腐蚀现象。

（4）绝缘子有无破损、脱落。

（5）支持物是否牢固，有无腐朽、锈蚀、损坏等现象。

（6）弧垂是否合适，有无混线、烧伤现象。

9. 线路保护区巡视检查

（1）线路上有无搭落的树枝、金属丝、锡箔纸、塑料布、风筝等。

（2）线路周围有无堆放易被风刮起的锡箔纸、塑料布、草垛等。

（3）沿线有无易燃、易爆物品和腐蚀性液、气体。

（4）有无危及线路安全运行的建筑脚手架、吊车、树木、烟囱、天线、旗杆等。

（5）线路附近有无敷设管道、修桥筑路、挖沟修渠、平整土地、砍伐树木及在线路下方修房栽树、堆放土石等。

（6）线路附近有无新建的化工厂、农药厂、电石厂等污染源及打靶场、开石爆破等不安全现象。

（7）导线对其他电力线路、弱电线路的距离是否符合规定。

（8）导线对地、道路、公路、铁路、管道、索道、河流、建筑物等距离是否符合规定。

（9）防护区内有无植树、种竹情况及导线与树、竹间距离是否符合规定。

（10）线路附近有无射击、放风筝、抛扔外物、飘洒金属和在杆塔、拉线上拴牲畜等。

（11）查明沿线发生江河泛滥、山洪和泥石流等异常现象。

（12）有无违反《电力设施保护条例》的建筑。

【思考与练习】

1. 架空配电线路巡视的种类有哪些？

2. 架空配电线路巡视的周期是如何规定的？

3. 杆塔巡视检查的重点是什么？

4. 电力电缆的巡视检查内容有哪些？

模块 2 架空配电线路巡视（ZY0300101002）

【模块描述】本模块涉及架空配电线路巡视的目的、要求，不同季节巡视的重点以及巡视时的安全注意事项。通过知识讲解、要点分析、图形示例，掌握独立巡视线路的能力。

【正文】

一、架空配电线路的巡视

1. 巡视的目的

为了及时掌握线路及设备的运行状况，包括沿线的环境状况，发现并消除设备缺陷和沿线威胁线路安全运行的隐患，预防事故的发生，提供详实的线路设备检修内容，必须按期进行巡视和检查。

2. 巡视时应携带的工器具

巡线人员要了解当日气象预报情况，携带必要的工器具和巡线记录本。巡线人员应穿工作服、穿绝缘鞋、戴安全帽，携带望远镜（必要时还需携带红外线测温仪、测高仪）、通信工具，并根据当天气候情况准备雨鞋、雨衣，暑天山区巡线应配备必要的防护工具和防蜂、蛇的药品，巡线人员应带一根不短于 1.2m 的木棒，防止动物袭击。夜间巡线应携带足够的照明工具。

3. 不同季节巡视的侧重点

架空配电线路巡视的季节性很强，各个时期应有不同的侧重点。高峰负荷时，应加强对设备各类接头的检查以及对变压器的巡视；冬季大雪或覆冰时应重点巡视检查接头冰雪溶化状况；开春时节大地解冻，应加强对杆塔基础的检查巡视；雷雨季节到来之前，应加强对各类防雷设施的巡视；夏季气温较高，应加强对导线交叉跨越距离的监视、巡查。雨季汛期应加强对山区线路以及沿山、沿河线路的巡视检查，防止山石滚落砸坏线路以及滑坡、泥石流对线路的影响。

4. 巡视的要求

巡视工作最重要的是质量，巡视检查一定要到位，对每基杆塔、每个部件，对沿线情况、周围环境检查要认真、全面、细致。巡视完毕后，应将发现的缺陷，按缺陷类别、内容、所在杆号及发现的时间，详细记录在缺陷记录本内，以便对缺陷进行处理和考核。

二、危险点分析及安全注意事项

架空配电线路巡视危险点分析及安全注意事项如表 ZY0300101002-1 所示。

表 ZY0300101002-1　　架空配电线路巡视危险点分析及安全注意事项

触电	（1）巡视时应沿线路外侧行走，大风时应沿上风侧行走。 （2）事故巡线，应始终把线路视为带电状态。 （3）导线断落地面或悬吊空中，应设法防止行人靠近断线点 8m 以内，并迅速报告领导等候处理
其他	（1）巡线工作应由有电力线路工作经验的人员担任。 （2）单独巡线人员应考试合格并经工区［公司（局）、站所］主管生产领导批准。 （3）电缆隧道、偏僻山区和夜间巡线应由两人进行。暑天、大雪天等恶劣天气，必要时由两人进行。单人巡线时，禁止攀登电杆和铁塔。 （4）雷雨、大风天气或事故巡线，巡视人员应穿绝缘鞋或绝缘靴。 （5）暑天山区巡线应配备必要的防护工具和药品；夜间巡线应携带足够的照明工具。 （6）特殊巡线应注意选择路线，防止洪水、塌方、恶劣天气等对人的伤害。 （7）巡线时，严禁穿凉鞋，防止扎脚。 （8）巡线人员应带一根不短于 1.2m 的木棒，防止动物袭击

三、架空配电线路巡视记录

架空配电线路巡视记录应填写以下有关内容：

（1）按照 SD 292—1988《架空配电线路及设备运行规程》的规定填写。

（2）巡视种类分别填写定期巡视、特殊性巡视、故障巡视或监察性巡视。

（3）巡视范围应注明线路的名称和线路起止杆号。

（4）巡视发现异常，要把具体缺陷位置和危害程度写入线路运行情况一栏；巡视无异常，则在线路运行情况一栏填写“正常”。

（5）处理意见一栏填写巡视人发现缺陷后，对缺陷处理的建议方案。

四、案例

1. 巡视作业流程

巡视作业流程如图 ZY0300101002-1 所示。

2. 定期和特殊巡视作业流程

定期和特殊巡视作业流程如图 ZY0300101002-2 所示。

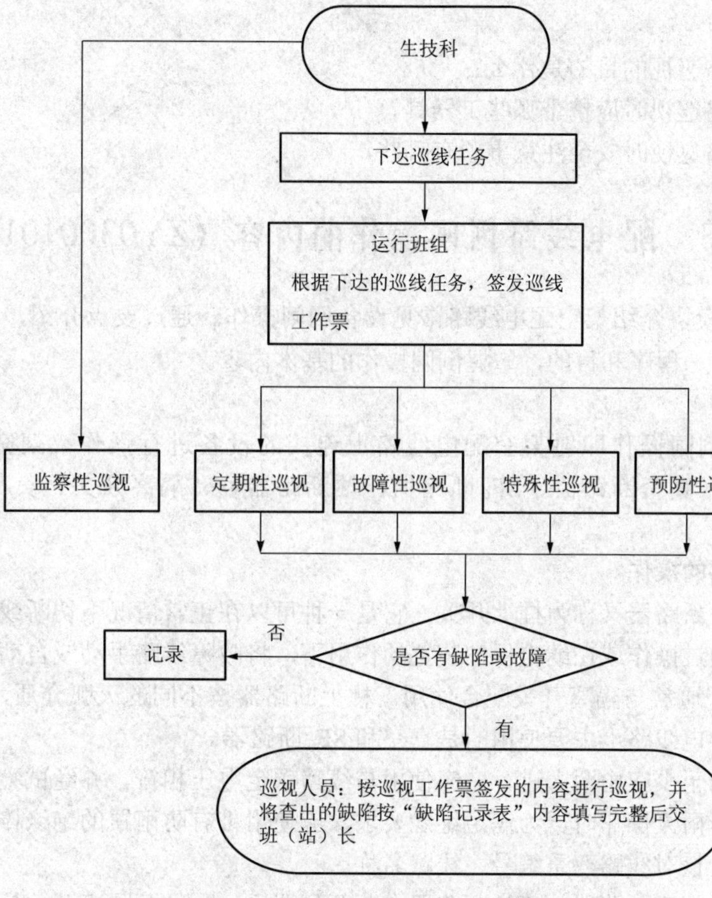

图 ZY0300101002-1　巡视作业流程图

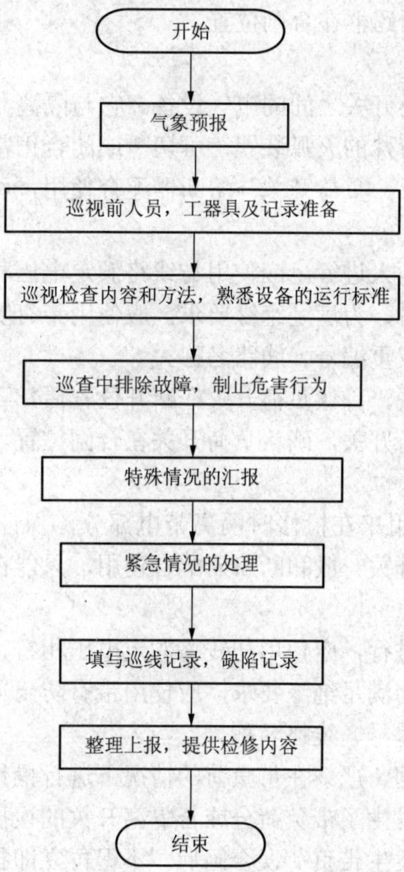

图 ZY0300101002-2　定期和特殊巡视作业流程

【思考与练习】

1. 架空配电线路巡视的目的是什么？
2. 架空配电线路巡视时应携带哪些工器具？
3. 架空配电线路巡视时安全注意事项有哪些？

模块 3 配电线路倒闸操作的内容（ZY0300101003）

【模块描述】本模块介绍架空配电线路常见设备倒闸操作。通过要点介绍，了解架空配电线路倒闸操作的概念、对象、程序和目的，掌握倒闸操作的基本内容。

【正文】

架空配电线路倒闸操作即对架空配电线路上连接的设备进行操作。架空配电线路上的常见设备有柱上断路器（真空断路器、SF_6断路器、油断路器）、隔离开关、负荷开关、跌落式熔断器等。

一、柱上断路器的操作

配电线路用柱上断路器又称为柱上开关，它是一种可以在正常情况下切断或接通线路，并在线路发生短路故障时，通过操作或在继电保护装置的作用下，将故障线路手动或自动切断的开关设备，它没有明显的断开点，通常与隔离开关配合使用。柱上断路器按不同的灭弧介质，可分为油、SF_6、真空三种形式，目前配电线路上主要使用的是真空和SF_6断路器。

操作柱上断路器至少应由两人进行，应使用与线路额定电压相符，并经试验合格的绝缘棒，操作人员应戴绝缘手套。雨天操作时，为满足绝缘要求，应使用带有防雨罩的绝缘棒。登杆前，应根据操作票上的操作任务，核对线路双重编号、线路名称。

停电操作时，先拉开断路器，确认断路器在断开位置后，再拉开隔离开关，确认隔离开关在断开位置。送电时先合上隔离开关（双侧装有隔离开关时先合电源侧，后合负荷侧），确认隔离开关在合闸位置后，再合上断路器，确认断路器在合闸位置。

二、负荷开关的操作

负荷开关是介于断路器和隔离开关之间的电气设备。它与隔离开关相同之处是在开断的情况下有明显的断开点，不同之处是它有特殊的灭弧装置，可切断或闭合正常的负荷电流，但不能像断路器那样可以切断短路电流。一般情况下，负荷开关与熔断器配合使用，可以借助熔断器的熔断达到切断短路电流的目的。

操作柱上负荷开关至少应由两人进行，应使用与线路额定电压相符，并经试验合格的绝缘棒，操作人员应戴绝缘手套。雨天操作时，为满足绝缘要求，应使用带有防雨罩的绝缘棒。登杆前，应根据操作票上的操作任务，核对线路双重编号、线路名称。

停电操作时，先拉开负荷开关，确认负荷开关在断开位置后，再拉开熔断器。送电时先合上熔断器，确认确已合好后，再合上负荷开关，确认负荷开关在合闸位置。

三、隔离开关的操作

隔离开关俗称隔离刀闸，是用来在检修时隔离带电部分，保证检修部分与带电部分之间有足够的、明显的空气绝缘间隔。隔离开关一般和断路器配合使用，只能在电路被断开的情况下进行合闸或分闸操作。

操作隔离开关至少应由两人进行，应使用与线路额定电压相符，并经试验合格的绝缘棒，操作人员应戴绝缘手套。雨天操作时，为满足绝缘要求，应使用带有防雨罩的绝缘棒。登杆前，应根据操作票上的操作任务，核对线路双重编号、线路名称。

隔离开关不管是合闸还是分闸，严禁在带负荷的情况下进行操作。操作前必须检查与之串联的断路器，应确认在断开位置。如果发生了带负荷分或合隔离开关的误操作，则应冷静地避免可能发生的另一种反方向的误操作，即：已发生带负荷误合闸后，不得再立即拉开；当发现带负荷分闸时，若已拉开，不得再合（若刚拉开，即发觉有火花产生时，可立即合上）。

四、跌落式熔断器的操作

跌落式熔断器是装于户外用来保护变压器等电气设备的一种电器。这种熔断器的熔体装在能分解气体的熔管内，它串联在电路中，正常情况下相当于一根导线，当电路一旦发生故障或出现过负荷，大电流通过熔体，熔体受热熔化，熔管依靠重力和接触部分的弹力跌落下来，电弧被迅速拉长，加之气体的灭弧作用，电弧被很快熄灭，从而将电路切断。

拉、合跌落式熔断器时，应使用与线路额定电压相符，并经试验合格的绝缘棒，操作人员应戴绝缘手套。雨天操作时，为满足绝缘要求，应使用带有防雨罩的绝缘棒。登杆前，应根据操作票上的操作任务，核对线路双重编号、线路名称。

带负荷拉、合跌落式熔断器时会产生电弧，负荷电流越大电弧也越大，所以操作跌落式熔断器只能在设备、线路空载或较小的负载情况下进行。拉、合跌落式熔断器应迅速果断，但用力不能过猛，以免损坏跌落式熔断器。跌落式熔断器停、送电操作应逐相进行。

【思考与练习】

1. 柱上断路器的操作有何规定？
2. 负荷开关的操作有何规定？
3. 隔离开关的操作有何规定？
4. 跌落式熔断器的操作有何规定？

模块 4　配电线路倒闸操作的原则（ZY0300101004）

【模块描述】本模块包含架空配电线路倒闸操作票的填写、倒闸操作的注意事项。通过要点介绍，了解倒闸操作原则。

【正文】

一、倒闸操作票的填写

倒闸操作应使用倒闸操作票。倒闸操作人员应根据值班调度员（工区值班员）的操作指令（口头、电话或传真、电子邮件）填写或打印倒闸操作票。操作指令应清楚明确，受令人应将指令内容向发令人复诵，核对无误。发令人发布指令的全过程（包括对方复诵指令）和听取指令的报告时，都应录音并做好记录。

事故应急处理和拉合断路器的单一操作可不使用操作票。操作票应用钢笔或圆珠笔逐项填写。用计算机开出的操作票应与手写格式票面统一。操作票票面应清楚整洁，不得任意涂改。操作票应填写设备双重名称，即设备名称和编号。操作人和监护人应根据模拟图或接线图核对所填写的操作项目，并分别签名。

二、倒闸操作的注意事项

倒闸操作前，应按操作票顺序在模拟图或接线图上预演核对无误后执行。

操作前、后，都应检查核对现场设备名称、编号和断路器、隔离开关的断、合位置。电气设备操作后的位置检查应以设备实际位置为准，无法看到实际位置时，可通过设备机械指示位置、电气指示、仪表及各种遥测、遥信信号的变化，且至少应有两个及以上的指示同时发生对应变化，才能确认该设备已操作到位。

倒闸操作应由两人进行，一人操作，一人监护，并认真执行唱票、复诵制。发布指令和复诵指令都要严肃认真，使用规范术语，准确清晰，按操作顺序逐项操作，每操作完一项，应检查无误后，在操作票的对应栏内做一个“√”记号。操作中发生疑问时，不准擅自更改操作票，应向操作发令人询问清楚无误后再进行操作。操作完毕，受令人应立即汇报发令人。

操作机械传动的断路器或隔离开关时应戴绝缘手套。没有机械传动的断路器、隔离开关和跌落式熔断器，应使用合格的绝缘棒进行操作。雨天操作应使用有防雨罩的绝缘棒，并戴绝缘手套。

操作柱上断路器时，应有防止断路器爆炸时伤人的措施。

更换配电变压器跌落式熔断器的熔丝的工作，应先将低压隔离开关和高压隔离开关或跌落式熔断器拉开。摘挂跌落式熔断器的熔管时，应使用绝缘棒，并应有专人监护，其他人员不得触及设备。

雷电时，严禁进行倒闸操作和更换熔丝工作。

如发生严重危及人身安全情况时，可不等待指令即行断开电源，但事后应立即报告调度或设备运行管理单位。

【思考与练习】

1. 如何填写倒闸操作票？

2. 倒闸操作的原则有哪些？

模块 5　操作柱上断路器、隔离开关的要求（ZY0300101005）

【模块描述】本模块包含操作柱上断路器、隔离开关一般要求、操作顺序及安全注意事项。通过要点介绍、操作流程讲解、案例示例，熟悉柱上断路器、隔离开关操作。

【正文】

一、一般要求

拉、合柱上断路器、隔离开关至少应由两人进行，应使用与线路额定电压相符，并经试验合格的绝缘棒，操作人员应戴绝缘手套。雨天操作时，为满足绝缘要求，应使用带有防雨罩的绝缘棒。登杆前，应根据操作票上的操作任务，核对线路双重编号、线路名称。

二、操作顺序

1. 停电操作顺序

（1）一侧装有隔离开关的断路器的操作。先拉开断路器，确认断路器在断开位置后，再拉开隔离开关，确认隔离开关在断开位置后及时悬挂“严禁合闸，线路有人工作”警示牌。

（2）双侧装有隔离开关的断路器的操作。先拉开断路器，确认断路器在断开位置后，再拉开负荷侧隔离开关，确认隔离开关在断开位置，再拉开电源侧隔离开关，确认隔离开关在断开位置后及时悬挂“严禁合闸，线路有人工作”警示牌。

2. 送电操作顺序

先合上隔离开关（双侧装有隔离开关时先合电源侧，后合负荷侧），确认隔离开关在合闸位置后，再合上断路器，确认断路器在合闸位置。

三、危险点预控及安全注意事项

操作柱上断路器、隔离开关的危险点预控及安全注意事项如表 ZY0300101005-1 所示。

表 ZY0300101005-1　　操作柱上断路器、隔离开关的危险点预控及安全注意事项

触电	（1）操作机械传动的断路器或隔离开关应戴绝缘手套，操作没有机械传动的断路器或隔离开关，应使用同电压等级且试验合格的绝缘杆，雨天操作应使用有防雨罩的绝缘杆。 （2）雷电时严禁进行断路器倒闸操作。 （3）登杆操作时，操作人员严禁穿越和碰触低压线路。 （4）杆上同时有隔离开关和断路器时，应先拉断路器再拉隔离开关，送电时与此相反。 （5）送电前，必须确定挂在线路上的地线全部撤除。 （6）负荷开关主触头不同期时，严禁进行操作
高处坠落	（1）操作时操作人和监护人应戴好安全帽，登杆操作应系好安全带。 （2）登杆前检查杆根、登杆工具有无问题，冬季应采取防滑措施
其他	（1）倒闸操作要执行操作票制度（除事故处理），严禁无票操作。 （2）倒闸操作应由两人进行，一人操作、一人监护。 （3）操作前根据操作票认真核对所操作设备的名称、编号和实际状态。 （4）操作时严格按操作票执行，禁止跳项、漏项。 （5）一般操作油断路器，应在地面安全距离外进行操作，杆上操作时操作人员应站在断路器的背侧，防止断路器爆炸伤人。 （6）操作 SF_6 断路器前先检查断路器气压表（≥0.2MPa），压力是否在允许操作范围内。 （7）操作人员操作时，尽量避免站在断路器正下方

模块5 ZY0300101005

四、案例

两侧装有三相分离式隔离开关的柱上断路器操作票如表 ZY0300101005-2 所示。

表 ZY0300101005-2　　两侧装有三相分离式隔离开关的柱上断路器操作票

<table>
<tr><td colspan="6">电力线路倒闸操作票　　NO：00002</td></tr>
<tr><td colspan="4">单位：××供电站</td><td colspan="2">编号：09-05-02</td></tr>
<tr><td>发令人</td><td>张××</td><td>受令人</td><td>李××</td><td>发令时间：</td><td>2009 年 5 月 12 日 13 时 30 分</td></tr>
<tr><td colspan="4">操作开始时间：
2009 年 5 月 12 日 14 时 28 分</td><td colspan="2">操作结束时间：
2009 年 5 月 12 日 14 时 35 分</td></tr>
<tr><td colspan="6">操作任务：××线路××断路器运行转冷备用</td></tr>
<tr><td>顺　序</td><td colspan="4">操　作　项　目</td><td>√</td></tr>
<tr><td>1</td><td colspan="4">核对线路名称和设备编号</td><td>√</td></tr>
<tr><td>2</td><td colspan="4">检查断路器和两侧隔离开关确在合闸位置</td><td>√</td></tr>
<tr><td>3</td><td colspan="4">拉开柱上断路器</td><td>√</td></tr>
<tr><td>4</td><td colspan="4">检查断路器确在分闸位置</td><td>√</td></tr>
<tr><td>5</td><td colspan="4">拉开（右侧）××隔离开关的 B 相隔离开关</td><td>√</td></tr>
<tr><td>6</td><td colspan="4">拉开（右侧）××隔离开关的 A 相隔离开关</td><td>√</td></tr>
<tr><td>7</td><td colspan="4">拉开（右侧）××隔离开关的 C 相隔离开关</td><td>√</td></tr>
<tr><td>8</td><td colspan="4">检查（右侧）××隔离开关确已断开</td><td>√</td></tr>
<tr><td>9</td><td colspan="4">拉开（左侧）××隔离开关的 B 相隔离开关</td><td>√</td></tr>
<tr><td>10</td><td colspan="4">拉开（左侧）××隔离开关的 A 相隔离开关</td><td>√</td></tr>
<tr><td>11</td><td colspan="4">拉开（左侧）××隔离开关的 C 相隔离开关</td><td>√</td></tr>
<tr><td>12</td><td colspan="4">检查（左侧）××隔离开关确已断开</td><td>√</td></tr>
<tr><td>13</td><td colspan="4">在××线路×号杆 3.5m 处悬挂“禁止合闸，线路有人工作”警示牌一块</td><td>√</td></tr>
<tr><td></td><td colspan="4"></td><td></td></tr>
<tr><td></td><td colspan="4"></td><td></td></tr>
<tr><td>备注</td><td colspan="5">断路器两侧装有三相分离式隔离开关</td></tr>
<tr><td colspan="4">操作人：王××</td><td colspan="2">监护人：李××</td></tr>
</table>

【思考与练习】

1. 操作柱上断路器、隔离开关一般要求是什么？
2. 操作柱上断路器、隔离开关的顺序是怎样规定的？

模块 6　操作跌落式熔断器的要求（ZY0300101006）

【模块描述】本模块包含操作跌落式熔断器一般要求、操作顺序及安全注意事项等。通过要点介绍、图表对比、案例示例，熟悉跌落式熔断器操作。

【正文】

一、一般要求

操作跌落式熔断器至少应由两人进行，为了保证操作人员的安全，在操作跌落式熔断器时，应使用与线路额定电压相符，并经试验合格的绝缘棒，操作人员应戴绝缘手套。雨天操作时，为满足绝缘要求，应使用带有防雨罩的绝缘棒。带负荷拉、合跌落式熔断器时会产生电弧，负荷电流越大电弧也越大，所以在操作 100kVA 以上容量变压器的跌落式熔断器前应先将低压侧负荷断开。拉、合跌落式熔断器应迅速果断，但用力不能过猛，以免损坏跌落式熔断器。拉、合分支线跌落式熔断器应由工作负责人统一指挥，操作人员按单台配电变压器操作顺序进行逐台操作，操作前操作人员应根据操作任务认真核对线路的双重编号、分支线路名称、用户及变压器跌落式熔断器安装地点。跌落式熔断器停、送电操作应逐相进行，同时必须考虑跌落式熔断器在杆上的布置和操作时的风向。

二、操作顺序

1. 停、送电操作顺序

在拉闸操作时，一般规定为先拉开中间相，再拉背风的边相，最后拉开迎风的边相。这是因为配电变压器由三相运行改为两相运行，拉断中间相时所产生的电弧火花最小，不致造成相间短路。其次是拉断背风边相，因为中间相已被拉开，背风边相与迎风边相的距离增加了 1 倍，即使有过电压产生，造成相间短路的可能性也很小，最后拉断迎风边相时，仅有配电变压器对地的电容电流，产生的电火花则很小。

合闸的时候先合迎风边相，再合背风边相。这是因为中间相未合上，相间距离较大，即使产生较大的电弧，造成相间短路的可能性也很小，最后合上中间相，仅使配电变压器两相运行变为三相运行，其产生的电火花很小，不会发生异常问题。

2. 用跌落式熔断器停、送分支线线路及变压器操作顺序

（1）配电变压器停运操作。首先拉开变压器低压侧空气断路器或剩余电流动作保护装置，再拉开低压隔离开关，停运配电变压器低压负荷，再拉开配电变压器高压侧跌落式熔断器。

（2）配电变压器投运操作。首先合上配电变压器高压侧跌落式熔断器，再合上配电变压器低压侧隔离开关，最后合上变压器低压侧空气断路器或剩余电流动作保护器。

（3）分支线跌落式熔断器停运操作。操作人员按单台配电变压器停运操作顺序进行操作，将分支线上的配电变压器逐台停运，最后拉开控制分支线的跌落式熔断器，取下熔丝管。送电程序与此相反。

三、危险点预控及安全注意事项

操作跌落式熔断器的危险点预控及安全注意事项如表 ZY0300101006-1 所示。

表 ZY0300101006-1　　操作跌落式熔断器的危险点预控及安全注意事项

弧光短路、灼伤	（1）必须有两人进行，一人操作、一人监护。 （2）操作人员应带护目镜，使用合格绝缘操作杆。 （3）拉合配电变压器跌落式熔断器时先断开配电变压器低压侧负荷，拉合分支跌落式熔断器时应将支线上所有负荷断开。 （4）操作人员应站在跌落式熔断器背侧
触电	（1）操作人员应与同杆架设的低压导线和跌落式熔断器下引线保持足够的安全距离。 （2）使用同电压等级且试验合格的绝缘杆，雨天操作应使用有防雨罩的绝缘杆。 （3）雷电时严禁进行断路器倒闸操作
高处坠落	（1）操作时操作人和监护人应戴好安全帽，登杆操作应系好安全带。 （2）登杆前检查杆根、登杆工具有无问题，冬季应采取防滑措施
其他	（1）倒闸操作要执行操作票制度（除事故处理），严禁无票操作。 （2）倒闸操作应由两人进行，一人操作、一人监护。 （3）操作前根据操作票认真核对所操作设备的名称、编号和实际状态。 （4）操作时严格按操作票执行，禁止跳项、漏项

四、案例

（1）配电变压器跌落式熔断器倒闸操作票见表 ZY0300101006-2。

表 ZY0300101006-2　　配电变压器跌落式熔断器倒闸操作票

电力线路倒闸操作票						NO：00003
单位：××供电站				编号：09-05-03		
发令人	张××	受令人	李××	发令时间：2009 年 5 月 12 日 13 时 30 分		
操作开始时间：2009 年 5 月 12 日 14 时 28 分				操作结束时间：2009 年 5 月 12 日 14 时 35 分		
操作任务：××线路×号杆××配电变压器跌落式熔断器运行转冷备用						
顺序	操作项目					√
1	核对线路名称、杆号和设备编号					√
2	通知用户拉开低压总隔离开关					√
3	拉开中相跌落式熔断器					√
4	拉开离中相远的跌落式熔断器					√
5	拉开离中相近的跌落式熔断器					√
6	取下三相跌落式熔断器的熔管					√
7	在××线路×号杆 3.5m 处悬挂“禁止合闸，线路有人工作”警示牌一块					√
备注	配电变压器跌落式熔断器水平排列方式，无风					
操作人：王××				监护人：李××		

（2）支线跌落式熔断器倒闸操作票见表 ZY0300101006-3。

表 ZY0300101006-3　　支线跌落式熔断器倒闸操作票

电力线路倒闸操作票						NO：00004
单位：××供电站				编号：09-05-04		
发令人	张××	受令人	李××	发令时间：2009 年 5 月 12 日 13 时 30 分		
操作开始时间：2009 年 5 月 12 日 14 时 50 分				操作结束时间：2009 年 5 月 12 日 14 时 56 分		
操作任务：××线路×号杆××支线跌落式熔断器运行转冷备用						
顺序	操作项目					√
1	拉开××线路×号杆××支线上 T 接的所有配电变压器跌落式熔断器					√
2	核对线路名称、杆号和设备					√
3	拉开中相跌落式熔断器					√
4	拉开离中相远的跌落式熔断器					√
5	拉开离中相近的跌落式熔断器					√
6	取下三相跌落式熔断器的熔管					√
7	在××线路×号杆 3.5m 处悬挂“禁止合闸，线路有人工作”警示牌一块					√
备注	1. 分支线只装有跌落式熔断器且水平排列方式，无风 2. 分支线 T 接配电变压器总容量超过 320kVA					
操作人：王××				监护人：李××		

【思考与练习】

1. 操作跌落式熔断器的一般要求是什么？

2. 操作跌落式熔断器的顺序是怎样规定的？

3. 操作跌落式熔断器时为预防弧光短路和灼伤应注意什么？

模块 7 柱上断路器的操作（ZY0300101007）

【模块描述】本模块包含柱上断路器的操作、危险点预控和标准作业程序卡。通过操作流程讲解、案例示例，掌握实际操作柱上断路器的能力。

【正文】

一、柱上断路器的操作步骤

1. 接受命令

倒闸操作票应根据调度员、值班长或发令人的指令填写，指令必须使用正规的操作术语及设备双重名称。

2. 填写与审查操作票

操作票由操作人填写（或由操作人操作计算机自动生成操作票），填写时应字迹工整清晰。操作人根据接受的操作指令，涉及的检查、操作和安全措施的装拆项目必须依照规定程序，逐项进行填写。

操作人填写好操作票后，由监护人进行审核，并在每页操作票上手写签名。

3. 操作前准备

开始操作前，由监护人持票，会同操作人在系统模拟图逐项预演，确认操作项目和顺序正确无误，即可进行现场实际操作。

操作前、后，都应检查核对现场设备名称、编号和断路器、隔离开关的断、合位置。电气设备操作后的位置检查应以设备实际位置为准，无法看到实际位置时，可通过设备机械指示位置、电气指示、仪表及各种遥测、遥信信号的变化，且至少应有两个及以上的指示同时发生对应变化，才能确认该设备已操作到位。

4. 操作

操作人走在前，监护人持票走在后，到达操作现场后，进行首项操作项目前，填写操作开始时间。操作中监护人所站位置以能看到被操作的设备及操作人动作为宜。

监护人按操作票顺序逐项发布操作指令，操作人指明拟操作的设备，并复诵设备名称和编号，经监护人核对无误发出“对，执行”后，操作人方可操作。

每操作一项，由监护人在操作的项目后做“√”记号，然后方可进行下一步操作。操作中发生疑问时，不得擅自更改操作票，弄清情况，分析清楚后，再进行操作。

操作票所列项目全部执行完毕后，监护人填写操作终了时间，并进行全面检查。

5. 汇报

监护人将操作命令执行结果和终了时间立即汇报发令人，并记入运行工作记录本。

二、危险点预控及安全注意事项

柱上断路器操作危险点预控及安全注意事项见表 ZY0300101007-1。

表 ZY0300101007-1　　柱上断路器操作危险点预控及安全注意事项

人员安排	工作前，要确认工作人员状态良好，技能适合本次工作要求
高空跌落	（1）登杆前，应先检查脚扣、安全带等登高工具完整、牢靠。禁止携带器材登杆或在杆上移位。 （2）上下杆及作业时，不得失去安全带保护，安全带应挂在牢固的构件上，不得低挂高用，移位时围杆带和后备保护绳交替使用
高空坠物	（1）杆塔上作业人员使用的工器具、材料等应装在工具袋里。 （2）在工作现场应设围栏，工器具用绳索传递，绑牢绳扣，传递人员离开重物下方，杆塔下方禁止人员逗留

续表

人员安排	工作前，要确认工作人员状态良好，技能适合本次工作要求
电弧伤人	（1）严格遵守操作规程，按操作票顺序操作，不得跳项操作。 （2）工作人员在工作时，要戴护目镜，穿长袖全棉工作服
人身触电	（1）杆上工作人员与相邻 10kV 带电体的安全距离不小于 0.7m，严禁作业人员穿越未经验电、接地的带电导线。 （2）操作前要确认绝缘工具合格。 （3）雨天操作应穿绝缘靴，戴绝缘手套，并使用防雨操作杆，严禁雷雨天操作
误拉（合）断路器	（1）倒闸操作应使用倒闸操作票。倒闸操作前，应按操作票顺序在模拟图或接线图上预演核对无误后执行。 （2）倒闸操作应由两人进行，一人操作、一人监护，并认真执行唱票、复诵制

三、案例

一侧装有三相分离式隔离开关的柱上断路器的操作见表 ZY0300101007-2。

表 ZY0300101007-2　　柱上断路器倒闸操作票

<table>
<tr><td colspan="5">电力线路倒闸操作票　NO：00005</td></tr>
<tr><td colspan="4">单位：××供电站</td><td>编号：09-05-05</td></tr>
<tr><td>发令人</td><td>张××</td><td>受令人</td><td>李××</td><td>发令时间：
2009 年 5 月 12 日 13 时 30 分</td></tr>
<tr><td colspan="4">操作开始时间：
2009 年 5 月 12 日 14 时 28 分</td><td>操作结束时间：
2009 年 5 月 12 日 14 时 35 分</td></tr>
<tr><td colspan="5">操作任务：××线路××断路器运行转冷备用</td></tr>
<tr><td>顺序</td><td colspan="3">操　作　项　目</td><td>√</td></tr>
<tr><td>1</td><td colspan="3">核对线路名称和设备编号</td><td>√</td></tr>
<tr><td>2</td><td colspan="3">检查断路器和隔离开关确在合闸位置</td><td>√</td></tr>
<tr><td>3</td><td colspan="3">拉开柱上断路器</td><td>√</td></tr>
<tr><td>4</td><td colspan="3">检查断路器确在分闸位置</td><td>√</td></tr>
<tr><td>5</td><td colspan="3">拉开 B 相隔离开关</td><td>√</td></tr>
<tr><td>6</td><td colspan="3">拉开 A 相隔离开关</td><td>√</td></tr>
<tr><td>7</td><td colspan="3">拉开 C 相隔离开关</td><td>√</td></tr>
<tr><td>8</td><td colspan="3">检查隔离开关确已断开</td><td>√</td></tr>
<tr><td>9</td><td colspan="3">在××线路×号杆 3.5m 处悬挂“禁止合闸，线路有人工作”警示牌一块</td><td>√</td></tr>
<tr><td></td><td colspan="3"></td><td></td></tr>
<tr><td></td><td colspan="3"></td><td></td></tr>
<tr><td>备注</td><td colspan="4">断路器一侧装有三相分离式隔离开关</td></tr>
<tr><td colspan="4">操作人：王××</td><td>监护人：李××</td></tr>
</table>

【思考与练习】

1. 操作柱上断路器的工作流程有哪些？
2. 柱上断路器操作前应做哪些准备工作？

模块 8　架空配电线路分支停电操作票（ZY0300101008）

【模块描述】本模块包含架空配电线路分支停电操作流程、操作票填写。通过操作流程讲解、案例示例，掌握架空配电线路分支停电操作的流程和方法。

【正文】

一、架空配电线路分支停电操作票

1. 查看线路图

查看最新发布的、有效的配电线路图，在图上找出需要停电的断路器位置及杆号，找出需要挂接地线的位置及杆号（绝缘导线标有接地环和接地极）。

2. 办理操作票

操作票由操作人填写（或由操作人操作计算机自动生成操作票），填写时应字迹工整清晰。操作人根据接受的操作指令，涉及的检查、操作和安全措施的装拆项目必须依照规定程序，逐项进行填写。

3. 审批、签发

操作人填写好操作票后，由监护人进行审核，并在每页操作票上手写签名。

4. 操作前准备

倒闸操作前，应按操作票顺序在模拟图或接线图上预演核对无误后执行。

操作前、后，都应检查核对现场设备名称、编号和断路器、隔离开关的断、合位置。电气设备操作后的位置检查应以设备实际位置为准。

5. 操作

操作人走在前，监护人持票走在后，到达操作现场后，进行首项操作项目前，填写操作开始时间。操作中监护人所站位置以能看到被操作的设备及操作人动作为宜。

监护人按操作票顺序逐项发布操作指令，操作人指明拟操作的设备，并进行复诵设备名称和编号，经监护人核对无误发出“对，执行”后，操作人方可操作。

每操作一项，由监护人在操作的项目后做“√”记号，然后方可进行下一步操作。操作中发生疑问时，不得擅自更改操作票，弄清情况，分析清楚后，再进行操作。

操作票所列项目全部执行完毕后，监护人填写操作终了时间，并进行全面检查。

6. 汇报

监护人将操作命令执行结果和终了时间立即汇报发令人，并记入运行工作记录本。

二、危险点预控及安全注意事项

架空配电线路分支停电操作危险点预控及安全注意事项见表 ZY0300101008-1。

表 ZY0300101008-1　架空配电线路分支停电操作危险点预控及安全注意事项

人员安排	工作前，要确认工作人员状态良好，技能适合本次工作要求
高空跌落	（1）登杆前，应先检查脚扣、安全带等登高工具完整、牢靠。禁止携带器材登杆或在杆上移位。 （2）上下杆及作业时，不得失去安全带保护，并挂在牢固的构件上，不得低挂高用，移位时围杆带和后备保护绳交替使用
高空坠物	（1）杆塔上作业人员使用的工器具、材料等应装在工具袋里。 （2）在工作现场应设围栏，工器具用绳索传递，绑牢绳扣，传递人员离开重物下方，杆塔下方禁止人员逗留
电弧伤人	（1）严格遵守操作规程，按操作票顺序操作，不得跳项操作。 （2）工作人员在工作时，要戴护目镜，穿长袖全棉工作服
人身触电	（1）杆上工作人员与相邻 10kV 带电体的安全距离不小于 0.7m，严禁作业人员穿越未经验电、接地的带电导线。 （2）操作前要确认绝缘工具合格。 （3）雨天操作应穿绝缘靴，戴绝缘手套，并使用防雨操作杆，严禁雷雨天操作
误拉（合）断路器	（1）倒闸操作应使用倒闸操作票，倒闸操作前，应按操作票顺序在模拟图或接线图上预演核对无误后执行。 （2）倒闸操作应由两人进行，一人操作、一人监护，并认真执行唱票、复诵制

三、案例

架空配电线路分支停电操作。

下面以“112××线团结分支线 1123 号断路器运行转冷备用”操作任务为例，说明操作票的填写内容和步骤要求。

架空配电线路团结支线线路图如图 ZY0300101008-1 所示，具体操作票填写内容如表 ZY0300101008-2 所示。

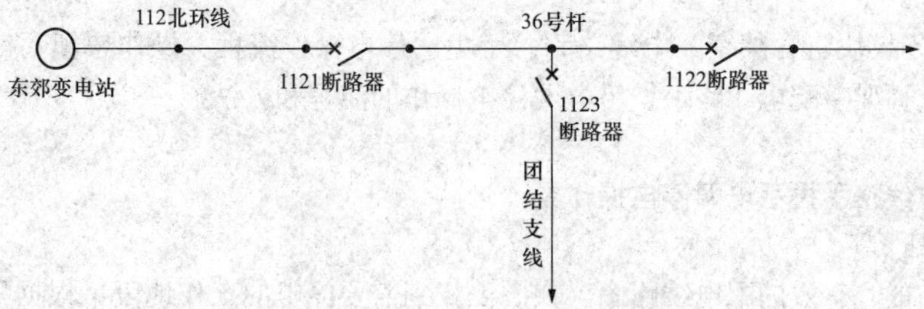

图 ZY0300101008-1　分支线路图

表 ZY0300101008-2　　分支线路停电操作票

<table>
<tr><td colspan="6">电力线路倒闸操作票　　NO：00006</td></tr>
<tr><td colspan="4">单位：××供电站</td><td colspan="2">编号：09-05-06</td></tr>
<tr><td>发令人</td><td>张××</td><td>受令人</td><td>李××</td><td colspan="2">发令时间：
2009 年 5 月 12 日 13 时 30 分</td></tr>
<tr><td colspan="4">操作开始时间：
2009 年 5 月 12 日 14 时 28 分</td><td colspan="2">操作结束时间：
2009 年 5 月 12 日 14 时 35 分</td></tr>
<tr><td colspan="6">操作任务：112××线团结分支线 1123 号断路器运行转冷备用</td></tr>
<tr><td>顺序</td><td colspan="4">操　作　项　目</td><td>√</td></tr>
<tr><td>1</td><td colspan="4">核对线路名称和设备编号</td><td>√</td></tr>
<tr><td>2</td><td colspan="4">检查断路器和隔离开关确在合闸位置</td><td>√</td></tr>
<tr><td>3</td><td colspan="4">拉开柱上断路器</td><td>√</td></tr>
<tr><td>4</td><td colspan="4">检查断路器确在分闸位置</td><td>√</td></tr>
<tr><td>5</td><td colspan="4">拉开 B 相隔离开关</td><td>√</td></tr>
<tr><td>6</td><td colspan="4">拉开 A 相隔离开关</td><td>√</td></tr>
<tr><td>7</td><td colspan="4">拉开 C 相隔离开关</td><td>√</td></tr>
<tr><td>8</td><td colspan="4">检查隔离开关确已断开</td><td>√</td></tr>
<tr><td>9</td><td colspan="4">在 112 东环线团结分支线×号杆 3.5m 处悬挂“禁止合闸，线路有人工作”警示牌一块</td><td>√</td></tr>
<tr><td></td><td colspan="4"></td><td></td></tr>
<tr><td></td><td colspan="4"></td><td></td></tr>
<tr><td></td><td colspan="4"></td><td></td></tr>
<tr><td>备注</td><td colspan="5">断路器一侧装有三相分离式隔离开关</td></tr>
<tr><td colspan="4">操作人：王××</td><td colspan="2">监护人：李××</td></tr>
</table>

【思考与练习】

1. 架空配电线路分支停电操作流程有哪些？
2. 架空配电线路分支停电操作时预防人身触电的措施是什么？

模块9 架空配电线路手拉手电网停电操作票（ZY0300101009）

【模块描述】本模块包含架空配电线路手拉手电网停电操作流程、操作票填写。通过操作流程讲解、案例示例，掌握架空配电线路手拉手电网停电操作的流程和方法。

【正文】

一、架空配电线路手拉手电网停电操作票

1. 查看线路图

查看最新发布的、有效的配电线路图，在图上找到需要停电的工作地段，根据配电线路“环网接线，开环运行”、“手拉手”的特点，为将停电范围控制到最小，需断开工作地段两端最近的断路器，并将工作地段以外的负荷分别由两边相应的变电站供电。

在图上找出需要停电和“手拉手”供电的断路器位置及杆号，找出需要挂接地线的位置及杆号（绝缘导线标有接地环和接地极）。排出停电、供电的先后顺序。

2. 办理操作票

操作票由操作人填写（或由操作人操作计算机自动生成操作票），填写时应字迹工整清晰。操作人根据接受的操作指令，涉及的检查、操作和安全措施的装拆项目必须依照规定程序，逐项进行填写。

3. 审批、签发

操作人填写好操作票后，由监护人进行审核，并在每页操作票上手写签名。

4. 操作前准备

倒闸操作前，应按操作票顺序在模拟图或接线图上预演核对无误后执行。

操作前、后，都应检查核对现场设备名称、编号和断路器、隔离开关的断、合位置。电气设备操作后的位置检查应以设备实际位置为准。

5. 操作

操作人走在前，监护人持票走在后，到达操作现场后，进行首项操作项目前，填写操作开始时间。操作中监护人所站位置以能看到被操作的设备及操作人动作为宜。

监护人按操作票顺序逐项发布操作指令，操作人指明拟操作的设备，并进行复诵设备名称和编号，经监护人核对无误发出“对，执行”后，操作人方可操作。

每操作一项，由监护人在操作的项目后做“√”记号，然后方可进行下一步操作。操作中发生疑问时，不得擅自更改操作票，弄清情况，分析清楚后，再进行操作。

操作票所列项目全部执行完毕后，监护人填写操作终了时间，并进行全面检查。

操作时，必须先断开工作地段两端的断路器，然后再根据“手拉手”情况，恢复工作地段以外的负荷供电，先后顺序不得颠倒。第一张操作票执行完毕后，按照先后顺序再到第二个操作点执行第二张操作票。

6. 汇报

所有操作票全部执行完毕后，监护人将操作命令执行结果和终了时间立即汇报发令人，并记入运行工作记录本。

二、危险点预控及安全注意事项

架空配电线路手拉手电网停电操作危险点预控及安全注意事项见表ZY0300101009-1。

表ZY0300101009-1 架空配电线路手拉手电网停电操作危险点预控及安全注意事项

人员安排	工作前，要确认工作人员状态良好，技能适合本次工作要求
高空跌落	（1）登杆前，应先检查脚扣、安全带等登高工具完整、牢靠。禁止携带器材登杆或在杆上移位。 （2）上下杆及作业时，不得失去安全带保护，并挂在牢固的构件上，不得低挂高用，移位时围杆带和后备保护绳交替使用

续表

人员安排	工作前，要确认工作人员状态良好，技能适合本次工作要求
高空坠物	（1）杆塔上作业人员使用的工器具、材料等应装在工具袋里。 （2）在工作现场应设围栏，工器具用绳索传递，绑牢绳扣，传递人员离开重物下方，杆塔下方禁止人员逗留
电弧伤人	（1）严格遵守操作规程，按操作票顺序操作，不得跳项操作。 （2）工作人员在工作时，要戴护目镜，穿长袖全棉工作服
人身触电	（1）杆上工作人员与相邻10kV带电体的安全距离不小于0.7m，严禁作业人员穿越未经验电、接地的带电导线。 （2）操作前要确认绝缘工具合格。 （3）雨天操作应穿绝缘靴，戴绝缘手套，并使用防雨操作杆，严禁雷雨天操作
误拉（合）断路器	（1）倒闸操作应使用倒闸操作票，倒闸操作前，应按操作票顺序在模拟图或接线图上预演核对无误后执行。 （2）倒闸操作应由两人进行，一人操作、一人监护，并认真执行唱票、复诵制
操作顺序	按照发令人的命令顺序，先合环，再断开工作地段两端的断路器（如果条件不明，必须先断开工作地段两端的断路器，然后再根据“手拉手”情况，恢复工作地段以外的负荷供电）

三、案例

架空配电线路手拉手电网接线图如图ZY0300101009-1所示。北郊变电站112北团线、东郊变电站131东团线、南郊变电站125南团线三条线路通过联络断路器在北团线36号杆连接，正常运行方式为112北团线1121断路器、1122断路器，125南团线1251断路器，131东团线1311断路器、1312断路器合闸，南团线1252断路器、东团线1313断路器分闸。

现在112北团线18号杆处有工作需要停电，为了减少停电范围，需先合上125南团线1252断路器，再断开112北团线1122断路器、1121断路器（合环前具备相关条件）。

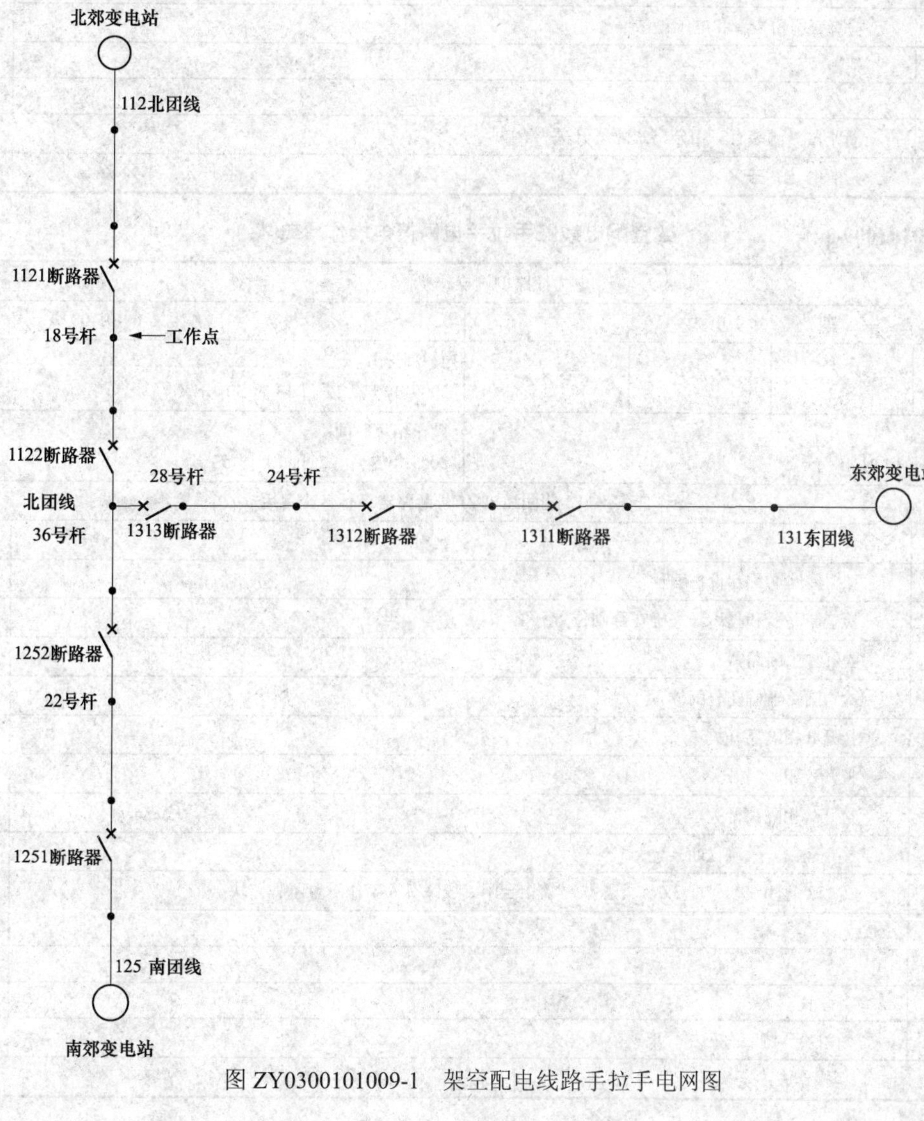

图 ZY0300101009-1　架空配电线路手拉手电网图

模块9 ZY0300101009

架空配电线路手拉手电网停电操作票见表 ZY0300101009-2～表 ZY0300101009-4。

表 ZY0300101009-2　　架空配电线路手拉手电网停电操作票一

电力线路倒闸操作票				NO：00007
单位：××供电站				编号：09-05-07
发令人	张××	受令人	李××	发令时间：2009 年 5 月 12 日 13 时 30 分
操作开始时间：2009 年 5 月 12 日 14 时 28 分				操作结束时间：2009 年 5 月 12 日 14 时 35 分
操作任务：125 南团线 1252 号断路器冷备用转运行				

顺序	操　　作　　项　　目	√
1	核对线路名称和设备编号	√
2	检查断路器和隔离开关确在分闸位置	√
3	合上 A 相隔离开关	√
4	检查确已合好	√
5	合上 C 相隔离开关	√
6	检查确已合好	√
7	合上 B 相隔离开关	√
8	检查确已合好	√
9	合上柱上断路器	√
10	检查断路器确在合闸位置	√
11	检查变压器声音和电压正常	√
备注	断路器一侧装有三相分离式隔离开关	
操作人：王××	监护人：李××	

表 ZY0300101009-3　　架空配电线路手拉手电网停电操作票二

电力线路倒闸操作票				NO：00008
单位：××供电站				编号：09-05-08
发令人	张××	受令人	李××	发令时间：2009 年 5 月 12 日 13 时 30 分
操作开始时间：2009 年 5 月 12 日 14 时 45 分				操作结束时间：2009 年 5 月 12 日 14 时 53 分
操作任务：112 北团线 1121 号断路器运行转冷备用				

顺序	操　　作　　项　　目	√
1	核对线路名称和设备编号	√
2	检查断路器和隔离开关确在合闸位置	√
3	拉开柱上断路器	√
4	检查断路器确在分闸位置	√
5	拉开 B 相隔离开关	√
6	拉开 A 相隔离开关	√
7	拉开 C 相隔离开关	√
8	检查隔离开关确已断开	√
9	在 112 北团线×号杆 3.5m 处悬挂“禁止合闸，线路有人工作”警示牌一块	√
备注	断路器一侧装有三相分离式隔离开关	
操作人：王××	监护人：李××	

表 ZY0300101009-4　　架空配电线路手拉手电网停电操作票三

<table>
<tr><td colspan="5">电力线路倒闸操作票　　NO：00009</td></tr>
<tr><td colspan="4">单位：××供电站</td><td>编号：09-05-09</td></tr>
<tr><td>发令人</td><td>张××</td><td>受令人</td><td>李××</td><td>发令时间：
2009 年 5 月 12 日 13 时 30 分</td></tr>
<tr><td colspan="4">操作开始时间：
2009 年 5 月 12 日 15 时 05 分</td><td>操作结束时间：
2009 年 5 月 12 日 15 时 15 分</td></tr>
<tr><td colspan="5">操作任务：112 北团线 1122 号断路器运行转冷备用</td></tr>
<tr><td>顺序</td><td colspan="3">操　作　项　目</td><td>√</td></tr>
<tr><td>1</td><td colspan="3">核对线路名称和设备编号</td><td>√</td></tr>
<tr><td>2</td><td colspan="3">检查断路器和隔离开关确在合闸位置</td><td>√</td></tr>
<tr><td>3</td><td colspan="3">拉开柱上断路器</td><td>√</td></tr>
<tr><td>4</td><td colspan="3">检查断路器确在分闸位置</td><td>√</td></tr>
<tr><td>5</td><td colspan="3">拉开 B 相隔离开关</td><td>√</td></tr>
<tr><td>6</td><td colspan="3">拉开 A 相隔离开关</td><td>√</td></tr>
<tr><td>7</td><td colspan="3">拉开 C 相隔离开关</td><td>√</td></tr>
<tr><td>8</td><td colspan="3">检查隔离开关确已断开</td><td>√</td></tr>
<tr><td>9</td><td colspan="3">在 112 北团线×号杆 3.5m 处悬挂“禁止合闸，线路有人工作”警示牌一块</td><td>√</td></tr>
<tr><td></td><td colspan="3"></td><td></td></tr>
<tr><td></td><td colspan="3"></td><td></td></tr>
<tr><td>备注</td><td colspan="4">断路器一侧装有三相分离式隔离开关</td></tr>
<tr><td colspan="4">操作人：王××</td><td>监护人：李××</td></tr>
</table>

【思考与练习】

1. 架空配电线路手拉手电网停电操作流程有哪些？
2. 现场勘察主要查看哪些方面？
3. 架空配电线路手拉手电网停电操作的顺序有何规定？

第二十三章 架空配电线路的缺陷处理

模块 1 架空配电线路的常见缺陷（GYPD00601001）

【模块描述】本模块介绍架空配电线路各类电器元件的常见缺陷。通过要点归纳和列表说明，掌握各类电器元件常见缺陷类型，以及线路巡视中发现缺陷的记录方法。

【正文】

架空配电线路的常见缺陷存在于导线、杆塔、横担金具、绝缘子、拉线、接地装置、线路通道等部位。

一、架空配电线路的常见缺陷

1. 导线的常见缺陷

（1）裸导线的常见缺陷：

1）导线断股、烧伤，化工和沿海地区导线腐蚀。

2）各相弧垂不一致，过紧或过松。

3）接头变色、烧熔、锈蚀，铜铝导线连接不使用过渡线夹（特别是低压中性线接头），并沟线夹弹簧垫圈不齐全，螺母未紧固。

4）引流线对相邻相及对地距离不符合要求（最大摆动时，10kV 对地不小于 200mm，线间不小于 300mm；低压对地不小于 100mm，线间不小于 150mm）。

（2）绝缘导线的常见缺陷：

1）绝缘线外皮有磨损、变形、龟裂等。

2）绝缘护罩扣合不紧密或有脱落现象。

3）各相弧垂不一致，过紧或过松。

4）引流线最大摆动时对地小于 200mm，线间小于 300mm。

5）沿线树枝刮蹭绝缘导线。

6）红外监测技术检查接头有发热现象。

2. 杆塔的常见缺陷

（1）杆塔倾斜（混凝土杆：转角杆、直线杆不应大于 15/1000，转角杆不应向内角倾斜，终端杆不应向导线侧倾斜，向拉线侧倾斜应小于 200mm；铁塔：50m 以下不应大于 10/1000，50m 以上不应大于 5/1000）；铁塔构件发生弯曲、变形、锈蚀；螺栓松动。

（2）混凝土杆出现裂纹（不应有纵向裂纹，横向裂纹不应超过 1/3 周长，且裂纹宽度不应大于 0.5mm）、酥松、钢筋外露，焊接处开裂、锈蚀。

（3）基础损坏、下沉或上拔，周围土壤被挖掘或沉陷，寒冷地区电杆发生冻鼓现象。

（4）杆塔位置不合适，有被车撞的可能，或有被水淹、冲刷的可能，杆塔周围防洪设施损坏、坍塌。

（5）杆塔标志（杆号、相位警告牌等）不齐全、不明显。

（6）杆塔周围有杂草和蔓藤类植物附生。有危及安全的鸟巢、风筝及杂物。

3. 横担和金具的常见缺陷

（1）横担锈蚀（锈蚀面积超过 1/2）、歪斜（上下倾斜、左右偏歪不应大于横担长度的 2%）、变形。

（2）金具锈蚀、变形；螺栓松动、缺帽；开口销锈蚀、断裂、脱落。

4. 绝缘子的常见缺陷

（1）绝缘子脏污，出现裂纹、闪络痕迹，表面硬伤超过 $1cm^2$，绑扎线松动或断落。

（2）绝缘子歪斜，紧固螺钉松动，铁脚、铁帽锈蚀、弯曲。

（3）合成绝缘子伞裙破裂、烧伤。

5. 拉线、顶（撑）杆、拉线柱的常见缺陷

（1）拉线锈蚀、松弛、断股和张力分配不均等。

（2）拉线绝缘子损坏或缺少。

（3）拉线、抱箍等金具变形、锈蚀。

（4）拉线固定不牢固，拉线基础周围土壤有突起、沉陷、缺土等现象。

（5）拉桩偏斜、损坏。

（6）水平拉线对地距离不符合要求。

（7）拉线警示套管缺失。

（8）拉线妨碍交通或被车碰撞。

（9）顶（撑）杆、拉线柱、保护桩等有损坏、开裂、腐朽等现象。

6. 防雷设施的常见缺陷

（1）避雷器绝缘裙有硬伤、老化、裂纹、脏污、闪络。

（2）避雷器的固定不牢固，有歪斜、松动现象。

（3）引线连接不牢固，上下压线开焊、脱落，接头锈蚀。

（4）引线与相邻相和杆塔构件的距离不符合规定。

（5）个别附件锈蚀，接地端焊接处开裂、脱落。

7. 接地装置的常见缺陷

（1）接地引下线断股、损伤、丢失。

（2）接头接触不好，线夹螺栓松动、锈蚀。

（3）接地引下线的保护管破损、丢失，固定不牢靠。

（4）接地体外露、严重腐蚀，在埋设范围内有威胁性土方工程。

8. 接户线的常见缺陷

（1）线间距离和对地、对建筑物等交叉跨越距离不符合规定。

（2）绝缘层老化、损坏。

（3）接头接触不好，有电化腐蚀现象。

（4）绝缘子破损、脱落。

（5）支持物不牢固，有腐朽、锈蚀、损坏等现象。

（6）弧垂不合适，有混线、烧伤现象。

9. 线路保护区常见缺陷

（1）线路上有搭落的树枝、金属丝、锡箔纸、塑料布、风筝等。

（2）线路周围堆放有易被风刮起的锡箔纸、塑料布、草垛等。

（3）沿线有易燃、易爆物品和腐蚀性液、气体。

（4）有危及线路安全运行的建筑脚手架、吊车、树木、烟囱、天线、旗杆等。

（5）线路附近敷设管道、修桥筑路、挖沟修渠、平整土地、砍伐树木及在线路下方修房栽树、堆放土石等。

（6）线路附近有新建的污染源及打靶场、开石爆破等不安全现象。

（7）导线对其他电力线路、弱电线路的距离不符合规定（最小交叉跨越距离见表 GYPD00601001-1）。

表 GYPD00601001-1　　配电线路交叉跨越最小距离（最大弧垂时）

跨越物	电压等级（kV）	距离（m）	备　注
电力线路	10 及以下	2	绝缘导线与绝缘导线为 1m
	35～110	3	
	220	4	
	330	5	
弱电线路		2	低压跨越不小于 1m

（8）导线对地、道路、公路、铁路、管道、索道、河流、建筑物等距离不符合规定（导线对地面及跨越物的垂直距离，在最大弧垂时应不小于表 GYPD00601001-2 中的数值）。

表 GYPD00601001-2　　导线对地面及跨越物的垂直距离（最大弧垂时）　　m

线路经过地区	垂直距离	
	中　压	低　压
居民区	6.5	6.0
非居民区	5.5	5.0
交通困难地区	4.5	4.0
至公路、城市道路面	7.0	6.0
至铁路轨顶	7.5	
至有电车行车线的路面	9.0	
至河流最高水面	6.0	

（9）防护区内有植树、种竹情况及导线与树、竹间距离不符合规定（导线对房屋、树木的水平最大风偏距离和垂直最大弧垂距离见表 GYPD00601001-3）。

表 GYPD00601001-3　　导线对房屋及树木的最小水平和垂直距离

线路经过地	最大风偏时水平距离				最大弧垂时垂直距离			
	裸导线		绝缘导线		裸导线		绝缘导线	
	中压	低压	中压	低压	中压	低压	中压	低压
房屋	1.5	1	0.75	0.2	3	2.5	2.5	2
树木	3	1	1	0.5	1.5	1	0.8	0.2

（10）线路附近有射击、放风筝、抛扔外物、飘洒金属和在杆塔、拉线上拴牲畜等。

（11）沿线发生江河泛滥、山洪和泥石流等异常现象。

（12）发现有违反《电力设施保护条例》的建筑。

二、线路巡视缺陷记录

线路巡视人员对发现的缺陷应认真做好记录，确保记录真实、准确、工整。巡视结束后，除立即向运行负责人汇报外，还应当立即填写线路运行巡视缺陷记录表，详细记录巡视日期、巡视人、发生缺陷的线路名称及杆号、缺陷具体内容，确定缺陷类别，并根据缺陷情况提出相应处理意见。运行负责人汇总所有巡视人员的记录后，根据轻重缓急，安排立即处理还是集中处理。

三、案例

架空配电线路运行巡视缺陷记录见表 GYPD00601001-4。

表 GYPD00601001-4　　架空配电线路运行巡视缺陷记录表

巡视日期	巡视类别	巡视范围	线路运行情况	处理意见	巡视人	巡视负责人
2009-05-22	定期	10kV××线 1～45 号	34～35 号线路下方有树 2 棵，40～41 号线路下方有树 5 棵	不停电砍剪	张×	王×
2009-05-22	定期	10kV××线××支线 1～25 号	11 号拉线 UT 型线夹螺丝丢失 3 颗，拉线松动，电杆倾斜	不停电校正电杆，加固拉线并采取防盗措施	张×	王×
2009-05-22	定期	10kV××线××支线 1～25 号	11～12 号线路下方有村民建房	立即制止，发整改通知书，并汇报当地政府请求协助处理	张×	王×
2009-05-22	定期	10kV××线××支线 1～25 号	25 号配电变台区一侧接地引线被盗	进行补加	张×	王×

【思考与练习】

1. 架空绝缘导线的常见缺陷有哪些？
2. 拉线的常见缺陷有哪些？
3. 10kV 架空线路导线对地面及跨越物的垂直距离有何规定？

模块 2　架空配电线路常见缺陷的处理（GYPD00601002）

【模块描述】本模块介绍架空配电线路常见缺陷的分类和缺陷管理。通过列表说明和案例介绍，掌握缺陷发现、分类、处理等基本方法和对缺陷的全过程闭环管理流程。

【正文】

本模块主要介绍架空配电线路常见缺陷的分类、缺陷处理的时限以及缺陷管理。

一、缺陷的分类

运行中的配电设施，凡不符合运行标准者，都称为设备缺陷。配电设施的缺陷按其严重程度，可分为一般缺陷、重大缺陷、紧急缺陷三类。

（1）一般缺陷。一般缺陷是指对近期安全运行影响不大的缺陷，可列入年、季检修计划或日常维护工作中去消除，如绝缘子轻微损伤、电杆轻度裂纹等。

（2）重大缺陷。重大缺陷是指缺陷比较严重，虽然已超过了运行标准，但仍可短期继续安全运行的缺陷。这类缺陷应在短期内消除，消除前应加强监视，如绝缘子串闪络等。

（3）紧急缺陷。紧急缺陷是指严重程度已使设备不能继续安全运行，随时可能导致发生事故或危及人身安全的缺陷，必须尽快消除或采取必要的安全技术措施进行临时处理，如导线损伤面积超过总面积的 25%、绝缘子击穿等。

二、缺陷处理的时限

紧急缺陷严重威胁线路安全运行，应及时向上级领导汇报并立即安排消除；重大缺陷应采取防止缺陷扩大和造成事故的必要措施，应加强对缺陷变化情况的监视，消缺时限不得超过一周；一般缺陷可列入月度检修计划中及时消除，处理不得超过三个月。即：紧急缺陷不过日，重大缺陷不过周，一般缺陷不过月。

三、缺陷管理

设备缺陷实行运行班组、分公司（分局、工区）、公司（局）三级进行管理。各级都要建立缺陷记录，内容包括发现的时间、缺陷内容、处理意见、处理结果，并注明是一般缺陷、重大缺陷还是紧急缺陷。按月对缺陷及消除情况进行统计，并经常对缺陷进行分析，研究缺陷发生、发展的规律，对制定预防事故的措施、改进运行维护工作提供真实依据。

1. 运行班组缺陷管理

巡线人员现场发现缺陷后，应详细地将线路名称、杆号、缺陷部位、缺陷内容、缺陷种类及建议处理方法等事项填入巡视工作票。巡视工作票一式两份，自存一份，另一份交班（站）长，同时巡视人员还应将缺陷登记在缺陷记录本上。班（站）长接到巡线人员填好的巡视工作票后，要对巡视工作票上各项内容进行审核，并签署意见，如认为缺陷不清楚或缺陷比较复杂，可组织有关人员会同巡线人员共同到现场核查和鉴定，并迅速安排处理。班（站）能处理的缺陷，班（站）按月将缺陷消除情况填入消缺记录上报分公司（分局、工区）。缺陷消除后巡线人员应立即将消缺时间、消缺人员名字等记入缺陷记录本和检修记录本上。

2. 公司（分局、工区）缺陷管理

班（站）不能确定的缺陷和不能处理的重大缺陷要上报分公司（分局），分公司（分局）根据实际情况迅速对班站不能鉴定的设备缺陷做出判断，对班站不能处理的重大缺陷研究处理方法及时安排消缺。

3. 公司（局）缺陷管理

分公司（分局、工区）不能处理的缺陷应立即上报公司（局）生产技术部门，生产技术部门接报

后应会同有关单位共同到现场核查和鉴定，并组织对缺陷进行消除。对于对安全运行影响不大、一段时期内无法消除或需要花较大代价来消除的缺陷，可作为永久性缺陷记录在案，在年度大修技改中列资予以消除。

四、常见缺陷的处理

架空配电线路常见缺陷的处理见表 GYPD00601002-1。

表 GYPD00601002-1　　架空配电线路常见缺陷的处理

线路元件	缺陷名称	处理办法
导线	导线断股、烧伤，化工和沿海地区导线腐蚀	导线在同一处损伤导致强度损失 5%、截面积占导电部分总截面 7%以下时，根据损伤情况，可采用砂纸磨光、同金属单股线缠绕，或用修补预绞丝、修补管修补；超过时须将损伤部分裁去，重新以接续管或预绞接续丝连接
	各相弧垂不一致，弧垂误差超过设计值的±5%，一般档距导线弧垂相差超过 50mm	停电调整弧垂
	接头变色、烧熔、锈蚀，铜铝导线连接不使用过渡线夹（特别是低压中性线接头），并沟线夹弹簧垫圈不齐全，螺母没有紧固	更换铜铝过渡线夹，紧固螺钉
	引流线对相邻相及对地距离不符合要求（最大摆动时，10kV 对地不小于 200mm，线间不小于 300mm；低压对地不小于 100mm，线间不小于 150mm）	停电调整，必要时增加跳线支撑
	绝缘线外皮有磨损、变形、龟裂	绝缘层损伤深度在绝缘层厚度的 10%及以上时应进行绝缘修补。也可用绝缘护罩将绝缘层损伤部位罩好，并将开口部位用绝缘自黏带缠绕封住。一个档距内，单根绝缘线绝缘层的损伤修补不宜超过三处
	绝缘护罩扣合不紧密或脱落	利用综合停电检修（或带电作业）进行加固或补充
	沿线树枝刮蹭绝缘导线	砍剪树木
	红外监测技术检查接头发热	利用综合停电检修（或带电作业）对接头进行紧固处理
杆塔	杆塔倾斜；铁塔构件发生弯曲、变形、锈蚀；螺栓松动；混凝土杆出现裂纹、酥松、钢筋外露；焊接处开裂、锈蚀	校正杆塔；更换构件；紧固螺栓；更换混凝土电杆；对焊口进行防锈处理并补强
	基础损坏、下沉或上拔，周围土壤被挖掘或沉陷；寒冷地区电杆发生冻鼓现象	加固基础；对电杆进行补强或更换
	杆塔位置不合适，有被车撞的可能，或有被水淹、冲刷的可能，杆塔周围防洪设施损坏、坍塌	将杆塔顺线路迁移到安全地带；对防洪设施进行修复、加固
	杆塔标志（杆号、相位警告牌等）不齐全、明显	补充、更换（刷新）
	杆塔周围有杂草和蔓藤类植物附生，有危及安全的鸟巢、风筝及杂物	清除
横担	横担锈蚀、歪斜、变形	校正或更换
金具	金具锈蚀、变形；螺栓松动、缺帽；开口销锈蚀、断裂、脱落	更换金具；紧固螺栓，补充螺母；更换、补充开口销
绝缘子	绝缘子脏污，出现裂纹、闪络痕迹，表面硬伤超过 $1cm^2$，扎线松动或断落	清扫绝缘子；不符合规定的予以更换；扎线重新固定或更换
	绝缘子歪斜，紧固螺钉松动，铁脚、铁帽锈蚀、弯曲	紧固螺栓；锈蚀、弯曲严重的进行更换
	合成绝缘子伞裙破裂、烧伤	更换
拉线、顶（撑）杆、拉线柱	拉线锈蚀、松弛、断股和张力分配不均等现象	调整或更换
	拉线绝缘子损坏或缺少	更换或补加
	拉线、抱箍等金具变形、锈蚀	更换
	拉线固定不牢固，拉线基础周围土壤有突起、沉陷、缺土等现象	培土、加固
	拉桩偏斜、损坏	校正或更换
	水平拉线对地距离不符合要求	更换、加高电杆和拉线桩，或电杆移位
	拉线警示管缺失	更换、补充拉线警示管

续表

线路元件	缺陷名称	处理办法
拉线、顶（撑）杆、拉线柱	拉线妨碍交通或被车碰撞	迁移拉线或电杆，或更换电杆为承力电车杆
	顶（撑）杆、拉线柱、保护桩等有损坏、开裂、腐朽等现象	更换处理
防雷设施	避雷器绝缘裙有硬伤、老化、裂纹、脏污、闪络	更换或清洗
	避雷器的固定不牢固，有歪斜、松动现象	进行紧固处理
	引线连接不牢固，上下压线开焊、脱落，接头锈蚀	紧固、除锈、重新焊接
	引线与相邻和杆塔构件的距离不符合规定	进行处理或增加支撑绝缘子
	个别附件锈蚀，接地端焊接处开裂、脱落	紧固、除锈、重新焊接
接地装置	接地引下线断股、损伤、丢失	更换、补加
	接头接触不好，线夹螺栓松动、锈蚀	除锈、紧固
	接地引下线的保护管破损、丢失，固定不牢靠	补加、加固
	接地体外露、严重腐蚀，在埋设范围内有土方工程	重新敷设、并埋深至规定深度
接户线	线间距离和对地、对建筑物等交叉跨越距离不符合规定	调整弧垂、更换电杆、更改线路走径
	绝缘层老化、损坏	更换
	接头接触不好，有电化腐蚀现象	解开做防腐处理后重新连接
	绝缘子破损、脱落	更换或紧固
	支持物不牢固，有腐朽、锈蚀、损坏等现象	加固或更换
	弧垂不合适，有混线、烧伤现象	调整弧垂或更换横担增加线间距
线路保护区	线路上有搭落的树枝、金属丝、锡箔纸、塑料布、风筝等	停电或带电作业去除
	线路周围有堆放易被风刮起的锡箔纸、塑料布、草垛等	进行清理，或采取有效措施予以防范
	沿线有易燃、易爆物品和腐蚀性液、气体	加强《电力设施保护条例》宣传，要求其采取有效措施，进行防范
	有危及线路安全运行的建筑脚手架、吊车、树木、烟囱、天线、旗杆等	进行《电力设施保护条例》宣传，要求其采取有效措施，必要时予以拆除
	线路附近敷设管道、修桥筑路、挖沟修渠、平整土地、砍伐树木及在线路下方修房栽树、堆放土石等	加强巡视、监管和《电力设施保护条例》的宣传，线路下方修房栽树、堆放土石的行为要坚决制止和清理
	线路附近有新建的化工厂、农药厂、电石厂等污染源及打靶场、开石爆破等不安全现象	加强巡视，加大宣传，建议对方采取措施尽量减小污染和不安全因素。根据情况更换为耐腐蚀的导线、金具、绝缘子
	导线对其他电力线路、弱电线路的距离不符合规定	更换电杆，调整距离
	导线对地、道路、公路、铁路、管道、索道、河流、建筑物等距离不符合规定	更换、加高电杆
	防护区内有植树、种竹情况及导线与树、竹间距离不符合规定	砍剪
	线路附近有射击、放风筝、抛扔外物、飘洒金属和在杆塔、拉线上拴牲畜等	劝阻、清理，加大宣传教育
	沿线发生江河泛滥、山洪和泥石流等异常现象	严密监视，必要时更改线路路径
	发现有违反《电力设施保护条例》的建筑	立即劝阻，并报告当地政府安全监管部门，予以拆除、清理

五、案例

线路、设备缺陷消除记录见表 GYPD00601002-2。

表 GYPD00601002-2 线路、设备缺陷消除记录

<table>
<tr><td colspan="4">编号：2009-05-08</td></tr>
<tr><td>缺陷地点</td><td>××镇××村</td><td>线路或设备名称</td><td>××线××支线 11 号</td></tr>
<tr><td>缺陷内容</td><td colspan="3">拉线 UT 型线夹螺母丢失 3 颗，拉线松动，电杆倾斜</td></tr>
<tr><td>缺陷发现人</td><td colspan="3">张 山</td></tr>
<tr><td>缺陷发现日期</td><td colspan="3">××××年××月××日</td></tr>
<tr><td>缺陷类别</td><td colspan="3">紧 急</td></tr>
<tr><td>缺陷处理情况</td><td colspan="3">校正 11 号电杆一基，紧固拉线，加拉线螺母 3 颗，其中 2 颗为防盗螺母</td></tr>
<tr><td>缺陷处理人</td><td colspan="3">王 军</td></tr>
<tr><td>处理时间</td><td colspan="3">××××年××月××日</td></tr>
<tr><td rowspan="3">验收人员意见</td><td colspan="3">处理后符合运行规范</td></tr>
<tr><td colspan="3">验收人员签名：周杰</td></tr>
<tr><td colspan="3">验收日期：××××年××月××日</td></tr>
<tr><td>生技科
运行专责意见</td><td colspan="3">同意。缺陷消除 赵 龙
××××年××月××日</td></tr>
</table>

说明：1. 本表编号由生产技术部门运行专责编写，班站在作缺陷消除汇总时按此编号进行统计。

2. 本表一式两份，运行班组和生产技术部门运行专责各留一份备查。

【思考与练习】

1. 架空配电线路的缺陷分几类？都是哪些？
2. 什么是紧急缺陷？
3. 对缺陷处理的时限是如何规定的？
4. 如何对缺陷进行闭环管理？

第二十四章　配电开关设备运行维护

模块1　柱上断路器及负荷开关的常见缺陷（GYPD00602001）

【**模块描述**】本模块介绍柱上断路器及负荷开关的常见缺陷。通过要点归纳，掌握每个具体部件的各类常见缺陷。

【**正文**】

一、柱上断路器的常见缺陷

柱上断路器的结构主要由本体、操动机构和附件三部分组成，其常见缺陷根据结构不同可分为本体、操动机构和附件三类缺陷。

1. 本体缺陷

（1）瓷件受损。

（2）外壳锈蚀。

（3）套管破损、裂。

（4）分合位置指示不正确。

（5）断路器灭弧室断口工频耐压值下降。

（6）真空度下降。

（7）SF_6气体泄漏。

（8）SF_6气体压力不正常。

2. 操动机构缺陷

（1）操动机构传输不灵活，分合不到位。

（2）操动机构拒合。

（3）操动机构拒分。

3. 附件故障

（1）连接部分过热。

（2）底座、支架松动。

（3）引线接头连接不牢。

（4）接地引下线破损、接地电阻不合格。

（5）线间和对地距离不足。

（6）标志牌掉落。

二、柱上负荷开关的常见缺陷

SF_6负荷开关，按灭弧原理可分为灭弧栅式、吸气+去离子栅式，永磁旋弧式。

负荷开关与断路器外形、参数相似，区别在于负荷开关不配保护 TA、不能开断短路电流，但可以承受短路电流、关合短路电流，具有寿命长、免维护特点，机械寿命：额定电流开断次数 10 000 次以上，适合于频繁操作。

柱上负荷开关的缺陷根据结构特点大体存在本体和操动机构缺陷两类。

1. 本体缺陷

（1）瓷件上部分破碎和损落及本体绝缘故障。

（2）分合指示标志脱落。

（3）SF_6负荷开关气体压力表不在正常范围。

（4）真空开关的真空度降低。

2. 操动机构的缺陷

（1）负荷开关机构卡涩。

（2）储能弹簧未储能。

（3）电池能量不足。

（4）合闸熔断器未合、熔断或接触不良。

（5）分合指示、通断状况不正确。

【思考与练习】

1. 柱上断路器的常见缺陷有哪些？

2. 柱上负荷开关的常见缺陷有哪些？

模块 2 柱上隔离开关的常见缺陷（GYPD00602002）

【模块描述】本模块介绍隔离开关的基本概念和常见缺陷。通过要点归纳，掌握常见缺陷的分类和查找缺陷的基本方法。

【正文】

隔离开关在电力系统中起着隔离电源、改变系统运行方式、分合小负荷电流、进行倒闸操作等重要作用。由于其操作原理和结构较简单，通常没有严格的大修周期规定，按惯例一般随主设备大修而进行。

一、柱上隔离开关常见缺陷分类

根据缺陷性质、严重程度来对柱上隔离开关的缺陷进行统计定性。

1. 紧急缺陷

必须立即处理严重影响安全运行的设备缺陷。具体缺陷为：① 瓷柱断裂或绝缘发热烧损；② 拒分、拒合；③ 温度超过 85℃，直流电阻越标 50%的缺陷。

2. 重大缺陷

如不能在短时间内消除，可能影响设备安全运行，造成设备损坏的缺陷，具体缺陷为：① 红外测温触头或引线接头发热，但低于 85℃的缺陷；② 卡涩严重，分合闸特别费力；③ 经常操作失灵；④ 接地开关损坏，无法操作；⑤ 虽然当前合闸位置无问题，但合闸时曾多次合闸不能到位或合分明显不同期；⑥ 分闸不能到位，其隔离空间的距离不符合要求；⑦ 隔离开关操作不同期虽越过标准，但勉强可操作。

3. 一般缺陷

一般缺陷是指暂时不影响设备正常安全运行的次要缺陷，可以将其缺陷列入设备正常大修计划或整改消缺计划中。具体缺陷为：① 外观锈蚀；② 回路直流电阻越标在 50%以内；③ 闭锁功能未实现，但有临时闭锁措施；④ 相位漆脱落或标志牌脱落。

二、各部位的主要缺陷

柱上隔离开关的常见缺陷部位主要有：开断元件，支撑绝缘件，操作、传动元件，支持底座，隔离开关附属元件等。

1. 开断元件的常见缺陷

（1）触头和触指的常见缺陷：① 触头和触指烧伤；② 触头和触指严重变形；③ 静触头导向倒角位置不正确；④ 动静触头分、合不到位；⑤ 触头或触指脏污。

（2）压力弹簧的常见缺陷：① 压力弹簧固定螺钉脱落；② 压力弹簧退火、锈蚀。

2. 支撑绝缘件的常见缺陷

（1）绝缘子表面污闪；

（2）瓷质绝缘子法兰锈蚀、老化断裂；

（3）合成绝缘子伞裙老化断裂。

3. 操作、传动元件的常见缺陷

（1）转轴卡涩；

（2）传动连杆焊接部位脱落；

（3）分、合闸操作限位装置断裂；

（4）轴销、开口销等锈蚀脱落。

4. 支持底座的常见缺陷

（1）底座倾斜角度过大；

（2）支持底座锈蚀严重，导致支撑绝缘子倾斜。

5. 隔离开关附属元件的常见缺陷

（1）线夹的常见缺陷：① 线夹紧固导线螺钉松动，导致发热；② 线夹有裂纹。

（2）绝缘罩脱落或歪斜影响分合闸。

（3）警示牌、隔离开关编号牌丢失。

（4）接地装置的常见缺陷：① 接地引线被盗、锈蚀断股；② 接地电阻不合格。

三、缺陷查找的基本方法

隔离开关的缺陷查找的基本方法见表 GYPD00602002-1。

表 GYPD00602002-1　　隔离开关的缺陷查找的基本方法

缺陷内容	查找方法	备注
触头和触指烧伤	红外测试	
绝缘子表面污闪		
动静触头分、合不到位	分合操作	
分、合闸操作限位装置断裂		
转轴卡涩		
绝缘罩脱落或歪斜影响分合闸		
触头脏污	设备巡视	
合成绝缘子伞裙老化断裂		
支持底座锈蚀严重，导致支撑绝缘子倾斜		
传动连杆焊接部位脱落		
底座倾斜角度过大		
警示牌、隔离开关编号牌丢失		
接地引线被盗、锈蚀断股		
静触头导向倒角位置不正确	预试、检修	
触头和触指严重变形		
接地电阻和回路接触电阻不合格		

【思考与练习】

1. 柱上隔离开关的常见缺陷通常分为哪几类？
2. 查找柱上隔离开关的缺陷的基本方法有几种？
3. 柱上隔离开关有哪些紧急缺陷和重大缺陷？

模块 3　柱上断路器及负荷开关常见缺陷的处理（GYPD00602003）

【模块描述】本模块介绍柱上断路器及负荷开关常见缺陷的处理方法。通过要点归纳，掌握缺陷分析、判诊和处理方法，以及处理缺陷的注意事项和危险点预控。

【正文】

一、柱上断路器的几种主要缺陷处理

1. SF_6断路器气压下降处理

（1）气压下降的原因：① 瓷套与法兰胶合处胶合不良；② 瓷套的胶垫连接处，胶垫老化或位置未放正；③ 滑动密封处密封圈损伤，或滑动杆光洁度不够；④ 管接头处及自封阀处固定不紧或有杂物；⑤ 压力表，特别是接头处密封垫损伤。

（2）处理方法：① 在相同的环境温度下，气压表的指示值在逐步下降，说明断路器漏气。若SF_6气压突然降至零，应立即将该断路器改为非自动，断开其控制电源，并与调度及有关部门联系，及时采取措施，断开上一级断路器，以将该故障断路器停用、检修。② 如运行中SF_6气室漏气，发出补气信号，但红、绿灯未熄灭，表示还未降到闭锁压力值。如果由于系统的原因不能停电时，可在保证安全的情况下（如开启排风扇），用合格的SF_6气体做补气处理。

2. 真空断路器的真空度下降的处理

（1）真空度降低的原因：① 使用材料气密情况不良；② 金属波纹管密封质量不良；③ 在调试过程中行程超过波纹管的范围或超程过大，受冲击力太大造成。

（2）处理方法：真空断路器是利用真空的高介质强度灭弧。真空度必须保证在 0.013 3Pa 以上，才能可靠的运行，若低于此真空度，则不能灭弧。由于现场测量真空度非常困难，因此一般均以检查其承受耐压的情况为鉴别真空度是否下降的依据。正常巡视检查时要注意屏蔽罩的颜色，应无异常变化。特别是要注意断路器分闸时的弧光颜色，真空度正常情况下，弧光呈微蓝色，若真空度降低则变为橙红色。这时应及时更换真空灭弧室。

3. 柱上断路器拒合故障缺陷的处理

发生“拒合”情况，基本上是在合闸操作和重合闸过程中，拒合的原因主要在两个方面：一是电气方面故障；二是机械方面原因，判断断路器“拒合”的原因及处理方法一般分为以下三步：

（1）用控制开关再重新合一次，目的是检查前一次拒合是否因操作不当引起的（如控制开关放手太快）。

（2）检查电气回路各部位情况，以确定电气回路是否有故障，方法是：① 检查合闸控制电源是否正常；② 检查合闸控制回路熔丝和熔断器是否良好；③ 检查合闸接触器的开关是否正常；④ 将控制开关扳至“合闸时”位置，看合闸铁芯是否动作，若合闸铁芯动作正常，则说明电气回路正常。

（3）如果电气回路正常，断路器仍不能合闸，则说明为机械方面故障，应停用断路器。

4. 柱上断路器发生“拒跳”的处理

断路器的“拒跳”对系统安全运行的威胁性很大，一旦某一单元发生故障时，断路器拒动，将会造成上一级断路器跳闸，称为“越级跳闸”。这将扩大事故停电范围，甚至有时会导致系统解列，造成大面积停电的恶性事故。因此，“拒跳”比“拒合”带来的危害性更大，运行维护人员要足够认识和重视，对此类故障缺陷处理方法如下：

（1）根据事故现象，可判别是否属断路器“拒跳”的事故。“拒跳”的故障特征为：回路光字牌亮，信号掉牌显示保护动作，但该回路红灯不亮，上一级的后备保护如主变压器复合电压过流等动作。

（2）确定断路器故障，应立即手动拉闸。① 当尚未判明故障断路器之前，应先拉开电源总断路器。② 当上级的后备保护动作造成停电时，若查明有分路保护动作，但断路器未跳闸，应拉开拒动的断路器，恢复上级电源断路器，若查明各分路保护均未动作，则应检查停电范围内设备有无故障，若无故障应拉开所有分路断路器，合上电源断路器后，逐一进行试送各分路断路器。当送到某一分路时电源断路器又再跳闸，则可判明该断路器为故障（拒跳）断路器，这时应隔离之，同时恢复其他回路供电。③ 在检查“拒跳”断路器除了属迅速排除的一般电气故障（如控制电源电压过低或控制回路熔断器接触不良，熔丝熔断等）外，对一时难以处理的电气机械性故障，均应联系调度，作为停电检修处理。

（3）对“拒跳”断路器的电气及机械方面故障的分析、判断方法：

1）断路器拒跳故障查找方法。应判断是电气回路故障还是机械方面故障：① 检查是否为跳闸电源的电压过低所致。② 检查跳闸回路是否完好，如跳闸铁芯动作良好，断路器拒跳，则说明是机械故障。③ 如果电源良好，铁芯动作无力，铁芯卡涩或线圈故障造成拒跳，往往可能是电气和机械两方面同时存在故障。④ 如果操作电源正常，操作后铁芯不动，则多半是电气故障引起“拒跳”。

2） 电气方面原因：① 控制回路熔断器熔丝熔断或跳闸回路各元件接触不良，如控制开关触点、断路器操动机构辅助触点、防跳继电器和继电器保护跳闸回路等接触不良。② SF_6 断路器的气体压力低，继电器闭锁操作回路。③ 跳闸线圈故障。

3）机构方面原因：① 跳闸铁芯动作冲劲不足，说明铁芯卡涩或跳闸铁芯脱落。② 分闸弹簧失灵、分闸阀卡死、大量漏气等。③ 触头发生焊接或机械卡涩，传动部分卡涩（如销子脱落）。

4）断路器误跳、误合缺陷故障的处理原则：首先根据误合、误跳前后表计信号（灯光）特征来判明是误跳或误合；其次在电气、机械两个方面查明原因，分别检修处理。

5. 柱上断路器过热的分析、判诊和处理

造成柱上断路器过热的原因有：

（1）过负荷。

（2）触头接触不良，接触电阻超标。

（3）导电杆与设备接线线夹连接松动。

（4）导电回路内各电流过渡部件，紧固件松动或氧化，导致过热。

处理原则：利用红外成像仪进行监测，若发热部位超过 85℃以上时，应进行停电检修处理。

二、柱上断路器常见缺陷处理原则和方法

柱上断路器常见缺陷处理原则和方法见表 GYPD00602003-1。

表 GYPD00602003-1　　柱上断路器常见缺陷处理原则和方法

序号	缺陷描述	缺陷处理原则及方法
1	套管破损、裂纹	发现后及时更换
2	10kV 柱上 SF_6 断路器 SF_6 气压不正常	根据压力表或密度继电器检测气体泄漏，SF_6 充气压力一般为 0.04～0.1MPa，用 SF_6 气体作为绝缘和防凝露介质的开关，年漏气率应不大于 3%
3	真空断路器真空度下降	真空管内的真空度应保持 1×10^{-8}～1.33×10^{-3}Pa 范围内。 （1）根据观察颜色（真空度降低则变为橙红色）及停电进行耐压试验鉴别是否下降。 （2）真空度下降的原因：主要有材料气密情况不良；波纹管密封质量不良；断路器或开关调试后冲击力过大
4	断路器拒分、拒合	（1）检查电器回路有无断线、短路等现象。 （2）检查机械回路有无卡塞。 （3）检查辅助开关是否正确转换
5	断路器分、合闸不到位	（1）检查辅助开关转换正确性。 （2）检查分闸或合闸弹簧是否损伤。 （3）检查操动机构中其他连板及构件是否处于正确对应状态
6	断路器干式电流互感器故障	（1）停电后进行常规试验。 （2）进行局部放电测量，在 1.1 倍相电压的局部放量应不大于 10pC
7	接地引下线破损、接地电阻不合格	停电后进行修复，对接地电阻不合格者应重新外引接地体
8	断路器或开关支架有脱落现象	应作为紧急缺陷停电处理
9	操动机构不灵活、锈蚀	添加润滑剂
10	柱上断路器引接线接头发热	通过红外线检测实际温度，然后再判断处理

三、柱上负荷开关常见缺陷的处理

目前，随着油负荷开关的淘汰，配网中常用的负荷开关基本上有：真空负荷开关、SF_6 负荷开关及柱上产气式负荷开关三大类，上述三大类缺陷及其处理方法、工艺要求与柱上断路器基本相同，区别之处在于断路器多了控制、保护装置，但故障缺陷查找及处理方法基本相同，在此不多赘述。

四、柱上断路器及负荷开关缺陷处理中的危险点分析及预控

（1）在检查处理操动机构时要注意防止机械部分或释放弹簧压力防止伤及人手。

（2）在检查处理操动机构的电气回路时要注意防止低压触电及低压回路短路，尽量做到停电检查。

（3）柱上断路器及负荷开关停电检修时，要在周围装设标准围栏，另外要防止高空落物伤人，高空作业时一定要系好安全带，后备保护绳要挂在牢固的构件上。

（4）SF_6 断路器及负荷开关、真空断路器及负荷开关在本体遇到重大缺陷时，最好要在设备生产厂家的技术人员指导下及参照说明书进行处理，但补气处理工作可以参照标准化作业指导书，由运行维护单位自行来实施。

【思考与练习】

1. 柱上真空断路器本体真空度下降，如何判断和处理？
2. SF_6 断路器气压降低时如何处理？
3. 柱上断路器发生“拒跳”时如何处理？

模块 4 柱上隔离开关常见缺陷的处理（GYPD00602004）

【模块描述】本模块介绍柱上隔离开关的常见缺陷的处理方法。通过列表说明，掌握缺陷分析、判诊和处理方法，以及处理缺陷的注意事项和危险点预控。

【正文】

一、隔离开关的常见缺陷处理基本方法及质量要求

1. 触头和触指的缺陷处理

触头和触指的缺陷处理的基本方法和质量要求见表 GYPD00602004-1。

表 GYPD00602004-1 触头和触指的缺陷处理的基本方法和质量要求

缺陷内容	处理基本方法	质量要求
触头或触指烧伤	烧伤面积不超过 7%或深度不超过 0.5mm 时，可用细齿锉刀锉平或 0 号砂纸打磨烧伤面	烧伤部位打磨平整，无影响导电接触的突起、毛刺
	烧伤面积超过 7%或深度超过 0.5mm 时，应更换烧损触头或触指	更换的触头或触指型号与原触头或触指相同
触头或触指严重变形	校正变形的触头或触指	使其导电部分保持平整和原有的刚性
静触头导向倒角位置不正确	调整静触头座螺钉	静触头导向倒角位置与动触头运动方向平行
动静触头分、合不到位	调整传动连杆	调整合格后，调整螺母应紧固
	调整拉杆绝缘子	隔离开关三相同期不大于 2mm
	调整压力弹簧紧固螺钉	调整后的隔离开关导电部分电阻不大于 200μΩ
触头或触指脏污	拆卸触头或触指，用清洗剂去污，并用 0 号砂纸打磨，均匀涂抹医用凡士林	脏污清洗干净、氧化层打磨干净

2. 压力弹簧的缺陷处理

压力弹簧的缺陷处理的基本方法和质量要求见表 GYPD00602004-2。

表 GYPD00602004-2 压力弹簧的缺陷处理的基本方法和质量要求

缺 陷 内 容	处理基本方法	质 量 要 求
压力弹簧固定螺钉脱落	重新安装螺钉	在固定螺钉外应安装并帽螺钉
压力弹簧退火、锈蚀	更换压力弹簧	压力弹簧应有 3mm 以上的压缩量

3. 绝缘件的常见缺陷处理

绝缘件的常见缺陷处理的基本方法和质量要求见表 GYPD00602004-3。

表 GYPD00602004-3　　绝缘件的常见缺陷处理的基本方法和质量要求

缺陷内容	处理基本方法	质量要求
绝缘子表面污闪、瓷质绝缘子法兰锈蚀、老化断裂、合成绝缘子伞裙老化断裂	涂防污涂料、更换防污型绝缘子	绝缘子表面灰尘应清除，再涂防污涂料，更换的绝缘子应调整分合闸同期、扣入深度

4. 支持底座的常见故障处理

支持底座的常见故障处理的基本方法和质量要求见表 GYPD00602004-4。

表 GYPD00602004-4　　支持底座的常见故障的处理基本方法和质量要求

缺陷内容	处理基本方法	质量要求
底座倾斜角度过大	调整底座支撑连杆或抱箍	调整后的底座用水平仪检测不超过 3mm
支持底座锈蚀严重，导致支撑绝缘子倾斜	将导致支撑绝缘子与底座连接处锈蚀部分清除并防腐	支持底座外观无锈蚀

5. 操作元件的常见缺陷处理

操作元件的常见缺陷处理的基本方法和质量要求见表 GYPD00602004-5。

表 GYPD00602004-5　　操作元件的常见缺陷处理的基本方法和质量要求

缺陷内容	处理基本方法	质量要求
转轴卡涩	调整转轴位置，用除锈剂清除转轴内锈迹、脏污。重新加注润滑油	转轴方向与受力连杆垂直，转轴内加注的润滑油应为耐高温型
传动连杆焊接部位脱落	重新焊接	焊接部位牢固并进行防腐，调整连杆保证隔离开关行程合格
分、合闸操作限位装置断裂	重新焊接	焊接部位牢固并进行防腐，满足分合闸限位位置正确
轴销、开口销等锈蚀脱落	更换锈蚀轴销、开口销	轴销、开口销与原型号一致，严禁使用螺钉或其他金属替代

6. 隔离开关附属元件的常见缺陷处理

隔离开关附属元件的常见缺陷处理的基本方法和质量要求见表 GYPD00602004-6。

表 GYPD00602004-6　　隔离开关附属元件的常见缺陷处理的基本方法和质量要求

缺陷内容	处理基本方法	质量要求
线夹紧固导线螺钉松动，导致发热	紧固螺钉	更换螺钉弹簧垫片，并紧固螺钉
线夹有裂纹	更换线夹	线夹型号应与导线方向一致，严禁用 0° 角线夹人为改造角度
绝缘罩脱落或歪斜影响分合闸	安装、调整绝缘罩	绝缘罩型号应于隔离开关型号相符
警示牌、隔离开关编号牌丢失	补装警示牌、隔离开关编号牌	编号牌与原运行编号相符
接地引线被盗、锈蚀断股，接地电阻不合格	更换接地引线、接地体	更换后，接地电阻测试应合格。容量在 100kVA 以上变压器，其接地电阻不应大于 4Ω，每个重复接地装置的接地电阻不应大于 10Ω。容量在 100kVA 以下变压器，其接地电阻不应大于 10Ω，每个重复接地装置的接地电阻不应大于 30Ω

二、隔离开关的常见缺陷处理时的相关安全要求及危险点预控措施

隔离开关的常见缺陷处理时的相关安全要求及危险点预控见表 GYPD00602004-7。

表 GYPD00602004-7 隔离开关的常见缺陷处理时的相关安全要求及危险点预控

处理步骤	危险点分析	危险点预控
处理前隔离开关的操作	配电线路及设备安全设施不规范	设备双重名称或设置应规范、齐全，设备标牌安装牢固、字迹清晰，设备、待用线路或设备名称编号变更及时，配电线路及设备主接线图、模拟图板应与现场及时修正等
	绝缘操作工器具不合格	绝缘表面不得有裂纹、破损、污渍，接头松动，验电器的自检功能不正常等
	操作杆使用不规范	雨天操作时，不得使用没有防雨罩的绝缘棒
	气象或环境条件恶劣	大风、雷雨等恶劣天气作业，夜间作业现场照明或照度应充足等
	设备或工器具损伤或操作方法错误而坠物	要有预防瓷柱折断，操作杆、动触头、拉杆绝缘子掉落的措施，避免操作用力过猛
检修工作	进线解除	解除后的引线应绑扎和固定，防止反弹到高压部分
	出线解除	出线为电缆线路的在接触前应验电并充分放电挂接地线，防止电缆储存电荷伤人或出线侧用户反送电
	更换隔离开关损坏元件	在拆除烧毁元件前应绑扎牢固，防止坠落伤人，杆上作业时下方严禁同时有人工作

三、案例

1. 事故现象

某供电公司一条 10kV 支线隔离开关在进行夜间特巡时，发现 C 相闸刀口严重发热（肉眼看见刀口发红），紧急停电处理。

2. 故障原因分析

办理事故处理相关安全措施后，在检修时发现，隔离开关合闸三相不同期，导致远离操动机构的 C 相闸刀动触头未进合到位，在运行时，负荷电流较大时出现发热。

3. 事故防范措施

在安装检修柱上隔离开关时，注意调整隔离开关合闸三相同期不大于 5mm，且远离机构侧相动静触头合闸同期应略小于其他两相。最后在操作时，注意观察分、合操作后的闸刀状况。

【思考与练习】

1. 动静触头分、合不到位的处理基本方法和质量要求有哪些？

2. 隔离开关常见缺陷处理前的操作有哪些相关安全要求及危险点预控？

模块 5 电容器的操作（ZY0300102001）

【模块描述】本模块包含电容器常见维护项目和操作方法原则。通过方法介绍、知识讲解、案例示例，掌握电容器一般停、送电的操作步骤及要求。

【正文】

一、电容器常见维护项目

1. 电容器检查

对运行的电容器组应经常进行外观巡视检查，并做好设备运行情况记录。电容器应检查外壳有无渗油现象、有无鼓肚、焊缝是否裂开、电容器运行时内部有无杂音、检查接头有无过热发红现象。如发现箱壳膨胀应停止使用，以免发生故障。

电容器组应检查电气线路上所有接触处是否安全可靠。电容器套管和支持绝缘子表面应清洁、无破损、无放电痕迹，电容器外壳应清洁、不变形、无渗油，电容器和铁架子上面不应积满灰尘和其他脏东西。因为某一接触处螺母旋得不紧，都可能使电容器早期损坏和使整个设备发生事故。

如果发现鼓肚或内部有响声，应立即停止使用，以免发生爆炸事故。

2. 电容器常规维护

电容器并入电网后，应检查各部件连接是否牢固可靠。并入后有可能引起电网电压升高，在此种情况下，应将部分电容器或全部电容器从电网中断开（负荷较轻时除外）。电容器的工作电压和电流检查，使用时不得超过 1.1 倍额定电压和 1.3 倍额定电流，否则电容器应退出运行。电容器组的负荷检查，每相负荷检查可用电流表进行。

电容器组故障检查，发现电容器组的开关跳闸后，在未找出原因之前，不得重新合上。在运行或运输过程中如检查发现电容器外壳漏油，可以用锡铅焊料钎焊的方法修理。

电容器试验检查，运行一段时间后的电容器需要进行耐压试验时，应按规定值进行试验。

对电容器电容和熔丝的检查，每个月不得少于一次。

二、电容器操作方法

1. 电容器的停电操作

电容器停电操作时应先断开电容器开关后，再拉开各路出线开关。每次停电后，必须经过放电装置放电，待电荷消失后再合闸。电容器停电，除电容器自动放电外，还应进行人工放电。在人员接触电容器之前，都必须将电容器的端子短路并接地。

2. 电容器的送电操作

电力电容器在送电前应用绝缘电阻表检查放电装置，送电操作时应先合上各路出线开关后，再合上电容器开关。电容器组禁止带电荷合闸，电容器组再次合闸时，必须在开关断开 3min 之后才可进行。

3. 电容器的故障操作

事故情况下，停电后必须将电容器的断路器断开。电容器的断路器跳闸后不准强送电。保护熔丝熔断后，未经查明原因之前，不准更换熔丝送电。更换电容器的熔丝，应在电容器没有电压时进行。故障处理前，应对电容器放电。

三、电容器常见异常和处理原则

（一）电容器的常见异常现象

电容器在运行时，一般是没有声音的，但有时会例外。产生声音的原因大致有以下几种：

1. 套管放电

电容器的套管为装配式者，若露天放置时间过长，雨水进入两层套管之间，加上电压后，就有可能产生嘭嘭啪啪的放电声。此时，可将电容器停运并放电后把外套管卸出，擦干重新装好即可。

2. 缺油放电

电容器内如果严重缺油，以至于使套管的下端露出油面，这时就有可能发出放电声。为此，应添加同种规格的电容器油。

3. 脱焊放电

电容器内部若有虚焊或脱焊，则会在油内闪络放电。如果放电声不止，则应拆开修理。

4. 接地不良放电

电容器的芯子与外壳接触不良时，会出现浮动电压，引起放电声。这时，只要将电容器停运并放电后进行处理，使其芯子和外壳接触好，便可使放电声消失。

5. 电容器绝缘子表面闪络放电

运行中电容器绝缘子闪络放电，其原因是瓷绝缘有缺陷，表面脏污，因此运行中应定期进行清扫检查，对污秽地区不宜安装室外电容器。

6. 渗漏油

并联电容器渗漏油是一种常见的异常现象，其原因是多方面的，主要是出厂产品质量不良；运行维护不当；长期运行缺乏维修导致外皮生锈腐蚀而造成电容器渗漏油。

7. 电容器外壳膨胀

高电场作用下使得电容器内部的绝缘（介质）物游离而分解出气体或部分元件击穿电极对外壳放电等原因，使得电容器内部压力增大，导致电容器的外壳膨胀变形，这是运行中电容器故障的征兆，应及时处理，避免故障扩大。

8. 异常声响

电容器在正常运行情况下无任何声响。因为电容器是一种静止电器又无励磁部分不应该有声音，如果运行中，发现有放电声或其他不正常声音说明电容器内部有故障，应立即停止运行。

9. 电容器爆破

运行中电容器爆破是一种恶性事故，一般在内部元件发生极间或对外壳绝缘击穿时，与之并联的其他电容器将对该电容器释放很大的能量，这样就会使电容器爆炸以致引起火灾。

10. 电容器温升高

主要原因是电容器过电流和通风条件差造成的。如电容器室设计、安装不合理造成的通风不良；电容器长时间过电压运行造成电容器的过电流、整流装置产生的高次谐波使电容器过电流等。此外，电容器内部元件故障、介质老化、介质损耗增大都可能导致电容器温升过高。电容器温升高影响电容器的寿命，也有导致绝缘击穿使电容器短路的可能。因此，运行中应严格监视和控制电容器室的环境温度，如果采取措施后仍然超过允许温度时，应立即停止运行。

（二）常见故障及处理原则

1. 并联运行电容器单台击穿故障

多组电容器并联运行时，只要其中有一台发生了击穿，其余各台就会同时通过这一台放电。放电能量很大，脉冲功率很高，使电容器油迅速气化，引起爆炸，甚至起火，严重时有可能使建筑物也遭到破坏。为防止这种事故，可在每台电容器上串联适当的电抗器或熔丝，然后并联运行。

2. 电容器喷油、爆炸着火故障

当电容器喷油、爆炸着火时，应立即断开电源，并用砂子或干式灭火器灭火。此类事故多是由于系统内、外过电压，电容器内部严重故障所引起的。为了防止此类事故发生，要求单台熔断器熔丝规格必须匹配，熔断器熔丝熔断后要认真查找原因，电容器组不得使用重合闸，跳闸后不得强送电，以免造成更大损坏的事故。

3. 电容器的断路器跳闸而分路熔丝未断故障

电容器的断路器跳闸，而分路熔断器熔丝未熔断。应对电容器放电 3min 后，再检查断路器、电流互感器、电力电缆及电容器外部等情况。若未发现异常，则可能是由于外部故障或母线电压波动所致，并经检查正常后，可以试投，否则应进一步对保护做全面的通电试验。通过以上的检查、试验，若仍找不出原因，则应拆开电容器组，并逐台进行检查试验。但在未查明原因之前，不得试投运。

4. 电容器熔丝熔断故障

当电容器的熔断器熔丝熔断时，应向值班调度员汇报，待取得同意后，再断开电容器的断路器。在切断电源并对电容器放电后，先进行外部检查，如套管的外部有无闪络痕迹、外壳是否变形、漏油及接地装置有无短路等，然后用绝缘电阻表摇测极间及极对地的绝缘电阻值。如未发现故障迹象，可换好熔断器熔丝后继续投入运行。如经送电后熔断器的熔丝仍熔断，则应退出故障电容器，并恢复对其余部分的送电运行。

（三）处理故障电容器应注意的安全事项

处理故障电容器应在断开电容器的断路器，并对电容器组经放电电阻放电后进行。经放电电阻（放电变压器或放电电压互感器）放电以后，由于部分残存电荷一时放不尽，仍应进行一次人工放电。放电时先将接地线接地端接好，再用接地棒多次对电容器放电，直至无放电火花及放电声为止，然后将接地端固定好。由于故障电容器可能发生引线接触不良、内部断线或熔丝熔断等，因此有部分电荷可能未放尽，所以检修人员在接触故障电容器之前，还应戴上绝缘手套，先用短路线将故障电容器两极短接，然后方动手拆卸和更换。

四、电容器操作的相关规定

任何额定电压的电容器，禁止带电合闸，每次断开后重新合闸，须在短路 3min 后（即经过放电后少许时间）方可进行。高压电容器应根据工作票，低压电容器可根据口头或电话命令，但应做好书面记录。

电容器的检修工作应在全部停电时进行，先断开电源，将电容器放电接地后，才能进行工作。更换电容器的熔丝，应在电容器没有电压时进行，进行前应对电容器放电。电容器外露的导电部分，应有网状遮拦，进行外部巡视时，禁止将运行中电容器的遮拦打开。

五、案例

（一）过程

某公司 10kV 配电站内 0.4kV 电容器补偿装置由于熔丝多次被熔断（3 个月以来依次被熔断，一直没有备件更换）。操作人员将电容器退出运行，由电工对已坏的熔断器进行更换，待熔断器更换完毕，操作人员按倒闸操作顺序依次恢复送电。操作人员在对电容器开关进行操作时，在合闸的一瞬间，只听电容器柜一声巨响，而开关并没有跳闸。操作人员当即到电容器柜进行检查，发现 A 相电容器有一只电容器鼓肚，熔断器熔断；B 相有三只电容器鼓肚变形，熔断器熔断；C 相有一只电容器鼓肚变形，熔断器熔断。操作人员随即断开电容器开关，并短路接地。

（二）事故分析

当日技术人员对现场情况进行分析初步认为，这是一起由于操作过电压引起的电容器击穿鼓肚事故。首先对断路器进行继电保护测试，结果表明保护及开关均能保证动作；另外又对现场损坏的电容器进行分析发现，所损坏的 5 只电容器均是被更换了熔断器又重新投运的电容器，故判断此次事故是由于电容器质量造成。因为电容器在运行时内部发生击穿，引起熔断器熔断，重新更换熔断器后投运时，其余各台电容器对已击穿的电容器进行放电，放电能量大，脉冲功率高，使得电容器油迅速汽化，引起鼓肚、漏油，熔丝再一次被熔断。

（三）经验教训

在电容器运行过程中发生高压熔丝熔断，应立即退出运行，对电容器进行绝缘耐压试验，如果发生绝缘下降或击穿必须立即进行更换。

【思考与练习】

1. 电力电容器操作的相关规定有哪些？
2. 电力电容器常见异常有哪些，应如何处理？

第二十五章 配电变压器及附件运行维护

模块1 配电变压器及附件的常见缺陷（GYPD00603001）

【模块描述】本模块介绍配电变压器及附件的常见缺陷。通过要点归纳、列表说明和案例介绍，掌握各类主要缺陷的分类、管理、处理方法和质量要求。

【正文】

一、配电变压器及附件常见缺陷

（1）严重漏油或喷油，使油面下降到低于油位计的指示限度；

（2）变压器温度油温过高，并不断上升；

（3）变压器冒烟着火；

（4）变压器附近有焦糊味，变压器油色异常；

（5）油色变化很大，油内出现碳粒变黑；

（6）套管有严重的破损和放电现象；

（7）变压器声响明显增大，内部有爆裂声；

（8）内部接触不良，或有击穿的地方，变压器内发出放电声；

（9）变压器发出“咕嘟”声音，可能绕组有匝间短路；

（10）变压器除发出“嗡嗡”声音有变化，并有较强“噪声”；

（11）铁磁谐振，使变压器发出粗、细不均的噪声；

（12）变压器储油柜的油标指示不清；

（13）变压器台架有倾斜，各构件有腐蚀掉落现象，变压器台架高度不符合规定；

（14）室内或台上、柱上的配电变压器应编号并悬挂警告牌及各种标志牌缺失不齐；

（15）变压器台上的其他设备（如表箱、开关等）虽完好但台架周围杂草丛生、杂物堆积，有生长较高的农作物、树、竹、蔓藤植类物接近带电体；

（16）变压器各侧引线接头接触不良，有过热变色现象，高、低压引线长度不适当；

（17）冷却装置的散热器、压力释放阀、无载分接开关、套管、箱体渗油；

（18）变压器接地装置损害、接地电阻过大；

（19）测温装置指示不清；

（20）检查变压器密封圈龟裂程度，判断密封圈老化情况，特别利害时应更换；

（21）变压器台架和本体外壳铁件锈蚀严重时要防腐处理。

二、配电变压器及附件常见缺陷处理方法及质量要求

1. 常见缺陷处理方法

配电变压器及附件常见缺陷处理方法如表 GYPD00603001-1 所示。

表 GYPD00603001-1　　配电变压器及附件常见缺陷处理方法

序号	缺陷现象	故障原因	处理方法
1	变压器过热	（1）铁芯间绝缘或穿心螺栓绝缘损坏，产生涡流； （2）绕组匝间或层间短路	（1）吊芯处理绝缘； （2）找出短路点处理绝缘或换绕组
2	油温突然升高	（1）过负荷； （2）接线松动； （3）绕组内部短路	（1）减小负荷； （2）吊芯检查接头并紧固； （3）检查内部短路点并处理

续表

序　号	缺陷现象	故　障　原　因	处　理　方　法
3	声音异常	（1）声音沉重，说明过负荷或有大容量设备启动； （2）声音尖锐有爆裂声，说明过电压，有绝缘击穿，内部接触不良； （3）声音乱而嘈杂，说明内部结构或铁芯松动	（1）增大变压器容量或改变大容量设备启动方式； （2）检查电源，检查绝缘击穿原因并处理； （3）检查内部结构或紧固穿心螺栓
4	油色变化显著，油面过低	（1）油质变坏； （2）油箱漏油； （3）油温过高	（1）处理油或换油； （2）修补油箱并补油； （3）减少负荷
5	三相电压不平衡	（1）三相负荷不平衡； （2）绕组局部短路	（1）调整负荷平衡； （2）检查短路点并排除
6	绕组绝缘老化	（1）经常过负荷； （2）超过使用年限	（1）更换绕组或换大容量变压器； （2）更换变压器
7	绝缘下降	（1）变压器受潮； （2）油质变坏	（1）干燥处理； （2）取油样试验并处理或更换新油
8	油面上升或下降	（1）油温过高； （2）渗漏油	（1）减少负荷； （2）检查渗漏油位置并处理
9	漏油	（1）接线端子接触不良，过热，密封垫老化； （2）油箱有砂眼； （3）螺栓松动	（1）更换密封垫； （2）将砂眼焊死； （3）紧固螺栓
10	高压熔断器熔断	（1）内部短路； （2）外部故障； （3）过负荷	（1）停止运行，排除故障； （2）消除外部短路点； （3）减少负荷
11	变压器着火	（1）铁芯及穿心螺栓绝缘损坏； （2）绕组层间短路； （3）严重过负荷	（1）吊芯修理，并涂绝缘漆； （2）处理短路或换绕组； （3）减少负荷
12	分接开关放电	（1）开关触头压力小； （2）开关接触不良； （3）开关烧坏； （4）绝缘性能降低	（1）更换或调整弹簧，增大压力； （2）消除氧化膜及油污； （3）修理或更换触头； （4）清洁开关，进行绝缘处理

2. 质量要求

（1）发现设备缺陷后，设备所辖部门应根据缺陷的性质妥善处理。

（2）对所发现的紧急缺陷无法处理时，应立即逐级上报，不得拖延而造成事故。

（3）对所发现的重大缺陷暂时无法处理时，除逐级上报外，应加强监视，例如采用特巡和红外测试等，不得使其扩大，并在一月内安排处理。

（4）一般缺陷一经发现，设备所辖部门应及时通知有关部门。一般缺陷半年内安排处理，对需要停电的一个季度内安排处理。

（5）已对设备安全运行产生威胁，或已对电网的运行方式产生影响的设备缺陷，运行人员应立即通知值班调度员；值班调度员视电网运行情况提出处理意见，按职责范围安排处理，并及时通知有关部门。

（6）消缺率要求。紧急缺陷月度消除率要求达到100%，重要缺陷月度消除率要求达到85%，一般缺陷月度消除率要求达到60%常见缺陷及处理。

三、典型事故案例介绍

1. 事故现象

2009年1月22日22时某市供电公司接客户报修一台S M11-315kVA变压器，其跌落式熔断器C相熔断，变压器中性线桩头线夹发热烧红，变压器箱体渗油，低压负荷开关分离不清，现场停电检查，是客户使用电锅炉烧水，负荷电流较大，变压器低压出线导线截面不能满足负荷要求，造成高压熔断器、变压器箱体、低压引线、低压负荷开关等多处发生严重缺陷，属设备紧急缺陷，在查明缺陷原因后，立即处理，首先加大低压引线截面，更换损坏设备，紧固变压器密封垫，更换能满足客户负荷电流的熔断器熔丝，经过一系列处理，变压器顺利送电。截至5月底，通过终端负荷监测和红外线测试，以及平时的监察性巡视，此变压器未发生任何问题。

2. 原因分析

本起故障主要原因是因低压导线截面过细不能满足负荷电流之需、连接部位严重发热、低压负荷开关选型不当、高压跌落式熔断器熔丝选择稍小而引发的一起配电变压器综合性故障。

3. 防范措施

（1）加强设备巡视和红外线测试，加强负荷电流检测和负荷管理。

（2）设备检修时顺便及时更换不合理部件如开关、低压导线、熔断器或熔丝。

【思考与练习】

1. 配电变压器的常见缺陷有哪些？

2. 变压器无载分接开关接触电阻不良，怎么判断？

3. 配电变压器本体密封圈龟裂常见原因有哪些？

模块 2 配电变压器及附件的常见故障（GYPD00603002）

【模块描述】本模块介绍配电变压器及附件的常见故障类型。通过要点归纳、列表说明和案例介绍，掌握各类主要故障的分类和处理方法。

【正文】

一、配电变压器及附件故障的概况

配电变压器及附件故障，主要分内部故障和外部故障。

其内部故障主要有：铁芯质量不良；因低压出口短路绕组串动；绕组匝间绝缘降低短路等。内部故障对变压器危害非常大，严重时会烧毁变压器，停止此变压器供电范围内客户用电，造成区域内供电服务质量下降。

外部故障主要有：避雷器高压桩头接地；高压熔断器熔断；变压器引线断裂；变压器桩头发热；低压负荷开关烧坏；变压器套管损坏和放电；低压出口短路；变压器中性线带电；变压器接地破坏等。

二、配电变压器及附件常见故障类型介绍

（1）变压器声响明显增大，内部有爆裂声；

（2）变压器附近有焦糊味，变压器油色异常；

（3）内部引线或分接开关接触不良，或有击穿的地方，变压器内发出放电声；

（4）变压器发出“咕嘟”声音，可能绕组有匝间短路；

（5）变压器桩头、引线故障；

（6）变压器中性线带电。

三、配电变压器故障采用诊断及处理方法

当发现变压器有故障时，先分析故障类型和危机程度再确定查找途径，迅速查找故障位置，判断故障原因，决定处理故障方法。

1. 诊断方法

（1）外部观察。变压器，如喷油、严重漏油、有糊味或油质出现碳化、油色明显剧变、绝缘子裂纹、有放电闪络痕迹、声音异常、油温过高等现象，可初步确定变压器有内部故障。

（2）仪器检测。可用 QJ23、QJ44、电桥或数字式万用表测量每相高压和低压的直流电阻，记录电阻值，比较一下上一次试验数据；用 ZP-Ⅲ智能型高压数字绝缘电阻表遥测各绕组、绕组对地之间的绝缘电阻是否正常，如果绝缘电阻值较小，还应测出吸收比。若电阻值接近或等于零，说明绕组对地或绕组之间有击穿及绝缘受潮；若绕组间以及每相间的绝缘电阻不相等，可能是套管损坏或局部受潮。

（3）油样分析。用专用油样瓶从变压器放油阀取出油样，检查油样有无焦糊臭味，必要时进行变压器油化学分析，可准确得出油的闪点、燃点、耐压、水分含量等数据，以判断油质好坏和变压器内

部故障程度。

2. 处理方法

配电变压器各种常见故障原因、现象及处理方法见表 GYPD00603002-1。

表 GYPD00603002-1 配电变压器各种常见故障原因、现象及处理方法

故障	现象	原因	检查及处理方法
铁芯间绝缘不良	空载损耗增大、绝缘油劣化较快	片间绝缘老化或局部损坏	用电流—电压法测片间直流电阻
铁芯局部短路烧损	绝缘油闪点降低，有特殊气味	穿芯螺栓绝缘损坏或片间绝缘损坏，接地方法不当	用电流—电压法测片间直流电阻
接地片断裂或与铁芯接触不良	电压升高，内部有轻微放电声音	（1）安装时螺栓没拧紧； （2）接地片没插到紧	吊芯检查
铁芯响声异常		铁芯叠片中缺片，紧固件松动，电源电压偏高	吊芯检查，测量电压
线圈匝间短路	一次电流增大，直流电阻不平衡，油温升高，油箱中咕噜声，二次电压不正常，严重时熔断器熔丝熔断	（1）绝缘老化； （2）水浸入线圈； （3）短路导致匝间绝缘摧伤； （4）导线毛刺，焊接头不平滑，振动中绝缘损坏	（1）测直流电阻； （2）空载试验； （3）更换线圈； （4）更换密封圈
线圈断线	断线处有放电声，断线相无电	（1）导线连接不良； （2）短路应力引起断线； （3）雷击断线； （4）运输振动引起断线	（1）用绝缘电阻表导通； （2）测直流电阻
对地击穿	高压熔丝熔断，匝间短路	（1）主绝缘老化破裂； （2）线圈中有杂物落入； （3）过电压引起； （4）绝缘受潮、缺油引起	（1）用绝缘电阻表导通； （2）测直流电阻
线圈相间短路	高压熔丝熔断，储油柜喷油，温度增高	（1）绝缘老化破裂； （2）过电压引起； （3）绝缘受潮、缺油引起	测绝缘电阻、直流电阻，吊芯检查
油质劣化	油色变暗成深黄色	变压器故障时产生气体，长期过热所致	给变压器减载，过滤变压器油或换油
分接开关触头灼伤	温度增高，触头表面有放电声	（1）弹簧压力不够，接触不可靠； （2）动静触头动作不到位，触头过热； （3）短路时触头灼伤	直流电阻，吊芯检查

四、案例分析

1. 事故现象

2009 年 1 月 6 日 20 时某市供电公司接客户报修一台 SM11-250kVA 变压器高压跌落式熔断器 C 相熔丝熔断，变压器箱体渗油，停变压器，更换熔丝，送上非故障 A 和 B 相时变压器正常，拉开熔断器，送 A 和 C 相，C 相熔断器爆炸成火球，熔丝烧断，变压器停电后，测试变压器绝缘电阻，绝缘电阻不到 1MΩ，初步诊断是变压器受潮，C 相匝间短路，变压器无法运行，更换变压器后，用电正常。

2. 原因分析

此起故障主要原因是变压器内部发生故障（线圈受潮绝缘下降）；其次设备维护单位在日常巡视及年度预试维护工作中没有到位。

3. 防范措施

加强设备巡视和检测，经检测发现变压器内部有故障时要严格按本模块常见故障处理方法进行。

【思考与练习】

1. 配电变压器套管闪络故障的原因是什么？如何处理？
2. 配电变压器线圈匝间短路故障现象是什么？如何处理？

模块 3　跌落式熔断器熔丝熔断的处理（GYPD00603003）

【模块描述】本模块介绍跌落式熔断器熔丝熔断故障处理方法。通过要点归纳和案例介绍，掌握跌落式熔断器熔丝熔断的类型及故障原因、更换熔丝的正常工作流程及质量要求和变压器运行中熔丝熔断故障处理方法，以及熔丝更换作业中的危险点预控。

【正文】

高压跌落式熔断器用于高压配电线路、配电变压器、电压互感器、电力电容器等电气设备的过载及短路保护。跌落式熔断器的熔丝装于一个在电弧下能产生气体的绝缘管中，利用绝缘管在电弧作用下产生大量气体所形成的气流来吹熄电弧。熔丝熔断后，熔断管能自动跌开掉下来，把电弧拉长而熄灭，同时将线路分断，形成明显的隔离间隙。跌落式熔断器的作用是当下一级线路或设备过负荷或短路故障时，熔丝熔断、跌落式熔断器自动跌落断开电路，确保上一级线路仍能正常供电。

一、跌落式熔断器熔丝熔断的类型及故障原因

（1）熔断器额定开断容量小，其下限值小于被保护系统的三相短路容量，熔丝误熔断。

（2）熔丝质量不良，其焊接处受到温度及机械力的作用后脱开，发生误断。

（3）大气过电压，造成熔丝熔断。

（4）更换熔丝时，操作方法不正确，熔丝受伤断股，发生误熔断。

（5）变压器内部短路故障，熔丝保护熔断。

（6）变压器外部故障，熔丝保护熔断。

（7）操作时，合闸不到位造成触头烧伤产生毛刺引起接触不良，使触头过热，弹簧退火，促使触头接触更为不良，形成恶性循环造成熔丝熔断。

（8）被保护线路发生短路和过负荷故障，熔丝保护熔断。

二、配电变压器熔丝更换及要求

1. 熔丝选择

100kVA 及以下的变压器熔丝的额定电流按变压器一次额定电流的 2～3 倍；100kVA 以上的变压器熔丝的额定电流按变压器一次额定电流的 1.5～2 倍选择；多台变压器支线，总容量在 400～800kVA 以内支线熔丝按总容量的额定电流的 1.2～1.5 倍选择。熔丝的选定应与上下级保护配合，所使用的熔丝必须是正规厂家的合格产品，禁止用其他金属丝替代。

2. 熔丝安装

将熔丝穿入熔管内，两端拧紧，使熔丝位于熔管中间偏上的地方，熔丝拉紧后将两端分别和上下动触头螺钉连接并拧紧，熔丝预留的长度禁止塞入熔管中，以免影响灭弧效果。安装熔丝注意固定熔丝尾部时，应顺时针方向紧固。熔丝不应有断股现象，并且松紧适宜。安装时应将熔丝拉紧，否则过松，易使熔管误动或合不上。

三、配电变压器运行中熔丝熔断故障处理基本原则

1. 一相熔丝熔断处理

配电变压器高压侧一相熔丝熔断，如 RW10—10F 型跌落式熔断器熔断，其主要原因是配电变压器低压三相负荷不平衡过负荷，造成一相熔丝熔断。高压侧中性点不接地系统发生一相弧光接地或系统中有铁磁谐振过电压出现，造成一相熔丝熔断。

处理方法和原则：按规程要求将所属配电变压器停电后进行检查。通过看、闻、听，未发现其他异常，可将更换相应规格的熔丝，在变压器空载状态下试送电，并经过监测变压器电流、电压及声音等相关参数处于正常运行状态时，可带负荷运行。

2. 两相或三相熔丝熔断处理

造成两相或三相熔丝熔断的主要原因是变压器内部或外部线路故障引起的，应该将变压器停电后进行检查。处理方法如下：

（1）应检查高压引线及瓷绝缘部分有无闪络放电痕迹，同时观测变压器有无过热、变形、喷油等异常现象，本体有无异常声音。

（2）当变压器熔丝熔断后，外观无明显异常时，可通过摇测绝缘电阻、油化验进行判断、处理，如果仍无明显事故迹象时，可用电桥测量变压器直阻来进一步判断，确定事故性质。

（3）熔断器有两相或三相熔丝熔断且烧伤明显时，可采用下列两种方法进行检查、判断。

1）进行全电压空载试验，检查三相空载电流是否平衡和过大，要注意：变压器容量越大，百分值越小，假若空载电流超出规定值或电流不平衡则说明变压器绕组有短路。

2）根据熔丝熔损情况及变压器油色的情况进行判断。假如熔丝烧损严重，变压器油色变黑，并有明显的焦气味，便可基本判断变压器内有短路故障。

四、跌落式熔断器熔丝熔断典型事故案例介绍

案例一：

1. 事故现象

一个雷雨天后，某变电站 10kV 线路出线断路器过流保护动作跳闸。由于当时该断路器重合闸未投运，值班人员按照运行规程对该线路强行试送了一次，结果断路器再次动作跳闸，据此判断为永久性短路故障。为此抢修班对该线路进行紧急巡查，但检查后未发现线路有问题，随后用电监察人员对高电压用户进行检查，发现某厂专用变压器低压配电屏上负荷开关因雨水浸入低压配电屏，致使开关底板受潮，造成开关短路而烧毁。当断开为该厂供电的柱上变压器上的跌落式熔断器后，再试送，一切正常。该台柱上变压器为 200kVA，但检查跌落式熔断器使用的是 50A 熔丝元件，3 根熔丝全部完好，即柱上变压器的低压侧发生短路时，高压侧跌落式熔断器根本没有起到保护作用。

2. 故障原因分析

经过分析判断，这是一起技术管理有缺陷、跌落式熔断器的熔丝选择不当造成的事故。通过计算，发现在低压负荷开关处三相短路时，三相短路电流起始值超过 6.8kA，折算到 10kV 高压侧约为 270A，该 10kV 线路在变电站出线断路器过流保护整定值为 248A，时限为 0.3s，而下一级的该厂支路上的柱上变压器上的跌落式熔断器的 50A 高压熔丝在 270A 时最小熔断时间为 1.5s。由此可见，在此级柱上变压器的跌落式熔断器的熔丝还未熔断时，上一级的断路器已动作跳闸，从而造成整条 10kV 线路停电。

3. 事故防范措施

加强配电变压器的技术管理，适当选择高压跌落式熔断器的熔丝，禁止使用铝丝、铁丝、铜丝等物体替代熔丝。对 100kVA 以下的配电变压器的跌落式熔断器的熔丝，按配电变压器高压侧额定电流的 2～3 倍选择；对 100kVA 及以上的配电变压器的跌落式熔断器的熔丝，按配电变压器高压侧额定电流的 1.5～2 倍选择。采取以上措施后，低压配电线路及配电设备发生故障，跌落式熔断器都可靠地动作。

案例二：

1. 事故现象

一个炎热的夏天某某市 1 号××公用变压器，因用电量急速上升，配电变压器过负荷，造成配电变压器跌落式熔断器的消弧管、灭弧罩烧坏，造成相间弧光短路，导致变电站开关速断跳闸。

2. 故障原因分析

（1）跌落式熔断器安装的角度（即消弧管轴线与垂直线之间的夹角）不合适时，也会影响消弧管跌落的时间。由于熔丝附件太粗，消弧管孔太细，即使熔丝熔断，熔丝元件也不易从管中脱出使管子不能迅速跌开；操动机构不灵活，触头弹簧片弹力不足，有退火、锈蚀、断裂等情况，熔断器的消弧管受潮膨胀而失效，造成不能迅速跌落。

（2）由于熔丝熔断后不能自动跌落，电弧在管子内未被切断形成了连续电弧而将消弧管烧坏，消弧管常因上下转动轴安装不正，被杂物阻塞，以及转轴部分粗糙，因而阻力过大，不灵活等原因，以致当熔丝熔断时，消弧管仍短时保持原状态不能很快跌落，灭弧时间延长而造成烧管。

（3）跌落式熔断器相间距离不足。

3. 事故防范措施

（1）对运行中的跌落式熔断器，要定期停电检查，调整各个触点及活动元件，检查和调整工作一般1～3年进行一次。

（2）检查跌落式熔断器的消弧管有无弯曲、变形；操动机构是否灵活，有无锈蚀现象，不能维修的熔断器，应及时更换。安装时的相间距离不小于0.5m，跌落式熔断器安装消弧管应有向下15°～30°的倾角，以利熔体熔断时消弧管能依靠自身重量迅速跌落。

五、配电变压器熔丝熔断处理作业中的危险点预控

（1）操作时由两人进行（一人监护、一人操作），操作者必须戴经试验合格的绝缘手套和安全帽，使用电压等级相匹配的合格绝缘操作杆操作，在雷电或者大雨的气候下禁止操作。

（2）在拉闸操作时，一般规定为先拉开中间相，再拉下风向的边相，最后拉开上风向的边相。这是因为配电变压器内三相运行改为两相运行，拉开中间相时所产生的电弧火花最小，不致造成相间短路。其次是拉开下风向的边相，因为中间相已被拉开，下风向边相与上风向边相的距离增加了一倍，即使有过电压产生，造成相间短路的可能性也很小。最后拉开上风向边相时，仅有对地的电容电流，产生的电火花已很轻微。

（3）合闸的时候先合上风侧边相，再合下风侧的边相。这是因为中相未合上，相间距离较大，即使产生大的电弧造成相间短路的可能性也很小，最后合上中间相，仅使配电变压器两相运行变为三相运行，其产生的电火花很小，不会出现异常问题。

（4）拉、合熔断器时不要用力过猛，合好后，要仔细检查鸭嘴舌能紧紧扣住舌头长度2/3以上，可用操作杆钩住上鸭嘴向下压几下，再轻轻试拉，检查是否合好。合闸时未能到位或未合牢靠，熔断器上静触头压力不足，极易造成触头烧伤或者熔管误动而自行跌落。

（5）操作跌落式熔断器前必须将低压负荷停运，不得带负荷进行操作。

【思考与练习】

1. 配电变压器跌落式熔断器熔丝熔断的几种故障类型有哪些？

2. 更换跌落式熔断器熔丝作业的危险点有哪些？主要预控措施有哪些？

模块4　配电变压器的调压（GYPD00603004）

【模块描述】本模块介绍配电变压器的调压原理及方法。通过原理介绍、要点归纳和案例说明，掌握配电变压器调压方法、直流电阻的测量方法、调压过程异常情况下的处理方法，以及安全注意事项和危险点预控。

【正文】

由于配电网在运行中存在一定的电压损耗，导致用户端电压偏差超标，此时就必须采取调压措施，配电变压器调压就是其中的措施之一。

一、配电变压器的调压

1. 调压原理

变压器调压工作原理就是通过改变一次与二次绕组的匝数比来改变变压器的电压变比，从而达到调压的目的。

$$K = E_1 / E_2 = W_1 / W_2 = U_1 / U_2 \quad \text{(GYPD00603004-1)}$$

$$U_2 = W_2 / W_1 \times U_1 \quad \text{(GYPD00603004-2)}$$

式中　K——变比；

E_1——一次侧电动势；

E_2——二次侧电动势；

W_1——一次侧匝数；

W_2——二次侧匝数；

U_1——一次侧额定电压；

U_2——二次侧额定电压。

变压器的调压方式是改变变压器一次绕组抽头，借以改变变压比。一般分为 3 挡。分接开关接线图如图 GYPD00603004-1 所示，即“高往高调，低往低调”，它是针对二次电压来说的，二次电压高，则一次侧抽头往上调。

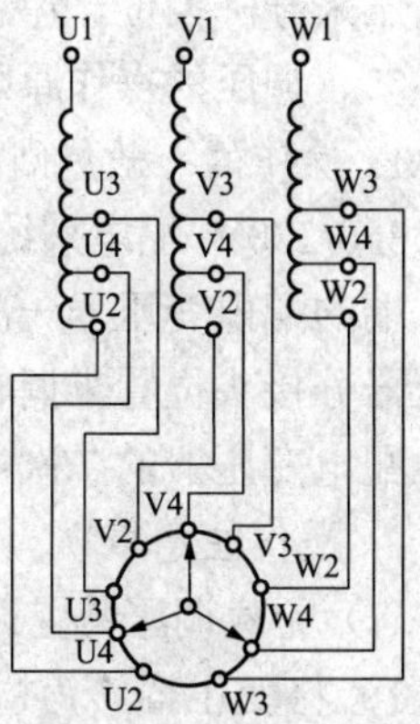

图 GYPD00603004-1 三相星形绕组调压接线图

其基本原理是从变压器某一侧的绕组中引出若干分接头，通过分接开关，由一分接头切换到另一分接头，以变换有效匝数，达到调节电压的目的。变压器有两种调压方式，一种是无载调压，一种是有载调压。有载调压就是在变压器运行时可以调解变压器的电压。无载调压和有载调压都是指变压器分接开关的调压方式，区别在于无载调压开关不具备带负载转换挡位的能力，因为这种分接开关在转换挡位过程中，有短时断开过程，断开负荷电流会造成触头间拉弧烧坏分接开关或短路，故调挡时必须使变压器停电。因此一般用于对电压要求不是很严格而不需要经常调挡的变压器。而有载分接开关则可带负荷切换挡位，因为有载分接开关在调挡过程中，不存在短时断开过程，经过一个过渡电阻过渡，从一个挡转换至另一个挡位，从而也就不存在负荷电流断开的拉弧过程。一般用于对电压要求严格需经常调挡的变压器。而有载调压分接开关一般有 3 个或者 5 个挡位，根据实际情况调压，通常用 1 挡，即使电压保持$+5\%U_N$（U_N为额定电压），以保证线路末端电压质量。传统的调压是机械式，新型的都是电子的。

2. 调压方法

配电变压器分为无载调压和有载调压两种类型。

(1) 无载调压装置。无载调压装置也称为无励磁调压分接开关，是在变压器不带电的条件下切换高压侧绕组中线圈抽头以实现低压侧调压的装置。

配电变压器主要采用以下几种无载调压开关：

1）三相中性点调压无载调压开关。① 该开关直接固定在变压器箱盖上。② 采用手动旋转操作。③ 动触头片相距 120°，同时与定触头闭合，形成中性点。

2）三相中部点调压无载调压开关。① 该开关所有触头一字横排在水平面上。② 由齿条带动动触头接相邻的两个分接头。

3）单相中部无载调压开关。① 该开关安装在变压器箱盖上。② 用于额定电流不大于 25A 的单相变压器。

4）无载调压分接开关变换挡位的步骤：先将变压器停役，测量一次绕组的直流电阻并做好记录；打开分接开关罩，检查分接开关的挡位，扭动分接开关把手至所需的调整的挡位；测量分接开关变挡后一次绕组的直流电阻并做好记录，对比两次的测量结果并检查回路的完整性和三相电阻的均一性，检查判断分接开关位置的正确性后并锁紧，记录分接开关变换情况，合格后恢复供电并测量变压器低压侧电压。无载调压分接开关变换挡位时应作多次转动，以便清除触头上的氧化膜和油污。严禁在分接开关挡位调整不到位时恢复供电，避免因三相绕组不平衡、接触不良放电、烧断分接头引线等问题，严重时会引起损坏变压器。干式变压器调整时，还应核对一次侧的每个绕组位置与连接是否对称，严禁错位。

有载调压分接开关变换挡位时应逐级一次变换，同时监视分接位置及电压、电流的变化，核对系统电压与分接额定电压间的差值，使其符合规定。

（2）有载调压装置。

1）有载调压装置又称为有载分接开关，是在变压器不中断运行的带电状态下进行调压的装置。

2）有载调压开关主要由调压电路，选择电路，过渡电路，调压绕组，动、静触头和过渡电阻器组成。

3）调整时由内部电抗器或电阻器构成的过渡电阻限流，然后通过选择电路将负荷电流由一个分接头切换到另一个分接头上，从而实现有载调压。

4）有载调压分接开关变换挡位的步骤：首先合上分接开关电源，记录变压器运行挡位，根据所需电压来升降挡位，注意调压应逐一挡位变换，禁止跳级变换分接开关。

二、调压的操作原则及注意事项

1. 操作的一般原则

380/220V 配电系统要求电压合格率是-10%～+7%范围，而随着变压器二次负荷的增大及处于线路末端的配电变压器一次压降很大，导致二次电压变化很大，为了保证电压的合格率，通常采用调整变压器分接头位置来调整变压器二次电压。应满足最大负荷和最小负荷时电压合格率的要求，另外运行中配电变压器的二次电压调整也能和无功补偿配合进行。

2. 操作注意事项

（1）无载调压装置调压注意事项：

1）将变压器转为检修状态，注意刚退出运行的变压器箱体温度很高，特别是夏天，应采取防止烫伤的措施。

2）柱上变压器调压操作人员应与带电部位保持足够的安全距离。

3）分接开关把手卡滞时，严禁用扳手等工具转动分接开关把手。

4）干式变压器应认真核对分接连片位置，调整好应检查连片是否紧固。

（2）有载调压装置调压注意事项：有载调压分接开关变换挡位时应逐级一次变换。

三、操作要求

对于无载调压变压器先将其停运，打开分接开关罩，检查分接开关的挡位，扭动分接开关把手至所需的调整的挡位；测量分接开关变挡后一次绕组的直流电阻并做好记录，通过计算要求线间差别不大于三相平均值的 2%。检查判断分接开关位置的正确性后将定位螺钉或定位件固定死，记录分接开关变换情况，合格后恢复供电并测量变压器低压侧电压。对于干式变压器应仔细核对分接连片位置，三相位置保持一致。应注意将端子上的污物去除后紧固连片，测量直流电阻合格后，记录分接开关变换情况后方可投入运行。

四、操作中异常情况及其处理方法

无载分接开关操作中异常情况处理方法见表 GYPD00603004-1，有载分接开关操作中异常情况处理方法见表 GYPD00603004-2。

表 GYPD00603004-1　　无载分接开关操作中异常情况处理方法

序号	操作中出现的问题	处　理　方　法
1	操动机构卡滞	重新安装操动杆； 更换弹簧，调整动触头； 调整密封环松紧度
2	绕组直流电阻不稳定	清除氧化膜或污物，旋转开关进行多次循环，分接变换直至电阻值趋于稳定； 更换触头弹簧增大触头压力，触头轻微烧伤可用砂纸打磨，严重时应更换； 拧紧开关的紧固件

表 GYPD00603004-2　　有载分接开关操作中异常情况处理方法

序号	操作中出现的问题	处　理　方　法
1	开关跳跃	清除交流接触器铁芯油污，必要时予以更换； 调整分接开关
2	手摇操作正常，就地电动操作拒动	检查操作电源及控制回路正确性，消除后做整体联动试验
3	只能向一个方向变换	用手拨动限位机构，在滑动处加少量油脂润滑
4	切换开关切换时间长或不切换	调整弹簧或检修传动机构
5	分接开关有局部放电或爬电痕迹	排除尖端，加固紧固件，消除悬浮放电
6	无法操控方向	检查电容回路，处理接触不良或更换电容

五、案例分析

1. 事故现象

2008 年 8 月在对某台区 S11-500/10 配电变压器进行无载调压后测试直流电阻发现双臂电桥零位指针不停的摆动，在重新处理电桥引线后阻值仍不稳定，切换到另一台变压器上测量阻值趋于稳定。对此，在吊芯后发现在分接开关触头有轻微烧伤痕迹，经检查后发现正是该台变压器的分接触头。在对烧伤点进行打磨处理，测量直流电阻正常后投入运行。

2. 原因分析

此起故障主要原因是该台变压器无载分接开关本身存在触头烧伤的缺陷给设备运行带来隐患，另外该台变压器年度预试没有按常规进行并及时发现无载开关部位存在的缺陷。

3. 防范措施

新安装的变压器一定要购置正规厂家生产的合格变压器，保证变压器产品质量，其次在日常维护中除在调整变压器无载分接开关时要测量一次绕组的直流电阻外，还要加强变压器本身的预试、大小修工作并及时检测一次绕组的直流电阻，以使变压器及附件始终运行在正常状态。

六、安全注意事项及危险点预控

1. 安全注意事项

（1）工作中注意与带电部位保持足够的安全距离。

（2）拆除的变压器高、低压引线应固定牢固，防止反弹至带电部分。

（3）高处作业人员上下梯子应按规定使用，专人扶持。

（4）使用的安全带应有后备保护绳，并挂在牢固位置，严禁低挂高用。

2. 危险点预控

（1）低压反送电。应断开低压侧电源并验电挂接地线。

（2）拆除的变压器高、低压引线如未固定牢固，易反弹至带电部分。应将拆除的引线绑扎牢固后固定。

（3）高空落物伤人。高处作业应使用工具袋和传递吊绳，在行人较为密集区域作业时应设围栏，防止行人进入工作地域。

【思考与练习】

1. 配电变压器的调压方法有哪几种？

2. 有载调压和无载调压的主要区别在哪些方面？

模块 5　变压器并联操作（ZY0300103001）

【模块描述】本模块包含配电变压器并列运行。通过要点分析、知识讲解，熟悉配电变压器并列运行的条件、操作步骤和操作技能。

【正文】

变压器并联运行，就是将两台或以上变压器的一次绕组并联在同一电压的母线上，二次绕组并联在另一电压的母线上运行。

一、配电变压器并联运行的基本条件

配电变压器的并联运行固然具有很多优点，然而并非所有的变压器均能并联运行。变压器并联运行，应同时满足下列条件：

（1）变压器的联结组标号相同；

（2）变压器的一、二次额定电压应分别相等，其额定电压比最大不允许值相差±5%；

（3）变压器阻抗电压百分值应相等，允许相差不超过±10%；

（4）变压器容量比，不超过 3:1。

通常，两台变压器并联运行前，必须进行核相，否则，会造成相间短路；如果电压比相差过大，在并联运行时将产生环流，影响变压器的出力；如果接线组别不同，会造成短路或很大的环流烧毁变压器。例如，单数组别与双数组别的变压器（如一台 Dy 11 与一台 Yy0）并联，环流过大会烧坏变压器。阻抗电压相差过大，则并联运行的变压器的负荷不能按其容量比例合理分配，阻抗小的变压器带的负荷大，也会影响变压器的出力。

二、配电变压器并联运行的目的

1. 提高供电的可靠性

当并联运行的变压器中有一台损坏或检修其中一台变压器时，另一台变压器可以正常运行，从而减少了故障和检修时的停电范围，提高了供电可靠性。

2. 提高变压器的经济运行

当负荷增加到一台变压器容量不够用时，可并联投入第二台变压器，而当负荷减少到不需要两台变压器同时供电时，可将一台变压器退出运行。特别是在农村，季节性用电特点明显，变压器并联运行可根据用电负荷大小来进行投切，这样，可尽量减少变压器本身的损耗，达到经济运行的目的。

以某供电公司城区所管辖范围内变压器运行选用方式为例，城区所管辖范围内大部分为配电房双台变压器，其经济运行选用的都是两台同型号同容量的变压器并联运行。此方式可以是单台变压器运行（条件是变压器的负载不大于其中一台变压器的容量）和两台变压器并联运行。假设变压器单台运行时，变压器的负载为 S，则此时改为两台变压器并联运行时变压器的总有功功率损耗 P_{2T} 为

$$P_{2T}=2P_0+2(1/4)(S/S_N)^2P_k \qquad (ZY0300103001\text{-}1)$$

式中 S_N——额定容量；

P_k——短路损耗；

P_0——空载损耗。

如果两台变压器的负载由一台变压器单独运行，另一台备用，则此时变压器的有功功率损耗 P_{1T} 为

$$P_{1T}=P_0+(S/S_N)^2P_k \qquad (ZY0300103001\text{-}2)$$

令 $P_{1T}=P_{2T}$，则可求得单台变压器带全部负载运行与两台变压器并联运行时，总的有功功率损耗相等时的临界负载 S' 为

$$S'=S_N\sqrt{2P_0/P_k} \qquad (ZY0300103001\text{-}3)$$

于是当实际负荷 $S<S'$ 时，单台变压器运行比较经济；反之，$S>S'$ 时，双台变压器运行比较经济。

三、配电变压器并联运行投切操作的方法和原则

当负荷增加到一台不够用，而并联运行又不可能时，两台变压器分别带几条线路运行，由于出线固定，其中一台因带线路少或负荷小，就会出现损耗增加。当线路用电负荷增大，一台变压器供电容量不够时，就会导致变压器过负荷，影响经济运行及供电可靠性。所以在适当的时候将部分变压器投入或退出运行可提高运行的经济性。配电变压器的并联运行单线系统图如图 ZY0300103001-1 所示。

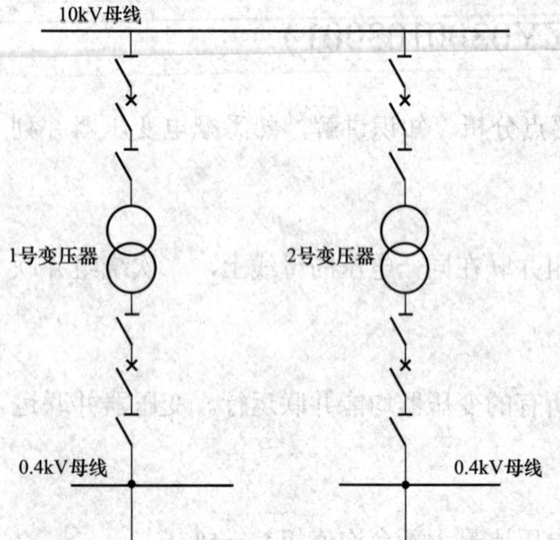

图 ZY0300103001-1　配电变压器的并联运行单线系统图

两台并联运行变压器停送电操作的方法：

按照常规，变压器停电的操作是先停负荷侧，然后停电源侧；送电时，是先送电源侧后送负荷侧。原因是便于处理和诊断故障，缩小故障停电范围，避免低压反馈。

（1）两台变压器并联时，先合 1 号变压器高压侧后合低压侧，再合 2 号变压器高压侧后合低压侧，最后合上低压母联断路器。解列时将低压母联断路器断开。

（2）当一台变压器退出运行或检修时，先断开低压母联断路器，再按单台操作顺序断开变压器低压侧，最后断开变压器高压侧。

四、配电变压器并联运行投切操作的注意事项

（1）新投入运行和检修后的变压器，在并联运行之前，首先进行核相，并在变压器空载状态时试并联后，方可运行。

（2）必须考虑变压器并联运行的经济性，不经济的变压器不允许并联运行，同时，还应注意不宜频繁操作。

（3）进行变压器并联或解列操作时，不可用隔离开关和跌落熔断器直接操作，并联或解列运行必须保证正确的操作步骤，不允许通过变压器倒送电。

（4）需并联运行的变压器，在并联之前应根据实际情况，预计变压器负荷电流的分配，在并联之后立即检查两台变压器的运行电流分配是否合理，是否超过额定电流；在需解列或停用一台变压器时，应根据负荷情况，预计是否有可能造成一台变压器的过负荷。一旦并联运行后，应检查实际负荷电流，在有可能造成变压器过负荷的情况下，变压器不得解列。

【思考与练习】

1. 配电变压器并联运行的基本条件是什么？
2. 配电变压器并联运行的目的是什么？
3. 配电变压器并联运行的操作步骤和原则是什么？

第八部分

电缆的运行维护

第二十六章　电缆设备巡视

模块 1　温度热像仪的使用和应用（GYDL00301003）

【模块描述】本模块介绍温度热像仪的原理和使用方法。通过对测温原理、操作步骤讲解和示例介绍，熟悉温度热像仪的用途、基本原理与结构，掌握操作方法、操作步骤、注意事项和日常维护方法。

【正文】

一、用途

红外温度热成像仪被测目标点温度成像图技术是一项简便、快捷的设备状态在线检测技术，主要用来对各种户内、户外高压电气设备和输配电线路（包括电力电缆）运行温度进行带电检测，其结果在电视屏或监视器上成像显示。

红外温度热成像仪被测目标点温度成像图技术可以反映电力系统各种户内、户外高压电气设备和输配电线路（包括电力电缆）设备温度不均匀的图像，检测异常发热区域，及时发现设备存在的缺陷。具有不停电、不取样、非接触、直观、准确、灵敏度高、快速、安全、应用范围广等特点。大大减少由于电气设备异常发热而引起的设备损坏和系统停电事故，是保证电力设备安全、经济运行重要技术措施。

二、基本原理与结构

1. 工作原理

红外温度热成像仪是利用红外探测器、光学成像镜和光机扫描系统（目前先进的焦平面技术则省去了光机扫描系统）接受被测目标的红外辐射能量分布图形，反映到红外探测器的光敏元件上，在光学系统和红外探测器之间，有一个光扫描机构（焦平面热像仪无此机构）对被测物体的红外热像进行扫描，并聚焦在单元或多元分光探测器上，由探测器将红外辐射能转换成电信号，经过放大处理、转换或标准视频信号通过电视屏或监视器显示红外热成像图。

2. 结构分类

（1）红外热像仪一般分光机扫描成像系统和非光机扫描成像系统两类。

（2）光机扫描热像仪的成像系统采用单元或多元（元数有 8、10、16、23、48、55、60、120、180 甚至更多）光电导或光伏红外探测器。用单元探测器时速度慢，主要是帧幅响应的时间不够快，多元阵列探测器可做成高速实时热像仪。

（3）非光机扫描成像的热像仪。近几年推出的阵列式凝视成像的焦平面热成像仪，属新一代的热成像装置，在性能上大大优于光机扫描式热成像仪，有逐步取代光机扫描式热成像仪的趋势。

三、操作步骤与缺陷判断

1. 操作步骤

（1）红外热像仪在开机后，先进行内部温度校准，在图像稳定后进行功能设置修正。

（2）热像系统的测温量程宜设置修正在环境温度加温升（10～20K）之间进行检测。

（3）红外测温仪的测温辐射率，应正确选择被测物体材料的比辐射率（ε）（见表 GYDL00301003-1）进行修正。

（4）检测时应充分利用红外热像仪的有关功能（温度宽窄调节、电平值大小调节等）达到最佳检测效果，如图像均衡、自动跟踪等。

表 GYDL00301003-1 常用材料比辐射率（ε）的选择（推荐）

材 料	金 属	瓷 套	带 漆 金 属
比辐射率（ε）	0.90	0.92	0.94

（5）红外热像仪有大气条件的修正模型，可将大气温度、相对湿度、测量距离等补偿参数输入，进行修正并选择适当的测温范围。

（6）检测时先用红外热像仪对被检测设备所有应测试部位进行全面扫描，检查有无过热异常部位，然后对异常部位和重点部位进行准确检测。

2. 缺陷判断

（1）表面温度判断法。根据测得的设备表面温度值，对照 GB/T 11022—1999 中高压开关设备和控制设备各种部件、材料和绝缘介质的温度和温升极限的有关规定，结合环境气候条件、负荷大小进行分析判断。

（2）相对温度判断法：

1）两个对应测点之间的温差与其中较热点的温升之比的百分数；

2）对电流致热的设备，采用相对温差可减小设备小负荷下的缺陷漏判。

（3）同类比较判断法：

1）根据同组三相设备之间对应部位的温差进行比较分析；

2）一般情况下，对于电压致热的设备，当同类温差超过允许温升值的 30%时，应定为重大缺陷。

（4）图像特征判断法。根据同类设备的正常状态和异常状态的热图像判断设备是否正常。当电气设备其他试验结果合格时，应排除各种干扰对图像的影响，才能得出结论。

（5）档案分析判断法。分析同一设备不同时期的检测数据，找出设备致热参数的变化，判断设备是否正常。

四、操作注意事项

（1）检测时离被检设备以及周围带电运行设备应保持相应电压等级的安全距离。

（2）被检设备为带电运行设备，应尽量避开视线中的遮挡物。

（3）检测时以阴天、多云气候为宜，晴天（除变电站外）尽量在日落后检测。在室内检测要避开灯光的直射，最好闭灯检测。

（4）不应在有雷、雨、雾、雪的情况下进行，风速一般不大于 5m/s。

（5）检测时，环境温度一般不低于 5℃，空气相对湿度不大于 85%。

（6）由于大气衰减的作用，检测距离应越近越好。

（7）检测电流致热的设备，宜在设备负荷高峰下进行，一般不低于设备负荷的 30%。

（8）在有电磁场的环境中，热像仪连续使用时，每隔 5～10min，或者图像出现不均衡现象时（如两侧测得的环境温度比中间高），应进行内部温度校准。

五、日常维护事项

（1）仪器专人使用，专人保管。

（2）保持仪器表面的清洁，镜头脏污可用镜头纸轻轻擦拭。不要用其他物品清洗或直接擦拭。

（3）避免镜头直接照射强辐射源，以免对探测器造成损伤。

（4）仪器长时间存放时，应间隔一段时间开机运行，以保持仪器性能稳定。

（5）电池充电完毕，应该停止充电，如果要延长充电时间，不要超过 30min，不能对电池进行长时间充电。仪器不使用时，应把电池取出。

（6）仪器应定期进行校验，每年校验或比对一次。

【案例 GYDL00301003-1】

使用 PM695 红外热成像仪（见图 GYDL00301003-1）对电缆终端三相温差拍摄图像，采用同类比较判断法进行分析和消除缺陷的案例。

S 市电缆巡视人员 2008 年 9 月 9 日上午 10 时 44 分 05 秒，对某条 35kV 交联聚乙烯绝缘电缆户外终端使用 PM695 红外热像仪（FOV11 镜头）拍摄图像（见图 GYDL00301003-2），环境温度为 30℃，距离 2.8m，辐射率 0.92，温度值范围 12～32℃。发现 A、B 两相电缆终端与架空线连接处温度在 22℃左右，而 C 相电缆终端与架空线连接处温度在 32℃，C 相温度超过 A、B 两相 10℃。

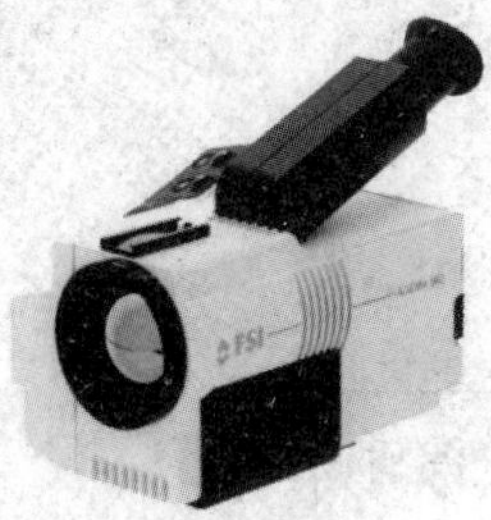

图 GYDL00301003-1 PM695 红外热成像仪

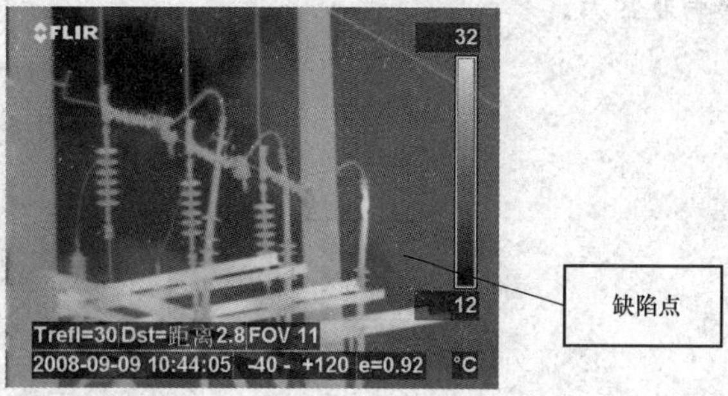

图 GYDL00301003-2 巡视中拍摄的某条 35kV 交联电缆缺陷热成像图

案例分析

采用同类比较判断法：根据同组三相设备之间对应部位的温差进行比较分析，当同类相温差超过允许温升值的 30%时，应定为重大缺陷。该 35kV 电缆线路户外终端 C 相温度超过 A、B 两相 10℃，与同类相温差最大为 45%，C 相定为严重缺陷进行处理。

消除缺陷后于 2008 年 9 月 12 日上午 10 时 45 分 21 秒，对该 35kV 电缆线路户外终端，巡视人员在巡视中再次使用 PM695 红外热像仪拍摄图像（见图 GYDL00301003-3），环境温度 20℃，距离 2.8m，辐射率 0.9，温度值范围 6～34℃。发现 A、B、C 三相电缆终端与架空线连接处温度均在 25℃左右，说明运行温度正常。

【案例 GYDL00301003-2】

使用 PM695 红外热成像仪，环境条件对成像仪检测结果影响的内容案例。

（2-1）2009 年 12 月 9 日上午 10 时 02 分，S 市电缆巡视人员使用 PM695 红外热成像仪，对 35kV“泰肥 791”电缆线路户外终端进行温度检测拍摄的成像图，见图 GYDL00301003-4 环境条件对成像仪检测“泰肥 791”电缆线路户外终端结果影响图。

案例分析

该电缆户外终端支架倚靠混凝土墙，电缆顺墙壁攀登至终端支架。由于钢筋混凝土建筑墙白昼易吸收大量的热量，造成红外热成像图不清楚，并无法调节至清晰状态。从拍摄的图中可以看到三相户外电缆终端颜色较之墙壁颜色深，导致背景墙壁淡色，对成像仪检测结果有影响。

图 GYDL00301003-3 消除缺陷后拍摄的某条 35kV 交联电缆热成像图

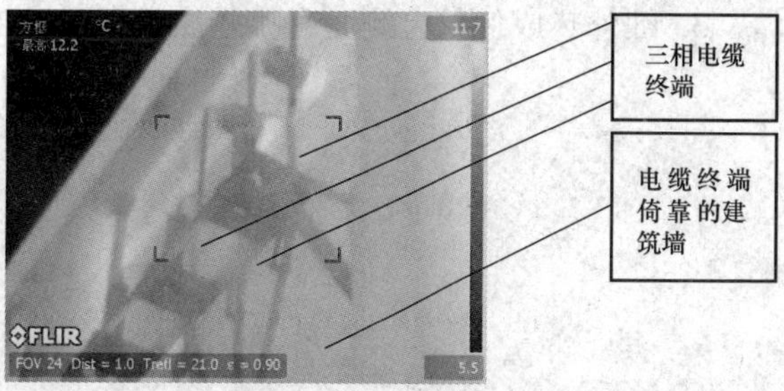

图 GYDL00301003-4 环境条件对成像仪检测 35kV“泰肥 791”电缆户外终端结果影响图

（2-2）2010 年 2 月 25 日上午 9 时 51 分，S 市电缆巡视人员使用 PM695 红外热成像仪，大雨停后对“郁家宅泵站”电缆线路户外终端进行温度检测拍摄的成像图，见图 GYDL00301003-5 环境条件对成像仪检测“郁家宅泵站”电缆线路户外终端结果影响图。

案例分析

由于雨过天晴太阳的照射，空气中水蒸气影响，造成红外热成像图模糊不清晰，并无法调节至清晰状态。从图中可以看到雨后太阳照射水分蒸发，导致空气中水蒸气含量较高，对成像仪检测结果的影响非常大。

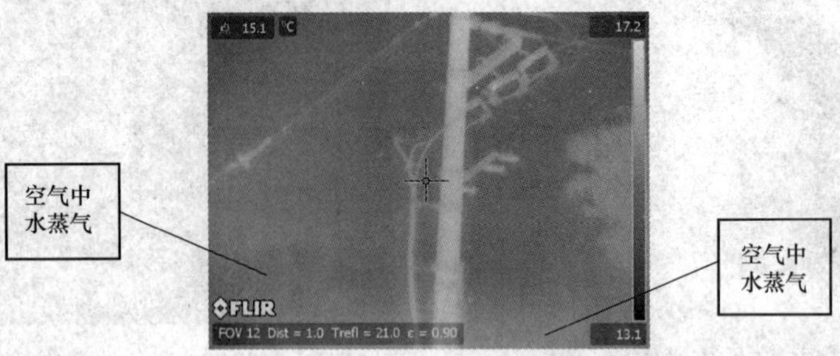

图 GYDL00301003-5 环境条件对成像仪检测“郁家宅泵站”电缆户外终端结果影响图

【案例 GYDL00301003-3】

使用 PM695 红外热成像仪，消除环境条件对成像仪检测结果影响，突显设备缺陷发热点放电的案例。

S 市电缆巡视人员 2008 年 12 月 19 日上午 11 时 09 分 10 秒，对某条交联聚乙烯绝缘电缆户外终端在巡视中，使用 PM695 红外热像仪（FOV11 镜头）拍摄的图像，环境温度为 15℃，距离 12.8m，比辐射率 0.9，温度值范围 –2 ~ 21 ℃。图像见图 GYDL00301003-6 S 市某条 10kV 交联电缆户外终端缺陷成像图。

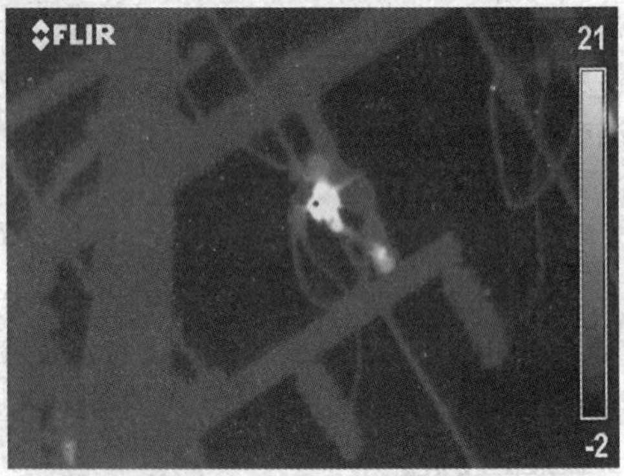

图 GYDL00301003-6 S 市某条 10kV 交联电缆户外终端缺陷成像图

案例分析

从拍摄的成像图中发现，B 相电缆终端与架空线连接处温度在 21℃左右，而 A、C 两相电缆终端与架空线熔丝连接处温度在 10℃左右，B 相温度超过 A、C 两相 10℃。由于是白天，拍摄的图像不易察看到放电现象，巡视人员采用手动模式，利用红外热像仪调节图像亮度的电平功能，将电平值向大调节，使成像仪图像背景逐渐变暗，直至可看到设备缺陷发热点突显电弧闪络放电光，见图 GYDL00301003-6。

【思考与练习】

1. 红外热成像仪结构分类及发展趋势是怎样的？不同结构的热成像仪工作原理上有哪些区别？
2. 红外热成像仪使用操作时应注意哪些问题？
3. 红外热成像仪检测时有哪些注意事项？

第二十七章　设备运行分析及缺陷管理

模块1　电缆缺陷管理（GYDL00302001）

【模块描述】本模块包含电缆线路缺陷管理的相关知识。通过要点、流程讲解和示例介绍，了解电缆缺陷性质，熟悉电缆线路及附属设备缺陷涉及范围，掌握电缆设备评级分类和缺陷管理技能。

【正文】

一、电缆缺陷管理范围

对于已投入运行或备用的各电压等级的电缆线路及附属设备有威胁安全运行的异常现象，必须进行处理。电缆线路及附属设备缺陷涉及范围包括电缆本体、电缆接头、接地设备，电缆线路附属设备，电缆线路上构筑物。

1. 电缆本体、电缆接头、接地设备

包括电缆本体、电缆连接头和电缆终端、接地装置和接地线（包括终端支架）。

2. 电缆线路附属设备

（1）电缆保护管、电缆分支箱、高压电缆交叉互联箱、接地箱、信号端子箱。

（2）电缆构筑物内电源和照明系统、排水系统、通风系统、防火系统、电缆支架等各种装置设备。

（3）充油电缆供油系统压力箱及所有表计，报警系统信号屏及报警设备。

（4）其他附属设备，包括环网柜、隔离开关、避雷器。

3. 电缆线路上构筑物

电缆线路上构筑物有电缆沟、电缆管道、电缆井、电缆隧道、电缆竖井、电缆桥架。

二、电缆缺陷性质分类

1. 电缆缺陷定义

运行中或备用的电缆线路（电缆本体、电缆附件、电缆附属设备、电缆构筑物）出现影响或威胁电力系统安全运行、危及人身和其他安全的异常情况，称为电缆线路缺陷。

2. 缺陷性质判断

根据缺陷性质，可分为一般、严重和紧急三种类型。其判断标准如下：

（1）一般缺陷性质判断标准：情况轻微，近期对电力系统安全运行影响不大的电缆设备缺陷，可判定为一般缺陷。

（2）严重缺陷性质判断标准：情况严重，虽可继续运行，但在短期内将影响电力系统正常运行的电缆设备缺陷，可判定为严重缺陷。

（3）紧急缺陷性质判断标准：情况危急，危及人身安全或造成电力系统设备故障甚至损毁电缆设备的缺陷，可判定为紧急缺陷。

三、电气设备评级分类

1. 电气设备绝缘定级原则

电气设备的绝缘定级，主要是根据设备的绝缘试验结果，结合运行和检修中发现的缺陷，权衡对安全运行的影响程度，确定其绝缘等级。绝缘等级分为三级：

（1）一级绝缘。符合下列指标的设备，其绝缘定为一级绝缘：

1）试验项目齐全，结果合格，并与历次试验结果比较无明显差别；

2）运行和检修中未发现（或已消除）绝缘缺陷。

（2）二级绝缘。凡有下列情况之一的设备，其绝缘定为二级绝缘：

1）主要试验项目齐全，但有某些项目处于缩短检测周期阶段；

2）一个及以上次要试验项目漏试或结果不合格；

3）运行和检修中发现暂不影响安全的缺陷。

（3）三级绝缘。凡有下列情况之一的设备，其绝缘定为三级绝缘：

1）一个及以上主要试验项目漏试或结果不合格。

2）预防性试验超过规定的期限：

a）需停电进行的项目为规定的周期加 6 个月；

b）不需停电进行的项目为规定的周期加 1 个月。

3）耐压试验因故障低于试验标准（规程中规定允许降低的除外）。

4）运行和检修中发现威胁安全运行的绝缘缺陷。

三级绝缘表示绝缘存在严重缺陷，威胁安全运行，应限期予以消除。

2. 电缆设备评级分类

电缆设备评级分类是电缆设备安全运行重要环节，也是电缆设备缺陷管理一项基础工作，运行人员应做到对分类电缆设备运行状态全面掌握。电缆设备评级分为以下三类：

（1）一类设备。是经过运行考验，技术状况良好，能保证在满负荷下安全供电的设备。

（2）二类设备。是基本完好的设备，能经常保证安全供电，但个别部件有一般缺陷。

（3）三类设备。是有重大缺陷的设备，不能保证安全供电，或出力降低，严重漏剂，外观很不整洁，锈烂严重。

电缆设备分类参考标准：

（1）一类设备：

1）规格能满足实际运行需要，无过热现象；

2）无机械损伤，接地正确可靠；

3）绝缘良好，各项试验符合规程要求，绝缘评为一级；

4）电缆终端无漏油、漏胶现象，绝缘套管完整无损；

5）电缆的固定和支架完好；

6）电缆的敷设途径及接头区位置有标志；

7）电缆终端分相颜色和标志铭牌正确清楚；

8）技术资料完整正确；

9）电缆线路附属设备（如供油箱及管路、装有油压监视、外护层绝缘、专用接地装置、换位装置、信号装置系统等）完好。

（2）二类设备：仅能达到一级设备 1）～4）项标准的，绝缘评级为一级或二级。

（3）三类设备：达不到二级设备标准的［一级设备 1）～4）项］，绝缘评级为三级者。

四、电缆缺陷闭环管理

1. 建立完善管理制度

（1）制定处理权限细则：

1）对电缆线路异常运行的电缆设备缺陷的处理，必须制定各级运行管理人员的权限和职责；

2）运行电缆缺陷处理批准权限，各地可结合本地区运行管理体制，制定相适应的电缆缺陷管理细则。

（2）规范电缆缺陷管理：

1）在巡查电缆线路中，巡线人员发现电缆线路有紧急缺陷，应立即报告运行管理人员，管理人员接到报告后根据巡线人员对缺陷描述，应采取对策立即消除缺陷；

2）在巡查电缆线路中，巡线人员发现电缆线路有严重缺陷，应迅速报告运行管理人员，并作好记录，填写严重缺陷通知单，运行管理人员接到报告后，应采取措施及时消除缺陷；

3）在巡查电缆线路中，巡线人员发现有一般缺陷，应记入缺陷记录簿内，据以编订月度、季度维护检修计划消除缺陷，或据以编制年度大修计划消除缺陷。

2. 制定电缆消缺流程

（1）建立电缆缺陷处理闭环管理系统，明确运行各个部门的职责。

（2）采用计算机消除缺陷流程信息管理，填写缺陷单，流转登录审核和检修消除缺陷。

（3）电缆缺陷消除后实行闭环，缺陷单应归档留存等规范化管理。

（4）运行部门每月应进行一次汇总和分析，作出处理安排。

（5）电缆缺陷闭环流程：设备周期巡查→巡查发现缺陷→汇报登录审核→流转检修消缺→定期复查闭环。

3. 规范电缆缺陷闭环操作（见图 GYDL00302001-1）

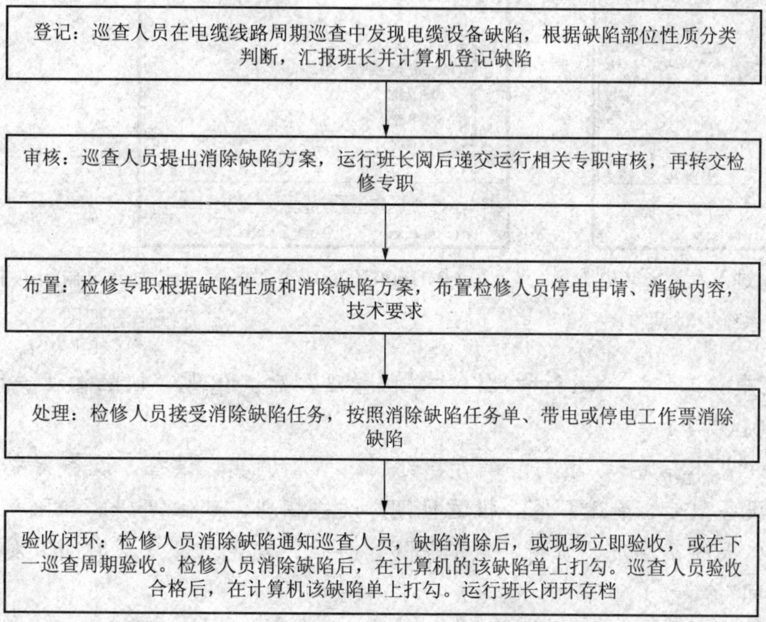

图 GYDL00302001-1　电缆线路缺陷闭环操作流程

【案例 GYDL00302001-1】

以巡查发现某条 35kV 电缆户外终端发热缺陷为例，说明《×××电力公司输配电生产管理系统》"电缆线路运行缺陷管理流程"整个执行过程。

电缆缺陷

S 市电缆巡视人员易某于 2008 年 9 月 9 日上午 10 时 44 分 05 秒，对某条 35kV 交联聚乙烯绝缘电缆户外终端，在巡视中使用 PM695 红外热像仪（FOV11 镜头）拍摄图像（见图 GYDL00302001-2），现场环境温度为 30℃，距离 2.8m，辐射率 0.92，温度值范围 12～32℃。发现 A、B 两相电缆终端与架空线连接处温度在 22℃左右，而 C 相电缆终端与架空线连接处温度在 32℃，C 相温度超过 A、B 两相 10℃，说明有发热缺陷。

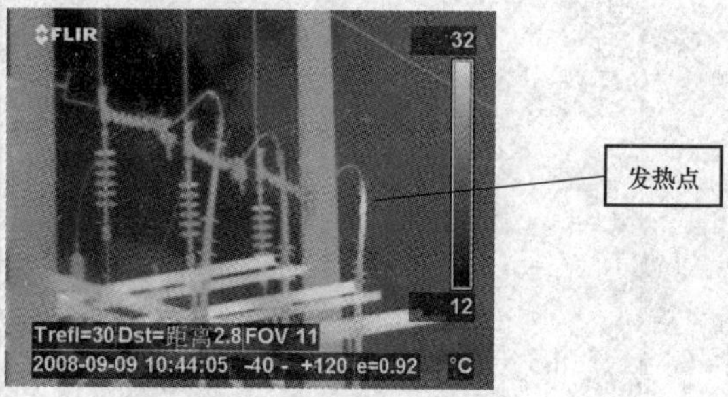

图 GYDL00302001-2　巡视中拍摄的某条 35kV 交联电缆发热缺陷热成像图

管理流程

《×××电力公司输配电生产管理系统》"电缆线路运行缺陷管理流程"执行操作步骤如下：

1. 打开软件 PMS 系统：进入"×××电力公司输配电生产管理系统"对话框，如图 GYDL00302001-3 所示。

2. 在"×××电力公司输配电生产管理系统"对话框选中右边齿轮图下拉箭头（会显示：系统），点击进入"中心工作"、"运行管理"、"缺陷管理"，如图 GYDL00302001-4 所示。

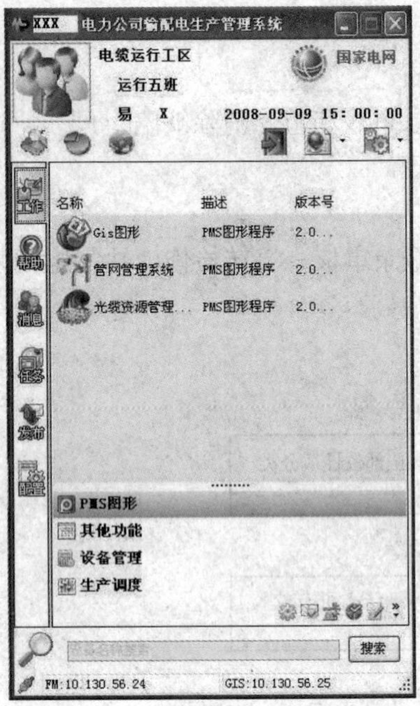

图 GYDL00302001-3 进入“×××电力公司输配电生产管理系统”对话框图

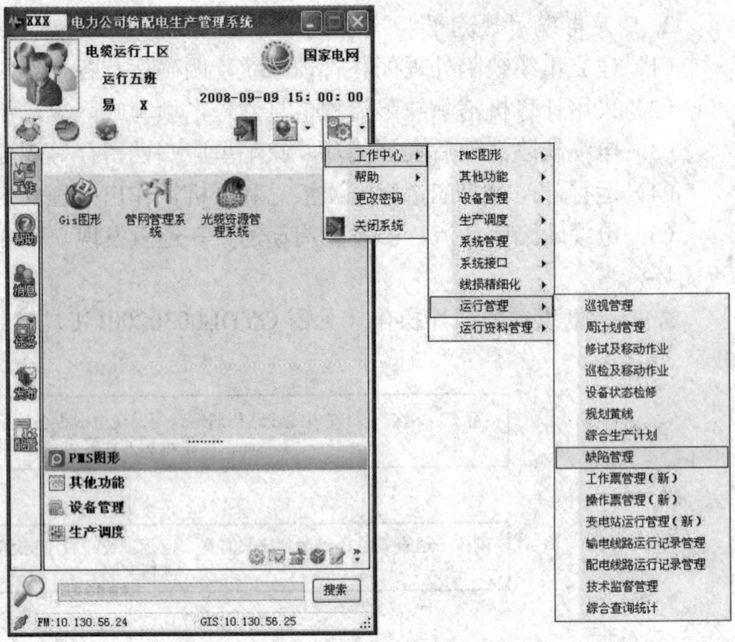

图 GYDL00302001-4 “×××电力公司输配电生产管理系统”对话框打开缺陷管理图

3. 点击进入“中心工作”、“运行管理”、“缺陷管理”后，出现“缺陷管理—[登记]”对话框，如图 GYDL00302001-5 所示。

（1）点击进入“基本信息”，填写“编号、部门、所属调度、设备、设备类型、所属电站、所属线路、电压等级、设备型号、制造厂家、投运日期、设备相别、部位/部件、缺陷来源、缺陷现象、缺陷程度、缺陷定性、天气、温度、负荷、缺陷描述、备注、发现人、发现时间、发现地点、登记人、登记班组、登记时间”。

（2）“基本信息”填写完毕，交班长审阅，可点击“确定”保存，暂不“提交”。

（3）“基本信息”填写完毕，可直接点击“提交”，“缺陷登记”流转到审核。

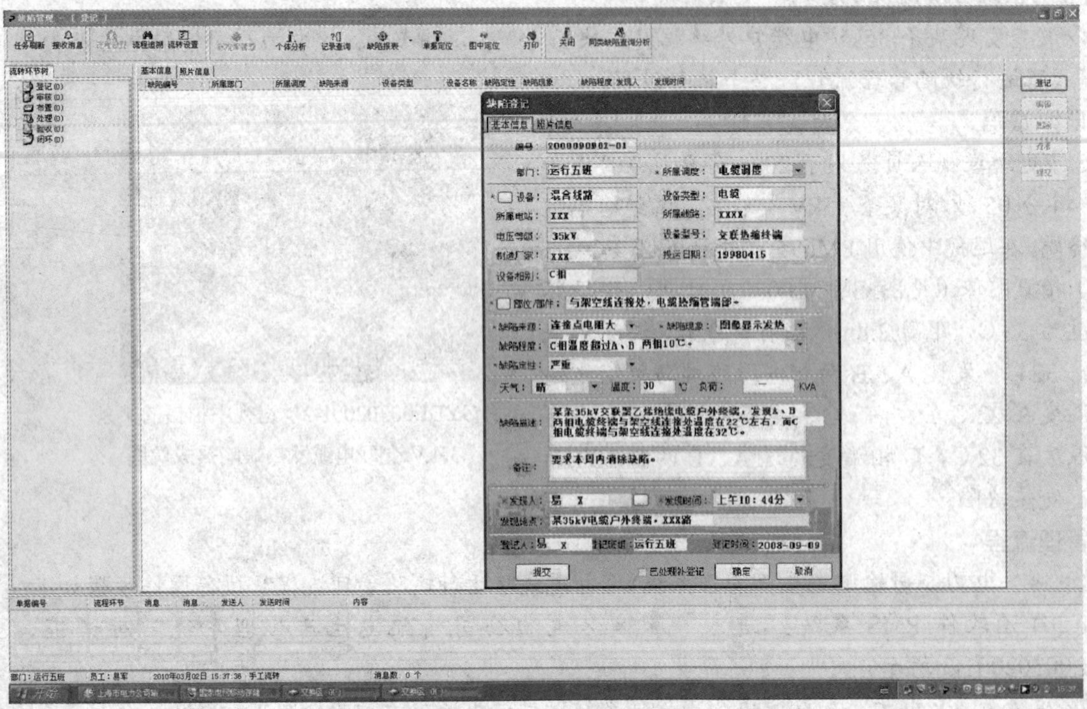

图 GYDL00302001-5 “缺陷管理—[登记]”对话框“基本信息”填写图

4. 在“缺陷管理—[登记]”对话框，如图 GYDL00302001-6 所示，进行审核、布置、处理流转工作。

（1）运行专业技术管理者点击“审核”，出现“基本信息”对话框，审核通过后点击“提交”，“缺陷登记”流转到布置。

（2）检修专业技术管理者点击“布置”，出现“基本信息”对话框，将“基本信息”的缺陷处理工作通知相关部门（调度、车辆、测绘等）做好配合缺陷处理准备，布置给检修班组后点击“提交”，“缺陷管理—[登记]”流转到检修班组。

（3）检修班组点击“处理”，出现“基本信息”对话框，接受“基本信息”的缺陷处理任务，进行缺陷处理一系列准备工作，再对缺陷进行消除。

（4）检修班组消除缺陷完成后，点击“处理”填写，包括“缺陷处理时间、完成情况”，填写完毕，点击“提交”，“缺陷管理—[登记]”流转到运行班组。

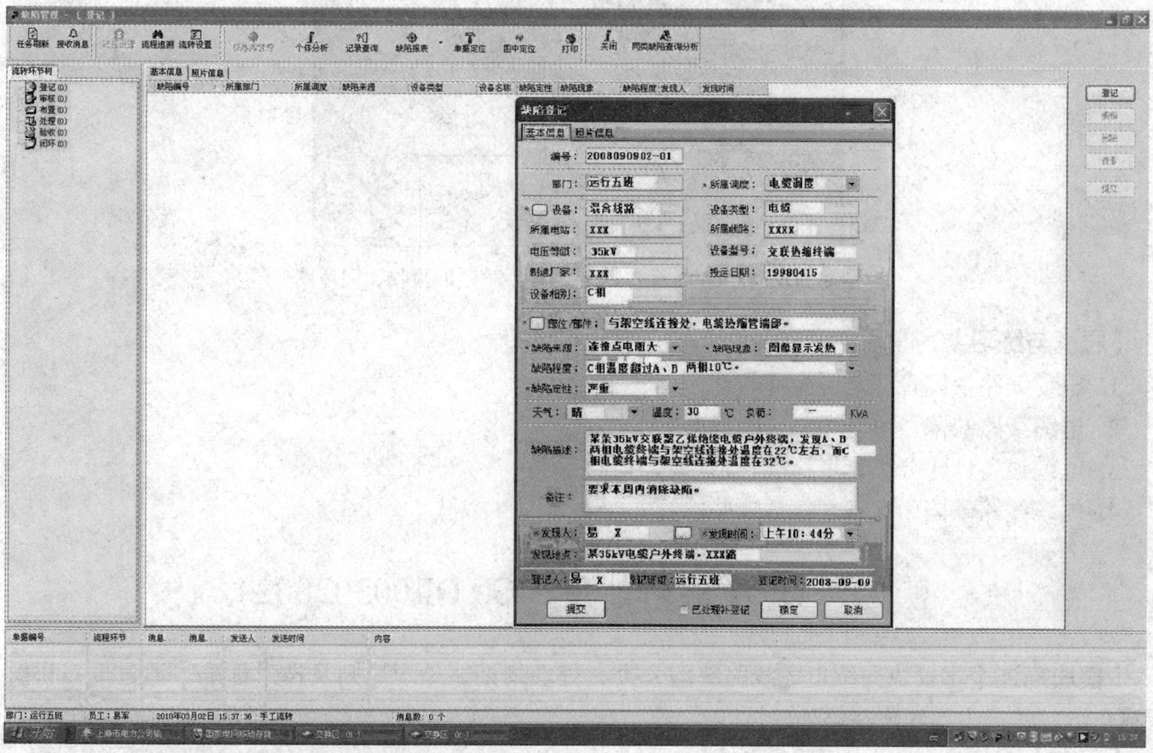

图 GYDL00302001-6 “缺陷管理—[登记]”对话框审核、布置、处理流转图

图 GYDL00302001-7　消除缺陷后拍摄的某条 35kV 交联电缆热成像图

5. 运行班组点击“缺陷管理—[登记]”内“验收”，出现“缺陷查看”对话框。

（1）电缆运行巡查责任人对检修班组人员的缺陷消除进行现场验收。消除缺陷后，易某于 2008 年 9 月 12 日上午 10 时 45 分 21 秒，对该条 35kV 电缆线路户外终端再次使用 PM695 红外热像仪拍摄图像（见图 GYDL00302001-7），环境温度 20℃，距离 2.8m，辐射率 0.9，温度值范围 6~34℃。发现 A、B、C 三相电缆终端与架空线连接处温度均在 25℃左右，说明运行温度正常。

（2）根据验收合格结果，在“缺陷查看”对话框填写相关内容，如图 GYDL00302001-8 所示。

1）运行巡查人员易某填写：“验收意见[不合格应填原因分析]、验收人、验收时间”，“确定”。

2）运行班长曹某填写：“验收登记人、验收登记时间、闭环人、闭环时间”，最后“确定”。

“电缆线路运行缺陷管理流程”整个执行过程结束。

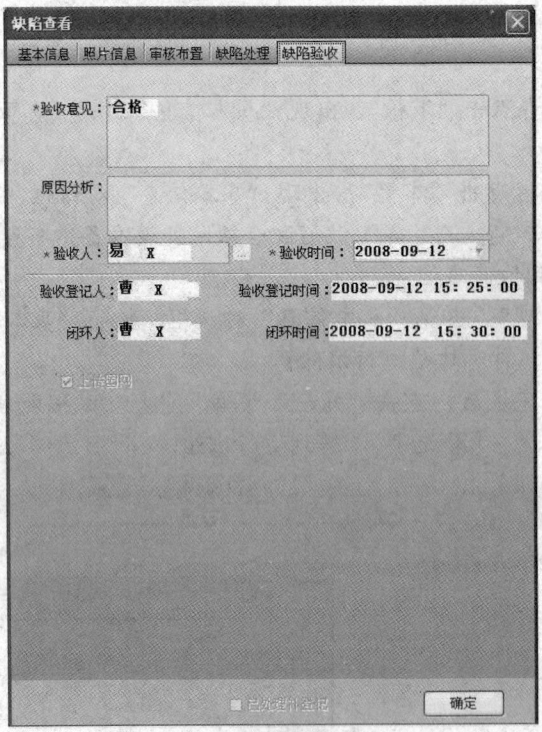

图 GYDL00302001-8 “缺陷查看”对话框验收、闭环图

【思考与练习】

1. 电缆线路缺陷管理范围有哪些？
2. 电缆线路缺陷性质有哪些判断标准？
3. 电缆设备评级分类参考标准包括哪些内容？
4. 电缆线路缺陷闭环管理包括哪些内容？

模块 2 电缆缺陷处理（GYDL00302002）

【模块描述】本模块介绍电缆线路缺陷分类、处理周期、处理原则及技术标准。通过要点讲解和示例介绍，掌握电缆线路缺陷处理技能。

【正文】

一、电缆线路缺陷处理周期

各类电缆线路缺陷从发现后到消缺处理的时间段称为周期，周期根据各类缺陷性质不同而定。

（1）电缆线路一般缺陷可列入月度检修计划消除处理。

（2）电缆线路严重缺陷应在 1 周内安排处理。

（3）电缆线路紧急缺陷必须在 24h 内进行处理。

二、电缆缺陷处理技术原则

1. 不同性质缺陷处理原则

（1）一般缺陷。如油纸电缆终端漏油、电缆金属护套和保护管严重腐蚀等，可在一个检修周期内消除。

（2）重要缺陷。如接点发热、电缆出线金具有裂纹、塑料电缆终端表面闪络开裂、金属壳体胀裂并严重漏剂等，必须及时消除。

（3）紧急缺陷。如接点过热发红、终端套管断裂、充油电缆失压等，必须立即消除。

2. 电缆缺陷处理遵循原则

（1）电缆缺陷处理，应贯彻“应修必修，修必修好”的原则。

（2）电缆缺陷处理时，应符合电力电缆各类相应的技术工艺规程要求。

（3）电缆缺陷处理过程中发现其电缆线路上还存在其他异常情况时，应在消除检修中一并处理，防止或减少事故发生。

三、电缆缺陷处理技术要求

1. 电缆缺陷处理要求

（1）在电缆设备事故处理中，不允许留下重要及以上性质的缺陷。

（2）在电缆线路缺陷处理中，因一些特殊原因有个别一般缺陷尚未处理的，必须填好设备缺陷单，作好记录，在规定的一个检修周期内处理。

（3）电缆缺陷处理应首先制订“缺陷检修作业指导书”，在电缆线路缺陷处理中应严格遵照执行。

（4）电缆设备运行责任人员应对电缆缺陷处理过程进行监督，在处理完毕后按照相关的技术规程和验收规范进行验收签证。

2. 电缆缺陷处理技术

（1）制订缺陷处理方案。电缆线路“缺陷检修作业指导书”应根据不同性质的电缆绝缘处理技术和各种类型的缺陷制订处理方案，详细拟订检修消缺步骤和技术质量要求。

（2）不同电缆处理技术：

1）油纸绝缘电缆缺陷，如终端渗油、金属护套膨胀或龟裂等，应严格按照相关技术规程规定进行检查处理。

2）交联聚乙烯绝缘电缆缺陷，如终端温升、终端放电等，应严格按照相关技术规程规定进行检查处理。

3）自容式充油电缆缺陷，如供油系统漏油、压力下降等，应严格按照相关技术规程规定进行检查处理。

（3）电缆缺陷带电处理：

1）充油电缆线路的油压调整：当油压偏低时，可将供油箱接到油管路系统进行补压；

2）在不加热的情况下，修补金属护套及外护层；

3）户内或户外电缆终端的带电清扫；

4）电缆终端引出线发热检修或更换。

【案例 GYDL00302002-1】

交联聚乙烯绝缘电缆线路终端放电缺陷及处理。

S 市电缆巡视人员易某在周期巡视中，在××电站发现某条 10kV 交联聚乙烯绝缘电缆线路终端高压柜内发出“啪、啪、啪”的异常响声。封闭式高压柜无法直观异常响声的状况（见图 GYDL00302002-1）。从探视窗窥视，隐约看到电缆终端中间 B 相的终端端子与电排的连接处随“啪、啪、啪”的响声伴有电弧闪光，就从高压柜后仓探视窗拍到的电缆终端（见图 GYDL00302002-2）。

图 GYDL00302002-1 某条 10kV 高压柜后仓拍摄照片

图 GYDL00302002-2 某条 10kV 高压柜从后仓探视窗拍摄电缆 B 相放电照片

巡视人员易某判断：电弧闪光处是终端放电点，并判定为紧急缺陷。立即电告班长，要求马上申请紧急停电处理。班长及时向运行专业技术管理者汇报，并进行以下流程的操作：

1. 首先打开软件 PMS 系统：进入“×××电力公司输配电生产管理系统”对话框，如图 GYDL00302002-3 所示。

2. 在“×××电力公司输配电生产管理系统”对话框，选中右边齿轮图下拉箭头（会显示：系统），点击进入“中心工作”、“运行管理”、“缺陷管理”，如图 GYDL00302002-4 所示。

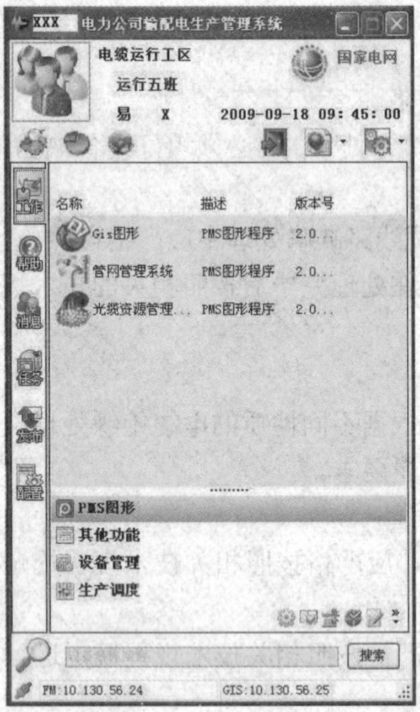

图 GYDL00302002-3 进入“×××电力公司输配电生产管理系统”对话框图

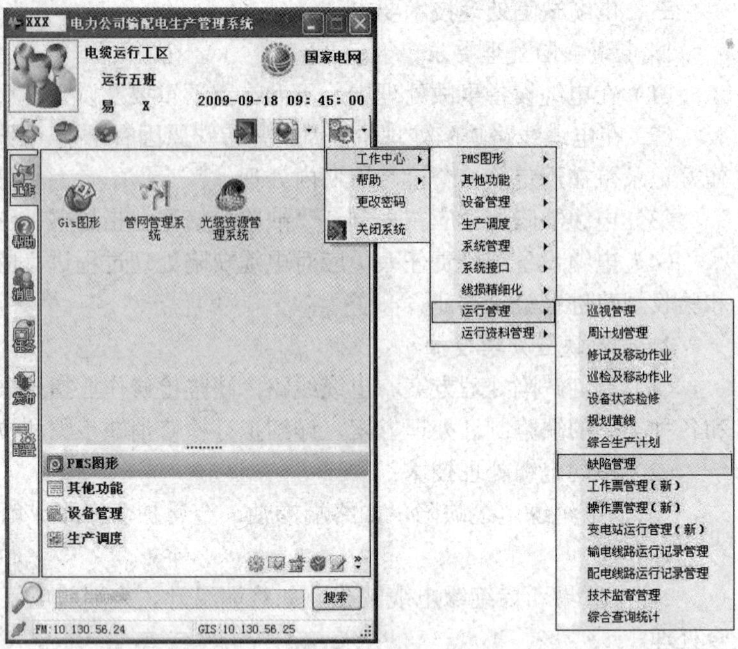

图 GYDL00302002-4 “×××电力公司输配电生产管理系统”对话框打开缺陷管理图

3. 点击进入“中心工作”、“运行管理”、“缺陷管理”后，出现“缺陷管理—［登记］”对话框，如图 GYDL00302002-5 所示。

（1）点击进入“基本信息”填写：“编号、部门、所属调度、设备、设备类型、所属电站、所属线路、电压等级、设备型号、制造厂家、投运日期、设备相别、部位/部件、缺陷来源、缺陷现象、缺陷程度、缺陷定性、天气、温度、负荷、缺陷描述、备注、发现人、发现时间、发现地点、登记人、登记班组、登记时间”。

（2）“基本信息”填写完毕，可直接点击“提交”，“缺陷登记”流转到审核。

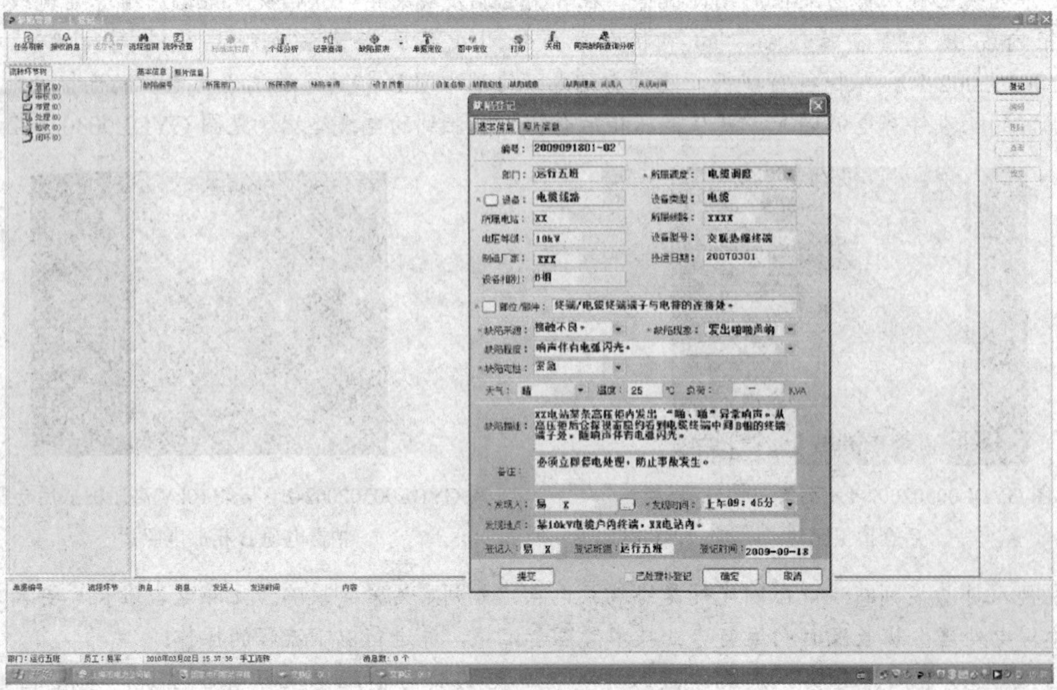

图 GYDL00302002-5 “缺陷管理—［登记］”对话框“基本信息”填写图

经检修人员对该条电缆终端的检查，“啪、啪、啪”的异常响声确实是该终端中间 B 相的终端端子与电排连接存在缺陷，将原连接点终端端子拆下，清除终端端子与电排上的放电碳结晶物，涂抹导电膏，使电缆终端端子与电排接触良好，再恢复原状。缺陷消除后，投入运行再未发现异常响声，A 相和 B 相照片如图 GYDL00302002-6 所示。

图 GYDL00302002-6　某条 10kV 电缆终端消除缺陷后拍摄的 A 相和 B 相照片

【思考与练习】

1. 电缆线路各类性质缺陷处理周期有哪些规定？
2. 电缆缺陷处理应遵循哪些技术原则？
3. 电缆缺陷带电处理有哪些处理内容和技能？

第二十八章　电缆故障测寻及处理

模块1　电缆线路常见故障诊断与分类（GYDL00303001）

【模块描述】本模块介绍电缆线路故障分类及故障诊断方法。通过概念解释和要点介绍，掌握电缆线路试验击穿故障和运行中发生故障的诊断方法和步骤。

【正文】

在查找电缆故障点时，首先要进行电缆故障性质的诊断，即确定故障的类型及故障电阻阻值，以便于测试人员选择适当的故障测距与定点方法。

一、电缆故障性质的分类

电缆故障种类很多，可分为以下五种类型：

（1）接地故障：电缆一芯主绝缘对地击穿故障。

（2）短路故障：电缆两芯或三芯短路。

（3）断线故障：电缆一芯或数芯被故障电流烧断或受机械外力拉断，造成导体完全断开。

（4）闪络性故障：这类故障一般发生于电缆耐压试验击穿中，并多出现在电缆中间接头或终端头内。试验时绝缘被击穿，形成间隙性放电通道。当试验电压达到某一定值时，发生击穿放电；而当击穿后放电电压降至某一值时，绝缘又恢复而不发生击穿，这种故障称为开放性闪络故障。有时在特殊条件下，绝缘击穿后又恢复正常，即使提高试验电压，也不再击穿，这种故障称为封闭性闪络故障。以上两种现象均属于闪络性故障。

（5）混合性故障：同时具有上述接地、短路、断线、闪络性故障中两种以上性质的故障称为混合性故障。

二、电缆故障诊断方法

电缆发生故障后，除特殊情况（如电缆终端头的爆炸故障，当时发生的外力破坏故障）可直接观察到故障点外，一般均无法通过巡视发现，必须使用电缆故障测试设备进行测量，从而确定电缆故障点的位置。由于电缆故障类型很多，测寻方法也随故障性质的不同而异。因此在故障测寻工作开始之前，须准确地确定电缆故障的性质。

电缆故障按故障发生的直接原因可以分为两大类，一类为试验击穿故障，另一类为在运行中发生的故障。若按故障性质来分，又可分为接地故障、短路故降、断线故障、闪络故障及混合故障。现将电缆故障性质确定的方法和分类分述如下。

1. 试验击穿故障性质的确定

在试验过程中发生击穿的故障，其性质比较简单，一般为一相接地或两相短路，很少有三相同时在试验中接地或短路的情况，更不可能发生断线故障。其另一个特点是故障电阻均比较高，一般不能直接用绝缘电阻表测出，而需要借助耐压试验设备进行测试。其方法如下：

（1）在试验中发生击穿时，对于分相屏蔽型电缆均为一相接地。对于统包型电缆，则应将未试相地线拆除，再进行加压。如仍发生击穿，则为一相接地故障，如果将未试相地线拆除后不再发生击穿，则说明是相间故障，此时应将未试相分别接地后再分别加压，以查验是哪两相之间发生短路故障。

（2）在试验中，当电压升至某一定值时，电缆绝缘水平下降，发生击穿放电现象；当电压降低后，电缆绝缘恢复，击穿放电终止。这种故障即为闪络性故障。

2. 运行故障性质的确定

运行电缆故障的性质和试验击穿故障的性质相比，就比较复杂，除发生接地或短路故障外，还可能发生断线故障。因此，在测寻前，还应作电缆导体连续性的检查，以确定是否为断线故障。

确定电缆故障的性质，一般应用绝缘电阻表和万用表进行测量并作好记录。

（1）先在任意一端用绝缘电阻表测量 A—地、B—地及 C—地的绝缘电阻值，测量时另外两相不接地，以判断是否为接地故障。

（2）测量各相间 A—B、B—C 及 C—A 的绝缘电阻，以判断有无相间短路故障。

（3）分相屏蔽型电缆（如交联聚乙烯电缆和分相铅包电缆）一般均为单相接地故障，应分别测量每相对地的绝缘电阻。当发现两相短路时，可按照两个接地故障考虑。在小电流接地系统中，常发生不同两点同时发生接地的“相间”短路故障。

（4）如用绝缘电阻表测得电阻为零时，则应用万用表测出各相对地的绝缘电阻和各相间的绝缘电阻值。

（5）如用绝缘电阻表测得电阻很高，无法确定故障相时，应对电缆进行直流电压试验，判断电缆是否存在故障。

（6）因为运行电缆故障有发生断线的可能，所以还应作电缆导体连续性是否完好的检查。其方法是在一端将 A、B、C 三相短接（不接地），到另一端用万能表的低阻挡测量各相间电阻值是否为零，检查是否完全通路。

3. 电缆低阻、高阻故障的确定

所谓的电缆低阻、高阻故障的区分，不能简单用某个具体的电阻数值来界定，而是由所使用的电缆故障查找设备的灵敏度确定的。例如：低压脉冲设备理论上只能查找 100Ω以下的电缆短路或接地故障，而电缆故障探伤仪理论上可查找 10kΩ以下的一相接地或两相短路故障。

【思考与练习】

1. 电缆故障分哪五类?
2. 怎样确定电缆运行故障性质?

模块 2 电缆线路的识别（GYDL00303002）

【模块描述】本模块介绍电缆线路路径探测及电缆线路常用识别方法。通过概念解释和方法介绍，熟悉音频感应法探测电缆路径的方法、原理及其接线方式，掌握工频感应鉴别法和脉冲信号法进行电缆线路识别的原理和方法。

【正文】

电缆线路的识别是指电缆路径的探测和在多条电缆中鉴别出所需要的电缆。

一、电缆路径探测

1. 电缆路径探测方法

电缆路径探测一般采用音频感应法，即向被测电缆中加入特定频率的电流信号，在电缆的周围接收该电流信号产生的磁场信号，然后通过磁电转换，转换为人们容易识别的音频信号，从而探测出电缆路径。加入的电流信号的常见频率为 512Hz、1kHz、10kHz、15kHz 几种。接收这个音频磁场信号的工具是一个感应线圈，滤波后通过耳机或显示器有选择地把加入到电缆上的特定频率的电流信号用声音或波形的方式表现出来，以使人耳朵或眼睛能识别这个信号，从而确定被测电缆的路径。

（1）音谷法。给被测电缆加入音频信号，当感应线圈轴线垂直于地面时，在电缆的正上方线圈中穿过的磁力线最少，线圈中感应电动势也最小，通过耳机听到的音频声音也就最小；线圈往电缆左右方向移动时，音频声音增强，当移动到某一距离时，响声最大，再往远处移动，响声又逐渐减弱。在电缆附近声音强度与其位置关系形成一马鞍形曲线，如图 GYDL00303002-1 所示，曲线谷点所对应的线圈位置就是电缆的正上方，这就是音谷法查找电缆路径。

（2）音峰法。音峰法与音谷法原理一样，当感应线圈轴线平行于地面时（要垂直于电缆走向），在电缆的正上方线圈中穿过的磁力线最多，线圈中感应电动势也最大，通过耳机听到的音频声音也就最强；线圈往电缆左右方向移动时，音频声音逐渐减弱。这样声响最强的正下方就是电缆，如图

GYDL00303002-2 所示，这就是音峰法查找电缆的路径。

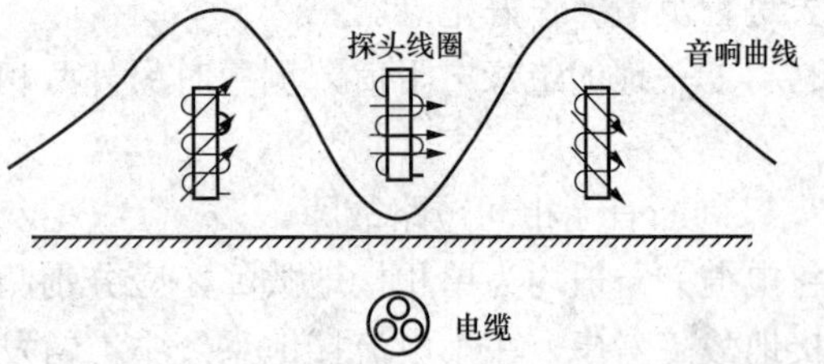

图 GYDL00303002-1 音谷法的音响曲线

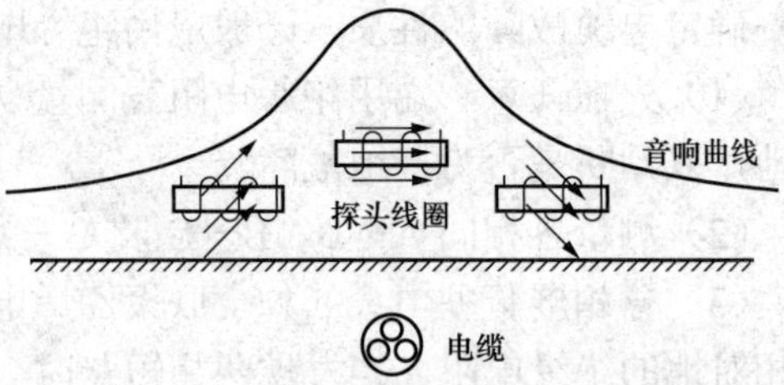

图 GYDL00303002-2 音峰法的音响曲线

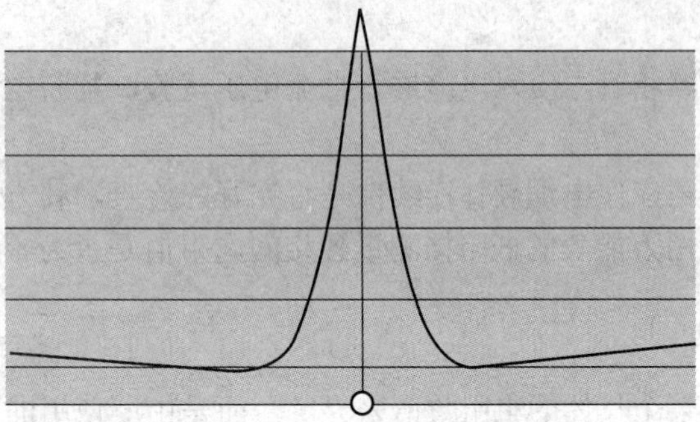

图 GYDL00303002-3 极大值法的音响曲线

（3）极大值法。当用两个感应线圈，一个垂直于地面，一个水平于地面。将垂直线圈负极性与水平线圈的感应电动势叠加，在电缆的正上方线圈中穿过的磁力线最多，线圈中感应电动势也最大，通过耳机听到的音频声音也就最强；线圈往电缆左右方向移动时，音频声音骤然减弱。这样声响最强的正下方就是电缆，如图 GYDL00303002-3 所示，这就是极大值法查找电缆路径。

2. 音频感应法的接线方式

音频感应法探测电缆路径时，其接线方式有相间接法、相铠接法、相地接法、铠地接法、利用耦合线圈感应间接注入信号法等多种。根据上面所述的电磁理论，要想在大地表面得到比较强的磁场信号，必须使大地上有部分电流通过，否则磁场信号可能会比较弱。下面的接线方式中前三种接法比较有效，后两种接法感应到的信号会比较弱，能测试的距离比较近。在测量时，要根据实际情况、使用效果来选择不同的接线方法，以达到最快探测电缆路径的目的。

（1）相铠接法（铠接工作地）。如图 GYDL00303002-4 所示，将被测电缆线芯一根或几根并接后接信号发生器的输出端正极，负极接钢铠，钢铠两端接地。相铠之间加入音频电流信号。这种接线方法电缆周围磁场信号较强，可探测埋设较深的电缆，且探测距离较长。

（2）相地接法。如图 GYDL00303002-5 所示，以大地作为回路，将被测电缆线芯一根或几根并接后接信号发生器的输出端正极，负极接大地。电缆另一端线芯接地，并将被测电缆两端接地线拆开。这种方法信号发生器输出电流很小，但感应线圈得到的磁场信号却较大，测试的距离也较远。

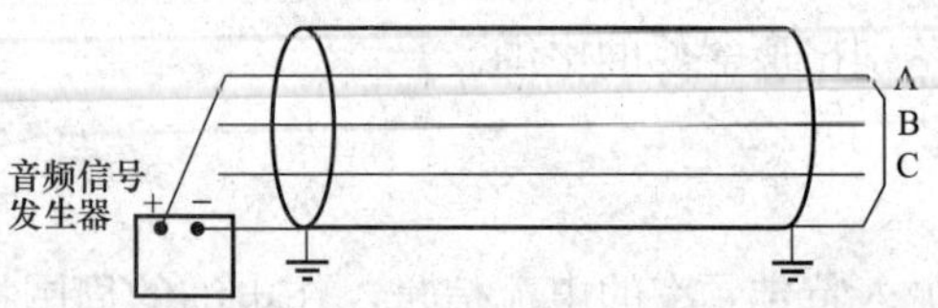

图 GYDL00303002-4 相铠接线示意图

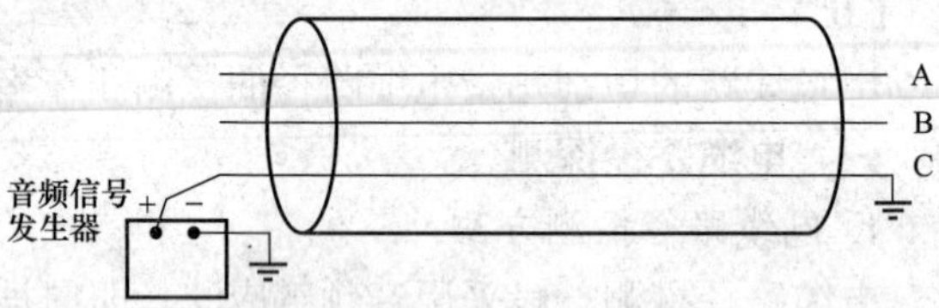

图 GYDL00303002-5 相地接线示意图

（3）铠地接法。如图 GYDL00303002-6 所示，以大地作为回路，将电缆钢铠接信号发生器的输出端正极，负极接大地，解开钢铠近端接地线。在有些情况下，铠地接法的测试效果比相地接法要好，但要求被测电缆外护套具有良好的绝缘。

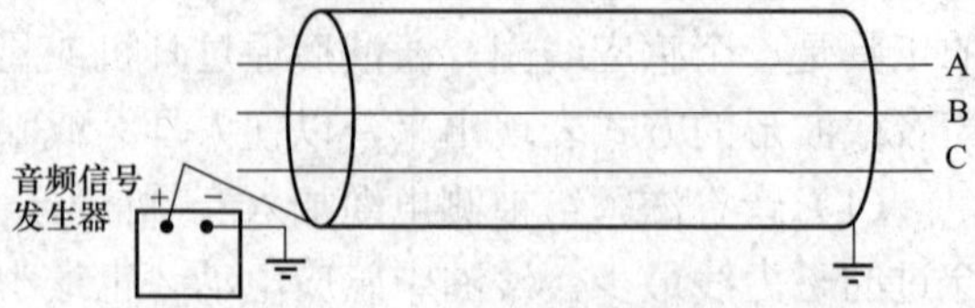

图 GYDL00303002-6 铠地接线示意图

（4）耦合线圈感应法。将信号发生器的正负端直接连接至卡钳式耦合线圈上，在运行电缆露出部分（终端头附近）位置用卡钳夹住，把音频信号耦合到电缆上，要求电缆两端接地线良好。这种方法测试效果一般，能测试的距离很短。但其可在不停电的情况下查找电缆路径。

二、电缆的鉴别

在几条并列敷设的电缆中正确判断出已停电的需要检修或切改的电缆线路，首先应核对电缆路径图。通常根据路径图上电缆和接头所标注的尺寸，在现场按建筑物边线等测量参考点为基准，实地进行测量，与图纸核对，一般可以初步判断需要检修的电缆。为了对电缆线路作出准确鉴别，可采用两种方法，即工频感应鉴别法和脉冲信号法。

1. 工频感应鉴别法

工频感应鉴别法也叫感应线圈法，当绕制在开口铁芯上的感应线圈贴在运行电缆外皮上时，其线圈中将产生交流电信号，接通耳机则可收听到。且沿电缆纵向移动线圈，可听出电缆线芯的节距。若将感应线圈贴在待检修的停运电缆外皮上，由于其导体中没有电流通过，因而听不到声音。而将感应线圈贴在邻近运行的电缆外皮上，则能从耳机中听到交流电信号。这种方法操作简单，缺点是只能区分出停电电缆；同时，当并列电缆条数较多时，由于相邻电缆之间的工频信号相互感应，会使信号强度难以区别。

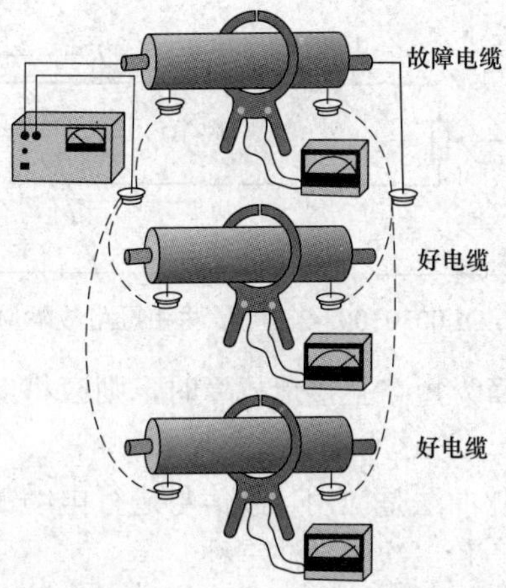

图 GYDL00303002-7　脉冲信号法原理图

2. 脉冲信号法

脉冲信号法所用设备有脉冲信号发生器、感应夹钳及识别接收器等。脉冲信号法的原理如图 GYDL00303002-7 所示，脉冲信号发生器发射锯齿形脉冲电流至电缆，这个脉冲电流在被测电缆周围产生脉冲磁场，通过夹在电缆上的感应夹钳拾取，传输到识别接收器。识别接收器可以显示出脉冲电流的幅值和方向，从而确定被选电缆（故障电缆或被切改电缆）。

【思考与练习】

1. 怎样使用音谷法确定电缆埋设路径？
2. 如何从几条并列敷设的电缆中鉴别出所需要的电缆？

模块 3　常用电缆故障测寻方法（GYDL00303003）

【模块描述】本模块包含电缆线路常见故障测距和精确定点。通过方法介绍，掌握利用电桥法和脉冲法进行电缆线路常见故障测距的原理、方法和步骤，掌握电缆故障点精确定点方法。

【正文】

电缆线路的故障寻测一般包括初测和精确定点两步，电缆故障的初测是指故障点的测距，而精确定点是指确定故障点的准确位置。

一、电缆故障初测

根据仪器和设备的测试原理，电缆故障初测方法可分为电桥法和脉冲法两大类。

（一）电桥法

用直流电桥测量电缆故障是测试方法中最早的一种，目前仍广泛应用。尤其在较短电缆的故障测试中，其准确度仍是最高的。测试准确度除与仪器精度等级有关外，还与测量的接线方法和被测电缆的原始数据正确与否有很大的关系。电桥法适用于低阻单相接地和两相短路故障的测量。

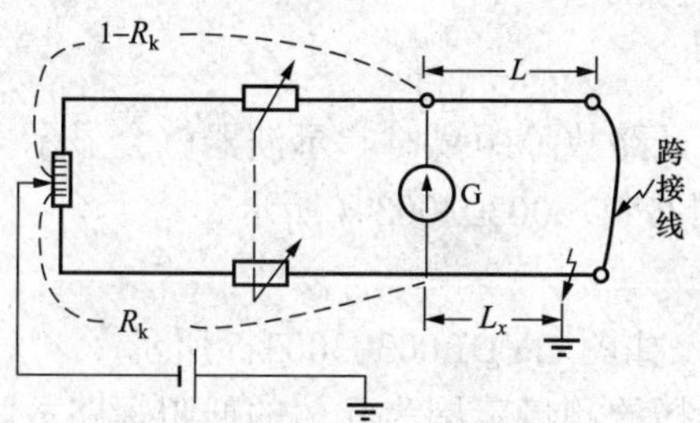

图 GYDL00303003-1　测试单相接地故障原理接线图

1. 单相接地故障的测量

接线如图 GYDL00303003-1 所示。

当电桥平衡时（同种规格电缆导体的直流电阻与长度成正比），有

$$\frac{1-R_k}{R_k}=\frac{2L-L_x}{L_x} \quad \text{(GYDL00303003-1)}$$

简化后得

$$L_x=R_k\times 2L \quad \text{(GYDL00303003-2)}$$

式中 L_x——测量端至故障点的距离，m；

L——电缆全长，m；

R_k——电桥读数。

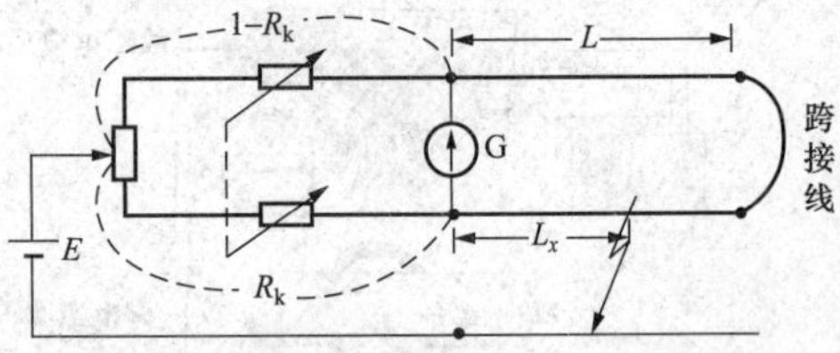

图 GYDL00303003-2 测量两相短路故障原理接线图

2. 两相短路故障的测量

在三芯电缆中测量两相短路故障，基本上和测量单相接地故障一样。其接线如图 GYDL00303003-2 所示。

与测量接地故障不同之处，就是利用两短路相中的一相作为单相接地故障测量中的地线，以接通电桥的电源回路。如为单纯的短路故障，电桥可不接地；当故障为短路且接地故障时，则应将电桥接地。其测量方法和计算方法与单相接地故障完全相同。

（二）脉冲法

脉冲法是应用行波信号进行电缆故障测距的测试方法。它分为低压脉冲法、闪络法（直闪法、冲闪法）和二次脉冲法三种。

1. 测试原理

在测试时，从测试端向电缆中输入一个脉冲行波信号，该信号沿着电缆传播，当遇到电缆中的阻抗不匹配点（如开路点、短路点、低阻故障点和接头点等）时，会产生波反射，反射波将传回测试端，被仪器记录下来。假设从仪器发射出脉冲信号到仪器接收到反射脉冲信号的时间差为Δt，也就是脉冲信号从测试端到阻抗不匹配点往返一次的时间为Δt，如果已知脉冲行波在电缆中传播的速度是 v，那么根据公式 $L=v\cdot\Delta t/2$ 即可计算出阻抗不匹配点距测试端的距离 L 的数值。

行波在电缆中传播的速度 v，简称为波速度。理论分析表明，波速度只与电缆的绝缘介质材质有关，而与电缆的线径、线芯材料以及绝缘厚度等几乎无关。油浸纸绝缘电缆的波速度一般为 160m/μs；而对于交联电缆，其波速度一般在 170～172m/μs 之间。

2. 低压脉冲法

（1）适用范围。低压脉冲法主要用于测量电缆断线、短路和低阻接地故障的距离，还可用于测量电缆的长度、波速度和识别定位电缆的中间头、T 形接头与终端头等。

（2）开路、短路和低阻接地故障波形。

1）开路故障波形。

a）开路故障的反射脉冲与发射脉冲极性相同，如图 GYDL00303003-3 所示；

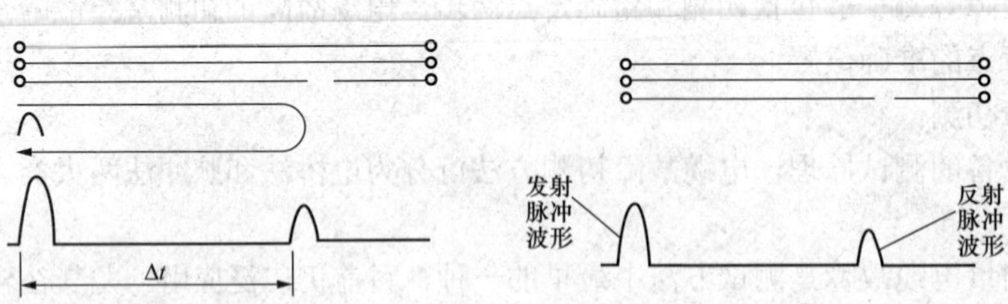

图 GYDL00303003-3 开路故障的低压脉冲反射原理

（a）开路故障；（b）反射原理

b）当电缆近距离开路，若仪器选择的测量范围为几倍的开路故障距离时，示波器就会显示多次反射波形，每个反射脉冲波形的极性都和发射脉冲相同，如图 GYDL00303003-4 所示。

2）短路或低阻接地故障波形。

a）短路或低阻接地故障的反射脉冲与发射脉冲极性相反，如图 GYDL00303003-5 所示；

b）当电缆发生近距离短路或低阻接地故障时，若仪器选择的测量范围为几倍的低阻短路故障距离，示波器就会显示多次反射波形。其中第一、三等奇数次反射脉冲的极性与发射脉冲相反，而二、四等偶数次反射脉冲的极性则与发射脉冲相同，如图 GYDL00303003-6 所示。

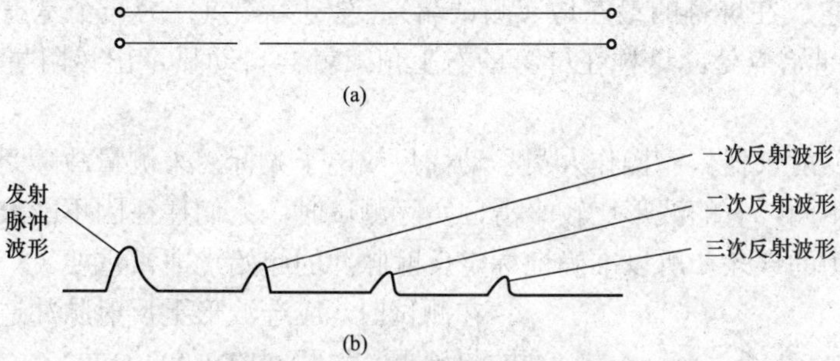

图 GYDL00303003-4　开路波形的多次反射

（a）电缆；（b）波形

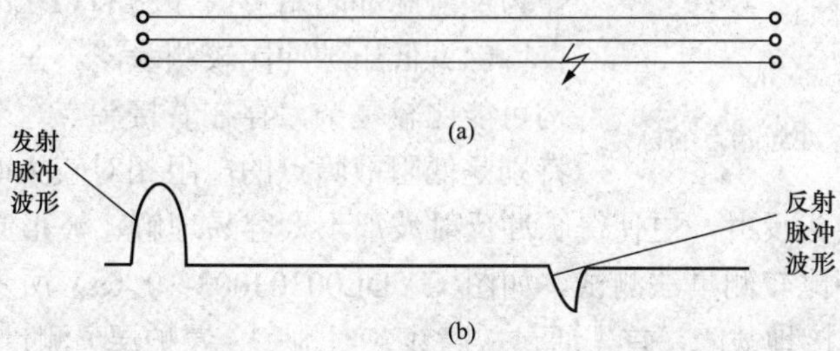

图 GYDL00303003-5　短路或低阻接地故障波形

（a）电缆；（b）波形

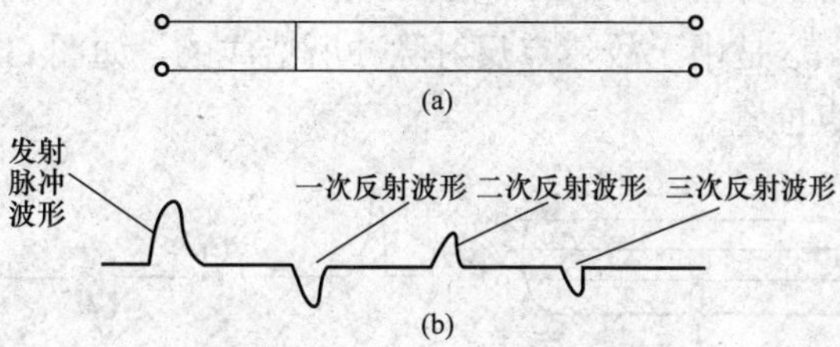

图 GYDL00303003-6　近距离低阻短路故障的多次反射波形

（a）电缆；（b）波形

（3）低压脉冲法测试示例。

1）图 GYDL00303003-7 所示的是低压脉冲法侧得的典型故障波形。这里需要注意的是，当电缆发生低阻故障时，如果选择的范围大于全长，一般存在全长开路波形；如果电缆发生了开路故障，全长开路波形就不存在了。

2）图 GYDL00303003-8 所示的是采用低压脉冲法的一个实测波形。从波形上可以看到，在实际测试中发射脉冲是比较乱的，其主要原因是仪器的导引线和电缆连接处是一阻抗不匹配点，看到的发射脉冲是原始发射脉冲和该不匹配点反射脉冲的叠加。

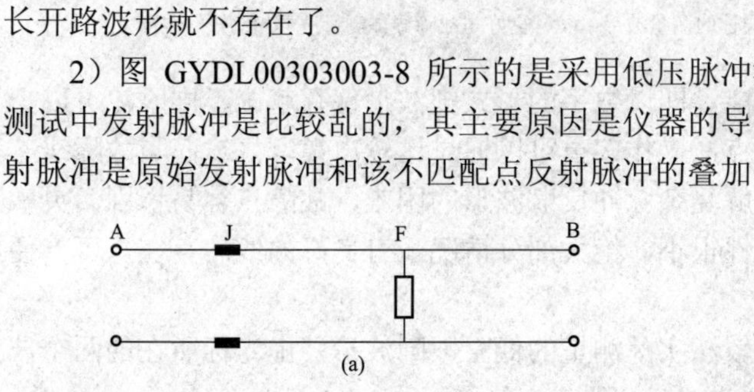

图 GYDL00303003-7　典型的低压脉冲反射波形

（a）电缆结构；（b）波形

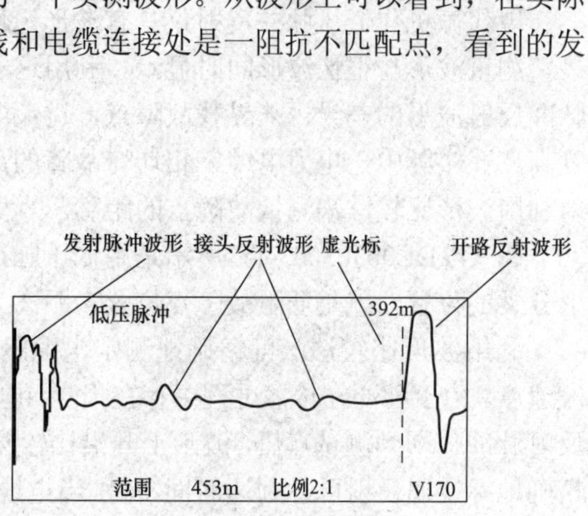

图 GYDL00303003-8　低压脉冲法实测波形

3）标定反射脉冲的起始点。如图 GYDL00303003-8 所示，在测试仪器的屏幕上有两个光标：一个是实光标，一般把它放在屏幕的最左边（测试端），设定为零点；另一个是虚光标，把它放在阻抗不匹配点反射脉冲的起始点处。这样在屏幕的右上角，就会自动显示出该阻抗不匹配点距测试端的距离。

一般的低压脉冲反射仪器依靠操作人员移动标尺或电子光标，来测量故障距离。由于每个故障点反射脉冲波形的陡度不同，有的波形比较平滑，实际测试时，人们往往因不能准确地标定反射脉冲的起始点而增加故障测距的误差，所以准确地标定反射脉冲的起始点非常重要。

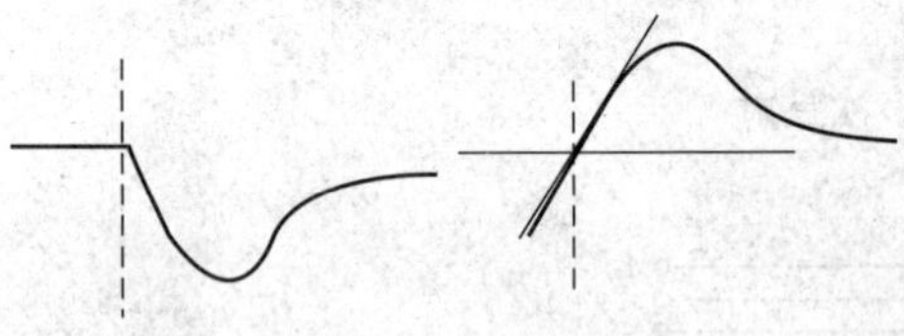

(a) (b)

图 GYDL00303003-9 反射脉冲起始点的标定

在测试时，应选波形上反射脉冲造成的拐点作为反射脉冲的起始点，如图 GYDL00303003-9（a）虚线所标定处；也可从反射脉冲前沿作一切线，与波形水平线相交点，将该点作为反射脉冲起始点，如图 GYDL00303003-9（b）所示。

（4）低压脉冲比较测量法。在实际测量时，电缆线路结构可能比较复杂，存在着接头点、分支点或低阻故障点等，特别是低阻故障点的电阻相对较大时，反射波形相对比较平滑，其大小可能还不如接头反射，更使得脉冲反射波形不太容易理解，波形起始点不好标定。对于这种情况，可以用低压脉冲比较测量法测试。如图 GYDL00303003-10（a）所示，这是一条带中间接头的电缆，发生了单相低阻接地故障。首先通过故障线芯对地（金属护层）测量得一低压脉冲反射波形，如图 GYDL00303003-10（b）所示；然后在测量范围与波形增益都不变的情况下，再用良好的线芯对地测得一个低压脉冲反射波形，如图 GYDL00303003-10（c）所示；最后把两个波形进行重叠比较，会出现了一个明显的差异点，这是由于故障点反射脉冲所造成的，如图 GYDL00303003-10（d）所示，该点所代表的距离即是故障点位置。

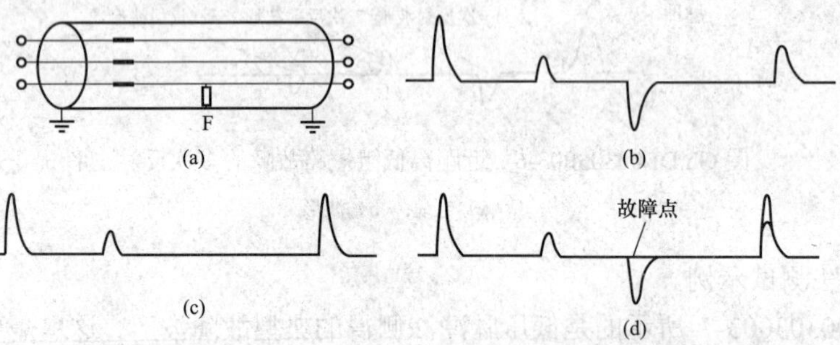

(a) (b) (c) (d)

图 GYDL00303003-10 波形比较法测量单相对地故障

（a）故障电缆；（b）故障导体的测量波形；（c）良好导体的测量波形；（d）良好与故障导体测量波形相比较的波形

现代微机化低压脉冲反射仪具有波形记忆功能，即以数字的形式把波形保存起来，同时，可以把最新测量波形与记忆波形同时显示。利用这一特点，操作人员可以通过比较电缆良好线芯与故障线芯脉冲反射波形的差异，来寻找故障点，避免了理解复杂脉冲反射波形的困难，故障点容易识别，灵敏度高。在实际中，电力电缆三相均有故障的可能性很小，绝大部分情况下有良好的线芯存在，可方便地利用波形比较法来测量故障点的距离。

图 GYDL00303003-11 所示是用低压脉冲比较法实际测量的低阻故障波形，虚光标所在的两个波形分叉的位置，就是低阻故障点位置，距离为 94m。

利用波形比较法，可精确地测定电缆长度或校正波速度。由于脉冲在传播过程中存在损耗，电缆终端的反射脉冲传回到测试点后，波形上升沿比较圆滑，不好精确地标定出反射脉冲到达时间，特别当电缆距离较长时，这一现象更突出。而把终端头开路与短路的波形同时显示时，二者的分叉点比较明显，容易识别，如图 GYDL00303003-12 所示。

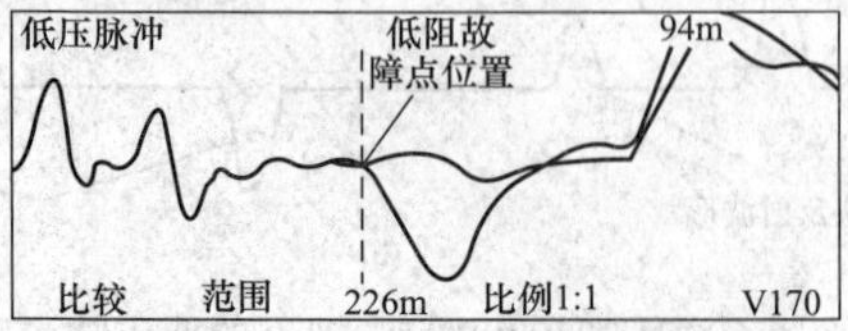

图 GYDL00303003-11 低压脉冲比较法实际测量的低阻故障波形

3. 闪络法

对于闪络性故障和高阻故障，采用闪络法测量电缆故障，可以不必经过烧穿过程，而直接用电缆故障闪络测试仪（简称闪测仪）进行测量，从而缩短了电缆故障的测量时间。

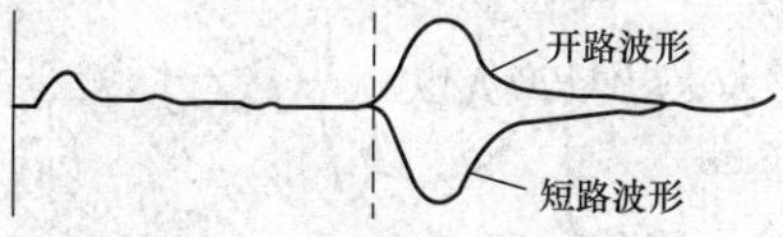

图 GYDL00303003-12　电缆终端开路与短路脉冲反射波形比较

闪络法基本原理和低压脉冲法相似，也是利用电波在电缆内传播时在故障点产生反射的原理，记录下电波在故障电缆测试端和故障之间往返一次的时间，再根据波速来计算电缆故障点位置。由于电缆的故障电阻很高，低压脉冲不可能在故障点产生反射，因此在电缆上加上一直流高压（或冲击高压），使故障点放电而形成一突跳电压波。此突跳电压波在电缆测试端和故障点之间来回反射。用闪测仪记录下两次反射波之间的时间，用 $L=v\cdot\Delta t/2$ 这一公式来计算故障点位置。

电缆故障闪络测试仪具有三种测试功能：① 用低压脉冲测试断线故障和低阻接地、短路故障；② 测闪络性故障；③ 能测高阻接地故障。下面对其后两种功能作一简单介绍。

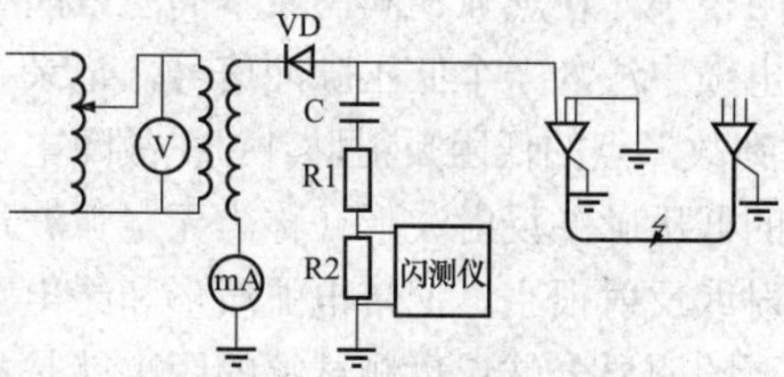

图 GYDL00303003-13　直流高压闪络法测量接线图

（1）直流高压闪络法，简称直闪法。这种方法能测量闪络性故障及一切在直流电压下能产生突然放电（闪络）的故障。采用如图 GYDL00303003-13 所示的接线进行测试。在电缆的一端加上直流高压，当电压达到某一值时，电缆被击穿而形成短路电弧，使故障点电压瞬间突变到零，产生一个与所加直流负高压极性相反的正突跳电压波。此突跳电压波在测试端至故障点间来回传播反射。在测试端可测得如图 GYDL00303003-14 所示的波形，反映了此突跳电压波在电缆中传播、反射的全貌。图 GYDL00303003-15 为闪测仪开始工作后的第一个反射波形，其中 t_0–t_1 为电波沿电缆从测量端到故障点来回传播一次的时间，根据这一时间间隔可算出故障点位置（在油纸电缆中 $v=160$m/s）。即

$$L_x=v\Delta t/2=160\times10/2=800\text{（m）}$$

式中　v——波速，为 160m/μs；

t——电波沿电缆从测量端到故障点来回传播一次的时间，$t=t_0-t_1=10$μs。

图 GYDL00303003-13 中，C 为隔直电容，其值≥1μF，可使用 6～10kV 移相电容器；R1 为分压电阻，为 15～40kΩ水阻；R2 为分压电阻，阻值为 200～560Ω。图中所示接线仅适于测量闪络性故障，且比冲击高压闪络法准确。当出现闪络性故障时，应尽量利用此法进行测量。一旦故障性质由闪络变为高阻时，测量将比较困难。

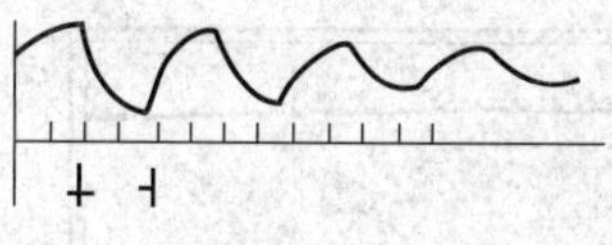
图 GYDL00303003-14　直闪法波形全貌

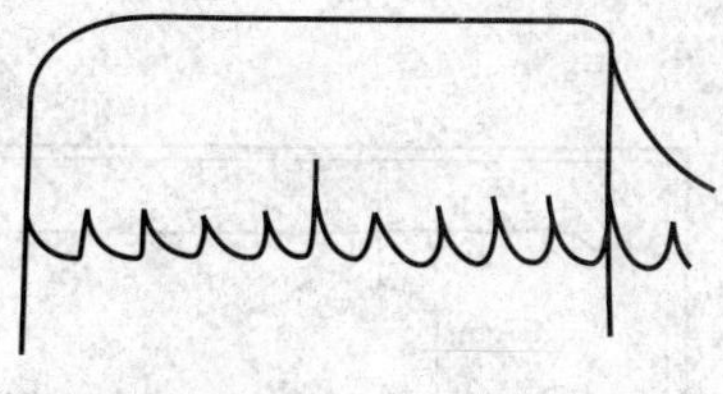
图 GYDL00303003-15　直闪法波形

（2）冲击高压闪络法，简称冲闪法。这种方法能用于测量高阻接地或短路故障。其测量时的接线如图 GYDL00303003-16 所示。图中：C 为储能电容，其值为 2～4μF，可采用 6～10kV 移相电容器；L 为阻波电感，其值为 5～20μH；R1 为分压电阻，其值为 20～40kΩ；R2 为分压电阻，其值为 200～560Ω；G 为放电间隙。

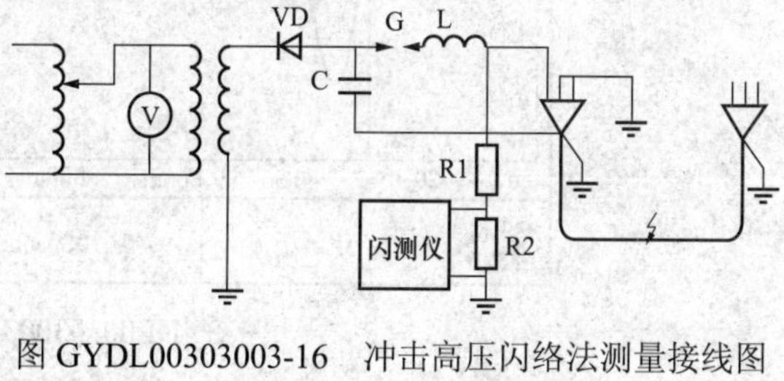

图 GYDL00303003-16　冲击高压闪络法测量接线图

由于电缆是高阻接地或短路故障，因此采用图 GYDL00303003-16 所示的接线，用高压直流设备向储能电容器充电。当电容器充电到一定电压后（此电

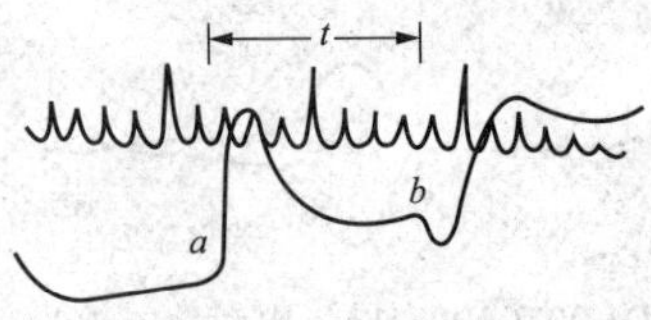

图 GYDL00303003-17 冲闪法波形

压由放电间隙的距离决定），间隙击穿放电，向故障电缆加一冲击高压脉冲，使故障点放电，电弧短路，把所加高压脉冲电压波反射回来。此电波在测量端和故障点之间来回反射，其波形如图 GYDL00303003-17 所示，测量两次反射波之间的时间间隔（图中 a、b 两点间的时间差），即可算出测试端到故障点的距离为

$$L_x=\frac{1}{2}vt=\frac{1}{2}\times 160\times 7=560\text{（m）}$$

图 GYDL00303003-16 中的阻波电感用来防止反射脉冲信号被储能电容短路，以便闪测仪从中取出反射回来的突跳电压波形。

4. 二次脉冲法

二次脉冲法是近几年来出现的比较先进的一种测试方法，是基于低压脉冲波形容易分析、测试精度高的情况下开发出的一种新的测距方法。其基本原理是：通过高压发生器给存在高阻或闪络性故障的电缆施加高压脉冲，使故障点出现弧光放电。由于弧光电阻很小，在燃弧期间，原本高阻或闪络性的故障就变成了低阻短路故障。此时，通过耦合装置向故障电缆中注入一个低压脉冲信号，记录下此时的低压脉冲反射波形（称为带电弧波形），则可明显地观察到故障点的低阻反射脉冲；在故障电弧熄灭后，再向故障电缆中注入一个低压脉冲信号，记录下此时的低压脉冲反射波形（称为无电弧波形），此时因故障电阻恢复为高阻，低压脉冲信号在故障点没有反射或反射很小。把带电弧波形和无电弧波形进行比较，两个波形在相应的故障点位上将明显不同，波形的明显分歧点离测试端的距离就是故障距离。

二次脉冲法的原理如图 GYDL00303003-18 所示，其效果如图 GYDL00303003-19 所示，实例波形如图 GYDL00303003-20 所示。

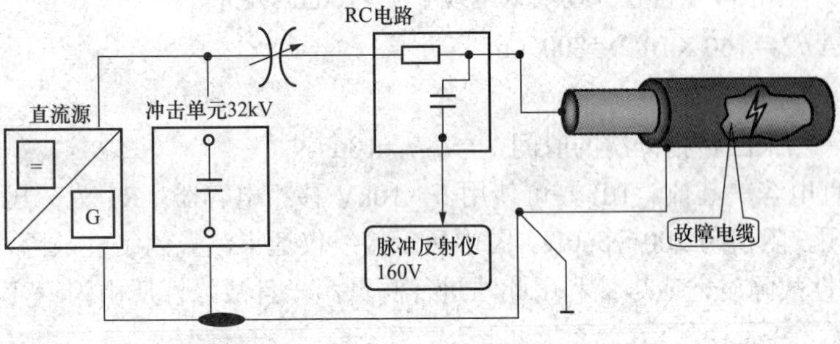

图 GYDL00303003-18 二次脉冲原理图

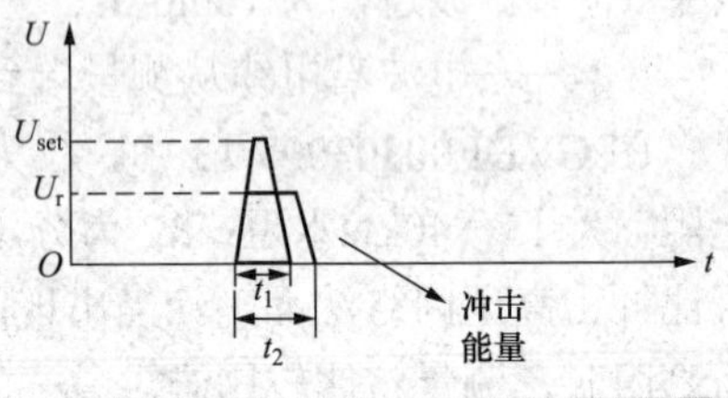

图 GYDL00303003-19 二次脉冲效果图

U_{set}—设定电压；U_r—实际冲击电压；

t_1—燃弧时间；t_2—延长后燃弧时间

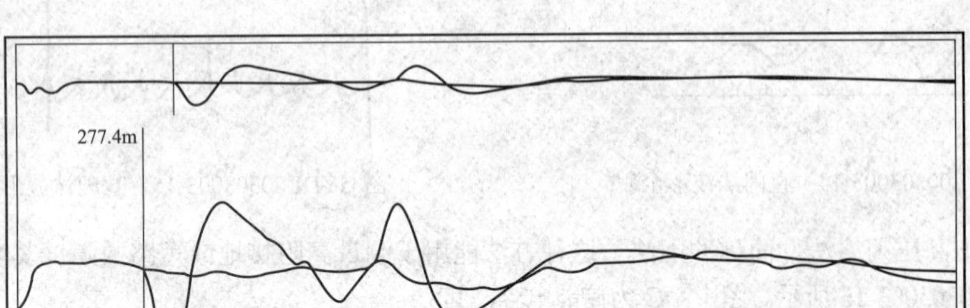

图 GYDL00303003-20 二次脉冲测试实例波形图

注：故障电缆运行电压为 20kV，电缆长度约 740m。

使用二次脉冲法测试电缆故障距离需要满足如下条件：① 故障点处能在高电压的作用下发生弧光放电；② 测量装置能够对故障点加入延长弧光放电的能量；③ 测距仪能在弧光放电的时间内发出并能接收到低压脉冲反射信号。在实际工作中，一般是通过在放电的瞬间投入一个低电压大电容量的电容器来延长故障点的弧光放电时间，或者精确检测到起弧时刻，再注入低压脉冲信号，来保证得到故障点弧光放电时的低压脉冲反射波形。

这种方法主要用来测试高阻及闪络性故障的故障距离，这类故障一般能产生弧光放电，而低阻故障本身就可以用低压脉冲法测试，不需再考虑用二次脉冲法测试。

二、电缆故障精确定点

电缆故障的精确定点是故障探测的重要环节，目前比较常用的方法是冲击放电声测法、声磁信号同步接收定点法、跨步电压法及主要用于低阻故障定点的音频感应法。实际应用中，往往因电缆故障点环境因素复杂，如振动噪声过大、电缆埋设深度过深等，造成定点困难，成为快速找到故障点的主要矛盾。

1. 冲击放电声测法

冲击放电声测法（简称声测法）是利用直流高压试验设备向电容器充电、储能，当电压达到某一数值时，球间隙击穿，高压试验设备和电容器上的能量经球间隙向电缆故障点放电，产生机械振动声波，用人耳的听觉予以区别。声波的强弱，决定于击穿放电时的能量。能量较大的放电，可以在地坪表面辨别，能量小的就需要用灵敏度较高的拾音器（或“听棒”）沿初测确定的范围加以辨认。

声测试验的接线图，按故障类型不同而有所差别。图 GYDL00303003-21 所示为短路（接地）、断线不接地和闪络三种类型故障的声测接线图。

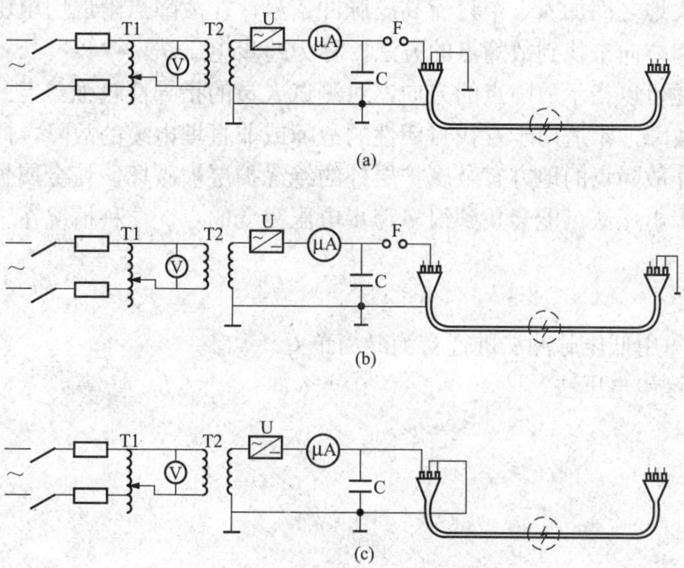

图 GYDL00303003-21 声测试验接线图

（a）短路（接地）故障；（b）断线不接地故障；（c）闪络故障

T1—调压器；T2—试验变压器；U—硅整流器；F—球间隙；C—电容器

声测试验主要设备及其容量为：调压器和试验变容量 1.5kVA，高压硅整流器额定反峰电压 100kV，额定整流电流 200mA，球间隙直径 10～20mm，电力电容器容量 2～10μF。

2. 声磁信号同步接收定点法

声磁信号同步接收定点法（简称声磁同步法）的基本原理是：向电缆施加冲击直流高压使故障点放电，在放电瞬间电缆金属护套与大地构成的回路中形成感应环流，从而在电缆周围产生脉冲磁场。应用感应接收仪器接收脉冲磁场信号和从故障点发出的放电声信号。仪器根据探头检测到的声、磁两种信号时间间隔为最小的点即为故障点。

声磁同步检测法提高了抗振动噪声干扰的能力，通过检测接收到的磁声信号的时间差，可以估计故障点距离探头的位置。通过比较在电缆两侧接收到脉冲磁场的初始极性，也可以在进行故障定点的同时寻找电缆路径。用这种方法定点的最大优点是，在故障点放电时，仪器有一个明确直观的指示，从而易于排除环境干扰，同时这种方法定点的精度较高，信号易于理解、辨别。

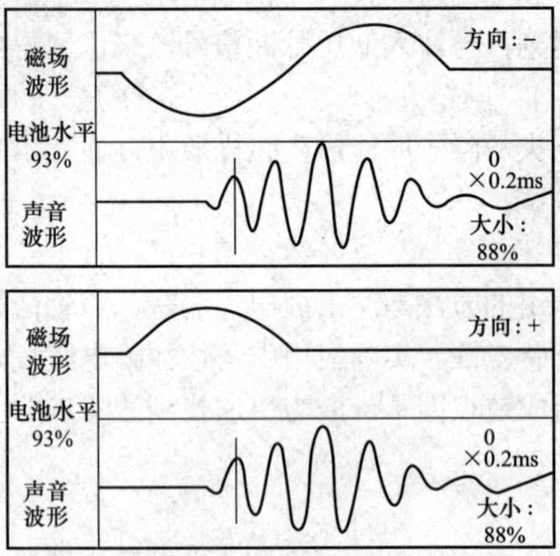

图 GYDL00303003-22 电缆故障点放电产生的典型磁场波形图

声磁同步法与声测法相比较，前者的抗干扰性较好。图 GYDL00303003-22 所示为电缆故障点放电产生的典型磁场波形图。

3. 音频信号法

此方法主要是用来探测电缆的路径走向。在电缆两相间或者相和金属护层之间（在对端短路的情况下）加入一个音频电流信号，用音频信号接收器接收这个音频电流产生的音频磁场信号，就能找出电缆的敷设路径；在电缆中间有金属性短路故障时，对端就不需短路，在发生金属性短路的两者之间加入音频电流信号后，音频信号接收器在故障点正上方接收到的信号会突然增强，过了故障点后音频信号会明显减弱或者消失，用这种方法可以找到故障点。

这种方法主要用于查找金属性短路故障或距离比较近的开路故障的故障点，而对于故障电阻大于几十欧姆以上的短路故障或距离比较远的开路故障则不适用。

4. 跨步电压法

通过向故障相和大地之间加入一个直流高压脉冲信号，在故障点附近用电压表检测放电时两点间跨步电压突变的大小和方向来找到故障点的方法，称为跨步电压法。

这种方法的优点是可以指示故障点的方向，对测试人员的指导性较强。但此方法只能查找直埋电缆外皮破损的开放性故障，不适用于查找封闭性的故障或非直埋电缆的故障。同时，对于直埋电缆的开放性故障，如果在非故障点的地方有金属护层外的绝缘护层被破坏，使金属护层对大地之间形成多点放电通道时，用跨步电压法可能会找到很多跨步电压突变的点，这种情况在 10kV 及以下等级的电缆中比较常见。

【思考与练习】

1. 为什么断线故障用低压脉冲法进行初测最简单？

2. 什么情况适用跨步电压法？

第二十九章 电缆交接、预防性试验

模块 1 电缆交接试验的要求和内容（GYDL00304001）

【模块描述】本模块介绍电缆线路交接试验内容和要求。通过要点讲解，掌握电缆交接试验的项目、标准和要求。

【正文】

电缆线路交接试验应按照《电气装置安装工程电气设备交接试验标准》（GB 50150—2006）进行。

一、电缆交接试验项目

1. 橡塑绝缘电力电缆试验项目

（1）测量绝缘电阻；

（2）交流耐压试验；

（3）测量金属屏蔽层电阻和导体电阻比；

（4）检查电缆线路两端的相位；

（5）交叉互联系统试验。

2. 纸绝缘电缆试验项目

（1）测量绝缘电阻；

（2）直流耐压试验及泄漏电流测量；

（3）检查电缆线路两端的相位。

3. 自容式充油电缆试验项目

（1）测量绝缘电阻；

（2）直流耐压试验及泄漏电流测量；

（3）检查电缆线路两端的相位；

（4）充油电缆的绝缘油试验；

（5）交叉互联系统试验。

二、电缆线路交接试验的一般规定

（1）对电缆的主绝缘作耐压试验或测量绝缘电阻时，应分别在每一相上进行。对一相进行试验或测量时，其他两相导体、金属屏蔽或金属套和铠装层一起接地。

（2）对金属屏蔽或金属套一端接地，另一端装有护层过电压保护器的单芯电缆主绝缘作耐压试验时，必须将护层过电压保护器短接，使这一端的电缆金属屏蔽或金属套临时接地。

（3）对额定电压为 0.6/1kV 的电缆线路应用 2500V 绝缘电阻表测量导体对地绝缘电阻代替耐压试验，试验时间 1min。

三、绝缘电阻测量

测量各电缆导体对地或对金属屏蔽层间和各导体间的绝缘电阻，应符合下列规定：

（1）耐压试验前后，绝缘电阻测量应无明显变化。

（2）橡塑电缆外护套、内衬套的绝缘电阻不低于 0.5MΩ/km。

（3）测量电缆主绝缘用绝缘电阻表的额定电压，宜采用如下等级：

1）0.6/1kV 电缆用 1000V 绝缘电阻表。

2）0.6/1kV 以上电缆用 2500V 绝缘电阻表；6/6kV 及以上电缆也可用 5000V 绝缘电阻表。

（4）橡塑电缆外护套、内衬套的测量一般用 500V 绝缘电阻表。

四、直流耐压试验及泄漏电流测量

（1）直流耐压试验电压标准。

1）纸绝缘电缆直流耐压试验电压 U_t 可采用式（GYDL00304001-1）和式（GYDL00304001-2）来计算，试验电压见表 GYDL00304001-1 的规定。

对于统包绝缘

$$U_t = \frac{5\times(U_0+U)}{2} \quad \text{(GYDL00304001-1)}$$

对于分相屏蔽绝缘

$$U_t = 5\times U_0 \quad \text{(GYDL00304001-2)}$$

上两式中 U_0——相电压；

U——线电压。

表 GYDL00304001-1　纸绝缘电缆直流耐压试验电压标准　kV

电缆额定电压 U_0/U	1.8/3	3/3.6	3.6/6	6/6	6/10	8.7/10	21/35	26/35
直流试验电压	12	17	24	30	40	47	105	130

2）充油绝缘电缆直流耐压试验电压，应符合表 GYDL00304001-2 的规定。

表 GYDL00304001-2　充油绝缘电缆直流耐压试验电压标准　kV

电缆额定电压 U_0/U	雷电冲击耐受电压	直流试验电压
48/66	325	165
	350	175
64/110	450	225
	550	275
127/220	850	425
	950	475
	1050	510
200/330	1175	585
	1300	650
290/500	1425	710
	1550	775
	1675	835

（2）试验时，试验电压可分 4～6 阶段均匀升压，每阶段停留 1min，并读取泄漏电流值。试验电压升至规定值后维持 15min，其间读取 1min 和 15min 时泄漏电流。测量时应消除杂散电流的影响。

（3）纸绝缘电缆泄漏电流的三相不平衡系数（最大值与最小值之比）不应大于 2；当 6/10kV 及以上电缆的泄漏电流小于 20μA 和 6kV 及以下电压等级电缆泄漏电流小于 10μA 时，其不平衡系数不作规定。泄漏电流值和不平衡系数只作为判断绝缘状况的参考，不作为是否能投入运行的判据。其他电缆泄漏电流值不作规定。

（4）电缆的泄漏电流具有下列情况之一者，电缆绝缘可能有缺陷，应找出缺陷部位，并予以处理：

1）泄漏电流很不稳定；

2）泄漏电流随试验电压升高急剧上升；

3）泄漏电流随试验时间延长有上升现象。

五、交流耐压试验

（1）橡塑电缆采用 20～300Hz 交流耐压试验。20～300Hz 交流耐压试验电压及时间见表 GYDL00304001-3。

表 GYDL00304001-3　　橡塑电缆 20～300Hz 交流耐压试验电压、时间

额定电压 U_0/U（kV）	试验电压	时间（min）	额定电压 U_0/U（kV）	试验电压	时间（min）
18/30 及以下	$2.5U_0$（或 $2U_0$）	5（或 60）	190/330	$1.7U_0$（或 $1.3U_0$）	60
21/35～64/110	$2U_0$	60	290/500	$1.7U_0$（或 $1.1U_0$）	60
127/220	$1.7U_0$（或 $1.4U_0$）	60			

（2）不具备上述试验条件或有特殊规定时，可采用施加正常系统相对地电压 24h 方法代替交流耐压。

六、测量金属屏蔽层电阻和导体电阻比

测量在相同温度下的金属屏蔽层和导体的直流电阻。

七、检查电缆线路的两端相位

两端相位应一致，并与电网相位相符合。

八、充油电缆的绝缘油试验

应符合表 GYDL00304001-4 的规定。

表 GYDL00304001-4　　充油电缆使用的绝缘油试验项目和标准

项　目	要　求		试 验 方 法
击穿电压	电缆及附件内	对于 64/110～190/330kV，不低于 50kV；对于 290/500kV，不低于 60kV	按《绝缘油击穿电压测定法》（GB/T 507—2002）中的有关要求进行试验
	压力箱中	不低于 50kV	
介质损耗因数	电缆及附件内	对于 64/110～127/220kV，不大于 0.005；对于 190/330kV，不大于 0.003	按《电力设备预防性试验规程》（DL/T 596—1996）中的有关要求进行试验
	压力箱中	不大于 0.003	

九、交叉互联系统试验

1. 交叉互联系统对地绝缘的直流耐压试验

试验时必须将护层过电压保护器断开。在互联箱中将两侧的三相电缆金属套都接地，使绝缘接头的绝缘环也能结合在一起进行试验，然后分别在每段电缆金属屏蔽或金属套与地之间施加 10kV 直流电压，加压时间 1min，不应击穿。

2. 非线性电阻型护层过电压保护器

（1）氧化锌电阻片。对电阻片施加直流参考电流后测量其压降，即直流参考电压，其值应在产品标准规定的范围之内。

（2）非线性电阻片及其引线的对地绝缘电阻。将非线性电阻片的全部引线并联在一起与接地的外壳绝缘后，用 1000V 绝缘电阻表测量引线与外壳之间的绝缘电阻，其值不应小于 10MΩ。

3. 交叉互联正确性检查试验

本方法为推荐采用的方式，如采用本方法时，应作为特殊试验项目。

使所有互联箱连接片处于正常工作位置，在每相电缆导体中通以大约 100A 的三相平衡试验电流。在保持试验电流不变的情况下，测量最靠近交叉互联箱处的金属套电流和对地电压。测量完后将试验电流降至零，切断电源。然后将最靠近的交叉互联箱内的连接片重新连接成模拟错误连接的情况，再次将试验电流升至 100A，并再测量该交叉互联箱处的金属套电流和对地电压。测量完后将试验电流降至零，切断电源，将该交叉互联箱中的连接片复原至正确的连接位置。最后将试验电流升至 100A，测量电缆线路上所有其他交叉互联箱处的金属套电流和对地电压。

试验结果符合下述要求，则认为交叉互联系统的性能是令人满意的：

（1）在连接片做错误连接时，试验能明显出现异乎寻常的大金属套电流；

（2）在连接片正确连接时，将测得的任何一个金属套电流乘以一个系数（其值等于电缆的额定电流除以上述的试验电流）后所得的电流值不会使电缆额定电流的降低量超过 3%；

（3）将测得的金属套对地电压乘以上述 2）项中的系数，不超过电缆在负载额定电流时规定的感应电压的最大值。

4. 互联箱

（1）接触电阻。本试验在做完护层过电压保护器的上述试验后进行。将闸刀（或连接片）恢复到正常工作位置后，用双臂电桥测量闸刀（或连接片）的接触电阻，其值不应大于 20μΩ。

（2）闸刀（或连接片）连接位置。本试验在以上交叉互联系统的试验合格后密封互联箱之前进行。连接位置应正确。如发现连接错误而重新连接后，则必须重测闸刀（连接片）的接触电阻。

【思考与练习】

1. 橡塑绝缘电力电缆交接试验项目有哪些？
2. 电缆线路交接试验的一般规定有哪些？
3. 高压单芯电缆交叉互联系统试验应做哪些项目？

模块 2 电缆预防性试验的要求和内容（GYDL00304002）

【模块描述】本模块介绍电缆线路预防性试验内容和要求。通过要点讲解，掌握纸绝缘电缆、橡塑绝缘电缆和自容式充油电缆线路预防性试验项目、周期、标准和要求。

【正文】

电缆线路预防性试验应按照《电力设备预防性试验规程》（DL/T 596—1996）进行。

一、电缆预防性试验的项目

1. 纸绝缘电缆试验项目

（1）绝缘电阻测量；

（2）直流耐压试验。

2. 橡塑绝缘电缆试验项目

（1）主绝缘绝缘电阻；

（2）外护套绝缘电阻；

（3）内衬层绝缘电阻；

（4）铜屏蔽层电阻和导体电阻比；

（5）主绝缘直流耐压试验；

（6）交叉互联系统试验。

二、电缆预防性试验的一般规定

（1）对电缆的主绝缘作直流耐压试验或测量绝缘电阻时，应分别在每一相上进行。对一相进行试验或测量时，其他两相导体、金属屏蔽或金属套和铠装层一起接地。

（2）新敷设的电缆线路投入运行 3～12 个月，一般应作 1 次直流耐压试验，以后再按正常周期试验。

（3）试验结果异常，但根据综合判断允许在监视条件下继续运行的电缆线路，其试验周期应缩短，如在不少于 6 个月时间内经连续 3 次以上试验，试验结果不变坏，则以后可以按正常周期试验。

（4）对金属屏蔽或金属套一端接地，另一端装有护层过电压保护器的单芯电缆主绝缘作直流耐压试验时，必须将护层过电压保护器短接，使这一端的电缆金属屏蔽或金属套均临时接地。

（5）耐压试验后，使导体放电时，必须通过每千伏约 80kΩ的限流电阻反复几次放电直至无火花后，才允许直接接地放电。

（6）除自容式充油电缆线路外，其他电缆线路在停电后投运之前，必须确认电缆的绝缘状况良好。凡停电超过 1 星期但不满 1 个月的电缆线路，应用绝缘电阻表测量该电缆导体对地绝缘电阻，如有疑问时，必须用低于预防性试验规程直流耐压试验电压的直流电压进行试验，加压时间 1min；停电超过 1 个月但不满 1 年的电缆线路，必须作 50%预防性试验规程试验电压值的直流耐压试验，加压时间 1min；停电超过 1 年的电缆线路，必须作预防性试验。

（7）对额定电压 0.6/1kV 的电缆线路，可用 1000V 绝缘电阻表测量导体对地绝缘电阻代替直流耐压试验。

（8）直流耐压试验时，应在试验电压升至规定值后 1min 以及加压时间达到规定时测量泄漏电流。

泄漏电流值和不平衡系数（最大值与最小值之比）只作为判断绝缘状况的参考，不作为是否能继续运行的判据。但如发现泄漏电流与上次试验值相比有很大变化，或泄漏电流不稳定，随试验电压的升高或加压时间的增加而急剧上升时，应查明原因。如系终端头表面泄漏电流或对地杂散电流等因素的影响，则应加以消除；如怀疑电缆线路绝缘不良，则可提高试验电压（以不超过产品标准规定的出厂试验直流电压为宜）或延长试验时间，确定能否继续运行。

（9）运行部门根据电缆线路的运行情况和历年的试验报告，可以适当延长试验周期。

三、纸绝缘电力电缆线路

本条规定适用于黏性油纸绝缘电力电缆和不滴流油纸绝缘电力电缆线路。纸绝缘电力电缆线路的试验项目、周期和要求见表 GYDL00304002-1。

表 GYDL00304002-1　　纸绝缘电力电缆线路的试验项目、周期和要求

序号	项　目	周　期	要　求	说　明
1	绝缘电阻	在直流耐压试验之前进行	自行规定	额定电压 0.6/1kV 电缆用 1000V 绝缘电阻表；0.6/1kV 以上电缆用 2500V 绝缘电阻表（6/6kV 及以上电缆也可用 5000V 绝缘电阻表）
2	直流耐压试验	1）1～3 年。 2）新作终端或接头后进行	1）试验电压值按表 GYDL00304002-2 规定，加压时间 5min，不击穿。 2）耐压 5min 时的泄漏电流值不应大于耐压 1min 时的泄漏电流值。 3）三相之间的泄漏电流不平衡系数不应大于 2	6/6kV 及以下电缆的泄漏电流小于 10μA、8.7/10kV 电缆的泄漏电流小于 20μA 时；对不平衡系数不作规定

表 GYDL00304002-2　　纸绝缘电力电缆的直流耐压试验电压　　kV

电缆额定电压 U_0/U	直流试验电压	电缆额定电压 U_0/U	直流试验电压
1.0/3	12	6/10	40
3.6/6	17	8.7/10	47
3.6/6	24	21/35	105
6/6	30	26/35	130

四、橡塑绝缘电力电缆线路

橡塑绝缘电力电缆是指聚氯乙烯绝缘、交联聚乙烯绝缘和乙丙橡皮绝缘电力电缆。橡塑绝缘电力电缆线路的试验项目、周期和要求见表 GYDL00304002-3。

表 GYDL00304002-3　　橡塑绝缘电力电缆线路的试验项目、周期和要求

序号	项　目	周　期	要　求	说　明
1	主绝缘绝缘电阻	1）重要电缆：1 年。 2）一般电缆： a）3.6/6kV 及以上 3 年； b）3.6/6kV 以下 5 年	自行规定	0.6/1kV 电缆用 1000V 绝缘电阻表；0.6/1kV 以上电缆用 2500V 绝缘电阻表（6/6kV 及以上电缆也可用 5000V 绝缘电阻表）
2	外护套绝缘电阻	1）重要电缆：1 年。 2）一般电缆： a）3.6/6kV 及以上 3 年； b）3.6/6kV 以下 5 年	每千米绝缘电阻值不应低于 0.5MΩ	用 500V 绝缘电阻表
3	内衬层绝缘电阻	1）重要电缆：1 年。 2）一般电缆： a）3.6/6kV 及以上 3 年； b）3.6/6kV 以下 5 年	每千米绝缘电阻值不应低于 0.5MΩ	用 500V 绝缘电阻表
4	铜屏蔽层电阻和导体电阻比	1）投运前； 2）重作终端或接头后； 3）内衬层破损进水后	对照投运前测量数据自行规定。当前者与后者之比与投运前相比增加时，表明铜屏蔽层的直流电阻增大，铜屏蔽层有可能被腐蚀；当该比值与投运前相比减少时，表明附件中的导体连接点的接触电阻有增大的可能	用双臂电桥测量在相同温度下的铜屏蔽层和导体的直流电阻

续表

序号	项　目	周　期	要　求	说　明
5	主绝缘直流耐压试验	新作终端或接头后	耐压试验可以是交流或直流试验： 1）直流试验电压值按表 GYDL00304002-4 规定，加压时间 5min，不击穿；交流试验电压值按表 GYDL00304002-5 规定，加压时间 5min，不击穿。 2）耐压 5min 时的泄漏电流不应大于耐压 1min 时的泄漏电流	
6	交叉互联系统	2～3 年	试验方法见表 GYDL00304002-6。交叉互联系统除进行定期试验外，如在交叉互联大段内发生故障，则也应对该大段进行试验。如交叉互联系统内直接接地的接头发生故障，则与该接头连接的相邻两个大段都应进行试验	

表 GYDL00304002-4　　橡塑绝缘电力电缆的直流耐压试验电压　　kV

电缆额定电压 U_0/U	直流试验电压	电缆额定电压 U_0/U	直流试验电压
1.8/3	11	21/35	63
3.6/6	18	26/35	78
6/6	25	48/66	144
6/10	25	64/110	192
8.7/10	37	127/220	305

表 GYDL00304002-5　　橡塑绝缘电力电缆的交流耐压试验电压　　kV

电缆额定电压 U_0/U	交流试验电压	电缆额定电压 U_0/U	交流试验电压
8.7/10	$2.0U_0$	64/110	$1.6U_0$
26/35	$1.6U_0$	127/220	$1.36U_0$

表 GYDL00304002-6　　交叉互联系统试验方法和要求

试验项目	试验方法和要求
电缆外护套、绝缘接头外护套与绝缘夹板的直流耐压试验	试验时必须将护层过电压保护器断开。在互联箱中将另一侧的三段电缆金属套都接地，使绝缘接头的绝缘夹板也能结合在一起试验，然后在每段电缆金属屏蔽或金属套与地之间施加直流电压 5kV，加压时间 1min，不应击穿
非线性电阻型护层过电压保护器	（1）碳化硅电阻片：将连接线拆开后，分别对三组电阻片施加产品标准规定的直流电压，测量流过电阻片的电流值。这三组电阻片的直流电流值应在产品标准规定的最小和最大值之间。如试验时的温度不是 20℃，则被测电流值应乘以修正系数（120−t）/100（t 为电阻片的温度，℃）。 （2）氧化锌电阻片：对电阻片施加直流参考电流后测量其压降，即直流参考电压，其值应在产品标准规定的范围之内。 （3）非线性电阻片及其引线的对地绝缘电阻：将非线性电阻片的全部引线并联在一起与接地的外壳绝缘后，用 1000V 绝缘电阻表测量引线与外壳之间的绝缘电阻，其值不应小于 10MΩ
互联箱	（1）接触电阻：本试验在作完护层过电压保护器的上述试验后进行。将闸刀（或连接片）恢复到正常工作位置后，用双臂电桥测量闸刀（或连接片）的接触电阻，其值不应大于 20μΩ。 （2）闸刀（或连接片）连接位置：本试验在以上交叉互联系统的试验合格后密封互联箱之前进行。连接位置应正确。如发现连接错误而重新连接后，则必须重测闸刀（或连接片）的接触电阻

五、自容式充油电缆线路

自容式充油电缆线路的试验项目、周期和要求见表 GYDL00304002-7。

表 GYDL00304002-7　　自容式充油电缆线路的试验项目、周期和要求

序号	项　目	周　期	要　求	说　明
1	电缆主绝缘直流耐压试验	1）电缆失去油压并导致受潮或进气经修复后； 2）新作终端或接头后	试验电压值按表 GYDL00304002-8 规定，加压时间 5min，不击穿	
2	电缆外护套和接头外护套的直流耐压试验	2～3 年	试验电压 6kV，试验时间 1min，不击穿	1）根据以往的试验成绩，积累经验后，可以用测量绝缘电阻代替，有疑问时再作直流耐压试验。 2）本试验可与交叉互联系统中绝缘接头外护套的直流耐压试验结合在一起进行

续表

序号	项　目		周　期	要　求	说　明
3	压力箱	a）供油特性	与其直接连接的终端或塞止接头发生故障后	压力箱的供油量不应小于压力箱供油特性曲线所代表的标称供油量的90%	试验按 GB 9326.5 进行
		b）电缆油击穿电压		不低于 50kV	试验按 GB/T 507 规定进行。在室温下测量油击穿电压
		c）电缆油的 $\tan\delta$		不大于 0.005（100℃时）	试验方法同电缆及附件内电缆油 $\tan\delta$
4	油压示警系统	a）信号指示	6 个月	能正确发出相应的示警信号	合上示警信号装置的试验开关，应能正确发出相应的声、光示警信号
		b）控制电缆线芯对地绝缘	1～2 年	每千米绝缘电阻不小于 1MΩ	采用 1000V 或 2500V 绝缘电阻表测量
5	交叉互联系统		2～3 年	试验方法见表 GYDL00304002-6。交叉互联系统除进行定期试验外，如在交叉互联大段内发生故障，则也应对该大段进行试验。如交叉互联系统内直接接地的接头发生故障，则与该接头连接的相邻两个大段都应进行试验	
6	电缆及附件内的电缆油	a）击穿电压	2～3 年	不低于 45kV	试验按 GB/T 507 规定进行。在室温下测量油的击穿电压
		b）$\tan\delta$	2～3 年	电缆油在温度（100±1）℃和场强 1MV/m 下的 $\tan\delta$ 不应大于下列数值： 53/66～127/220kV　0.03 190/330kV　0.01	采用电桥以及带有加热套能自动控温的专用油杯进行测量。电桥的灵敏度不得低于 1×10^{-5}，准确度不得低于 1.5%，油杯的固有 $\tan\delta$ 不得大于 5×10^{-5}，在 100℃及以下的电容变化率不得大于 2%。加热套控温的控温灵敏度为 0.5℃或更小，升温至试验温度 100℃的时间不得超过 1h
		c）油中溶解气体	怀疑电缆绝缘过热老化或终端或塞止接头存在严重局部放电时	电缆油中溶解的各气体组分含量的注意值见表 GYDL00304002-9	油中溶解气体分析的试验方法和要求按 GB 7252 规定。注意值不是判断充油电缆有无故障的唯一指标，当气体含量达到注意值时，应进行追踪分析查明原因，试验和判断方法参照 GB 7252 进行

表 GYDL00304002-8　　自容式充油电缆主绝缘直流耐压试验电压　　kV

电缆额定电压 U_0/U	GB 311.1 规定的雷电冲击耐受电压	直流试验电压	电缆额定电压 U_0/U	GB 311.1 规定的雷电冲击耐受电压	直流试验电压
48/66	325 350	163 175	190/330	1050 1175 1300	525 590 650
64/110	450 550	225 275	290/500	1425 1550 1675	715 775 840
127/220	850 950 1050	425 475 510			

表 GYDL00304002-9　　电缆油中溶解气体组分含量的注意值

电缆油中溶解气体的组分	注意值$\times10^{-6}$（体积分数）	电缆油中溶解气体的组分	注意值$\times10^{-6}$（体积分数）
可燃气体总量	1500	CO_2	1000
H_2	500	CH_4	200
C_2H_2	痕量	C_2H_6	200
CO	100	C_2H_4	200

【思考与练习】

1. 电缆预防性试验的一般规定有哪些？
2. 橡塑绝缘电缆预防性试验包括哪些项目？

第三十章 工程竣工验收及资料管理

模块 1 电缆线路工程验收（GYDL00206001）

【模块描述】本模块介绍电缆线路工程验收制度、验收项目及验收方法。通过要点讲解和方法介绍，熟悉电缆线路工程验收方法，掌握电缆线路敷设工程、接头和终端工程、附属设备验收及调试的内容、方法、标准、技术要求。

【正文】

电缆线路工程属于隐蔽工程，其验收应贯穿于施工全过程中。为保证电缆线路工程质量，运行部门必须严格按照验收标准对新建电缆线路进行全过程监控和投运前竣工验收。

一、电缆线路工程验收制度

电缆线路工程验收分自验收、预验收、过程验收、竣工验收四个阶段，每个阶段都必须填写验收记录单，并作好整改记录。

（1）自验收由施工部门自行组织进行，并填写验收记录单。自验收整改结束后，向本单位质量管理部门提交工程验收申请。

（2）预验收由施工单位质量管理部门组织进行，并填写预验收记录单。预验收整改结束后，填写工程竣工报告，并向上级工程质量监督站提交工程验收申请。

（3）过程验收是指在电缆线路施工工程中对土建项目、电缆敷设、电缆附件安装等隐蔽工程进行的中间验收。施工单位的质量管理部门和运行部门要根据工程施工情况列出检查项目，由验收人员根据验收标准在施工过程中逐项进行验收，填写工程验收单并签字确认。

（4）竣工验收由施工单位的上级工程质量监督站组织进行，并填写工程竣工验收签证书，对工程质量予以等级评定。在验收中个别不完善项目必须限期整改，由施工单位质量管理部门负责复验并作好记录。工程竣工后1个月内施工单位应向运行单位进行工程资料移交，运行单位对移交的资料进行验收。

二、电缆线路工程验收方法

1. 验收程序

施工部门在工程开工前应将施工设计书、工程进度计划交质监站和运行部门，以便对工程进行过程验收。工程完工后，施工部门应书面通知质监、运行部门进行竣工验收。同时施工部门应在工程竣工后1个月内将有关技术资料、工艺文件、施工安装记录（含工井、排管、电缆沟、电缆桥等土建资料）等一并移交运行部门整理归档。对资料不齐全的工程，运行部门可不予接收。

2. 电缆线路工程项目划分

电缆线路工程验收应按分部工程逐项进行。电缆线路工程可以分为电缆敷设、电缆接头、电缆终端、接地系统、信号系统、供油系统、调试七个分部工程（交联电缆线路无信号系统和供油系统）。每个分部工程又可分为几个分项工程，具体项目见表 GYDL00206001-1。

表 GYDL00206001-1　电缆线路工程项目划分一览表

序号	分部工程	分 项 工 程
1	电缆敷设	电缆通道（电缆沟槽开挖、排管、隧道建设）、电缆展放、电缆固定、孔洞封堵、回填掩埋、防火工程、分支箱安装等
2	电缆接头	直通接头、绝缘接头、塞止接头、过渡接头

续表

序号	分部工程	分项工程
3	电缆终端	户外终端、户内终端、GIS 终端、变压器终端
4	接地系统	终端接地、接头接地、护层交叉互联箱接地、分支箱接地、单芯电缆护层交叉互联系统
5	信号系统	信号屏、信号端子箱、控制电缆敷设和接头、自动排水泵
6	供油系统	压力箱、油管路、电触点压力表
7	调　试	绝缘测试（含耐压试验和电阻测试）、参数测量、信号系统测试、油压整定、护层试验、接地电阻测试、油样试验、油阻试验、相位校核、交叉互联系统试验

3. 验收报告的编写

验收报告的内容主要分工程概况说明、验收项目签证和验收综合评价三个方面。

（1）工程概况说明。内容包括工程名称、起讫地点、工程开竣工日期以及电缆型号、长度、敷设方式、接头型号、数量、接地方式、信号装置布置和工程设计、施工、监理、建设单位名称等。

（2）验收项目签证。验收部门在工程验收前应根据工程实际情况和施工验收规范，编制好项目验收检查表，作为验收评估的书面依据，并对照项目验收标准对施工项目逐项进行验收签证和评分。

（3）验收综合评价。验收部门应根据有关国家标准和企业标准制定验收标准，对照验收标准对工程质量作出综合评价，并对整个工程进行评分。成绩分为优、良、及格、不及格四种，所有验收项目均符合验收标准要求者为优；所有主要验收项目均符合验收标准，个别次要验收项目未达到验收标准，不影响设备正常运行者为良；个别主要验收项目不合格，不影响设备安全运行者为及格；多数主要验收项目不符合验收标准，将影响设备正常安全运行者为不及格。

三、电缆线路敷设工程验收

电缆敷设工程属于隐蔽工程，验收应在施工过程中进行，并且要求抽样率大于 50%。

1. 电缆敷设验收的内容和重点

电缆线路敷设验收的主要内容包括电缆通道（电缆沟槽开挖、排管、隧道建设）、电缆展放、电缆固定、孔洞封堵、回填掩埋、防火工程、分支箱安装等，其中电缆通道、电缆展放和电缆固定为关键验收项目，应重点加以关注。

2. 电缆线路敷设验收的标准及技术规范

（1）电力电缆敷设规程；

（2）工程设计书和施工图；

（3）工程施工大纲和敷设作业指导书；

（4）电缆沟槽、排管、隧道等土建设施的质量检验和评定标准；

（5）电缆线路运行规程和检修规程的有关规定。

3. 电缆线路敷设验收内容

（1）电缆沟槽、排管和隧道等土建设施验收内容包括：

1）施工许可文件齐全；

2）电缆路径符合设计书要求；

3）与地下管线距离符合设计要求；

4）开挖深度按通道环境及线路电压等级均应符合设计要求。

（2）电缆展放及固定验收内容包括：

1）电缆牵引车位置、人员配置、电缆输送机安放位置均符合作业指导书和施工大纲要求；

2）如使用网套牵引，其牵引力不能大于厂家提供的电缆护套所能承受的拉力；

3）如使用牵引头牵引，按导体截面计算牵引力，同时要满足电缆所能承受的侧压力；

4）施工时电缆弯曲半径符合作业指导书及施工大纲要求；

5）电缆终端、接头及在工井、竖井、隧道中必须固定牢固，蛇形敷设节距符合设计要求。

（3）孔洞封堵验收。变电站电缆穿墙（或楼板）孔洞、工井排管口、开关柜底板孔等都要求用封堵材料密实封堵，符合设计要求。

（4）对电缆直埋、排管、竖井与电缆沟敷设施工的基本要求如下：

1）摆放电缆盘的场地应坚实，防止电缆盘倾斜；

2）电缆敷设前完成校潮、牵引端制作、取油样等工作；

3）充油电缆油压应大于 0.15MPa；

4）电缆盘制动装置可靠；

5）110kV 及以上电缆外护层绝缘应符合规程规定；

6）敷设过程中电缆弯曲半径应符合设计要求；

7）电缆线路各种标志牌完整、字迹清晰，悬挂符合要求。

（5）对直埋、排管、竖井敷设方式的特殊要求如下：

1）对直埋敷设的特殊要求是：① 滑轮设置合理、整齐；② 电缆沟底平整，电缆上下各铺 100mm 的软土或细砂；③ 电缆保护盖板应覆盖在电缆正上方。

2）对排管敷设的特殊要求是：① 排管疏通工具应符合有关规定，并双向畅通；② 电缆在工井内固定应符合装置图要求，电缆在工井内排管口应有“伸缩弧”。

3）对竖井敷设的特殊要求是：① 竖井内电缆保护装置应符合设计要求；② 竖井内电缆固定应符合装置图要求。

（6）支架安装验收内容包括：

1）支架应排列整齐，横平直竖；

2）电缆固定和保护：在隧道、工井、电缆夹层内的电缆都应安装在支架上，电缆在支架上应固定良好，无法用支架固定时，应每隔 1m 间距用吊索固定，固定在金属支架上的电缆应有绝缘衬垫；

3）蛇形敷设应符合设计要求。

（7）电缆防火工程验收内容包括：

1）电缆防火槽盒应符合设计要求，上下两部分安装平直，接口整齐，接缝紧密，槽盒内金具安装牢固，间距符合设计要求，端部应采用防火材料封堵，密封完好；

2）电缆防火涂料厚度和长度应符合设计要求，涂刷应均匀，无漏刷；

3）防火带应半搭盖绕包平整，无明显突起；

4）电缆夹层内接头应加装防火保护盒，接头两侧 3m 内应绕包防火带；

5）其他防火措施应符合设计书及装置图要求。

（8）电缆分支箱验收内容包括：

1）分支箱基础的上平面应高于地面，箱体固定牢固，横平竖直，分支箱门开启方便；

2）内部电气安装和接地极安装应符合设计要求；

3）箱体防水密封良好，底部应铺以黄沙，然后用水泥抹平；

4）分支箱铭牌书写规范，字迹清晰，命名符合要求；

5）分支箱内相位标识正确、清晰。

四、电缆接头和终端工程验收

电缆接头及终端工程属于隐蔽工程，工程验收应在施工过程中进行。如采用抽样检查，抽样率应大于 50%。电缆接头有直通接头、绝缘接头、塞止接头、过渡接头等类型，电缆终端则有户外终端、户内终端、GIS 终端、变压器终端等类型。

1. 电缆接头和终端验收

（1）施工现场应做到环境清洁，有防尘、防雨措施，温度和湿度符合安装规范要求。

（2）电缆剥切、导体连接、绝缘及应力处理、密封防水保护层处理、相间和相对地距离应符合施工工艺、设计和运行规程要求。

（3）接头和终端铭牌、相色标志字迹清晰、安装规范。

（4）接头和终端应固定牢固，接头两侧及终端下方一定距离内保持平直，并做好接头的机械防护和阻燃防火措施。

（5）按设计要求做好电缆中间接头和终端的接地。

2. 电缆终端接地箱验收

（1）接地箱安装符合设计书及装置图要求。

（2）终端接地箱内电气安装符合设计要求，导体连接良好。护层保护器符合设计要求，完整无损伤。

（3）终端接地箱密封良好，接地线相色正确，标志清晰。

（4）接地箱箱体应采用不锈钢材料。

五、电缆线路附属设备验收

电缆线路附属设备验收主要是指接地系统、信号系统、供油系统的验收。

1. 接地系统验收

接地系统由终端接地、接头接地网、终端接地箱、护层交叉互联箱及分支箱接地网组成。接地系统主要验收以下项目：

（1）各接地点接地电阻符合设计要求。

（2）接地线与接地排连接良好，接线端子应采用压接方式。

（3）同轴电缆的截面应符合设计要求。

（4）护层交叉互联箱内接线正确，导体连接良好，相色标志正确清晰。

2. 信号保护系统验收

在对信号保护系统验收中，信号与控制电缆的敷设安装可参照电力电缆敷设安装规范来验收。信号屏、信号箱安装，以及自动排水装置安装等工程验收可按照二次回路施工工程验收标准进行。信号保护系统主要验收以下项目：

（1）控制电缆每对线芯核对无误且有明显标记。

（2）信号回路模拟试验正确，符合设计要求。

（3）信号屏安装符合设计要求，电器元件齐全，连接牢固，标志清晰。

（4）信号箱安装牢固，箱门和箱体由多股软线连接，接地良好。

（5）自动排水装置符合设计要求。

（6）低压接线连接可靠，绝缘符合要求，端部标志清晰。

（7）接地电阻符合设计要求。

（8）铭牌清晰，名称符合命名原则。

3. 供油系统验收

供油系统验收含压力箱、油管路和电触点压力表三个分项工程的验收。验收的主要内容包括：

（1）压力箱装置符合设计和装置图要求，表面无污迹和渗漏，各组压力箱有相位标识。压力箱支架采用热浸镀锌钢材。

（2）油管路及阀门。油管路采用塑包铜管，布置横平竖直，固定牢固，连接良好无渗漏。焊接点表面平整，管壁形变小于15%。

（3）压力表和电触点压力表应有检验记录和标识，连接良好无渗漏。

六、电缆线路调试

电缆线路调试由信号系统调试、油压整定、绝缘测试、电缆常数测试、护层试验、接地网测试、油阻试验、油样试验，相位校核、交叉互联系统试验等项目组成，其中绝缘测试包括直流或交流耐压试验和绝缘电阻测试。各调试结果均应符合电缆线路竣工交接试验规程和工程设计书要求。

【思考与练习】

1. 电缆线路验收报告的编写包含哪些内容？

2. 简述电缆线路敷设工程验收的重点内容。

3. 简述电缆接头和终端验收内容。

模块2 电缆构筑物工程验收（GYDL00206002）

【模块描述】本模块包含电缆构筑物的种类及其工程验收的项目要求。通过要点讲解和方法介绍，掌握电缆构筑物土建工程、电缆排管、工井、电缆桥架、电缆沟、电缆隧道的验收内容、方法和要求。

【正文】

为适应现代城市建设和电力网发展，往往需要在同一路径上敷设多条电缆。当采用直埋敷设方式难以解决电缆通道时，就需要建造电缆线路构筑物设施。构筑物设施建成之后，在敷设新电缆或检修故障电缆时，可以避免重复挖掘路面，同时将电缆置于钢筋混凝土的土建设施之中，还能够有效避免发生机械外力损坏事故。

一、电缆线路构筑物的种类

电缆线路构筑物的主要种类及结构特点见表GYDL00206002-1。

表 GYDL00206002-1 电缆线路构筑物的主要种类及结构特点

种类		主要适用场所	结构特点
电缆管道	电缆排管管道	道路慢车道	钢筋混凝土加衬管并建工作井
	电缆非开挖管道	穿越河道、重要交通干道、地下管线、高层建筑	可视化定向非开挖钻进，全线贯通后回扩孔，拉入设计要求的电缆管道，两端建工作井
电缆沟		工厂区、变电站内（或周围）、人行道	钢筋混凝土或砖砌，内有支架
桥梁（市政桥、电缆专用桥）		跨越河道、铁路	钢构架、钢筋混凝土箱型，内有支架
电缆桥架		工厂区、高层建筑	钢构架
电缆隧道		发电厂、变电站出线、重要交通干道、穿越河道	钢筋混凝土、钢管，内有支架
电缆竖井		落差较大的水电站、电缆隧道出口、高层建筑	钢筋混凝土、在大型建筑物内，内有支架

二、电缆构筑物土建工程的验收

1. 土石方工程的验收

（1）土石方工程竣工后，应检查验收下列资料：

1）土石方竣工图；

2）有关设计变更和补充设计的图纸或文件；

3）施工记录和有关试验报告；

4）隐蔽工程验收记录；

5）永久性控制桩和水准点的测量结果；

6）质量检查和验收记录。

（2）土石方工程验收除检查验收相关资料外，还应验收挖方、填方、基坑、管沟等工程是否超过设计允许偏差。

2. 混凝土工程的验收

（1）钢筋混凝土工程竣工后，应检查验收下列资料：

1）原材料质量合格证件和试验报告；

2）设计变更和钢材代用证件；

3）混凝土试块的试验报告及质量评定记录；

4）混凝土工程施工和养护记录；

5）钢筋及焊接接头的试验数据和报告；

6）装配式结构构件的合格证和制作、安装验收记录；

7）预应力筋的冷拉和张拉记录；

8）隐蔽工程验收记录；

9）冬期施工热工计算及施工记录；

10）竣工图及其他文件。

（2）钢筋混凝土工程验收除检查验收相关资料外，尚应进行外观抽查。

3. 砖砌体工程的验收

（1）砖砌体工程竣工后，应检查验收下列资料：

1）材料的出厂合格证或试验检验资料；

2）砂浆试块强度试验报告；

3）砖石工程质量检验评定记录；

4）技术复核记录；

5）冬期施工记录；

6）重大技术问题的处理或修改设计等的技术文件。

（2）施工中对下列项目应作隐蔽验收：

1）基础砌体；

2）沉降缝、伸缩缝和防震缝；

3）砖体中的配筋；

4）其他隐蔽项目。

三、电缆排管和工井的验收

电缆排管是一种使用比较广泛的土建设施，对排管和与之相配套的工井，应检查验收以下内容：

1. 管道和工井的验收

（1）排管孔径和孔数。电缆排管的孔径和孔数应符合设计要求。

（2）衬管材质的验收。排管用的衬管应物理和化学性能稳定，有一定机械强度，对电缆外护层无腐蚀，内壁光滑无毛刺，遇电弧不延燃。

（3）工井接地的验收。工井内的金属支架和预埋铁件要可靠接地，接地方式要与设计相符，且接地电阻满足设计要求。

（4）工井尺寸的验收。工井尺寸应符合设计要求，检查其是否有集水坑，是否满足电缆敷设时弯曲半径的要求，工井内应无杂物、无积水。

（5）工井间距的验收。由于电缆工井是引入电缆，放置牵引、输送设备和安装电缆接头的场所，根据高压和中压电缆的允许牵引力和侧压力，考虑到敷设电缆和检修电缆制作接头的需要，两座电缆工井之间的间距应符合电缆牵引张力限制的间距，满足施工和运行要求。

2. 土建验收

典型的电缆排管结构包括基础、衬管和外包钢筋混凝土。

（1）基础。排管基础通常为道渣垫层和素混凝土基础两层。

1）道渣垫层：采用粒径为 30～80mm 的碎石或卵石，铺设厚度符合设计要求。垫层要夯实，其宽度要求比素混凝土基础宽一些。

2）素混凝土基础：在道渣垫层上铺素混凝土基础，厚度满足设计要求。素混凝土基础应浇捣密实，及时排除基坑积水。对一般排管的素混凝土基础，原则上应一次浇完。如需分段浇捣，应采取预留接头钢筋、毛面、刷浆等措施。浇筑完成后要做好养护。

（2）排管。

1）排管施工，原则上应先建工井，再建排管，并从一座工井向另一座工井顺序铺设管材。排管间距要保持一致，应用特制的 U 形定位垫块将排管固定。垫块不得放在管子接头处，上下左右要错开，安装要符合设计要求。

2）排管的平面位置应尽可能保持平直。每节排管转角要满足产品使用说明书的要求，但相邻排管只能向一个方向转弯，不允许有 S 形转弯。

（3）外包钢筋混凝土。排管四周按设计图要求，以钢筋增强，外包混凝土。应使用小型手提式振荡器将混凝土浇捣密实。外包混凝土分段施工时，应留下阶梯形施工缝，每一施工段的长度应不少于 50m。

（4）排管与工井的连接。

1）在工井墙壁预留与排管断面相吻合的方孔，在方孔的上下口预留与排管相同规格的钢筋作为插铁。排管接入工井预留孔处，将排管上、下钢筋与工井预留插铁绑扎。

2）在浇捣排管外包混凝土之前，应将工井留孔的混凝土接触面凿毛（糙），并用水泥浆冲洗。在排管与工井接口处应设置变形缝。

（5）排管疏通检查。为了确保敷设时电缆护套不被损伤，在排管建好后，应对各孔管道进行疏通检查。管道内不得有因漏浆形成的水泥结块及其他残留物，衬管接头处应光滑，不得有尖突。疏通检查方式是用疏通器来回牵拉，应双向畅通。疏通器的管径和长度应符合表 GYDL00206002-2 的规定。

表 GYDL00206002-2 疏通器规格 mm

排管内径	150	175	200
疏通器外径	127	159	180
疏通器长度	600	700	800

在疏通检查中，如发现排管内有可能损伤电缆护套的异物，必须清除。清除方法是用钢丝刷、铁链和疏通器来回牵拉，必要时用管道内窥镜探测检查。只有当管道内异物排除，整条管道双向畅通后，才能敷设电缆。

四、电缆桥架和电缆沟的验收

电缆通过河道，在征得有关部门同意后，可从道路桥梁的人行道板下通过。电缆沟一般用于变配电站内或工厂区，不推荐用于市区道路。电缆沟采用钢筋混凝土或砖砌结构，用预制钢筋混凝土盖板或钢制盖板覆盖，盖板顶面与地面平齐。

对电缆桥架和电缆沟，应检查验收以下内容：

1. 尺寸和间距

电缆沟尺寸和支架间距应符合表 GYDL00206002-3 的规定。

表 GYDL00206002-3 电缆沟内最小允许距离 mm

名称		电缆沟深度		
		≤600	600～1000	≥1000
两侧有电缆支架时的通道宽度		300	500	700
单侧有电缆支架时的通道宽度		300	450	600
电力电缆之间的水平净距		不小于电缆外径		
电缆支架的层间净距	电缆为 10kV 及以下	200		
	电缆为 20kV 及以上	250		
	电缆在防火槽盒内	槽盒外壳高度 h+80		

2. 支架和接地

电缆支架按结构分，有装配式和工厂分段制造的电缆托架等种类；按材质分，有金属支架和塑料支架。金属支架应采用热浸镀锌，并与接地网连接。用硬质塑料制成的塑料支架又称绝缘支架，具有一定的机械强度并耐腐蚀。支架相互间距为 1m。

电缆沟接地网的接地电阻应小于 4Ω。

3. 防火措施

（1）选用裸铠装或聚氯乙烯阻燃外护套电缆，不得选用纤维外被层的电缆。电缆排列间距应符合表 GYDL00206002-3 的规定。

（2）电缆接头以置于防火槽盒中为宜，或者用防火包带包绕两层。

（3）高压电缆应置于防火槽盒内，或敷设于沟底，并用沙子覆盖。

（4）防范可燃性气体渗入。

4. 电缆沟盖板

电缆沟盖板必须满足道路承载要求，钢筋混凝土盖板应用角钢包边。电缆沟的齿口也应用角钢保护。盖板尺寸要与齿口相吻合，不宜有过大间隙。

五、电缆隧道的验收

电缆隧道的验收，除需按照土建要求进行验收外，还需对其附属设施进行验收。其检查验收内容如下：

1. 照明

从两端引入低压照明电源，并间隔布置灯具，设双向控制开关。灯具应选用防潮、防爆型。

2. 通风

隧道通风有自然通风和强制排风两种方式。市区道路上的电缆隧道，可在有条件的绿化地带建设进、出风竖井，利用进、出风竖井高度差形成的气压，使空气自然流通。强制排风需安装送风机，根据隧道容积和通风要求进行通风计算，以确定送风机功率和自动开机与关机的时间。采用强制排风可以提高电缆载流量。

3. 排水

整条隧道应有排水沟道，且必须有自动排水装置。隧道中如有渗漏水，将集中到两端集水坑中，当达到一定水位时，自动排水装置启动，用排水泵将水排至城市下水道。

4. 消防设施

为了确保电缆安全，电缆隧道中必须有可靠的消防措施。

（1）隧道中不得采用有纤维绕包外层的电缆，应选用具有阻燃性能、不延燃的外护套电缆。在不阻燃电缆外护层上，应涂防火涂料或绕包防火包带。

（2）应用防火槽盒。高压电缆应该用耐火材料制成的防火槽盒全线覆盖，如果是单芯电缆，可呈品字形排列，三相罩在一组防火槽中。防火槽两端用耐火材料堵塞。

（3）安装火灾报警和自动灭火装置。

【思考与练习】

1. 电缆线路构筑物的种类有哪些？
2. 简述电缆沟的验收内容及要求。
3. 简述电缆隧道的验收内容及要求。

模块3 电缆线路工程竣工技术资料（GYDL00206003）

【模块描述】本模块介绍各类电缆线路工程竣工资料的内容。通过要点介绍，熟悉施工文件、技术文件和相关资料的具体内容要求。

【正文】

一、电缆线路竣工资料的种类

电缆线路工程竣工资料包括施工文件、技术文件和相关资料。

二、电缆工程施工文件

（1）电缆线路工程施工依据性文件，包括经规划部门批准的电缆路径图（简称规划路径批件）、施工图设计书等。

（2）土建及电缆构筑物相关资料。

（3）电缆线路安装的过程性文件，包括电缆敷设记录、接头安装记录、设计修改文件和修改图、电缆护层绝缘测试记录、油样试验报告，压力箱、信号箱、交叉互联箱和接地箱安装记录。

三、电缆工程技术文件

（1）由设计单位提供的整套设计图纸。

（2）由制造厂提供的技术资料，包括产品设计计算书、技术文件、技术标准、电缆附件安装工艺文件、产品合格证、产品出厂试验记录及订货合同。

（3）由设计单位和制造厂商签订的有关技术协议。

（4）电缆线路竣工试验报告。

四、电缆工程竣工验收相关资料

电缆线路工程属于隐蔽工程，电缆线路建设的全部文件和技术资料，是分析电缆线路在运行中出现的问题和需要采取措施的技术依据。电缆工程竣工验收相关资料主要包括以下内容：

（1）原始资料。电缆线路施工前的有关文件和图纸资料称为原始资料，主要包括工程计划任务书、线路设计书、管线执照、电缆及附件出厂质量保证书、有关施工协议书等。

（2）施工资料。电缆和附件在安装施工中的所有记录和有关图纸称为施工资料，主要包括电缆线路图、电缆接头和终端装配图、安装工艺和安装记录、电缆线路竣工试验报告。

1）电缆敷设后必须绘制详细的电缆线路走向图。直埋电缆线路走向图的比例一般为 1:500；地下管线密集地段应取 1:100，管线稀少地段可用 1:1000。平行敷设的线路应尽量合用一张图纸，但必须标明各条线路的相对位置，并绘出地下管线断面图。

2）原始装置情况，包括电缆额定电压、型号、长度、截面积、制造日期、安装日期、制造厂名，以及电缆接头与终端的规格型号、安装日期和制造厂名。

（3）共同性资料。与多条电缆线路相关的技术资料为共同性资料，主要包括电缆线路总图、电缆网络系统接线图、电缆在管沟中的排列位置图、电缆接头和终端的装配图、电缆线路土建设施的工程结构图等。

【思考与练习】

1. 电缆线路竣工资料的种类有哪些？
2. 电缆施工文件有哪些？
3. 电缆工程技术资料有哪些？

第九部分

配电所运行维护及事故处理

第三十一章　配电所操作

模块 1　配电所的典型操作（ZY0300201001）

【模块描述】本模块包含配电所典型接线简介和典型操作。通过知识讲解、操作流程介绍，熟悉配电所的接线原理及主设备，掌握配电所的典型操作。

【正文】

配电所是变换供电电压、分配电能并对配电线路及配电设备实现控制和保护的配电设施。它与配电线路组成配电网，实现分配电能的功能。配电所接受电能的进线电压通常较高，经过降压之后以一种或两种较低的电压为出线电压，输出电能。对中压（10kV）配电所中具备配电和变电功能的称为配电所，台架和变台也属于配电所范畴；对于不具备变压功能的中压配电所称为开关站（开闭所）。如果整个配电所设备由一个或数个可吊装运输的金属箱体组合而成，则称为箱式变电站（简称箱式变）。

一、配电所典型接线简介

1. 单母线接线

单母线接线图如图 ZY0300201001-1 所示，单母线接线具有简单清晰、设备少、投资小、运行操作方便且有利于扩建等优点，但可靠性和灵活性较差。当母线或母线隔离开关发生故障或检修时，必须断开母线的全部电源。

2. 单母线分段接线

单母线分段接线图如图 ZY0300201001-2 所示，可以对重要用户从不同的母线引出双电源；当一段母线故障时，母联断路器可以自动断开联接，缩小故障范围。但当母线或母线隔离开关故障或检修时，该段母线的所有出线均需停电。出线为架空线时，增加交叉跨越。

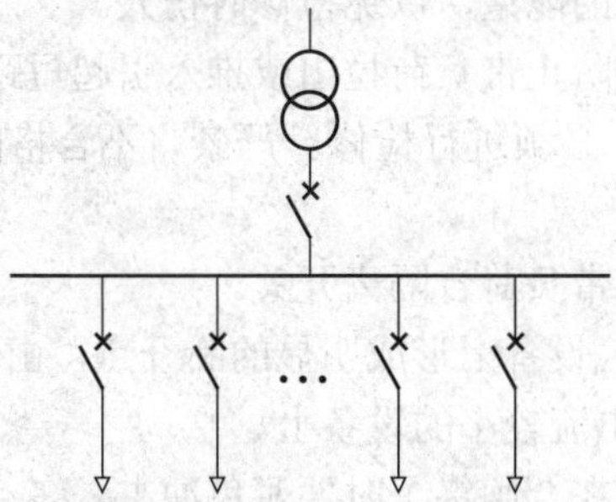

图 ZY0300201001-1　单母线接线图

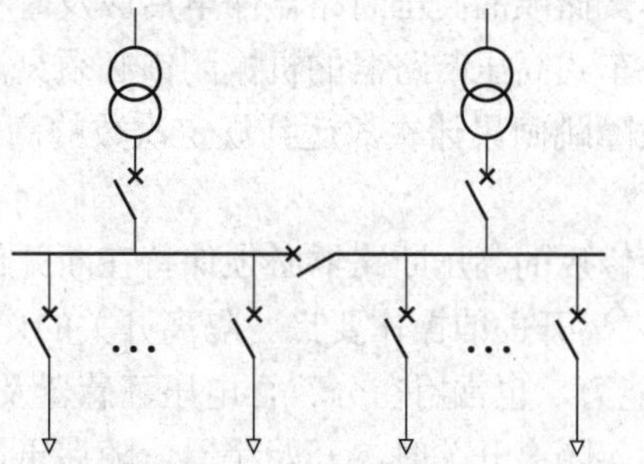

ZY0300201001-2　单母线分段接线图

二、配电所典型操作内容和要点

1. 设备的运行状态

电气运行操作是将电气设备运行状态变换的工作，运行状态有运行、热备用、冷备用和检修四种状态。

（1）运行状态。设备带标称电压，隔离开关及断路器都在合入位置，带负荷或空负荷。

（2）热备用状态。线路、母线等设备的断路器断开，两侧隔离开关处于接通位置。

（3）冷备用状态。线路、母线等设备的断路器断开，两侧隔离开关和相关接地开关处于断开位置。

（4）检修状态。设备停电，所有的设备断路器和隔离开关均断开，并做好安全措施，处于检修状态。

2. 配电所典型操作内容

电气设备进行运行状态转变时，需要进行的一系列操作称为倒闸操作。配电所经常进行的典型操作有：

（1）线路的停、送电操作。

（2）变压器的停、送电操作。

（3）安全措施（接地线）的安装和拆除等。

（4）为了保证操作任务的完成和工作人员的人身安全，某些断路器的操作熔断器和合闸熔断器有时需被取下和装上，其被称为保护电器的设备变动，也被视为操作。

（5）低压线路的停、送电操作。

3. 配电所的典型操作的原则、要求和要点

配电所经常进行的具有代表性的操作称为典型操作。本模块重点介绍线路和变压器的停、送电操作。

（1）配电所操作的一般原则。

1）操作隔离开关时，断路器必须在断开位置。

2）设备送电前，继电保护或自动跳闸机构必须投入。

3）电动操作的断路器不允许就地强制手动合闸。不允许解除机械闭锁手动分断路器。

4）操作分相隔离开关（跌落熔断器）时，拉闸先拉中相，后拉两边相。合闸时相反。

5）断路器分、合闸后，应立即检查有关信号和测量仪表的指示，确认实际分合位置。

（2）配电所进行电气操作的基本要求。

1）电气操作应根据上级或调度命令执行。

2）电气操作应由两人进行，由对设备较为熟悉者监护，另一人操作。

3）电气操作时必须有经审查合格的操作票，事故处理可不用操作票，按上级或调度命令执行。

4）操作时严格按操作票所列操作步骤顺序执行。

5）系统出现异常、事故、天气恶劣及有带电作业工作情况下尽量避免电气操作。

4. 配电所典型操作的技术要点

（1）高压断路器的操作要点。

1）扳动控制开关或按动控制按钮，不得用力过猛或操作过快，以免操作失灵。

2）高压断路器操作后，应立即检查有关信号和测量仪表的指示，确认分、合位置是否符合现场实际。

3）高压断路器送电或跳闸后试送时，人员应尽量远离现场，以免危及人身安全。

4）弹簧储能的高压断路器停电后应及时释放机构中的能量，以免检修时伤人。

5）手车式高压断路器的机械闭锁必须灵活、可靠，防止带负荷拉出或推入引起短路。

6）故障跳闸累计次数达到规定次数的高压断路器，必须进行检修。严禁将不合格的断路器投入运行。

7）检修后的高压断路器必须保持在断开位置，防止带负荷合隔离开关。

（2）隔离开关的操作要点。隔离开关的作用是在电气设备上形成明显的断开点，由于具备一定的自然灭弧能力，也常用在分、合电压互感器及避雷器等电流较小的设备上。

1）合入隔离开关时，开始缓慢，随后迅速果断，但在合闸终了时要避免冲击。

2）拉开隔离开关时，应迅速果断，特别是拉空载线路、空载变压器、空载母线等更要快速果断，以利灭弧。

3）拉、合隔离开关时，断路器必须在断开位置。

4）拉、合隔离开关后，必须现场核实触头的位置是否正确，合入后触头接触是否良好，拉开后张开的角度或距离是否符合要求。

5）隔离开关操作后，必须检查隔离开关操动机构的定位销是否到位，以防滑脱。

6）检修后的隔离开关必须保持在断开位置，防止发生带地线合闸等人为短路故障。

7）误合隔离开关时，不准将误合的隔离开关再拉开；误拉隔离开关时，不准将拉开的隔离开关再合上。

（3）验电的操作要点。

1）验电操作时，必须戴合格的绝缘手套。

2）验电操作时，必须使用试验合格、在有效期内的、符合该电压等级的验电器。

3）使用前，按规定检查验电器，确认良好。

4）在停电设备的两侧和需要接地的部位进行逐相验电。

5）验电后再次检查验电器，确认验电器良好有效。

（4）挂、拆接地线的操作要点。

1）使用合格的接地线。

2）挂接地线时，先接接地端，连接良好后再接设备端。

3）将距离最近的导体放电，逐相将设备接地。

4）拆接地线的过程相反。

（5）低压断路器的操作要点。

1）断开断路器时，必须将手柄拉向“分”字处，闭合时将手柄推向“合”字处。若将自动脱扣的断路器重新闭合，应先将手柄拉向“分”字处，使断路器再脱扣，然后将手柄推向“合”字处，即断路器闭合。

2）装在断路器中的电磁脱扣器，用于调整牵引杆与双金属片间距离的调节螺钉不得任意调整，以免影响脱扣器动作而发生事故。

3）当断路器电磁脱扣器的整定电流与使用场所的设备电流不相符时，应检验设备，重新调整后，断路器才能投入使用。

4）断路器在正常情况下应定期维护，转动部分不灵活，可适当加滴润滑油。

5）断路器断开短路电流后，应立即进行以下检查：① 上下触点是否良好，螺钉、螺母是否拧紧，绝缘部分是否清洁，发现有金属粒子残渣时应予清除干净；② 灭弧室的栅片间是否短路，若被金属粒子短路，应用锉刀将其清除，以免再次遇到短路时，影响断路器可靠分断；③ 电磁脱扣器的衔铁，是否可靠地支撑在铁芯上，若衔铁滑出支点，应重新放入，并检查是否灵活；④ 当开关螺钉松动，造成分合不灵活，应打开进行检查维护。

6）过载脱扣整定电流值可进行调节，热脱扣器出厂整定后不可改动。

7）断路器因过载脱扣后，经 1～3min 的冷却，可重新闭合合闸按钮继续工作。

8）因选配不当，采用了过低额定电流热脱扣器的断路器所引起的经常脱扣，应更换额定电流较大的热脱扣器的断路器，切不可将热脱扣器同步螺钉旋松。断路器热脱扣在超过规定的额定值下使用时，将因温升过高而使断路器损坏。

（6）低压熔断器的操作要点。

1）检查熔断器的熔体的额定值与被保护设备是否相配合。

2）线路中各级熔断器的熔体的额定电流要相应配合，保持前一级熔体的额定电流必须大于下一级熔体的额定电流。

3）注意检查在 TN 接地系统中的 N 线，设备的接地保护线上，不允许使用熔断器。

4）维护检查熔断器时，要按安全规程要求，切断电源，不允许带电摘取熔断器管。

5）拆换熔体时，要求做到：① 安装新熔体前，要找出熔体熔断原因，未确定熔断原因，不要拆换熔体试送。② 更换新熔体时，要检查熔体的额定值是否与被保护设备相匹配。③ 更换新熔体时，要检查熔断管内部烧伤情况，如有严重烧伤，应同时更换熔管。瓷熔管损坏时，不允许用其他材质管代替。填料式熔断器更换熔体时，要注意填充填料。

三、配电所的设备典型操作步骤

1. 线路停、送电的典型操作步骤

（1）线路停电（由运行转检修）的操作步骤：

1）断开线路断路器。

2）检查仪表显示线路断路器三相确已断开。

3）拉开线路侧隔离开关。

4）拉开母线侧隔离开关。

5）向上级或调度汇报。

6）根据调度指示布置安全措施。

（2）线路送电（由检修转运行）的操作步骤：

1）根据调度指示拆除安全措施。

2）检查线路有关保护并按规定投入。

3）合上线路母线侧隔离开关。

4）合上线路侧隔离开关。

5）向上级或调度汇报，接受调度操作命令。

6）合上线路断路器，检查仪表显示正确，向调度汇报。

2. 配电变压器的停、送电典型操作步骤

（1）变压器停电（由运行转检修）的操作步骤：

1）调整、减少低压负荷。

2）断开变压器低压侧断路器，检查仪表显示正确。

3）断开变压器高压侧断路器，检查仪表显示正确。

4）拉开变压器低压侧隔离开关。

5）拉开变压器高压侧隔离开关。

6）做好安全措施（包括拆除断路器的熔断器）。

7）向调度汇报。

（2）变压器送电（由检修转运行）的操作步骤：

1）拆除安全措施。

2）投入变压器保护（包括合上断路器的熔断器）。

3）合上变压器高压侧隔离开关。

4）合上变压器低压侧隔离开关。

5）合上变压器高压侧断路器，检查变压器充电无异常。

6）合上变压器低压侧断路器，调整、增加低压负荷。

7）检查变压器应无异常。

8）向调度汇报。

四、配电所倒闸操作危险点分析及防止误操作的安全措施

倒闸操作是设备运行方式转变的一系列有序的操作。倒闸操作既有其典型性，又有其特殊性，电网的运行方式不同，变电站的主接线就不同。继电保护及自动装置配置的差异以及不同的操作任务，都将影响到倒闸操作的每一具体步骤。因此，针对不同的典型操作，分析其潜在的危险点（即容易引起误操作的重要环节）掌握其正确的方法及步骤，对防范误操作事故的发生，有很现实的指导作用。

1. 配电所典型操作危险点分析

配电所典型操作危险点分析应围绕易引起误操作的环节，着重从以下几方面进行：

（1）操作的合理性、正确性和可靠性。要使电气设备和继电保护装置尽可能的处于最佳运行状态，务求负荷适当、潮流合理、运行方式灵活、操作简单、短路容量允许。

（2）调度命令中是否明确任务和操作人员，操作票是否正确、是否逐项循序填写和经过三级严格审核，是否经过认真模拟操作。

（3）操作用具及安全用具是否准备齐全并经检查合格、是否正确使用。

（4）操作位置和设备编号是否核对正确；操作顺序是否正确，有无漏项和颠倒；监护是否到位；是否严格按票执行。

（5）操作完毕是否向上级或调度汇报，停电完毕是否按要求做好安全措施。

（6）是否按规定进行验电和挂、拆接地线。

2. 配电所防止误操作的安全措施

误操作事故较多发生在倒闸操作中，如误拉合断路器、带负荷拉合隔离开关等。其次是发生在检修和测量工作中，如走错间隔、误碰运行设备、误接线、未拆试验接线和临时接地线等。另外由于调度误指挥、操作次序错误、操作方法错误等因素导致的操作事故。事故的根本原因是违章作业。防止误操作的安全措施有：

（1）提高人员安全意识和责任心，严格管理倒闸操作制度和检修工作制度。

（2）操作人员必须达到：① 熟悉系统接线、设备和技术原理，能正确分析运行状况。② 熟悉操作方法和事故处理预案，能正确进行设备操作，及时发现和排除设备故障。③ 熟悉本岗位的规程和制度，能掌握一般的设备维修技术。

【思考与练习】

1. 电气设备的运行状态有哪几种？
2. 试述线路送电（由检修转运行）的操作步骤？
3. 配电变压器的停、送电典型操作步骤有哪些？
4. 配电所防止误操作的安全措施有哪些？

模块 2　箱式变电站的操作（ZY0300201002）

【模块描述】本模块包含箱式变电站典型结构简介和典型操作。通过对箱式变电站典型结构简介和典型操作技能的训练，了解箱式变电站结构，掌握典型操作技能。

【正文】

箱式变电站，也称为预装式变电站，是指中压开关、配电变压器、低压出线开关、无功补偿装置、计量装置等设备共同安装于一个封闭箱体内的户外配电装置。

一、箱式变电站典型结构简介

箱式变电站的底架一般采用热轧型钢，框架采用冷弯型钢与底架焊接在一起，箱体采用单层或双层密封，分为数个间隔并各自有向外打开的门，内部采取有效冷却方法，可保证内部温度保持在允许范围内。一般由以下几部分组成：

（1）高压室。一般包括进线、上下隔离开关或熔断器、高压母线和穿墙套管、高压断路器、电流互感器、电压互感器。高压进线一般采用电缆，隔离开关也可采用负荷开关，高压断路器一般采用 SF_6 或真空断路器，高压母线采用热缩管和其他绝缘材料包覆。

（2）变压器室。放置变压器的间隔部分。

（3）低压室。装有低压隔离开关、空气开关和熔断器等。一般有 4～6 路出线。

继电保护、计量、低压避雷器和自动化装置，可以集中安装，也可分散安装在以上各个间隔中。

二、箱式变电站典型操作

1. 箱式变电站操作的一般原则

（1）根据上级或调度命令执行。

（2）应由两人进行，由对设备较为熟悉者监护，另一人操作。

（3）必须有合格的操作票，操作时严格按操作顺序执行。

（4）事故处理可不用操作票，按上级或调度命令执行。

2. 箱式变电站操作的技术要求

（1）操作隔离开关时，断路器必须在断开位置。

（2）设备送电前，继电保护或自动跳闸机构必须投入。

（3）操作分相隔离开关时，拉闸先拉中相，后拉两边相。合闸时相反。

（4）断路器分、合闸后，应立即检查有关信号和测量仪表的指示，确认实际分合位置。

3. 箱式变电站送电的操作步骤

（1）确认线名、站名、设备等编号正确。确认隔离开关，断路器全部在断开位置。确认接地线等安全措施已完全拆除。确认继电保护或自动跳闸机构已经投入。确认熔断器安装正确到位及仪表指示正确。

（2）合上隔离开关，确认正确到位。

（3）合上变压器高压断路器，电流表应有轻微摆动，确认仪表指示正确。

（4）检查变压器无异声、温度等正常。

（5）确认变压器送电正确。

4. 箱式变电站低压线路送电的操作步骤

（1）确认变压器高压侧已送电，各仪表指示正确。

（2）确认待送电线路低压回路、断路器（隔离开关）等编号正确。

（3）确认待送电低压断路器脱扣保护动作正确。

（4）依次合上各低压刀开关、低压断路器，确认电压表和电流表指示正确。

（5）待负荷稳定、无异常后，确认低压线路送电正确。

5. 箱式变电站停电操作步骤

（1）确认待停电线路低压回路、断路器（隔离开关）等设备编号正确，各仪器、仪表指示正确。

（2）拉开全部低压断路器，再拉开低压侧刀开关，确认电流、电压表指示正确。

（3）拉开变压器高压断路器，确认电压表指示正确。

（4）拉开隔离开关，确认操作到位、正确。

（5）按规定和需要做好安全措施。

三、箱式变电站操作危险点分析及防止误操作的安全措施

1. 箱式变电站操作危险点分析

（1）箱式变电站结构紧凑、空间狭小，设备之间电气距离较小，操作时动作不宜过大，以免误碰相邻设备或引起相间短路。必要时可加绝缘隔离。

（2）箱式变电站运行环境较恶劣，应加强监督，防止外力破坏，操作前应详细检查设备健康状况。

（3）操作时应设置安全围栏，避免伤及行人和无关人员。

（4）操作时必须有合格的操作票，严格按操作顺序执行，不能走过场。

（5）具体注意事项参考模块配电所操作（ZY0300201001）有关部分。

2. 箱式变电站防止误操作的安全措施

（1）根据上级或调度命令执行，操作前严格核对线名、站名、设备编号正确无误，断路器工作位置显示与状态相符。

（2）应由两人进行，由对设备较为熟悉者监护，另一人操作。

（3）必须有审查合格的操作票，操作时严格按操作顺序执行。单一低压线路操作和事故处理可不用操作票，按上级或调度命令执行。

（4）箱式变电站结构紧凑，电气距离较小，操作时动作宜小，必要时可以采取绝缘隔离措施。

（5）操作时无关人员应远离现场。

【思考与练习】

1. 试述箱式变电站送电（由检修转运行）的操作步骤？
2. 箱式变电站的停、送电典型操作步骤有哪些？
3. 箱式变电站防止误操作的安全措施有哪些？

模块 3 开闭所的操作（ZY0300201003）

【模块描述】本模块涉及开闭所典型接线、运行特点、操作原则和典型操作内容。通过对开闭所典型结构、运行特点和典型操作技能的训练，了解开闭所接线、运行特点，掌握开闭所典型操作的技能。

【正文】

开闭所是设有中压配电进出线、对功率进行再分配的配电装置。相当于变电站母线的延伸，可用于解决变电站进出线间隔有限或进出线走廊限制，并在区域中起到电源支撑的作用。开闭所内可附设配电变压器。

开闭所可有效减少低压供电半径，提高城市供电的可靠性、经济性和灵活性。开闭所的接线力求简化，一般采用单母线分段，两回进线。为节约用地，市区开闭所的建设宜与建筑物的建设统一考虑，开闭所也可结合配电室建设。中压开闭所应加装继电保护装置，配电室一般应考虑采用环网柜。

一、开闭所典型接线及运行特点

单母线接线方式可分为单母线不分段接线、单母线分段联络接线和单母线分段不联络接线三种；但按其在电网中的功能，又可分为环网型开闭所和终端型开闭所两种。

开闭所的接线力求简化，一般采用单母线分段，两回进线。单母线分段联络接线方式一般有2～4路10kV 电源进线，若干路出线，两段母线之间有联络开关。单母线分段联络接线方式按照功能不同可分为环网型和终端型两种方式，环网型单母线分段联络典型接线如图 ZY0300201003-1 所示。环网型单母线分段联络接线一般有四路 10kV 电源进线间隔，每段母线有一进一出两回 10kV 电源进线间隔；终端型单母线分段联络接线一般每段母线只有一路 10kV 电源进线间隔，典型接线如图 ZY0300201003-2 所示。

单母线分段联络接线的特点：灵活性和可靠性较好，接线形式简单、操作方便，线路停电轮修时客户不需停电，线路故障时可以快速恢复送电。但设备多、投资大、操作复杂、易发生误操作事故。

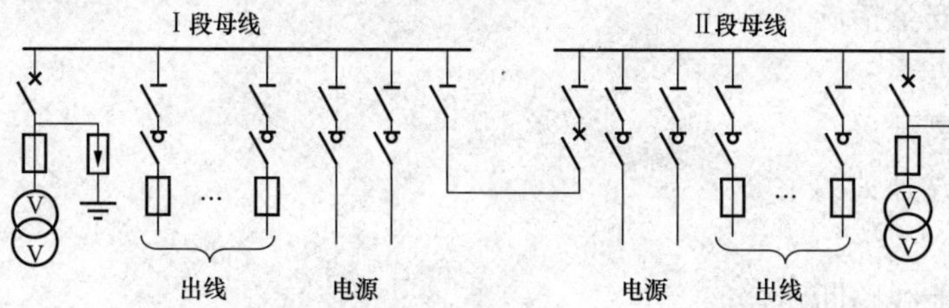

图 ZY0300201003-1 环网型单母线分段联络典型接线

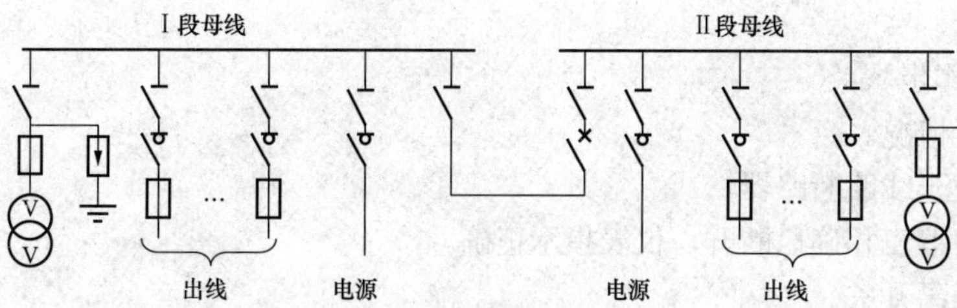

图 ZY0300201003-2 终端型单母线分段联络典型接线

二、开闭所典型操作

开闭所经常进行的典型操作有：

（1）线路的停、送电操作。

（2）倒母线操作。

（3）自动装置和保护装置使用状态的改变。

（4）安全措施（接地线）的安装和拆除等。

三、开闭所操作的一般原则

1. 电气操作的一般原则

（1）根据上级或调度命令执行。

（2）应由两人进行，由对设备较为熟悉者监护，另一人操作。

（3）必须有合格的操作票，操作时严格按操作顺序执行。

（4）事故处理可不用操作票，按上级或调度命令执行。

（5）系统出现异常、事故及天气恶劣情况下尽量避免操作。

（6）误合隔离开关时，不准将误合的隔离开关再拉开。误拉隔离开关时，不准将拉开的隔离开关再合上。

2. 设备操作的一般原则

（1）操作隔离开关时，断路器必须在断开位置。核对编号无误后方可操作。

（2）设备送电前，继电保护或自动跳闸机构必须投入，不能自动跳闸的断路器不准送电。

（3）电动操作的断路器不允许就地强制手动合闸。不允许手动分断路器，解除机械闭锁。

（4）操作分相隔离开关（跌落式熔断器）时，拉闸先拉中相，后拉两边相。合闸时相反。

（5）断路器分、合闸后，应立即检查有关信号和测量仪表的指示，确认实际分合位置。

3. 分段母线停、送电操作的原则

（1）分段母线停电时先停线路断路器，再停分段断路器。母线送电时操作与此相反。

（2）分段母线停电拉隔离开关时，先拉开停电母线侧隔离开关，再拉开带电侧母线隔离开关。母线送电时操作与此相反。

（3）给母线充电要用母线断路器进行。

（4）母线停电时要防止电压互感器反充电。

（5）拉开母联断路器时，检查母联断路器电流表显示应为零，断路器三相均应在断开位置。

四、开闭所线路送、停电的操作

下面以线路的停、送电为例介绍开闭所的操作步骤。

（1）线路送电操作步骤：

1）检查拆除有关安全措施。

2）投入线路保护。

3）合上母线侧隔离开关。

4）合上线路侧隔离开关。

5）汇报调度。

6）按调度命令合上线路断路器。

7）确认各回路仪表指示正确。

8）汇报调度。

（2）线路停电操作步骤：

1）检查仪表指示情况。

2）按调度命令拉开线路断路器。

3）检查线路断路器三相确已断开，仪表指示正确。

4）拉开线路侧隔离开关。

5）拉开母线侧隔离开关。

6）按规定做好安全措施。

7）汇报调度。

【思考和练习】

1. 开闭所设备操作的原则有哪些？

2. 分段母线停、送电操作的原则有哪些？

模块4　审核配电所操作票（ZY0300201004）

【模块描述】本模块涉及倒闸操作相关制度、规程与正确填写、审核配电所操作票。通过要点介绍、操作流程讲解，熟悉倒闸操作相关制度与规程的讲解，掌握正确填写、审核配电所操作票的技能。

【正文】

一、倒闸操作相关的制度与规程

（1）SD 292—1988《架空配电线路及设备运行规程》；

（2）《国家电网公司电力安全工作规程（变电部分）》；

（3）《国家电网公司电力安全工作规程（线路部分）》。

二、填写配电所典型操作票的要点

（1）用钢笔或圆珠笔逐项填写，字迹清楚、不得任意涂改，修改必须字迹清楚并签字。严禁并项。

（2）操作项目详细具体、检查内容列入操作项目，单列一项填写。

（3）填写操作票必须使用规定术语。

（4）实际操作前，必须进行操作模拟、操作项目核对，并按规定进行审核签章。

三、配电所操作票需经过三级审核

（1）填写人自审。操作人根据模拟系统图核对所填写的操作票正确无误，签名后交监护人。

（2）监护人复审。监护人按照操作任务，根据模拟系统图，核对操作票正确无误，签名后交值班负责人。

（3）值班负责人审查批准。值班负责人审核无误后签名，保存待用。

（4）若操作票由交班人员填写，接班人员接班后应重新履行上述审核手续，并在原操作人、监护人、值班负责人签名处分别签名。

四、配电所操作票的审核

配电所操作票的审核要点：

（1）操作票项目填写详细具体，不得漏项。

（2）倒闸操作票的编号。统一编号，在印刷时一并排印，使用单位应按照编号顺序依次使用，不准使用无编号、不连续或重复同一编号的倒闸操作票。

（3）操作单位名称，应填写全称，如：××配电所，××电力公司等。

（4）操作开始时间和终了时间。① 值班员接到当值值班调度员（值班负责人）下达的操作命令后填写操作开始时间。② 全部操作完毕并向值班调度员（或值班负责人）汇报操作后填写终了时间。③ 一个操作任务使用多页操作票时，在每页操作票均填写年、月、日，首页填写操作开始时间，末页填写终了时间。

（5）单项时间。① 一个操作任务中执行中间有间断的操作命令时，在中断操作项目下画红线，并在单项时间栏内填写单项操作结束时间。② 再次接受操作命令时，应在首项命令项目的单项时间栏内填写单项开始时间。③ 当一份操作票包含自行掌握操作项目和调度掌握操作项目时，执行调度命令的接令、回令时间可填在单项时间栏内。

（6）操作票上下接号。① 每份操作票只能填写一个操作任务。一个操作任务使用多页操作票时，在首页及以后的右下角填写“下接：×××××号”，在次页及以后的各页左下角填写“上接：×××××号”。② 微机打印一份多页操作票时，在页面下部左右两侧自动生成上下接页号码。

（7）操作任务。① 操作任务应填写设备双重名称，即设备的名称及编号，如：××线×××断路器、××线 101-1 隔离开关、1 号主变压器。② 操作任务按状态可分为：运行、热备用、冷备用、检修状态之间的互相转移，或者通过操作达到某种状态。填写操作票中遇到不好定性的操作任务，可以按照操作后的设备状态确定操作任务，力求简单、确切。

注：运行状态指设备带标称电压接带负荷或不带负荷。热备用指线路、母线等电气设备的断路器断开，其两侧隔离开关仍处于接通位置。冷备用指线路、母线等电气设备的断路器断开，其两侧隔离开关和相关接地开关处于断开位置。检修状态指设备停电，并做好接地、挂警告牌等安全措施，处于检修状态。

【思考与练习】

1. 配电所操作票的填写有哪些基本要求？
2. 审核配电所操作票应注意哪些方面？
3. 实际填写操作票并相互审核。

模块 5　审核开闭所的操作票（ZY0300201005）

【模块描述】本模块涉及操作票的填写要求。通过对倒闸操作相关制度与规程的讲解，掌握正确填写、审核开闭所操作票的技能。

【正文】

开闭所的操作必须填写操作票，并严格按照操作票进行操作。不论调度或者配电主管人员下综合命令、逐项命令或是口头命令，操作人员都必须按照设备实际操作顺序填写操作票，严禁无票操作。

一、操作票的填写要求

（1）操作票应使用规范的调度术语和设备双重名称，即设备名称和编号。

（2）倒闸操作由操作人员填用操作票。

（3）操作票应用钢笔或圆珠笔逐项填写。用计算机开出的操作票应与手写格式一致；操作票票面应清楚整洁，不得任意涂改。

（4）每张操作票只能填写一个操作任务。

（5）下列项目必须填入操作票内：

1）应拉合的设备［断路器（开关）、隔离开关（刀闸）、接地开关等］，验电，装拆接地线，合上（安装）或断开（拆除）控制回路或电压互感器回路的空气开关、熔断器，切换保护回路和自动化装置及检验是否确无电压等；

2）拉合设备［断路器（开关）、隔离开关（刀闸）、接地刀闸等］后检查设备的位置；

3）进行停、送电操作时，在拉、合隔离开关（刀闸），手车式开关拉出、推入前，检查断路器（开关）确在分闸位置；

4）在进行倒负荷或解、并列操作前后，检查相关电源运行及负荷分配情况；

5）设备检修后合闸送电前，检查送电范围内接地开关已拉开，接地线已拆除。

（6）下列各项工作可以不用操作票：

1）事故应急处理。

2）拉合断路器（开关）的单一操作。

上述操作在完成后应做好记录，事故应急处理应保存原始记录。

在发生人身触电事故或设备安全受到严重威胁时，操作人员（专管员）可以不经许可，即行断开有关设备的电源，但事后必须立即报告上级，恢复送电的操作，仍应填写操作票。

（7）操作术语采用“拉开”、“合上”。手车式开关采用“拉出”、“拉至”，“推入”、“推至”术语。如：拉开（合上）××线××断路器，将 1 号变压器 10kV 侧××小车开关拉至试验（检修）位置，将××线××小车开关推至运行位置。

弱电选线装置采用“按下”、“复归”、“选线正确”术语，如按下（复归）××线××断路器分（合）闸选线按钮，检查××线××断路器分（合）闸选线正确。

（8）同一变电站的操作票应事先连续编号，计算机生成的操作票应在正式出票前连续编号，操作票按编号顺序使用。作废的操作票，应注明“作废”字样，未执行的应注明“未执行”字样，已操作的应注明“已执行”字样。操作票应保存一年。

二、开闭所操作票的审核

开闭所的操作票要经过填写人自审、监护人复审和值班负责人审查。填写开闭所典型操作票的要点：

（1）操作票项目填写详细具体，不得漏项。

（2）倒闸操作票的编号：统一编号，在印刷时一并排印，使用单位应按照编号顺序依次使用，不准使用无编号、不连续或重复同一编号的倒闸操作票。

（3）操作单位名称，应填写全称，如：××开闭所，××电力公司等。

（4）操作开始时间和终了时间。① 值班员接到当值值班调度员（值班负责人）下达的操作命令后填写操作开始时间；② 全部操作完毕并向值班调度员（或值班负责人）汇报操作后填写终了时间；③ 一个操作任务使用多页操作票时，在每页操作票均填写年、月、日，首页填写操作开始时间，末页填写终了时间。

（5）单项时间。① 一个操作任务中执行中间有间断的操作命令时，在中断操作项目下画红线，并在单项时间栏内填写单项操作结束时间；② 再次接受操作命令时，应在首项命令项目的单项时间栏内填写单项开始时间；③ 当一份操作票包含自行掌握操作项目和调度掌握操作项目时，执行调度命令的接令、回令时间可填在单项时间栏。

（6）操作票上下接号。① 每份操作票只能填写一个操作任务。一个操作任务使用多页操作票时，在首页及以后的右下角填写“下接：××××号”，在次页及以后的各页左下角填写“上接：×××××号”。② 微机打印一份多页操作票时，在页面下部左右两侧自动生成上下接页号码。

（7）操作任务。① 操作任务应填写设备双重名称，即设备的名称及编号，如××线×××断路器、××线 201-1 隔离开关、1 号主变压器、1 母线 TV 等。② 操作任务按状态可分为：运行、热备用、冷备用、检修状态之间的互相转移，或者通过操作达到某种状态。

（8）线路倒闸操作任务术语。如：① ××线××断路器由运行转为断路器检修（热备用、冷备用）；××线××断路器由断路器检修（热备用、冷备用）转为运行。② ××线××断路器由运行转为线路检修；××线××断路器由线路检修转为运行。③ ××线××断路器由运行转为线路及断路器检修；××线××断路器由线路及断路器检修转为运行。

（9）不同电气连接部分自行掌握的安全措施，同时装、拆可以单独开票，操作任务术语一般为：“合上××-×接地开关，装设×接地线，取熔断器”。

（10）投解设备保护的任务术语一般为：“投入××线保护”，“解除××线××保护”。

（11）填写操作票中遇到不好定性的操作任务，可以按照操作后的设备状态确定操作任务，力求简单、确切。

（12）倒闸操作应填写的项目和操作术语。下列项目应填入倒闸操作票内：

1）应拉开的断路器（开关）和隔离开关（刀闸）；

2）检查断路器（开关）和隔离开关（刀闸）的位置；

3）检查接地线是否拆除；

4）装拆接地线；

5）检查负荷分配；

6）安装或拆除控制回路或电压互感器回路的熔断器（保险）；

7）切换保护回路和检查是否确无电压；

8）检查保护已投入等。

（13）应拉开的断路器、隔离开关和跌落熔断器。操作术语采用“拉开”、“合上”；手车式开关采用“拉出”、“拉至”，“推入”、“推至”。如拉开（合上）××线××断路器，将××线××小车开关推至运行位置。弱电选线装置采用“按下”、“复归”、“选线正确”，如按下（复归）××线××断路器分（合）闸选线按钮，检查××线××断路器分（合）闸选线正确。

使用微机开票时运行人员仍应对操作票进行认真审核，并对其正确性负责。经上级批准的典型操作票只能作填写参照依据，不能代替实际操作票。

使用过的操作票，定期组织评价并考核合格率和使用率，操作票（包括作废、不执行）至少应保存一年，使用的录音带应保存三个月。

【思考与练习】

1. 开闭所操作票的填写有哪些基本要求？

2. 审核开闭所操作票应注意哪些方面？

第三十二章　配电所运行维护

模块 1　配电所缺陷的分类（ZY0300202001）

【模块描述】本模块涉及配电所缺陷的分类及处理措施，通过对配电所缺陷的分类及处理措施的介绍，掌握配电所缺陷的分类方法及设备定级制度操作技能。

【正文】

缺陷管理的目的是为了掌握运行设备存在的问题，以便按轻、重、缓、急消除缺陷，提高设备的健康水平，保障线路、设备的安全运行，另一方面对缺陷进行全面分析总结变化规律，为大修、更新改造设备提供依据。

一、设备缺陷管理的意义

配电所设备缺陷是指配电所设备在运用中发生异常，运行值与规定值发生偏差，虽能继续使用，但影响配电所安全经济运行，称为设备缺陷。

设备缺陷管理是掌握设备工况，提高设备健康水平，保证安全生产的一项重要措施。运行、检修和试验等生产一线工作人员，必须牢固树立“安全第一、预防为主”的思想，严守工作岗位，执行有关规程制度，及时发现和主动消除设备缺陷，当好设备的主人。

各级指挥生产的领导及有关技术人员应经常深入现场调查研究，安排好消除设备缺陷的方案计划，使运行中的设备缺陷能及时发现并尽快消除，保证设备安全运行。

设备缺陷的管理工作，由各单位主管生产的副总经理（总工程师）领导，生技部门的检修专责人负责日常管理。

二、设备缺陷分类

按紧急情况分为紧急缺陷、重大缺陷和一般缺陷。该分类方法有利于运行管理工作，便于分清轻重缓急，抓重点，及时处理隐患、避免事故的发生。

1. 紧急缺陷

（1）设备部分。

1）注油设备严重漏油，从油位指示器中看不到油位。

2）断路器不能进行分、合闸操作。

3）断路器切断故障电流的次数达到规定允许次数。

4）隔离开关不能进行分、合闸操作。

5）变压器运行中的冷却器全停或不能按规定全部投入运行。

6）充油设备大量喷油。

7）由于某种原因造成继电保护及自动装置退出运行，断路器不能正确动作跳、合闸。

8）电压互感器二次回路失压，电流互感器二次回路开路。

9）设备接头发热烧红、变色，温度超过允许值。

10）瓷质部分纵向裂纹达总长度的 20%。

11）直流接地、短路、断路。

12）液压机构油泵频繁启动，打压间隔时间小于 10min，连续 5 次及以上者。

13）房屋漏雨，水滴在电气设备上。

14）设备的全部主保护不能运行。

15）操作（控制）电源不可靠或能源不足。

16）中央信号装置不发信或不正确发信。

17）通信设备故障、中断。

18）重要的遥测、遥信量不正确。遥控、遥调失灵。

19）设备内部有明显的放电声或异音。

20）设备的绝缘、温升、强度等技术数据超过极限值。

21）套管流胶、电容器类设备漏油。

22）真空开关的真空泡失去光泽、发红。

23）SF_6设备漏气，压力表指示小于厂家规定值。

（2）进线部分。

1）导线断股、损伤到需切断重接的程度。

2）导线压接管明显抽出或发热变色。

3）跳线连接点温度超过允许值，且已变色。

4）导线上挂有导电异物、极易造成接地或短路。

5）承力拉线被破坏（或被盗）。直线杆塔拉线被破坏（或被盗），随时有可能造成倒杆。杆塔倾斜严重，有倾倒的可能。

6）进线电缆护套破损，已伤及主绝缘。电缆绝缘电阻下降，超出标准值。

7）进线电缆沟被外力破坏，已伤及电缆。

2. 重大缺陷

（1）设备部分。

1）变压器冷却器损坏。

2）注油设备漏油（5min 内有油珠垂滴）。

3）接头发热化蜡且有蜡滴，确认不再发展。

4）裸导体设备温升大于 50K。

5）设备内部发热，外壳温升大于 20K（断路器、TV、TA、耦合电容器、电容器、套管）。

6）绝缘试验超标准。

7）不能按铭牌出力运行且无批准手续。

8）接地电阻超标。

9）工作、保护接地失效，变电设备架构、避雷针结合部开裂或倾斜。

10）液压机构频繁打压。

11）设备试验超周期且无批准手续。

12）带电设备之间或对地间隙距离小于规程规定，未采取措施。

（2）进线部分。

1）导地线弧垂正负误差，三相不平衡值超过规定要求。

2）钢芯铝绞线断股，损伤截面积占总铝股面积的 10%～25%。架空地线断股，损伤截面积占总面积的 8%～17%或锈蚀严重。

3）电杆有多处裂纹，长度大于 1.5m，宽度超过 2mm 或多处露筋，对电杆强度有较大影响。

4）电杆严重倾斜，其倾斜度或挠度大于 2%，但短期内不至于倒杆，转角杆向内角侧正常受力，受力拉线严重断股或严重锈蚀。

5）杆塔或拉线基础被冲刷、破坏塌陷，使基础稳固受到较大影响。

6）绝缘子串上零值或破损绝缘子超标。

7）绝缘子盐密超标。

8）绝缘子串弹簧销子，导地线挂线金具上穿钉和开口销子，螺杆有脱落的可能，跳线连接处螺栓松动，压板有温升，跳线对拉线及电杆空气间隙小于规程规定的最小距离。

9）导线对树木及房屋建筑物的净空距离小于规程规定，交叉跨越及对地限距小于规程规定。

10）导地线上挂有异物，受潮后易造成接地或短路，影响安全运行。

11）电缆线路护套严重破损，尚未伤及主绝缘；电缆绝缘下降，但未超出运行允许值。

12）端头连接点发热变色，但温度未超过运行允许值。

13）电缆沟外力破坏轻微，但有继续发展的趋势。

3. 一般缺陷

凡不符合有关技术标准规定，尚能坚持安全运行的设备缺陷。对设备运行虽有影响，目前对安全运行无直接威胁，但如长期不处理，则有可能发展成重大缺陷的设备缺陷。

三、配电所设备评级制度

为了掌握线路设备的技术情况，评估线路设备健康水平，各运行单位每半年（春秋检之后）对所辖设备评级一次。

设备评级必须按标准进行，由运行人员依据现场检查对照标准提出意见，由班长组织全班人员讨论、汇总，有异议时到现场核对，所长审核后生产技术部门审核同意后，返回配电所记录备案。

1. 设备单元划分

每座配变所为一个单元（不包括变压器），包括其进线电缆及其供电的低压线路和设备。

2. 设备元件划分

（1）电杆：以每基为一个元件（包括横担、金具等）；

（2）导线：每个耐张段的导线为一个元件；

（3）绝缘子：每基杆为一个元件；

（4）跌落开关、单极隔离开关：每组为一个元件；

（5）防雷设施及接地装置：每套为一个元件；

（6）电缆线路：每条线路中每段电缆为一个元件。

3. 设备评级

（1）设备按其完好程度分为三级，一级与二级为完好设备，三级为非完好设备。

（2）设备元件的评级按《设备元件评级标准》执行。每个设备单元的评级：一级元件占有70%以上，其余为二级元件者为一级单元；一级元件不足70%，其余元件为二级者为二级单元；设备单元中存在三级元件者为三级单元。

（3）完好设备与全部设备之比称为设备的完好率，以百分数表示。设备完好率=（1级+2级）单元数/（1级+2级+3级）单元数×100%。

4. 设备评级原则

（1）一级设备是本单元内的设备质量工艺水平均合乎规定标准，技术性能良好，无紧急、重大缺陷。

（2）二级设备是本单元内设备基本良好，无紧急、重大缺陷。

（3）三级设备是本单元无紧急缺陷，一般缺陷较多，有影响安全运行的可能。

【思考与练习】

1. 配电所缺陷分几类？一般缺陷的消除时限是多长？
2. 配电所的设备单元如何划分？
3. 配电所的设备评级原则是什么？

模块2 箱式变电站缺陷的分类（ZY0300202002）

【模块描述】本模块涉及箱式变电站缺陷的分类及处理措施。通过对定义讲解、要点介绍，掌握箱式变电站缺陷的分类及处理措施等操作技能。

【正文】

一、箱式变电站缺陷的分类

箱式变电站缺陷管理的目的是为了掌握箱式变电站存在的问题，以便按轻、重、缓、急消除缺陷，提高箱式变电站的健康水平，保障设备的安全运行。另一方面对箱式变电站缺陷进行全面分析，总结变化规律，为箱式变电站大修、更新改造提供详实的依据。

1. 紧急缺陷

（1）箱式变电站变压器及设备部分：

1）充油设备喷油；设备内部有明显的放电声或异音。

2）充油设备严重漏油，从油位指示器中看不到油位。

3）真空开关的真空泡失去光泽、发红。

4）SF_6设备漏气，压力表指示小于厂家规定值。

5）断路器故障掉闸次数达到规定的允许次数。

6）断路器不能进行分、合闸操作。

7）隔离开关不能进行分、合闸操作。

8）电压互感器二次回路失压，电流互感器二次回路开路。

9）直流接地；操作（控制）电源不可靠或能源不足。

10）瓷质纵向裂纹达瓷质部分总长度的20%。

11）套管流胶、电容器类设备漏油。

12）设备接头发热烧红、变色。

13）箱体漏雨，水滴在电气设备上。

14）设备的保护不能运行。

15）信号装置不发信或不正确发信。

16）重要的遥测、遥信量不正确；遥控、遥调失灵。

17）设备的绝缘、温升、强度等技术数据超过极限值。

（2）箱式变电站进线部分：

1）电缆线路护套破损，已伤及主绝缘。电缆绝缘下降，超出标准值。

2）端头连接点发热变色，温度超过允许值。

3）导体上有金属性异物，极易造成接地或短路。

4）电缆沟被外力破坏，已伤及电缆。

2. 重大缺陷

（1）箱式变电站变压器及设备部分：

1）注油设备漏油（5min内有油珠垂滴）；

2）接头发热化蜡且有蜡滴，确认不再发展；

3）裸导体设备温升大于50K；

4）设备内部发热，外壳温升大于20K（断路器、TV、TA、电力电容器、套管）；

5）绝缘试验超标准；

6）不能按铭牌出力运行；

7）接地电阻不合格；

8）保护异常，不能正确动作；

9）设备试验超周期且无批准手续；

10）带电设备之间或对地间隙距离小于规程规定，未采取绝缘遮蔽隔离措施。

（2）箱式变电站电缆进线部分：

1）电缆线路护套严重破损，但尚未伤及主绝缘。电缆绝缘下降，未超出运行允许值。

2）端头连接点发热变色，但温度未超过运行允许值。

3）导体上有异物、受潮后易造成接地或短路。

4）电缆沟外力破坏轻微，但有继续发展的趋势。

3. 箱式变电站一般缺陷

凡不符合箱式变电站有关技术标准规定，尚能坚持运行的箱式变电站设备缺陷。或对设备运行虽有影响，目前对安全运行无直接威胁，但如长期不处理，则有可能发展成重大缺陷的，均属于箱式变电站的一般缺陷。

二、缺陷部位

确定箱式变电站缺陷部位有利于设备的检修管理。记录较详细，并分门别类的各自统计，便于制定检修计划时参考。

（1）进线部分，包括高低压线路和电缆（含电缆线路、通道、接地、金具和电缆通道以及存在的其他缺陷）。

（2）变压器部分，包括变压器及其附件。

（3）高压部分，包括隔离开关、跌落开关、断路器、真空开关、SF_6 设备、绝缘设备、套管、液压机构、避雷器、电容器等。

（4）低压设备部分，包括空气开关、隔离开关、熔断器、低压避雷器等。

（5）保护及自动控制设备，包括设备的全部保护及自动装置、直流部分、信号装置、操作（控制）电源、遥信部分、遥测部分。

（6）基础及接地部分，含接地网、接地极和设备基础、避雷设备及其连接部分。

（7）仪表及计量部分，含电压互感器、电流互感器及其计量仪表。

（8）其他部分，含箱体、标志、警告牌、护栏、编号等。

三、箱式变电站缺陷的上报和处理

运行人员在发现缺陷后，应遵循能修即修、修必修好的原则，能够在现场立刻处理的简单缺陷应马上组织处理，缩短缺陷处理时间。

1. 紧急缺陷的处理

（1）发现紧急缺陷应立即向调度值班员和运行部门领导汇报缺陷内容、现场情况，并注意做好缺陷地点的安全保护工作，对可能危及他人人身安全而未采取有效的安全措施前，发现缺陷的人员必须在现场进行就地监护。

（2）对危及人身安全，对社会政治、经济有重大影响的紧急缺陷，运行单位应向上级主管部门或公司领导汇报，运行部门应在 48h 内将缺陷报告送达上级的主管部门、生技部和公司主管领导。

（3）在接到紧急缺陷报告后，调度值班人员应根据需要及时调整运行方式，运行单位立即组织人员进行消缺，采取措施防止事故发生和缺陷的扩大。

（4）紧急缺陷的消除或采取有效的安全措施的时间不宜超过 24h。

2. 重大缺陷的处理

（1）发现重大缺陷应立即报告运行部门领导，在发现缺陷后的 48h 内将缺陷报告送达运行部门有关专责或领导。

（2）在缺陷未处理前，运行班组应对缺陷设备采取安全保护措施，并加强监视。

（3）运行部门的有关专责应在发现重大缺陷后尽快制订缺陷的整改方案，不需要停电处理的缺陷应在发现缺陷后 15 天内消除，需要停电处理的缺陷应在一个月内消除。

3. 一般缺陷的处理

（1）发现一般缺陷后，各运行班组应做好记录，由运行管理部门安排月度检修计划进行消缺。

（2）一般缺陷的消除时间不超过半年，最多不超过一个检修周期。

【思考与练习】

1. 箱式变电站缺陷分几类？一般缺陷的消除时间是多长？
2. 箱式变电站的重大缺陷应如何处理？
3. 箱式变电站的紧急缺陷应如何处理？

模块 3 开闭所缺陷的分类（ZY0300202003）

【模块描述】本模块涉及开闭所缺陷的分类及处理措施。通过定义讲解、要点分析介绍，掌握开闭所缺陷的分类及处理措施等技能。

【正文】

10kV 开闭所缺陷管理的目的是掌握设备运行存在的问题，以便按轻、重、缓、急消除缺陷，提高设备的健康水平，保障设备的安全运行，为大修更新改造设备提供依据。设备缺陷是指运行中供电设备任何部件的损坏，绝缘不良或处于不正常的运行状况。设备缺陷应按一定的原则进行分类，按分类安排消缺工作，并实行闭环管理。

一、缺陷的分类

1. 紧急缺陷

（1）断路器不能进行分、合闸操作。

（2）隔离开关不能进行分、合闸操作。

（3）断路器故障掉闸次数达到规定的允许次数。

（4）继电保护及自动装置不能正确动作。

（5）电压互感器二次回路失压，电流互感器二次回路开路。

（6）充油设备大量喷油。套管流胶、电容器类设备漏油。

（7）设备接头发热烧红、变色。

（8）瓷质部分纵向裂纹达总长度的 20%。

（9）直流接地、操作（控制）电源不可靠或能源不足。

（10）液压机构油泵频繁启动，打压间隔时间小于 10min，连续 5 次及以上者。

（11）房屋漏雨，水滴在电气设备上。

（12）中央信号装置不发信或不正确发信。

（13）重要的遥测、遥信量不正确。遥控、遥调失灵。

（14）设备内部有明显的放电声或异音。

（15）设备的绝缘、温升、强度等技术数据超过极限值。

（16）真空开关的真空泡失去光泽、发红。

（17）SF_6 设备漏气，压力表指示小于厂家规定值。

2. 重大缺陷

（1）注油设备漏油（5min 内有油珠垂滴）。

（2）接头发热化蜡且有蜡滴，确认不再发展。

（3）裸导体设备温升大于 50K。

（4）设备内部发热，外壳温升大于 20K（断路器、TV、TA、耦合电容器、电力电容器、套管）。

（5）绝缘试验超标准。

（6）接地电阻不合格。

（7）工作、保护接地失效，变电设备架构、避雷针结合部开裂或倾斜。

（8）液压机构油泵电动机启动间隔时间小于 4h，机构频繁打压。

（9）故障录波器不能录波。

（10）保护异常不能投运。

（11）设备试验超周期且无批准手续。

（12）带电设备之间或对地间隙距离小于规程规定，未采取措施。

3. 一般缺陷

凡不符合有关技术标准规定，虽目前对开闭所安全运行无直接威胁，但如长期不处理，则有可能发展成重大缺陷的设备。

二、缺陷的上报和处理

（1）缺陷处理的一般流程：发现缺陷→登记缺陷记录→填写缺陷单→审核并上报→缺陷汇总→列入工作计划→检修（运行人员处理）→消缺反馈→资料保存。

（2）生技部门要督促各单位贯彻执行本专业规范，并检查执行情况。接到设备缺陷处理申请后，应立即开列生产工作联系单到检修部门，并督促其落实实施。

（3）运行部门要及时掌握主要设备危急和严重缺陷。每年对设备缺陷进行综合分析，根据缺陷产生的规律，提出年度反事故措施，报上级主管部门。在运行班组的定期巡检或检修中发现 10kV 开闭所的设备缺陷，由运行班组认真记录开闭所的设备缺陷，并填报设备缺陷处理单报运行主管部门。缺陷处理完毕由运行班组（或专业技术人员）负责验收，并及时填写设备消缺记录。

【思考与练习】

1. 开闭所紧急缺陷有哪些？
2. 开闭所重大缺陷有哪些？
3. 开闭所缺陷处理的一般流程是什么？

第三十三章 配电所、箱式变电站和开闭所事故处理

模块 1 配电所事故处理（ZY0300203001）

【模块描述】本模块涉及配电所事故分类和处理。通过对配电所事故处理原则、处理步骤和事故处理预案的学习，掌握配电所事故处理的基本技能。

【正文】

电力事故是全社会的灾难，配电所连接千家万户，事故停电会影响社会的正常运行和政治稳定，而且往往会成为社会矛盾激化的爆发点和导火线。如何尽快判断事故发生的部位、发生原因、影响程度和尽快隔离事故根源、减少事故损失、恢复正常供电，是电力职工需要研究、解决的永恒的课题和应尽的社会责任。

一、配电所事故处理的原则和步骤

1. 配电所事故处理的原则

（1）尽快查出事故地点、故障部位和事故原因，消除事故根源，防止事故扩大。

（2）采取措施防止无关人员接近故障点和设备，避免发生人身事故。

（3）如果对人身和设备构成威胁时，应立即设法解除，必要时可立即停止有关设备运行，事后汇报调度。

（4）尽量缩小事故停电范围，减少事故损失，应特别注意隔离未直接受到损坏的设备，以保证其正常运行。

（5）对因受事故影响停电的客户，应尽快恢复供电。

2. 事故处理的一般步骤

（1）详细检查事故发生的时间、位置、仪器仪表显示及有关负荷情况。

（2）判断事故发生部位、故障性质及按照预案进行事故处理。

（3）向主管领导和调度部门汇报。

（4）根据检查、试验结果，确定设备可以投运，按调度指令恢复送电。

（5）在不影响事故处理的情况下，尽可能地保留事故证据。

（6）详细记录事故情况及事故处理经过。

二、配电所常见事故分类

（1）主电气设备绝缘损坏或绝缘脏污引起闪络事故。

（2）误操作事故。

（3）高压断路器与操动机构损坏事故。

（4）变压器发生故障引起的事故。

（5）继电保护装置等自动化设备误动或拒动引起的事故。

（6）外力破坏引起的事故。

（7）火灾事故。

三、配电所设备的典型故障现象及设备事故处理预案

（一）变压器故障处理预案

1. 变压器跳闸时的处理预案

（1）现象：发掉闸信号，发过流保护或速断保护动作信号，发事故信号。

（2）检查处理步骤：

1）复归信号，将操作记录回到分闸位置，确定跳闸变压器，做好记录，通知调度。

2）判断跳闸性质。如是速断动作，应将变压器退出运行，检查开关柜内、母线、变压器套管、电缆头等部位是否短路和闪络，特别注意小动物引起的短路。外部原因排除后应检查变压器内部有无问题，如排除内部原因或检修后，可按调度命令空载试送5min，试送正常后投入运行。

3）如是过流保护动作，应拉开低压侧断路器，排除低压故障或调整低压负荷后，按调度命令试送低压5min，确认无问题后投入正常运行。

4）如因低压出线短路，断路器拒动，大电流造成越级过流掉闸，应拉开事故出线，按调度命令试送变压器，待事故低压线路检修后再投入正常运行。

5）没查清造成过流掉闸的原因不准试送。

2. 变压器漏油、油位降低时的处理预案

（1）现象：变压器油位降到下限或降至看不见，发现变压器漏油。

（2）检查处理步骤：

1）当发现变压器漏油时，应立即汇报调度或工区。

2）如油位已低于下限时，应立即停运，将漏油部位做好详细记录，有备用变压器时应先投入后停运，保证连续供电。

3）油位如果降至看不到时，应立即报告调度，按调度值班员所下达的命令，将该主变压器停运。

4）变压器加油后，要增加巡视次数，密切注意油位变化。

3. 变压器油温过高、过负荷时处理预案

（1）现象：温度超过预定值（规定为85℃以下，温度极限为95℃，温升为55K）。

仪表显示电流超过额定值。

（2）检查处理步骤：

1）检查负荷情况，如确是负荷过大，应立即请示调度调整。

2）检查温度计本身是否正常，如是温度计原因，应汇报调度、检修更换。

3）检查散热装置是否正常。如散热装置运行不正常，应汇报调度安排检修。

4）变压器顶层油温最高允许温度为95℃，当顶层油温超过85℃时，运行人员应报告调度调整负荷，当顶层油温超过95℃时，应立即停运该变压器。

5）变压器在正常负荷条件下，温度不断上升，温度计经检查正常时，应认为变压器内部有故障，立即将该变压器停运，同时上报调度和工区。

4. 变压器着火时处理步骤

（1）迅速切断起火变压器电源，使用干粉灭火器或沙子灭火。必要时报警，请消防人员协助灭火。

（2）处理过程中，密切注意其他运行变压器的负荷情况和温度变化，防止火势蔓延和事故扩大。

（3）如因变压器内部故障引起着火，不能放油。

（4）处理时应采取必要安全措施，劝阻无关人员进入火场。尽力保护现场，为事故调查提供可靠依据。

（5）汇报调度和上级领导。

（6）处理过程做好详细记录。

（二）断路器故障处理预案

1. 真空断路器事故处理步骤

（1）发现运行中的真空断路器真空泡变色时，应立即断开跳闸回路电源。

（2）通知调度拉开上一级断路器后，再切除故障点。

（3）跳闸后应拉开电源侧隔离开关，进行检修处理。

2. 油断路器着火时的处理

（1）油断路器着火时，应立即汇报调度要求上级线路停运。

（2）如着火不严重时，可以拉开该断路器和两侧隔离开关，用干粉、二氧化碳灭火器或干沙灭火。

（3）如着火严重，严禁拉开该断路器。应立即疏散人群，防止断路器爆炸造成人身伤害。

3. 油断路器看不见油位时的处理

（1）油断路器油位降低时，应停下断路器，拉开隔离开关，检查原因，加油处理后即可试送。

（2）油面看不见时，应立即取下控制熔断器，并通知调度断开上级电源后，手动拉开断路器，拉开两侧隔离开关后，进行检修。

（3）严禁在油位看不见时拉（送）油断路器，以免因弧光发热形成高温，导致断路器爆炸。

（三）隔离开关事故处理预案

隔离开关支持绝缘子断裂时的处理预案：

（1）日常巡视检查中，应检查瓷质部分是否断裂、错位、倾斜。

（2）操作前检查外观无异常后，方可进行操作。

（3）操作时，操作人站位要正确，监护人要位于设备外侧，能全面观察三相动作情况处，防止绝缘子断裂伤及人员。

（4）操作过程中，要注意隔离开关动作情况，防止操作不到位、过位情况出现。

（5）隔离开关如发生断裂，要立即停止操作，从未断裂侧逃生，并立即报告调度。

（6）如隔离开关断裂已造成接地短路掉闸，应将隔离开关光字牌信号、保护动作情况汇报调度，按调度命令处理。

（四）互感器的熔断器故障的处理预案

1. 高压熔断器熔断时的处理

（1）现象：

1）绝缘监视信号告警预案；

2）显示接地；

3）断熔断器相电压接近零，另两相正常或略低，但变化不大。

（2）处理：更换熔断器，更换后应加强巡视，观察 TV 外观、电压指示等。更换后再断则禁止更换，应检查 TV 内部是否有故障。

高压熔断器熔断时现象与线路缺相和单相接地时的显示易混淆，它们的区别是：线路缺相时，电能表、功率表读数不准和另两相电压正常或偏低，而高压熔断器熔断时另两相电压基本正常；单相接地后另两相电压升高很多（$\sqrt{3}$倍），电能表、功率表正常。

2. 低压熔断器熔断时的处理预案

（1）现象：

1）无预告信号；

2）电压表指示不正常，断相电压为零，另两相指示不变；

3）电能表、功率表、功率因数指示不正常。

（2）处理：更换熔断器后，如再断，汇报调度准备检修。在缺相情况下如需运行应经调度和有关部门同意，但应抄记电流并将时间、电能表表底记入日志中。

（五）电容器事故处理预案

电容器组是电网无功功率就地补充的装置。因其多数为密封结构，应加强巡视检查，当发现下列情况时应立即停运：

（1）电容器外壳膨胀或漏油。

（2）套管破裂，发生闪络有火花时。

（3）内部有异常声音。

（4）外壳温升高于 55℃以上和试温片脱落。

发生过流跳闸后不许试送，应立即拉开上侧隔离开关，3min 后方可进行外观检查，以免爆炸造成人身伤害。如确是外部原因造成，故障排除后方可试送，没查清原因不得试送。可汇报调度和上级安排检修。如需用手触及电容器时，应戴绝缘手套。

（六）母线失压故障处理预案

1. 现象

母线失压时，仪表将显示无电压、发事故信号和报警等信号。

应尽快根据仪表指示、信号牌及外部巡视的故障特征，判明母线失压的原因。一般原因有：

（1）进线侧在离断路器不远处短路，断路器不掉闸。

（2）进线电源中断。

（3）母线、引线断路。

2. 处理

（1）拉开出线断路器。

（2）拉开电容器的开关。

（3）如故障仍不能排除，应切除主变压器进行检查。

（4）汇报调度作好记录。

（七）10kV 系统接地故障的处理预案

1. 故障现象

（1）发出告警信号及母线接地、电压回路断线、掉牌未复归信号。

（2）绝缘监测装置显示一相电压降低，另两相电压升高。

（3）接地相电压稳定显示为零，其余两相电压升高 $\sqrt{3}$ 倍，则可判定为金属性单相接地。

（4）接地相电压在零与额定电压间反复变动，可判断为不稳定接地或拉弧接地。

（5）接地相电压稳定显示在零与额定电压之间，可判定为经电阻接地。

2. 发生接地故障时的查找步骤

（1）根据仪表显示情况判定接地相及大致接地性质，汇报调度。

（2）迅速检查站内设备有无接地，如有应及时处理。

（3）如站内设备无问题，可判定故障点在线路，汇报调度安排查找故障线路。

（4）按调度指挥，采用逐条瞬间拉合断路器的方法查找故障线路。在某条线路断路器断开的瞬间，若母线电压恢复正常，即可判定故障在该线路上。

（5）在间歇性接地因接地时间短而无法判断时，应加强监视并汇报调度。

四、配电所事故处理的危险点分析及预控措施

（1）在设备事故情况下，设备外壳有可能带电、故障点附近可能有跨步电压。如果在进行故障点查找和事故处理操作时接触设备，有触电的危险。故在进行事故巡视和事故处理操作时，应穿绝缘靴、戴绝缘手套接触设备。

（2）巡查设备时应由两个人进行，防止意外情况发生。

（3）对直接威胁人身和设备安全的设备要立即停电，可事后汇报调度。

（4）全站无电时，应先恢复站用电和操作电源。

（5）母线失压时，应断开连接该母线的断路器。

（6）处理事故时，所有无关人员应立即退出现场，以免影响事故处理。

（7）当火灾现场有油料泄漏时，应用泡沫灭火，以免火势延电缆沟蔓延。

（8）只有已停电的设备方可用水灭火，人员不得与水流接触。

五、案例

10kV××配电所发生掉闸事故，该所是单母线接线，有一进二出 10kV 线路。

1. 事故现象

（1）警铃、报警音响，控制盘发出线路保护动作、断路器跳闸、掉牌未复归等信号。

（2）线路断路器动作跳闸。
（3）线路保护动作，指示线路故障性质为相间短路。
（4）故障线路 10kV××线有功、无功以及电流表指示均为零。
（5）现场检查 10kV××线断路器显示断开。
2. 事故处理过程
（1）记录信号动作情况、动作时间，向调度汇报。
（2）检查线路保护动作情况，记录保护动作信号。
（3）现场检查所内设备，确认故障不在所内。
（4）将情况汇报调度，确认故障在线路上，请求进行线路事故巡视。
（5）经线路检查，发现故障点并汇报调度，要求进行抢修。
（6）按命令拉开故障线路的隔离开关，做好停电线路安全措施。
（7）线路检修完毕，请求试送。
（8）按调度命令拆除线路安全措施，进行试送。
（9）试送成功，进行详细记录，事故处理结束。

【思考与练习】

1. 配电所事故处理的基本原则有哪些？
2. 配电所 10kV 系统发生接地故障的现象有哪些？
3. 试述配电所母线失压故障处理步骤。

模块 2 箱式变电站事故处理（ZY0300203002）

【模块描述】本模块涉及箱式变电站事故巡查及根据现场情况分析并判定故障点。通过对箱式变电站事故巡查及根据事故现场情况分析、判断并确定故障点的学习，掌握箱式变电站故障查找的基本技能。

【正文】

箱式变电站通常是为了减少变电站的占地面积和投资，将工厂内成套生产的变电站高压电气设备、变压器和低压控制设备、电气测量设备等在现场组装成箱式整体结构。通常将箱式变电站作为终端站使用。因此，箱式变电站发生事故，无论故障点在中压侧还是在低压部分，都会影响低压用户的正常用电，如停电、缺相、电压大幅波动引起烧毁家电等。箱式变电站事故的及时处理，关键是判定引起故障的部位和发生原因。

一、箱式变电站故障点的查找

除通过仪表显示情况判断外，还采用如下方法：
1. 分段排除法
可以快速缩小查找范围，提高事故处理效率，适用于低压供电异常的情况。具体操作步骤：
（1）拉开全部低压开关，如果高压部分显示正常，则可判定为低压故障，反之，则为高压故障。
（2）如是低压故障，应合上低压开关，并查看仪表显示，找出故障回路，并顺回路找出故障点进行处理。
（3）如判定是高压故障，按变压器——高压断路器——高压隔离开关的顺序拉开并查看仪表显示，判定故障部位，找出故障点并进行处理。
2. 逐级排除法
由高压电源进线侧到低压出线侧依次送电，找出故障部位。其方法是：
（1）拉开所有高低压断路器和隔离开关。
（2）由高压侧进线隔离开关开始逐级送电，查看仪表显示是否正常，初步判断故障发生区域。
（3）如低压开关以上设备送电后显示正常，可判断为低压线路（含开关）故障。
（4）如所有设备和出线全部检查和测量没有问题，而仪表显示仍不正常，可判定为仪表系统有问题。

二、箱式变电站事故处理方法

箱式变电站由于机构紧凑、活动空间狭小，故现场能够进行的检修作业项目有限，一般只能进行较简单的缺陷消除和一般应急处理，较大缺陷和现场不易处理的缺陷通常进行更换或轮换。

三、箱式变电站事故处理时的危险点和安全注意事项

（1）事故检查和处理时，应穿绝缘靴、戴绝缘手套方可接触设备，以免触电。

（2）事故检查和处理时，应由两人进行，并应有足够的照明设备。

（3）现场和设备的操作空间很小，应时刻注意与邻近带电设备保持足够的安全距离。如不能保持足够的安全距离，可以采取绝缘隔离的措施。

（4）事故处理中进行设备检查和试验时，应先对地放电，5min 后再开始工作，以防电缆等容性设备静电伤人。

（5）事故处理期间，应对现场进行安全隔离，无关人员不得进入工作现场。

（6）箱式变电站发生火灾，不能用水灭火，以防火势顺电缆沟蔓延。

四、案例

某日，某供电公司客户服务中心收到大量客户投诉，反映某小区客户端电压升高（＞400V）或者很低（＜100V），家电不能正常使用甚至烧毁。运行单位立即组织对箱式变电站的检查和低压区线路的巡视。

经采用逐点排除法初步检查结果如下：

（1）低压线路没有断相线和中性线的痕迹。重复接地共 5 处，经测试全部合格并且连接良好。

（2）客户端经多点测试，确实和客户反映的一致。电压有高有低，部分客户家用电器电源部分烧毁，有的家中灯泡发黄、日光灯不能启动。

（3）箱式变电站仪表指示正常，因大量客户已经断开电源，负荷电流不大，三相电压指示平衡。

从事故现场来看，这是一个典型的三相四线系统，中性线开路引起的中性点偏移、三相负荷不平衡而导致的三相电压高低不一的事故。而箱式变电站检查结果和线路检查结果均正常，焦点集中在中性线的连接问题上。在箱式变电站停电后，对变压器进行了详细的检查和测试，发现变压器三相绕组数据正常，但全部与中性线接线柱之间断路。根据该变压器的结构，初步判定故障点为变压器中性点与中性线连接处开路。

在对该箱式变电站进行了更换检修后，供电恢复正常。后来对该变压器吊芯检查时，发现三相绕组中性点铜箔引线与中性线连接铜柱连接处的紧固螺母未紧固，形成虚接。在三相负荷平衡时，连接处电流很小，不能造成故障。但当三相负荷严重不平衡时，中性点连接处流过的电流很大，致使连接不良处发热、烧损、开路，形成变压器的中性点与中性线开路故障。

【思考与练习】

1. 箱式变电站事故处理的关键是什么？.
2. 分段排除法和逐级排除法的异同点有哪些？

模块 3 开闭所事故处理（ZY0300203003）

【模块描述】本模块涉及对开闭所存在的问题分析并提出处理方案、组织消缺和整改。通过对设备存在的问题进行分析并提出处理方案、消缺计划、组织消除、竣工验收等环节的学习，掌握开闭所消缺、整改的操作技能。

【正文】

开闭所设备缺陷管理是掌握设备运行工况，确保开闭所设备在检修周期内正常运行，提高设备的健康水平，保证安全生产的一项重要措施。运行、检修和试验等生产第一线工作人员，必须牢固树立“安全第一、预防为主”的思想，严守工作岗位，执行有关规程制度，当好设备的主人，及时发现和主动消除设备缺陷。各级指挥生产的领导及有关技术人员应经常深入现场调查研究，安排好消除设备缺陷的方案计划，使运行中的设备缺陷能及时发现并尽快消除，保证开闭所安全运行。

开闭所设备缺陷管理和消除工作，由生技部门的检修专责人负责日常管理，运行和检修部门具体实施。

一、缺陷消除的管理过程

（1）全面掌握开闭所设备的健康状况和存在的问题；

（2）分析、判断开闭所存在的问题，提出有针对性的处理措施；

（3）制定缺陷消除方案和计划；

（4）根据批准的计划制定具体施工方案并组织消除；

（5）组织竣工验收；

（6）根据验收记录进行开闭所缺陷注销和竣工资料归档。

二、缺陷管理要求

各运行部门均应建立缺陷记录台账，基建遗留问题亦应设立遗留问题台账。所有设备缺陷和问题，一经发现均应立即详细记入记录簿中。非设备运行主人发现的设备缺陷，应立即告诉设备运行主人，运行主人应立即进行鉴定并填入台账中。

在测试中发现的设备缺陷，试验单位除当时口头通知运行班、组（所）外，应将有关数据填入设备检修试验记录中，对重大缺陷应立即上报总工（或公司生技科）及通知现场的负责人。设备运行主人应根据试验记录载入缺陷台账。

设备运行主人应及时填写设备缺陷通知单，班、组（所）长应每周审查一次设备缺陷，记录台账和通知单，并提出审查意见。对本班、组（所）不能单独处理的缺陷，应及时将设备缺陷通知单，报车间或主管单位生技部门，以便组织有关人员进行调查研究，确定设备缺陷性质，在月、季检修计划中予以安排消除。在缺陷未消除前，运行人员应对缺陷继续进行跟踪监督。

检修单位按计划已消除的设备缺陷，或在检修中新发现设备缺陷（包括已立即处理和尚未处理的）详细填入设备缺陷通知单，退还和交运行单位，运行单位在其缺陷记录台账中予以注销（已处理）或登记（未处理）。新设备投运24h后，即纳入运行设备缺陷管理。已注销的设备缺陷通知单应保存两年，以便备查。

对已发现重大设备缺陷隐患延误处理或因工作漫不经心造成设备缺陷的单位和个人，应按有关奖惩办法严肃处理。

三、缺陷处理的原则

（1）开闭所一般是无人值守，巡视人员发现紧急性缺陷应立即报告班、组长或所长，并积极采取措施予以消除。若本班组（所）不能解决，应立即向上级报告。有关领导应尽快组织力量及时进行鉴定和消除。对事故性缺陷一般在24h内予以处理，不得拖压酿成事故。

（2）发现重大缺陷应逐级上报外，并应增加观察、巡视次数，不得使其扩大范围。对重大缺陷一般应在三日内予以处理，不得拖压酿成事故。如因备品或停电等原因，需要在一周内处理的重大缺陷须经领导同意。

（3）对开闭所一般缺陷，运行人员在巡视检查运行设备时，一经发现立即详细记入缺陷记录簿中，并及时填写缺陷传递卡片。一般缺陷的处理应控制在30天以内，最迟不得超过50天。缺陷未消除前，运行人员要对缺陷进行不间断的跟踪监督。

（4）开闭所设备异常通常由车间（分公司）组织处理，一般采取不影响送出负荷的原则，必要时可采取带电作业的方法，紧急情况下可临时停电处理，但应严格控制临修的次数和时间。

（5）开闭所存在某些类型的设备缺陷如数量较大，消除缺陷所需的工料较多时，可根据具体情况，列入大修和改进工程予以解决。

四、检修计划的制定

检修计划应在全面掌握设备的健康水平、运行工况、存在问题和发展需要的前提下，由运行人员、技术人员和有关专责人经过全面分析，在兼顾安全性、经济性、科学性和一定前瞻性的情况下制定。检修计划有月、季和年度计划。

检修计划的内容包括应修项目、所需材料、技工工日、其他费用（运输费、壮工费、器具费、赔偿费等)。一般有大、小修和更新改造等计划。

(1)大修。为恢复设备及其附属设施的性能,使之达到原设计的电气和机械性能而进行的检修。更新改造一般和大修结合进行。

(2)小修。为了维持设备及其附属设施的性能,使之达到安全可靠的运行而必须进行的检修。

检修计划由运行单位负责,在每年的6月前提交下一年度的大修、更改计划,报上级主管部门审批。小修计划一般于季前1个月上报主管部门审批。

一般在编制检修消缺计划时,还将反事故安全措施和技术措施(简称两措)、运行环境改善以及需在大修中解决的部分项目一并列入大修计划。

【思考与练习】

1. 开闭所的一般设备缺陷通常怎样处理?
2. 开闭所重大缺陷应怎么处理?消除时限是怎么规定的?
3. 开闭所紧急缺陷的消除时限是怎么规定的?

第三十四章 配电所、箱式变电站和开闭所的验收

模块1 配电所的验收（ZY0300204001）

【模块描述】本模块涉及配电所的验收。通过内容介绍、要点讲解，掌握配电所竣工验收的项目、标准及方法等操作技能。

【正文】

配电所新建、扩建、检修和试验后，投运前必须经过竣工验收，验收一般由产权单位的生产副经理（局长）或总工程师、生产、安质、运行、检修等部门负责人（专责人）、监理人员以及运行、检修人员组成验收委员会（小组）具体实施。如配电所规模不大，也可由区供电公司组织专业人员实施。运行人员是设备的运行主人，是设备验收的主要参与者，必须参加竣工验收。在施工过程中，有关人员还需参加零星验收、阶段验收和隐蔽工程验收。凡是新建、扩建、检修和试验后的设备，必须经验收合格、手续完备，方可投入运行。

一、配电所竣工验收的项目和内容

1. 进线部分

（1）配电所进线部分验收标准参考模块 35kV 及以下架空电力线路施工及验收规范有关内容（GYPD00301004）部分。

（2）配电所电缆部分验收标准参考模块电缆线路施工及验收规范有关内容（GYPD00301006）部分。

2. 设备安装工程建筑及接地

（1）符合设计要求，通风良好，并能防潮、防尘。

（2）室内清扫干净，门窗符合设计要求，防小动物措施齐全。

（3）照明及事故应急照明设施齐全，功能正常。

（4）配电室内应有设备检修通道。

（5）配电室接地装置的安装应配合建筑工程设计图纸的要求。接地线规格正确，连接可靠。

（6）设备安装基础型钢制作材料及工艺标准应符合设计要求。

（7）基础型钢与预制接地网连接宜采用焊接，焊接（或螺接）应连接可靠。

（8）设备与基础型钢及预制接地网至少应有两处焊接点明显可见。所有焊点均应作防锈蚀措施。

（9）接地体顶面埋设深度应符合设计规定。配电室整体接地电阻测量值应符合设计标准或不大于4Ω。

（10）高低压电缆进出配电室处应作好封堵并牢固可靠。

（11）配电室内外清扫干净，电缆沟内无积水、杂物。

（12）照明设施、排风扇等工作正常。

3. 变压器

（1）变压器本体及所有附件应无缺陷、安装牢固可靠；油漆应完整，相色标志正确。

（2）变压器顶盖上应无遗留杂物；分接头的位置正确；油位应正常，无渗油现象。

（3）附件齐全，外壳涂层完整。

（4）气体继电器安装应符合相关技术说明书要求。

（5）注油装置内应注油，并显示油位正确。

（6）气体继电器、温度继电器所接信号及控制线路应按设计要求连接，各出口测试正确，音响、信号等报告正确。

（7）装有气体继电器一侧应抬高水平基面的 1%～1.5%。

（8）气体压力释放阀挡片或螺栓、螺盖应拆除。

（9）变压器外壳应可靠接地，系统中性点应有重复接地措施。

4. 高低压设备、盘柜及连接

（1）高低压设备、盘柜固定应可靠。

（2）母线连接应牢固、母线支架应齐全、绝缘良好、无遗留物。

（3）开关设备型号与设计图纸相符合。

（4）电气连接部分应压接牢固、接触良好；连接点处不应受力。

（5）对安装两台及多台变压器的，低压侧进线断路器与母线联络断路器间应作闭锁装置。一般应禁止变压器低压侧并列运行。

（6）至负控、GPRS 终端等自控装置的电流回路无开路，电压回路无短路，接线正确。

（7）电容器柜至进线柜信号线连接应正确。

（8）低压电气设备固定宜采用螺接，螺接应连接固定可靠。

（9）盘柜的金属框架及基础型钢必须接地（PE）或接零（PEN）可靠。

（10）装有电器的可开门，门和框架的接地端子间应用裸编织铜线连接，且有标识。

（11）抽出式成套配电柜推拉应灵活，无卡阻碰撞现象。动触头与静触头的中心线应一致，触头接触应紧密。

（12）断路器及隔离开关电动、手动分和闸灵活，机构无卡阻。

（13）对安装两台及多台变压器并低压侧装有母线联络开关的，应在低压母线联络开关两侧核对相序正确，母线连接或导线连接应对芯正确。

（14）安装有自备发电机组的客户，与城市供电系统间必须装设可靠的电气及机械闭锁装置。并能实现可靠闭锁、正确投切。变压器二次侧，低压进线开关应将无压脱扣投用。

5. 二次回路接线

（1）所有回路接线准确，设备制造厂产品制造阶段的各回路设计应与原电气设计的要求相符。

（2）接线整齐美观，连接可靠。端子排布置合理、标识清楚。

6. 互感器及表计

（1）互感器外观应完整无缺损；油漆应完整，相色应正确。变比与设计图纸相符。一、二次回路接线正确。

（2）电流、电压表计指示正确。电流表量程与电流互感器变比相适配。

7. 验收资料和试验报告

验收时施工方应提交如下资料和报告：

（1）竣工验收表和停电接火申请单。

（2）电缆及外线走径图。

（3）完整的一次和二次图纸及变压器铭牌复印件。

（4）负荷开关、变压器、避雷器、熔断器、隔离开关、电缆及中间接头终端头、接地电阻的电气试验报告。

8. 铭牌、设备围栏及环境

（1）电气设备铭牌要贴于明显位置。

（2）铭牌上注明设备生产厂家、设备名称、设备用途、设备容量、设备制造时间等，字迹清晰、工整、不易脱色。

（3）设备围栏要坚固结实，围栏安装位置与高度符合设计要求。

（4）应配备的安全工器具有：绝缘垫、绝缘鞋、绝缘手套、成套接地线、绝缘操作杆、标示牌、安全带、高压验电笔、消防灭火器等。所有安全工器具必须试验合格并在试验周期内。

（5）配电室门上挂有“止步，高压危险”标示牌，标示牌规格要符合国家安全标准（白底、红边、黑字并有红色箭头，尺寸为250mm×200mm）。

（6）杆号、电缆分支箱编号涂写正确（新增编号确定办法按各供电单位有关规定执行）。

（7）环境及绿化应符合安全、环保、与周围环境相协调的标准。防火通道合格。

（8）门窗、通风口应有防小动物措施。

二、配电所竣工验收的程序

配电所的验收工作是按照有关技术验收规程和工艺标准，对施工的重要环节和竣工环节进行检查，是保证新建或改建的配电所合格投入运行的重要环节。

配电所工程可分为中间过程验收、隐蔽工程验收和竣工验收三个环节。

（1）中间过程验收。中间过程验收是指在电缆线路工程施工中对敷设、接头、土建项目的隐蔽工程进行中途验收。施工单位的质量管理部门、运行部门要根据施工情况列出检查项目，由验收人员根据验收标准在施工过程中逐项进行验收，并填交工程验收单，并做好签证。

（2）隐蔽工程验收。隐蔽工程是指工程竣工后不易或无法检查的各类施工项目。电缆工程的隐蔽工程主要有电缆沟道建设、接地装置的安装、电缆附件的安装等。建设单位、监理单位应根据工程进度在隐蔽工程掩埋之前，组织技术人员进行验收。验收人员验收后应写出验收报告，对验收中发现的问题应逐条列出，并规定好整改期限。施工人员在消缺完毕后通知生产技术人员再次验收，不允许有缺陷遗留。复验合格后，验收人员要写出隐蔽工程验收报告，签字后作为验收报告的一部分保存，待工程总体验收投运后存档。

（3）竣工验收。竣工验收由施工单位的上级工程质量监督站组织进行，并填写工程竣工验收签证书，对工程质量予以等级评定。在验收中个别不完善项目必须限期整改，由施工单位质量管理部门负责复验并作好记录。工程竣工报告完成后一个月内需对施工单位进行工程资料验收。工程建设结束后，施工单位应先进行自检，合格后书面向监理单位、建设单位提出验收申请。竣工验收前，建设单位应组织整理竣工验收资料，并在竣工验收之日前一个星期交与验收单位人员审阅，以做验收准备。

1. 竣工验收的程序

（1）由施工单位做好验收申请、工程介绍、工程资料、有关工器具、时间安排、工作场地和配合验收的人员、车辆等工作准备。

（2）开预备会议，成立验收委员会（小组），进行专业分工。

（3）开验收会议，宣布验收委员会（小组）名单和职务、专业小组分工。

（4）由施工项目负责人做工程施工管理工作报告和验收准备情况介绍。

（5）听取前期验收情况介绍和隐蔽工程验收情况工作报告。

（6）检查验收，一般分组进行。可分为资料组和现场组，现场组一般按土建、线路（含电缆）、一次、二次等专业分组，如工作量大，可按设备分工。

（7）召开验收人员会议，汇总各专业组的情况，协调处理有关问题并提出初步验收意见。

（8）起草、讨论并通过验收鉴定书（报告）。

（9）召开验收大会，宣布验收鉴定书（报告）。

（10）验收委员会（小组）全体人员在验收鉴定书（报告）上签字。

2. 配电所竣工验收的标准

按部颁规程、国家电网公司有关规定和相关技术标准进行。

3. 配电所竣工资料的验收和交接

试运行结束1个月内，施工单位将设备安装记录、调试报告、设计修改说明及附图、竣工图、隐蔽工程图、设备制造厂说明书及技术资料、装配制造图以及专用工具、测试仪器、备品配件等进行整理、清点并列出清单全部移交生产运行单位，生产运行单位进行签收。

4. 配电所验收时需移交的资料

（1）配电所电气一次接线图纸。

（2）配电所电气二次接线图纸（设计图、安装图）。

（3）配电所进出线电缆及线路走径图。

（4）配电所进出线电缆线路走径接线示意图。

（5）设备合格证。

（6）设备试验报告。

（7）电缆线路试验报告。

（8）配电所接地电阻测试报告。

（9）保护定值单。

（10）继电保护装置（设备）说明书。

（11）盘柜等设备产品说明书。

（12）设备相关备品备件（高压熔断器、二次熔断器等）。

（13）设备操作专用工具（手摇把手、合闸把手等）。

5. 配电所竣工验收的评价

配电所竣工验收的总体评价由验收人员协商决定，值班人员在审核各种交代记录、验明无误后，办理冲击试运手续，按调度命令进行冲击送电，冲击送电成功后，配电所按有关规定进入试运行阶段。试运行阶段应视为竣工验收的延续。

三、配电所竣工验收应注意的安全事项

（1）验收一般与启动送电结合进行，人员较多较杂，容易发生问题，现场必须成立临时启动领导小组，由领导小组组长统一指挥和调度，成员由生产部门、运行单位、施工单位和验收小组等组成。

（2）启动必须在设备验收、试验无误后，所有设备均处于规定状态的条件下，方可进行。

（3）启动操作人员必须是经过专门培训的合格人员，并熟悉全部交代的资料和操作方案，操作时必须使用试验合格的工器具。

（4）启动开始前，与操作无关人员需全部退出隔离地带和操作区域，以免有人误入带电间隔和误碰开关等设备，造成误操作事故。严禁跨越护栏和安全围栏。

（5）启动由启动小组组长指挥，操作人员按调度命令、照操作票执行。

（6）启动期间排除故障，必须按工作程序，做好安全措施后方可进行。

（7）启动期间的所有操作必须做好记录备查。

（8）新设备投运 24h 后，即纳入正常运行中的设备管理。

【思考与练习】

1. 配电所要验收的设备大体分为几部分？
2. 配电所的验收有哪几个环节？
3. 配电所竣工验收应注意的安全事项有哪些？
4. 配电所竣工验收交接资料有哪些？

模块 2　箱式变电站的验收（ZY0300204002）

【模块描述】本模块涉及箱式变电站安装要求、试验和检查。通过对箱式变电站安装要求、标准内容及方法的学习，掌握箱式变电站竣工验收操作技能。

【正文】

一、箱式变电站安装工程交接验收应提交的资料和文件

（1）工程竣工资料；

（2）变更设计的文件；

（3）制造厂提供的产品说明书，试验记录、合格证件及安装图纸等技术文件；

（4）安装技术记录、器身检查记录、干燥记录等；

（5）试验报告；

（6）备品备件移交清单。

二、箱式变电站安装要求

（1）与箱式变电站安装有关的构筑物的工程质量，应符合国家现行的建筑工程及验收规范中的有关规定，并应符合下列要求：

1）建筑物、构筑物应具备设备进场安装条件。基础、构架、预埋件、预留孔应符合设计要求，达到设备安装的强度要求。

2）设备安装完毕，投入运行前，建筑工程应符合下列要求：① 门窗安装完毕；② 地坪抹光工作结束，室外场地平整；③ 保护性网门、栏杆等安全设施齐全；④ 油浸式变压器蓄油坑清理干净，排油水管通畅，卵石铺设完毕；⑤ 通风及消防装置安装完毕；⑥ 受电后无法进行的装饰工作以及影响运行安全的工作施工完毕。

3）变压器绝缘油应按 GB 50150—2006《电气装置安装工程电气设备交接试验标准》的规定试验合格后，方可注入使用；不同牌号的变压器油或同牌号的新油与运行过的油不宜混合使用。需要混合时，必须做混油试验，其质量必须合格。

4）变压器应按设计要求进行高压侧、低压侧电气连接；当采用硬母线连接时，应按硬母线制作技术要求安装；当采用电缆连接时，应按电缆终端头制作技术要求制作安装。

5）箱式变电站基础的安装应符合设计要求，基础结构宜采用带电缆室的混凝土结构；电缆室应有通风口，并应采取防止小动物进入箱内及良好的排水措施。

（2）箱式变电站安装完毕送电投运前应进行检查，并应符合下列规定：

1）箱内及各元件表面应清洁、干燥、无异物；

2）操动机构、开关等可动元器件应灵活、可靠、准确，对装有温度显示、温度控制、风机、凝露控制等装置的设备，应根据电气性能要求和安装使用说明书进行检查；

3）所有主回路、接地回路及辅助回路接点应牢固，并应符合电气原理图的要求；

4）变压器、高（低）压开关柜及所有的电器元件设备安装螺栓应紧固；

5）辅助回路的电器整定值应准确，仪表与互感器的变比及接线极性应正确，所有电器元件应无异常。

三、试验和检查

（1）箱式变电站试验：

1）变压器运行前应作下列试验：

① 绕组直流电阻的测试；

② 铁芯接地检查，穿心螺杆的绝缘检查；

③ 绝缘电阻测试：干燥环境条件下，高压对低压及对地绝缘电阻不应小于 300MΩ，低压对地绝缘电阻不应小于 100MΩ，潮湿环境条件下绝缘电阻不应小于 20MΩ。

④ 工频耐压试验：试验电压为变压器出厂试验电压的 85%，试验时间可按出厂试验报告值确定。

2）高压开关设备运行前应进行工频耐压试验，试验电压应为高压开关设备出厂试验电压的 80%，试验时间应为 1min。

3）低压开关设备运行前应采用 500V 或 1000V 绝缘电阻表测量绝缘电阻，阻值不应低于 0.5MΩ。

4）低压开关设备运行前应进行通电试验。

（2）变压器应进行 5 次空载额定电压冲击合闸，应无异常情况；第一次受电后持续时间不应小于 10min；每次间隔时间宜为 5min。冲击合闸宜在变压器高压侧进行。对中性点接地的电力系统试验时变压器中性点必须接地。

（3）变压器投入运行后连续运行 24h 无异常即可视为合格。

四、工程交接验收

箱式变电站安装工程交接验收应按下列要求进行检查：

（1）箱式变电站等设备、器材应符合规定，无机械损伤；

（2）箱式变电站应安装牢固、正确，防雷、接地等安全保护合格、可靠；

（3）变压器各项试验合格，油漆完整，无渗漏油现象，分接头位置符合运行要求，器身无遗留物；

（4）各部接线正确、整齐，安全距离和导线截面应符合设计规定；

（5）熔断器的熔体及自动开关的整定值应符合运行要求。

【思考与练习】

1. 箱式变电站的安装有哪些要求？

2. 箱式变电站验收应进行哪些检查？

模块 3　开闭所的验收（ZY0300204003）

【模块描述】本模块涉及开闭所竣工验收的资料、项目和方法。通过对开闭所竣工验收的资料、项目和方法的介绍，掌握开闭所竣工验收等操作技能。

【正文】

10kV 开闭所安装工作完成后，必须经过质量验收，履行交接手续。新设备交接手续应以正式的交接记录为依据，交接记录的内容包括交接的设备范围、工程完成情况、遗留问题及结论等。交接手续完备后，方能投入运行。按照交接验收大纲中的内容，对验收中发现的问题，及时提交工程建设单位现场处理。有时会碰到个别情况暂时无法马上处理，且不影响安全运行的，而又急需将设备投入运行时，也应经本单位主管领导批准方能投入运行，但对存在的问题必须做限期处理。

一、竣工资料

10kV 开闭所竣工验收，应具备以下资料：

（1）开闭所电气一次接线图纸，10kV 开闭所墙上还应悬挂电气一次接线图（包括配网网架接线图）。

（2）开闭所电气二次接线图纸（设计图、安装图）。

（3）开闭所进出线线路走径图。

（4）开闭所进出线电缆线路走径接线示意图。

（5）设备合格证。

（6）设备出厂试验报告。

（7）设备安装调试报告

（8）电缆线路试验报告。

（9）开闭所接地电阻测试报告。

（10）保护定值单。

（11）继电保护装置（设备）说明书。

（12）盘柜等设备产品说明书。

（13）设备相关备品备件（高压熔断器、二次熔断器等）。

新设备需通过国家高压电器质量监督检验测试中心检验，经国家有关部门（含经国家有关部门授权）技术鉴定合格。进口设备应具有由国际公认的测试部门出具的各项型式试验合格通过后的试验报告或试验合格证书，且具有中文操作说明书。

二、电气项目验收

1. 10kV 开关柜

（1）设备安装水平度、垂直度在规定的合格范围内。

（2）各种电气距离符合要求。

（3）所有辅助设施安装完毕，功能正常。

（4）柜门开闭良好，所有隔板、侧板、顶板、底板的螺栓齐全、紧固。

（5）熔断器组件良好，熔体规格按设计选取，放置方向正确。

（6）断路器操作顺畅，分合到位，机械指示正确，分、合闸位置明显可见。

（7）防误闭锁装置完善，闭锁功能正常。

（8）外壳、盖板、门、观察窗、通风窗和排气口防护等级符合要求，有足够的机械强度和刚度。

（9）高压开关柜间的间隔措施到位。

2. 开关柜的辅助设备

（1）为了设备和人身的安全，开关柜依据设计还需配置如下辅助设备：① 带电显示器；② 短路和接地故障指示器。

（2）充气式 SF_6 开关柜还应依据需要配备以下辅助设备：① 压力释放通道；② 内部故障电弧限制装置；③ 核相装置；④ 验电器。

3. 互感器

（1）铭牌标志完整、清晰。

（2）外观完整、无损伤。

（3）二次接线板引线端子连接牢固，绝缘良好。

（4）变比及极性正确。

（5）所有连接螺栓齐全、紧固。

（6）外壳接地牢固可靠。

4. 金属氧化物避雷器

（1）避雷器绝缘外套光洁、完整、无损坏。

（2）绝缘底座绝缘电阻符合要求。

（3）接线端子与设备连接牢固、无应力。

（4）相色标志正确、清晰。

5. 接地装置

（1）接地母线两端与接地网连接良好，接地网外露部分的连接可靠。

（2）接地线规格正确，防腐层完好，标志齐全明显。

（3）所有金属箱体、避雷器和电缆头均可靠接地。

（4）工频接地电阻值符合设计规定。

6. 操作和防误系统正常

断路器操作顺畅、分合到位、机械指示明确。防误闭锁装置完善，闭锁功能正常，有防电源进线带电合接地开关的措施，有防线路 TV 柜、母线 TV 柜带电开门措施。

三、电气设备安装要求

设备安装水平度、垂直度都在规定的合格范围内。各种电气距离符合要求。所有辅助设施已经安装完毕，如电缆故障指示器、电压指示器。环网柜柜门开闭良好，所有隔板、侧板、顶板、底板的螺栓应齐全、紧固，压力表正常。熔断器组件良好，熔体规格按设计选取，放置方向正确。建筑物中的预留孔洞及电缆管口已封堵。

电缆规格应符合规定；排列整齐，无机械损伤；标志牌应装设齐全、正确、清晰。电缆的固定、弯曲半径、有关距离和单芯电力电缆的金属护层的接线、相序排列等应符合要求。电缆终端的相色应正确，电缆支架等的金属部件防腐层应完好。电缆终端头紧固、封闭良好，无松动、断裂、脱开现象。如果有预留回路，其安装套管位置必须加装专用绝缘帽（请勿使用套管上套的防尘帽代替绝缘帽）。防火措施应符合设计，且施工质量合格。

接地母线两端与接地网连接良好，整个接地网外露部分的连接可靠，接地线规格正确，防腐层完好，标志齐全明显。工频接地电阻值及设计要求的其他测试参数符合设计规定。

四、运行环境符合要求

环境应整洁，电缆敷设整齐、标志牌完整，室内物品应摆放有序。设备厂房无漏雨，墙壁、屋顶干净，地面整洁。上、下水道应畅通，无跑、冒、漏水现象。电缆沟内电缆排列整齐，做到无杂物、无堵塞、无积水、无积油。电缆沟盖板应齐全完整，放置整齐。门窗应完整，所有门窗朝外，操作、维护通道的间隔足够、畅通，有足够的照明、通风、消防设施。有防小动物措施。

【思考与练习】

1. 开闭所竣工验收资料有哪些？
2. 开闭所的电气验收项目有哪些？
3. 开闭所运行环境应符合哪些要求？

第十部分

配电生产信息管理

第三十五章　配电生产信息管理系统

模块1　配电生产信息系统概述（ZY0300301001）

【模块描述】本模块包含配电生产信息系统概述。通过对基本功能、主要特点的介绍，熟悉配电生产信息系统的一般知识。

【正文】

一、配电生产信息系统简介

配电生产管理信息系统（power production management system，PMS）是一套基于网络平台，面向地市、县级供电企业配电业务管理的信息系统软件。该系统以图库一体化的信息化管理为基础，逐步建立以可靠性为中心的工作管理模式，以满足不断增加的配电管理资讯需求。一方面根据业务变化需要，完善与营销系统的数据交换；另一方面对配电 MIS、GIS、配网自动化系统功能进行重新定位和分工，建立一套满足配电运行管理实际需求的管理系统。是电网企业实现管理创新、提高管理水平、保证配网安全运行、适应客户需求、提高工作效率的主要手段和技术支撑。配电生产管理信息系统是SG186 工程八大应用中最为庞大和复杂的应用之一。该系统涉及供电企业的配电设备、生产、调度、计划、安监等生产管理的各个环节，突出了以设备和工作流程全过程管理的理念，对供电公司安全生产管理整体水平的提高有着重大意义。

二、系统构架及组成

配电生产管理信息系统的构架是基础平台、生产综合应用和 Web。

1. 基础平台构架

基础平台构架包括数据管理部分、系统管理部分、信息查询部分和系统支撑部分。

（1）数据管理部分，包括单线图编辑、站所图编辑、沿布图编辑。① 单线图编辑器主要功能：负责完成输电线路的绘制工作，并提供线路设备的台账录入功能，为地理沿布作好数据准备。② 站所图编辑器主要功能：基本图形操作；站内设备线路图形编辑；站内设备线路属性编辑；站内线路设备拓扑关系建立；连通性分析、环路检测、断路器和隔离开关模拟操作；进出线及断路器设置。③ 沿布图编辑器主要功能：负责完成输电线路的地理沿布。

（2）系统管理部分，包括资源管理和用户管理。用户管理模块为系统用户分配权限；资源管理模块对系统中的 DLL 资源进行版本的集中管理。

（3）信息查询部分，主要由发布的各项信息组成。客户端低维护，具有基本计算机操作技能的人员即可查询资料。

（4）系统支撑部分，包括流程定制、图元编辑、类型库编辑、电缆剖面编辑、更新用户密码、动态台账定制等。流程定制模块则进行流程环节的定制；图元编辑器完成图元的定制；动态台账定制模块进行设备台账界面的定制。

2. Web 组成

Web 包括地理图浏览、单线图浏览等内容。

（1）地理图浏览，包括图形操作、图形测量、图层管理、设备树发布、定位功能、查询统计、台账查询、交叉跨越查询、资产报销查询以及电源点追溯等高级分析。

（2）单线图浏览，包括单线图查询、设备定位等功能。

三、系统的主要功能和特点

1. 系统的功能

系统功能模块分为作业层、管理层。作业层分为设备管理、运行维护管理，管理层对作业层维护的数据进行统计、分析。

设备管理是对配电网设备进行管理，包含设备的台账、图形信息，通过单线图管理配电网设备拓扑关系。设备管理为运行维护管理提供设备台账、图纸资料，同时设备管理中可触发、查询设备的运行维护信息。

运行维护管理是在设备投运后产生运行维护，实现各类设备的巡视、缺陷、抢修等管理。

统计分析以设备台账、图形、运行维护信息为支撑数据，实现设备统计分析、运行维护统计分析。

图 ZY0300301001-1 所示为配电生产系统模块图。

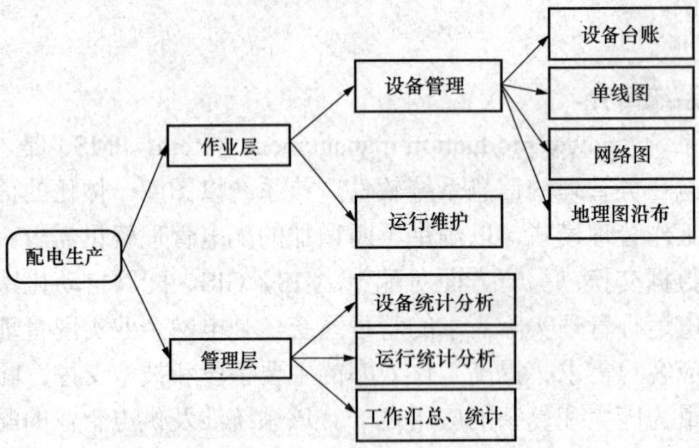

图 ZY0300301001-1　配电生产系统模块图

2. 系统的特点

（1）统一设备类型定义，规范系统设备管理。

（2）建立系统统一设备标准属性库、统一图元、统一图形标准、统一电力服务商管理，为系统的设备统计、汇总、分析奠定了基础，保障了统计数据的规范性。

（3）实现设备的中压至低压的管理，低压部分实现至表箱、低压用户的管理。

（4）实现图纸、台账的流程管理，规范系统数据流转，保证业务数据的正确性。

（5）实现图纸的多版本管理，可以比较各版本图纸之间的差异，实时浏览图纸变化信息，能够掌握线路的整个变迁情况。

（6）方便的同杆管理，通过台账关联确立同杆的相对位置，图形自动生成同杆标注线。

（7）方便的设备统计、汇总，实现按线路、变电站、单位进行统计、分析设备信息。

（8）方便的 Web 查询，系统支持单线图 Web 发布功能，可以在 Web 进行单线图、设备台账浏览及查询，无需安装任何客户端。

（9）清晰的权限管理，在设备维护中坚持"设备是谁的、谁进行维护"，设备与管理班组、设备主人的关系体现在每条线路、每个主设备上，同时限定设备数据的维护只能由一线班组来完成。

（10）系统图形操作快捷、方便，图形编辑功能强大，符合 Windows 操作规范，具备正常的复制、粘贴、撤销、重做等 Windows 系统基本功能。

（11）系统采用多层设计，客户端不需要安装任何中间产品。

（12）系统突出设备管理为中心的理念，提供方便的设备管理功能，对于一个设备可以在台账界面直接关联至其巡视信息、缺陷信息、操作票、测试信息、图档信息等，并且可以在系统配置中对台账字段进行扩充。

（13）系统实现真正的流程自定义功能，对于流程的节点、流向实现图形化定制。

【思考与练习】

1. 配电生产信息系统的主要功能是什么？

2. 配电生产信息系统的特点是什么？

模块 2　系统通用操作说明（ZY0300301002）

【模块描述】本模块包含系统通用操作说明。通过对设备台账维护通用界面、台账维护通用操作的介绍，掌握系统通用操作。

【正文】

一、通用类操作的分类

通用类操作分运行管理、缺陷管理、任务计划管理、配电任务票及操作票、配电线路二种票、配电电缆一种票等。

由于篇幅有限，下面仅介绍运行管理通用操作中的内容。

二、运行管理操作功能介绍

使用人员：配电工区班组（成员）等授权人员。

1. 设置单位周期

（1）查询单位周期记录。

功能：查询单位周期记录时可以使用此操作。此外巡视记录、交叉跨越测量记录、接地电阻测量记录、设备测温记录、设备测试记录、设备测负记录的上次巡视时间或上次测试时间加上单位周期设置里设置的各周期值所得的时间与系统时间做比较，如果相加所得的时间在系统时间所在的一周以内，且没有生成相关工作计划，系统会自动生成周工作计划。

（2）编辑单位周期。功能：编辑单位周期记录时可以使用此操作。

（3）批量初始化时间。功能：批量初始化上次巡视时间时可以使用此操作。

（4）保存单位周期设置。功能：保存单位周期设置记录时可以使用此操作。

（5）删除单位周期设置。功能：删除单位周期设置记录时可以使用此操作。

（6）查询相关的周工作计划。功能：可以在周工作计划画面查询到巡视记录、交叉跨越测量记录、设备测温记录、设备测试记录、设备测负记录、接地电阻测量记录的周工作计划。

2. 维护巡视记录

（1）查询巡视记录。功能：可以在一定条件下对巡视记录进行查询，检索出想要的记录。

（2）新增巡视记录。功能：新增巡视记录时可以使用该操作。新增方式有通过周工作计划分配的周期性巡视和临时性巡视两种。

（3）编辑巡视记录。功能：对巡视记录进行编辑时可以使用该操作。

（4）查看巡视记录。功能：对巡视记录进行查看时可以使用该操作。

（5）删除巡视记录。具体参照共通的删除记录。

（6）巡视记录关联缺陷。功能：将巡视结论为不正常的巡视记录关联缺陷时可以使用该操作。

（7）维护上次巡视日期。功能：查询或设定具体线路的巡视记录的上次巡视时间时可以使用该操作。

系统会根据巡视周期在每周五加上每条线路的上次巡视日期来计算该线路的下次巡视日期，如果下次巡视日期落在本周内以及本周以前，且未生成相应的周工作计划，则在周工作计划画面自动生成一条计划类别为巡视的周工作计划。

（8）导出巡视记录。详见共通的导出记录。

（9）查询巡视记录工单。详见共通的查询各记录的工单。

3. 维护交叉跨越测量记录

（1）查询交叉跨越测量记录。功能：可以在一定条件下对交叉跨越测量记录进行查询，检索出想要的记录。

（2）新增交叉跨越测量记录。功能：新增交叉跨越测量记录时可以使用此操作。

（3）编辑交叉跨越测量记录。功能：编辑交叉跨越测量记录时可以使用此操作。

（4）查看交叉跨越测量记录。功能：查看交叉跨越测量记录时可以使用此操作。

（5）删除交叉跨越测量记录。具体参照共通的删除记录。

（6）交叉跨越测量记录关联缺陷。功能：将测量结果为不合格的交叉跨越记录关联缺陷时可以使用此操作。

（7）维护附件。详见共通的维护附件。

（8）查看附件。详见共通的查看附件。

（9）导出交叉跨越测量记录。详见共通的导出记录。

（10）查询交叉跨越测量记录工单。详见共通的查询各记录的工单。

（11）维护上次测试时间。功能：查询、设定具体线路的交叉跨越测量记录的上次测试时间时可以使用该操作。

系统会根据交叉跨越周期在每周五加上每条线路的上次交跨时间来计算该线路的下次交跨时间，如果下次交跨时间落在本周内以及本周以前，且未生成相应的周工作计划，则在周工作计划画面自动生成一条计划类别为交叉跨越的周工作计划。

4. 维护接地电阻测量记录

（1）查询接地电阻测量记录。功能：可以在一定条件下对接地电阻测量记录进行查询，检索出想要的记录。

（2）新增接地电阻测量记录。功能：新增接地电阻测量记录时可以使用此操作。

（3）编辑接地电阻测量记录。功能：编辑接地电阻测量记录时可以使用此操作。

（4）查看接地电阻测量记录。功能：查看接地电阻测量记录时可以使用此操作。

（5）删除接地电阻测量记录。具体参照共通的删除记录。

（6）接地电阻测量记录关联缺陷。功能：将测量结果为不合格的接地电阻测量记录关联缺陷时可以使用此操作。

（7）维护附件。详见共通的维护附件。

（8）查看附件。详见共通的查看附件。

（9）导出接地电阻测量记录。详见共通的导出记录。

（10）查询接地电阻测量记录工单。详见共通的查询各记录的工单。

（11）维护上次测试时间。功能：查询或设定具体设备的接地电阻测量记录的上次测量时间时可以使用该操作。

系统会根据接地电阻周期在每周五加上每条线路的上次测量时间来计算该线路的下次测量时间，如果下次测量时间落在本周内以及本周以前，且未生成相应的周工作计划，则在周工作计划画面自动生成一条计划类别为接地电阻的周工作计划。

5. 维护设备测温记录

（1）查询设备测温记录。功能：可以在一定条件下对设备测温记录进行查询，检索出想要的记录。

（2）新增设备测温记录。功能：新增设备测温记录时可以使用此操作。

（3）编辑设备测温记录。功能：编辑设备测温记录时可以使用此操作。

（4）查看设备测温记录。功能：查看设备测温记录时可以使用此操作。

（5）删除设备测温记录。具体参照共通的删除记录。

（6）设备测温记录关联缺陷。功能：将测量结论为不合格的设备测温记录关联缺陷时可以使用此操作。

（7）维护附件。详见共通的维护附件。

（8）查看附件。详见共通的查看附件。

（9）导出设备测温记录。详见共通的导出记录。

（10）查询设备测温记录工单。详见共通的查询各记录的工单。

（11）维护上次测试时间。功能：查询或设定具体设备的设备测温记录的上次测试时间时可以使用该操作。

系统会根据设备测温周期在每周五加上每条线路的上次测试日期来计算该线路的下次测试日期，

如果下次测试日期落在本周内以及本周以前，且未生成相应的周工作计划，则在周工作计划画面自动生成一条计划类别为设备测温的周工作计划。

6. 维护设备测负记录

（1）查询设备测负记录。功能：可以在一定条件下对设备测负记录进行查询，检索出想要的记录。

（2）新增设备测负记录。功能：新增设备测负记录时可以使用此操作。

（3）编辑设备测负记录。功能：编辑设备测负记录时可以使用此操作。

（4）查看设备测负记录。功能：查看设备测负记录时可以使用此操作。

（5）删除设备测负记录。具体参照共通的删除记录。

（6）设备测负记录关联缺陷。功能：将测量结果为不合格的设备测负记录关联缺陷时可以使用此操作。

（7）维护附件。详见共通的维护附件。

（8）查看附件。详见共通的查看附件。

（9）导出设备测负记录。详见共通的导出记录。

（10）查询设备测负记录工单。详见共通的查询各记录的工单。

（11）维护上次测试时间。功能：查询或设定具体设备的设备测负记录的上次测试时间时可以使用该操作。

系统会根据设备测负周期在每周五加上每条线路的上次测试日期来计算该线路的下次测试日期，如果下次测试日期落在本周内以及本周以前，且未生成相应的周工作计划，则在周工作计划画面自动生成一条计划类别为设备测负的周工作计划。

7. 运行管理共通知识点

（1）导出记录。功能：导出记录时可以使用此操作。

菜单入口：【安全生产管理】→【运行管理】→【配电】→【巡视记录】。

其他如【交叉跨越测量记录】、【接地电阻测量记录】、【设备测温记录管理】、【设备测试记录管理】、【设备测负记录管理】等同样操作。

（2）维护附件。功能：维护附件时可以使用此操作。

菜单入口：在各记录画面，选择一条记录后，点击【关联缺陷】按钮，在弹出的各记录的新增缺陷画面里输入必须项目后，点击【维护附件】按钮会弹出保存信息的提示框，点击【是】按钮以后，弹出附件维护画面。

（3）查看附件。功能：查看附件时可以使用此操作。

菜单入口：除了巡视记录画面以外，其他5个记录画面的上方均有【查看附件】按钮，选择一条记录后，点击【查看附件】按钮，弹出附件维护画面。

（4）删除记录。功能：删除记录时可以使用此操作。

菜单入口：【安全生产管理】→【运行管理】→【配电】→【巡视记录】。

（5）查询各记录的工单。功能：查询各记录的工单时可以使用此操作（规则：在新增完成一条巡视记录、交叉跨越测量记录、接地电阻测量记录、设备测温记录、设备测试记录或设备测负记录以后，会在运行任务画面自动生成一张与之相对应的工单，工单的状态为完成）。

三、通用操作案例

下面以编辑巡视记录为例说明操作过程。

（1）功能：对巡视记录进行编辑时可以使用该操作。

（2）菜单入口：【安全生产管理】→【运行管理】→【配电】→【巡视记录】。

（3）操作步骤：

1）在功能树上选择【运行管理】→【配电】→【巡视记录】进入巡视记录画面。在巡视记录画面上选择一条记录，点击【编辑】按钮，如果选中记录的线路不归登录人所在班组管辖，则弹出提示信息“选择的记录中存在你没有权限操作的记录！”，如果选中记录的线路归登录人所在班组管辖，则弹出“巡视记录—修改画面”（见图ZY0300301002-1）。

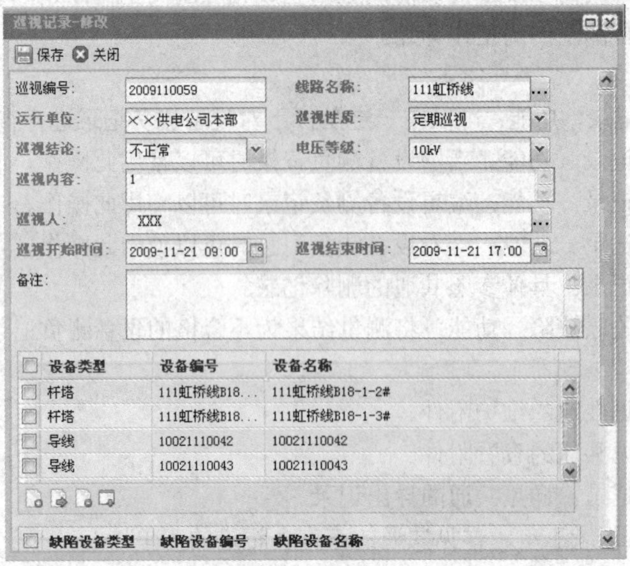

图 ZY0300301002-1 巡视记录—修改画面

2）可对线路名称、巡视结论、巡视内容、巡视人、巡视开始时间、巡视结束时间、巡视设备和缺陷设备进行编辑修改，对线路信息进行修改时会同时改变电压等级的相关内容。操作同新增巡视记录里的相关操作。点击【保存】回到巡视记录画面。如果巡视结论正常而缺陷设备中存在记录，点击【保存】时，则弹出信息框（见图 ZY0300301002-2）。

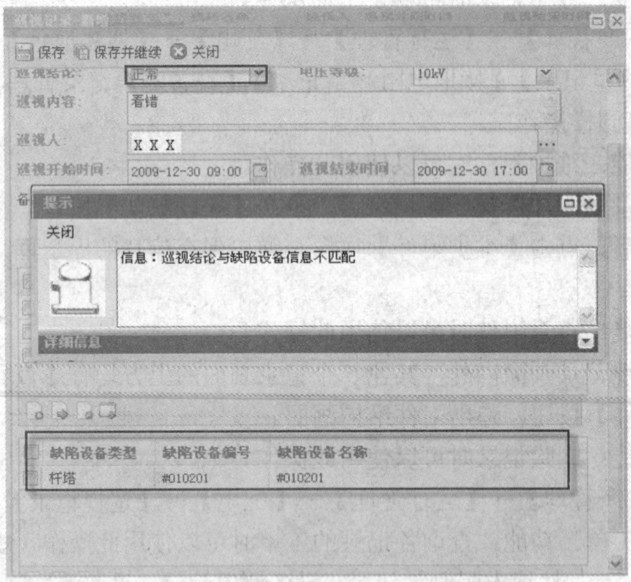

图 ZY0300301002-2 信息框

如果巡视结论为不正常也会弹出是否转入缺陷提示框（见图 ZY0300301002-3）。

图 ZY0300301002-3 缺陷提示框

点击【是】按钮会弹出巡视记录—修改的转入缺陷画面（见图 ZY0300301002-4）。点击【否】按钮不转入缺陷。

选择一个缺陷设备，点击【转入缺陷】按钮系统弹出新增缺陷记录画面（见图 ZY0300301002-5），具体操作同新增巡视记录里的转入缺陷的相关操作。如果选择的设备已经关联过缺陷，会弹出“该设备已经关联缺陷”的提示框（见图 ZY0300301002-6）。

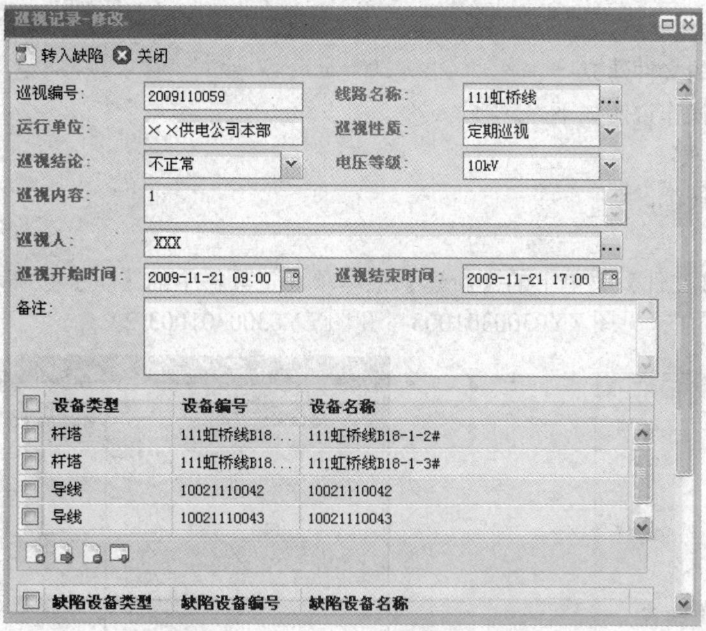

图 ZY0300301002-4　转入缺陷画面

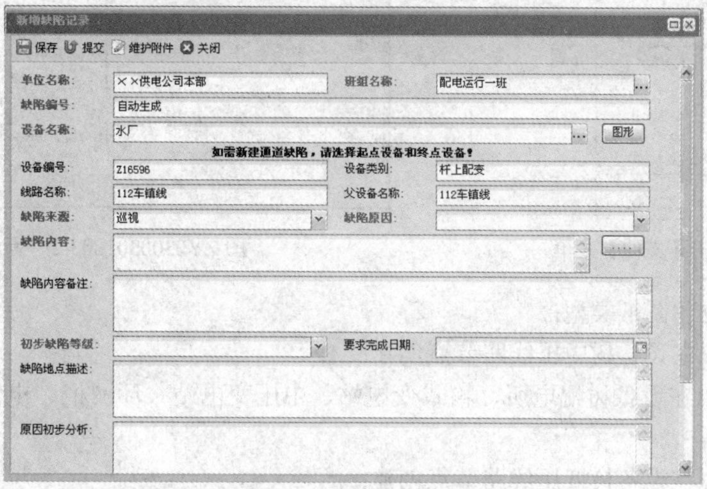

图 ZY0300301002-5　新增缺陷记录画面

图 ZY0300301002-6 “该设备已经关联缺陷”的提示框

【思考与练习】

1. 配电生产信息管理系统通用类操作有哪些主要内容？
2. 配电生产信息管理系统运行管理有哪些主要内容？
3. 以编辑巡视记录为例说明操作过程。

模块 3　单线图编辑通用操作说明（ZY0300301003）

【模块描述】本模块包含单线图编辑通用操作说明。通过对操作界面的介绍，掌握单线图编辑通用操作。

【正文】

一、单线图绘制的文件建立

单线图编辑通用操作说明如下。

1. 【新建】菜单项

（1）功能：新建图纸。

（2）操作步骤：

1）选择并点击【文件】菜单下的【新建】菜单项（工具栏中的【🗋】按钮与此菜单执行同样操作），弹出新建图纸界面（见图 ZY0300301003-1 和图 ZY0300301003-2）。

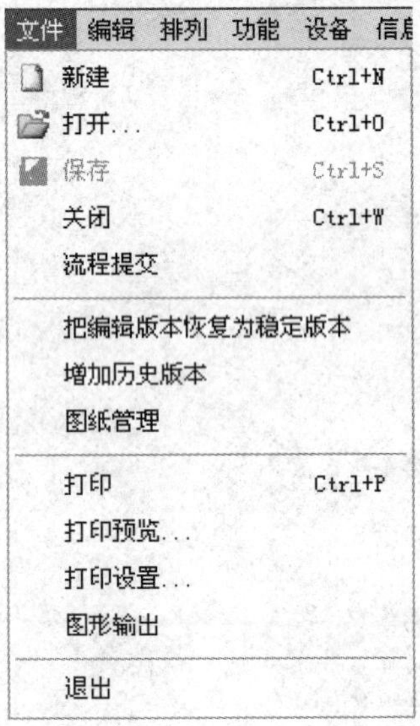

图 ZY0300301003-1　点击【文件】菜单

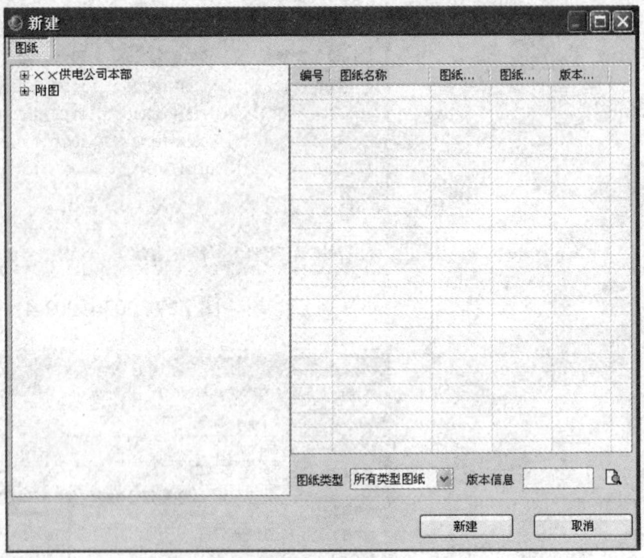

图 ZY0300301003-2　新建图纸

2）确定需要建立的图纸类型：

① 单线图只可以在设备树中压线路节点创建；

② 站所图只可以在设备树配电所、箱式变电站、中压变电站、环网柜、电缆分支箱、用户节点创建；

③ 台区图只可以在设备树低压线路节点创建；

④ 地区网络图只可以在设备树本部下一级的县公司节点创建。

3）从图纸类型下拉列表框中选择需要创建的图纸类型，根据图纸类型从设备树中选择可创建该类型图纸的具体树节点。

4）点击【新建】按钮，弹出画面属性设置界面（见图 ZY0300301003-3）。

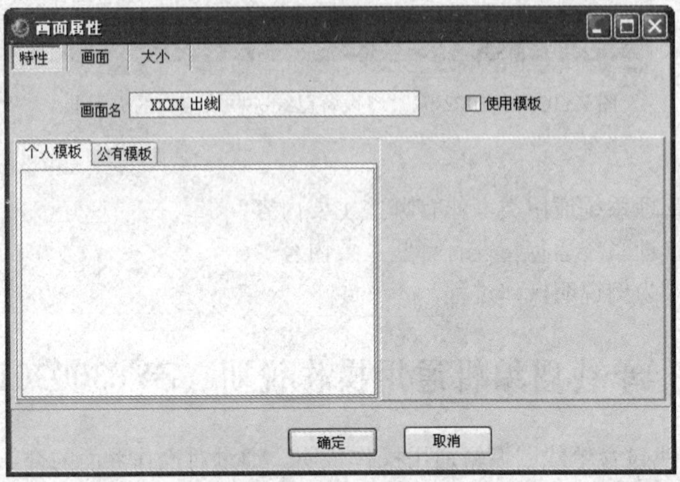

图 ZY0300301003-3　画面属性设置界面

5）可以通过点击【特性】标签页上的【个人模板】、【公有模板】标签按钮，选择需要采用的典型图。可以通过点击【画面】标签按钮，对画面大小、边距进行设置（见图 ZY0300301003-4）。

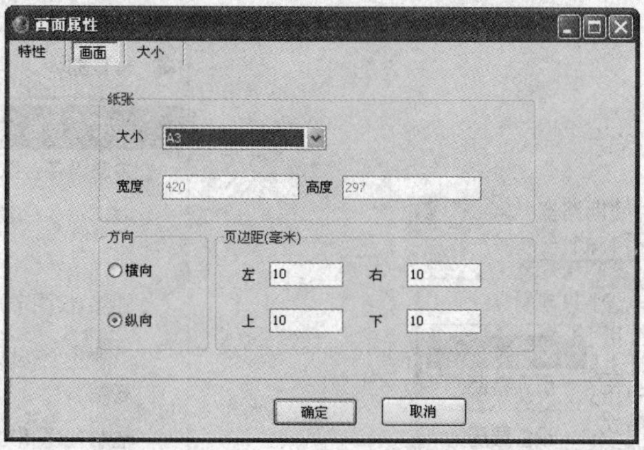

图 ZY0300301003-4　对画面大小、边距进行设置

6）可以通过点击【大小】标签按钮，对设备图元和设备文字的大小进行设置（见图 ZY0300301003-5）。

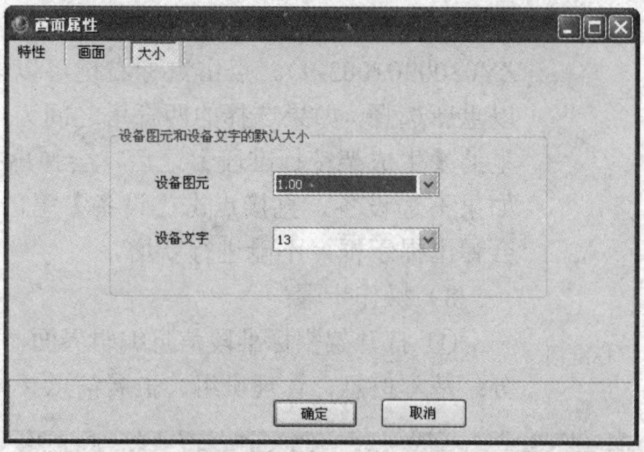

图 ZY0300301003-5　对设备图元和设备文字的大小进行设置

7）设置完成后，点击【确定】按钮进入图形编辑器界面。

8）若点击【取消】按钮，结束当前操作，关闭画面属性界面，返回新建图纸界面。

9）若该线路下已经存在一张绘制中的图纸，则显示提示信息，不能新建图纸（见图 ZY0300301003-6）。

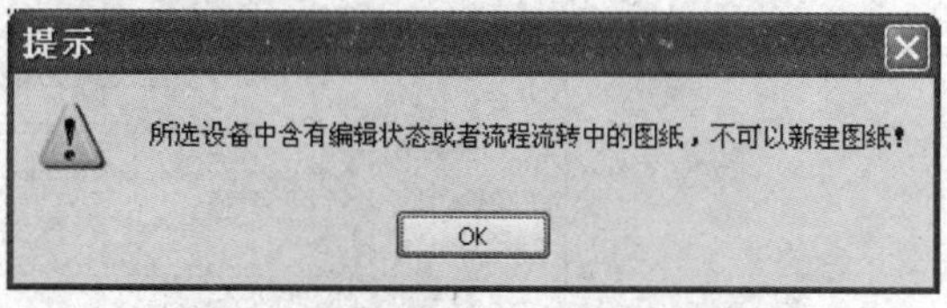

图 ZY0300301003-6　不能新建图纸提示

2.【保存】菜单项

（1）功能：保存当前图纸于数据库中，以备将来编辑或查看。

（2）操作步骤：

选择并点击【文件】菜单下的【保存】菜单项，保存当前图纸（工具栏中的【■】按钮与此菜单执行同样操作）。

二、单线图的修改

以维护架空标准段为例说明单线图的修改。

（1）功能：当新增一条架空标准段信息时可以使用该功能进行新增操作。

（2）菜单入口：展开设备树至具体的架空标准段，选中架空标准段虚节点，点击右键后选择【新增】（见图 ZY0300301003-7）。

1）在一次图里新建好架空标准段两端的设备台账（如两个杆塔），维护好杆塔的台账信息之后，选中杆塔之间的架空标准段，右击该架空标准段，选择【新增设备台账】（见图 ZY0300301003-8）。如果没有维护架空标准段两边的设备信息，会弹出提示框，要求维护架空标准段两边的设备台账信息。

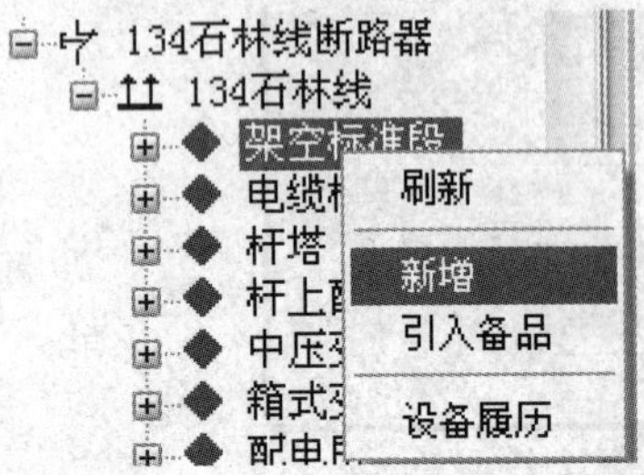

图 ZY0300301003-7 新增一条架空标准

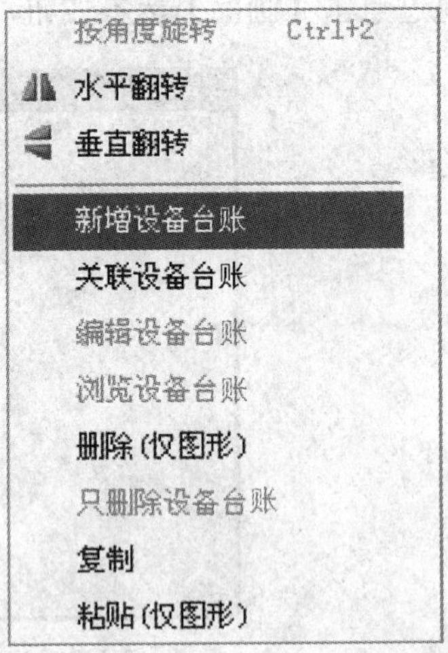

图 ZY0300301003-8 新增设备台账

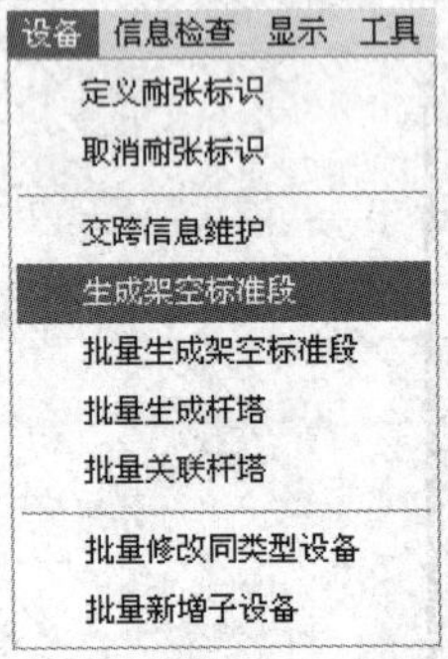

图 ZY0300301003-9 生成架空标准段

2）在一次图里点击功能菜单“首尾设备”，选择两个相连的杆塔，点击【设备】里的【生成架空标准段】（见图 ZY0300301003-9）。点击鼠标右键可以取消上一步选择操作，可以重新选择。如果选择的两杆塔之间为电缆标准段，点击【设备】里的【生成架空标准段】之后，会弹出提示框，不能进行新增。如果不选设备，直接点击【设备】里的【生成架空标准段】，也会弹出提示框，不能进行新增。

3）操作步骤：

① 打开架空标准段信息编辑界面，界面自上而下分为 3 个部分：基本信息、管理班组、扩展信息（见图 ZY0300301003-10）。

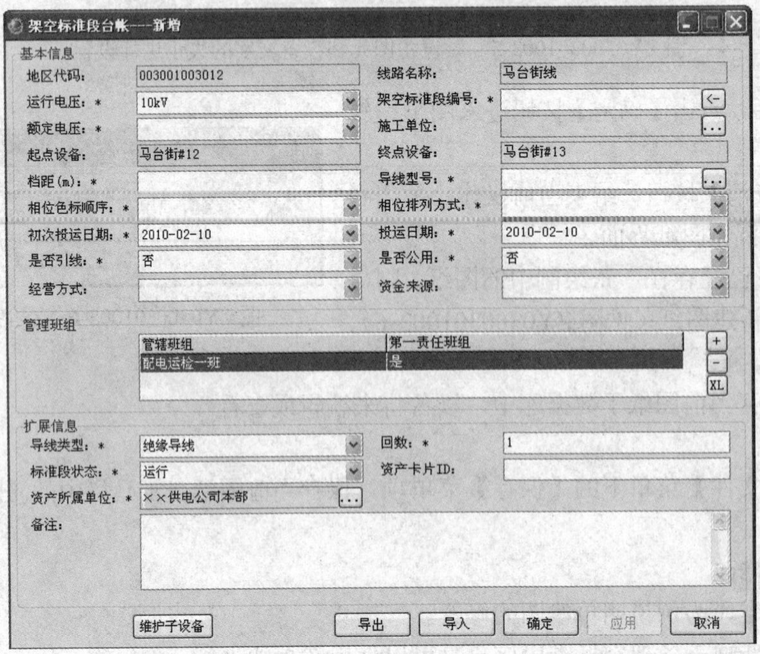

图 ZY0300301003-10 架空标准段信息编辑界面

画面初期化时，基本信息里的地区代码、线路名称都会自动带入；运行电压默认为线路的运行电压；额定电压默认为空；初次投运日期和投运日期默认为系统日期；是否引线和是否公用默认为否；导线型号、档距、相位色标顺序、相位排列方式默认为空；经营方式、资金来源默认为线路里的设置。

如果是从图形新增的情况，还会自动带入起点设备和终点设备的信息。扩展信息里的导线类型默认为绝缘导线；标准段状态默认为运行；回数默认为 1；资产所属单位默认为用户所属单位。管理班组信息默认为线路的管理班组。

② 画面中的必填项为运行电压、额定电压、架空标准段编号、档距、导线型号、初次投运日期、投运日期、相位色标顺序、相位排列方式、是否引线、是否公用、导线类型、回数、资产所属单位、标准段状态。如果必输字段未输入，点击【确定】按钮，系统会弹出提示框，要求用户将信息维护完整。

③ 架空标准段编号的生成规则。中压线路下的架空标准段：GXD+线路编号+前设备编号+…+后设备编号；低压线路下的架空标准段：DXD+线路编号+前设备编号+…+后设备编号。输入编号后，点击编号后面的【<–】按钮可以将刚刚填写的编号清空。

④ 标准段名称需要保证在同一单位/线路/同一组设备下都必须唯一。

⑤ 额定电压可以从下拉框中选择，如果额定电压设定的和运行电压等级不同的话，会弹出“运行电压和额定电压不一致，确定要保存吗？”的提示，点击【是】按钮，还是可以继续保存。

⑥ 管辖信息，即该架空标准段的管辖部门及负责人信息，点击管理班组右侧的【+】号，从弹出的部门人员树中选择管理班组（见图 ZY0300301003-11），也可以点击【–】号删除管辖部门，每条架空标准段下面必须有第一责任班组。点击【XL】，管理班组会继承该设备所在中压线路的管理班组和人员信息。还可以按照以上方法选择多个管理班组，但第一责任班组只能有一个。

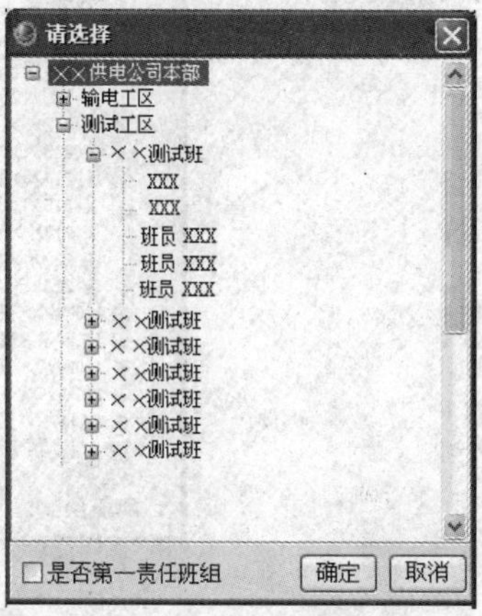

图 ZY0300301003-11　选择管理班组

功能按钮栏，点击【导入】按钮，可以导入既存的架空标准段的模板信息。点击【导出】按钮，可以把本条记录作为模板，供下次新增或修改台账信息时使用。点击【维护子设备】按钮，可以维护子设备的信息；点击【确定】按钮，保存架空标准段信息并关闭窗口。点击【应用】按钮，保存架空标准段信息但不关闭窗口。点击【取消】按钮，放弃保存并关闭窗口。

三、单线图的查看及输出

（一）单线图的查看

（1）功能：打开图纸。

（2）操作步骤：

1）选择并点击【文件】菜单下的【打开】菜单项（工具栏中的【 】按钮与此菜单执行同样操作），弹出浏览图纸界面（见图 ZY0300301003-12）。

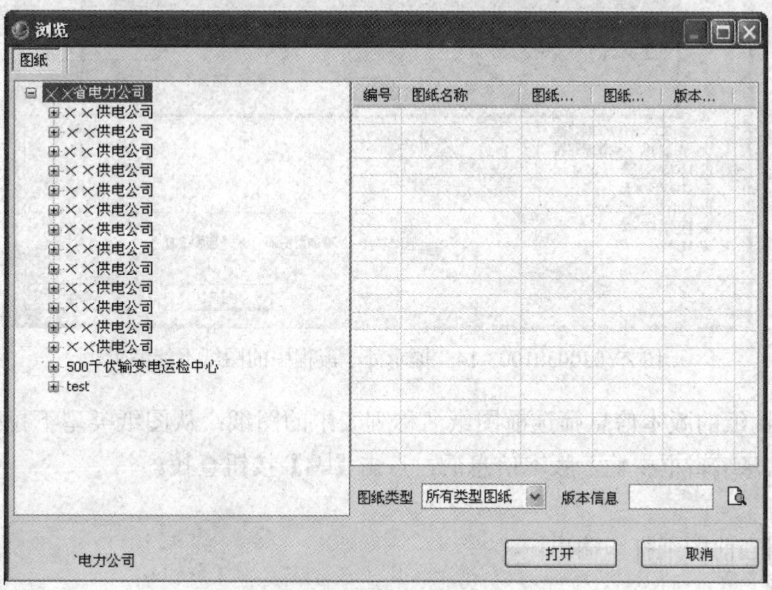

图 ZY0300301003-12　浏览图纸界面

2）在界面左侧设备树上选择具体线路，界面右侧将显示该线路下图纸信息列表（见图ZY0300301003-13）。

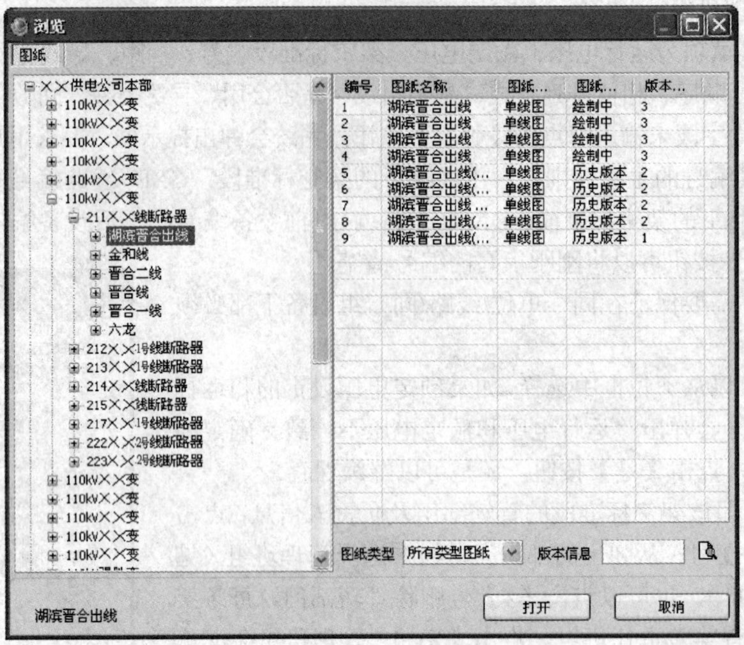

图 ZY0300301003-13 图纸信息列表

3）从图纸信息列表中选择需要打开的图纸列，图纸状态必须是绘制中、稳定版本的图纸。点击【打开】按钮后，该图纸将在图形编辑器界面中显示。

4）如果选择了处于流程中的图纸，则提示不能打开（见图ZY0300301003-14）。

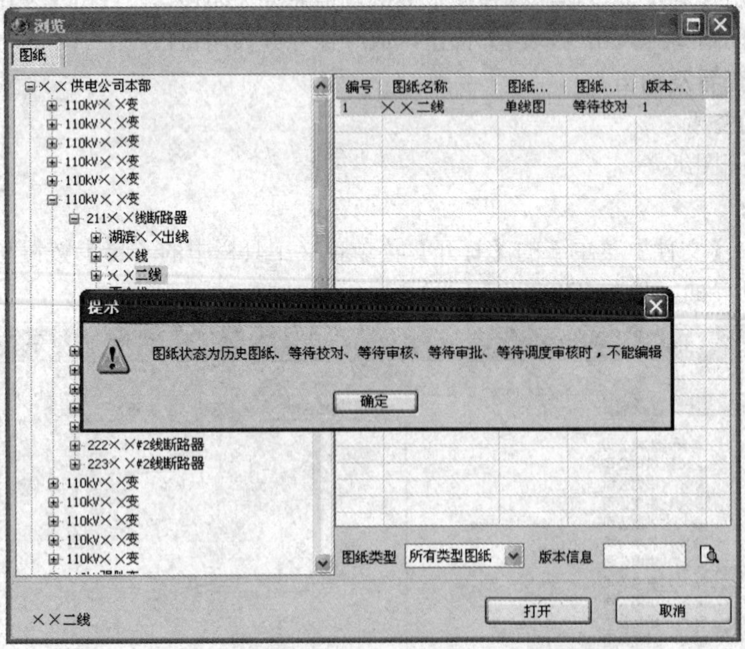

图 ZY0300301003-14 提示处于流程中的图纸不能编辑

5）可以根据图纸的版本信息筛选前图纸名称列表中的图纸：从图纸类型下拉框中选择具体的图纸类型或在版本信息编辑框中输入版本信息后，点击【 】按钮查找。

（二）打印

（1）功能：将当前图纸打印输出。

（2）操作步骤：

1）选择并点击【文件】菜单下的【打印】菜单项，弹出打印界面（见图 ZY0300301003-15）。

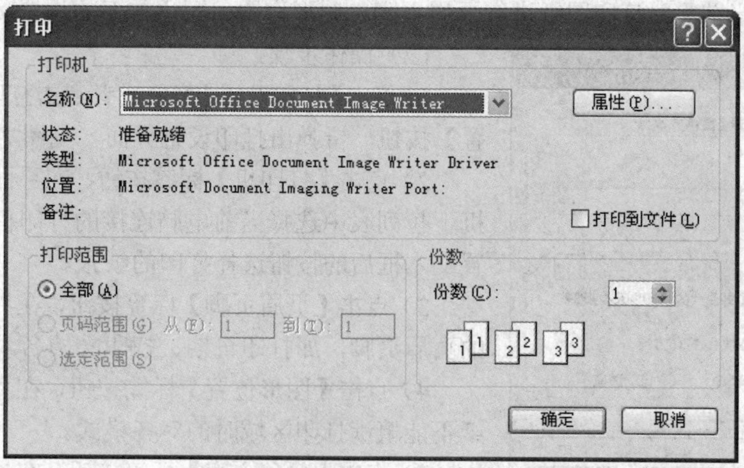

图 ZY0300301003-15　弹出打印界面

2）在名称下拉列表中选择当前电脑所连接的打印机，在份数的数量中可以设置需要对当前图纸打印几份。

3）点击【确定】按钮进入打印状态，点击【取消】按钮则取消打印。

（三）打印预览

（1）功能：浏览当前需要打印的图纸，可对其进行缩放，打印设置。

（2）操作步骤：

1）选择并点击【文件】菜单下的【打印预览】菜单项，弹出含有当前图纸预览的打印预览界面（见图 ZY0300301003-16）。

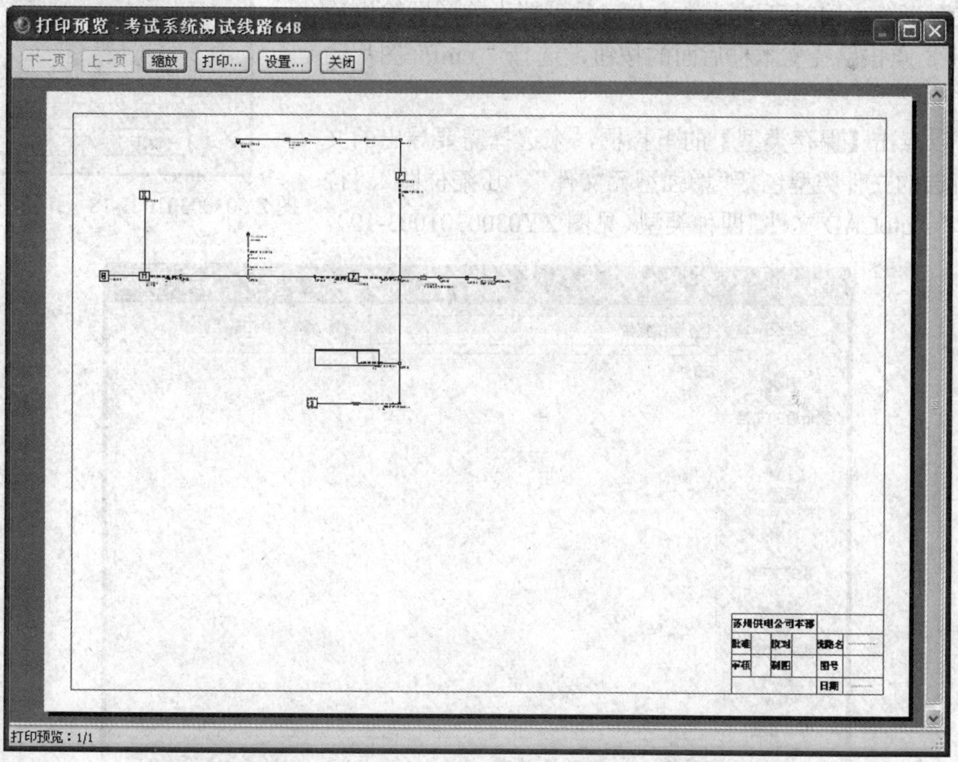

图 ZY0300301003-16　弹出含有当前图纸预览的打印预览界面

2）通过【缩放】按钮可以对当前图纸中的内容进行缩放（整体放大或缩小）。至于【打印】、【设置】按钮的使用请参见【打印】菜单项，【打印设置】菜单项。

3）点击【关闭】按钮退出界面，返回图形编辑器界面。

（四）打印设置

（1）功能：对当前需要打印图纸进行页眉页脚、图形位置、配色方案的设置。

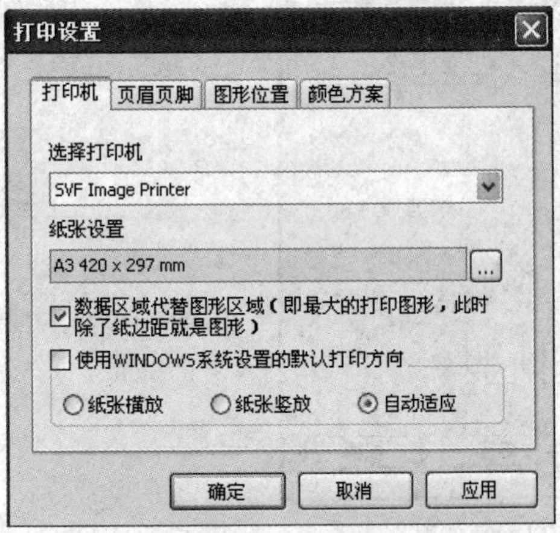

图 ZY0300301003-17 弹出打印设置界面

（2）操作步骤：

1）点击【打印设置】菜单或者点击打印预览界面中的【设置】按钮，皆弹出打印设置界面（见图 ZY0300301003-17）。

2）点击【打印机】标签按钮，在界面上可以从选择打印机下拉列表中选择当前电脑连接的打印机，可以点击纸张设置文本框后的按钮选择打印的纸张。

3）点击【页眉页脚】标签按钮，在界面上可以设置打印的页眉页脚，如打印日期、打印文档名。

4）点击【图形位置】标签按钮，在界面上可以设置当图纸不能填满打印区域时的对齐模式。

5）点击【颜色方案】标签按钮，在界面上可以设置打印画面的背景。

6）点击【应用】按钮使用当前设置；点击【确定】按钮保存当前设置并退出当前界面；点击【取消】则取消当前设置。

（五）图形输出

（1）功能：将当前图纸内容保存到本地硬盘。

（2）操作步骤：

1）选择并点击【文件】菜单下的【图形输出】菜单项，弹出图形输出界面（见图 ZY0300301003-18）。

2）通过指定大小来设置输出图纸大小（一般采用系统默认设置），在图形输出同时可以通过放大倍数设置当前图元输出后的显示大小，点击路径文本框后面的按钮，选择“.emf”图片输出路径。

3）可以点击【保存类型】的下拉框，来选择需要导出的文件类型，可选的文件类型包括“增强型元文件”、“压缩位图”、“位图文件”和“AutoCAD 文件”四种类型（见图 ZY0300301003-19）。

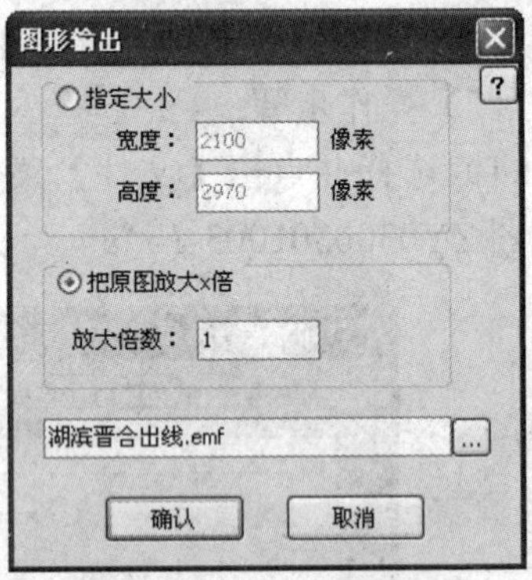

图 ZY0300301003-18 弹出图形输出界面

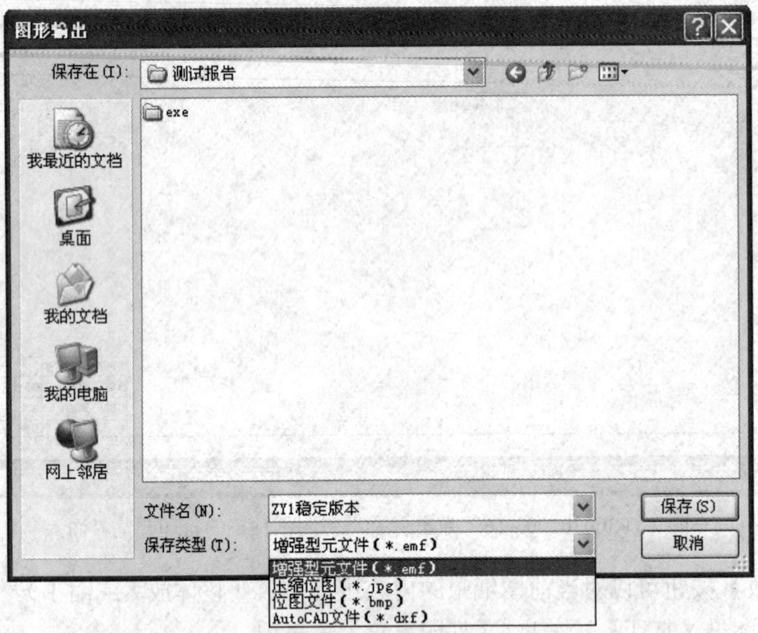

图 ZY0300301003-19 选择需要导出的文件类型

模块3 ZY0300301003

4）点击【确认】按钮，将图形导出。

四、单线图的编辑案例

本节通过单线图绘制的相关示例，介绍通用且效率较高、思路清晰的绘图方法和操作步骤。

（一）创建全新单线图

创建一个全新单线图的过程可以分为如下几个步骤：

1. 创建新配电线路

（1）当用户成功登录配电图形编辑系统，在主界面左侧设备树中可以展开各个设备层次；配电班组用户可以在某个变电站出线开关下创建一条中压线路。例如在“110kV 北郊变”的“北城 117 开关”下面，新建一条名为“中压线路_001”的 10kV 线路。操作过程如图 ZY0300301003-20 所示。

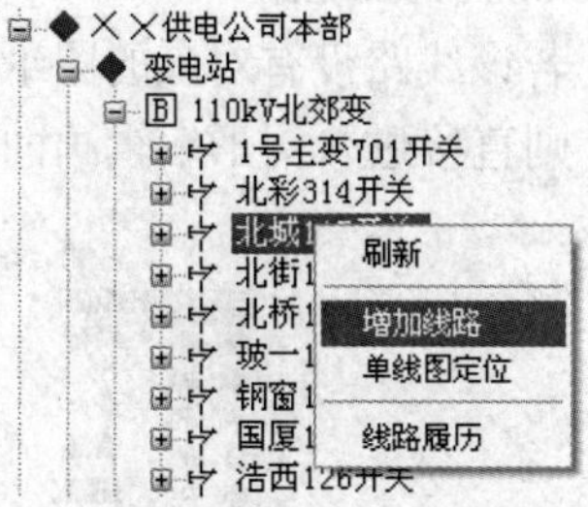

图 ZY0300301003-20　创建新配电线路操作过程

（2）直接选中“110kV 北郊变”的名为“北城 117 开关”的设备节点，并右击后执行其快捷菜单的【增加线路】选项，在出现的中压线路台账新增窗口中，输入相应的线路名称、线路编号、设计电流、运行电流、额定电压、运行电压等信息（见图 ZY0300301003-21）。

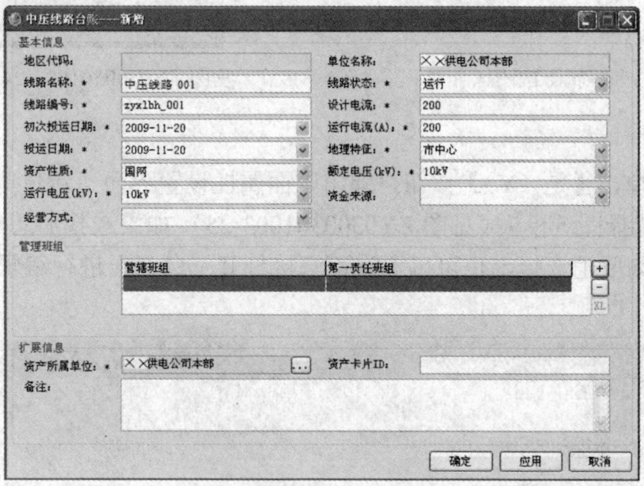

图 ZY0300301003-21　中压线路台账新增窗口

（3）输入必要的线路属性值，点击【确定】按钮，系统创建一条中压线路。在左侧设备树中双击该中压线路节点或右击选择【查看】按钮，查看其设备台账信息及内容（见图 ZY0300301003-22）。

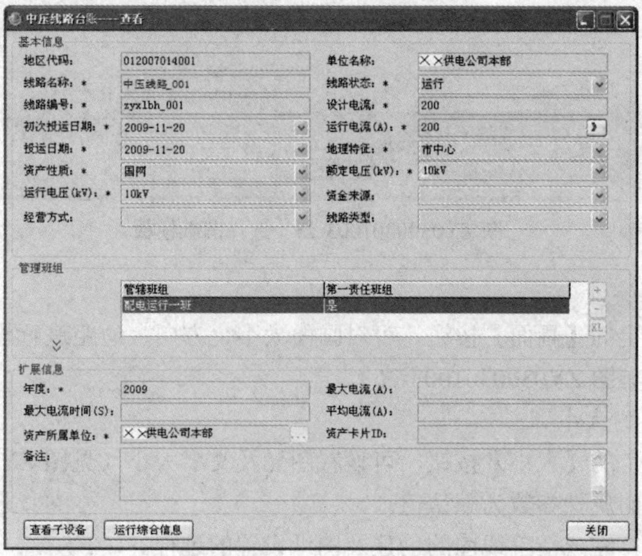

图 ZY0300301003-22　查看其设备台账信息及内容

2. 启动单线图编辑

在设备树上点击新增中压线路节点的【+】，展开线路下的设备，树形列表中包含了所有的主设备类型，如杆塔、杆上配电变压器、箱式变电站等。

点击鼠标右键，选择【编辑一次图】选项，系统打开【一次图编辑器】窗口，操作过程（见图ZY0300301003-23）。

若该线路没有对应的图纸，则弹出提示框（见图 ZY0300301003-24）；若该线路已具有相对应的图纸，则直接进入图形编辑画面。

图 ZY0300301003-23 编辑一次图操作过程

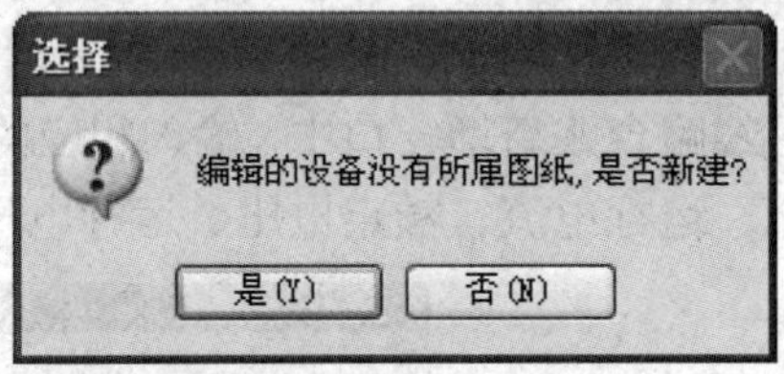

图 ZY0300301003-24 弹出提示框

3. 选择典型图

在选择提示框界面单击【是（Y）】按钮，弹出画面属性设置界面；新建单线图图纸的时候，首先确认画面的名称，然后选择图纸模板（见图 ZY0300301003-25），如果选择后想放弃选择的典型图模板，就点击键盘上的 Esc 键来取消选择，也可以不选而直接打开空白画面进行编辑。

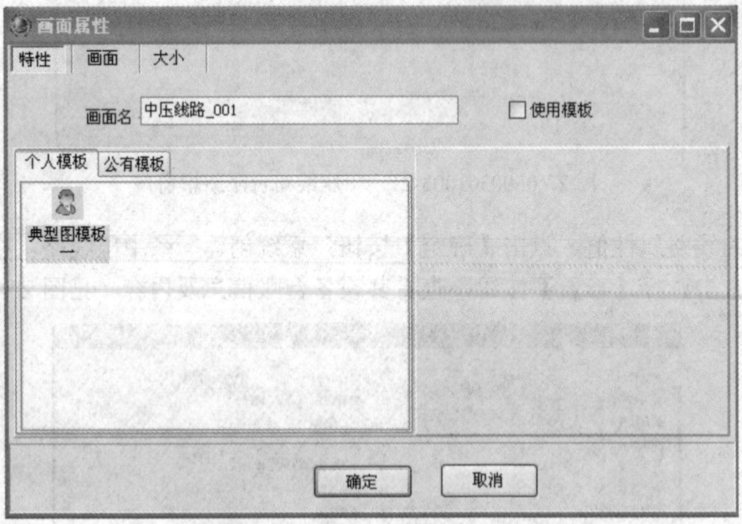

图 ZY0300301003-25 选择图纸模板

4. 设置单线图画面特性

点击画面属性界面上的【画面】按钮，可对画面大小、方向、边距进行设置，一般情况下保持画面属性参数为默认值（见图 ZY0300301003-26）。

5. 设置图元及文字的大小

点击画面属性界面上的【大小】按钮，可设置图元及文字大小（见图 ZY0300301003-27）。

一般情况下保持画面属性参数为默认值。

点击【确定】按钮，完成新单线图的创建及图纸设置的过程。

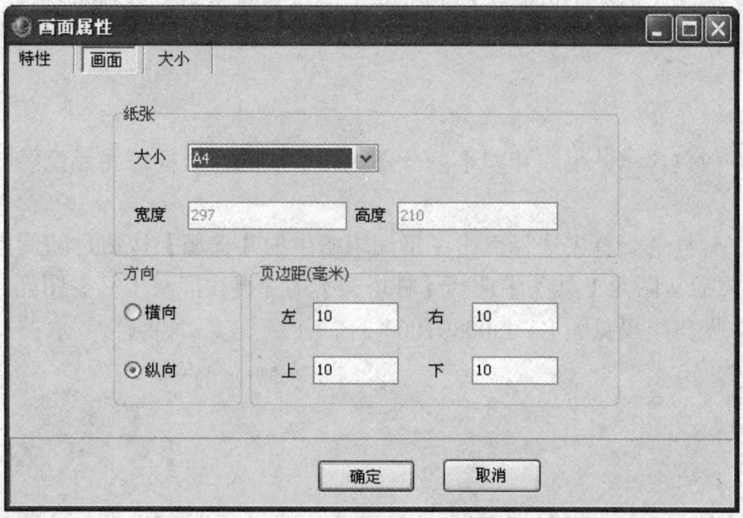

图 ZY0300301003-26　画面属性界面——画面

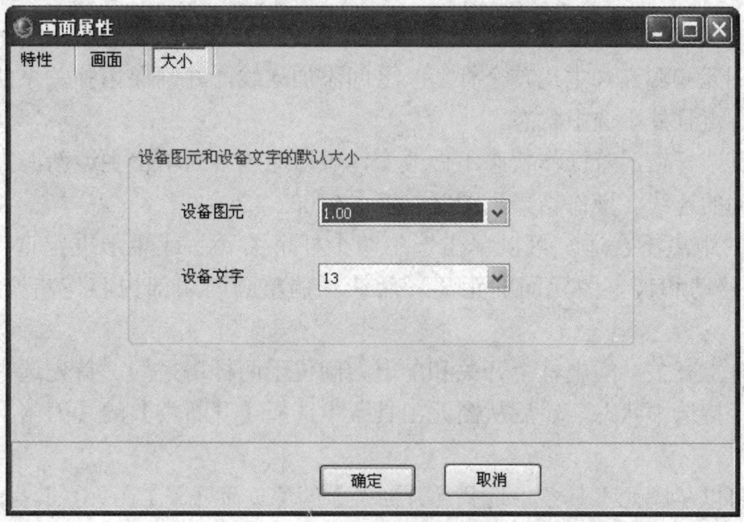

图 ZY0300301003-27　画面属性界面——大小

（二）布局各类设备图元

若没有选择典型图，新创建的线路一次图是完全空白的，一般可以从电源起点开始布局设备图元。

1. 布局初始的设备图元

在中压线路图中，电源起点为变电站，变电站（电源起点）之后的设备图元包括配电出线点（出线开关）、电缆、主线首个杆塔。

变电站（电源起点）一般选择放置于图形边缘位置附近，本实例中将变电站放置于图形左下角边缘。

（1）布局变电站。首先从图元工具条中选择【子站类】的【变电站】图元，再选择点击图形编辑条中的【增加】按钮且保持选中状态，然后单击图形画面左下角边缘处某点。画面左下角边缘处显示增加的图元（见图 ZY0300301003-28）。

其中四角橘色框表示该图元为绘制源点，将作为新增图元的拓扑关系延续源头。

（2）布局配电出线点（出线开关）。从图元工具条中选择【开断类】的【出线开关】图元，然后单击变电站附近某点。

系统自动在新图元（出线开关）和源点（变电站）之间添加连线并确保拓扑关系的正常延续；此时新图元（出线开关）自动成为新的源点且处于选中状态（见图 ZY0300301003-29）。

（3）布局主线首个杆塔。按照以上方法继续增加主线首个杆塔，即从图元工具条中选择【杆塔类】

的【耐张混凝土杆】图元，然后单击出线开关附近空白区域，操作结果见图 ZY0300301003-30。

（4）通过点击文件条的【保存】按钮或功能菜单栏的【文件→保存】选项或快捷键【Ctrl+S】，可以保存绘制结果。

2. 布局主线

配电中压线路一般包含一条主线和若干条分支线。主线的首个杆塔图元已经在前述步骤中绘制完成。

（1）布局主线 2 号杆塔。首先选择点击图形编辑条中的【选源】按钮，随后点击主线首个杆塔图元（设置为源点）；然后从图元工具条中选择【杆塔类】的【直线混凝土杆】图元，随之单击主线首个杆塔图元右侧某点，操作结果见图 ZY0300301003-31。

图 ZY0300301003-28 布局变电站

图 ZY0300301003-29 布局配电出线开关

图 ZY0300301003-30 布局主线首个杆塔

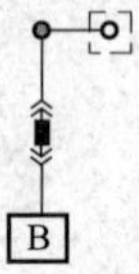

图 ZY0300301003-31 布局主线 2 号杆塔

系统自动在新图元和源点（主线首个杆塔）之间添加连线，并确保拓扑关系的正常延续；此时新图元自动成为新的源点且处于选中状态。

（2）布局主线其余杆塔。若操作状态不做改变，可以通过不断单击主线新源点附近某点，产生若干的杆塔图元及其间的连线。操作结果见图 ZY0300301003-32。

若发现杆塔间的距离不合适，可以单击选中某个杆塔图元（或矩形框定选中几个杆塔图元），敲击上下左右键来移动和调整图元间的距离。后续“调整画面局部内容”将介绍更多更精确的调整方法。

（3）布局配电柱上开关。配电柱上开关和配电刀闸位于两杆塔之间。首先选择点击图形编辑条中的【插入】按钮并保持选中状态，然后从图元工具条中选择【开断类】的【刀闸】图元，随之单击两杆塔之间连线上某点。

配电柱上开关可以从图元工具条中选择【开断类】的【负荷开关】图元，其操作与刀闸完全相同。操作结果见图 ZY0300301003-33。

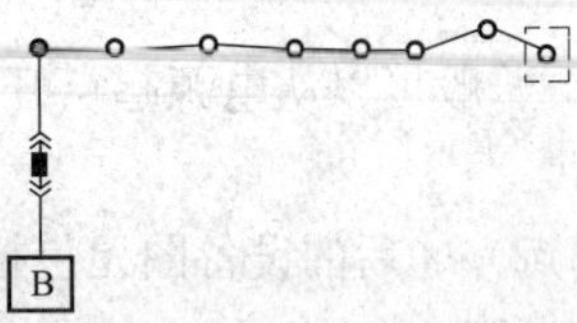

图 ZY0300301003-32 布局主线其余杆塔

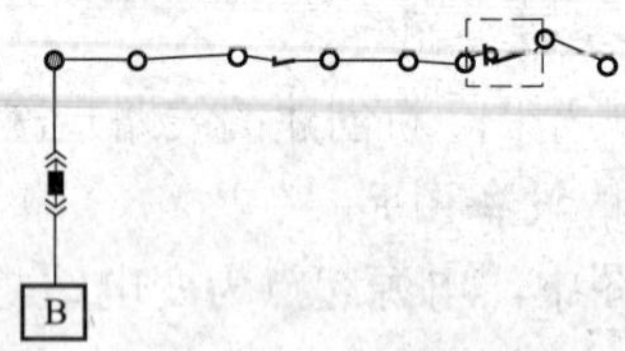

图 ZY0300301003-33 布局配电柱上开关

3. 布局分支线

配电线路的主线下一般再分为若干条分支线。

布局分支线的方法基本等同于布局主线。选择点击图形编辑条中的【选源】按钮，随后点击主线首个杆塔图元（设置为源点）。从主线的首个杆塔起，逐个布局主线杆塔所搭载的各个分支线。

例如主线首个杆塔分支线布局完成后的结果见图 ZY0300301003-34。

所有的分支线及其包含的杆塔、开关、刀闸布局完成后的结果见图 ZY0300301003-35。

4. 调整画面局部内容

横平竖直：在绘制完全图后，需要对图纸进行规整操作。通过框选或者【Ctrl+A】，选中全图，然后使用【Ctrl+1】使全图的图元及连线横平竖直；对于一些需要调整方向的单个图元，可以选中该图元，然后使用【Ctrl+2】，对该图元的倾角进行调整。

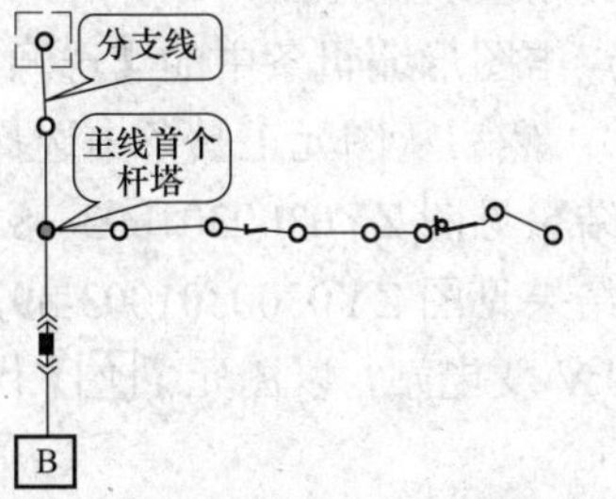

图 ZY0300301003-34　布局分支线

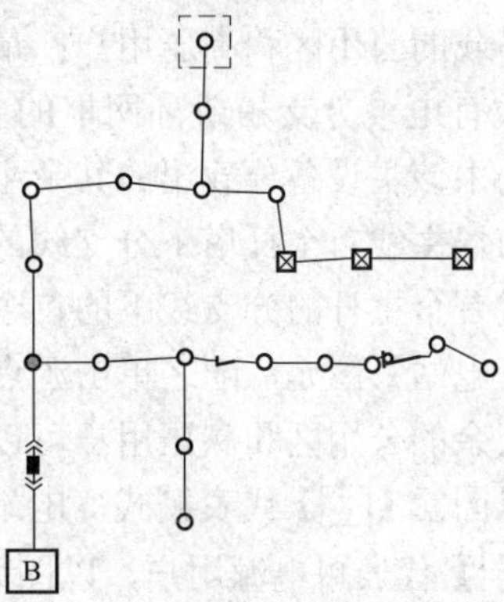

图 ZY0300301003-35　所有布局完成后的结果

进行画面调整操作后的结果见图 ZY0300301003-36。

5. 布局电缆分支箱和环网柜

配电线路的主线下可能包含若干的电缆分支箱和环网柜。本实例中包括 2 个电缆分支箱，1 个环网柜。

一般从主线的首个杆塔起，逐个顺序布局主线杆塔所搭载的电缆分支箱和环网柜。

（1）首先要做的是把右边图元工具栏上方下拉框中默认选中的架空标准段改为电缆标准段。这样新增的图元和源点之间的连线就是电缆线了。

（2）布局主杆下的电缆分支箱。首先选择点击图形编辑条中的【选源】按钮，点击主线杆塔图元（设置为源点）；然后从图元工具条中选择【子站类】的【电缆分支箱】图元，随之单击主杆图元上方某点。

（3）布局其余的电缆分支箱和环网柜，操作结果见图 ZY0300301003-37。

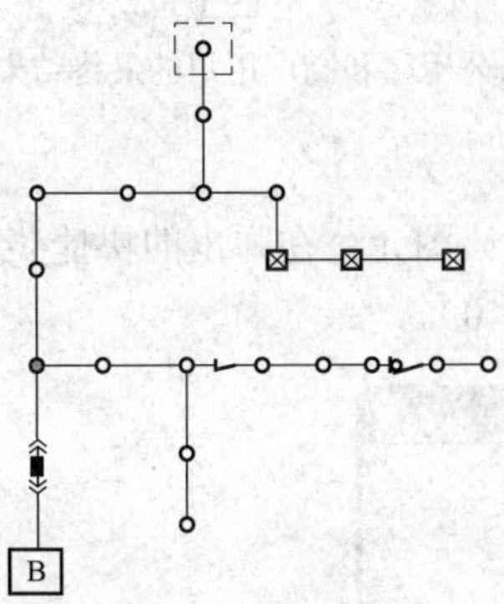

图 ZY0300301003-36　画面调整操作后的结果

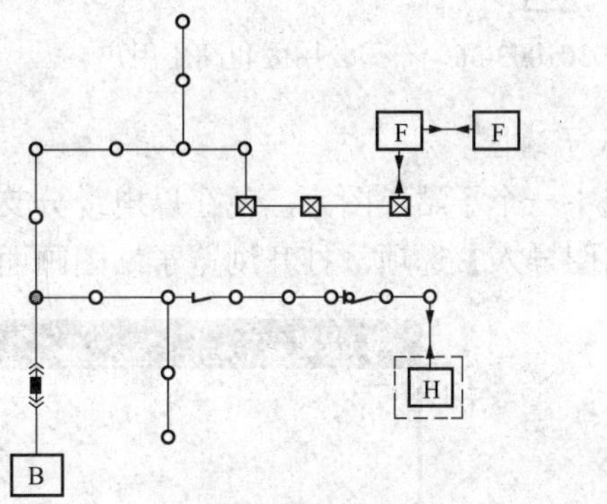

图 ZY0300301003-37　布局电缆分支箱和环网柜

图元【F】代表电缆分支箱，图元【H】代表环网柜；从主杆到电缆分支箱及电缆分支箱之间以电缆相连接。

这些主设备内部结构及拓扑链接方式与一次图相关联，后续将介绍主设备子站图的绘制过程。

若遇到电缆分支箱或环网柜下再延伸出分支线的情况，仍然按照前述“布局分支线”内容中的类似方法处理；只是在操作前应先将对应的布局源头改为电缆分支箱或环网柜。

习惯上电缆头以尖头一端面向对侧设备图元；当选中电缆头图元后，可以通过【Ctrl+2】组合键来调整其倾角。

6. 布局公用区和高压用户

配电线路的主线下一般包含若干的公用区和高压用户，部分可能直接由主线搭载，大部分由分支线、电缆分支箱或环网柜搭载。

公用区一般包括配电变压器、10kV 变电站、箱式变电站；高压用户一般包括多电源用户、单电源用户。

一般从主线的首个杆塔起，按照“广度优先”规则，即先分支杆塔后次分支杆塔的顺序，逐个布局杆塔所搭载的公用区和高压用户；最后转到下一个主线杆塔。

遇到载有电缆分支箱或环网柜的主线杆塔，首先逐个布局这些主设备所搭载的公用区和高压用户；在布局由该主设备分载出的其余主设备或分支线上搭载的公用区和高压用户。

（1）布局主线首个杆塔下分支线的箱式变电站：首先选择点击图形编辑条中的【选源】按钮，随后点击主线首个主杆的分支线下的首个杆塔图元（设置为源点）；然后从图元工具条中选择【子站类】的【箱式变电站】图元，随之单击源点图元的附近位置，操作结果见图 ZY0300301003-38。

（2）其余的公用区和高压用户可以如法布局。最终的操作结果见图 ZY0300301003-39。

图中以图元【X】代表箱式变电站，以图元【B】代表 10kV 变电站，以图元【P】代表配电所，以图元【⊜】代表单电源用户，以图元【⊜】代表多电源用户。

配电变压器中，图元【8】代表联络变压器，【8】代表公用变压器，【·D·】代表单相公用变压器，【D】代表单相专用变压器。

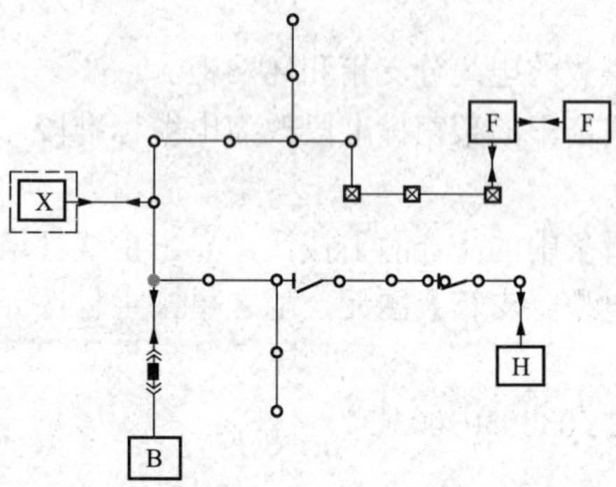

图 ZY0300301003-38 布局公用区和高压用户

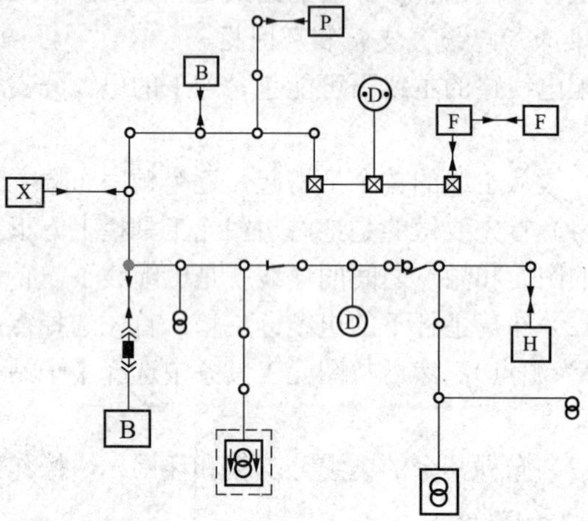

图 ZY0300301003-39 布局公用区和高压用户的最终结果

7. 导入子站图

（1）选中一个子站类图元，现在以电缆分支箱为例，鼠标右键点击该图元，在弹出的快捷菜单中选择【子站图导入】选项，打开浏览子站图画面（见图 ZY0300301003-40）。

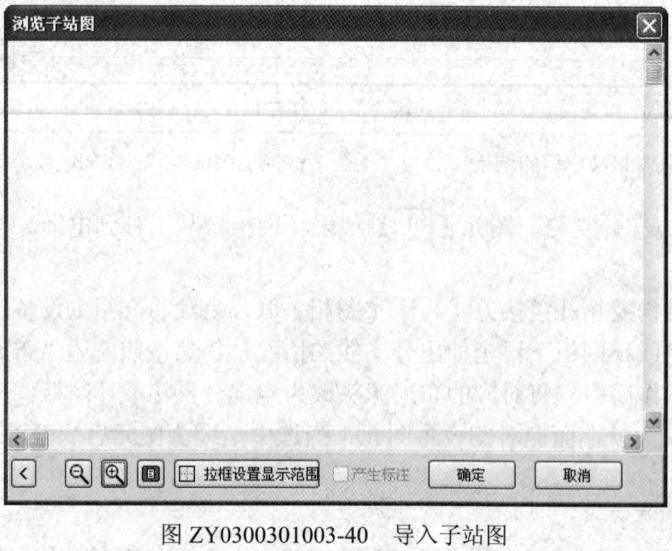

图 ZY0300301003-40 导入子站图

（2）点击【<】按钮，打开设备树选择窗口，在此线路下选择一个已有归档站所图的电缆分支箱，双击该电缆分支箱，此电缆分支箱的站所图显示在浏览子站图画面中（见图 ZY0300301003-41）。

（3）如果需要产生标注，就勾中产生标注选择框，然后点击【确定】按钮，该子站图被导入到单线图中（见图 ZY0300301003-42）。可以通过拉动导入的子站图的边框对子站图的大小进行调整。

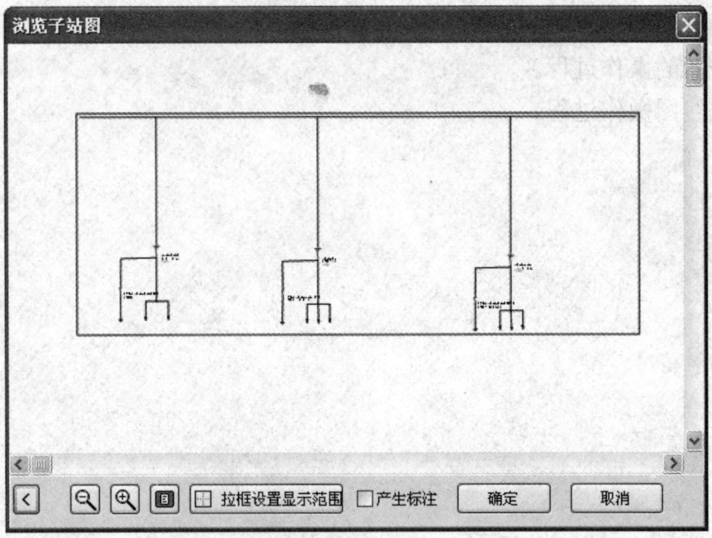

图 ZY0300301003-41　浏览子站图

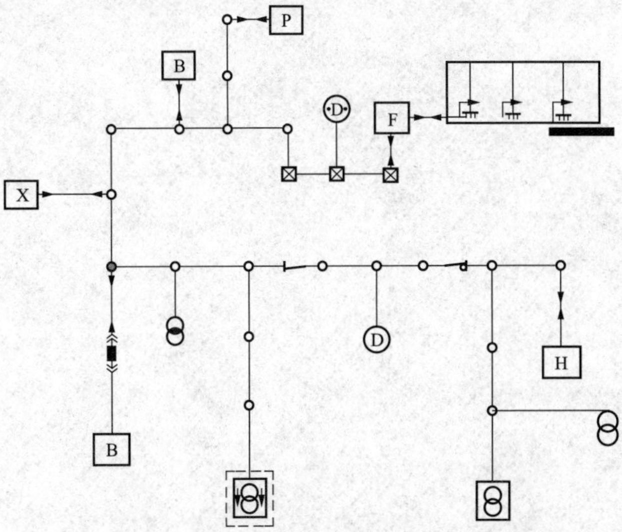

图 ZY0300301003-42　对子站图的大小进行调整

8. 添加交叉跨越物

（1）对于有些线路，存在交叉跨越物，在左侧工具栏中选中【交跨】，再在图中任意位置按住鼠标左键进行拖动，适当位置松开，则生成一条交叉跨越线。

（2）维护交叉跨越物台账，选中该图元点击鼠标右键，选择【新增设备台账】，弹出交叉跨越新增信息，其中的“被交叉物描述”如果维护（见图 ZY0300301003-43），则会生成注记。

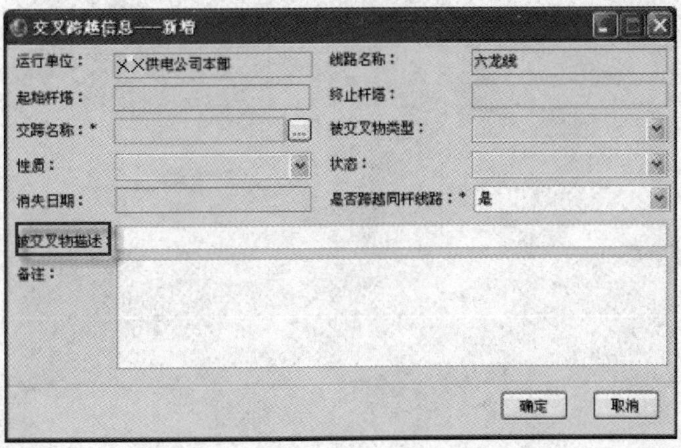

图 ZY0300301003-43　添加交叉跨越物

【思考与练习】

1. 叙述新建单线图的操作过程。
2. 叙述查看的单线图操作过程。

附录 A 《配电线路运行》培训模块教材各等级引用关系表

部分名称	章	模块名称（模块编码）	模块描述	等级		
				Ⅰ	Ⅱ	Ⅲ
配电线路、设备及系统	配电线路的组成	配电网的结构（GYPD00101001）	本模块介绍配电网的定义、分类结构及发展趋势。通过概念描述和分类介绍，掌握电力系统、配电网的分类特点、配电网的结构等知识	√		
		导线、绝缘子和横担（GYPD00101002）	本模块介绍配电线路常用导线、绝缘子和横担。通过图表展示和技术参数介绍，熟悉导线、绝缘子、横担的种类和应用的技术要求	√		
		配电线路杆塔（GYPD00101003）	本模块介绍杆塔的类型和常用杆塔的种类。通过分类和图示介绍，掌握杆塔的基本结构、种类、用途、杆塔基础和应用的技术要求	√		
		配电线路常用金具（GYPD00101004）	本模块介绍金具的类型、型号和特点。通过分类和图示介绍，掌握金具的性能、用途和质量检验要求	√		
	配电设备	跌落式熔断器的作用及结构（GYPD00102001）	本模块介绍跌落式熔断器的作用、结构和技术参数。通过要点归纳和图形说明，掌握跌落式熔断器结构、技术参数和应用范围	√		
		电缆分支箱的作用及结构（GYPD00102002）	本模块介绍电缆分支箱的作用和结构。通过要点归纳和图形说明，掌握电缆分支箱的类型、结构、应用和安装注意事项		√	
		箱式变电站的作用及结构（GYPD00102003）	本模块介绍箱式变电站的作用、种类和结构。通过要点归纳和图形说明，掌握箱式变电站的选择和运行注意事项		√	
		开关站（开闭所）的作用及结构（GYPD00102004）	本模块介绍开闭所的作用、开关柜的类型、结构和典型接线方式。通过分类介绍和图形说明，掌握开闭所的接线原理和接线方式		√	
		非晶合金变压器的原理、结构（GYPD00102005）	本模块介绍非晶合金变压器的结构和特点。通过要点介绍和图形说明，掌握非晶合金变压器的结构、特点和应用			√
		干式变压器的原理、结构（GYPD00102006）	本模块介绍干式变压器的结构和特点。通过要点介绍和图形说明，掌握干式变压器的种类、结构、特点和应用注意事项			√
		常用低压电器（GYPD00102007）	本模块介绍常用低压电器的种类、结构和使用注意事项。通过分类介绍和图形说明，掌握各类常用低压电器的特点和运行维护注意事项	√		
	配电网结构	配电网的基本要求（GYPD00103001）	本模块介绍配电网基本知识和运行要求。通过要点归纳，掌握配电网安全技术、电能质量、经济运行要求	√		
		负荷的分类（GYPD00103002）	本模块介绍负荷的分类原则。通过概念描述和要点归纳，掌握负荷的三级分类原则和一般供电要求	√		
		配电网络的供电形式（GYPD00103003）	本模块介绍各类配电网络供电形式。通过原理图形说明和图表列举，掌握各类配电网络的组成、供电负荷、供电距离、供电电压和配电网络的结构形式	√		
	配电线路电气、施工、安装图的识读	配电线路接线图识读（TYBZ00504001）	本模块介绍配电线路接线图的识读。通过接线图的展示和各种图形符号含义的介绍，掌握配电线路接线图中各类设备的识读			√
		配电网络图识读（TYBZ00504002）	本模块介绍配电网络图的识读。通过网络图的展示和各种图形符号含义的介绍，掌握配电网络图中各类设备的识读			√
电力电缆基础	电力电缆基本知识	电力电缆的种类及命名（GYDL00101001）	本模块介绍电力电缆的种类及命名，通过概念描述、要点讲解，熟悉电力电缆的种类及命名规则，掌握常用电缆型号及规格的含义			
		电缆的结构和性能（GYDL00101002）	本模块介绍电力电缆的结构和性能。通过要点介绍，掌握电缆导体、屏蔽层、绝缘层的结构及性能，熟悉电缆护层的结构及作用			
		高压电缆绝缘击穿原理和高压电缆绝缘厚度确定（GYDL00101003）	本模块介绍高压电缆绝缘击穿原理和高压电缆绝缘厚度的确定。通过概念讲解和要点介绍，了解高压电缆绝缘击穿机理，熟悉影响高压电缆绝缘厚度的因素，掌握电缆绝缘厚度的计算方法			
		电力电缆的载流量计算（GYDL00101004）	本模块包含电力电缆的载流量和最高允许工作温度的基本概念、影响载流量的因素和载流量的简单计算。通过对概念解释和要点讲解，了解电力电缆的载流量计算方法			

续表

部分名称	章	模块名称 （模块编码）	模块描述	等级		
				Ⅰ	Ⅱ	Ⅲ
电力电缆基础	电力电缆基本知识	交联聚乙烯电力电缆绝缘老化机理 （GYDL00101006）	本模块包含交联聚乙烯电力电缆绝缘老化机理的基本知识。通过概念解释和要点讲解，了解影响交联聚乙烯电力电缆绝缘性能变化的因素，熟悉交联聚乙烯电力电缆绝缘老化原因及形态，掌握交联聚乙烯电力电缆绝缘老化机理			
		改善电场分布的方法 （GYDL00101008）	本模块介绍改善电缆接头电场分布的方法和措施。通过概念分析和要点讲解，掌握常用的改善电缆接头电场集中的几何法（采用应力锥和反应力锥）和参数法			
功率因数、线损、电能质量及可靠性	电容器	电容器的结构及原理 （GYPD00201001）	本模块介绍电容器的结构及原理等方面的内容。通过概念描述和图形说明，掌握电容器基本结构、种类、型号，以及影响电容器电容量的因素	√		
		无功补偿的方式及接线 （GYPD00201002）	本模块介绍无功补偿方式和电容器组的接线方式。通过原理介绍和图形说明，掌握无功补偿的原理和主要方法，以及高、低压电容器组的各种接线方式	√		
	功率因数	功率因数的概念 （GYPD00202001）	本模块包含功率因数的概念及提高功率因数的意义。通过公式介绍和推导，掌握补偿容量的确定方法		√	
		功率因数的提高 （GYPD00202002）	本模块介绍功率因数提高的方法和装置。通过原理介绍和要点说明，掌握提高自然功率因数的方法，以及低压无功补偿成套装置的工作原理、安装、调试		√	
	电压调整	电压损耗的概念 （GYPD00203001）	本模块介绍电压损耗的概念和计算方法。通过概念描述和公式介绍，掌握配电网络电压损耗的计算方法		√	
		电压调整的措施 （GYPD00203002）	本模块介绍电压调整的方法。通过原理介绍，掌握无功功率补偿进行调压的方法和电压调整注意事项		√	
	线损	线损的概念 （GYPD00204001）	本模块介绍线损的概念和种类。通过计算方法和案例介绍，掌握线路及变压器等值电路知识、配电线路理论线损的方法			√
		降低线损的措施 （GYPD00204002）	本模块介绍降低线损的技术措施和管理措施。通过原理说明，掌握提高功率因数和降低线损的关系，以及降低线损的主要技术和管理措施			√
		配电网的功率损耗与电压计算 （GYPD00204003）	本模块包含配电网的功率损耗与电压计算。通过对电压损耗、功率损耗的分析，掌握功率损耗与电压的计算			√
	过电压	内部过电压的概念、分类 （GYPD00205001）	本模块介绍内部过电压的概念、分类和产生原因及特点。通过概念描述和要点说明，掌握内部过电压相关知识，以及内部过电压对配电线路网络的不良影响	√		
		接地电阻的要求 （GYPD00205002）	本模块介绍接地电阻的概念和对接地电阻的要求。通过概念描述和要点说明，掌握低压、中压、高压电气设备以及架空线路杆塔对接地电阻的要求和标准	√		
		防雷装置的检查与维护 （GYPD00205003）	本模块介绍避雷器的安装、日常检查与维护要求。通过要点说明，掌握一般防雷设备的分类，以及避雷器安装、巡视、维护等知识		√	
		配电线路的防雷保护 （GYPD00205004）	本模块介绍配电网防雷现状、雷害事故原因和防雷措施等内容。通过要点说明，掌握雷电对架空配电线路的危害，以及架空裸导线和低压架空线路的防雷措施		√	
		配电设备和配电所的防雷保护 （GYPD00205005）	本模块介绍配电变压器、柱上断路器、电缆终端、进户装置和配电所的防雷要求。通过原理介绍和要点归纳，掌握配电设备雷电侵害的原理，以及配电设备和配电所的防雷方法和措施		√	
		架空绝缘导线的防雷 （GYPD00205006）	本模块介绍架空绝缘导线使用情况、雷击断线原因和防雷措施。通过要点归纳，掌握架空绝缘导线雷击断线的原因和防雷措施		√	
		典型雷击事故分析 （GYPD00205007）	本模块介绍变压器和架空绝缘导线典型雷击事故。通过要点归纳和分析，掌握变压器和架空绝缘导线雷击事故的原因和防范措施		√	
		污闪放电的机理 （GYPD00205008）	本模块介绍污闪的概念、特点及其危害以及绝缘子的污闪机理。通过要点归纳，掌握污闪发生的机理和污闪通常会造成的危害			√

续表

部分名称	章	模块名称 （模块编码）	模块描述	等级		
				Ⅰ	Ⅱ	Ⅲ
功率因数、线损、电能质量及可靠性	过电压	防止污闪的主要方法 （GYPD00205009）	本模块介绍影响污闪的因素、防止污闪的措施。通过要点归纳，掌握影响污闪的因素、我国大气环境污染的特点和防止污闪的具体措施			√
	电能质量	电能质量指标 （GYPD00206001）	本模块介绍电能质量的概念、电能质量指标等。通过概念介绍和要点归纳，掌握影响电能质量的因素和电能质量的指标标准	√		
		电压偏差的调整 （GYPD00206002）	本模块介绍电压偏差对用电设备的影响和治理电压偏差超标的对策。通过要点归纳，掌握电压偏差对照明类设备、异步电动机、电子设备的影响和治理电压偏差超标的措施		√	
		谐波的防治 （GYPD00206003）	本模块介绍电力系统谐波的概念、产生原因、危害和防治。通过概念介绍和要点归纳，掌握谐波的定义、性质、产生原因、危害，以及电力系统谐波防治措施和方法		√	
	可靠性	配网可靠性的基本知识 （GYPD00207001）	本模块介绍配电系统可靠性的概念、主要指标、计算公式和城市配电网供电安全N–1准则。通过概念描述和列表比较，掌握可靠性指标的计算方法，以及城市配电网供电安全N–1准则的相关知识			√
		提高供电可靠性的措施 （GYPD00207002）	本模块介绍影响配电网可靠性的主要因素和提高配电网可靠性的措施。通过要点归纳，掌握提高配电网可靠性的方法和具体措施			√
配网自动化	配网自动化基本知识	配网自动化的概念 （GYPD00401001）	本模块介绍配电自动化的概念、功能和内容。通过要点归纳，掌握配电自动化实现的功能和应包括的自动化模块		√	
		馈线自动化 （GYPD00401002）	本模块介绍馈线自动化的功能和作用。通过原理介绍和要点归纳，掌握馈线自动化的功能和实现模式		√	
	终端设备运行要求	FTU的作用及组成 （GYPD00402001）	本模块介绍FTU的作用和功能。通过要点归纳，掌握FTU的作用、功能和运行要求，以及FTU 的技术核心		√	
	终端设备安装技术要求	配网自动化终端设备安装技术要求 （GYPD00403001）	本模块介绍配网自动化终端设备的种类、作用及安装技术。通过要点介绍，掌握FTU、DTU、TTU等终端设备的作用和安装技术要求			√
配电线路验收	配电线路验收标准	电气装置安装工程电气设备交接试验标准有关内容 （GYPD00301001）	本模块介绍电气装置安装工程电气设备交接试验相关内容。通过要点归纳和分类介绍，掌握电力变压器、二次回路、1kV及以下配电装置和馈电线路及1kV以上架空电力线路交接的试验项目标准和有关内容		√	
		架空配电线路及设备运行规程有关内容 （GYPD00301002）	本模块介绍 10kV 及以下架空配电线路及其设备运行相关规程。通过要点归纳和分类说明，掌握架空配电线路的防护、事故处理和技术管理等相关知识		√	
		电力电缆运行规程有关内容 （GYPD00301003）	本模块介绍电缆备品的管理和电力电缆的巡查内容。通过要点归纳，掌握电缆备品管理、电缆巡查要点和注意事项，以及相关技术标准		√	
		35kV及以下架空电力线路施工及验收规范有关内容 （GYPD00301004）	本模块介绍《35kV及以下架空电力线路施工及验收规范》的有关内容。通过要点归纳和分类介绍，掌握 35kV 及以下架空电力线路施工及验收的范围、内容、规定和要求		√	
		架空绝缘配电线路施工及验收规程的有关内容 （GYPD00301005）	本模块介绍《架空绝缘配电线路施工及验收规程》的有关内容。通过要点归纳和分类介绍，掌握架空绝缘配电线路施工及验收的范围、内容、规定和要求		√	
		电缆线路施工及验收规范有关内容 （GYPD00301006）	本模块介绍500kV及以下的电缆线路施工及验收规范有关内容。通过要点归纳和分类介绍，掌握电缆线路施工及验收的范围、内容、规定和要求		√	
		接地装置施工及验收规范的有关内容 （GYPD00301007）	本模块介绍《接地装置施工及验收规范》的有关内容。通过要点归纳和分类介绍，掌握接地装置施工及验收的范围、内容、规定和要求		√	
基本技能	常用仪器、仪表使用、维护	单臂电桥的使用 （GYPD00501001）	本模块介绍单臂电桥的工作原理、使用操作步骤和相关安全注意事项。通过原理介绍和要点归纳，掌握直流单臂电桥的结构、原理、性能、使用方法和相关安全注意事项		√	
		双臂电桥的使用 （GYPD00501002）	本模块介绍双臂电桥的工作原理、使用操作步骤和相关安全注意事项。通过原理介绍和要点归纳，掌握直流双臂电桥的结构、原理、性能、使用方法和相关安全注意事项			√

续表

部分名称	章	模块名称（模块编码）	模块描述	等级 I	等级 II	等级 III
基本技能	常用仪器、仪表使用、维护	经纬仪的基本操作（GYPD00501004）	本模块介绍经纬仪的基本结构及对中、整平、瞄准及读数的基本方法。通过图像介绍和要点归纳，掌握使用经纬仪进行测量的基本方法及注意事项		√	
		经纬仪水平角测量（GYPD00501005）	本模块介绍经纬仪水平角测量的基本方法。通过计算说明和要点归纳，掌握线路水平角测量的方法及注意事项		√	
		经纬仪垂直角测量（GYPD00501006）	本模块介绍经纬仪垂直角测量的基本方法。通过计算说明和要点归纳，掌握线路垂直角测量的方法及注意事项		√	
	配电线路杆上作业	横担及金具安装（GYPD00502001）	本模块介绍配电线路杆上作业中横担及金具安装工艺。通过流程介绍、图表列举和图形说明，掌握作业前准备、安装作业工作流程、操作步骤和验收质量标准，以及危险点预控等内容	√		
		拉线安装（GYPD00502002）	本模块介绍拉线制作与安装工艺。通过流程介绍、图表列举和图形说明，掌握作业前准备、安装作业工作流程、操作步骤和验收质量标准，以及危险点预控等内容	√		
		安装直线杆绝缘子（GYPD00502003）	本模块介绍直线杆绝缘子安装工艺。通过流程介绍、图表列举和图形说明，掌握作业前准备、安装作业工作流程、操作步骤和验收质量标准，以及危险点预控等内容	√		
		安装耐张杆绝缘子（GYPD00502004）	本模块介绍耐张杆绝缘子安装工艺。通过流程介绍、图表列举和图形说明，掌握作业前准备、安装作业工作流程、操作步骤和验收质量标准，以及危险点预控等内容	√		
		更换拉线（GYPD00502005）	本模块介绍拉线更换工艺。通过流程介绍、图表列举和图形说明，掌握作业前准备、安装作业工作流程、操作步骤和验收质量标准，以及危险点预控等内容		√	
	配电设备试验	安全用具电气试验的项目和周期（GYPD00504001）	本模块介绍各种安全用具常见的电气试验的项目和试验周期。通过方法介绍和列表说明，掌握各种安全用具工频耐压、直流电阻、泄漏电流等试验项目的试验内容及其周期和相关试验的要求		√	
		安全用具机械试验的项目和周期（GYPD00504002）	本模块介绍各种安全用具常见的机械试验的项目和试验周期。通过方法介绍和列表说明，掌握各种安全用具静负荷试验、冲击性能试验、耐穿刺性能试验等试验项目的试验内容及其周期和相关试验的要求		√	
		安全用具的试验（GYPD00504003）	本模块介绍安全用具常见的电气试验、机械试验的分类、试验方法和相关试验要求。通过要点归纳，掌握安全用具电气性试验和机械性试验的方法及相关注意事项		√	
		开关设备的试验项目和周期（GYPD00504004）	本模块介绍断路器开关设备试验项目及其试验内容和周期。通过列表介绍，掌握 SF_6 断路器和 GIS、真空断路器、隔离开关的试验项目、周期和要求		√	
		开关设备的试验（GYPD00504005）	本模块介绍断路器开关设备试验接线、工作程序及注意事项。通过要点归纳，掌握开关设备试验方法和相关注意事项		√	
		避雷器的试验项目和周期（GYPD00504006）	本模块介绍避雷器试验的项目及周期。通过要点归纳，掌握避雷器的试验类型、周期和试验要求		√	
		避雷器的试验（GYPD00504007）	本模块介绍避雷器试验项目和各类试验的工作程序及注意事项。通过要点归纳和分类说明，掌握避雷器试验方法及相关安全、技术措施		√	
		配电变压器的试验项目和周期（GYPD00504008）	本模块介绍配电变压器试验项目及周期。通过要点归纳，熟悉配电变压器常见试验项目的周期和要求			√
		配电变压器的预防性试验（GYPD00504009）	本模块介绍配电变压器预防性试验、工作程序及注意事项。通过要点归纳，掌握配电变压器试验方法和相关注意事项			√
	安全用具使用及紧急救护	电气火灾的扑救方法（GYPD00505001）	本模块介绍电气火灾的扑救方法和注意事项。通过要点归纳，掌握造成电气火灾的原因、扑救方法、扑救常识，以及带电灭火注意事项	√		
		创伤急救（GYPD00505002）	本模块介绍创伤急救的方法。通过分类介绍和要点归纳，掌握不同类型创伤急救方法和操作注意事项		√	
	配电专用术语	配电网络常用调度术语（GYPD00506001）	本模块介绍配电网络常用调度术语。通过配电网络常用调度术语的介绍，熟悉配电网络常用调度术语及其与配网运行管理之间的规定	√		

续表

部分名称	章	模块名称（模块编码）	模块描述	等级 I	等级 II	等级 III
架空配电线路运行维护	配电线路巡视、操作	架空配电线路巡视种类、周期、内容（ZY0300101001）	本模块包含架空配电线路巡视的种类、周期以及各主要组成元件的巡视检查内容。通过内容介绍，掌握在常规和特殊状况下的巡视知识	√		
		架空配电线路巡视（ZY0300101002）	本模块涉及架空配电线路巡视的目的、要求，不同季节巡视的重点以及巡视时的安全注意事项。通过知识讲解、要点分析、图形示例，掌握独立巡视线路的能力	√		
		配电线路倒闸操作的内容（ZY0300101003）	本模块介绍架空配电线路常见设备倒闸操作。通过要点介绍，了解架空配电线路倒闸操作的概念、对象、程序和目的，掌握倒闸操作的基本内容	√		
		配电线路倒闸操作的原则（ZY0300101004）	本模块包含架空配电线路倒闸操作票的填写、倒闸操作的注意事项。通过要点介绍，了解倒闸操作原则	√		
		操作柱上断路器、隔离开关的要求（ZY0300101005）	本模块包含操作柱上断路器、隔离开关一般要求、操作顺序及安全注意事项。通过要点介绍、操作流程讲解、案例示例，熟悉柱上断路器、隔离开关操作	√		
		操作跌落式熔断器的要求（ZY0300101006）	本模块包含操作跌落式熔断器一般要求、操作顺序及安全注意事项等。通过要点介绍、图表对比、案例示例，熟悉跌落式熔断器操作	√		
		柱上断路器的操作（ZY0300101007）	本模块包含柱上断路器的操作、危险点预控和标准作业程序卡。通过操作流程讲解、案例示例，掌握实际操作柱上断路器的能力	√		
		架空配电线路分支停电操作票（ZY0300101008）	本模块包含架空配电线路分支停电操作流程、操作票填写。通过操作流程讲解、案例示例，掌握架空配电线路分支停电操作的流程和方法		√	
		架空配电线路手拉手电网停电操作票（ZY0300101009）	本模块包含架空配电线路手拉手电网停电操作流程、操作票填写。通过操作流程讲解、案例示例，掌握架空配电线路手拉手电网停电操作的流程和方法		√	
	架空配电线路的缺陷处理	架空配电线路的常见缺陷（GYPD00601001）	本模块介绍架空配电线路各类电器元件的常见缺陷。通过要点归纳和列表说明，掌握各类电器元件常见缺陷类型，以及线路巡视中发现缺陷的记录方法	√		
		架空配电线路常见缺陷的处理（GYPD00601002）	本模块介绍架空配电线路常见缺陷的分类和缺陷管理。通过列表说明和案例介绍，掌握缺陷发现、分类、处理等基本方法和对缺陷的全过程闭环管理流程		√	
	配电开关设备运行维护	柱上断路器及负荷开关的常见缺陷（GYPD00602001）	本模块介绍柱上断路器及负荷开关的常见缺陷。通过要点归纳，掌握每个具体部件的各类常见缺陷	√		
		柱上隔离开关的常见缺陷（GYPD00602002）	本模块介绍隔离开关的基本概念和常见缺陷。通过要点归纳，掌握常见缺陷的分类和查找缺陷的基本方法	√		
		柱上断路器及负荷开关常见缺陷的处理（GYPD00602003）	本模块介绍柱上断路器及负荷开关常见缺陷的处理方法。通过要点归纳，掌握缺陷分析、判诊和处理方法，以及处理缺陷的注意事项和危险点预控		√	
		柱上隔离开关常见缺陷的处理（GYPD00602004）	本模块介绍柱上隔离开关的常见缺陷的处理方法。通过列表说明，掌握缺陷分析、判诊和处理方法，以及处理缺陷的注意事项和危险点预控		√	
		电容器的操作（ZY0300102001）	本模块包含电容器常见维护项目和操作方法原则。通过方法介绍、知识讲解、案例示例，掌握电容器一般停、送电的操作步骤及要求			√
	配电变压器及附件运行维护	配电变压器及附件的常见缺陷（GYPD00603001）	本模块介绍配电变压器及附件的常见缺陷。通过要点归纳、列表说明和案例介绍，掌握各类主要缺陷的分类、管理、处理方法和质量要求	√		
		配电变压器及附件的常见故障（GYPD00603002）	本模块介绍配电变压器及附件的常见故障类型。通过要点归纳、列表说明和案例介绍，掌握各类主要故障的分类和处理方法		√	
		跌落式熔断器熔丝熔断的处理（GYPD00603003）	本模块介绍跌落式熔断器熔丝熔断故障处理方法。通过要点归纳和案例介绍，掌握跌落式熔断器熔丝熔断的类型及故障原因、更换熔丝的正常工作流程及质量要求和变压器运行中熔丝熔断故障处理方法，以及熔丝更换作业中的危险点预控		√	

续表

部分名称	章	模块名称（模块编码）	模块描述	等级		
				I	II	III
架空配电线路运行维护	配电变压器及附件运行维护	配电变压器的调压（GYPD00603004）	本模块介绍配电变压器的调压原理及方法。通过原理介绍、要点归纳和案例说明，掌握配电变压器调压方法、直流电阻的测量方法、调压过程异常情况下的处理方法，以及安全注意事项和危险点预控			√
		变压器并联操作（ZY0300103001）	本模块包含配电变压器并列运行。通过要点分析、知识讲解，熟悉配电变压器并列运行的条件、操作步骤和操作技能			√
电缆的运行维护	电缆设备巡视	温度热像仪的使用和应用（GYDL00301003）	本模块介绍温度热像仪的原理和使用方法。通过对测温原理、操作步骤讲解和示例介绍，熟悉温度热像仪的用途、基本原理与结构，掌握操作方法、操作步骤、注意事项和日常维护方法			√
	设备运行分析及缺陷管理	电缆缺陷管理（GYDL00302001）	本模块包含电缆线路缺陷管理的相关知识。通过要点、流程讲解和示例介绍，了解电缆缺陷性质，熟悉电缆线路及附属设备缺陷涉及范围，掌握电缆设备评级分类和缺陷管理技能		√	
		电缆缺陷处理（GYDL00302002）	本模块介绍电缆线路缺陷分类、处理周期、处理原则及技术标准。通过要点讲解和示例介绍，掌握电缆线路缺陷处理技能		√	
	电缆故障测寻及处理	电缆线路常见故障诊断与分类（GYDL00303001）	本模块介绍电缆线路故障分类及故障诊断方法。通过概念解释和要点介绍，掌握电缆线路试验击穿故障和运行中发生故障的诊断方法和步骤			√
		电缆线路的识别（GYDL00303002）	本模块介绍电缆线路路径探测及电缆线路常用识别方法。通过概念解释和方法介绍，熟悉音频感应法探测电缆路径的方法、原理及其接线方式，掌握工频感应鉴别法和脉冲信号法进行电缆线路识别的原理和方法			√
		常用电缆故障测寻方法（GYDL00303003）	本模块包含电缆线路常见故障测距和精确定点。通过方法介绍，掌握利用电桥法和脉冲法进行电缆线路常见故障测距的原理、方法和步骤，掌握电缆故障点精确定点方法			√
	电缆交接、预防性试验	电缆交接试验的要求和内容（GYDL00304001）	本模块介绍电缆线路交接试验内容和要求。通过要点讲解，掌握电缆交接试验的项目、标准和要求	√		
		电缆预防性试验的要求和内容（GYDL00304002）	本模块介绍电缆线路预防性试验内容和要求。通过要点讲解，掌握纸绝缘电缆、橡塑绝缘电缆和自容式充油电缆线路预防性试验项目、周期、标准和要求	√		
	工程竣工验收及资料管理	电缆线路工程验收（GYDL00206001）	本模块介绍电缆线路工程验收制度、验收项目及验收方法。通过要点讲解和方法介绍，熟悉电缆线路工程验收方法，掌握电缆线路敷设工程、接头和终端工程、附属设备验收及调试的内容、方法、标准、技术要求		√	
		电缆构筑物工程验收（GYDL00206002）	本模块包含电缆构筑物的种类及其工程验收的项目要求。通过要点讲解和方法介绍，掌握电缆构筑物土建工程、电缆排管、工井、电缆桥架、电缆沟、电缆隧道的验收内容、方法和要求		√	
		电缆线路工程竣工技术资料（GYDL00206003）	本模块介绍各类电缆线路工程竣工资料的内容。通过要点介绍，熟悉施工文件、技术文件和相关资料的具体内容要求			√
配电所运行维护及事故处理	配电所操作	配电所的典型操作（ZY0300201001）	本模块包含配电所典型接线简介和典型操作。通过知识讲解、操作流程介绍，熟悉配电所的接线原理及主设备，掌握配电所的典型操作	√		
		箱式变电站的操作（ZY0300201002）	本模块包含箱式变电站典型结构简介和典型操作。通过对箱式变电站典型结构简介和典型操作技能的训练，了解箱式变电站结构，掌握典型操作技能	√		
		开闭所的操作（ZY0300201003）	本模块涉及开闭所典型接线、运行特点、操作原则和典型操作内容。通过对开闭所典型结构、运行特点和典型操作技能的训练，了解开闭所接线、运行特点，掌握开闭所典型操作的技能	√		
		审核配电所操作票（ZY0300201004）	本模块涉及倒闸操作相关制度、规程与正确填写、审核配电所操作票。通过要点介绍、操作流程讲解，熟悉倒闸操作相关制度与规程的讲解，掌握正确填写、审核配电所操作票的技能		√	
		审核开闭所的操作票（ZY0300201005）	本模块涉及操作票的填写要求。通过对倒闸操作相关制度与规程的讲解，掌握正确填写、审核开闭所操作票的技能		√	

续表

<table>
<tr><th rowspan="2">部分名称</th><th rowspan="2">章</th><th rowspan="2">模块名称
（模块编码）</th><th rowspan="2">模块描述</th><th colspan="3">等级</th></tr>
<tr><th>I</th><th>II</th><th>III</th></tr>
<tr><td rowspan="9">配电所运行维护及事故处理</td><td rowspan="3">配电所运行维护</td><td>配电所缺陷的分类
（ZY0300202001）</td><td>本模块涉及配电所缺陷的分类及处理措施，通过对配电所缺陷的分类及处理措施的介绍，掌握配电所缺陷的分类方法及设备评级制度操作技能</td><td></td><td>√</td><td></td></tr>
<tr><td>箱式变电站缺陷的分类
（ZY0300202002）</td><td>本模块涉及箱式变电站缺陷的分类及处理措施。通过对定义讲解、要点介绍，掌握箱式变电站缺陷的分类及处理措施等操作技能</td><td></td><td>√</td><td></td></tr>
<tr><td>开闭所缺陷的分类
（ZY0300202003）</td><td>本模块涉及开闭所缺陷的分类及处理措施。通过定义讲解、要点分析介绍，掌握开闭所缺陷的分类及处理措施等技能</td><td></td><td>√</td><td></td></tr>
<tr><td rowspan="3">配电所、箱式变电站和开闭所事故处理</td><td>配电所事故处理
（ZY0300203001）</td><td>本模块涉及配电所事故分类和处理。通过对配电所事故处理原则、处理步骤和事故处理预案的学习，掌握配电所事故处理的基本技能</td><td></td><td></td><td>√</td></tr>
<tr><td>箱式变电站事故处理
（ZY0300203002）</td><td>本模块涉及箱式变电站事故巡查及根据现场情况分析并判定故障点。通过对箱式变电站事故巡查及根据事故现场情况分析、判断并确定故障点的学习，掌握箱式变电站故障查找的基本技能</td><td></td><td></td><td>√</td></tr>
<tr><td>开闭所事故处理
（ZY0300203003）</td><td>本模块涉及对开闭所存在的问题分析并提出处理方案、组织消缺和整改。通过对设备存在的问题进行分析并提出处理方案、消缺计划、组织消除、竣工验收等环节的学习，掌握开闭所消缺、整改的操作技能</td><td></td><td></td><td>√</td></tr>
<tr><td rowspan="3">配电所、箱式变电站和开闭所的验收</td><td>配电所的验收
（ZY0300204001）</td><td>本模块涉及配电所的验收。通过内容介绍、要点讲解，掌握配电所竣工验收的项目、标准及方法等操作技能</td><td></td><td>√</td><td></td></tr>
<tr><td>箱式变电站的验收
（ZY0300204002）</td><td>本章涉及箱式变电站安装要求、试验和检查。通过对箱式变电站安装要求、标准内容及方法的学习，掌握箱式变电站竣工验收操作技能</td><td></td><td>√</td><td></td></tr>
<tr><td>开闭所的验收
（ZY0300204003）</td><td>本模块涉及开闭所竣工验收的资料、项目和方法。通过对开闭所竣工验收的资料、项目和方法的介绍，掌握开闭所竣工验收等操作技能</td><td></td><td>√</td><td></td></tr>
<tr><td rowspan="3">配电生产信息管理</td><td rowspan="3">配电生产信息管理系统</td><td>配电生产信息系统概述
（ZY0300301001）</td><td>本模块包含配电生产信息系统概述。通过对基本功能、主要特点的介绍，熟悉配电生产信息系统的一般知识</td><td></td><td>√</td><td></td></tr>
<tr><td>系统通用操作说明
（ZY0300301002）</td><td>本模块包含系统通用操作说明。通过对设备台账维护通用界面、台账维护通用操作的介绍，掌握系统通用操作</td><td></td><td>√</td><td></td></tr>
<tr><td>单线图编辑通用操作说明
（ZY0300301003）</td><td>本模块包含单线图编辑通用操作说明。通过对操作界面的介绍，掌握单线图编辑通用操作</td><td></td><td>√</td><td></td></tr>
</table>

参考文献

[1] 关城. 供用电工人技能手册：配电线路. 北京：中国电力出版社，2004.
[2] 胡培生，丁荣. 配电技术与工艺培训教材：配电线路. 北京：中国电力出版社，2006.
[3] 李天友. 供用电工人职业技能鉴定培训教材：配电线路. 北京：中国电力出版社，2006.
[4] 丁毓山，李海阳，吴秀华. 职业技能鉴定培训教材：配电线路. 北京：中国水利水电出版社，2004.
[5] 国家电网公司. 供电可靠性管理实用技术. 北京：中国电力出版社，2008.
[6] 马志广. 实用电工技术. 北京：中国电力出版社，2008.
[7] 史传卿. 供用电工人职业技能鉴定培训教材：电力电缆. 北京：中国电力出版社，2006.
[8] 余虹云，李以然，蒋丽娟. 10kV 开关站运行、检修与试验. 北京：中国电力出版社，2006.
[9] 王秋梅，金伟君，徐爱良，钟新华. 10kV 开闭所设计、安装、运行和试验. 北京：中国电力出版社，2008.
[10] 河南电力技师学院. 配电线路工. 北京：中国电力出版社，2008.
[11] 马振良. 配电线路. 北京：中国电力出版社，2007.
[12] 熊卿府，等. 配电线路运行与检修. 北京：中国电力出版社，2005.
[13] 周存和. 并联无功补偿装置选型简明手册. 北京：中国电力出版社，2005.
[14] 谷水清. 配电系统自动化. 北京：中国电力出版社，2004.
[15] 靳龙章. 电网无功补偿实用技术. 北京：中国水利水电出版社，2004.
[16] 胡安民，等. 架空电力线路实用计算. 北京：中国水利水电出版社，2003.
[17] 曹欣春. 电力线路工程技术标准规程应用手册. 北京：光明日报出版社，2003.